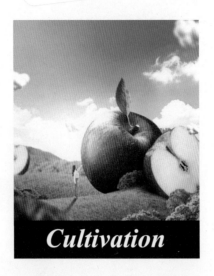

**Cultivation**

# 농촌지도사 · 농업연구사
# 재배학

## 핵심이론 합격공략!

**SD에듀**
(주)시대고시기획

## Always **with you**

사람의 인연은 길에서 우연하게 만나거나 함께 살아가는 것만을 의미하지는 않습니다.
책을 펴내는 출판사와 그 책을 읽는 독자의 만남도 소중한 인연입니다.
**SD에듀**는 항상 독자의 마음을 헤아리기 위해 노력하고 있습니다.
늘 독자와 함께하겠습니다.

# 머리말

재배학이란 작물의 생활 현상을 인간이 원하는 방향으로 이끌기 위하여 작물의 재배에 관한 원리를 밝히고 작물과 환경의 관계를 연구하는 학문입니다.

**SD에듀**는 재배학 학습에 어려움을 느끼고 출간 문의를 해온 수험생들의 사랑에 보답하기 위하여 재배학 출제 영역, 의도와 방향에 대한 진단을 토대로 핵심적인 내용을 간추리고 이를 문제화하여 실전에 대비할 수 있게 교재를 출간하게 되었습니다.

**첫째** 재배학 시험을 꼼꼼하게 분석했습니다.

우리 교재는 시험에 출제되는 내용들을 중심으로 이론을 구성하여 합격을 위한 효율적인 학습이 이루어지도록 구성했습니다.

**둘째** 부가적인 설명을 통해 어려운 내용도 쉽게 이해할 수 있습니다.

우리 교재는 'PLUS ONE', '참고' 등을 통해 친숙하지 않은 이론 및 개념에 대해서도 쉽게 이해할 수 있도록 하였습니다.

**셋째** 기출문제 및 예상문제를 수록하여 출제경향을 파악할 수 있습니다.

재배학의 내용은 광범위하기에 기출문제를 학습하여 출제범위와 출제경향을 파악할 수 있도록 하였습니다.

**SD에듀**는 독자 여러분의 새로운 도전을 응원하면서 한 권의 책으로써 합격의 솔루션을 제공하기 위해 최선의 노력을 다하고 있습니다. 독자 여러분의 합격을 진심으로 기원합니다.

**집필자 일동**

# 이 책의 구성과 특징

## 이론

기출문제를 분석하여 이론을 완벽하게 정리하였습니다. 광범위한 시험 내용의 A부터 Z까지 핵심을 빠짐없이 학습할 수 있습니다. 방대한 재배학의 모든 이론을 학습하기보다는 시험에 자주 출제되는 부분 위주로 학습하시는 것이 더 효율적입니다.

### CHAPTER 01 재배작물의 개념

#### |01| 작물 재배의 정의 및 특징

(1) 작물의 정의

① 작물이란 인간에 의해 재배되는 식물을 말하며, 인간의 보호와 한다.

② 인간은 작물을 재배하여 의 · 식 · 주에 필요한 재료를 얻는다.

③ 인간에게 이용성 · 경제성이 높아 재배대상이 되는 식물로, 경지

(3) 작물의 특징

① 인간의 이용 목적에 맞게 특수부분이 발달한 일종의 기형식물이다.

참고

재배식물들은 야생의 원형과는 다르게 특수한 부분만 매우 발달하여 원형과 비교하면 기형식물이라 할 수 있다.

및 경제성이 높은 식물이다.
생종과는 차이가 있다.
생에 저항력이 약하다.
에 약하므로 인위적 관리가 수반되어야 한다.
존하고, 작물은 사람에게 의존하는 공생관계이다.
에서 종자는 발아억제물질이 감소되어 휴면성이 약화되었다.

CHAPTER 01 | 재배식물의 개념 **3**

### PART 02 적중예상문제

**CHAPTER 01 | 작물의 품종과 계통**

**01**

작물의 생태종과 생태형에 대한 설명으로 옳은 것은?

11 국가직

① 생태형 내에서 재배유형이 다른 것을 생태종이라 한다.

② 열대자포니카 벼와 온대자포니카 벼는 서로 다른 생태종이다.

③ 춘파형과 추파형은 보리에서 서로 다른 생태종이다.

④ 생태형 간에는 교잡친화성이 높아 유전자교환이 잘 일어나지 않는다.

해설 ② 아시아벼의 생태품종은 인디카(Indica), 열대자포니카(Tropical Japonica), 온대자포니카(Temperate Japonica)로 나누어진다.

① 생태종 내에서 재배유형이 다른 것을 생태형으로 구분한다.

③ 춘파형과 추파형은 보리에서 서로 다른 생태형이다.

④ 생태형 간에는 교잡친화성이 높아 유전자교환이 잘 일어난다.

**02**

품종에 대한 설명으로 옳지 않은 것은?

16 지방직 기출

① 식물학적 종은 개체 간에 교배가 자유롭게 이루어지는 자연집단이다.

② 품종은 작물의 기본단위이면서 재배적 단위로서 특성이 균일한 농산물을 생산하는 집단이다.

③ 생태종 내에서 재배유형이 다른 것을 생태형으로 구분하는데, 생태형끼리는 교잡친화성이 낮아 유전자 교환이 잘 일어나지 않는다.

④ 영양계는 유전적으로 잡종상태라도 영양번식에 의하여 그 특성이 유지되기 때문에 우량한 영양계는 그대로 신품종이 된다.

해설 생태형 사이에는 교잡친화성이 높아 유전자교환이 잘 일어난다.

## 파트별 문제

출제경향에 맞추어 시험에 출제될 가능성이 높은 문제를 수록했습니다. 파트별 학습이 끝나면 스스로 실력을 점검해보고 부족한 부분을 더 집중적으로 학습할 수 있습니다. 문제마다 전문가의 해설을 함께 수록하여 기본문제부터 심화문제까지 확실히 대비할 수 있습니다.

- 노화수분 : 개화성기가 지나서 수분
- 그 밖에 말기수분, 고온처리 또는 전기자극, 고농도의 $CO_2$ 처리 등이 있다.

ⓐ 자가불화합성 원인

| 생리적 원인 | 유전적 원인 |
|---|---|
| • 꽃가루의 발아 · 신장을 억제하는 억제 물질의 존재<br>• 꽃가루관의 신장에 필요한 물질의 결여<br>• 꽃가루관 호흡에 필요한 호흡 기질의 결여<br>• 꽃가루와 암술머리 조직 사이의 삼투압 차이<br>• 꽃가루와 암술머리 조직의 단백질 간의 친화성결여 | • 치사 유전자<br>• 염색체의 수적 · 구조적 이상<br>• 자가불화합성을 유기하는 유전자(이반유전자나 복대립 유전자)<br>• 자가불화합성을 유기하는 세포질 |

🔍 **참고**

이반유전자

불화합성에 관여하는 유전자의 일종이다. 불화합성 인자에는 몇 개의 복대립유전자가 있는데 어떤 접합체와 같은 유전자형을 가진 화분에 의해 수정을 방해하는 대립유전자이다.

② 웅성불임성(雄性不稔性, Male Sterility)

㉠ 유전자작용에 의하여 화분이 형성되지 않거나, 제대로 발육하지 못하여 종자를 만들지 못한다.

## 참고

잘 이해가 안 되신다고요? 헷갈리는 부분을 빠짐없이 이해할 수 있도록 참고사항을 수록하였습니다. 친숙하지 않은 이론이나 개념, 이론에 대하여 추가적으로 알고 있으면 좋은 점 등을 확인하세요.

---

## 플러스원

학습에 깊이를 더하고 싶으신가요? 'PLUS ONE'을 통해 내용 정리를 하고 심화 내용을 학습해보세요. 이론에 더하여 함께 학습하면 어렵고 생소한 시험문제에도 대비할 수 있습니다.

- 배낭모세포가 감수분열을 못 하거나 비정상분열을 거쳐 배를 만들어 일어난다.
- 벼과, 국화과에서 나타난다.

⊕ **PLUS ONE**

단위생식(처녀생식)

- 단위생식을 처녀생식, 단성생식, 단위발생, 단성발생이라고도 한다.
- 난자가 정자와 만나지 않고 단독발생하여 자손을 생성하는 생식법으로 유성생식에 속한다.
- 염색체 수에 따라, 개미 · 벌처럼 반수의 염색체($n$)를 가진 난자가 단위생식으로 발생하는 단성성(單相性) 단위생식과 윤충 · 진딧물 · 깍지벌레 · 물벼룩처럼 배수의 염색체($2n$)를 가진 복상성(複相性) 단위생식으로 구별된다.
  - 꿀벌은 미수정란에서 발생하면 모두 수컷이 되고, 수정란에서 발생하는 것은 모두 암컷이 된다. 다른 벌이나 개미에서도 같은 일이 생긴다.
  - 진딧물은 봄에서 늦가을까지는 단위생식에 의해 암컷만이 생기며, 기온이 낮아지면 장래 수컷을 낳을 암컷과, 암컷을 낳을 암컷이 생긴다.
  - 노린재의 가청벌은 30℃ 이상에서 암컷을 기르면 단위생식에 의해서 암컷이 되고 이것보다 높은 온도에서 기르면 수컷이 된다.
  - 담수산(淡水産)의 윤충도 온난한 동안에는 단위생식으로 암컷이 되지만, 기후가 나빠지면 수컷이 된다.
  - 성게의 알을 부티르산해수로 처리한 후 고장해수(高張海水 ; 해수 50mL + 2.5 N 염화나트륨 8mL)에 25~50분 간 담가두면 단위생식이 일어난다.

---

Level **UP** **이론을 확인하는 문제**

**유전자지도 작성에 대한 설명으로 옳지 않은 것은?**  17 국가직 **기출**

① 연관된 유전자 간 재조합빈도($RF$)를 이용하여 유전자들의 상대적 위치를 표현한 것이 유전자지도이다.

② $F_1$ 배우자(Gamete) 유전자형의 분리비를 이용하여 $RF$값을 구할 수 있다.

③ 유전자 $A$와 $C$ 사이에 $B$가 위치하고, $A-C$ 사이에 이중교차가 일어나는 경우, $A-B$ 간 $RF=r$, $B-C$ 간 $RF=s$, $A-C$ 간 $RF=t$일 때 $r+s<t$이다.

④ 유전자지도는 교배 결과를 예측하여 잡종 후대에서 유전자형과 표현형의 분리를 예측할 수 있으므로 새로 발견된 유전자의 연관분석에 이용될 수 있다.

해설  유전자 $A$와 $C$ 사이에 $B$가 위치하고, $A-C$ 사이에 이중교차가 일어난 경우, $A-B$ 간 $RF=r$, $B-C$ 간 $RF=s$, $A-C$ 간 $RF=t$일 때 $r+s>t$ 이다.

정답  ③

## 이론확인문제

이론 학습이 끝난 후 얼마나 공부가 되었는지 '이론을 확인하는 문제'를 통해 확인해보세요. 학습이 끝난 후 문제를 풀어보며 실력을 점검할 수 있습니다. 또한 상세하고 정확한 해설로 가장 최신의 출제경향을 자신의 것으로 만들어보세요.

# 농촌지도직 공무원 시험안내

※ 시험에 대한 정보는 시행처 사정에 따라 변경될 수 있으므로 수험생 분들은 반드시 응시하려는 해당 시험의 공고를 확인하시기 바랍니다.

## 농촌지도직 공무원의 업무

❶ 농촌지도사업에 대한 장 · 단기 발전계획을 세우고, 농업농가의 발전을 위하여 농기계, 시설사업, 특용작물재배, 농촌연료, 재배기술 등을 조사

❷ 지도사업에 필요한 자료와 통계를 만들고, 홍보교육을 통하여 각종 작물재배방법을 지도하며 신품종 보급

❸ 병충해의 피해를 최소화시키기 위하여 방제적기와 방제법을 보급하고 농약안전사용 지도

❹ 농민과 농촌청소년 또는 농민후계자들을 대상으로 의식개발, 영농기술 및 경영능력 향상, 지도력의 배양을 위하여 전문 교육을 실시하고 농업경영에 따른 개선점 지도

❺ 각종 농업용 기계의 안전사용을 위하여 기계의 구조와 작동원리, 조정방법 교육

❻ 농민들의 건강향상을 위하여 편리하고 위생적인 생활에 대한 교육

## 국가공무원(농촌진흥청) 임용시험 연구직 공무원 시험안내(2022년도 기준)

▶ 선발인원 : 농업연구사 28명

| 직 렬 | 직 류 | 계 | 일 반 | 장애인 구분모집 |
|---|---|---|---|---|
| 농업연구 | 작 물 | 8 | 8 | |
| | 농업환경 | 3 | 3 | |
| | 작물보호 | 5 | 5 | |
| | 농 공 | 2 | 2 | |
| | 원 예 | 6 | 5 | 1 |
| | 축 산 | 4 | 4 | |
| 합 계 | | 28 | 27 | |

▶ 시험과목 : 필수 7과목

| 직 렬 | 직 류 | 1차 시험과목 | 2차 시험과목 |
|---|---|---|---|
| 농업연구 | 작 물 | 국어(한문포함), 영어(영어능력 검정시험 대체), 한국사(한국사능력 검정시험 대체) | 분자생물학, 재배학, 실험통계학, 작물생리학 |
| | 농업환경 | | 식물영양학, 토양학, 농업환경화학, 실험통계학 |
| | 작물보호 | | 식물병리학, 재배학, 작물보호학, 실험통계학 |
| | 농 공 | | 물리학개론, 농업기계학, 농업시설공학, 응용역학 |
| | 원 예 | | 작물생리학, 재배학, 원예학, 실험통계학 |
| | 축 산 | | 축산식품가공학, 가축사양학, 가축번식학, 가축육종학 |

※ 작물보호직류 2차 시험과목이 2024년부터 식물병리학 및 잡초학, 재배학, 농업해충학 및 농약학, 실험통계학으로 변경될 예정입니다.

# INFORMATION

## 지방공무원 임용시험 공무원 시험안내(2022년도 기준)

### ▶ 농촌지도사 응시조건 및 공채공통과목

| 구 분 | None | A형 | B형 | C형 | D형 | E형 |
|---|---|---|---|---|---|---|
| 응시조건 | – | 관련분야 전문대 이상 졸업자 ※ 전문대학 포함 | 관련분야 전공 졸업자 ※ 전문대학 제외 | 관련분야 석사이상 | 학교장의 추천 | 거주지 제한 없음 |
| 공채 공통과목 | 국어(한문 포함)/영어(대체 공고문 확인)/한국사(대체 공고문 확인) | | | | | |

### ▶ 농촌지도사 공개채용정보 | 시험과목 : 필수 7과목('영어'와 '한국사'는 '능력검정시험'으로 대체됨)

| 주관처 | 구 분 | 직 류 | 채 용 | 응시조건 | 시험과목 |
|---|---|---|---|---|---|
| 경상북도 | 농촌지도사 | 농업직 | 42명 | None | 공통 + 생물학개론, 재배학, 작물생리학, 농촌지도론 |
| | | 원예직 | 11명 | | 공통 + 생물학개론, 재배학, 원예학, 농촌지도론 |
| | | 축산직 | 4명 | | 공통 + 생물학개론, 가축사양학, 가축번식학, 농촌지도론 |
| | | 농업기계직 | 2명 | | 공통 + 물리학개론, 농업기계학, 농업시설공학, 농촌지도론 |
| | | 농촌생활 | 1명 | | 공통 + 생활과학학, 농촌사회학, 식품영양학, 농촌지도론 |

### ▶ 농촌지도사 경력채용정보

| 주관처 | 구 분 | 직 류 | 채 용 | 응시조건 | 시험과목 |
|---|---|---|---|---|---|
| 강원도 | 농촌지도사 | 농업직 | 17명 | A+D | 재배학, 작물생리학, 농촌지도론 |
| | | 원예직 | 3명 | A+D | 재배학, 원예학, 농촌지도론 |
| 충청북도 | | 농업직 | 11명 | A+D | 재배학, 작물생리학, 농촌지도론 |
| | | 원예직 | 2명 | A+D | 재배학, 원예학, 농촌지도론 |
| | | 축산직 | 1명 | A+D | 축산학개론, 가축사양학, 농촌지도론 |
| 충청남도 | | 농업직 | 21명 | A+D | 재배학, 작물생리학, 농촌지도론 |
| | | 원예직 | 6명 | A+D | 재배학, 원예학, 농촌지도론 |
| 전라북도 | | 농업직 | 18명 | A+D | 재배학, 작물생리학, 농촌지도론 |
| | | 원예직 | 5명 | A+D | 재배학, 원예학, 농촌지도론 |
| | | 축산직 | 4명 | A+D | 축산학개론, 가축사양학, 농촌지도론 |

# 농촌지도직 공무원 시험안내

| | | | | | |
|---|---|---|---|---|---|
| 전라남도 | 농촌지도사 | 농업직 | 23명 | 관련기사 이상 | 재배학, 작물생리학, 택 1(토양학, 작물육종학, 작물보호학, 농촌지도론) |
| | | 원예직 | 2명 | 관련기사 이상 | 재배학, 원예학, 농촌지도론 |
| | | 축산직 | 1명 | 관련기사 이상 or 수의사 | 축산학개론, 가축사양학, 농촌지도론 |
| | | 농업기계 | 4명 | 관련기사 이상 | 물리학개론, 농업동력학, 농촌지도론 |
| | | 농촌생활 | 2명 | 평생교육사 1급~2급 or 위생사 또는 영양사 취득 후 3년 이상 근무경력 or 관련기사 | 생활과학학, 농촌사회학, 식품영양학 |
| 경상남도 | | 농업직 | 19명 | A+D | 재배학, 작물생리학, 농촌지도론 |
| 제주시 | | 원예직 | 2명 | A+D | 재배학, 원예학, 작물생리학 |
| | | 농촌생활 | 1명 | A+D | 생활과학학, 농촌사회학, 농촌지도론 |

## 시험방법

▶ **제1 · 2차 시험(병합실시)** : 선택형 필기시험(매 과목 100점 만점, 사지선다형, 각 과목당 20문항)
▶ **제3차 시험** : 면접시험

## 접수방법

▶ **국가공무원** : 농촌진흥청 홈페이지(rda.go.kr)에서 인터넷 접수 가능
▶ **지방공무원** : 자치단체통합 인터넷원서접수센터(local.gosi.go.kr)에서 인터넷 접수 가능

## 영어능력검정시험 성적표 제출

| 대상 시험 및 기준 점수 | 토플(TOEFL) | | 토익 (TOEIC) | 텝스 (TEPS) | 지텔프 (G-TELP) | 플렉스 (FLEX) |
|---|---|---|---|---|---|---|
| | PBT | IBT | | | | |
| 일반 | 530 | 71 | 700 | 340 | 65(Level 2) | 625 |
| 청각2 · 3급 | 352 | – | 350 | 204 | – | 375 |

# INFORMATION

## 🌱 가산특전

### ▶ 자격증 소지자

- 직렬 공통으로 적용되었던 통신 · 정보처리 및 사무관리분야 자격증 가산점은 2017년부터 폐지되었습니다.
- **직렬별로 적용되는 가산점** : 국가기술자격법령 또는 그 밖의 법령에서 정한 자격증 소지자가 해당 분야에 응시할 경우 필기시험의 각 과목 만점의 40% 이상 득점한 자에 한하여 각 과목별 득점에 각 과목별 만점의 일정비율에 해당하는 점수를 가산합니다(채용분야별 가산대상 자격증의 종류는 「연구직 및 지도직공무원의 임용 등에 관한 규정」 별표 7 참조).
- **가산비율** : (기술사, 기능장, 기사) 5%, (산업기사) 3%

### ▶ 연구직 공무원 채용시험 가산대상 자격증

| 직렬 | 직류 | 「국가기술자격법」에 따른 자격증 | 그 밖의 법령에 따른 자격증 |
|---|---|---|---|
| 농업연구 | 작물 | • 기술사 : 종자, 시설원예, 농화학, 식품<br>• 기사 : 종자, 시설원예, 식물보호, 토양환경, 식품, 바이오화학제품 제조, 유기농업, 화훼장식<br>• 산업기사 : 종자, 식물보호, 농림토양평가관리, 식품, 유기농업 | - |
| | 작물보호 | • 기술사 : 종자, 시설원예, 농화학, 식품<br>• 기사 : 종자, 시설원예, 식물보호, 토양환경, 식품, 바이오화학제품 제조, 유기농업, 화훼장식<br>• 산업기사 : 종자, 식물보호, 농림토양평가관리, 식품, 유기농업 | - |
| | 원예 | • 기술사 : 종자, 시설원예, 농화학, 조경, 식품<br>• 기사 : 종자, 시설원예, 식물보호, 토양환경, 조경, 식품, 바이오화학 제품제조, 유기농업, 화훼장식<br>• 산업기사 : 종자, 식물보호, 농림토양평가관리, 조경, 식품, 유기농업 | - |

※ 참고 : 「연구직 및 지도직공무원의 임용 등에 관한 규정」 별표 7

### ▶ 지도직 공무원 채용시험 가산대상 자격증

| 직렬 | 직류 | 「국가기술자격법」에 따른 자격증 | 그 밖의 법령에 따른 자격증 |
|---|---|---|---|
| 농촌지도 | 농업 | • 기술사 : 종자, 시설원예, 농화학, 식품<br>• 기사 : 종자, 시설원예, 식물보호, 토양환경, 식품, 바이오화학제품 제조, 유기농업, 화훼장식<br>• 산업기사 : 종자, 식물보호, 농림토양평가관리, 식품, 유기농업 | - |
| | 원예 | • 기술사 : 종자, 시설원예, 농화학, 조경, 식품<br>• 기사 : 종자, 시설원예, 식물보호, 토양환경, 조경, 식품, 바이오화학 제품제조, 유기농업, 화훼장식<br>• 산업기사 : 종자, 식물보호, 농림토양평가관리, 조경, 식품, 유기농업 | - |

※ 참고 : 「연구직 및 지도직공무원의 임용 등에 관한 규정」 별표 7

# 농촌지도직 공무원 시험안내

## 응시자격

▶ **응시연령** : 20세 이상

▶ **학력 및 경력** : 제한 없음

▶ **응시결격사유 등** : 최종시험 시행예정일(면접시험 최종예정일) 현재를 기준으로 「국가공무원법」 제33조의 결격사유에 해당하거나, 동법 제74조(정년)에 해당하는 자 또는 「공무원임용시험령」 등 관계법령에 의하여 응시자격이 정지된 자는 응시할 수 없음

### 국가공무원법 제33조(결격사유)

- 피성년후견인 또는 피한정후견인
- 파산선고를 받고 복권되지 아니한 자
- 금고 이상의 실형을 선고받고 그 집행이 종료되거나 집행을 받지 아니하기로 확정된 후 5년이 지나지 아니한 자
- 금고 이상의 형을 선고받고 그 집행유예 기간이 끝난 날부터 2년이 지나지 아니한 자
- 금고 이상의 형의 선고유예를 받은 경우에 그 선고유예 기간 중에 있는 자
- 법원의 판결 또는 다른 법률에 따라 자격이 상실되거나 정지된 자
- 공무원으로 재직기간 중 직무와 관련하여 「형법」 제355조 및 제356조에 규정된 죄를 범한 자로서 300만원 이상의 벌금형을 선고받고 그 형이 확정된 후 2년이 지나지 아니한 자
- 「형법」 제303조 또는 「성폭력범죄의 처벌 등에 관한 특례법」 제10조에 규정된 죄를 범한 사람으로서 300만원 이상의 벌금형을 선고받고 그 형이 확정된 후 2년이 지나지 아니한 사람(2019.4.16. 이전에 발생한 행위에 적용)
- 「성폭력범죄의 처벌 등에 관한 특례법」 제2조에 규정된 죄를 범한 사람으로서 100만원 이상의 벌금형을 선고받고 그 형이 확정된 후 3년이 지나지 아니한 사람(2019.4.17. 이후에 발생한 행위에 적용)
- 미성년자에 대하여 「성폭력범죄의 처벌 등에 관한 특례법」 제 2조에 따른 성폭력범죄, 「아동 · 청소년의 성보호에 관한 법률」 제2조 제2호에 따른 아동 · 청소년 대상 성범죄를 저질러 파면 · 해임되거나 형 또는 치료감호를 선고받아 그 형 또는 치료감호가 확정된 사람(집행유예를 선고받은 후 그 집행유예기간이 경과한 사람을 포함)
- 징계로 파면처분을 받은 때부터 5년이 지나지 아니한 자
- 징계로 해임처분을 받은 때부터 3년이 지나지 아니한 자

### 국가공무원법 제74조(정년)

- 공무원의 정년은 다른 법률에 특별한 규정이 있는 경우를 제외하고는 60세로 한다.
- 공무원은 그 정년에 이른 날이 1월부터 6월 사이에 있으면 6월 30일에, 7월부터 12월 사이에 있으면 12월 31일에 각각 당연히 퇴직된다.

# PART 01

# 재배개론

# 재배작물의 개념

## |01| 작물 재배의 정의 및 특징

### (1) 작물의 정의

① 작물이란 인간에 의해 재배되는 식물을 말하며, 인간의 보호와 관리하에 있는 식물을 농업상 작물이라 한다.
② 인간은 작물을 재배하여 의·식·주에 필요한 재료를 얻는다.
③ 인간에게 이용성·경제성이 높아 재배대상이 되는 식물로, 경작식물 또는 재배식물이라고도 한다.

### (2) 재배(栽培), 경종(耕種)의 정의

① 인간이 경지를 이용하여 작물을 기르고 수확을 올리는 경제적 행위이다.
② 경작(Cultivation), 재배(Cultivation), 경종(Agronomy)은 같은 의미로서 유전학적 변화 유무와 관계없이 식물의 생장환경을 조작하는 행위(경지정리, 파종, 잡초제거, 수확, 저장 등)를 포괄하는 경제적·문화적 행위로 사용된다.

### (3) 작물의 특징

① 인간의 이용 목적에 맞게 특수부분이 발달한 일종의 기형식물이다.

> 🔍참고
>
> 재배식물들은 야생의 원형과는 다르게 특수한 부분만 매우 발달하여 원형과 비교하면 기형식물이라 할 수 있다.

② 의식주에 필요한 이용성 및 경제성이 높은 식물이다.
③ 재배환경에 순화되어 야생종과는 차이가 있다.
④ 야생식물보다 재해에 대한 저항력이 약하다.
⑤ 야생식물에 비해 생존경쟁에 약하므로 인위적 관리가 수반되어야 한다.
⑥ 사람은 작물의 생존에 의존하고, 작물은 사람에게 의존하는 공생관계이다.
⑦ 야생식물의 작물화 과정에서 종자는 발아억제물질이 감소되어 휴면성이 약화되었다.

## (4) 재배의 특징

① 생산적 특징
　㉠ 유기생명체를 다루며 토지는 중요한 생산수단이다.
　㉡ 지력은 농업생산의 기본요소이다.
　㉢ 수확체감의 법칙, 토지의 분산상태, 토지 소유제도 등이 영향을 미치고 있다.
　㉣ 재배는 자연환경의 영향을 크게 받고 노동의 수요공급이 연중 균일치 못하다.
　㉤ 자본회전이 늦고, 생산조절이 곤란하며, 분업적 생산이 어렵다.
　㉥ 모암과 강우로 인해 토양이 산성화되기 쉽다.

② 유통적 특징
　㉠ 농산물은 가격변동이 심하다.
　㉡ 농산물은 가격에 비해 중량과 부피가 커서 수송비가 많이 드는 경향이 있다.
　㉢ 농산물은 변질 위험이 크고 생산이 소규모이며, 분산적이어서 거래에 있어 중간상의 역할이 크다.

③ 소비적 특징
　㉠ 농산물은 공산품에 비해 수요·공급의 탄력성이 적고 가격변동성이 매우 크다.
　㉡ 소득증대에 따른 수요의 증가가 공산품처럼 현저하지 못하다.

---

**PLUS ONE**

우리나라 재배의 특색
- 호당 경지규모가 매우 적고, 전업농가가 대부분이다.
- 농용지 중에서 초지가 적으며, 지력이 낮은 편이다.
- 토지이용률이 낮으며, 농업기계화 정도가 낮다.
- 윤작이 발달하지 못하였으며, 영세경영의 다비농업이다.
- 사계절이 비교적 뚜렷하고 기상재해가 높은 편이다.
- 쌀을 제외한 곡물과 사료를 포함한 전체 식량자급률이 낮다.
- 주곡 위주의 농업이고, 축산의 비중이 낮다.
- 양곡도입량이 많고, 농산물의 국제경쟁력이 약하다.
- 작부체계와 초지농업이 모두 발달하지 못하였다.

## (5) 작물의 생산량이론(수량 삼각형)

**작물의 수량 삼각형**

① 작물생산량은 재배작물의 환경조건, 유전성, 재배기술이 좌우한다.
② 작물수량은 환경, 유전성, 기술의 세 변으로 구성된 삼각형 면적으로 표시된다.
③ 최대수량의 생산은 좋은 환경과 유전성이 우수한 품종, 적절한 재배기술이 필요하다.
④ 작물수량의 삼각형에서 삼각형의 면적은 생산량을 의미한다.
⑤ 면적의 증가는 재배환경·유전성·재배기술의 세 변이 균형 있게 발달하여야 한다.
⑥ 삼각형의 두 변이 잘 발달하였더라도 한 변이 발달하지 못하면 면적은 작아지게 되고, 여기에는 최소율의 법칙이 적용된다.
⑦ 우수한 유전성을 지닌 작물의 품종을 육성하여 더욱 양호한 재배환경을 조성하고 작물의 생육이 더욱 잘되게 여러 가지 재배기술을 적용할 때 최대의 수량을 얻을 수 있다.

**PLUS ONE**

**작물별 수량구성요소**

| | |
|---|---|
| 화곡류 | 단위면적당 수수, 1수 영화수, 등숙률, 1립중 |
| 과 실 | 나무당 과실수, 과실의 무게(크기) |
| 뿌리작물 | 단위면적당 식물체수, 식물체당 덩이뿌리(덩이줄기)수, 덩이뿌리(덩이줄기)의 무게 |
| 성분을 채취하는 작물 | 단위면적당 식물체수, 성분 채취부위의 무게, 성분 채취부위의 함량 |

재배와 작물의 특징에 대한 설명으로 가장 옳지 않은 것은?

① 재배는 토지를 생산수단으로 하며, 유기생명체를 다룬다.

② 재배는 자연환경의 영향이 크지만 분업적 생산이 용이하다.

③ 작물은 일반식물에 비해 이용성이 높은 식물이다.

④ 작물은 경제성을 높이기 위한 일종의 기형식물이다.

**해설** 재배는 생명체를 대상으로 하므로 자연환경의 제약을 받아 자본회전이 늦고, 생산조절이 곤란하며 노동 수요의 불균형, 분업이 곤란함 등의 여러 문제가 있다.

**정답** ②

# |02| 재배의 기원 및 발상지

## (1) 재배의 기원

① 원시시대 생활

ㄱ 원시축산의 시작 : 인구가 늘고 수렵 가능한 동물이 적어짐에 따라 야생식물을 기르는 일부터 시작되었다.

ㄴ 원시농경의 발생 : 인구가 증가하고, 유목생활 만으로는 식량의 안정적 공급이 어려워짐에 따라 식물 중 이용 가치가 높은 것을 근처에 옮겨 심거나 씨를 뿌려 가꾸는 방법을 알면서 원시농업이 시작되었다.

② 농경의 발생시기

ㄱ 어업과 목축업의 발생 : 1만 2천 년~2만 년 전 중석기시대에 시작된 것으로 추정하고 있다.

ㄴ 농경의 발생 : 1만 년~1만 2천 년 전 신석기시대로 추정하고 있다.

## (2) 농경의 발상지

① 큰 강 유역설(De Candolle의 학설, 1884년)

ㄱ 주기적인 강의 범람으로 토지가 비옥해지는 큰 강 유역은 원시농경의 발상지로 추정하였다.

ㄴ 중국의 황하(黃河)나 양자강 유역, 메소포타미아 지방의 유프라테스강 유역, 나일강 유역의 이집트 문명 등이 실제 고대농업과 문명의 발생지이다.

② 산간부설(N.T. Vavilov의 학설, 1926년)

　㉠ 기후가 온화한 산간부 중턱에서 관개수를 쉽게 얻을 수 있는 곳을 최초 발상지로 추정하였다.

　㉡ 멕시코 농경의 시작은 산간부에서 옥수수, 강낭콩, 호박 등의 작물이 재배되면서 시작하여 점차 큰 강 하류로 전파되었다.

③ 해안지대설(P. Dettweiler의 학설, 1914년)

　㉠ 기후가 온화하고 토지가 비옥하며, 토양수분도 넉넉할 뿐만 아니라 어로도 편리한 해안지대를 원시 농경의 발상지로 추정하였다.

　㉡ 북부유럽과 일본의 해안지대에서 농경 시작의 흔적이 있다.

## Level UP 이론을 확인하는 문제

다음 황하, 양자강 및 나일강 유역 등을 대표적 농경의 발상지로 보았던 사람의 이름은?

① De Candolle

② H.J.E. Peake

③ P. Dettweiler

④ N.T. Vavilov

해설　① De Candolle : 큰 강 유역이 농경의 발상지라고 하였다.
　　② H.J.E. Peake : 농경의 발생을 신석기시대로 추정한다.
　　③ P. Dettweiler : 해안지대가 농경의 발상지라고 하였다.
　　④ N.T. Vavilov : 산간부가 농경의 발상지라고 하였다.

정답　①

## |03| 재배의 발달

### (1) 식물영양의 학설 및 발달

① Thales(B.C. 624~546년)

  ㉠ 식물은 필요한 양분을 물에서 얻는다고 주장하였다.

  ㉡ 16세기까지는 지배적 견해였다.

② Aristoteles(B.C. 384~322년)

  ㉠ 식물이 필요한 양분을 토양 중 유기물로부터 얻는다는 유기물설 또는 부식설(腐植說)을 내세웠다.

  ㉡ Wallerius와 Thaer 등에 의해 신봉되었다.

③ Tull(1674~1740년) : 토양입자 그 자체가 뿌리에 흡수되어 식물조직으로 변한다고 하였다.

④ Boussingault(1838년) : 콩과작물이 공중질소를 고정한다는 사실을 처음 밝혔다.

⑤ Liebig(1840년)

  ㉠ 무기영양설(광물질설) : 식물의 필수양분이 부식보다는 무기물이라는 견지에서 광물질설을 주장하였다.

  ㉡ 무기영양설을 기초로 인조비료의 합성 및 수경재배가 창시되었다.

  ㉢ 최소율법칙 : 식물의 생육은 필요한 인자 중에서 가장 소량 존재하는 양분이 지배한다는 학설로, 처음에는 무기비료성분에 적용하였으나 현재는 작물생육에 영향을 끼치는 모든 인자에 확대 적용한다.

⑥ Hellriegel(1886년) : 근류균(뿌리혹박테리아)과 콩과작물 간의 관계를 설명하였다.

⑦ Salfeld(1888년) : 콩과작물은 전에 생육하였던 토양으로 옮기면 생육이 더 좋아진다는 것을 증명했다.

⑧ Beijerinck과 Prazmowski(1888년) : 근류(뿌리혹)가 세균임을 밝히고 세균의 순수배양에 성공하였다.

⑨ Nobbe와 Hiltner(1890년) : 콩과작물 근류균(뿌리혹박테리아)의 인공접종법을 개발하였다.

⑩ Winogradsky(1893년) : 질소고정 미생물 Clostridium을 발견하였다.

⑪ Beijerinck(1901년) : 질소고정 미생물 Azotobacter를 발견하였다.

### (2) 작물개량의 발전

① R.J. Camerarius(1691년) : 식물에도 암수 구별이 있다는 것을 처음 밝히고, 시금치, 삼, 호프, 옥수수 등의 성에 관하여 기술하였다.

② J.G. Koelreuter(1761년)

  ㉠ '식물의 성에 관한 실험과 관찰'을 출간하였다.

  ㉡ 교잡에 의해서 잡종을 얻는 데 성공하였고, 교잡에 의한 작물개량의 가능성을 처음 밝혔다.

③ C.R. Darwin(1809~1882년) : 1859년 '종의 기원'을 발표하며, 진화론(Theory of Evolution)에서 획득형질이 유전한다고 주장하였다.

④ G.J. Mendel(1822~1884년) : 완두의 교잡실험을 통한 유전법칙(멘델의 법칙)의 발표로 현대 유전학의 기초를 이루었다.

⑤ Weismann(1834~1914년) : 진화론에 반론을 펴고, 획득형질은 유전되지 않음을 증명하였다[용불용설 (用不用說)을 부정].

⑥ Johannsen(1903년)

　㉠ '순계설(純系說, Pure Line Theory)'을 발표하여 순계는 환경에 의한 변이가 나타나도 유전하지 않는다. 즉, 순계 내에서는 선발의 효과가 없다고 하였다.

　㉡ 자식성 작물(自殖性作物)의 순계도태에 의한 품종개량에 이바지하였다.

⑦ De Vries(1901~1903년) : 1901년 달맞이꽃 연구에서 돌연변이(突然變異, Mutation)를 발견하고 '돌연변이설(Mutation Theory)'를 발표하여 품종개량에 기여하였다.

⑧ T.H. Morgan(1908년) : 초파리 실험으로 반성유전(伴性遺傳)을 발견하였다.

⑨ Muller(1927년) : $X$선에 의해 돌연변이가 발생하는 것을 발견하였고, 이후 돌연변이 연구가 크게 발전하였다.

## (3) 작물보호의 발전

① 병원 미생물의 발견에 관한 연구

　㉠ A. Van Leeuwenhoek(1660년) : 현미경을 발명하여 박테리아를 발견하였으며 이로써 미생물의 존재를 알게 되었다.

　㉡ L. Pasteur(1822~1895년) : 생명의 자연발생설을 부정하고 병원균설(Germ Theory)을 주장하였다. 그 후 식물병에 대한 과학적 방제가 시작되었다.

　㉢ Berkley(1846년) : 곰팡이에 의해 감자가 부패한다고 주장하였다.

② 곤충의 매개에 의해 병이 발생한다는 연구

　㉠ Smith와 Kilboume(1891년) : 소의 가축열병의 원인균이 진드기에 의해서 매개된다고 하였다.

　㉡ Waite(1891년) : 배의 화상병이 벌에 의해 매개됨을 발견하였고, 식물의 병이 곤충에 의해서 전염된다는 것을 처음 증명하였다.

③ Millardet(1882년) : 석회보르도액(살균제)이 포도의 노균병에 유효함을 발견하였다.

## (4) 생장조절 및 잡초방제 연구 발전

① C.R. Darwin(1880년) : 식물의 굴광성(屈光性)을 관찰하고, 식물생장조절물질의 존재를 시사했다.

② Kurosawa(1926년) : 벼 키다리병의 원인물질이 병원균의 대사산물임을 밝히고 지베렐린(Gibberellin)으로 명명했다.

③ Went(1928년) : 귀리의 어린줄기 선단에서 식물생장조절물질의 존재를 확인하였다. Koegl은 이 물질의 본체가 옥신(Auxin)임을 밝혀냈다.

④ R. Gane(1930년) : 식물의 성숙을 촉진하는 에틸렌(Ethylene)이 확인되었다.

⑤ Pokorny(1941년) : 최초의 화학적 제초제 2,4-D를 합성하면서 화학약제를 이용한 제초기술이 급속히 발전하였다.

⑥ C.O. Miller와 F. Skoog(1955년) : 정어리의 정자 DNA에서 세포분열을 촉진하는 시토키닌(Cytokinin)류의 키네틴(Kinetin)을 발견하였다.

⑦ 오오쿠마(大熊), J.W. Cornforth(1963년) : 휴면을 유도하는 아브시스산(Abscissic Acid, ABA)이 발견되었다.

## (5) 재배형식의 발전

① 소경(疎耕)
  ㉠ 약탈농업에 가까운 원시적 재배형식이다.
  ㉡ 파종 후 비배관리 등을 별로 하지 않고 수확하며, 토지가 척박해지면 이동하면서 재배하는 형식이다.

② 식경(殖耕)
  ㉠ 식민지 또는 미개지에서의 기업적 농업형태이다.
  ㉡ 넓은 토지에 한 작물만을 경작하는 농업형태로 가격변동에 매우 예민하다.
  ㉢ 주로 커피, 고무나무, 담배, 차, 사탕수수, 야자, 코코아, 마닐라삼 등이 대상작물이다.

③ 곡경(穀耕)
  ㉠ 넓은 면적에서 곡류 위주로 기계화를 통한 대규모 곡물을 생산하는 재배형태이다.
  ㉡ 미국, 캐나다, 오스트레일리아의 밀재배, 동남아의 벼재배, 미국의 옥수수재배 등이 있다.

④ 포경(包耕)
  ㉠ 사료작물과 식량작물을 서로 균형 있게 재배하는 형식이다.
  ㉡ 사료로써 콩과작물의 재배, 가축의 분뇨 등에 의한 지력 유지가 가능하다.

⑤ 원경(園耕)
  ㉠ 원예 또는 원예적 농경이란 뜻으로 가장 집약적 재배방식이다.
  ㉡ 보온육묘, 관개, 시비 등이 발달된 형태이다.
  ㉢ 원예지대나 도시근교에서 근교농업으로 원예작물을 재배하는 형태이다.

## (6) 정밀농업

① 배 경
  정밀농업은 미국이 20세기에 주도했던 녹색혁명이 21세기부터 한계에 부딪히면서 등장했다. 미국 환경학자 레스터 브라운은 1960~1970년대에 화학비료와 농기계의 상업화로 식량 대량생산시대가 열릴 것으로 예상했고, 실제로 식량 생산은 크게 증가했다. 하지만 1990년대에 이르러 환경문제와 생산량이 감소하면서 지속 가능한 농업의 필요성이 제기되기 시작했다.

② 개 념
  ㉠ '정확한 시간에 정확한 장소에 정확한 처리를 하는 것'으로 토양의 특성과 작물 생육 특성에 맞는 최적화된 방식의 처리를 강조하는 것을 말한다.
  ㉡ 정밀농업은 ICT 기술을 이용해 작물 재배에 영향을 미치는 요인에 관한 정보를 수집하고, 정밀 분석을 통해 불필요한 농자재 및 작업을 최소화하면서 작물 생산 관리의 효율을 최적화하는 시스템이다.

③ 정밀농업 4단계

   ⊙ 1단계(관찰) – 기초 정보를 수집해서 센서 및 토양 지도를 만들어 낸다.

   ⓒ 2단계(처방) – 센서 기술로 얻은 정보를 기반으로 농약과 비료의 알맞은 양을 결정해 정보처리분석
      기술로 이용한다.

   ⓒ 3단계(농작업) – 최적화된 정보에 따라 필요한 양의 농자재와 비료를 투입한다.

   ⓔ 4단계(피드백) – 모든 농작업을 마치고 기존의 수확량과 비교하며 데이터를 수정 보완하여 축적한다.

---

**PLUS ONE**

친환경농업 및 기술
- 농업과 환경을 조화시켜 농업생산을 지속가능하게 하는 농업이다.
- 농업생산의 경제성을 확보하고 환경보존과 농산물의 안전성을 추구하는 농업이다.
- 농업생태계의 물질순환시스템과 작부체계 등을 활용한 고도의 농업기술이다.
- 작물포장의 지력 차이를 고려하여 변량시비를 한다.
- 지역의 기후와 토양에 잘 적응한 작물을 재배한다.
- 침식 및 잡초방제를 위하여 피복작물을 재배한다.

---

**Level UP 이론을 확인하는 문제**

작물의 개량에 기여한 사람과 그의 학설을 바르게 연결한 것은?    18 지방직 기출

① C.R. Darwin – 용불용설

② T.H. Morgan – 순계설

③ G.J. Mendel – 유전법칙

④ W.L. Johannsen – 돌연변이설

해설 ③ G.J. Mendel이 완두콩을 이용한 교배실험을 통해서 밝혀낸 유전법칙으로 1865년에 처음 발표되어 유전
    학을 만들어 내는 계기가 되었다.
   ① C.R. Darwin(1809~1882) : 1859년 '종의 기원'을 발표하며 진화론(進化論, Theory of Evolution)을 주장하
    였다.
   ② T.H. Morgan : 1908년 초파리 실험으로 반성유전(伴性遺傳)을 발견하는 등 유전학을 크게 발전시켰다.
   ④ W.L. Johannsen : '순계설(純系說, Pure Line Theory)'을 발표하여 자식성작물의 품종개량에 이바지하였다.

정답 ③

## |04| 작물의 기원과 발달

### (1) 작물의 기원

① 현재 재배되는 작물들은 야생종으로부터 순화, 발달된 것이 대부분이며, 어떤 작물의 야생하는 원형식물을 그 작물의 야생종이라 한다.

② 작물의 기원은 야생식물로부터 분화되고 발달된 것이다.

③ 식물종은 고정되어 있지 않고 다른 종으로 끊임없이 변화되어 간다.

  ㉠ 고구마, 감자의 재배종은 야생종보다 뿌리나 덩이줄기가 더 발달하였다.

  ㉡ 수단그라스의 재배종은 야생종보다 청산의 함량이 매우 적다.

### (2) 작물의 분화

① 분화와 진화

  ㉠ 분화 : 작물이 원래의 것과 다른 여러 갈래의 것으로 갈라지는 현상을 말한다.

  ㉡ 진화 : 분화의 결과로 점차 높은 단계로 발달해 가는 현상을 말한다.

② 분화과정 : 작물의 분화는 유전적 변이 → 도태 → 적응(순화) → 고립(품종)의 4단계로 이루어진다.

  ㉠ 유전적 변이(Heritable Variation)

   • 분화과정의 첫 단계로 자연교잡, 돌연변이에 의한 새로운 유전형이 생기는 것이다.

   • 식물은 자연교잡과 돌연변이에 의해 자연적으로 유전적 변이가 발생한다.

  ㉡ 도태(淘汰), 적응(適應), 순화(馴化)

   • 새로 생긴 새로운 유전형 중 환경 또는 생존경쟁에서 견디지 못하고 사멸하는 것을 도태라고 하고 견디어내는 것을 적응이라 한다. 순화는 환경에 적응하여 특성이 변화된 것이다.

   • 새로운 유전형이 환경에 오래 생육하면 더 잘 적응하는 순화의 단계에 들어가게 된다.

  ㉢ 고립(孤立, 격리, 격절) : 분화의 마지막 과정으로 성립된 적응형이 유전적 안정상태를 유지하려면, 유전형들 사이의 유전적 교섭이 발생하지 않아야 하는데, 이를 고립 또는 격리라고 한다. 즉, 고립이란 성립된 적응형들이 유전적인 안정상태를 유지하는 것(품종)이다.

   • 지리적 고립 : 지리적으로 떨어져 상호 간 유전적 교섭이 방지되는 것이다.

   • 생리적 고립 : 개화시기의 차이, 교잡불임 등의 생리적 원인에 의해서 동일장소에서도 유전적 교섭이 방지되는 것으로, 가장 본질적이다.

   • 인위적 고립 : 유전적 순수성 유지를 위하여 인위적으로 다른 유전형과의 교섭을 방지하는 것이다.

③ 재배밀의 분화

      ⊙ 일본의 기하라(木原)는 서로 다른 종의 밀의 교배로 얻은 잡종에서 염색체의 기본수를 발견하고, 이 염색체군을 게놈(Genome)으로 정의했다.

      ⓒ 재배밀은 23종으로 염색체 수 14개의 1립계, 염색체 수 28개의 2립계, 28개의 티모피비계, 염색체 수 42개의 보통계로 구분된다.

      ⓒ 빵밀은 가장 널리 재배되며, 보통계 6배체($AABBDD$)인 Triticum Aestivum이다.

      ⓒ 보통계 밀이 전체 생산량의 90% 이상을 차지한다.

      ⓒ 2립계 듀럼밀은 스파게티 제조에 알맞다.

      ⓑ 1립계와 2립계 엠머밀 및 티모피비계 밀은 특수지역에서만 소규모로 재배한다.

**＋ PLUS ONE**

### 재배밀의 분류와 주요 특성

| 분 류 | 게놈조성 | 염색체 수 | 배수성 | 비 고 |
|--------|---------|---------|--------|-------|
| 1립계 | $AA$ | 14 | 2배체 | 특수 지역에서만 재배됨 |
| 2립계 | $AABB$ | 28 | 이질4배체 | 엠머밀, 아카로니밀, 듀럼밀 등 |
| 티모피비계 | $AAGG$ | 28 | 이질4배체 | 티모피비밀 등 |
| 보통계 | $AABBDD$ | 42 | 이질6배체 | 전 생산량의 90% 이상을 차지 |

Level **UP** 이론을 확인하는 문제

**자연교잡이나 돌연변이에 의하여 생긴 유전자형 중에서 환경이나 생존경쟁에 견디지 못하는 현상은?**

① 선 발           ② 적 응

③ 도 태           ④ 순 화

해설 도태 : 새로 생긴 유전자형 중에서 환경이나 생존경쟁에 견디지 못하는 것은 멸망하여 없어진다.

정답 ③

# |05| 작물의 원산지

## (1) 캔돌레(A.P. de Candolle) 연구

① 작물의 야생종 분포를 탐구하고 고고학, 사학, 언어학 등에 표기된 사실(史實), 전설(傳說), 구기(舊基) 등을 참고하여 작물의 발상지, 재배연대, 내력 등을 밝혀 '재배식물의 기원'을 저술하였다.

② 작물의 원산지를 구세계(舊世界) 199종, 신세계(新世界) 45종, 아프리카 2종, 일본 2종으로 주장하였다.

> **📑 참고**
>
> 어떤 작물이 최초로 발생하였던 지역을 원산지라 하고, 원산지로부터 타지역으로 전파되는 과정을 지리적 기원이라 한다.

## (2) 바빌로프(N.I. Vavilov)의 연구

① 전 세계의 농작물과 그들의 근연식물들을 수집하여 분화식물을 지리학적 방법으로 연구하고 유전자중심설을 제안하였다.

② 유전자중심설(遺傳子中心說, Gene Center Theory)

　　㉠ 지리적 미분법이라는 방법으로 식물의 유연관계를 분석하여 식물의 원산지를 추정하였다.

　　㉡ 농작물의 발생중심지에는 변이가 다수 축적되어 있고 유전적으로 우성형질을 보유하는 형이 많다는 이론이다.

　　㉢ 특 징

　　　• 재배식물의 기원지를 1차 중심지와 2차 중심지로 구분하였다.

　　　• 1차 중심지는 우성형질이 많이 나타난다.

　　　• 2차 중심지는 열성형질과 그 지역의 특징적 우성형질이 나타난다.

③ 주요 작물의 재배 기원중심지를 8개 지역으로 분류하였다.

| 지 역 | 주요작물 |
|---|---|
| 중국지구<br>(중국의 평탄지, 중부와 서부의 산악지대) | 피, 보리, 메밀, 무, 마, 뚱딴지, 토란, 인삼, 가지, 오지, 상추, 배나무, 복숭아, 살구, 감귤, 감 등 |
| 인도, 동남아지구<br>(인도의 대부분, 미얀마, 아삼 지방) | 벼, 가지, 오이, 참깨, 녹두, 토란, 후추, 망고, 목화, 율무, 코코야자, 바나나, 사탕수수 |
| 중앙아시아지구<br>(인도의 서북부, 아프가니스탄, 파키스탄, 우즈베키스탄) | 밀, 완두, 잠두, 강낭콩, 참깨, 아마, 해바라기, 부추, 시금치, 포도, 호두, 올리브, 살구 등 |
| 근동지구<br>(소아시아 내륙, 트랜스코카서스, 이란 전역, 터키의 고원지대) | 1립계와 2립계의 밀, 보리, 귀리, 알팔파, 사과, 배, 양앵두 등 |

| 지중해 연안지구<br>(지중해 연안) | 2립계밀, 화이트클로버, 베치, 유채, 무 등 |
|---|---|
| 에티오피아지구 | 진주조, 수수, 보리, 아마, 해바라기, 각종 두류 등 |
| 중앙아메리카지구<br>(멕시코 남부, 중앙아메리카) | 옥수수, 고구마, 과수, 두류, 후추, 육지면, 카카오 등 |
| 남아메리카지구<br>(페루, 에콰도르, 볼리비아) | 감자, 토마토, 고추, 담배, 호박, 파파야, 딸기, 파인애플, 땅콩, 카사바 |

## (3) 현재 주장하는 주요 작물의 원산지

### ① 식용작물

| 작 물 | 원산지 | 작 물 | 원산지 | 작 물 | 원산지 |
|---|---|---|---|---|---|
| 벼 | 인 도 | 조 | 동남아시아 | 팥 | 중 국 |
| 피 | 인 도 | 녹 두 | 인 도 | 6조보리 | 양쯔강, 티베트 |
| 2조보리 | 중 동 | 기 장 | 중앙아시아 | 보통밀 | 아르메니아 |
| 수 수 | 아프리카 중부 | 호 밀 | 동남아시아 | 땅 콩 | 브라질 |
| 콩 | 중국북부 | 감 자 | 중 동 | 강낭콩 | 열대아메리카 |
| 옥수수 | 남미 안데스 | 귀 리 | 트랜스코카시아, 중국 | 완 두 | 중앙아시아, 지중해 |
| 고구마 | 중앙 · 남아메리카 | | | | |

### ② 공예작물

| 작 물 | 원산지 | 작 물 | 원산지 | 작 물 | 원산지 |
|---|---|---|---|---|---|
| 삼 | 동부아시아 | 참 깨 | 아프리카, 인도 | 목 화 | 인도, 멕시코 |
| 차 | 중국, 티베트 | 담 배 | 남아메리카 | | |
| 유 채 | 스칸디나비아, 시베리아 | 양귀비 | 지중해 | | |

③ 채 소

| 작 물 | 원산지 | 작 물 | 원산지 | 작 물 | 원산지 |
|---|---|---|---|---|---|
| 오 이 | 히말라야 | 고 추 | 페 루 | 파 | 중국서부 |
| 수 박 | 열대아프리카 | 무 | 유 럽 | 양 파 | 중앙아시아 |
| 호 박 | 중앙아메리카 | 당 근 | 중앙아시아 | 마 늘 | 서부아시아 |
| 상 추 | 지중해 | 가 지 | 인 도 | 토마토 | 남미 안데스 |
| 참 외 | 중앙아시아 | 배 추 | 중국화북 | 토란·생강 | 열대아시아 |
| 시금치 | 이 란 | 양배추 | 유럽서부, 지중해 | | |

④ 사료작물

| 작 물 | 원산지 | 작 물 | 원산지 |
|---|---|---|---|
| 알팔파 | 서남아시아 | 레드클로버 | 유럽, 서부아시아 |
| 오처드 그라스 | 유럽, 아시아 북부 | 화이트클로버 | 지중해, 서부아시아 |

⑤ 과 수

| 작 물 | 원산지 | 작 물 | 원산지 | 작 물 | 원산지 |
|---|---|---|---|---|---|
| 사 과 | 동부유럽 | 감 | 중국, 한국 | 호 두 | 이 란 |
| 일본배 | 일 본 | 복숭아 | 중국화북 | 서양배 | 지중해 |
| 살 구 | 중 국 | 대 추 | 북아프리카, 유럽서부 | | |

## Level UP 이론을 확인하는 문제

**작물의 원산지를 연결한 것 중 잘못된 것은?**

① 벼 : 일본

② 감자 : 남미 안데스

③ 콩 : 중국북부 일대

④ 담배 : 남미

해설 벼는 인도가 원산지이다.

정답 ①

# 작물의 분류

## |01| 식물분류학적 분류

### (1) 식물분류학적 개요

① 식물분류학적 분류

㉠ 식물기관의 형태나 구조의 유사점에 기초를 둔다.

㉡ 분류군의 계급은 '계 → 문 → 강 → 목 → 과 → 속 → 종'으로 구분한다.

② 종자식물문에 속하는 작물은 종자에 의해 번식하는 작물군이다.

### (2) 학 명

① 이명법

㉠ 린네(Carl von Linne)이 1753년에 출판한 '식물의 종'에서 제창한 것이다.

㉡ 속과 종의 이름을 붙여 명명하는 것이다.

② 작물은 식물분류학적인 분류와 다른 분류법을 조합하여 분류하는 것이 보통이다.

### (3) 학명의 구성

① 속명(屬名)과 종명(種名)

㉠ 속명과 종명 두 개의 단어로 하나의 종을 나타내고 여기에 명명자의 이름(Author Name)을 붙인다.

㉡ 속명 : 라틴어의 명사로서 첫 글자는 반드시 대문자로 표시한다.

㉢ 종명 : 소문자의 라틴어로 표시한다(특수한 고유명사 등은 제외).

② 종(種) 이하 : 아종(亞種) subsp. 또는 ssp.(subspecies), 변종(變種) var.(varietas), 품종(品種) forma(=form. =f.)으로 표시한다.

| [국 명] | [속 명] | [종 명] | [변종명] | [명명자명] |
|---|---|---|---|---|
| 벼 | *Oryza* | *sativa* | | L. |
| 인 삼 | *Panax* | *ginseng* | | C.A.Meyer |
| 소나무 | *Pinus* | *densiflora* | | Sieb. et Zucc |

- 빵밀 : 보통계 6배체($AABBDD$)인 T. aestivum
- Beta vulgaris에 속하는 작물 : 사탕무, 사료용 순무, 근대
- Brassica oleracea에 속하는 작물 : 케일, 양배추

---

**Level UP 이론을 확인하는 문제**

〈보기〉에서 설명하고 있는 특성을 모두 지닌 작물은?      20 서울시 지도사 기출

- 광합성 과정에서 광호흡이 거의 없다.
- 고립상태일 때의 광포화점은 80~100%이다(단위는 조사광량에 대한 비율이다).

① *Oryza sativa L.*

② *Zea mays L.*

③ *Triticum aestivum L.*

④ *Glycine max L.*

**해설** 보기는 옥수수에 대한 설명이다.
     ① 벼, ③ 밀, ④ 콩

**정답** ②

---

## |02| 농업상의 분류

### (1) 용도에 따른 분류

① 식용작물(食用作物)

ㄱ 곡숙류(穀菽類)

- 화곡류(禾穀類,)
  - 쌀 : 수도(水稻), 육도(陸稻)
  - 맥류 : 보리, 밀, 귀리, 호밀 등
  - 잡곡 : 조, 옥수수, 수수, 기장, 피, 메밀, 율무 등
- 두류(豆類) : 콩, 팥, 녹두, 강낭콩, 완두, 땅콩 등

ㄴ 서류(薯類) : 감자, 고구마

② 공예작물(특용작물)

    ㉠ 섬유작물(纖維作物) : 목화, 삼, 모시풀, 아마, 양마, 왕골, 수세미, 닥나무 등

    ㉡ 유료작물(釉料作物) : 참깨, 들깨, 아주까리, 유채, 해바라기, 콩, 땅콩 등

    ㉢ 전분작물(澱粉作物) : 옥수수, 감자, 고구마 등

    ㉣ 당료작물(糖料作物) : 사탕수수, 사탕무, 단수수, 스테비아 등

    ㉤ 약용작물(藥用作物) : 제충국, 인삼, 박하, 홉 등

    ㉥ 기호작물(嗜好作物) : 차, 담배 등

③ 사료작물(飼料作物)

    ㉠ 화본과(禾本科) : 옥수수, 귀리, 티머시, 오처드그라스, 라이그라스 등

    ㉡ 두과(荳科) : 알팔파, 화이트클로버, 자운영 등

    ㉢ 기타 : 순무, 비트, 해바라기, 돼지감자(뚱딴지) 등

④ 녹비작물(綠肥作物, 비료작물)

    ㉠ 화본과 : 귀리, 호밀 등

    ㉡ 콩과(두과) : 자운영, 베치 등

⑤ 원예작물

    ㉠ 과수(果樹, Fruit Tree)

        • 인과류(仁果類) : 배, 사과, 비파 등

        • 핵과류(核果類) : 복숭아, 자두, 살구, 앵두 등

        • 장과류(漿果類) : 포도, 딸기, 무화과 등

        • 각과류(殼果類, 견과류) : 밤, 호두 등

        • 준인과류(準仁果類) : 감, 귤 등

    ㉡ 채소(菜蔬, Vegetable)

        • 과채류(果菜類) : 오이, 호박, 참외, 수박, 토마토, 가지, 딸기 등

        • 협채류(莢菜類) : 완두, 강낭콩, 동부 등

        • 근채류(根菜類)

            – 직근류 : 무, 당근, 우엉, 토란, 연근 등

            – 괴근류 : 고구마, 감자, 토란, 마, 생강 등

        • 엽채류(葉菜類) : 배추, 상추, 셀러리, 시금치, 미나리, 아스파라거스, 양파, 마늘 등

    ㉢ 화훼류(花卉類) 및 관상식물(觀賞植物)

        • 초본류(草本類) : 국화, 코스모스, 난초, 달리아 등

        • 목본류(木本類) : 동백, 철쭉, 유도화, 고무나무 등

## (2) 생태적 특성에 따른 분류

① 생존연한에 따른 분류

    ㉠ 1년생 작물(一年生作物) : 봄에 파종하여 당해연도에 성숙, 고사하는 작물(예 벼, 대두, 옥수수, 수수, 조 등)

    ㉡ 월년생 작물(越年生作物) : 가을에 파종하여 다음 해에 성숙, 고사하는 작물(예 가을밀, 가을보리 등)

    ㉢ 2년생 작물(二年生作物) : 봄에 파종하여 다음 해에 성숙, 고사하는 작물(예 무, 사탕무, 당근 등)

    ㉣ 다년생 작물(多年生作物, 영년생 작물) : 대부분 목본류와 같이 생존연한이 긴 작물(예 아스파라거스, 호프 등)

② 생육계절에 따른 분류

    ㉠ 하작물(夏作物) : 봄에 파종하여 여름철에 생육하는 1년생 작물(예 대두, 옥수수 등)

    ㉡ 동작물(冬作物) : 가을에 파종하여 가을, 겨울, 봄을 중심으로 해서 생육하는 월년생 작물(예 가을보리, 가을밀 등)

③ 온도반응에 따른 분류

    ㉠ 저온작물(低溫作物) : 비교적 저온에서 생육이 잘되는 작물(예 맥류, 감자 등)

    ㉡ 고온작물(高溫作物) : 고온 조건에서 생육이 잘되는 작물(예 벼, 콩, 옥수수, 수수 등)

    ㉢ 열대작물(熱帶作物) : 열대 지방에서 재배되는 작물(예 고무나무, 카사바 등)

    ㉣ 한지형목초(寒地型牧草, 북방형목초) : 서늘한 기후에서 생육이 좋고, 더위에 약해 여름철 고온에서 하고현상을 나타내는 목초(예 티머시, 알팔파 등)

    ㉤ 난지형목초(暖地型牧草, 남방형목초) : 더위에 강하고, 추위에 약하며, 따뜻한 지방에서 생육이 좋은 목초(예 버뮤다그라스, 매듭풀 등)

④ 생육형에 따른 분류

    ㉠ 주형작물(株型作物) : 식물체가 각각의 포기를 형성하는 작물(예 벼, 맥류 등)

    ㉡ 포복형작물(匍匐型作物) : 줄기가 땅을 기어서 지표를 덮는 작물(예 고구마, 호박 등)

⑤ 저항성에 의한 분류

    ㉠ 내산성작물(耐酸性作物) : 산성토양에 강한 작물(예 벼, 감자, 호밀, 귀리, 아마, 땅콩 등)

    ㉡ 내건성작물(耐乾性作物) : 한발(旱魃)에 강한 작물(예 수수, 조, 기장 등)

    ㉢ 내습성작물(耐濕性作物) : 토양 과습에 강한 작물(예 밭벼, 벼, 골풀 등)

    ㉣ 내염성작물(耐鹽性作物) : 염분이 많은 토양에서 강한 작물(예 사탕무, 목화, 수수, 유채 등)

    ㉤ 내풍성작물(耐風性作物) : 바람에 강한 작물(예 고구마 등)

**(3) 재배 및 이용에 의한 분류**

① 작부방식에 관련된 분류

ㄱ 중경작물(中耕作物) : 작물의 생육 중 반드시 중경을 해 주어야 되는 작물로서 잡초억제와 토양을 부드럽게 하는 특징이 있다(예 옥수수, 수수 등).

ㄴ 휴한작물(休閑作物) : 경지를 휴한하는 대신 작물을 재배할 경우, 지력유지를 목적으로 윤작체계를 세워 삽입하는 작물(예 비트, 클로버, 알팔파 등)

ㄷ 윤작작물(輪作作物) : 중경작물 또는 휴한작물처럼 윤작에 삽입하면 잡초방제나 지력유지에 좋은 작물

ㄹ 대파작물(代播作物) : 재해로 주작물의 수확이 어려울 때 대신 파종하는 작물(예 조, 메밀, 채소, 감자 등)

ㅁ 구황작물(救荒作物) : 기후의 불순에 인한 흉년에도 비교적 안전한 수확을 얻을 수 있는 작물(예 조, 피, 수수, 기장, 메밀, 고구마, 감자 등)

ㅂ 흡비작물(吸肥作物) : 다른 작물이 잘 이용하지 못하는 미량의 비료성분도 잘 흡수하여 체내에 간직함으로써 그 이용률을 높이고 비료분의 유실을 적게 하는 효과가 있는 작물(예 옥수수, 수수, 알팔파, 스위트클로버, 화본과 목초 등)

② 토양보호에 관련된 분류

ㄱ 피복작물(被覆作物) : 토양전면을 피복하여 토양침식을 막는 데 이용하는 작물(예 목초류)

ㄴ 토양보호작물 : 피복작물처럼 토양침식 방지로 토양보호의 효과가 큰 작물(예 잔디, 알팔파, 클로버 등)

ㄷ 토양조성작물 : 토양보호와 지력증진의 효과가 있는 작물(예 콩과목초, 녹비작물)

ㄹ 수식성 작물 : 키가 크고 드문드문 자라며, 토양을 침식시키기 쉬운 작물(예 옥수수, 담배, 목화, 과수, 채소 등)

ㅁ 토양수탈작물 : 계속 재배 시 지력을 수탈하는 경향이 있는 작물(예 화곡류)

③ 경영면과 관련된 분류

ㄱ 동반작물(同伴作物) : 하나의 작물이 다른 작물에 어떠한 이익을 주는 조합식물

ㄴ 자급작물(自給作物) : 농가에서 자급을 위하여 재배하는 작물(예 벼, 보리 등)

ㄷ 환금작물(換金作物) : 판매를 목적으로 재배하는 작물(예 담배, 아마, 차 등)

ㄹ 경제작물(經濟作物) : 환금작물 중 특히 수익성이 높은 작물(예 담배, 아스파라거스, 아마)

④ 사료작물의 용도에 따른 분류

　　㉠ 청예작물(靑刈作物) : 사료작물을 풋베기하여 주로 생초를 먹이로 이용하는 작물

　　㉡ 건초작물(乾草作物) : 풋베기를 해서 건초용으로 많이 이용되는 작물(예 티머시, 알팔파 등)

　　㉢ 사일리지작물(silage作物) : 좀 늦게 풋베기하여 사일리지 제조에 이용하는 작물(예 옥수수, 수수, 풋베기콩 등)

　　㉣ 종실사료작물(種實飼料作物) : 사료작물을 풋베기하지 않고 성숙 후 수확해 종실을 사료로 이용하는 작물(예 맥류나 옥수수 등)

---

### Level UP 이론을 확인하는 문제

**과수 중 인과류가 아닌 것은?**　　　　　　　　　　　　　　　　　　19 국가직 기출

① 비 파

② 자 두

③ 사 과

④ 배

---

해설　• 인과류 : 배, 사과, 비파 등
　　　• 핵과류 : 복숭아, 자두, 살구, 앵두 등

정답　②

---

### Level UP 이론을 확인하는 문제

**중경작물 중 전분과 사료작물로 모두 이용이 가능한 것은?**　　　　　　20 국가직 7급 기출

① 콩

② 감 자

③ 귀 리

④ 옥수수

---

해설　옥수수는 중경작물이면서 전분작물이고 사료작물의 화본과에 속한다.

정답　④

# 적중예상문제

CHAPTER 01 **재배작물의 개념**

## 01

다음 중 농업의 일반적 특징이 아닌 것은?

13 국가직 **기출**

① 자연의 제약을 많이 받는다.
② 자본의 회전이 늦다.
③ 생산조절이 쉽다.
④ 노동의 수요가 연중 불균일하다.

해설 ③ 생산조절이 곤란하다.

## 02

작물에 대한 설명으로 옳지 않은 것은?

16 국가직 **기출**

① 야생식물보다 재해에 대한 저항력이 강하다.
② 특수부분이 발달한 일종의 기형식물이다.
③ 의식주에 필요한 경제성이 높은 식물이다.
④ 재배환경에 순화되어 야생종과는 차이가 있다.

해설 작물은 야생식물에 비해 생존 경쟁에 약하므로 인
위적 관리가 수반되어야 한다.

## 03

야생식물의 작물화 과정에서 일어나는 변화에 대한
설명으로 옳은 것은?

12 국가직 **기출**

① 성숙 시 종자의 탈립성이 증가하여 종의 보존기
회가 증가하였다.
② 특정의 수확 대상 부위가 기형으로 발달하여 야
생식물보다 생존경쟁력이 강해졌다.
③ 종자는 발아억제물질이 감소되어 휴면성이 약
화되었다.
④ 발아와 개화기가 다양하여 불량환경에 대한 적
응성이 높아졌다.

해설 ① 야생종이 탈립성이 강하다.
② · ④ 작물은 야생식물에 비해 생존경쟁에 약하며
재배환경에 순화되어 있다.

안심Touch

## 04

작물은 야생식물로부터 진화하여 인간이 관리하는 환경에 적응하게 되었다. 이때 작물이 야생종과 달라지게 된 특징들 중 옳지 않은 것은? 10 국가직 기출

① 휴면성이 강해졌다.
② 탈립성이 감소되었다.
③ 곡물의 경우 종자의 크기가 커졌다.
④ 종자 중의 단백질 함량은 감소하고 탄수화물 함량이 높아졌다.

해설 야생식물의 작물화 과정에서 종자는 발아억제물질이 감소되어 휴면성이 약화되었다.

## 05

우리나라 작물재배의 특색으로 옳지 않은 것은? 18 국가직 기출

① 작부체계와 초지농업이 모두 발달되어 있다.
② 모암과 강우로 인해 토양이 산성화되기 쉽다.
③ 사계절이 비교적 뚜렷하고 기상재해가 높은 편이다.
④ 쌀을 제외한 곡물과 사료를 포함한 전체 식량자급률이 낮다.

해설 ① 작부체계와 초지농업이 모두 발달하지 못하였다.

## 06

우리나라 작물재배의 특징에 대한 설명으로 옳지 않은 것은? 12 지방직 기출

① 콩과작물을 도입한 장기 윤작체계를 갖추지 못했다.
② 쌀과 옥수수는 국내생산이 충분하나 밀과 콩은 거의 외국으로부터 수입에 의존한다.
③ 경영규모가 영세하며 쌀 중심의 집약농업이다.
④ 토양은 화강암이 넓게 분포한데다 여름철 집중 강우로 무기양분이 용탈되어 토양비옥도가 낮은 편이다.

해설 쌀 위주의 집약농업으로 쌀을 제외한 곡물과 사료를 포함한 전체 식량자급률이 낮다.

## 07

작물이 재배형으로 변화하는 과정에서 생겨난 형태적 · 유전적 변화가 아닌 것은? 20 서울시 지도사 기출

① 기관의 대형화
② 종자의 비탈락성
③ 저장전분의 찰성
④ 종자 휴면성 증가

해설 ④ 작물화 과정에서 종자는 발아억제물질이 감소되어 휴면성이 약화되었다.

## 08

우리나라 벼의 평균수량 결정요인 중 가장 중요한
요인은?

18 경남 지도사 기출

① 환경요인
② 유전요인
③ 재배요인
④ 기상요인

해설 우수한 유전성을 지닌 작물의 품종을 육성하여 더
욱 양호한 재배환경을 조성하고 작물의 생육이 더
욱 잘되게 여러 가지 재배기술을 적용할 때 최대의
수량을 얻을 수 있다.

## 09

작물별 수량구성요소에 대한 설명으로 옳지 않은
것은?

17 국가직 기출

① 화곡류의 수량구성요소는 단위면적당 수수, 1수
영화수, 등숙률, 1립중으로 구성되어 있다.
② 과실의 수량구성요소는 나무당 과실수, 과실의
무게(크기)로 구성되어 있다.
③ 뿌리작물의 수량구성요소는 단위면적당 식물체
수, 식물체당 덩이뿌리(덩이줄기)수, 덩이뿌리
(덩이줄기)의 무게로 구성되어 있다.
④ 성분을 채취하는 작물의 수량구성요소는 단위
면적당 식물체수, 성분 채취부위의 무게, 성분
채취부위의 수로 구성되어 있다.

해설 ④ 성분을 채취하는 작물의 수량구성요소는 단위면
적당 식물체수, 성분 채취부위의 무게, 성분 채
취부위의 함량으로 구성되어 있다.

## 10

식물영양과 재배의 발달에 대한 설명으로 옳지 않
은 것은?

15 국가직 기출

① Liebig는 무기영양설과 최소율법칙을 제창하였다.
② Morgan은 비료 3요소 개념을 명확히 하고 N,
P, K가 중요한 원소임을 밝혔다.
③ Kurosawa는 벼의 키다리병을 일으키는 원인
물질을 지베렐린이라고 명명하였다.
④ Pokorny가 최초의 화학적 제초제로 2,4-D를
합성하였다.

해설 T.H. Morgan은 1908년 초파리 실험으로 반성유전
을 발견하는 등 유전학을 크게 발전시켰다.

## 11

다음 재배형식에 따른 분류 중 식량생산과 가축사
료의 생산을 서로 균형 있게 생산하는 농업은?

① 식경(殖耕)       ② 곡경(穀耕)
③ 포경(包耕)       ④ 원경(園耕)

해설 **재배형식에 따른 분류**
• 소경 : 원시적 약탈농업으로 토지가 척박해지면
다른 곳으로 이동. 아프리카 중남부, 동남아 열대
섬 등에서 실시
• 식경 : 식민지적 농업. 넓은 토지에 한 가지 작물
만을 재배, 가격변동에 매우 민감한 대상작물(커
피, 사탕수수, 고무나무, 담배, 차) 등을 기업형으
로 재배
• 곡경 : 넓은 면적에 대규모 기계화를 통한 대규모
곡물을 생산
• 포경 : 식량과 사료를 균형있게 생산함으로써 지
력소모를 막을 수 있는 형태
• 원경 : 가장 집약적인 재배형식으로 비료를 많이
사용하는 형태. 원예재배나 도시 근교에 발달

## 12

유기농업은 친환경농업의 한 유형으로 실시되고 있다. 그 내용에 해당하지 않는 것은? 18 지방직 기출

① 토양분석에 따른 화학비료의 정밀 시용
② 작부체계 내 두과작물의 재배
③ 병해충 저항성 작물 품종의 이용
④ 윤작에 의한 토양 비옥도 개선

해설 유기농업은 화학비료, 유기합성 농약, 생장조절제, 제초제, 가축사료 첨가제 등 일체의 합성화학 물질을 사용하지 않거나 줄이고 유기물과 자연광석, 미생물 등 자연적인 자재만을 사용하는 농업이다.

## 13

한 포장 내에서 위치에 따라 종자, 비료, 농약 등을 달리함으로써 환경문제를 최소화하면서 생산성을 최대로 하려는 농업은? 17 국가직 기출

① 생태농업
② 정밀농업
③ 자연농업
④ 유기농업

해설 **정밀농업**
작물의 생육상태나 토양조건이 한 포장 내에서도 위치마다 다르므로 이러한 변이에 따라 위치별 적합한 농자재 투입과 생육관리를 통하여 수확량은 극대화하면서도 불필요한 농자재의 투입을 최소화해서 환경오염을 줄이는 농법이다.

## 14

정밀농업의 목적으로 옳지 않은 것은? 12 국가직 기출

① 환경오염의 최소화
② 농업생산비의 절감
③ 무농약 재배법의 실현
④ 농산물의 안전성 확보

해설 정밀농업은 한 포장 내에서 위치에 따라 종자, 비료, 농약 등을 달리함으로써 환경문제를 최소화하면서 생산성을 최대로 하려는 농업이다.

## 15

환경친화형 농업에 관한 설명으로 옳지 않은 것은? 13 국가직 기출

① 농업과 환경을 조화시켜 농업생산을 지속가능하게 하는 농업이다.
② 농업환경을 보전하기 위한 단기적이고 단일작목 중심의 농업이다.
③ 농업생산의 경제성을 확보하고 환경보존과 농산물의 안전성을 추구하는 농업이다.
④ 농업생태계의 물질순환시스템과 작부체계 등을 활용한 고도의 농업기술이다.

해설 환경친화형농업은 장기적인 이익추구, 개발과 환경의 조화, 단작이 아닌 순환적 종합농업체계, 생태계 메커니즘을 활용한 고도의 농업기술이다.

## 16

친환경 농업기술에 대한 설명으로 옳지 않은 것은?

11 지방직 기출

① 작물 포장의 지력 차이를 고려하여 변량시비를 한다.
② 지역의 기후와 토양에 잘 적응한 작물을 재배한다.
③ 침식 및 잡초방제를 위하여 피복작물을 재배한다.
④ 수량성의 향상과 생력화를 위하여 단작재배를 한다.

해설 친환경농업의 기본 패러다임은 단기적인 것이 아닌 장기적인 이익추구, 개발과 환경의 조화, 단일작목 중심이 아닌 순환적 종합농업체계, 생태계의 물질순환 시스템을 활용한 조화된 고도의 농업기술이다. 유기농업 등 특수농법뿐 아니라, 병해충종합관리(IPM), 작물양분종합관리(INM), 천적과 생물학적 기술의 통합이용, 윤작 등 흙의 생명력을 배양하는 동시에 농업환경을 지속적으로 보전하는 모든 형태의 농업을 포함한다.

## 17

친환경농업, 유기농업, 친환경농산물에 대한 설명으로 옳지 않은 것은?

20 지방직 7급 기출

① 친환경농업이란 농업과 환경을 조화시켜 농업의 생산을 지속가능하게 하는 농업형태이다.
② 유기농업은 화학비료와 유기합성농약을 사용하지 않아야 한다.
③ 친환경농산물은 농산물우수관리제도와 농산물이력추적관리제도를 통하여 소비자가 알 수 있도록 해야 한다.
④ 친환경농업의 기본 패러다임은 장기적인 이익추구, 개발과 환경의 조화, 단일작목 중심이다.

해설 ④ 친환경농업의 기본 패러다임은 단기적인 것이 아닌 장기적인 이익추구, 개발과 환경의 조화, 단일작목 중심이 아닌 순환적 종합농업체계, 생태계의 물질순환 시스템을 활용한 조화된 고도의 농업기술이다.

## 18

식물의 진화와 작물의 특징에 대한 설명으로 옳지 않은 것은?

17 국가직 기출

① 지리적으로 떨어져 상호 간 유전적 교섭이 방지되는 것을 생리적 격리라고 한다.
② 식물은 자연교잡과 돌연변이에 의해 자연적으로 유전적 변이가 발생한다.
③ 식물종은 고정되어 있지 않고 다른 종으로 끊임없이 변화되어 간다.
④ 작물의 개화기는 일시에 집중하는 방향으로 발달하였다.

해설 지리적으로 멀리 떨어져 있어서 상호 간 유전적 교섭이 방지되는 것을 지리적 격리라 하고, 개화기의 차이, 교잡불임 등의 생리적 원인에 의하여 같은 장소에 있으면서도 유전적 교섭이 방지되는 것을 생리적 격리라고 한다.

## 19

작물의 분화과정에서 생리적 고립이란 무엇인가?

① 상호 간 지리적으로 격리되어 유전적 교섭이 방지되는 것
② 개화기의 차이에 의해서 유전적 교섭이 방지되는 것
③ 모든 환경에 순화되는 것
④ 환경에 적응력이 강하게 발달하는 것

해설 **생리적 고립**

개화시기의 차이, 교잡불임 등의 생리적 원인에 의해서 동일장소에서도 유전적 교섭이 방지되는 것으로 가장 본질적이다.

## 20

식물의 진화와 작물로서의 특징을 획득하는 과정을 순서대로 바르게 나열한 것은? 10 지방직 기출

① 도태 → 유전적 변이 발생 → 적응 → 순화
② 유전적 변이 발생 → 순화 → 격리 → 적응
③ 유전적 변이 발생 → 적응 → 순화 → 격리
④ 적응 → 유전적 변이 발생 → 격리 → 순화

해설 **식물의 진화 순서**

유전적 변이 → 도태 → 적응 → 순화 → 격리(고립)

## 21

유전자중심설에 대한 설명으로 옳지 않은 것은? 11 지방직 기출

① 중심지에서는 우성형질이 많아 식물종의 변이가 다양하지 못하다.
② Vavilov가 주장했다.
③ 우성유전자들의 분포 중심지를 원산지로 추정하기 때문에 우성유전자중심설이라고도 불린다.
④ 중심지에서 멀어질수록 열성형질이 많이 나타난다.

해설 농작물의 발생중심지에는 변이가 다수 축적되어 있으며 유전적으로 우성형질을 보유하는 형이 많다.

## 22

지리적 기원지가 아메리카 대륙인 작물로만 묶인 것은? 14 국가직 기출

① 콩, 고구마, 감자
② 옥수수, 고추, 수박
③ 감자, 옥수수, 고구마
④ 수박, 콩, 고추

해설 **바빌로프(1926)의 지역별 작물의 기원 중심지**

| 지 역 | 주요 작물 |
|---|---|
| 중 국 | 6조보리 · 조 · 피 · 메밀 · 콩 · 팥 · 파 · 인삼 · 배추 · 자운영 · 동양배 · 감 · 복숭아 등 |
| 인도 · 동남아시아 | 벼 · 참깨 · 사탕수수 · 모시풀 · 왕골 · 오이 · 박 · 가지 · 생강 등 |
| 중앙아시아 | 귀리 · 기장 · 완두 · 삼 · 당근 · 양파 · 무화과 등 |
| 코카서스 · 중동 | 2조보리 · 보통밀 · 호밀 · 유채 · 아마 · 마늘 · 시금치 · 사과 · 서양배 · 포도 등 |
| 지중해 연안 | 완두 · 유채 · 사탕무 · 양귀비 · 화이트클로버 · 티머시 · 오처드그라스 · 무 · 순무 · 우엉 · 양배추 · 상추 등 |
| 중앙 아프리카 | 진주조 · 수수 · 강두(광저기) · 수박 · 참외 등 |
| 멕시코 · 중앙아메리카 | 옥수수 · 강낭콩 · 고구마 · 해바라기 · 호박 등 |
| 남아메리카 | 감자 · 땅콩 · 담배 · 토마토 · 고추 등 |

(참고문헌 : 최재천 등, 2016)

## 01

작물의 분류에 대한 설명으로 옳지 않은 것은?

18 국가직 기출

① 용도에 따른 분류에서 토마토는 과수작물이다.
② 작부방식에 따른 분류에서 메밀은 구황작물이다.
③ 생육적온에 따라 분류하면 감자는 저온작물에
　해당한다.
④ 생존연한에 따라 분류하면 가을밀은 월년생 작
　물에 해당한다.

해설　① 용도에 따른 분류에서 토마토는 채소작물에서
　　　과채류에 속한다.

## 02

재배 및 이용면에 따른 분류에 속하지 않는 것은?

① 대파작물
② 구황작물
③ 자급작물
④ 포복형 작물

해설　포복형 작물은 생태적 분류에 속한다.

## 03

작물의 분류에 대한 설명으로 옳지 않은 것은?

17 서울시 기출

① 자운영, 아마, 베치 등의 작물을 녹비작물이라
　고 한다.
② 맥류, 감자와 같이 저온에서 생육이 양호한 작
　물을 저온작물이라고 한다.
③ 티머시, 알팔파와 같이 하고현상을 보이는 목초
　를 한지형 목초라고 한다.
④ 사료작물 중에서 풋베기하여 생초로 이용하는
　작물을 청예작물이라고 한다.

해설　① 아마는 섬유작물이다.
　　　**녹비작물(= 비료작물)**
　　　• 화본과 : 귀리, 호밀 등
　　　• 콩과(두과) : 자운영, 베치 등

## 04

작물의 일반적인 용도에 의한 분류에서 그 예로 바르
게 연결되지 않은 것은?

① 맥류 – 보리, 밀, 귀리, 호밀
② 섬유류 – 목화, 자운영, 우엉
③ 기호류 – 차, 담배
④ 협채류 – 완두, 강낭콩, 동부

해설　자운영은 사료작물에, 우엉은 근채류에 속한다.

## 05

**작물의 생존연한에 대한 설명으로 옳지 않은 것은?**

12 국가직 기출

① 종자를 봄에 파종하여 그해 안에 성숙하는 작물을 1년생 작물이라 한다.

② 가을에 파종하여 이듬해 늦봄이나 초여름에 성숙하는 작물을 2년생 작물이라 한다.

③ 생존연한과 경제적 이용연한이 여러 해인 작물을 다년생 작물이라 한다.

④ 1년생 작물은 여름작물이 많고, 월년생 작물은 겨울작물이 많다.

**해설** 봄에 파종하여 다음 해에 성숙, 고사하는 작물을 2년생 작물이라 한다.

## 06

**작물 생존연한에 따라 분류하였을 때 2년생 작물로 옳은 것은?**

① 벼, 옥수수

② 가을보리, 가을밀

③ 무, 사탕무

④ 호프, 아스파라거스

**해설** **생존연한에 따라 분류**
- 1년생 작물 : 벼, 콩, 옥수수
- 월년생 작물 : 가을보리, 가을밀
- 2년생 작물 : 무, 사탕무
- 다년생 작물 : 호프, 아스파라거스, 목초류 등

## 07

**작물의 분류에 대한 설명으로 옳지 않은 것은?**

15 국가직 기출

① 산성토양에 강한 작물을 내산성 작물이라고 한다.

② 농가에서 소비하기보다는 판매하기 위하여 재배하는 작물을 환금작물이라고 한다.

③ 벼, 맥류 등과 같이 식물체가 포기(株)를 형성하는 작물을 주형작물이라고 한다.

④ 휴한하는 대신 클로버와 같은 두과식물을 재배하면 지력이 좋아지는 효과를 볼 수 있는데, 이러한 작물을 대파작물이라고 한다.

**해설** ④ 휴한작물에 대한 설명이다.
**대파작물(代播作物, Substitute Crop)**
가뭄이 심해서 벼를 못 심고 대신 메밀 등을 파종하는 등 주작물 대신 재배하는 작물이다.

## 08

**작물의 생태적 분류에 대한 설명으로 옳지 않은 것은?**

17 지방직 기출

① 아스파라거스는 다년생 작물이다.

② 티머시는 난지형 목초이다.

③ 고구마는 포복형 작물이다.

④ 식물체가 포기를 형성하는 작물을 주형(株型)작물이라고 한다.

**해설** **한지형 목초(寒地型牧草 ; Cold-season Grass)**
서늘한 환경에서 생육이 양호하고 여름철의 고온기에는 생육이 정지되거나 말라죽는 하고현상(夏枯現像)을 보이는 목초(예 티머시 · 알팔파)

## 09

재배·이용에 따른 분류 중 잔디류처럼 토양을 덮는 작물로 토양침식을 막아주는 작물을 무엇이라 하는가?

① 자급작물　　　　② 중경작물
③ 휴한작물　　　　④ 피복작물

해설　① 자급작물 : 농가에서 자급을 위하여 재배하는 작물이다.
　　　② 중경작물 : 작물의 생육 중 반드시 중경을 해 주어야 하는 작물로서 잡초가 많이 경감되는 특징이 있다.
　　　③ 휴한작물 : 경지를 휴작하는 대신 재배하는 작물, 지력의 유지를 목적으로 작부체계를 세워 윤작하는 작물이다.

## 10

용도에 따른 작물별 분류와 그에 속하는 작물을 모두 옳게 짝지은 것은? 20 지방직 7급 기출

① 화곡류－보리, 녹비작물－호밀, 핵과류－복숭아
② 잡곡－옥수수, 인과류－딸기, 초본화훼류－국화
③ 맥류－메밀, 약용작물－박하, 섬유작물－삼
④ 전분작물－고구마, 유료작물－아주까리, 협채류－배추

해설　② 화곡류(잡곡) － 옥수수, 장과류 － 딸기, 초본화훼류 － 국화
　　　③ 화곡류(잡곡) － 메밀, 약용작물 － 박하, 섬유작물 － 삼
　　　④ 전분작물 － 고구마, 유료작물 － 아주까리, 엽채류 － 배추

# PART 02

# 작물의 유전성

# 작물의 품종과 계통

## |01| 종, 품종 및 계통

### (1) 식물학적 종

① 개 념

ㄱ 종(種, Species) : 식물을 분류할 때 나누는 기본단위로 같은 유전형질을 나타내는 개체군의 포괄적
집단이다.

ㄴ 속(屬, Genus) : 종 바로 위의 분류 단위이다.

ㄷ 식물학적 종은 개체 간 교배가 자유롭게 이루어지는 자연집단으로 속명과 종소명을 함께 표시하는
2명법(二名法)의 학명으로 이름을 붙인다.

ㄹ 식물의 학명은 세계공통으로 쓰이며, 재배식물인 작물의 이름이 지역, 언어 등에 따라 다르게 불린다.

ㅁ 식물학적 종과 작물의 종류는 서로 일치하는 것이 대부분이나 한 작물에 두 가지 이상, 또는 한 종에
여러 작물이 있을 수도 있다.

- 일치하는 종류 : 벼(Oryza sativa L.), 밀(Triticum aestivum L.)
- 한 작물에 두 가지 이상의 종이 포함 : 유채(油菜, Brassica campestris, B. napus)
- 한 종에 여러 작물이 있는 종류 : Beta vulgaris(근대, 꽃근대, 사탕무, 사료용 사탕무)

② 생태종과 생태형

ㄱ 생태종(生態種, Ecospecies)

- 생태종이란 특정지역 및 환경에 적응하여 생긴 것으로, 하나의 종 내에서 형질특성에 차이가 나는
개체군을 아종(亞種, Subspecies), 변종(變種, Variety)으로 취급한다.
- 생태종 사이에 형태적 차이는 교잡친화성이 낮아 유전자교환이 어렵기 때문에 발생한다.
- 아시아벼의 생태종은 인디카(Indica), 열대자포니카(Tropical Japonica), 온대자포니카(Temperate Japonica)로 나누어진다.

ㄴ 생태형(生態型, Ecotype)

- 생태종 내에서 재배유형이 다른 것을 생태형으로 구분한다.
- 인디카벼를 재배하는 인도, 파키스탄, 미얀마 등에서는 1년에 2~3모작이 이루어진다. 이에 따라
겨울벼(Boro), 여름벼(Aus), 가을벼(Aman) 등의 생태형이 분화되었다.
- 보리와 밀은 춘파형, 추파형의 생태형이 있다.
- 생태형끼리는 교잡친화성이 높기 때문에 유전자교환이 잘 일어난다.

## (2) 품종(品種, Race)

### ① 개 념
- ㉠ 작물 각각의 종류를 그 특성에 기초하여 다시 작게 나눈 단위의 명칭이다.
- ㉡ 유전적으로 구별되는 특성(구별성)을 가지고 실용상 지장이 없는 균일성과 안정성을 갖춘 개체군 또는 상업적 생산을 위해 재생 가능한 집단이다.

> 🔍**참고**
>
> 품종보호권이 부여된 신품종 : 종자산업법에 의해 보호

### ② 구 분
- ㉠ 다른 것들과 구별되는 특성을 가진다.
- ㉡ 특성이 균일하고, 품종별로 고유한 이름을 가진다.
- ㉢ 세대의 진전에도 특성이 변하지 않는다.

## (3) 계통(系統, Line, Strain)

### ① 계 통
- ㉠ 혼형 또는 혼계의 집단에서 유전형질이 서로 같은 집단을 다시 가려낸 것이다.
- ㉡ 품종 내에서 보이는 형태적, 생태적인 소변이(小變異)를 기본으로 한 구분으로 분류상의 최소단위이다.
- ㉢ 품종이나 내종 중에서 어느 경제형질 한 가지가 특히 우수한 개체를 중심으로 그의 외모나 능력 등의 특징을 고정하기 위하여 혈연이 가까운 것끼리 번식시킨 집단이다.

### ② 순계(純系, Pure Line)
- ㉠ 계통 중 유전적으로 고정된 것(동형접합체)이다.
- ㉡ 자식성 작물은 일부러 변이를 일으킨 다음, 우수한 품종 특성이 있는 개체를 선발하여 신품종으로 육성한다.
- ㉢ 순계 내의 변이는 환경변이로서 순계 내 선발효과는 없다.

### ③ 영양계(營養系, Clone)
- ㉠ 영양번식작물에서 변이체를 골라 증식한 개체군이다.
- ㉡ 영양계는 유전적으로 동형접합체든 이형접합체든지 상관없이 영양번식으로 그 특성이 유지되므로 우량한 영양계를 잘 번식시키면 그대로 신품종이 된다.

**다음 중 품종에 대한 설명으로 옳은 것은?**

19 경남 지도사 기출

① 집단육종은 육종연한이 가장 빠르다.
② 한 품종에는 많은 생태형이 존재한다.
③ 품종 내에서 우량한 품종을 우량품종이라 한다.
④ 계통에서 유전적 고정된 것을 순계라고 한다.

해설 순계(Pure Line)
- 자식의 반복에 의해 완전한 동형접합체(유전적 고정)가 된 계통이다.
- 순계 중 우수한 형질을 가진 것이 선발되어 품종이 된다.

정답 ④

## |02| 품종의 특성

### (1) 특성과 형질

① 특성(特性, Characteristic)
  ㉠ 품종의 형질이 다른 품종과 구별되는 특징이다.
  ㉡ 숙기의 조생과 만생, 키의 장간과 단간, 수수형과 수중형 등으로 구분할 수 있다.
② 형질(形質, Character)
  ㉠ 특성의 대상이 되는 작물의 형태적, 생태적, 생리적 요소이다.
  ㉡ 분얼의 다소, 숙기(출수기) 등으로 구분할 수 있다.
  ㉢ 작물의 재배이용상 중요한 형질은 생산성, 품질, 저항성, 적응성 등으로 분류할 수 있다.

### (2) 재배적 특성

품종에 속해 있는 개체들의 형태적, 생리적, 생태적 형질을 그 품종의 특성이라 하며, 재배이용상 가치와 밀접한 관련이 있는 특성을 재배적 특성이라 한다. 일반적인 작물의 주요 재배적 특성은 다음과 같다.

① 간장(稈長)
  ㉠ 키가 큰 벼, 보리, 수수 등은 장간종, 단간종으로 구분하며, 키가 큰 것은 도복되기 쉽다.
  ㉡ 고구마, 호박 등은 줄기가 긴 것과 짧은 것으로 구분하며 짧은 품종이 밀식적응성이 높다.

② 초형(草型)

　㉠ 벼 : 수중형과 수수형이 있다.

| 수중형 | 수수형 |
|---|---|
| 이삭수는 적고 이삭과 키가 크며, 뿌리는 심근성 | 이삭수는 많고 이삭과 키가 작으며, 뿌리는 천근성 |
| 토박한 땅, 늦심기, 비료부족 등 재배환경이 나쁜 경우 밀식함으로써 많은 수확을 할 수 있는 품종형으로 만식 재배에도 잘 견딤 | 비옥답, 다비재배에 적합하고 조식재배에 유리 |
| 산간지 재배에 적합 | 평야지대에 적합 |

　㉡ 벼, 맥류, 옥수수 등은 윗잎이 짧고 직립인 것은 포장에서 수광능률을 높이는 데 유리하다.

③ 까락(芒)

　㉠ 벼나 맥류는 까락의 유무에 따라 유망종, 무망종(최신 품종 대부분)으로 나눈다.

　㉡ 까락이 긴 것은 수확 후 작업에 불편함이 있다.

　㉢ 맥류에서는 동화작용에 관여하기도 한다.

④ 조만성(早晩性)

　㉠ 생육기간의 장단에 따라 조생종과 만생종으로 구분한다.

　㉡ 벼의 경우 조생종은 산간지 또는 조기재배에, 만생종은 평야지대에서 수량이 많아 유리하다.

　㉢ 맥류는 작부체계상 수확 후 모내기나 콩의 파종을 일찍 할 수 있어 조숙종이 유리하다.

　㉣ 출수기를 기준으로 한다.

⑤ 저온발아성(低溫發芽性)

　㉠ 벼에서는 저온발아성을 13℃에서의 발아세를 기준으로 평가한다.

　㉡ 조파나 조기육묘 및 직파재배에 저온발아성이 큰 품종은 유리하다.

　㉢ 벼에서 일반적으로 저온발아성은 만생종보다 조생종이 크고, 통일계보다 일반계가, 메벼보다 찰벼가, 몽근벼보다 까락벼가 좋다.

⑥ 탈립성(脫粒性)

　㉠ 야생종이 탈립성이 강하고, 탈립성이 강한 품종은 수확작업이 불편하다.

　㉡ 콤바인(Combine) 수확 시는 탈립성이 좋아야 수확과정에서 손실이 적다.

　㉢ 탈립이 너무 잘 되어도 바람, 운반 등에 의한 손실이 크다.

⑦ 내병성(耐病性)

　㉠ 병해에 견디는 특성으로 모든 병에 저항성을 갖는 품종은 드물고, 병에 따라 내병성 품종도 달라진다.

　㉡ 통일벼 품종은 도열병과 줄무늬잎마름병에는 강하나, 흰빛잎마름병 등에는 약한 편이다.

　㉢ 벼의 줄무늬잎마름병 발생이 심한 남부지방에서는 이 병에 강한 품종이 안전하다.

　㉣ 화성벼는 줄무늬잎마름병에 대한 저항성을 향상시킨 품종이다.

⑧ 내충성(耐蟲性)

　㉠ 충해에 강한 특성으로, 충해의 종류에 따라 내충성 품종도 달라진다.

　㉡ 통일벼 품종은 도열병이나 줄무늬잎마름병에 극히 강하나, 이화명나방에 약하다.

⑨ 내비성(耐肥性)

　㉠ 특히 질소비료를 많이 주어도 안전한 생육을 할 수 있는 특성으로 수량을 높이는 데 중요한 특성이다.

　㉡ 벼나 맥류는 내병성·내도복성이 강하고, 수광태세가 좋은 초형을 가진 품종이 내비성이 강하다.

　㉢ 옥수수 및 단간직립초형인 통일벼는 내비성이 강한 대표적인 작물이다.

⑩ 내도복성(耐倒伏性)

　㉠ 벼나 맥류는 키가 작고 줄기가 단단하며 간기중(지표에서 10cm까지의 줄기무게)이 무거운 것일수록 내도복성이 강하다.

　㉡ 내도복성이 강하면 시비량이 많아도 쓰러지지 않아 등숙이 안전하다.

　㉢ 최근 육성 재배품종 또는 통일벼 품종은 내도복성 및 내비성이 강하다.

⑪ 묘대일수 감응도(苗垈日數 感應度)

　㉠ 못자리 기간의 연장으로 모가 노숙하고 모낸 뒤 생육에 난조가 생기는 정도를 의미한다.

　㉡ 만식 시에는 묘대일수 감응도가 낮은 품종이 유리하다.

　㉢ 감응도 크기 : 감온형 > 감광형 > 기본영양생장형

⑫ 내염성(耐鹽性)

　㉠ 염분농도가 높은 토양에 견디는 성질로 해안 간척지에서 문제가 된다.

　㉡ 내염성이 강한 벼품종은 시로가네, 아야니시끼, 호광 등이 있다.

⑬ 광지역성(廣地域性)

　㉠ 적응지역이 넓어질수록 품종의 관리가 편하다.

　㉡ 광지역성은 품질이 균일한 농산물을 대량생산할 수 있어 유리하다.

⑭ 추락저항성(秋落抵抗性)

　㉠ 노후답 등에서 잘 나타나는 특성으로 벼의 추락현상이 덜한 것을 말한다.

　㉡ 황화수소($H_2S$)와 같은 유해물질에 의한 뿌리의 상해 정도가 덜하고, 깨씨무늬병에 대한 저항성이 강하며 성숙이 빠른 품종이 추락저항성이 강하다.

⑮ 수량(數量)과 품질(品質)

　㉠ 수량 : 여러 가지 특성들이 종합적으로 작용하여 이루어지는 경우가 많고, 우량품종의 가장 기본적 특성이다.

　㉡ 품 질

　　• 벼는 미질이 좋아서 밥맛이 좋은 품종이 유리하다.

　　• 밀에 있어서 빵용은 경질 품종이, 제과용은 분상질 품종이 알맞다.

야생벼와 재배벼의 차이

| 구 분 | 야생벼 | 재배벼 |
|---|---|---|
| 번식체계 | 영양번식 및 종자번식 | 종자번식 |
| 종자번식 양식 | 타식성(30~100%) | 자식성(타식률 1% 미만) |
| 개화에서 개약까지 | 2~9분 | 개화 즉시 개열 |
| 꽃가루 수 | 3,800~9,000개 | 700~2,500개 |
| 꽃가루 수명 | 6분간 | 3분간 |
| 꽃가루 확산범위 | 40m | 20m |
| 암술머리 크기 | 큼 | 작 음 |
| 종자 크기 | 작 음 | 큼 |
| 종자의 수(1이삭) | 적 음 | 많 음 |
| 이삭 모양 | 작고 분산형 | 길고 밀집형 |
| 까 락 | 길며 강인함 | 극히 짧거나 없음 |
| 탈립성 | 쉽게 떨어짐 | 잘 떨어지지 않음 |
| 휴면성 | 매우 강함(깊음) | 없거나 약함 |
| 종자의 수명 | 깊 | 짧 음 |
| 내비성 | 약 함 | 강 함 |
| 감광성 | 민 감 | 둔감~민감(변이 다양) |

## Level UP 이론을 확인하는 문제

**작물 품종의 재배, 이용상 중요한 형질과 특성에 대한 설명으로 옳지 않은 것은?** 17 지방직 기출

① 작물의 수분함량과 저장성은 유통 특성으로 품질 형질에 해당한다.
② 화성벼는 줄무늬잎마름병에 대한 저항성을 향상시킨 품종이다.
③ 단간직립 초형으로 내도복성이 있는 통일벼는 작물의 생산성을 향상시킨 품종이다.
④ 직파적응성 벼품종은 저온발아성이 낮고 후기생장이 좋아야 한다.

해설 직파적응성 벼품종은 저온발아성과 초기 신장성이 좋으며 뿌리가 깊게 뻗고 쓰러짐에 강한 특성을 지녔다.

정답 ④

# |03| 우량품종의 선택

## (1) 우량품종의 구비조건

우량품종이란 품종 중 재배적 특성 즉, 우수성, 균일성, 영속성, 광지역성을 구비한 품종이다.

① 우수성
  ㉠ 재배적 특성이 다른 품종보다 우수해야 한다.
  ㉡ 재배특성 중 한 가지라도 다른 품종보다 결정적으로 결함이 있으면 안 된다.

② 균일성
  ㉠ 품종을 구성하는 모든 개체들의 특성이 균일해야만 재배 이용상 편리하다.
  ㉡ 품종의 특성이 균일하려면 모든 개체들의 유전형질이 균일해야 한다.

③ 영속성
  ㉠ 균일하고 우수한 특성이 후대에 변하지 않고 영속적으로 유지되어야 한다.
  ㉡ 특성이 영속되기 위해서는 유전형질이 균일하게 고정되어 있어야 하고, 퇴화가 방지되어야 한다.

④ 광지역성
  ㉠ 균일하고 우수한 특성의 발현, 적응되는 정도가 가능한 한 넓은 지역에 걸쳐서 나타나야 한다.
  ㉡ 재배예정 지역의 환경에 적응성이 있어야 한다.

> **PLUS ONE**
>
> 유전적 침식
> 소수의 우량품종들을 여러 지역에 확대 재배함으로써 유전적 다양성이 풍부한 재래품종들이 사라지는 현상이다.

## (2) 우량종자의 구비조건

① 외적조건
  ㉠ 순도가 높고, 종자의 크기가 크며 무거울 것
  ㉡ 수분함량이 낮고, 품종 고유의 색택과 냄새가 신선할 것
  ㉢ 오염, 변질, 변색이 없고 탈곡 중 기계적 손상이 없어 외관상으로 건전도가 높을 것

② 내적조건
  ㉠ 우량품종에 속하고, 이형종자의 혼입이 없어 유전적으로 순수할 것
  ㉡ 발아력이 좋고 발아세가 빠르며 균일할 것
  ㉢ 용가가 높고, 병해가 없을 것

$$\text{종자의 용가(진가)} = \frac{(\text{발아율\%} \times \text{순도\%})}{100}$$

## (3) 우량종자를 얻기 위한 조건

① 원종이 유전적으로 순수할 것

② 채종과정에서 타화분에 의한 오염수분이 없을 것

③ 최적환경에서 재배, 방제하여 건강한 종자를 생산할 것

④ 수확 후 조제, 저장을 잘할 것

---

**PLUS ONE**

품종개량의 효과

• 새품종의 출현
• 경제적 효과
• 재배한계의 확대
• 품질의 개선
• 재배안정성의 증대

---

## (4) 품종의 선택

① 우량품종의 선택은 생산성의 증대, 품질향상과 농업생산의 안정화 및 경영합리화를 도모할 수 있다.

② 품종의 선택 전 재배목적, 재배환경, 재배양식 및 각종 재해에 대한 위험 분산과 시장성 및 소비자 기호 등을 파악한다.

③ 농업연구, 지도관련 기관이나 지방자치단체에서 권장하는 우량품종을 살펴본다.

---

**PLUS ONE**

품종의 선택요령

• 재배예정 지역에 적합한 품종이 무엇인가를 심사숙고한다.
• 재배면적을 감안하여 몇 가지 품종을 선택할 것인가 결정한다.
• 숙기별로 어떤 품종이 있는가 알아본다.
• 숙기를 감안한 품종별 구성 비율, 주력 품종을 결정한다.
• 수분(授粉)관계를 알아본다.
• 어느 정도 재배된 품종을 선택한다.
• 대목이 확실한가 알아본다.
• 적어도 심기 수개월 전에 품종을 선택하고 묘목을 확보하여 둔다.

## (5) 품종의 육성

① 품종육성의 변천
  ㉠ 초기에는 자연돌연변이 또는 자연교잡에 의한 변이 개체 중에서 기존 품종에 비해 우량한 것을 선발하여 재배하는 분리육종방법이 활용되었다.
  ㉡ 1900년 멘델의 유전법칙의 재발견 및 유전학과 세포유전학의 급속한 진전으로 교잡육종방법으로 품종개량이 이루어졌다.
  ㉢ 1903년 요한센은 유전적 요인에 의한 변이만이 선발의 대상이 되는 순계설을 제안하여 선발이론의 기초를 제공하였다.
  ㉣ 1937년 콜히친의 발견으로 염색체 수를 배가시키는 배수체육종법이 가능하게 되었다.
  ㉤ 1970년대 조직배양·세포융합·유전자 조작 등 생명공학기술이 육종에 이용되었다.
  ㉥ 1972년 $X$-선으로 인위 돌연변이를 유발시킨 것을 계기로 돌연변이육종이 등장하였다.

② 우리나라에서의 작물의 품종육성은 거의 농촌진흥청과 산하의 지역 시험장에서 담당한다.
  ㉠ 작물시험장 : 작물 전반의 품종육성을 담당한다.
  ㉡ 목포시험장 : 평지(유채), 아마, 목화 등 공예작물의 품종육성을 담당한다.
  ㉢ 호남, 영남작물시험장 : 벼, 맥류 작물의 품종육성을 담당한다.
  ㉣ 고랭지시험장 : 감자의 품종육성을 담당한다.
  ㉤ 원예시험장 : 주요 과수, 채소, 꽃의 품종육성을 담당한다.
  ㉥ 종묘회사 : 상업성이 높은 배추, 무, 고추 등의 품종육성과 판매용 종자를 생산한다.

---

**Level UP 이론을 확인하는 문제**

**우량품종이 구비해야 할 3대 조건으로 옳은 것은?**

① 우수성, 생리성, 내비성
② 균일성, 우수성, 영속성
③ 균일성, 내비성, 우수성
④ 영속성, 순계성, 내비성

해설 **우량품종의 구비조건**
  • 균일성 : 품종 안의 모든 개체들의 특성이 균일해야만 재배이용상 편리하다.
  • 우수성 : 재배적 특성이 다른 품종들보다 우수해야 한다.
  • 영속성 : 균일하고 우수한 특성이 당대로 그쳐서는 안 되며, 대대로 변하지 않고 유지되어야 한다.

정답 ②

# |04| 신품종의 등록 및 유지와 증식, 보급

## (1) 신품종의 등록

① 신품종의 구비조건

    ㉠ 구별성(區別性, Distinctness) : 한 가지 이상의 특성이 기존 품종과 뚜렷이 구별되어야 한다.

    ㉡ 균일성(均一性, Uniformity) : 특성이 재배 및 이용상 지장이 없도록 균일해야 한다.

    ㉢ 안정성(安定性, Stability) : 세대를 반복해서 재배해도 특성이 변하지 않아야 한다.

② 신품종의 명칭

    품종보호출연하는 신품종의 명칭은 문자와 숫자의 조합으로 이루어진 명칭은 가능하나, 숫자, 또는 기호로만 표시하면 안 된다.

③ 신품종의 등록

    ㉠ 신품종의 품종보호권을 설정, 등록(국립종자원)하면 그 신품종은 종자산업법, 식물신품종보호법에 의하여 육성자의 권리를 20년간(과수와 임목은 25년) 보장받는다.

    ㉡ 국제식물신품종보호연맹(UPOV)의 회원국은 국제적으로 육성자의 권리를 보호받으며, 우리나라는 2002년에 가입하였다.

    ㉢ 신품종이 보호품종으로 등록되기 위해서는 신규성, 구별성, 균일성, 안정성 및 고유한 품종 명칭의 5가지 요건을 구비해야 한다.

    ㉣ 품종보호요건 중 신규성(新規性)이란 품종보호출원일 이전에 우리나라에서는 1년 이상, 그 외 국가에서는 4년(과수와 임목은 6년) 이상 해당 종자나 그 수확물이 이용을 목적으로 양도되지 아니한 경우를 의미한다.

---

**PLUS ONE**

**국제식물신품종보호연맹(UPOV)**

- 국제식물신품종보호연맹(International Union for the Protection of New Varieties of Plants) : 1961년 파리에서 국제협약이 채택했다.
- UPOV에 가입한 나라들 : 종자산업법(한국), 식물신품종보호법(일본), 특허법(이탈리아) 등을 제정하여 신품종을 보호한다.
- 육종가의 권리를 보호 받으려면 UPOV에 가입해야 한다.

〈식물신품종 보호법〉

제2절 품종보호 요건 및 품종보호 출원

**품종보호 요건(제16조)**

다음의 요건을 갖춘 품종은 이 법에 따른 품종보호를 받을 수 있다.

1. 신규성
2. 구별성
3. 균일성
4. 안정성
5. 제106조 제1항에 따른 품종명칭

**신규성(제17조)**

① 제32조 제2항에 따른 품종보호 출원일 이전(제31조 제1항에 따라 우선권을 주장하는 경우에는 최초의 품종보호 출원일 이전)에 대한민국에서는 1년 이상, 그 밖의 국가에서는 4년[과수(果樹) 및 임목(林木)인 경우에는 6년] 이상 해당 종자나 그 수확물이 이용을 목적으로 양도되지 아니한 경우에는 그 품종은 제16조 제1호의 신규성을 갖춘 것으로 본다.

② 다음의 어느 하나에 해당하는 양도의 경우에는 제1항에도 불구하고 제16조 제1호의 신규성을 갖춘 것으로 본다.

1. 도용(盜用)한 품종의 종자나 그 수확물을 양도한 경우
2. 품종보호를 받을 수 있는 권리를 이전하기 위하여 해당 품종의 종자나 그 수확물을 양도한 경우
3. 종자를 증식하기 위하여 해당 품종의 종자나 그 수확물을 양도하여 그 종자를 증식하게 한 후 그 종자나 수확물을 육성자가 다시 양도받은 경우
4. 품종 평가를 위한 포장시험(圃場試驗), 품질검사 또는 소규모 가공시험을 하기 위하여 해당 품종의 종자나 그 수확물을 양도한 경우
5. 생물자원의 보존을 위한 조사 또는 「종자산업법」 제15조에 따른 국가품종목록(이하 "품종목록"이라 한다)에 등재하기 위하여 해당 품종의 종자나 그 수확물을 양도한 경우
6. 해당 품종의 품종명칭을 사용하지 아니하고 제3호부터 제5호까지의 어느 하나의 행위로 인하여 생산된 부산물이나 잉여물을 양도한 경우

**구별성(제18조)**

① 제32조 제2항에 따른 품종보호 출원일 이전(제31조 제1항에 따라 우선권을 주장하는 경우에는 최초의 품종보호 출원일 이전)까지 일반인에게 알려져 있는 품종과 명확하게 구별되는 품종은 제16조 제2호의 구별성을 갖춘 것으로 본다.

② 제1항에서 일반인에게 알려져 있는 품종이란 다음의 어느 하나에 해당하는 품종을 말한다. 다만, 품종보호를 받을 수 있는 권리를 가진 자의 의사에 반하여 일반인에게 알려져 있는 품종은 제외한다.

1. 유통되고 있는 품종
2. 보호품종
3. 품종목록에 등재되어 있는 품종
4. 공동부령으로 정하는 종자산업과 관련된 협회에 등록되어 있는 품종

③ 제2항 제2호 또는 제3호의 경우 품종보호를 받기 위하여 출원하거나 품종목록에 등재하기 위하여 신청한 품종은 그 출원일이나 신청일부터 일반인에게 알려져 있는 품종으로 본다. 다만, 이 법에 따라 품종보호를 받지 못하거나 품종목록에 등재되어 있지 아니한 품종은 제외한다.

**균일성(제19조)**

품종의 본질적 특성이 그 품종의 번식방법상 예상되는 변이(變異)를 고려한 상태에서 충분히 균일한 경우에는 그 품종은 제16조 제3호의 균일성을 갖춘 것으로 본다.

**안정성(제20조)**

품종의 본질적 특성이 반복적으로 증식된 후(1대잡종 등과 같이 특정한 증식주기를 가지고 있는 경우에는 매 증식주기 종료 후를 말한다)에도 그 품종의 본질적 특성이 변하지 아니하는 경우에는 그 품종은 제16조 제4호의 안정성을 갖춘 것으로 본다.

제5절 품종보호권

**품종보호권의 설정등록(제54조)**

① 품종보호권은 제52조 제1항 제1호에 따른 설정등록을 함으로써 발생한다.

② 농림축산식품부장관 또는 해양수산부장관은 다음의 어느 하나에 해당하는 경우에는 품종보호권을 설정등록하여야 한다.

  1. 제46조 제1항에 따라 품종보호료를 납부한 때

  2. 제47조 제1항에 따라 납부기간 경과 후에 품종보호료를 납부한 때

  3. 제48조 제2항에 따라 품종보호료를 보전한 때

  4. 제49조 제1항에 따라 품종보호료를 납부하거나 보전한 때

  5. 제50조에 따라 품종보호료가 면제된 때

③ 농림축산식품부장관 또는 해양수산부장관은 제2항에 따라 품종보호권이 설정등록된 품종의 종자인 경우 농림축산식품부장관 또는 해양수산부장관이 정하여 고시하는 바에 따라 일정량의 시료를 보관, 관리하여야 한다. 이 경우 종자시료가 묘목, 영양체 또는 수산식물인 경우에는 그 제출 시기, 방법 등은 공동부령으로 정한다.

④ 농림축산식품부장관 또는 해양수산부장관은 제2항에 따라 품종보호권을 설정등록하였을 때에는 다음의 사항을 공보에 게재하여야 한다.

  1. 품종보호권자의 성명과 주소(법인인 경우에는 그 명칭, 대표자 성명 및 영업소 소재지)

  2. 품종보호 등록번호

  3. 설정등록 연월일

  4. 품종보호권의 존속기간

⑤ 농림축산식품부장관 또는 해양수산부장관은 제2항에 따라 품종보호권을 설정등록하였을 때에는 지체 없이 품종보호권자에게 공동부령으로 정하는 품종보호권 등록증을 발급하여야 한다.

**품종보호권의 존속기간(제55조)**

품종보호권의 존속기간은 품종보호권이 설정등록된 날부터 20년으로 한다. 다만, 과수와 임목의 경우에는 25년으로 한다.

**품종보호권의 효력(제56조)**

① 품종보호권자는 업으로써 그 보호품종을 실시할 권리를 독점한다. 다만, 그 품종보호권에 관하여 전용실시권을 설정하였을 때에는 제61조 제2항에 따라 전용실시권자가 그 보호품종을 실시할 권리를 독점하는 범위에서는 그러하지 아니하다.

② 품종보호권자는 제1항에 따른 권리 외에 품종보호권자의 허락 없이 도용된 종자를 이용하여 업으로써 그 보호품종의 종자에서 수확한 수확물이나 그 수확물로부터 직접 제조된 산물에 대하여도 실시할 권리를 독점한다. 다만, 그 수확물에 관하여 정당한 권원(權原)이 없음을 알지 못하는 자가 직접 제조한 산물에 대하여는 그러하지 아니하다.

③ 제1항과 제2항에 따른 품종보호권의 효력은 다음 각 호의 어느 하나에 해당하는 품종에도 적용된다.

  1. 보호품종(기본적으로 다른 품종에서 유래된 품종이 아닌 보호품종만 해당한다)으로부터 기본적으로 유래된 품종

  2. 보호품종과 제18조에 따라 명확하게 구별되지 아니하는 품종

  3. 보호품종을 반복하여 사용하여야 종자생산이 가능한 품종

④ 제3항 제1호를 적용할 때 원품종(原品種) 또는 기존의 유래품종에서 유래되고, 원품종의 유전자형 또는 유전자 조합에 의하여 나타나는 주요 특성을 가진 품종으로써 원품종과 명확하게 구별은 되나 특정한 육종방법(育種方法)으로 인한 특성만의 차이를 제외하고는 주요 특성이 원품종과 같은 품종은 유래된 품종으로 본다.

**품종보호권의 효력이 미치지 아니하는 범위(제57조)**

① 다음의 어느 하나에 해당하는 경우에는 제56조에 따른 품종보호권의 효력이 미치지 아니한다.

   1. 영리 외의 목적으로 자가소비(自家消費)를 하기 위한 보호품종의 실시

   2. 실험이나 연구를 하기 위한 보호품종의 실시

   3. 다른 품종을 육성하기 위한 보호품종의 실시

② 농어업인이 자가생산(自家生産)을 목적으로 자가채종(自家採種)을 할 경우 농림축산식품부장관 또는 해양수산부장관은 해당 품종에 대한 품종보호권을 제한할 수 있다.

③ 제2항에 따른 제한의 범위, 절차, 방법 등에 관하여 필요한 사항은 대통령령으로 정한다.

**품종보호권의 효력 제한(제58조)**

품종보호권, 전용실시권 또는 통상실시권을 가진 자에 의하여 국내에서 판매되거나 유통된 보호품종의 종자, 그 수확물 및 그 수확물로부터 직접 제조된 산물에 대하여는 다음의 어느 하나에 해당하는 행위를 제외하고는 제56조에 따른 품종보호권의 효력이 미치지 아니한다.

1. 판매되거나 유통된 보호품종의 종자, 그 수확물 및 그 수확물로부터 직접 제조된 산물을 이용하여 보호품종의 종자를 증식하는 행위

2. 증식을 목적으로 보호품종의 종자, 그 수확물 및 그 수확물로부터 직접 제조된 산물을 수출하는 행위


## (2) 신품종의 특성 유지

### ① 품종퇴화(品種退化)

   ㉠ 신품종을 반복 채종하여 재배하게 되면 유전적, 생리적, 병리적 원인에 의해 품질 고유 특성이 변화하는 것이다.

   ㉡ 유전적 퇴화로는 돌연변이, 자연교잡, 이형유전자형의 분리, 근교약세, 기회적 부동 등이 있으며, 기계의 혼입, 바이러스병의 발생, 부적절한 환경조건 등도 품종퇴화의 원인이 된다.

### ② 품종의 퇴화를 방지하고 특성을 유지하는 방법

   ㉠ 개체집단선발법

     • 특성 유지를 원하는 품종을 1본씩 심고, 전 생육기간을 통하여 정밀한 관찰을 하여 이형개체와 이병개체 등을 제거한 다음, 그 품종 본래의 특성을 구비한 개체를 선발하여 집단 채종한 후 다음 해의 종자로 공시하는 방법이다.

     • 이 방법은 주로 원종, 보급종 또는 모범농가가 종자공급소에서 위탁재배를 하거나 자가채종을 할 때에 이용하고 있다.

ⓛ 계통집단선발법
　　　　　• 개체선발과 계통재배를 하여 품종의 특성을 유지하는 데 목적이 있다.
　　　　　• 제1년째에는 신품종의 원계통에서 나온 종자나 기본 식물에서 받은 종자를 집단 재배한 포장에서 품종의 특성을 구비한 개체들을 선발한다.
　　　　　• 제2년째에는 선발된 개체를 계통 재배하고, 순계로 확인된 계통군 중에서 그 품종의 특성을 갖춘 개체들만을 선발하여 다시 다음 해의 계통재배용으로 이용한다.
　　　　　• 선발하고 남은 개체들을 집단채종하여 다음 단계의 채종종자용으로 사용한다.
　　　ⓒ 주보존법
　　　　　• 영양번식에 의한 주보존 재배를 하면 체세포 돌연변이가 일어나지 않는 한 교잡, 분리, 도태 등에 의한 특성의 변화는 일어나지 않는다.
　　　　　• 품종의 특성유지를 위하여 종자번식 작물에서도 영양번식에 의한 주보존법을 실시하는 경우가 있다.
　　　　　예 벼의 주보존은 겨울 동안 보온 초자실 등에서 생육되어 수확할 수 있다.
　　③ 종자갱신
　　　ⓐ 신품종 특성의 유지와 품종퇴화 방지를 위하여 일정 기간마다 우량종자로 바꾸어 재배하는 것이 좋다.
　　　ⓛ 우리나라에서 벼, 보리, 콩 등의 자식성 작물의 종자갱신연한은 4년에 1기이다.
　　　ⓒ 옥수수와 채소류의 1대잡종품종은 매년 새로운 종자를 사용한다.
　　　ⓓ 종자갱신에 의한 증수효과는 벼보다 감자가 높다.

## (3) 신품종 종자증식

　　① 채종조건 : 종자증식 시 우량한 종자를 생산하는 데 영향을 미친다.
　　　ⓐ 평야지대보다 고랭지에서 채종한 종자가 더 빨리 출수한다.
　　　ⓛ 차가운 지역에서 채종한 종자는 휴면이 생기지 않고 봄에 빨리 발아한다.
　　　ⓒ 밭벼품종은 논에서 채종한 것이 더 우수하다.
　　② 우리나라 종자증식체계 : 기본식물 → 원원종 → 원종 → 보급종
　　　ⓐ 기본식물(基本植物, Breeder's Seed)
　　　　　• 신품종 증식의 기본이 되는 종자로 육종가들이 직접 생산하거나, 육종가의 관리하에 생산한다(국립식량과학원, 국립원예특작과학원).
　　　　　• 옥수수의 기본식물은 3년마다 톱교배에 의한 조합능력 검정을 실시한다.
　　　　　• 감자는 조직배양에 의해 기본식물을 육성한다.
　　　ⓛ 원원종(原原種, Foundation Seed)
　　　　　• 원원종은 기본식물을 증식하여 생산한 종자이다(도 농업기술원).
　　　　　• 기본식물을 분배받아 증식하는 포장을 원원종포라 하며 원원종포에서 생산한 종자를 원원종(Foundation Seed)이라 한다.
　　　　　• 원원종은 원종을 생산하는 종자가 된다.

© 원종(原種, Registered Seed)
- 원종은 원원종을 재배하여 채종한 종자이다(도 원종장).
- 채종포에 심을 종자를 생산하기 위해 원원종을 재배하는 포장을 원종포라 하고, 여기서 생산한 종자를 원종(Registered Seed)이라 한다.
- 원종포에서는 1주 1본식으로 하거나 박파재배를 하고, 이형주나 병해주 등을 철저히 제거한 다음 집단으로 채종하는데 우리나라는 각 도의 '농산물 원종장'에서 생산한다.

② 보급종(普及種, Certificated Seed)
- 보급종은 농가에 보급할 종자이며, 원종을 증식한 것이다.
- 원종을 더욱 증식하여 농가에 보급할 종자를 생산하는 포장을 채종포라 하고 여기서 수확한 종자를 보급종이라 한다.
- 채종포는 국립종자원과 시·군 및 농업단체 등에서 운영한다.
- 보급종을 생산할 목적으로 하는 채종재배는 종자가 유전적으로 순수하고, 병해충의 피해가 없으며, 균일한 특성과 영속성을 가지면서 충실한 것을 얻는 것이 목적이다.

**⊕ PLUS ONE**

**보급종 생산을 위한 채종재배 시 유의 사항(벼의 경우)**
- 재배지의 입지선정 및 효율적인 증식방법으로 증식을 높이며 적절한 비배관리를 한다.
- 한 이삭의 벼알이 80% 이상 황색으로 변하는 황숙기에 수확한다.
- 지력이나 물관리 등 농작업이 편리하며 벼의 경우 결실기의 밤과 낮의 온도차이가 어느 정도 크고 기상재해가 적어 안전한 지역을 택한다.
- 자연교잡으로 인한 품종의 퇴화를 막기 위해서는 격리재배를 해야 하고, 벼와 같은 자식성 작물에서도 채종 재배 시에는 품종 간 2~5m의 거리를 두는 것이 좋다.

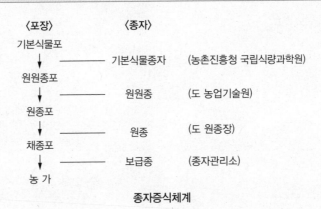

종자증식체계

## (4) 신품종의 보급

① 신품종 농가보급은 종자보급체계에 따라 이루어진다.
  ㉠ 신청절차
   • 국립종자원은 전년도 재배면적, 기호도 등을 고려하여 종자생산 계획을 세우고 보급종을 생산하여 수매한 후 품종별로 공급가능량을 각 도 농업기술원에 예시한다.
   • 시·도지사가 시·군·읍·면·동별로 공급가능량을 배정하고 종자 수요 농가는 가까운 시·군 농업기술센터, 읍·면 농민상담소(읍·면상담소가 없는 경우에는 읍·면사무소)에 희망하는 품종과 종자량을 신청한다.
  ㉡ 공급절차
   • 국립종자원(지소)에서는 정부 보급종 확보량, 시·도별 종자 신청량을 종합한 후, 시·군별 품종별 공급계획량을 확정·시달한다.
   • 종자공급은 종자구매와 판매업무 대행 계약자인 농협을 통해 수요 농가에게 공급한다.
② 보급 시 각종 재해에 대한 위험분산, 시장성, 재배의 안정성 등을 충분히 검토해야 한다.

# 생식
# (生殖, Reproduction)

## |01| 생식의 개념

### (1) 의 의

① 생물이 다음 세대를 이어갈 새로운 개체를 만들어 나가는 것을 생식이라 한다.

② 작물의 번식은 종자 또는 영양체를 이용하며, 무성생식과 유성생식으로 구별된다.

③ 종자번식작물의 생식은 유성생식과 아포믹시스가 있고, 영양번식작물은 무성생식을 한다.

### (2) 유성생식(有性生殖, Sexual Reproduction)

① 의 미

    ㉠ 성이 구별되는 생물이 암수 각각의 생식세포를 만들고, 이들 생식세포가 결합하여 새로운 자손을 만드는 것이다.

    ㉡ 유성생식에는 크게 접합과 수정 2가지 방법이 있는데, 접합에는 3가지 종류가 있다.

- 동형접합(Isogamy) : 개체가 동형배우자로 되어 이들끼리 융합한다.
- 접합(Conjugation) : 군체(Colony)로 이루어진 식물체의 일부 세포가 배우자를 형성하여 이들 배우자끼리 융합한다.
- 난접합(Oogamy) : 식물체 내에 생식기관이 발생하는데, 난자(Egg)가 장란기(Oogonium)속에 머물러 있으면서 접합이 일어난다.
- 수정(Fertilization) : 장정기에서 방출된 정자와 장란기에서 방출된 난자가 서로 융합하여 접합자를 형성한다.

    ㉢ 자식과 타식에 따라 양친의 유전조성이 자손에게 다양하게 전달되고 교배조작이 달라지며, 자식보다 타식식물의 유전변이가 더 다양하다.

② 유성생식에는 자가수정식물과 타가수정식물이 있다.

    ㉠ 자가수정(自家受精, Self-Fertilization)

- 동일 개체에서 형성된 암 · 수 배우자가 수정하는 식물이다.
- 주로 자식에 의하여 번식하는 식물이다.
- 자식성 작물의 세대 진전으로 개체의 유전자형이 동형접합체로 된다.
- 자식성 작물(自殖性 作物) : 벼, 보리, 밀, 콩, 완두, 토마토, 가지, 참깨, 복숭아, 담배 등

ⓛ 타가수정(他家受精, Cross-Fertilization)

- 서로 다른 개체에서 형성된 암·수 배우자가 수정하는 식물이다.
- 주로 타식에 의하여 번식하는 식물이다.
- 타식성 작물은 세대가 진전하여도 개체의 유전자형은 이형접합체로 남는다.
- 타식성 작물(他殖性 作物) : 옥수수, 호밀, 메밀, 율무, 호프, 마늘, 양파, 시금치, 딸기, 아스파라거스 등(시금치, 호프, 아스파라거스는 자웅이주)

③ 유성생식의 생활사(환)

㉠ 종자식물의 유성생식 과정 : 포자체(식물체) → 생식모세포(배낭모세포, 화분모세포) → 감수분열 → 배우체(배낭, 화분) → 배우자(난세포, 정세포) → 수정 → 접합자

㉡ 세대교번(世代交番, Alternation of Generation) : 유성생식작물의 생활사에서 배우체(반수체)세대와 포자체(2배체)세대가 번갈아가며 나타난다.

> 🔍 **참고**
>
> 포자체세대($2n$)는 감수분열에 의해 배우체세대($n$)로 바뀌고, 배우체세대($n$)는 수정에 의해 포자체세대($2n$)로 넘어간다.

㉢ 정형유성생식(定型有性生殖)과 염색체 수

- 정형유성생식은 수정을 통하여 암수배우자가 정상적으로 접합하여 접합자를 만들고, 이것이 다음 세대의 개체로 발육하는 생식이다.
- 생물 염색체의 체세포에는 같은 종류의 염색체 한 쌍(2배수 = diploid ; $2n$)이 있고 감수분열로 만들어진 배우자는 배수염색체 수 중 반수로 되어 있다.
- 접합자(接合子)는 양쪽 어버이에서 각각 반수 염색체를 받아 배수의 염색체가 된다.
- 접합자의 염색체 수는 어버이와 같은 배수($2n$)이지만, 염색체의 내용은 서로 다르다.

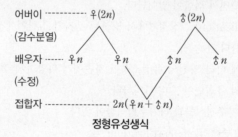

정형유성생식

# (3) 아포믹시스(Apomixis ; 이형유성생식)

① 아포믹시스는 'Mix가 없는 생식'으로 수정과정 없이 배가 형성되어 종자를 번식하는 무수정종자형성(無受精種子形成) 또는 무수정생식(無受精生殖)을 의미한다.

② 아포믹시스에 의해 만들어진 종자는 수정이 없으므로 종자 형태의 영양계라 할 수 있고, 다음 세대에 유전분리가 일어나지 않기 때문에 종자번식작물의 우량 아포믹시스는 영양번식작물의 영양계와 같이 곧바로 신품종이 된다.

③ 배를 만드는 세포에 따라 위수정생식, 웅성단위생식, 부정배형성, 무포자생식, 복상포자생식 등으로 구분한다.

　㉠ 위수정생식(僞受精生殖, Pseudomixis)

　　• 종·속간교배에서 수분의 자극으로 난세포가 배로 발달하는 것이다.

　　• 위수정생식으로 인해 종자가 생기는 것을 위잡종(僞雜種, False Hybrid)이라 한다.

　　• 벼, 보리, 밀, 목화, 담배 등에서 나타난다.

　㉡ 웅성단위생식(雄性單爲生殖, Male Parthenogenesis)

　　• 정세포가 단독으로 분열하여 배를 형성한다.

　　• 달맞이꽃, 진달래 등에서 발견된다.

　㉢ 부정배형성(不定胚形成, Adventitious Embryony)

　　• 배낭을 형성하지 않고 포자체의 조직세포(주심, 주피)가 직접 배를 형성한다.

　　• 밀감의 주심배가 대표적이다.

　㉣ 무포자생식(無胞子生殖, Apospory)

　　• 배낭을 형성하나 배낭의 조직세포가 배를 형성한다.

　　• 부추, 파 등에서 발견된다.

　㉤ 복상포자생식(複相胞子生殖, Diplospory)

　　• 배낭모세포가 감수분열을 못 하거나 비정상분열을 거쳐 배를 만들어 일어난다.

　　• 벼과, 국화과에서 나타난다.

---

**➕ PLUS ONE**

**단위생식(처녀생식)**

• 단위생식을 처녀생식, 단성생식, 단위발생, 단성발생이라고도 한다.

• 난자가 정자와 만나지 않고 단독발생하여 자손을 생성하는 생식법으로 유성생식에 속한다.

• 염색체 수에 따라, 개미·벌처럼 반수의 염색체($n$)를 가진 난자가 단위생식으로 발생하는 단상성(單相性) 단위생식과 윤충·진딧물·깍지벌레·물벼룩처럼 배수의 염색체($2n$)를 가진 복상성(複相性) 단위생식으로 구별된다.

　– 꿀벌은 미수정란에서 발생하면 모두 수컷이 되고, 수정란에서 발생하는 것은 모두 암컷이 된다. 다른 벌이나 개미에서도 같은 일이 생긴다.

　– 진딧물은 봄에서 늦가을까지는 단위생식에 의해 암컷만이 생기며, 기온이 낮아지면 장래 수컷을 낳을 암컷과, 암컷을 낳을 암컷이 생긴다.

　– 노린재의 기생벌은 30℃ 이상에서 암컷을 기르면 단위생식에 의해서 암컷이 되고 이것보다 높은 온도에서 기르면 수컷이 된다.

　– 담수산(淡水産)의 윤충도 온난한 동안에는 단위생식으로 암컷이 되지만, 기후가 나빠지면 수컷이 된다.

　– 성게의 알을 부티르산해수로 처리한 후 고장해수(高張海水 ; 해수 50mL＋2.5 N 염화나트륨 8mL)에 25~50분간 담가두면 단위생식이 일어난다.

## (4) 무성생식

① 배우자 형성과정을 거치지 않고, 생식기관이 아닌 잎, 줄기 등의 영양체로부터 새로운 개체가 생성되는 것으로 영양번식(營養繁殖, Vegetative Propagation)이라 한다.

② 분열법, 출아법, 포자생식, 영양생식 등이 여기에 속한다.

　㉠ 분열법 : 2분법(세균, 아메바 등), 다분법(말라리아병원충 등)이 있다.

　㉡ 출아법 : 모체의 일부가 자라서 새로운 개체가 되는 방법(효모, 히드라, 말미잘 등)이다.

　㉢ 포자생식 : 몸의 일부에서 만들어진 포자로부터 새로운 개체가 형성되는 방법[균류(곰팡이, 버섯 등), 조류(파래, 미역 등), 선태류, 양치류 등]이다.

　㉣ 영양생식 : 고등식물의 영양기관인 뿌리, 줄기, 잎의 일부분에서 새로운 개체가 형성되는 방법[덩이줄기(감자), 뿌리(고구마), 기는줄기(양딸기)]이다.

③ 유전적으로 모체와 동일한 특성을 가지며, 실생묘에 비해 어린 식물이 강한 이점이 있다.

**＋ PLUS ONE**

무성생식과 유성생식의 차이

| 무성생식 | 유성생식 |
|---|---|
| 생식세포가 없음 | 생식세포가 있음 |
| 세포와 결합하지 않음 | 암수의 생식세포끼리 결합 |
| 자손의 형질이 다양하지 않음 | 자손의 형질이 다양함 |
| 주변 환경이 변하면 적응하기 힘듦 | 주변 환경이 변해도 잘 적응할 수 있음 |
| 자손의 숫자를 빨리 늘릴 수 있음 | 자손의 숫자를 빨리 늘리기 어려움 |

### Level UP 이론을 확인하는 문제

**다음 아포믹시스에 대한 설명 중 틀린 것은?**  　　19 경남 지도사 기출

① 무포자생식은 배낭의 조직세포가 배를 형성한다.
② 부정배형성은 배낭을 형성하고 포자체가 배를 형성한다.
③ 위수정생식은 다른 수분의 자극을 받아 난세포가 배를 형성하는 것이다.
④ 웅성단위생식은 화분이 단독으로 배를 형성하는 것이다.

해설 　부정배형성은 배낭을 형성하지 않고 포자체의 조직세포(주심, 주피)가 직접 배를 형성한다.

정답 　②

**종자번식작물의 생식방법에 대한 설명으로 가장 옳은 것은?**  19 지방직 기출

① 제2감수분열 전기에 2가염색체를 형성하고 교차가 일어난다.

② 화분에는 2개의 화분관세포와 1개의 정세포가 있다.

③ 종자의 배유($3n$)에 우성유전자의 표현형이 나타나는 것을 메타크세니아라고 한다.

④ 아포믹시스에 의하여 생긴 종자는 다음 세대에 유전분리가 일어나지 않아 곧바로 신품종이 된다.

해설 ④ 아포믹시스에 의해 만들어진 종자는 수정을 거치지 않았으므로 종자 형태의 영양계라 할 수 있고, 다음 세대에 유전분리가 일어나지 않기 때문에 종자번식작물의 우량 아포믹시스는 영양번식작물의 영양계와 같이 곧바로 신품종이 된다.

① 제1감수분열 전기에 2가염색체를 형성하고 교차가 일어난다.

② 화분에는 1개의 화분관세포와 1개의 생식세포가 있다.

③ 종자의 배유($3n$)에 우성유전자의 표현형이 나타나는 것을 크세니아라고 한다.

정답 ④

## |02| 생식세포(배우자)의 형성

### (1) 체세포분열(體細胞分裂, 유사분열)

세포주기 : $G_1$기 → $S$기 → $G_2$기 → $M$기 순서로 진행

① $G_1$기(DNA합성 전기) : 딸세포가 성장하는 시기이다.

② $S$기(DNA합성기, 복제기) : DNA합성으로 염색체가 복제되어 자매염색분체를 만든다.

③ $G_2$기 : 체세포분열을 준비하는 성장기이다.

④ $M$기(세포분열기) : 체세포분열에 의하여 딸세포가 형성된다.

㉠ 하나의 체세포가 2개의 딸세포로 되는 것을 의미하며 일정한 세포주기를 가진다.

㉡ 체세포분열은 전기, 중기, 후기, 말기로 구분할 수 있다.

• 전기(Prophase) : 염색사가 압축·포장되어 염색체 구조로 되며, 인과 핵막이 소실된다.

• 중기(Metaphase) : 방추사가 염색체의 동원체에 부착되고 각 염색체는 적도판으로 이동한다.

• 후기(Anaphase) : 자매염색분체가 분리되어 서로 반대 방향으로 이동한다.

• 말기(Telophase) : 핵막과 인이 다시 형성되고, 세포질 분열이 일어나 2개의 딸세포가 생긴다.

체세포분열과 감수분열

• 체세포분열
 − 체세포의 유전물질(DNA)을 복제하여 딸세포에게 균등하게 분배하기 위한 것으로 모세포와 낭세포 사이에 유전질의 차이가 없다.
 − 마모된 세포의 교체로 정상적 기능의 수행, 손상된 세포의 교체로 상처의 치유 역할도 한다.
 − 체세포분열을 통해 개체로 성장한다.
• 감수분열
 − 생식기관의 생식모세포에서만 이루어지며, 연속적인 2번의 분열(제1, 2분열)을 거쳐 완성된다.
 − 모세포 $2n$개의 염색체가 각각 $n$개씩 2개의 낭세포로 분리되며 낭세포의 염색체 수는 모세포의 반이 되고 유전질에서도 차이가 있다.
 − 생물종 고유의 염색체 수를 유지시키고, 염색체 조성이 서로 다른 배우자를 생성시키며, 염색체 내의 유전자 재조합이 일어나게 된다.
 − 생식세포의 감수분열에 의해 반수체 딸세포가 생기고 배우자가 형성된다.

## (2) 감수분열(減數分裂, Meiosis, 이형분열)

감수분열 과정

• 생식기관의 특수한 세포에서 일어나는 감수분열은 연속 2회의 핵분열로 진행된다.
• 제1감수분열은 염색체의 수가 반으로 줄어드는 감수분열이다.
• 제2감수분열은 염색분체가 분열하는 동형분열로 한 개의 생식모세포에서 4개의 감수분열 낭세포가 생긴다.
• 제1감수분열은 이형분열이며, 제2감수분열은 동형분열이다.
• 제1감수분열은 염색체 교차에 의하여 유전자 재조합이 일어난다.
• 제1감수분열은 생식모세포의 상동염색체가 분리되고 반수체 딸세포가 형성되는 감수분열 과정이다.

① 제1감수분열 전기 : 세사기 → 대합기 → 태사기 → 복사기(이중기) → 이동기로 구분한다.
 ㉠ 세사기(細絲期) : 염색사가 압축, 포장되어 염색체 구조를 이루는 시기이다.
 ㉡ 대합기(對合期) : 상동염색체가 짝을 지어 2가염색체를 형성하는 시기이다.
 ㉢ 태사기(太絲期) : 염색체의 일부가 서로 교환되는 교차가 일어나며, 염색체가 꼬인 것과 같은 모양을 하는 키아즈마(Chiasma) 현상이 일어나는 시기이다.
 ㉣ 복사기(複絲期) : 상동염색체가 분리되는 시기로 상동염색체 각각에서 2개의 염색분체가 확실하게 나타는 시기이다.
 ㉤ 이동기(移動期) : 2가염색체들이 적도판을 향하여 이동하는 시기이다.
② 제1감수분열 중기 : 방추사가 생기면 2가염색체들이 적도판에 무작위로 배열된다.
③ 제1감수분열 후기 : 2가염색체의 두 상동염색체가 분리되어 서로 반대 극을 향해 이동하여 양쪽 극에 한 세트씩 모인다.
④ 제1감수분열 말기 : 새로운 핵막이 형성되며 반수체인 2개의 딸세포가 형성된다.

⑤ 간기 : 제1감수분열이 끝나면 극히 짧거나 없다. 또 DNA의 합성이 없다.

⑥ 제2감수분열

ⓐ 제1감수분열이 끝난 후 극히 짧은 간기(間期)를 거쳐 곧바로 제2감수분열이 시작된다.

ⓑ 제2감수분열은 반수체인 딸세포의 각 염색체의 자매염색분체가 분리되며 체세포분열과 동일하게 진행된다.

## (3) 생식세포의 형성(화분과 배낭의 발달) 과정

① 화분(꽃가루)의 형성(수술의 꽃밥 속에서 형성)

ⓐ 수술의 약(藥, 꽃밥)에 있는 포원($2n$)세포가 몇 차례의 동형분열을 하여 화분모세포($2n$)가 되고, 화분모세포는 감수분열을 하여 $2n$이 $n$, $n$으로 되며, 다시 동형분열을 하여 $n \rightarrow n$으로 되어 4개의 반수체 소포자(小胞子, 화분세포)가 형성된다.

ⓑ 4개의 화분세포는 다시 동형포분열이 일어나 1개의 정핵과 1개의 영양핵을 가진다.

ⓒ 1개의 정핵은 다시 동형분열을 하여 2개의 정핵을 이루고, 1개의 4분자는 2개의 정핵과 1개의 영양핵을 가진 1개의 화분이 된다.

② 배낭의 형성(씨방의 밑씨 속에서 형성)

ⓐ 암술 자방(子房, 씨방) 속의 배주(胚珠, 밑씨) 안에서 배낭모세포($2n$)가 제1성숙분열(감수분열)과 제2성숙분열(동형분열)을 거쳐 염색체 수 $n$인 4개의 반수체 대포자(大胞子, 배낭세포)를 만들며, 3개는 퇴화하고 1개만 남아 세 번의 체세포분열로 8개의 핵을 가진 배낭으로 성숙한다.

ⓑ 8개의 배낭핵 중 난세포($n$) 1개와 조세포 2개가 주공(수정대 화분을 받는 부분)쪽에 자리잡고, 반대쪽에 반족세포(反足細胞)가 3개, 중앙에 극핵(極核) 2개가 있으며, 그 중 조세포와 반족세포는 후에 퇴화한다.

---

**Level UP 이론을 확인하는 문제**

다음 중 세포주기에 대한 설명으로 옳은 것은?          19 경남 지도사, 17 지방직 **기출**

① $G_1$기에 분열한다.

② $S$기에 자매염색분체를 형성한다.

③ $G_2$기에 세포가 조직으로 분화한다.

④ $M$기에 유전물질이 배가된다.

**해설** ② $S$기에는 DNA 합성으로 염색체가 복제되어 자매염색분체를 만든다.

① $G_1$기는 딸세포가 성장하는 시기이다.

③ $G_2$기는 세포의 성장이 최고에 도달된 세포분열의 준비기이다.

④ $M$기에는 체세포분열에 의하여 딸세포가 형성된다.

**정답** ②

## |03| 수분과 수정 및 종자의 형성

### (1) 수분(受粉, Pollination)

① 수분은 약에 있는 화분(꽃가루)이 주두(암술머리)에 옮겨지는 것을 말한다.

    ㉠ 수술(꽃밥)의 꽃가루 모세포가 생식세포 분열을 통해 꽃가루를 형성한다.

    ㉡ 암술(씨방) 내 밑씨의 배낭 모세포가 생식세포 분열을 통해 난세포를 형성한다.

② 암술머리에 꽃가루가 묻으면 꽃가루관으로부터 배낭(밑씨)으로 향해 신장되는 꽃가루관이 생긴다.

③ 매개법으로는 풍매 · 충매 · 동물매 · 수매 등이 있으며, 육종에 있어서는 인공수분을 많이 한다.

④ 수분 방법은 동일 개체에서 수분이 이루어지는 자가수분과 다른 개체들 사이에서 수분이 일어나는 타가수분이 있다.

⑤ 자가수분의 형태

    ㉠ 꽃이 개화하지 않고 수분이 되는 폐화수분에서는 자가수분만이 이루어진다(벼, 밀).

    ㉡ 벼 · 보리 · 밀 등은 한 꽃에 암술과 수술이 모두 있는 양성화(완전화)에서 이루어진다.

    ㉢ 옥수수 · 수수 · 참외 등 한 식물체 안에 따로 암꽃과 수꽃이 있는 자웅동주식물에서는 자가수분도 하고 타가수분도 한다.

⑥ 타가수분의 형태

    ㉠ 암꽃과 수꽃이 각각 다른 식물체에 있는 자웅이주식물은 타가수분만 한다(예 시금치, 삼 등).

    ㉡ 웅예선숙(雄蕊先熟, Protandrous)인 것이나 자예선숙(雌蕊先熟, Protogynous)인 것은 타가수분하기 쉽다.

        • 웅예선숙 : 수술이 같은 꽃 내의 암술보다 앞서 성숙하는 경우(양파, 당근, 사탕무, 국화, 나무딸기, 옥수수 등)

        • 자예선숙 : 암술이 같은 꽃 내의 수술보다 앞서 성숙하는 경우(배추과식물의 일부, 목련, 호두, 아보카도 등)

---

**PLUS ONE**

**용어정리**

• 양성화 : 암술과 수술을 한 꽃에 모두 가지고 있는 식물
• 단성화 : 한 식물체가 암꽃 또는 수꽃만을 가지고 있는 식물
• 자웅동숙 : 암술과 수술이 거의 동시에 성숙한 식물
• 자웅동주식물 : 한 식물체 안에 암꽃과 수꽃이 같이 있는 식물
• 자웅이주식물 : 암꽃과 수꽃이 각각 다른 식물체에 있는 식물

## (2) 수정(受精, Fertilization)

자성과 웅성의 두 생식세포가 합착하고 핵이 융합하여 수정란을 형성하는 것이다.

① 자가수정 : 자가수분에 의해 수정되는 것이며, 자가수정으로 생식하는 것을 자식, 자식을 하는 작물을 자가수정작물이라고 한다.

② 타가수정 : 타가수분에 의해 수정되는 것이며, 타가수정으로 생식하는 것을 타식, 타식하는 작물을 타가수정작물이라고 한다.

③ 중복수정

    ㉠ 중복수정은 정핵이 난핵과 극핵세포에 결합되는 것이다.

    ㉡ 수분된 꽃가루의 정핵과 배낭 안의 난핵이 융합하여 수정란을 형성하는 현상을 수정이라 하는데, 하나의 배낭 안에서 수정이 두 곳(난핵과 극핵)에서 함께 일어나는 현상을 중복수정이라 한다.

    ㉢ 중복수정은 피자식물에서만 볼 수 있다.

    ㉣ 과정 : 수분 → 꽃가루 발아 → 꽃가루관 신장 → 암술대(화주) 통과 → 주공을 통해 배낭에 침입 → 침입한 정핵 1개+난세포, 침입한 정핵 1개+극핵 2개

**염색체의 조성**

염색체의 조성은 난세포($n$)+정핵($n$)=배($2n$), 2개의 극핵($n+n$)+정핵($n$)=배젖($3n$)이 된다.

- 속씨식물(피자식물)
  - 배낭모세포의 감수분열($2n$) → 4개의 배낭세포 형성($n$) → 한 개만 남아서 3회 핵분열($n$) → 8개의 핵을 갖는 배낭 형성($8n$)
  - 이 중 2개의 극핵($2n$)이 수분 후 배낭에 도달한 정핵($n$)과 만나서 배유($3n$)가 형성된다.
- 겉씨식물(나자식물)
  - 배낭모세포의 감수분열($2n$) → 배낭세포 형성 → 핵분열 후 2개의 핵이 수정과정과 관계없이 배유($n$)를 형성한다. 배유는 형성되나 곧 퇴화된다.
  - 침엽수와 같은 나자식물은 중복수정이 이루어지지 않는다.

## (3) 종자의 형성(결실)

① 수정이 끝나면 배와 배주가 성숙하여 종자가 되고, 자방이 발달하여 열매를 형성한다.

② 종피와 열매껍질은 모체의 조직이므로 배와 종피는 유전적 조성이 다르다.

③ 종자의 배유에 우성유전자의 표현형이 나타나는 것을 크세니아(Xenia)라 한다. 즉, 1개의 웅핵이 배유 형성에 관여하여 배유에서 우성유전자의 표현형이 나타나는 현상을 말한다.

④ 바나나, 감귤류와 같이 종자의 형성 없이 열매를 맺는 현상을 단위결과라 한다.

    ㉠ 포도는 종자형성 없이 열매를 맺는 단위결과가 나타나기도 한다.

    ㉡ 식물호르몬을 이용하여 인위적으로 단위결과를 유발하기도 한다.

⑤ 과실은 배주를 싸고 있는 조직이 발달한 것이며, 수정 후 종자가 형성될 때 과실도 발육한다.

**종자형성에 대한 설명으로 옳지 않은 것은?**

11 지방직 기출

① 종피와 열매껍질은 모체의 조직이므로 배와 종피는 유전적 조성이 동일하다.

② 배유에 우성유전자의 표현형이 나타나는 것을 크세니아라 한다.

③ 바나나, 감귤류와 같이 종자의 생산 없이 열매를 맺는 현상을 단위결과라 한다.

④ 식물호르몬을 이용하여 인위적으로 단위결과를 유발하기도 한다.

해설 종피와 열매껍질은 모체(♀)의 조직이다. 종자에서 배와 종피는 유전적 조성이 다르다(배 : $2n$, 종피 · 과육 · 과피 : $1n$).

정답 ①

# |04| 불임성과 불화합성

## (1) 불임성(不稔性, Sterility)

수분이 이루어져도 수정과 결실이 이루어지지 않는 현상을 불임성이라 하고, 일반적인 임성을 보이는 범위 안에서 불임성이 나타날 때에 문제가 된다.

① **자성기관의 이상** : 암술이 퇴화 · 변형하여 꽃잎이 되는 등의 형태적 이상이 생기면 불임성을 나타내며, 배낭의 발육이 불완전할 때에는 외형적으로 이상이 없어도 불임성을 나타낸다.

② **웅성기관의 이상** : 수술이나 꽃밥이 퇴화하거나 또는 꽃가루가 유전적 · 환경적 · 영양적으로 불완전하게 되면 불임성을 나타낸다.

## (2) 불화합성

생식기관이 건전한 것끼리 근연 간의 수분을 하는 경우에는 정상적으로 수정 · 결실하지 못하는 것을 불화합성이라 하며 불임성의 원인이 된다.

① **자가불화합성(自家不和合性, Self-Incompatibility)**

㉠ 식물체가 정상적인 꽃가루와 배낭을 가지고 있으면서도 자가수정을 하면 결실되지 않는 현상을 말하며, 식물에서 자가수정을 방지하고 타가수정을 보장하는 메커니즘이다.

㉡ 배추, 양배추, 무, 양파 등 $F_1$ 교잡종을 이용하는 작물과 육종, 채종에 이용된다.

㉢ 자가불화합성의 일시적 타파 : 계통확보 및 세대진전을 위해 자가불화합성 식물을 자식시켜 종자를 확보해야 하는데, 이를 위해 자가불화합성이 일시적으로 작동되지 않도록 처리하는 것을 말한다.

- 뇌수분 : 암술이 성숙, 개화하기 전(배추의 경우 약 3일 전)에 강제로 수분
- 노화수분 : 개화성기가 지나서 수분
- 그 밖에 말기수분, 고온처리 또는 전기자극, 고농도의 $CO_2$ 처리 등이 있다.

② 자가불화합성 원인

| 생리적 원인 | 유전적 원인 |
|---|---|
| • 꽃가루의 발아·신장을 억제하는 억제 물질의 존재<br>• 꽃가루관의 신장에 필요한 물질의 결여<br>• 꽃가루관의 호흡에 필요한 호흡 기질의 결여<br>• 꽃가루와 암술머리 조직 사이의 삼투압 차이<br>• 꽃가루와 암술머리 조직의 단백질 간의 친화성결여 | • 치사 유전자<br>• 염색체의 수적·구조적 이상<br>• 자가불화합성을 유기하는 유전자(이반유전자나 복대립 유전자)<br>• 자가불화합성을 유기하는 세포질 |

📖 참고

이반유전자
불화합성에 관여하는 유전자의 일종이다. 불화합성 인자에는 몇 개의 복대립유전자가 있는데 어떤 접합체와 같은 유전자형을 가진 화분에 의해 수정을 방해하는 대립유전자이다.

② 웅성불임성(雄性不稔性, Male Sterility)
  ㉠ 유전자작용에 의하여 화분이 형성되지 않거나, 제대로 발육하지 못하여 종자를 만들지 못한다.
  ㉡ 웅성기관, 즉 수술(웅예)의 발달이나 꽃가루의 형성에 관여하는 유전자에 돌연변이가 일어나 수술이 변형되거나, 정상적인 기능을 지닌 꽃가루가 형성되지 않아 자가수분으로는 열매를 맺지 못하는 현상이다.
  ㉢ 웅성불임의 이용 : 웅성불임의 계통은 교잡을 할 때 제웅이 필요하지 않으므로 1대잡종을 만들 때에 웅성불임계통을 많이 이용하고 있다[옥수수, 수수, 양파, 유채(평지) 등].
  ㉣ 구 분
    • 발생원인에 따라 : 유전자적 웅성불임성과 세포질적 웅성불임성
    • 임성회복유전자의 유무에 따라 : 세포질적 웅성불임성과 세포질적–유전자적 웅성불임성

PLUS ONE

웅성불임성의 종류
• 유전자적 웅성불임성(Genic Male Sterility, GMS)
  – 핵내유전자만 작용하는 웅성불임으로 벼, 보리, 수수, 토마토 등이 해당된다.
  – 온도, 일장, 지베렐린 등에 의하여 임성이 회복되는 환경감응형 웅성불임성이 있다.
  – 벼의 온도감응형 웅성불임성은 21~26℃에서 95% 이상 회복하여 1대잡종종자의 채종에 이용할 수 있다.
• 세포질적 웅성불임성(Cytoplasmic Male Sterility, CMS) : 세포질유전자만 관여하는 웅성불임으로 벼, 옥수수 등 영양기관을 이용하는 작물의 1대잡종 생산에 이용될 수 있다.
• 세포질적–유전자적 웅성불임성(Cytoplasmic–genic Male Sterility, CGMS) : 핵내유전자와 세포질유전자의 상호작용에 의한 웅성불임으로 고추, 양파, 파, 사탕무, 아마 등이 해당된다.

다음은 세포질적–유전자적 웅성불임성에 대한 내용이다. $F_1$의 핵과 세포질의 유전자형 및 표현형으로 옳게 짝지은 것은? (단, $S$는 웅성불임성 세포질이고 $N$은 가임 세포질이며, 임성회복유전자는 우성이고 $Rf$며, 임성회복유전자의 기능이 없는 경우는 열성인 $rf$이다) 19 국가직 기출

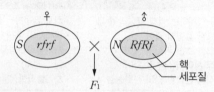

| | 핵의 유전자형 | 세포질의 유전자형 | 표현형 |
|---|---|---|---|
| ① | $rfrf$ | $S$ | 웅성가임 |
| ② | $rfrf$ | $N$ | 웅성불임 |
| ③ | $Rfrf$ | $S$ | 웅성가임 |
| ④ | $Rfrf$ | $N$ | 웅성불임 |

해설 ③의 $SRfrf$는 웅성가임이다.
①의 $Srfrf$는 웅성불임, ②의 $Nrfrf$는 웅성가임, ④의 $NRfrf$는 웅성가임이다.

정답 ③

---

자가불화합성을 일시적으로 타파하기 위한 방법이 아닌 것은? 20 국가직 7급 기출

① 전기자극
② 노화수분
③ 질소가스 처리
④ 고농도 $CO_2$ 처리

해설 **자가불화합성의 일시적 타파 방법**
• 뇌수분 : 암술이 성숙, 개화하기 전에 강제로 수분
• 노화수분 : 개화성기가 지나서 수분
• 그 밖에 말기수분, 고온처리, 전기자극, 고농도의 $CO_2$ 처리 등이 있다.

정답 ③

# 유 전

## |01| 멘델의 유전법칙

### (1) 멘델의 가설

① 한 가지 유전 형질을 결정하는 대립유전자는 한 쌍이 있다.

② 한 가지 유전 형질을 결정하는 유전자는 한 개체 내에 한 쌍만 존재하며, 이들은 양친으로부터 하나씩 물려받은 것이다.

③ 같은 개체 속에 서로 다른 2개의 유전자가 함께 있을 때 한 가지 형질만 나타나는 데 우성유전인자만 표현된다.

④ 한 형질을 결정하는 두 대립유전자가 헤테로(잡종)일 때는 그 중 한 가지만 표현된다.

⑤ 한 개체가 가진 한 쌍의 대립유전자는 자손으로 전달될 때 분리된 단위로서 각 배우자에게 독립적으로 분배된다.

### (2) 멘델의 실험

- 멘델은 종자의 모양, 떡잎의 색깔, 씨껍질의 색깔, 꼬투리의 모양, 꼬투리의 색깔, 꽃의 위치, 줄기의 키 등 7가지의 대립형질을 대상으로 실험하였고, 완두 교잡실험 결과로 1865년 '식물잡종연구'란 논문을 발표하였다.
- 1900년 드브리스, 체르마크, 코렌스 등에 의해 멘델의 법칙이 재발견되어 현대 유전학 발달의 기초를 이루었다.

① 단성잡종의 분리

  ㉠ 1쌍의 유전자(대립형질)에 의해서 만들어진 잡종을 단성잡종(單性雜種)이라고 한다.

  ㉡ 완두에서 둥근 것($RR$)과 주름진 것($rr$)의 개체 교배는 단성잡종이며, $RR \times rr$로 표시된다.

  ㉢ $RR$의 배우자는 $R$, $rr$의 배우자는 $r$이며, 이들 사이의 수정에 의해서 생기는 잡종 제1대인 $F_1$은 모두 $Rr$가 되고 표현형은 $R$인자에 의해 둥근 것이 된다.

  ㉣ $F_1$에서는 $r$의 형질이 나타나지 않고 $R$의 형질이 나타난다.

  ㉤ $F_1$에서 형질이 나타나는 개체 $R$를 우성(優性)이라 하고, 형질이 나타나지 않는 개체 $r$을 열성(劣性)이라 한다.

  ㉥ 이와 같이, 1쌍의 형질 중에서 우성인 형질이 $F_1$에 나타나는 것을 '우열의 법칙'이라고 한다.

ⓢ $F_2$에서 우성 형질을 나타내는 것($RR$와 $Rr$)과 열성 형질을 나타내는 것($rr$)으로 분리시키는 일을 '분리의 법칙'이라고 한다. 여기서 $F_1$의 자가수분에 의해서 생긴 $F_2$는 유전자형의 비가 $RR : Rr : rr = 1 : 2 : 1$이고 표현형의 비는 $3 : 1$이 된다.

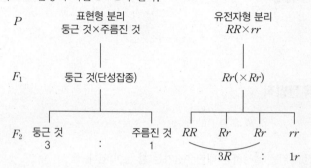

② 양성잡종의 분리

ⓐ 두 쌍의 대립형질이 서로 다른 개체를 교배하는 것이 양성잡종이다.

ⓑ 완두줄기의 장대성(長大性)은 왜소성에 대하여, 메벼는 찰벼에 대하여, 초파리의 야생형 날개는 흔적형에 대하여, 사람의 홍채의 빛깔인 흑색은 회색에 대하여 각각 우성이다. 또, 2쌍의 유전자를 대상으로 하는 잡종을 양성잡종이라고 한다.

ⓒ 2쌍의 유전자를 $R$(둥근 것)$-r$(주름진 것), $Y$(황색떡잎)$-y$(녹색떡잎)라 하고, $R \cdot Y$는 우성, $r \cdot y$는 열성이라고 하면, $RRYY$(둥글고 황색인 것)$\times rryy$(주름지고 녹색인 것)의 교배에서 배우자는 각각 $RY$와 $ry$이므로 $F_1$은 $RrYy$이다.

ⓓ $F_1$의 자가수정 $RrYy \times RrYy$에서 4종류의 배우자 $RY \cdot Ry \cdot rY \cdot ry$ 사이에 자유로운 교배가 이루어진다. 이들은 $1 : 1 : 1 : 1$의 비율로 만들어진다.

ⓔ 이것은 $R \cdot r \cdot Y \cdot y$의 유전자가 서로 완전히 독립적으로 행동하기 때문이며, 이와 같이 $R \cdot r \cdot Y \cdot y$의 유전자가 별개의 염색체에 있어 완전히 독립적으로 행동하는 것을 '독립의 법칙 (Law of Independence)'이라고 한다.

ⓕ 이들 4종류의 배우자의 자유로운 교배에 의해서 $F_2$는 16개체가 되는데, 정리하면 $R \cdot Y$를 나타내는 것, $R \cdot y$를 나타내는 것, $r \cdot Y$를 나타내는 것, $r \cdot y$를 나타내는 것이 $9 : 3 : 3 : 1$의 비율로 생긴다.

ⓖ 이 교배에서 $R-r$라는 유전자에 대해서만 살펴보면, $F_2$에서는 $R$를 나타내는 것 12에 대하여 $r$를 나타내는 것이 4가 되어 표현형의 비는 $3 : 1$로 나타난다.

ⓗ $R$와 $Y$, $r$와 $y$가 각각 동일 염색체에 있으면 $F_1$의 배우자는 $RY$, $ry$뿐이며, 이 경우를 완전연관이라 한다.

ⓘ $R-Y$와 $r-y$ 염색체 사이에 교차가 일어나면 $RY : Ry : rY : ry$는 $1 : 1 : 1 : 1$이 되지 않고 다른 값이 된다.

ⓙ $R \cdot r \cdot Y \cdot y$의 네 유전자는 별개의 염색체에 있으면 완전히 독립적으로 행동한다.

ⓚ 3쌍의 유전자쌍을 대상으로 하는 잡종을 삼성잡종(三性雜種), 4쌍의 유전자쌍을 대상으로 하는 잡종을 사성잡종(四性雜種)이라 하고, 양성잡종 이상을 다성잡종(多性雜種)이라 한다.

### 완두의 양성잡종의 $F_2$ 분리해설

| $F_2$ 유전자형의 분리 | ♀$F_1$.G. ＼ ♂$F_1$.G. | $RY$ | $Ry$ | $rY$ | $ry$ |
|---|---|---|---|---|---|
| | $RY$ | $RRYY$ | $RRYy$ | $RrYY$ | $RrYy$ |
| | $Ry$ | $RRYy$ | $RRyy$ | $RrYy$ | $Rryy$ |
| | $rY$ | $RrYY$ | $RrYy$ | $rrYY$ | $rrYy$ |
| | $ry$ | $RrYy$ | $Rryy$ | $rrYy$ | $rryy$ |

| $F_2$ 유전자형의 정리 | $9\begin{cases}1RRYY\\2RRYy\\2RrYY\\4RrYy\end{cases}$ $3\begin{cases}1RRyy\\2Rryy\end{cases}$ $3\begin{cases}1rrYY\\2rrYy\end{cases}$ $1rryy$ |
|---|---|

| $F_2$ 표현형의 분리 | $9RY$ : $3Ry$ : $3rY$ : $1ry$<br>(둥근·황색) (둥근·녹색) (주름·황색) (주름·녹색) |
|---|---|

### 멘델의 양성잡종에서 $F_2$의 기댓값과 실제 관찰값

| 표현형 | 유전자형 | 기대비율 | $F_2$ 기댓값 | $F_2$ 관찰값 |
|---|---|---|---|---|
| 둥근 황색종자 | W_G_ | $\dfrac{3}{4}\times\dfrac{3}{4}=\dfrac{9}{16}$ | $556\times\dfrac{9}{16}=312.75$ | 315 |
| 둥근 녹색종자 | W_gg | $\dfrac{3}{4}\times\dfrac{1}{4}=\dfrac{3}{16}$ | $556\times\dfrac{3}{16}=104.25$ | 108 |
| 주름진 황색종자 | wwG_ | $\dfrac{3}{4}\times\dfrac{1}{4}=\dfrac{3}{16}$ | $556\times\dfrac{3}{16}=104.25$ | 101 |
| 주름진 녹색종자 | wwgg | $\dfrac{1}{4}\times\dfrac{1}{4}=\dfrac{1}{16}$ | $556\times\dfrac{1}{16}=34.75$ | 32 |
| 전 체 | | | | 556 |

### 다성잡종교배의 배우자, 유전자형 및 표현형의 분리

| 유전자쌍수 | $F_1$의 배우자 종류수 | 배우자 조합수 | $F_2$ 유전자형의 종류수 | $F_2$ 표현형의 종류수 | $F_2$ 완전분리 최소 개체수 |
|---|---|---|---|---|---|
| 1 | 2 | 4 | 3 | 2 | 4 |
| 2 | 4 | 16 | 9 | 4 | 16 |
| 3 | 8 | 64 | 27 | 8 | 64 |
| 4 | 16 | 256 | 81 | 16 | 256 |
| 5 | 32 | 1,024 | 243 | 32 | 1,024 |
| 10 | 1,024 | 1,048,576 | 59,049 | 1,024 | 1,048,576 |
| $n$ | $2^n$ | $4^n$ | $3^n$ | $2^n$ | $4^n$ |

참고문헌 : 박순직 · 남영우, 2010, 농업유전학

+ **PLUS ONE**

잡종의 $F_2$ 분리비
- 단성잡종: $(3+1)^1 = 3+1$
- 양성잡종: $(3+1)^2 = 9+3+3+1$
- 3성잡종: $(3+1)^3 = 27+9+9+9+3+3+3+1$
- 다성잡종: $(3+1)^n$

## (3) 멘델의 법칙 정리

① 우열의 법칙(지배의 법칙, 우성의 법칙)
   ㉠ 단성잡종 실험을 통해 하나의 형질 중에서 순종의 대립형질 유전자끼리 교배시켰을 때 1대잡종에서 하나의 형질만이 나타나는데 이때 나타난 형질을 우성이라 한다.
   ㉡ 양친의 형질 중 $F_1$에서 우성형질이 열성형질을 지배하여 우성의 형질만 나타나고, 열성의 형질을 나타나지 않는 현상이다.
   ㉢ 우성의 법칙 또는 우열의 법칙이라고 한다.

② 분리의 법칙(단성이용, 멘델의 제1법칙)
   ㉠ $F_1$에서는 나타나지 않던 열성형질이 $F_2$에서는 우성과 열성의 형질이 다시 일정한 비율로 분리하여 나타나는 원리이다.
   ㉡ 이형접합체에서 우성 대립유전자와 열성 대립유전자가 1 : 1로 분리되어서 각 대립유전자를 가진 배우자가 같은 비율로 만들어지는 법칙으로, 대립형질의 분리에 대한 설명으로 분리의 법칙이라고 한다.

③ 독립의 법칙(양성이용, 멘델의 제2법칙)
   ㉠ 두 쌍의 대립형질이 서로 다른 상동염색체에 실려 서로 독립적으로 행동한다는 원리이다.
   ㉡ 양성잡종의 실험을 통해 1대잡종은 모두 같은 모양이 나오고 1대잡종을 자가교배시켜 9 : 3 : 3 : 1의 비율로 제2대잡종의 형질이 나타났으며, 하나의 유전형질에 대해서는 3 : 1의 비율을 유지했다.
   ㉢ 양성잡종의 실험으로 멘델은 2쌍 이상의 대립형질이 동시에 유전되어도 각각의 대립형질은 다른 대립형질에 관계없이 독립해서 우열 및 분리의 법칙에 따라 유전됨을 알았는데 이를 독립의 법칙이라 한다.
   ㉣ 독립의 법칙은 연관유전자에는 적용되지 않는다.

④ 순수의 법칙 : 유전자들이 세포 속에 함께 섞여서 전달되더라도 조금도 변하지 않고 순수성이 유지되는 원리이다.

### (4) 멘델법칙의 변이

① 불완전우성(중간유전)

ㄱ 중간유전 : 대립유전자 사이의 우열관계가 불완전하여 유전자형이 잡종일 경우 표현형이 우열의 법칙을 따르지 않고 어버이의 중간형질을 나타내는 현상이다(독일의 코렌스가 분꽃의 교배실험에서 밝혀냄).

ㄴ 분꽃의 중간유전

• 분꽃의 붉은색($RR$)과 흰색($rr$)의 $F_1$에서는 중간색의 분홍색($Rr$) 분꽃만 나타났다.

• $F_1$을 자가수분시켜 얻은 $F_2$에서는 붉은색 : 분홍색 : 흰색이 $1 : 2 : 1$의 비율로 나타났다.

• 잡종 제2대에서 나타나는 표현형과 유전자형의 분리비가 같다.

 – 표현형 : 붉은색 : 분홍색 : 흰색 $= 1 : 2 : 1$

 – 유전자형 : $RR : Rr : rr = 1 : 2 : 1$

• 분꽃 색깔의 유전분리처럼 대립유전자의 우열관계가 불완전하여 $F_1$의 형질이 양친의 중간형질을 나타내는 유전이다.

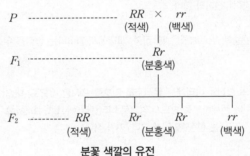

**분꽃 색깔의 유전**

② 부분우성(모자이크유전)

ㄱ 대립형질에 있어서 부분적으로 서로 우성으로 작용하는 것을 부분우성이라고 하는데, 이때의 잡종을 모자이크잡종 또는 구분잡종이라고 한다.

ㄴ 닭의 경우 흑색의 코친과 백색의 레그혼을 교잡한 $F_1$은 흑백 바둑판무늬를 보인다.

ㄷ 이것은 부분에 따라서 흑색 또는 백색이 우성으로 나타났기 때문이다.

**PLUS ONE**

안달루시안종의 표준색은 청색인데, 청색+청색에 의한 병아리는 흑색 1 : 청색 2 : 백색 1의 3종으로 분리되며, 이 흑색과 백색을 교잡하면 청색으로 된다. 이것은 흑색과 백색이 서로 깃털에 대해 부분적으로 우성 작용하기 때문이다.

③ 우열전환

　　㉠ 개체의 표현형이 발생초기에는 우성형질을, 후기에는 열성형질을 나타내는 현상이다.

　　㉡ 고추에서 상향 꼬투리와 하향 꼬투리를 가진 것의 $F_1$은 처음에는 상향이다가 뒤에는 하향으로 되는 것처럼 시기에 따라서 우성과 열성의 관계가 바뀌는 현상이다.

④ 격세유전

　　㉠ 현재 보이지 않는 조상의 형질이 몇 세대 후에 발현하는 환원유전을 말한다.

　　㉡ 조부모 세대의 형질이 부모 세대를 거쳐 자식 세대에 나타나는 현상을 주로 의미한다.

---

**⊕ PLUS ONE**

**유전용어 정리**

- 형질
  - 질적형질 : 분리세대에서 불연속변이하는 형질로 소수의 주동유전자에 의해 지배된다. 질적형질의 유전현상을 질적유전이라 한다.
  - 양적형질 : 분리세대에서 연속변이하는 형질로 폴리진에 의해 지배되며 환경의 영향을 크게 받는다. 양적형질의 유전현상을 양적유전이라 한다.
- 우성과 열성
  대립 형질을 가진 순종끼리 교배했을 때, 잡종 제1대에서 나타나는 형질을 우성, 나타나지 않는 형질을 열성이라고 한다.
- 유전자형과 표현형
  - 유전자형 : 생물의 형질을 나타내는 유전자를 기호로 표시한 것으로, 대립 형질을 나타내는 유전자는 상동 염색체의 같은 위치에 존재하므로 반드시 쌍으로 나타낸다(예 $AA$, $Aa$, $aa$).
  - 표현형 : 겉으로 나타나는 형질(예 키가 크다, 키가 작다)
- 순종과 잡종
  자가수분을 계속했을 때, 같은 표현형의 자손만 나타나면 순종이라 하고, 우성과 열성의 자손이 모두 나타나면 잡종이라고 한다. 순종의 유전자형은 $AA$, $aa$, $TT$, $tt$ 등으로 나타내고, 잡종의 유전자형은 $Aa$, $Tt$ 등으로 나타낸다.
- 자가수분과 타가수분
  한 개체나 한 꽃 안에서 수분이 일어나는 것을 자가수분이라 하고, 다른 개체 사이에서 일어나는 수분을 타가수분이라고 한다.
- 검정교배
  우성 형질의 개체가 순종인지 잡종인지 알아보기 위해 열성인 개체와 교배하는 것. 원래의 어버이를 $P$라고 부르며 첫 세대의 자손을 $F_1$이라 하고, $F_1$ 식물 간의 인공적 교배나 자가수정을 통하여 생긴 자손을 $F_2$라 한다.

**멘델의 유전법칙에 대한 설명으로 옳지 않은 것은?**  18 국가직 기출

① 세포질에 있는 엽록체와 미토콘드리아 유전자의 유전양식이다.

② 쌍으로 존재하는 대립유전자는 배우자형성 과정에서 분리된다.

③ 한 개체에 서로 다른 대립유전자가 함께 있을 때 한 가지 형질만 나타난다.

④ 특정 유전자의 대립유전자들은 다른 유전자의 대립유전자들에 대해 독립적으로 분리된다.

해설  ①의 세포질유전은 멘델법칙에 따르지 않으므로 비멘델식 유전이라고 한다.

정답  ①

## |02| 유전자의 상호작용

### (1) 개 념

① 유전자 상호작용은 한 가지 형질발현에 두 개 이상의 비대립유전자가 관여하는 것이다.

> 🔍 **참고**
>
> 유전자의 형질발현은 원칙적으로 대립유전자 간에 서로 영향이 없고 독립적이다.

② 비대립유전자 사이의 상호작용을 상위성이라 하며, 우성상위, 열성상위, 이중 열성상위 등 여러 가지 패턴이 있다.

③ 유전자 상호작용이란 독립(= 서로 다른 염색체에 존재)인 두 유전자들이 같은 표현형을 결정하는 데 관여해 표현형의 분리비가 9 : 3 : 3 : 1로 나오지 않는 경우를 의미한다.

**PLUS ONE**

**대립유전자 상호작용**

대립유전자의 작용에 의하여 이형접합체의 표현형은 완전우성, 불완전우성, 공우성 등으로 표현된다.

• 완전우성
 – 이형접합체에서 우성형질만 표현되고, $F_2$의 표현형은 3 : 1로 분리된다.
 – 멘델의 교배실험은 전부 완전우성이었다.

- 불완전우성
  - 이형접합체가 양친의 중간형질로 표현되고, $F_2$는 1 : 2 : 1로 분리된다.
  - 분꽃, 나팔꽃, 금어초, 코스모스 등의 꽃 색깔
- 공우성
  - 한 쌍의 대립유전자에 대한 이형접합체($F_1$)에서 두 대립유전자의 특성이 모두 나타날 때, $F_2$의 비율은 1 : 2 : 1이다.
  - 사람의 MN 혈액형, 효소단백질의 아이소다임 등

## (2) 상위성(上位性, Epistasis)

① 상위성이란 비대립유전자의 상호작용에서 한쪽 유전자의 기능만 나타나는 현상이다.

> **참고**
>
> 우성은 대립유전자 사이의 관계이고, 상위성은 비대립유전자 사이의 상호작용이다.

② 양성잡종 $AaBb$가 비대립유전자 $A$와 $B$가 독립적일 때 $F_2$ 표현형의 분리비
  → $A\_B\_ : A\_bb : aaB\_ : aabb$ = 9 : 3 : 3 : 1이다. 단, 상위성이 있는 경우 유전자 상호작용에 따라 다음과 같은 분리비가 나타난다.
  - ㉠ $(9A\_B\_) : (3A\_bb+3aaB\_+1aabb)$ = 9 : 7 → 보족유전자
  - ㉡ $(9A\_B\_+3A\_bb+3aaB\_) : 1aabb$ = 15 : 1 → 중복유전자
  - ㉢ $(9A\_B\_) : (3A\_bb+3aaB\_) : (1aabb)$ = 9 : 6 : 1 → 복수유전자
  - ㉣ $(3aaB\_) : (9A\_B\_+3A\_bb+1aabb)$ = 3 : 13 → 억제유전자
  - ㉤ $(9A\_B\_+3A\_bb) : (3aaB\_) : (1aabb)$ = 12 : 3 : 1 → 우성상위(피복유전자)
  - ㉥ $(9A\_B\_) : (3A\_bb) : (3aaB\_+1aabb)$ = 9 : 3 : 4 → 열성상위(조건유전자)

---

**PLUS ONE**

유전자 상호작용의 전제
- 표현형의 분리는 불연속적이고 각 표현형들은 서로 질적으로 다르다.
- 유전자들은 서로 연관되어 있지 않으며 배우자 형성과정에서 독립적으로 행동한다.
- 각 조합의 양친은 모두 동형접합체($AABB \times aabb$)이고 $F_1$은 이형접합체($AaBb$)이다.
- $F_1(AaBb)$는 이론적으로 $\frac{9}{16}A\_B\_$, $\frac{3}{16}A\_bb$, $\frac{3}{16}aaB\_$, $\frac{1}{16}aabb$로 분리되고 비대립유전자의 상호작용에 의해 표현형의 분리비가 달라진다.

## (3) 열성상위(劣性上位, Recessive Epistasis) – 조건유전자

① 열성상위란 열성동형접합체($aa$)에서 생산된 물질이 $B$ 유전자 산물의 작용을 억제하는 것이다. 즉, $A$ 유전자가 있어야(조건), $B$ 유전자의 작용이 나타난다(현미의 종피색깔, 토끼의 털색깔 유전).

② 현미 종피색깔에서 적색($AABB$)과 백색($aabb$)을 교배하면

  ㉠ $F_1$은 적색이고, $F_2$는 적색미 : 갈색미 : 백미가 9 : 3 : 4로 분리된다.

  ㉡ 종피색은 색소원 유전자 $A$와 색소분포 유전자 $B$의 상호작용으로 나타난다.

  ㉢ 유전자형 $aaBB$, $aabb$는 $A$ 유전자가 없어 백미로, $A\_bb$는 $B$ 유전자가 없어 중간대사물이 산화되어 갈색미로, $A\_B\_$는 색소합성이 제대로 이루어져 적미가 된다.

  ㉣ $A\_B\_$의 적미는 $A$ 유전자가 있는 조건에 $B$ 유전자가 발현되므로 $A$ 유전자를 조건유전자라고 한다.

  ㉤ $aaB\_$가 백미로 나타나는 것은 열성동형접합체인 $aa$가 $B$ 유전자 산물의 작용을 억제하는 것으로, 이를 열성상위라고 한다.

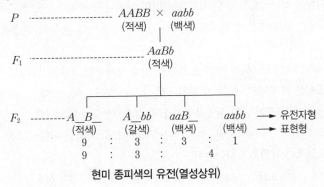

**현미 종피색의 유전(열성상위)**

## (4) 우성상위(優性上位, Dominance Epistasis) – 피복유전자

① 우성상위란 물질대사의 두 경로에서 $A$ 유전자가 작용하지 않을 때에만 $B$ 유전자의 작용이 나타나는 것이다(귀리의 외영색깔, 호박의 과색유전).

② 귀리의 외영색깔에서 양친 $AABB$(흑색)와 $aabb$(백색)을 교배하면

  ㉠ $F_1$($AaBb$)은 흑색이고, $F_2$의 흑색($A\_B\_$, $A\_bb$) : 회색($aaB\_$) : 백미($aabb$)의 분리비는 12 : 3 : 1이다.

  ㉡ $F_2$에서 $aabb$가 백색이고 $aaB\_$가 회색이므로 우성유전자 $B$가 회색이 되게 하였다.

  ㉢ $A\_B\_$와 $A\_bb$가 흑색이므로 우성유전자 $A$가 흑색이 되며, 이때 $A$가 $B$에 상위성이므로 이를 우성상위라고 한다.

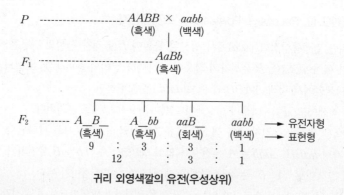

귀리 외영색깔의 유전(우성상위)

## (5) 이중열성상위(二重劣性上位, Duplicated Recessive Epistasis) – 보족유전자

① 여러 유전자들이 상호작용하여 한 가지 표현형이 나타나는 것이다. 즉, 이중의 우성유전자가 함께 작용하여 전혀 다른 한 형질을 발현시키는 것이다(벼의 밑동색깔, 수수의 알갱이 색깔, 스위트피의 꽃색깔 유전).

② 벼 밑동의 색깔에서 $AAbb$(녹색)와 $aaBB$(녹색)을 교배하면($AAbb \times aaBB$)

  ㉠ $F_1(AaBb)$은 자색이고, $F_2$의 자색($A\_B\_$) : 녹색($A\_bb$, $aaB\_$, $aabb$)의 분리비는 9 : 7이다.

  ㉡ 자색은 색소원 유전자 $A$와 활성유전자 $B$의 상호작용으로 나타난다.

  ㉢ $A\_bb$와 $aaB\_$가 녹색이고 $A\_B\_$가 자색이므로 자색이 나타나려면 $A$, $B$가 모두 필요하고 $A$ 나 $B$가 없으면 녹색으로 나타난다.

  ㉣ 녹색인 $A\_bb$, $aaB\_$, $aabb$에서 열성동형접합체 $aa$는 $B$와 $b$에 상위성이고, $bb$는 $A$와 $a$에 상위성이므로 보족유전자 작용은 이중열성상위이다.

  ㉤ 유전자 $A$와 유전자 $B$가 함께 있어야 해서 보족유전자라 한다.

---

📑🔍**참고** •

보족유전자(補足遺傳子, 상호유전자, Complementary Gene)
우성유전자인 $A$, $B$가 함께 있을 때 자색이 나타나는 것처럼 어떤 형질의 발현에 있어 서로 보족적으로 작용하는 유전자를 보족유전자라고 한다.

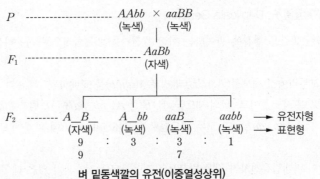

$$P \quad\text{----------------------}\quad AAbb \times aaBB$$
$$\text{(녹색)} \quad \text{(녹색)}$$

$$F_1 \quad\text{----------------------}\quad AaBb$$
$$\text{(자색)}$$

| $F_2$ -------- | $A\_B\_$ | $A\_bb$ | $aaB\_$ | $aabb$ | → 유전자형 |
|---|---|---|---|---|---|
| | (자색) | (녹색) | (녹색) | (녹색) | → 표현형 |
| | 9 | : 3 | : 3 | : 1 | |
| | 9 | | 7 | | |

**벼 밑동색깔의 유전(이중열성상위)**

### (6) 복수유전자(複數遺傳子, Multiple Gene)

① 복수유전자란 같은 형질에 관여하는 여러 유전자들이 누적효과를 나타내는 것이다(관상용호박의 모양, 밀알의 색깔유전).

② 관상용 호박에서 원반형($AABB$)과 장형($aabb$)을 교배하면

　㉠ $F_1(AaBb)$은 원반형이고, $F_2$에서는 원반형($A\_B\_$) : 난형($A\_bb$, $aaB\_$) : 장형($aabb$)의 분리비가 9 : 6 : 1이다.

　㉡ $aabb$는 장형, $A\_bb$와 $aaB\_$는 난형으로 우성유전자 $A$, $B$는 호박의 길이를 짧게 하고 그 효과가 같다.

　㉢ $A\_bb$와 $aaB\_$가 같은 표현형으로 나타나는 것은 $A$는 $bb$에 상위성이고 $B$는 $aa$에 상위성이다.

　㉣ 우성인 $A$, $B$가 누적효과에 의해 원반형($A\_B\_$)이 되는 것처럼 비대립유전자가 같은 작용을 하면서 누적효과를 나타낼 때 복수유전자라고 한다.

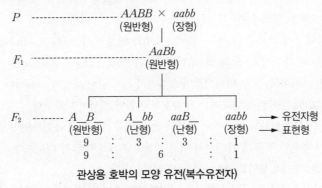

$$P \quad\text{----------------------}\quad AABB \times aabb$$
$$\text{(원반형)} \quad \text{(장형)}$$

$$F_1 \quad\text{----------------------}\quad AaBb$$
$$\text{(원반형)}$$

| $F_2$ -------- | $A\_B\_$ | $A\_bb$ | $aaB\_$ | $aabb$ | → 유전자형 |
|---|---|---|---|---|---|
| | (원반형) | (난형) | (난형) | (장형) | → 표현형 |
| | 9 | : 3 | : 3 | : 1 | |
| | 9 | : 6 | | : 1 | |

**관상용 호박의 모양 유전(복수유전자)**

## (7) 중복유전자(重複遺傳子, Duplicate Gene)

① 중복유전자란 똑같은 형질에 관여하는 여러 유전자들이 독립적으로 작용하는 것이다(냉이의 씨꼬투리 모양).

② 냉이 씨의 꼬투리에서 세모꼴($AABB$)과 방추형($aabb$)을 교배하면

    ⊙ $F_1(AaBb)$은 세모꼴이고, $F_2$의 세모꼴($A\_B\_$, $A\_bb$, $aaB\_$) : 방추형($aabb$) = 15 : 1로 분리된다.

    ⓒ $A\_B\_$, $A\_bb$, $aaB\_$가 모두 세모꼴로 우성유전자 $A$, $B$에 의해 세모꼴이 나타나므로 누적효과는 없다.

    ⓒ 이와 같이 비대립유전자가 같은 방향으로 작용하고 누적효과가 없을 때 중복유전자라고 한다.

    ⓔ $A$는 $B$, $b$에 상위성, $B$는 $A$, $a$에 상위성이라 할 수 있다.

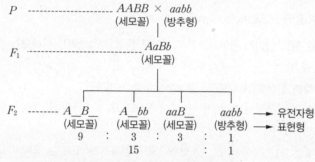

**냉이 씨의 꼬투리 모양 유전(중복유전자)**

## (8) 억제유전자(抑制遺傳子, Inhibiting Gene, Suppressor)

① 억제유전자란 독립적인 형질발현 없이 다른 유전자 작용을 억제하는 것이다(누에고치의 색깔 유전, 수수의 알갱이 색깔, 닭의 색깔).

② 닭의 색깔에서 우성 백색종 Leghorn종($AABB$)과 열성 백색종 Plymouth Gock종($aabb$)을 교배하면

    ⊙ $F_1(AaBb)$은 백색이고, $F_2$의 백색($A\_B\_$, $A\_bb$, $aabb$) : 유색($aaB\_$) = 13 : 3으로 분리된다.

    ⓒ $aaB\_$만 유색이고, 모두 백색으로 우성유전자 $B$에 의해 색깔이 나타난다.

    ⓒ $A\_bb$, $aabb$는 색깔을 나타내는 $B$ 유전자가 없어 백색이 나타난다.

    ⓔ $A\_B\_$는 $B$ 유전자가 있음에도 백색인 것은 $A$ 유전자가 $B$ 유전자의 발현을 억제했기 때문이다.

    ⓜ $A\_bb$가 백색인 것은 $A$ 유전자가 어떤 색깔도 지배하지 않기 때문이다.

    ⓗ $A$는 $B$, $bb$에 상위성이고, $bb$는 $A$, $a$에 상위성이다.

    ⓢ $A$ 유전자처럼 스스로는 어떤 형질도 지배하지 않으면서 다른 유전자의 작용만 억제하는 비대립유전자를 억제유전자라고 한다.

> **🔍참고**
>
> 억제유전자의 $F_2$ 분리비는 13 : 3으로 한 쌍의 대립유전자 분리비 3 : 1과 비슷하여 의심스러운 경우 후대검으로 확실히 구별할 수 있다.

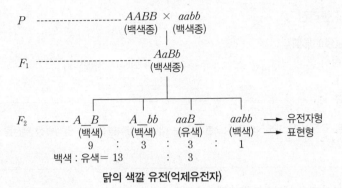

$P$ ------------------- $AABB \times aabb$
(백색종) (백색종)

$F_1$ ------------------- $AaBb$
(백색종)

$F_2$ -------- $A\_B\_$    $A\_bb$    $aaB\_$    $aabb$ → 유전자형
(백색)    (백색)    (유색)    (백색) → 표현형
9   :   3   :   3   :   1
백색 : 유색 = 13   :   3

**닭의 색깔 유전(억제유전자)**

## (9) 치사유전자

① 정상적인 수명 이전의 일정한 시기에 죽음을 일으키는 유전자이다. 대개 정상적인 발생이나 성장에 필요한 효소 또는 단백질의 합성을 지배하는 유전자의 돌연변이에 의해 나타난다.

② 성염색체(性染色體)상의 치사유전자는 반성유전(伴性遺傳)을 하며, 정상 대립유전자(對立遺傳子)의 헤테로(異形) 개체에서는 치사작용이 나타나는 우성치사(優性致死)와 치사작용이 나타나지 않는 열성치사(劣性致死)가 있다.

③ 열성치사에서는 치사유전자가 호모(同型)가 되면 치사작용이 나타나는데, 어떤 경우는 헤테로의 상태에서도 그 개체의 표현형(表現型)에 여러 가지 이상이 나타난다.

④ 생쥐의 황색 치사유전자는 야생형(野生型) 유전자에 대해 열성이어서, 호모인 개체는 죽고 헤테로이면 황색의 털이 된다.

   ⊙ 생쥐의 털색깔에서 $Y$(황색)는 $y$(흑색)에 대하여 우성이나 $YY$로 $Y$에 대하여 호모상태인 것은 죽는다.

   ⓛ 황색털 개체의 유전자형은 헤테로 상태로만 존재하고 $F_1$은 황색과 흑색의 비율이 2 : 1로 분리된다.

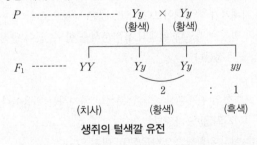

$P$ --------------------- $Yy \times Yy$
(황색) (황색)

$F_1$ -------- $YY$     $Yy$     $Yy$     $yy$
2    :    1

(치사)     (황색)     (흑색)

**생쥐의 털색깔 유전**

### (10) 양적형질과 폴리진

① 양적형질(量的形質)

　　㉠ 표현력이 큰 양적형질은 소수의 주동유전자에 의하여 지배된다.

> **🔍참고**
>
> 수량, 품질, 적응성 등 재배적으로 중요한 형질은 대부분 양적형질이며, 양적형질 유전을 양적유전(量的遺傳)이라
> 한다.

　　㉡ 표현력이 작은 양적형질은 미동유전자에 의하여 지배되므로 환경에 의하여 표현정도가 변화되기 쉽다.
　　㉢ 연속변이를 하는 형질로 폴리진(Polygene)에 의해 지배된다.
　　㉣ 다수의 유전자에 의하여 지배를 받는다.
　　㉤ 농업적으로 중요한 형질은 일반적으로 양적형질에 속한다.
　　㉥ 평균, 분산 등의 통계적 방법으로 유전분석을 한다.

> • 질적형질(質的形質)은 불연속변이를 하는 형질로 소수의 주동유전자가 주도한다.
> • 질적형질 개량은 계통육종법이 유리하고 양적형질 개량은 집단육종법이 유리하다.

② 폴리진(Polygene) – 다인자유전

　　㉠ 연속변이의 원인이 되는 유전시스템으로 상가적(相加的)이고 누적적 효과를 나타낸다.
　　㉡ 환경의 영향을 많이 받는 다수의 유전자들이 관여하여 다인자유전(多因子遺傳, Polygenic Inheri-
　　　tance)이라고도 한다.
　　㉢ 개개 유전자의 지배가 환경변이보다 작고, 같은 방향으로 한다.
　　㉣ 폴리진은 멘델의 법칙을 따르나 멘델식 유전분석을 할 수 없어 양적형질은 분산과 유전력 등을 구하
　　　여 유전적 특성을 추정한다.
　　㉤ 유전력
　　　• 유전력이란 표현형의 전체분산 중 유전분산이 차지하는 비율이다.
　　　• 유전력은 0~1까지의 값을 가진다.
　　　• 유전력이 높은 형질은 환경의 영향을 많이 받지 않는다.
　　　• 유전력이 높은 형질은 표현형 변이 중 유전적 요인의 비중이 크다는 것이지 그 형질이 환경의 영
　　　　향을 받지 않는다는 것은 아니다.
　　　• 유전력은 식물의 종류, 형질, 세대에 따라 다르고 같은 형질이라도 환경에 따라 차이를 보인다.
　　　• 유전력은 양적형질의 선발지표로 이용되며, 유전력이 높으면 선발효율이 높다.
　　　• 자식성 작물의 육종에서 유전력이 높은 양적형질은 초기세대에 집단선별을 하고 후기세대에 개체
　　　　선별하는 것이 바람직하다.
　　　• 유전분산의 비율이 높으면 협의의 유전력이 작아지고, 후기 세대에서 선발하는 것이 유리하다.

## (11) 집단유전

① Hardy–Weinnerg 법칙(타식성 작물집단에서 성립)

   ⊙ 모두 같은 생식력을 가지고 있으며, 교배의 제한이 없고, 모든 유전자가 안정하고, 또한 어느 유전자형 사이에서도 경쟁이 일어나지 않는다고 가정할 때, 그 집단의 열성유전자와 우성유전자의 비율은 집단의 계층이나 세대에 관계없이 늘 일정하다는 정의를 '하디–바인베르크의 법칙'이라고 하고 진화의 이론적 기초가 된다.

   ⓒ 유전적 평형 상태에 있는 멘델 집단에서는 세대를 거듭하여도 유전자 빈도가 변하지 않다는 법칙이다.

② 유전적 평형집단에서 대립유전자빈도와 유전자형 빈도의 관계

   ⊙ 한 쌍의 대립유전자 $A$, $a$의 빈도를 $p$, $q$라고 하면

$$(pA+qa)^2=p^2AA+2pqAa+q^2aa=1$$

$AA$의 빈도는 $p^2$, $Aa$의 빈도는 $2pq$, $aa$의 빈도는 $q^2$이다.

     • 자손에서 대립유전자 $A$의 빈도 : $p^2+pq=p(p+q)=p$

     • 자손에서 대립유전자 $a$의 빈도 : $pq+q^2=(p+q)q=q$

   ⓒ 다음 세대에서도 대립유전자 $A$와 $a$의 빈도는 변하지 않고 일정하게 유지된다. 즉, 유전적 평형이 유지된다.

---

예 대립유전자 $A$의 빈도 $p$가 0.6이고, 대립유전자 $a$의 빈도 $q$가 0.4일 때, 집단 내 유전자형 빈도는?

$AA=p^2=0.6^2=0.36$

$Aa=2pq=2(0.6\times0.4)=0.48$

$aa=q^2=0.4^2=0.16$

---

③ Hardy–Weinnerg 법칙의 조건 중 어느 하나라도 충족하지 못하면 집단 내 유전자형 빈도와 대립유전자빈도가 변화하고 유전적 평형이 유지되지 못하고 유전자풀의 변화가 일어나 진화가 일어난다는 것을 의미한다. 즉, 하디–바인베르크 법칙은 진화가 일어남을 반증하는 법칙이다.

---

➕ PLUS ONE

하디–바인베르크 법칙에서 가정한 멘델 집단의 특성(조건)

• 집단의 크기는 충분히 커야 한다.

• 집단 간 유전자교류가 없고, 개체의 이동이 없어야 한다.

• 대립유전자에 돌연변이가 일어나지 않는다.

• 특정 대립유전자에 대해 자연선택이 작용하지 않는다.

• 집단 내에서 교배가 자유롭게 무작위적으로 일어난다.

---

④ 유전적 부동

   ⊙ 집단의 크기가 작고, 고립된 집단의 경우 대립유전자빈도가 무작위적으로 변동하는 유전적부동(遺傳的浮動, Genetic Drift)에 의해 대립유전자빈도가 변화한다.

ⓛ 근친교배가 일어나는 집단은 동형접합체 비율이 증가하고, 이형집합체 비율은 감소하여 유전자형 빈도에 영향을 끼친다.

## (12) 기타 유전변이

### ① 변경유전

ⓐ 단독으로는 형질발현에 작용을 하지 못하고 주동 유전자와 공존할 때 그 작용을 변경시키는 유전자이다.

ⓛ 주동유전자가 없으면 변경유전자 작용이 나타나지 않는다.

- 주동유전자 : 형질이 나타나는 데 주도적 작용하는 유전자이다.
- 변경유전자 : 주동유전자 발현에 질적 혹은 양적 조절작용을 하는 유전자로 주동유전자가 존재할 때만 작용한다(초파리의 눈색깔에 관여, 오페이크-2 옥수수알갱이에 관여 등).

### ② 다면발현

ⓐ 하나의 유전자가 두 개 이상의 표현형질에 영향을 미치는 현상이다(예 보리의 괴성유전자, 찰벼나 찰옥수수의 $wx$유전자, 담배의 $S$유전자, 벼의 11번 염색체에 있는 $E$유전자 등).

ⓛ 체내에서 일어나는 대부분의 생화학적 대사경로가 서로 연관되어 있어 나타나는 현상이다.

ⓒ 완두에서 자색꽃 유전자는 백색꽃 유전자에 대해 완전우성이며, 꽃의 색깔 유전자 산물이 종피 색깔에도 관여하여 자색 꽃을 가진 개체는 종피가 회색이고 백색 꽃을 가진 개체의 종피는 항상 백색이다.

### ③ 복대립유전자(Multiple Allele)

ⓐ 동일유전 자체를 차지하는 3개 이상의 유전자가 있을 때 1개의 유전자가 임의의 다른 2개 이상의 유전자와 각각 대립하여 우열관계에 있는 것을 복대립유전자라 한다.

ⓛ 복대립유전자는 서로 작용하여 상이한 표현형을 나타내지만, 모두 동일 형질을 지배하기 때문에 그 작용은 비슷하다.

ⓒ 세대를 거듭하는 동안 원래 동일유전자이던 것이 돌연변이에 의하여 생긴 것이다.

ⓓ 완전우성, 불완전우성, 공우성 관계가 성립한다.

ⓔ 식물의 자가불화합성은 복대립유전자에 의한 대표적 형질로 배낭의 난세포와 동일한 $S$유전자를 가진 화분은 $S$유전자가 지정하는 단백질에 의해 주두에 캘로스가 생겨 화분관이 주두를 침투하지 못한다.

ⓕ 집단 내 복대립유전자가 아무리 많아도 개체는 2개의 대립유전자만 갖는다.

ⓖ 같은 유전자자리에 있는 $n$개의 복대립유전자들이 만드는 유전자형 종류는 $\dfrac{n(n+1)}{2}$이다.

### ④ 크세니아와 메타크세니아

ⓐ 크세니아(Xenia, 父性遺傳)

- 중복수정을 하는 속씨식물에서 부계의 우성형질이 모계의 배젖에 당대에 나타나는 현상을 말한다.
- 메벼 배유의 투명한 성질은 찰벼 배유의 뿌얀 성질에 대해 단순우성이며, 찰벼와 메벼를 교배하여 얻은 잡종 종자의 배유는 투명한 메벼의 성질을 가진다. 이것은 메 性유전자 $Wx$의 작용에 의한 것으로, 이런 현상을 크세니아(Xenia)라고 한다.

- 크세니아의 결과로 열린 메벼를 심어 자가수정시키면 메벼와 찰벼가 3 : 1로 분리된다.
- 크세니아는 화분에 있는 우성유전자의 형질발현이 당대에 나타난다고 하여 화분직감(花粉直感)이라고도 한다.
ⓛ 메타크세니아(Metaxenia)
- 크세니아에 관여하는 화분의 유전자가 과실의 성장에까지 영향을 주는 경우를 말한다.
- 정핵이 직접 관여하지 않는 모체의 일부분에 꽃가루의 영향이 직접 나타나는 현상이다.
- 단감의 꽃에 떫은 감의 꽃가루를 수분하면 단맛이 감소되고, 떫은 감의 꽃에 단감의 꽃가루를 수분하면 떫은맛이 감소되는 등 과형이나 과육에 꽃가루의 영향이 직접 나타난다.
- 과일의 맛 · 색깔 · 크기 · 모양 등에 꽃가루의 영향이 직접 나타나는 것이다(감, 배, 사과 등).

## Level UP 이론을 확인하는 문제

다음 중 유전자 $a$가 발현이 안 되어야 유전자 $b$가 발현되는 비대립유전자로 옳은 것은?

19 경남 지도사 기출

① 피복유전자                    ② 보족유전자
③ 중복유전자                    ④ 복수유전자

해설 피복유전자는 다른 비대립유전자의 표현형을 누르고, 자기의 표현형만을 발현하게 하는 유전자이다.

정답 ①

## Level UP 이론을 확인하는 문제

양적형질에 대한 설명으로 옳지 않은 것은?

13 국가직 기출

① 분리세대에서 연속적인 변이를 나타낸다.
② 다수의 유전자에 의하여 지배를 받는다.
③ 환경 변화에 의해 형질이 크게 변하지 않는다.
④ 농업적으로 중요한 형질은 일반적으로 양적형질에 속한다.

해설 양적형질은 연속변이를 보이는데, 연속변이에 관여하는 유전자를 폴리진(Polygene)이라고 한다. 폴리진은 유전자 개개의 지배가 작고, 환경의 영향을 크게 받는다.

정답 ③

다음 내용에서 $F_2$의 현미 종피색이 백색인 비율은?

19 국가직 기출

(단, 각 유전자는 완전 독립유전하며 대립유전자 $C$, $A$는 대립유전자 $c$, $a$에 대해 완전우성이다)

유전자 C      유전자 A
↓      ↓

전구물질 ──효소 C──→ 색소원 ──효소 A──→ 색소
(백색)          (갈색)         (적색)

- 현미의 종피색이 붉은 적색미는 색소원 유전자 $C$와 활성유전자 $A$의 상호작용에 의하여 나타난다.
- 이 상호작용은 두 단계의 대사과정을 거쳐서 이루어진다.
- 유전자형이 $CCaa$(갈색)와 $ccAA$(백색)인 모본과 부본을 교배하였을 때의 $F_1$ 종피색이 적색이다.
- 이 $F_1$을 자가교배한 $F_2$에서 유전자형 $C\_A : C\_aa : ccA : ccaa$의 분리비가 $\dfrac{9}{16} : \dfrac{3}{16} : \dfrac{3}{16} : \dfrac{1}{16}$ 이다.

① $\dfrac{3}{16}$                  ② $\dfrac{4}{16}$

③ $\dfrac{7}{16}$                  ④ $\dfrac{9}{16}$

해설   현미 종피색 유전은 조건유전자이다.
      조건유전자에서 $F_2$에서 유전자형 $C\_A\_ : C\_aa : ccA : ccaa$의 분리비는 9 : 3 : 4 = 적색 : 갈색 : 백색 으로 나타난다.

정답   ②

## |03| 세포질유전

### (1) 개 념

① 유전자를 담고 있는 핵이 아닌 세포질에서 나타나는 유전이다.

② 세포 속에는 핵 이외에 세포질 중 엽록체에 색소체 DNA(cpDNA)가 있으며, 엽록체나 미토콘드리아에도 DNA가 포함되어 있고 이것이 세포질유전자로서 작용한다.

③ 핵(核) 속이 아니라 세포질에 있는 유전자에 지배되는 유전현상으로 핵외유전(核外遺傳), 또는 염색체외 유전이라고도 한다.

④ 세포질은 대부분 자성배우자에 의해서만 다음 세대에 전달되므로, 그 유전양식은 핵유전자의 경우와는 다르며 비멘델식 유전이라고 한다.

⑤ 세포질유전에 따라 식물들의 잎의 무늬나 색이 변하기도 하며, 대표적으로 분꽃의 꽃잎 색이 변하는 것이 있다. 또 미토콘드리아 유전도 이에 속하는데 미토콘드리아의 DNA는 어머니의 유전자를 따른다.

### (2) 세포질유전(비멘델식 유전)의 특징

① 세포질유전은 멘델의 법칙이 적용되지 않는다.

② 세포질유전에서는 정역교배의 결과가 일치하지 않는다.

③ 암수배우자가 결합한 세포질은 거의 모친(난세포)의 것으로 감수분열에 의한 배우자가 멘델의 유전분리비를 따르지 않는다.

④ 핵 내 유전자지도에 포함될 수 없어 핵염색체의 유전표지들과 전혀 연관성을 찾을 수 없다.

⑤ 핵치환에도 불구하고 동일한 형질이 나타난다.

### (3) 색소체 DNA 구성

① **엽록체** : 녹색의 잎, 줄기, 과일에 있고 광합성을 담당한다.

② **잡색체** : 황적색의 과일과 꽃에 있으며, 카로티노이드계 색소를 함유한다.

③ **백색체** : 감자 덩이줄기나 옥수수 배유 등 전분 저장기관에 있으며 전분을 합성한다.

④ 모든 식물을 cpDNA는 기본적으로 같은 종류의 유전자를 가지고 있으나 유전자의 배열상태가 다르다.

### (4) 미토콘드리아 DNA의 구성

① mtDNA는 대부분 두 가닥으로 된 고리모양이나 선형으로 동물보다 식물이 더 크다.

② 고등동물의 mtDNA 구조는 보존성이 높으나 식물의 특히 하등한 진핵생물에서는 다양한 변이가 관찰된다.

### (5) 세포질유전의 예

① 색소체 DNA에 의한 세포질유전

　　㉠ 나팔꽃 잎색깔의 모친유전

　　㉡ 클라미도모나스에서 항생제 저항성의 편친유전

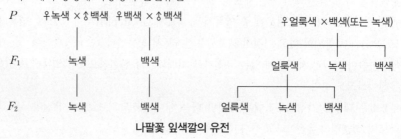

**나팔꽃 잎색깔의 유전**

② 미토콘드리아 DNA에 의한 세포질유전

　　㉠ 유전자적 웅성불임성(GMS)
- 유전적인 원인에 의해 종자를 맺지 못하는 경우로 핵유전자에 의한 웅성불임이다(보리, 수수, 토마토).
- 불임유전자가 핵 내에만 있으므로 화분친의 유전자형에 따라 전부 가임이거나, 또는 가임과 불임인 것이 1 : 1로 분리된다.

　　㉡ 세포질적 웅성불임(CMS)
- 웅성불임 유전자가 mtDNA에 존재하며 주로 돌연변이에 의해 일어난다(옥수수).
- 세포질적 웅성불임성은 세포질에만 불임유전자가 있기 때문에 자방친이 불임이면 화분친에 관계없이 불임이다.

　　㉢ 세포질−유전자적 웅성불임(CGMS)
- 핵내유전자와 세포질유전자의 상호작용에 의한다(고추, 양파, 파, 사탕무, 아마).
- 화분친의 임성회복유전자(Fertility Restoring Gene, $Rf$)에 의해 임성이 회복된다.
- 임성회복 유전자의 작용은 대부분 배우체형이다. 따라서 세포질적 웅성불임성 계통[$(S)rfrf$]에 임성회복유전자를 가진 계통[$(N)RfRf\ or\ (S)RfRf$]을 교배하면, 이형접합체($Rfrf$)는 전부 임성을 나타낸다.
- 하이브리드 육종에서 1대잡종 종자를 생산하는 데 이용된다.

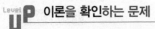 

작물의 유전현상에 대한 설명으로 옳지 않은 것은? 16 지방직 기출

① 멘델은 이형접합체와 열성동형접합체를 교배하여 같은 형질에 대해 대립유전자가 존재한다는 사실을 입증하였다.

② 연관된 두 유전자의 재조합빈도는 연관 정도에 따라 다르며, 연관군에 있는 유전자라도 독립적 유전을 할 수 있다.

③ 유전자지도에서 1cM 떨어져 있는 두 유전자에 대해 기대되는 재조합형의 빈도는 100개의 배우자 중 1개이다.

④ 핵외유전은 멘델의 유전법칙이 적용되지 않으나 정역교배에서 두 교배의 유전결과가 일치한다.

해설 핵외유전은 멘델의 유전법칙이 적용되지 않으며 정역교배 결과가 일치하지 않는다.

정답 ④

# |04| 유전자 연관(連關, Linkage)·교차·지도

## (1) 연관의 개념

① 두 쌍의 대립유전자가 동일 상동염색체에 실려 있을 때에는 집단행동을 취하는데, 이것을 유전자의 연관이라고 한다. → 멘델의 독립의 법칙에 어긋난다.

② 같은 염색체에서 가까이 있는 유전자들이 감수분열 중 염색체 교차에도 불구하고 후대로 같이 유전될 가능성이 높은 현상이다.

③ 하나의 염색체에는 여러 개의 유전자가 함께 존재한다. 이처럼 여러 개의 유전자가 같은 염색체 상에 있는 것을 연관이라고 하며, 연관된 유전자들을 연관군이라고 한다.

④ 각 생물의 연관군 수는 그 생물의 생식세포에 들어 있는 염색체 수와 같다.

   ⊙ 상인 연관 : 우성 또는 열성유전자끼리 연관된다.

   ⓛ 상반 연관 : 우성유전자와 열성유전자가 함께 연관된다.

⑤ 독립유전과 연관유전의 차이 : 독립유전은 유전자가 서로 다른 염색체상에 위치하고, 연관 유전은 유전자가 같은 염색체상에 위치한다.

독립유전(獨立遺傳, Independent Inheritance)

- 두 쌍 이상의 대립 형질이 유전될 때 유전자가 서로 다른 염색체상에 있어서 서로 영향을 미치지 않고 독립적으로 분리의 법칙에 따라 유전되는 현상이다.
- 독립유전을 하는 이형접합체에서 형성되는 배우자는 50%는 양친형, 50%는 재조합형이다.
- 양성잡종($AaBb$)에서 두 쌍의 대립유전자가 서로 다른 염색체에 있는 독립유전의 경우 배우자는 $AB : Ab : aB : ab = 1 : 1 : 1 : 1$로 분리된다.
- 배우자 중 $AB$, $ab$는 양친형, $Ab$, $aB$는 재조합형이라고 한다.

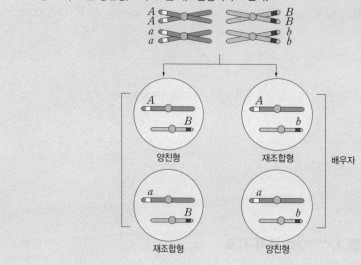

## (2) 완전연관(Complete Linkage)

① 같은 염색체에 서로 다른 두 유전자가 연관되어 있을 때 연관유전자들이 분리하지 않아 양친형 배우자들만 생기는 경우이다.

② $A$와 $B$ 유전자가 동일 염색체상에 존재할 경우 이들 유전자에 Hetero인 개체를 검정교배했을 때, 표현형의 분리비는 1 $AB/ab$ : 1 $ab/ab$이다(단, $A$, $B$ 유전자는 완전연관임).

> **참고**
>
> 검정교배
> 이형접합체와 열성친을 교배하는 것

③ 두 유전자가 같은 염색체에 연관되어 있을 때 교차가 일어나지 않으면 $AB$, $ab$의 양친형의 두 배우자만 생긴다.

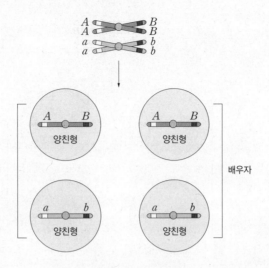

## (3) 교차(交叉, Crossing Over)

① 개 념

    ㉠ 연관되어 있는 유전자 사이에서 감수분열 시 상동염색체 간에 염색체의 부분적인 교환이 일어나 연관이 깨지고 새로운 연관군이 생기는 것이다.

    ㉡ 원인은 감수분열의 제1분열 시 상동염색체가 접합하여 2가염색체가 형성될 때 염색체의 일부에 꼬임이 일어나 유전자 교차가 일어난다. 여기서 꼬인 점을 키아즈마(Chiasma)라고 한다.

② 특 징

    ㉠ 같은 염색체에 연관된 유전자들은 선상배열한다.

    ㉡ 이형접합체에서 대립유전자($A$, $a$)는 상동염색체와 마주보는 위치에 있다.

    ㉢ 제1감수분열 전기의 태사기에 2가염색체의 비자매염색분체 간 교차로 연관된 유전자가 재조합되어 재조합형 배우자가 생긴다.

    ㉣ 연관된 두 유전자의 재조합형은 두 유전자자리 사이에서 교차가 일어났기 때문이다.

    ㉤ 연관유전자 사이에서 교차가 일어날 확률은 유전자 간 거리가 멀수록 높아진다.

    ㉥ 교차에 의해 생기는 재조합형을 교차형, 양친형을 비교차형이라고 한다. 특정한 상동염색체에서 나타나는 키아즈마 수는 그 염색체를 가지고 있는 모든 생식세포에서 일정하다.

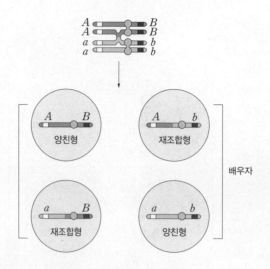

③ 키아즈마(Chiasma)

    ⊙ 교차가 일어나면 2가염색체에 십자형 구조가 나타나는데 이를 키아즈마라 한다.

    ⓒ 키아즈마가 1개면 단교차, 2개면 2중교차, 3개 이상이면 다중교차라고 한다.

    ⓒ 연관된 두 유전자 거리가 멀면 키아즈마 빈도가 높고, 가까우면 빈도가 낮다.

    ⓔ 연관된 두 유전자 사이 키아즈마가 1개이면 감수분열에 의한 배우자 중 양친형 50%, 재조합형 50%
이다.

④ 교차율

    ⊙ 교차형과 비교차형의 합계에 대한 교차형의 비율이다. 즉, 연관되어 있는 두 유전자 사이에 교차가
일어나는 정도를 말한다.

    ⓒ 교차율 $= \dfrac{100}{n+1}$

⑤ 재조합빈도(Recombination Frequency, $RF$)

    ⊙ 전체 배우자(자손의 총 개체 수)에 대한 교차형 배우자(재조합형 개체 수)의 비율이다.

$$RF = \frac{\text{재조합형 개체 수}}{\text{재조합형 개체 수} + \text{양친형 개체 수}} \times 100$$

    ⓒ 연관된 두 유전자의 재조합빈도는 연관 정도에 따라 다르며, 연관군에 있는 유전자라도 독립적 유전
을 할 수 있다.

    ⓒ 연관유전자 사이 재조합빈도는 0~50% 범위에 있다.

    ⓔ $RF=0$은 완전연관(재조합빈도가 0인 경우), $RF=50$은 독립적임을 나타내고, $RF$ 값이 0에 가까
울수록 연관이 강하고 50에 가까울수록 독립적이다.

⑥ 상인(相引, Coupling)과 상반(相反, Repulsion) – 연관형태

　㉠ 상 인

　　• 연관에서 우성 또는 열성 유전자끼리 연관되어 있는 유전자배열($AB$, $ab$)을 상인 또는 시스배열(Cis-Configuration)이라 한다.

　　• $F_1$의 배우자 형성에 있어서 양우성과 양열성인 배우자가 단우성인 배우자보다 많이 생기는 현상이다.

　　• $F_2$ 표현형 $A\_B\_$, $A\_bb$, $aaB\_$ 및 $aabb$의 빈도가 $w$, $x$, $y$, $z$일 때,

　　　상인연관 $X=\dfrac{xy}{wz}$, 상반연관 $X=\dfrac{wz}{xy}$

　㉡ 상 반

　　• 연관에서 우성유전자와 열성유전자가 연관되어 있는 유전자배열($Ab$, $aB$)을 상반 또는 트랜스배열(Trans-Configuration)이라 한다.

　　• $F_1$의 배우자 형성에 있어서 양우성과 양열성인 배우자가 단우성인 배우자보다 적게 생기는 현상이다.

---

예 $F_1$ $AaBb$를 자식시킨 결과 $F_2$의 분리비가 $99:48:48:1$로 나타났을 경우 재조합빈도를 구하면?
$F_2$의 분리비가 $99:48:48:1=a:b:(n^2+2n):1$로 연관형태는 상반이다.
$n^2+2n=48$, $n=6$이므로
교차율 $=\dfrac{100}{n+1}=\dfrac{100}{6+1}=14.3\%$

---

## (4) 유전자지도

① 개 념

　㉠ 연관된 두 유전자 사이의 재조합빈도($RF$)를 이용하여 유전자의 상대적 위치를 표시한 그림이다.

　㉡ 지도거리 1단위(1cM, 1centi Morgan)는 재조합빈도 1%를 의미하며, 100개의 배우자 중 재조합형이 1개 나올 수 있다는 유전자 간 거리를 말한다.

　㉢ 정확한 거리를 추정하기 위해서는 가장 가깝게 연관된 유전자 사이의 $RF$를 구해야 한다.

② 이 용

　㉠ 유전자지도는 교배 결과를 예측하여 잡종 후대에서 유전자형과 표현형의 분리를 예측할 수 있으므로 새로 발견된 유전자의 연관분석에 이용될 수 있다.

　㉡ 유전자지도는 특정 형질의 선발, 유전자조작에 사용할 유전자의 위치를 확인하는 등에 이용된다.

　㉢ $F_1$ 배우자(Gamete) 유전자형의 분리비를 이용하여 $RF$ 값을 구할 수 있다.

　㉣ 유전자지도상의 단위거리는 2중교차나 간섭의 영향 때문에 염색체상의 실제거리와 일치하지 않을 수 있으나 유전자 배열순서와 상대적 거리는 변동이 없어 유전자지도를 이용하여 교배결과를 예측할 수 있다.

③ 종류
  ㉠ 염색체지도(染色體地圖, Chromosome Map)
    • 염색체지도는 유전자표지(遺傳子標識, Gene Marker)를 이용해 작성한 유전자지도를 의미한다.
    • 염색체지도는 염색체 교차, 유전자교환 등을 관찰하여 염색체상의 각 유전자 위치를 정하여 놓은 것을 말한다.
    • 염색체지도의 작성은 삼성잡종을 3중열성동형접합체와 교배하는 3점검정교배(三點檢定交配, Three-Point Testcross)를 이용하여 작성한다.
    • 유전자 $A$, $B$와 새 유전자 $C$의 3점검정교배 $AaBbCc/aabbcc$에서 재조합빈도($RF$)는 $A$–$B$ 간 $RF=r$, $C$–$A$ 간 $RF=s$, $C$–$B$ 간 $RF=t$일 때,
      – $r+s=t$이면 $C$는 $A$의 앞에 위치한다.
      – $r+t=s$이면 $C$는 $B$의 뒤에 위치한다.
      – $s+t=r$이면 $C$는 $A$와 $B$ 사이에 $C$가 위치한다.
    단, $s+t=r$보다는 $s+t>r$인 경우가 많다. 이는 $A$–$B$ 사이에 이중교차가 일어나 $RF$ 값이 낮게 나왔거나, 간섭이 생겼기 때문이다.
  ㉡ 분자표지지도 : DNA 분자표지를 이용하여 만든 것으로 고밀도 유전자지도로 매우 정밀하다.
  ㉢ 기타 물리지도, 염기서열지도 등이 있다.

---

**참고**

3점검정교배에서 8가지 표현형이 나오는데 가장 많은 표현형 두 개는 양친형이고 개체수가 가장 적은 두 가지 표현형은 2중교차형이며 나머지 것은 단교차형이다.

---

④ 염색체 간섭(키아즈마 간섭)
  ㉠ 간섭이란 한 곳에서 교차가 일어나면 그 인접부위에 교차발생이 억제되는 현상이다.

$$\text{간섭계수}=1-\text{일치계수}\left(\text{일치계수}=\frac{\text{이중교차의 관찰빈도}}{\text{이중교차의 기대빈도}}\right)$$
$$\text{일치계수}=1-\text{간섭의 강도}$$

  ㉡ 일치계수 0~1까지의 값을 갖는다.
    • 완전간섭(2중교차가 전혀 없는 경우)하에서 일치계수는 0이다.
    • 간섭이 전혀 없는 경우 일치계수는 1이다.

### 유전자 연관과 재조합에 대한 설명으로 옳지 않은 것은?

20 국가직 7급 기출

① 2중교차의 관찰빈도가 5이고, 기대빈도가 5이면 간섭은 없다.

② 상반(相反)은 우성유전자와 열성유전자가 연관되어 있는 유전자 배열이다.

③ 자손의 총 개체 수 중 재조합형 개체 수가 500, 양친형 개체 수가 500일 때 두 유전자는 완전연관이다.

④ 3점검정교배는 한 번의 교배로 연관된 세 유전자 간의 재조합빈도와 2중교차에 대한 정보를 얻을 수 있다.

**해설** 재조합빈도(RF)

$$RF = \frac{\text{재조합형 개체 수}}{\text{재조합형 개체 수} + \text{양친형 개체 수}} \times 100$$

$RF$ 값이 0일 때 완전연관, 50일 때 독립적임을 나타내고, $RF$ 값이 0에 가까울수록 연관이 강하고 50에 가까울수록 독립적이다. 즉, $RF = \dfrac{500}{500 + 500} \times 100$일 때 $RF = 50$이므로 독립적이다.

**정답** ③

---

### 유전자지도 작성에 대한 설명으로 옳지 않은 것은?

17 국가직 기출

① 연관된 유전자 간 재조합빈도($RF$)를 이용하여 유전자들의 상대적 위치를 표현한 것이 유전자지도이다.

② $F_1$ 배우자(Gamete) 유전자형의 분리비를 이용하여 $RF$값을 구할 수 있다.

③ 유전자 $A$와 $C$ 사이에 $B$가 위치하고, $A-C$ 사이에 이중교차가 일어나는 경우, $A-B$ 간 $RF=r$, $B-C$ 간 $RF=s$, $A-C$ 간 $RF=t$일 때 $r+s<t$이다.

④ 유전자지도는 교배 결과를 예측하여 잡종 후대에서 유전자형과 표현형의 분리를 예측할 수 있으므로 새로 발견된 유전자의 연관분석에 이용될 수 있다.

**해설** 유전자 $A$와 $C$ 사이에 $B$가 위치하고, $A-C$ 사이에 이중교차가 일어난 경우, $A-B$ 간 $RF=r$, $B-C$ 간 $RF=s$, $A-C$ 간 $RF=t$일 때 $r+s>t$ 이다.

**정답** ③

# |05| 성과 유전

## (1) 성염색체

① **상염색체** : 성염색체를 제외한 염색체이다.

② **성염색체** : 염색체의 조성에 따라 암수의 성이 결정된다.

    ㉠ 사람이 가지고 있는 23쌍의 염색체 중 1쌍만이 성염색체이다.

    ㉡ 인간은 $X$염색체와 $Y$염색체를 가지고 있다. 일반적으로 어머니로부터 $X$염색체, 아버지로부터 $X$염색체와 $Y$염색체 둘 중 하나를 물려받는다. 남성의 경우 성염색체의 구성이 $XY$, 여성의 경우 성염색체의 구성이 $XX$이다. 따라서 자녀의 성별을 결정하는 것은 아버지로부터 오는 염색체이다.

    ㉢ 일부 곤충의 경우 암컷은 $X$염색체를 2개 모두 갖고 있지만, 수컷은 $X$염색체를 하나만 갖고 $Y$염색체를 갖지 않는다. 이 경우 수컷은 $XO$염색체형을 갖는다고 말한다.

    ㉣ 초파리의 상염색체(Autosome)는 사람처럼 2세트이며 성염색체 중 $Y$염색체는 성 결정에 영향을 주지 않는다.

③ **성염색체와 성 결정**

    ㉠ 초파리 : $X$염색체 수와 상염색체의 벌수(Set수)의 비율로 성이 결정된다.

      • 암컷 : $X$염색체 2개와 모든 상염색체쌍을 가진 개체

      • 수컷 : $X$염색체 1개와 모든 상염색체쌍을 가진 개체 → 정상적인 수컷 초파리는 $XY$를 가지지만 수컷을 결정하는 것은 $Y$염색체가 아니라 상염색체쌍에 대한 $X$염색체의 비율이 1개라서 수컷이다.

      • 사람은 $2n=46$이며 초파리는 $2n=8$이다.

    ㉡ 메뚜기 : $X$라는 단 한 가지 유형의 성염색체를 소유한다.

      • 암컷 : 성염색체 2개($XX$)

      • 수컷 : 성염색체 1개($XO$)

    ㉢ 벌 : 수정된 난자(배수체) → 암컷, 수정되지 않은 난자(반수체) → 수컷

    ㉣ 거북이 : 알을 낳는 땅의 온도에 따라 성이 결정된다. 양지 → 암컷으로 부화, 음지 → 수컷으로 부화

---

**➕ PLUS ONE**

**동형, 이형염색체배우자 성**

• 이형염색체배우자 성(Heterogametic Sex) : 2개의 다른 성염색체를 가진 개체

• 동형염색체배우자 성(Homogametic Sex) : 2개의 같은 성염색체를 가진 개체

• 모든 포유류의 수컷 → 이형염색체배우자 성

• 새, 나방, 나비 등의 암컷 → 이형염색체배우자 성

④ 식물의 성 결정
- ㉠ 자웅이주식물 : 암그루, 수그루가 따로 있어 성염색체를 갖고 있고 주로 $XY$형이다.
- ㉡ 자웅동주식물 : 성염색체를 가지고 있지 않다.
  - 불완전화 : 암꽃과 수꽃이 따로 있다(옥수수).
  - 완전화 : 암술과 수술이 같이 있다. 유사분열할 때 딸세포가 서로 다른 조직으로 분화되어 암술과 수술이 되고, 영양생장하던 잎눈이 일장변화에 감응하여 꽃눈을 형성한 후 암술 또는 수술로 발육한다.

## (2) 반성유전

① 형질을 발현하는 유전자가 성염색체에 있을 경우 그 형질이 성과 특정한 관계를 유전하는 것이다. 즉, 성염색체인 $X$염색체 또는 $Z$염색체에 있는 유전자를 성연관유전자라 하며 이에 의한 유전현상을 반성유전이라 한다.

② 반성유전에서는 양친 암컷의 특성이 수컷에서 나타나고 양친 수컷의 특성은 자식 암컷에서 나타난다.
→ 십자유전

③ 초파리의 눈색깔은 붉은 눈($w^+$)이 흰 눈($w$)에 대하여 우성인데, 대립유전자는 $X$염색체에 있으며 $Y$염색체는 눈색깔 유전자를 갖지 않는다. → $X^w Y$는 대립유전자가 하나뿐이므로 반수접합체이다.

④ 보인자 : 열성대립유전자를 가지고 있는 이형접합체($X^+ X^w$)는 붉은 눈이나 자손에서 흰 눈 수컷이 나올 수 있다.

## (3) 종성유전

① 유전자가 상염색체 위에 있으나 성에 따라 우성과 열성이 바뀌는 유전이다. 즉, 성의 영향을 받지만 그 형질을 지배하는 유전자는 상염색체에 있다.

② 면양의 뿔유전에서 유각유전자($H$)가 무각유전자($h$)에 우성인데 이형접합체($Hh$)인 암컷은 뿔이 없고 수컷은 뿔이 있다.

## (4) 한성유전

① 상염색체에 있는 유전자가 지배하는 형질이 한쪽 성에만 나타나는 현상이다.

② $Y$염색체에 있는 유전자는 항상 수컷에만 그 형질이 나타난다.

③ 유전물질을 이루는 염색체가 남자에겐 $XY$, 여자에겐 $XX$이기에 한성유전은 남성에게서만 이루어진다.

④ 수소는 암소와 같이 우유생산 유전자를 가지나 호르몬 영향으로 암소에서만 발현되어 암소만 우유를 생산한다.

키메라

• 개 념
  – 하나의 생물체 안에 서로 다른 유전 형질을 가지는 동종의 조직이 함께 존재하는 현상을 뜻한다. 특히 식물에
    대해 쓰이고, 동물의 경우는 모자이크라고 하는 경우가 많다.
  – 식물에서 키메라를 만들기 위해서는 다른 종의 식물에 접목을 한 후 접목한 부분에서 이것을 절단해 거기에서
    어린눈이 나오면 눈 속의 접수(接穗 ; 접붙이는 쪽의 눈이나 가지 등)에서 유래하는 조직과 대목(臺木 ; 접붙여
    지는 뿌리 쪽)에서 유래하는 조직이 섞인 키메라가 생긴다.
  – 넓은 뜻에서 얼룩이나 아조돌연변이(芽條突然變異 ; 가지의 일부에 돌연변이가 일어나 전혀 딴 성질의 가지가
    나는 일)도 키메라의 하나이다.
  – 염색체 키메라는 콜히친(알칼로이드의 하나)처리에 의해 인공적으로 만들 수 있다.
• 구 분
  – 구분(區分)키메라 : 한쪽의 조직이 축의 중심부까지 쐐기 모양으로 들어가 있다.
  – 주연(周緣)카메라 : 축을 둘러싸고 주변조직에만 한쪽의 조직이 있다.
  – 그 양쪽이 조합한 주연 구분키메라 등이 있다.
  – 실험적으로는 토마토와 까마중(가지과) 사이에서 만들어진 여러 종류의 키메라가 있다.
  – 유전자형의 질적(質的) 차이에 따른 키메라 외에 염색체 수의 차이에 의한 키메라가 있어 염색체 키메라 또는
    혼수성(混數性) 등으로 불린다.

# 유전변이

## |01| 변이의 개념

### (1) 의 미

① 개체들 사이에 형질의 특성이 다른 것을 변이라고 한다.

② 유전변이가 크다는 것은 유전자형이 다양하다는 것과 같다는 의미이다.

### (2) 종 류

① 변이의 대상으로 하는 형질의 종류에 따른 구분

　㉠ 형태적 변이 : 과일 모양, 줄기 길이, 키가 큰 것과 작은 것

　㉡ 생리적 변이 : 내병성, 내냉성, 내한성, 내염성, 내비성, 광합성 능력 등

　㉢ 생태적 변이 : 조만성, 촉성재배 적응성, 지역 적응성 등

② 변이의 상태에 따른 구분

　㉠ 대립변이, 불연속변이 : 두 변이 사이에 구별이 뚜렷하고 중간 계급의 것이 없는 변이(색깔, 모양, 까락의 유무)

　㉡ 양적변이, 연속변이(개체변이 = 방황변이) : 키가 큰 것부터 작은 것까지의 여러 가지 계급의 것을 포함하여 계급 간 구분이 불분명한 경우

> **참고**
>
> 방황변이(정부변이)
> 같은 유전자형을 가지고 있는 순계나 영양계들을 비슷한 환경에서 재배하였을 때 중앙치를 기준으로 (+), (−)의 양쪽 방향으로 변이를 일으킬 때

③ 변이가 나타나는 범위에 따른 구분

　㉠ 일반변이 : 그 개체군 전체에는 공통이지만 다른 장소에서 생존하는 다른 개체와 구별할 수 있는 경우

　㉡ 개체변이 : 같은 장소에서 생육하고 있는 개체군이라도 개체에 따라 그 성질의 정도를 달리할 경우

④ 변이를 일으키는 원인에 따른 구분 : 장소변이, 돌연변이, 교배변이

⑤ 유전성의 유무에 따른 구분

　　㉠ 유전변이 : 인공 돌연변이, 유전자 돌연변이, 염색체 돌연변이, 교배변이

　　㉡ 환경변이(비유전적 변이, 일시적 변이) : 장소변이(소재변이), 유도변이, 연속변이(개체변이 = 방황
　　　변이)

> **참고**
>
> 유도변이
> 자연 속에서 일어나는 돌연변이 현상과 유사한 방법으로 방사선, 감마선 등을 이용하여 아미노산을 합성하는 유전
> 자 변이를 유도해서 인위적으로 신품종을 만든 것을 말한다.

## (3) 성 질

① 불연속변이(질적변이, 대립변이)

　　㉠ 개체와 개체사이에 변이가 없는 경우로 계급사이가 뚜렷한 구분이 있다(꽃의 색이 붉은 것, 흰 것과
　　　같이 뚜렷하게 구별되는 것).

　　㉡ 질적형질(꽃색, 성별, 종자모양)과 질적유전을 한다.

　　㉢ 작용가가 큰 소수 주동유전자가 관여한다.

　　㉣ 유전분석은 개체수나 비율조사(멘델식 방법)로 한다.

② 연속변이(양적변이)

　　㉠ 개체 간의 변이가 연속적으로 일어나는 경우로 자연집단, 분리집단이 있다.

　　㉡ 양적형질(키, 수량, 단백질 함량, 과중, 농작물의 함량, 당도, 무게 등)과 양적유전(키가 작은 것부터
　　　큰 것까지 여러 등급으로 나타나는 것)을 한다.

　　㉢ 양적형질은 평균, 분산, 회귀, 유전력 등 통계적 방법에 의하여 유전분석을 하고 그 결과를 선발에
　　　이용, 유전배경이나 환경의 영향이 크다.

　　㉣ 작용가가 작은 다수 미동유전자가 관여한다.

**PLUS ONE**

유전변이와 환경변이

| 구 분 | 유전변이<br>(Genetic Variation) | 환경변이<br>(Environmental Variation) |
|---|---|---|
| 원 인 | 감수분열 과정에서 유전자 재조합 및 염색체와<br>유전자의 돌연변이가 주원인 | 환경적 원인 |
| 유전유무 | 다음 세대로 유전 | 유전되지 않음 |
| 사 례 | • 교배변이, 염색체 돌연변이, 유전자 돌연변이<br>• 인공돌연변이 : 방사선, 화학물질처리 | 유도변이, 일시적 변이, 장소변이, 연속변이(개체<br>변이 = 방황변이) |

### (4) 작 성

① 변이 작성의 필요성 : 작물육종은 형질 개량을 위해 자연변이의 이용 또는 인위적 변이를 작성하고, 그 변이 중 원하는 유전자형의 개체를 선발하여 품종으로 육성하기 위함이다.

② 유전변이 작성방법 : 인공교배, 돌연변이 유발, 염색체조작, 유전자전환 등이 있다.

　㉠ 인공교배
　　• 특성이 다른 자방친($\female$)과 화분친($\male$)을 인공교배($AA \times aa$)하면 양친의 대립유전자들이 새롭게 조합되어 잡종 후대에 여러 종류의 유전자형이 분리($AA$, $Aa$, $aa$)되어 유전변이가 일어난다.
　　• 이때 인공교배하는 양친의 유전적 차이가 클수록 잡종집단의 유전변이(유전자형의 다양성)가 커진다.

　㉡ 돌연변이 유발
　　• 자연돌연변이의 발생빈도는 $10^{-7}$, $10^{-6}$으로 매우 낮으므로 방사선 또는 화학물질의 처리로 인위적 돌연변이를 유발시킨다.
　　• 인위돌연변이는 인공교배와 같이 여러 대립유전자들의 재조합이 아니므로 특정형질만 개량되는 특징이 있다.

　㉢ 염색체조작 : 염색체의 인위적 조작은 반수체, 배수체, 이수체 등의 유전변이가 일어난다.

　㉣ 유전자전환 : 생물종에 관계없이 원하는 유전자만 도입할 수 있는 방법이다.

> **🔍참고**
>
> 세포융합 : 인공교배가 안 되는 원연종, 속간 유전자를 교환할 수 있는 방법이다.

> **➕ PLUS ONE**
>
> 인공교배와 인위돌연변이 및 염색체조작은 주로 같은 종 내에서 유전변이를 작성하고 세포융합이나 유전자전환은 다른 종의 우량유전자를 도입하여 유전변이를 만들 수 있다.

### (5) 선 발

① 특성검정
　㉠ 생리적인 특수한 환경하에서 나타나는 현상을 검정하는 것이다. 즉, 이상 환경을 만들어주고 여기에서 발현되는 변이를 가지고 그 정도를 검정한다.
　㉡ 작물육종에 있어 우량변이의 선발을 위해 형질의 특성검정(特性檢定)을 한다.
　㉢ 농작물의 내병성, 내염성, 내한성, 촉성재배 적응성 등을 검정한다.
　　예 벼품종의 도열병에 대한 내병성은 질소비료를 많이 준 포장에서 검정한다. 또 조직배양을 하는 배지에 돌연변이 유발원이나 스트레스를 가하면 변이세포를 선발할 수 있다.
　㉣ 특성검정은 자연조건, 검정포, 실내 등을 이용하고, 인력, 경비, 시간 등이 많이 소요된다.

② 후대검정

　　㉠ 유전변이와 환경변이를 구분하기 위해 한다(방황변이 등).

　　㉡ 선발한 변이체의 유전자형을 알고자 할 때 사용하며, 변이체의 후대를 전개하여 형질의 분리 여부로 동형접합체, 이형접합체를 판단하는 방법이다.

　　㉢ 변이를 나타낸 개체의 종자를 심어 그 후대의 형질을 관찰, 측정하여 변이의 유전성 여부를 판별한다.

③ 변이의 상관

　　㉠ 식별이 어려운 변이가 식별이 쉬운 변이와 높은 상관이 있을 때에는 식별이 쉬운 변이를 측정하여 식별하기 어려운 변이를 판별할 수 있다.

　　㉡ 우량변이체 선발은 형질 간 상관관계를 이용하면 목표형질을 선발하기 쉽다.

　　　예 콩의 단백질 함량은 측정하기 힘드나 단백질 함량은 비중과 높은 상관이 있으므로 비중은 측정하기 쉽다. 따라서 비중의 변이를 측정하면 단백질 함량의 변이를 추정할 수 있다.

④ 분자표지이용선발(分子標識利用選拔, Marker-Assisted Selection, MAS)

　　㉠ DNA 표지를 이용하여 목표형질의 유전자와 연관된 분자표지를 선발하는 것이다.

　　㉡ 내병성 검정이나 내냉성 검정을 포장 대신 실내에서 할 수 있다.

---

**➕ PLUS ONE**

작물의 품종 식별에 사용하는 분자표지 SSR(Simple Sequence Repeat)

- SSR은 단순반복 염기서열로 분자마커의 한 종류이다.
- 주로 식물에서 널리 사용되며, 식물학에서 중요한 Genome Resource이다.
- DNA 표지인자 중 Microsatellite라고도 불리는 SSR은 Genome상에 존재하는 단순반복 염기서열의 반복횟수의 차이로 인해 다형성(Polymorphism)이 나타난다.
- 기존에 개발된 DNA 표지인자보다 다형성 정도가 아주 높아서 유전적 다양성과 유연관계를 평가하는 데 많이 이용되고 있다.
- 연관지도(Linkage Map) 작성, 표지이용 선발, 직계관계 분석, 다양성 연구, 진화 연구 등에 활용된다.

---

**Level UP 이론을 확인하는 문제**

**유전자/인공교배에 관련한 것으로 옳지 않은 것은?**　　19 경남 지도사 기출

① 인공교배하는 양친의 유전자 간 차이가 클수록 유전변이도 크다.

② 세포융합은 인공교배가 안 되는 원연간, 종·속간 조합유전자 교환이 가능하다.

③ 인위돌연변이는 인공교배처럼 여러 대립유전자들이 재조합되는 것이다.

④ 유전자전환은 생물종에 관계없이 원하는 유전자만을 도입할 수 있는 방법이다.

해설 인위돌연변이 및 염색체조작은 주로 동일 종 내에서 유전변이를 작성하고자 할 때 실시한다.

정답 ③

# |02| 염색체 변이

## (1) 염색체의 개념

### ① 염색체
- ㉠ 생물체 구성의 기본단위는 세포이고, 모든 세포에는 염색체가 들어있다.
- ㉡ 염색체는 DNA와 단백질로 구성되어 있고 DNA는 유전자를 이루는 유전물질이다.
- ㉢ 염색체는 상동염색체, 성염색체, 상염색체가 있다.

### ② 상동염색체
- ㉠ 하나의 체세포 속에 크기와 모양이 같은 한 쌍의 염색체를 상동염색체라고 한다.
- ㉡ 상동염색체의 두 염색체는 각 형질에 대한 유전자좌가 일치한다.
- ㉢ 상동염색체는 수정 과정을 통해 하나는 모계로부터, 다른 하나는 부계로부터 나온다.
- ㉣ 세포의 핵 속에 들어 있는 염색체의 구성상태(염색체의 상대적인 수를 나타낸 것)를 '핵상'이라고 하는데 체세포처럼 상동염색체가 한 쌍이 모두 있으면 '복상 $2n$', 생식세포처럼 하나씩만 있으면 '단상 $n$'이라고 한다.
- ㉤ 사람의 경우에 체세포의 핵상은 $2n=46$이고, 생식세포의 핵상은 $n=23$이다.
- ㉥ 같은 생물종은 모두 동일한 염색체 수를 가지며, 생식세포의 염색체 수는 체세포염색체 수의 절반이다.
- ㉦ 벼는 2배체로 체세포염색체 수는 24개($2n=24$)이며, 생식세포는 그 절반인 12개($n=12$)의 염색체를 갖는다.

### ③ 게 놈
- ㉠ 유전체(Genome)는 유전자(Gene)와 염색체(Chromosome)가 합쳐진 용어이다.
- ㉡ 생명체가 생존하기 위한 최소한의 염색체 세트를 게놈이라 한다.
- ㉢ 벼의 생존에 꼭 필요한 염색체(생식세포)는 12개로 이 염색체 세트를 게놈(Genome)이라 한다.
- ㉣ 같은 종류의 생물은 같은 수의 염색체를 가진다.
- ㉤ 한 생물을 이루는 체세포의 염색체 수와 모양은 모두 같다.

> **참고**
>
> 게놈을 구성하는 염색체 수 및 각 염색체의 유전자 수와 배열은 그 생물종의 모든 세포에서 동일하나 개체에 따라 유전자 구성이 다르다.

- ㉥ 기본 수(Basic Number)
  - 게놈에 포함된 염색체 수를 말하며, $x$로 표시한다.
  - 2배체 보리($2n=14$)의 경우 게놈 구성 염색체의 기본수는 $x=7$로 일치한다.
  - 6배체인 빵밀의 경우는 $2n=42$이고 반수체의 염색체 수는 $n=21$로, $n=21$은 세 개 게놈의 각 기본 수 $x=7$의 합으로 생식세포의 염색체 수와 게놈 염색체의 기본 수가 일치하는 것은 아니다.

Ⓐ 게놈이 서로 같은 종 사이에는 교배가 가능하고 후대에 정상적인 감수분열을 한다.

Ⓞ 게놈이 서로 다른 종 사이에는 감수분열 시 염색체의 대합을 이루지 못하는 특성이 있다.

---

**⊕ PLUS ONE**

게놈 분석(생물종의 게놈이 같고 다름을 밝히는 분석)

감수분열 과정에서 상동이 아닌 염색체 간에는 대합이 일어나지 않는 성질을 이용하여 게놈 분석을 하면 근연식물 간에 관계, 게놈과 유전자의 관계, 게놈의 분화, 종의 분화과정 등을 추적할 수 있다.

---

## (2) 염색체 수의 변이(게놈 돌연변이)

① 정배수체(正倍數性, Euploidy, Homoploidy)

    ⊙ 게놈 수가 정배수로 증가하거나 줄어드는 것을 정배수체라고 하며, 동질배수체, 이질배수체, 반수체의 3가지가 있다.

    ⓒ 정배수체 염색체의 기본 수($x$)는 반수체($n$, 체세포염색체의 반)이다.

    ⓒ 2배체($2n$)의 반수체는 1배체이고, 4배체($4n$)의 반수체는 2배성반수체($2n$)이다.

    ⓔ 정배수체에는 동질배수체와 이질배수체가 있으며, 작물의 거의 절반은 정배수체이고 정배수체의 대부분은 이질배수체이며, 동질배수체는 10% 미만이다.

    ⓜ 식물의 반수체는 초세가 연약하고 완전불임이며, 콜히친을 처리하면 동형접합체를 얻어 육종연한을 크게 단축할 수 있다.

② 동질배수체(同質倍數體, Autopolyploid)

    ⊙ 정배수체 중에서 게놈 2세트나 3세트 혹은 4세트가 모두 동일한 게놈인 것을 말한다.

    ⓒ 동질배수체는 유전물질이 수 배 증가된 것으로 2배체에 비해 잎이나 꽃, 과일의 크기가 거대화하고, 세포와 기관이 커지고, 성분함량이 증가하며, 환경스트레스와 병해충에 대한 저항성이 증가한다.

    ⓒ 동질배수체는 감수분열 때 다가염색체를 형성하고 상동염색체가 균등 분리되지 못해 수정능력이 떨어지므로 종자가 잘 생기지 않는다. 그래서 생존을 위해 뿌리, 줄기, 잎 등 영양기관으로 번식할 수 있는 능력이 발달된 경우가 많다.

    ⓔ 대표적인 동질배수체에는 바나나(3배체), 씨 없는 수박(3배체), 감자(4배체) 등이 있다.

    ⓜ 게놈이 1개뿐인 반수체는 식물체가 연약하고 완전불임이나, 콜히친 처리(인위적 염색체 배가)는 곧바로 동형접합체로 되어 유전, 육종에 이용가치가 높다.

③ 이질배수체(異質倍數體, Allopolypliod)

    ⊙ 서로 다른 종류의 게놈이 첨가되어 게놈의 수가 증가된 것으로 같은 게놈을 복수로 가지고 있어 복2배체라고도 한다.

    ⓒ 담배($TTSS$, $2n=48$)는 이질4배체(Allotet-raploid), 빵밀($AABBDD$, $2n=42$)은 이질6배체(Allohexa-ploid)이다.

    ⓒ 복2배체 특징은 두 종의 중간형질과 복수유전자의 특성을 나타내고 적응력이 크며, 감수분열 시 염색체 대합이 이루어져 임성이 2배체와 똑같다.

ⓔ 새로운 종의 형성은 오랜 세월을 필요로 하지만, 복2배체는 짧은 시간에 새로운 속이나 종이 형성되므로 진화에 촉진효과가 있다.

④ 이수체(이수성, Heteroploid, Aneuploid)

　　㉠ 이수체의 원인은 염색체의 비분리현상(Nondisjunction)이다.

　　㉡ 2배체 식물이 제1감수분열을 할 때 1개의 상동염색체쌍이 분리되지 않고 한쪽 극으로 이동하면 $n+1$ 배우자와 $n-1$ 배우자가 형성된 후, 이 배우자들이 정상 배우자($n$)와 수정되면 3염색체 생물($2n+1$)과 1염색체 생물($2n-1$)이 되어 이수체가 된다.

　　㉢ 이수체는 감수분열을 할 때 염색체의 중복과 결실로 치사작용을 일으켜 식물체가 생존할 수 없게 된다(자연계에 흔하게 존재하지 않음).

　　㉣ 3염색체 분석 : 2배체와 3염색체 생물은 교배하면 유전분리비가 2배체 경우와 달라 특정 유전자의 염색체상 위치를 알 수 있다.

---

**📑참고**

영염색체 생물
1염색체 생물을 자가수정하면 한 쌍의 상동염색체가 없는 $2n-2$의 염색체를 가진 생물

---

**PLUS ONE**

염색체 변화의 유형
• 염색체 이상(染色體異常, Chromosome Aberration)
　염색체 이상은 염색체의 구조, 염색체 수가 야생형과 다른 경우를 의미하고, 개체의 생존, 유전, 종분화에 영향을 미치며, 염색체 돌연변이와 게놈 돌연변이가 있다.
• 염색체 돌연변이(Chromosome Mutation)
　- 염색체가 재배치되는 구조적 변화로, 감수분열과 유사분열 과정에서 세포학적으로 관찰할 수 있다.
　- 결실과 중복(염색체의 단편이 소실되거나 첨가), 역위와 전좌(염색체 단편의 위치가 변하는) 등이 있다.
• 게놈 돌연변이(Genome Mutation)
　- 염색체의 수적변화로 같은 게놈이 배가된 동질배수체와 한 개체 속에 다른 게놈을 가지고 있는 이질배수성이 있다. 또 같은 게놈 내에서 하나 또는 소수의 염색체가 증가하거나 없어지는 이수성이 있다.
　- 이수성은 주로 염색체 한 개가 없는 1염색체 생물($2n-1$)과 염색체 1개가 더 있는 3염색체 생물($2n+1$)로 나타난다.

---

## (3) 염색체 구조적 변이(염색체 돌연변이)

① 결실[缺失, 삭제(Deletion), Deficiency]

　　㉠ 절단된 염색체의 한 부분이 소실되는 현상이다.

　　㉡ 말단결실보다는 중간 부분이 삭제되는 중간결실이 더 많다.

　　㉢ 중간결실은 염색체의 절단된 끝부분이 점질성이어서 절단 부분끼리 재결합하지만 말단결실은 말단 소립구조로 절단단편과 재결합하지 않는다.

ⓔ 위우성(Pseudodominance) : 결실이 이형접합체에서 발생했을 경우 결실부에 대응하는 상동부분의 유전자는 열성이라도 우성처럼 발현되어 나타나는 현상이다.

- 결실 동형접합체 : 유전물질이 부족하여 대부분 치사한다.
- 결실 이형접합체 : 결실부위가 크지 않으면 생존이 가능하다.

ⓜ 묘성증후군(Cri du chat Syndrom) : 5번 염색체의 짧은 팔의 부분적 결실이 원인이다.
→ 고양이 우는 소리를 내고, 여윈 얼굴, 정신지체, 발육부진 등을 나타낸다.

**참고**

염색체 증식 과정에서 여러 원인으로 절단(Breakage)이 일어나고 절단된 염색체 단편은 원래대로 재결합 또는 다른 염색체에 옮겨 붙거나 단편으로 남아있다 없어지는 결과로 결실, 중복, 역위, 전좌 등의 염색체의 구조적 변화가 일어나 유전자 표현형에 영향을 줄 수 있다.

② 중복(重複, Duplication)

ⓐ 염색체 일부가 복사되면서 일부가 첨가되어 특정부위의 염색체를 여분으로 더 갖는 것(과잉)이다.

ⓑ 감수분열 과정에서 비대칭교차에 의하여 중복이 유발될 수 있으며 이때는 중복과 결실이 동시에 생긴다.

ⓒ 위치효과(Position Effect) : 중복으로 인하여 양적변화 없이 염색체의 위치변동으로 표현형이 달라지는 현상이다(초파리의 눈 크기는 중복으로 인해 유전자 배열이 달라져서 생김).

ⓓ 중복된 염색체 부위에 우성유전자를 동반하면 열성동형접합체에서 열성형질이 나타나지 않는다.

ⓔ 중복이 일어나는 개체는 중복 부위가 클수록 생존능력이 떨어지나 결실이 있는 개체보다는 생존가능성이 높다.

③ 역위(逆位, Inversion)

ⓐ 염색체의 일부분이 절단되어 거꾸로 다시 들어가 유전자 서열에 재배열이 일어나는 현상. 즉, 한 염색체의 두 곳에서 절단이 일어나고 절단된 단편이 180° 회전하여 다시 결합하는 것이다.

ⓑ 유전자 순서는 바뀌었지만 유전물질 양의 변화는 없으므로 생명에는 변동이 없다.

ⓒ 역위는 교차를 억제하며, 이는 유전자 재조합이 적게 일어나 유전변이 범위를 축소시킨다.

ⓓ 역위는 편동원체 역위, 협동원체 역위로 구분된다.

- 편동원체 역위 : 역위된 부위에 동원체를 포함하지 않는 것
- 협동원체 역위 : 역위된 부위에 동원체를 포함하는 것 → 동원체의 위치를 이동시켜 핵형의 변동을 가져와 종 분화의 원인이 된다.

ⓔ 이형접합체는 제1감수분열 전기에 상동염색체가 짝을 이룰 때 상동부위끼리 대합하기 위해 역위고리를 형성한다.

④ 전좌(轉座, Translocation)

ⓐ 한 염색체의 일부가 다른 염색체로 옮겨지는 현상이다. 즉, 염색체가 절단되어 그 단편이 비상동염색체의 절단부위에 재결합되는 것이다.

ⓛ 단순전좌, 상호전좌의 두 가지의 주요 유형이 있다.
- 단순전좌 : 1개의 단편이 전좌하는 것으로 결실과 중복의 원인이 된다.
- 상호전좌 : 2개의 비상동염색체 사이에서 염색체의 일부분이 교환되는 현상이다.
ⓒ 염색체 단편은 정상염색체에 결합할 수 없으므로 대부분 전좌는 비상동염색체 사이에 염색체 단편이 서로 교환되는 상호전좌이다.
ⓡ 전좌는 유전자 연관에 변화가 생기고 상호전좌는 반불임성의 원인이 된다.

## Level UP 이론을 확인하는 문제

**게놈 돌연변이에 관한 설명으로 옳지 않은 것은?**

10 국가직 기출

① 이질배수체는 같은 게놈을 복수로 가지고 있어서 복2배체라고 한다.
② 작물의 거의 절반은 정배수체이며, 정배수체의 대부분은 동질배수체이다.
③ 동질배수체는 2배체에 비하여 세포와 기관이 커지고 생리적으로 강한 특성이 있다.
④ 이수체는 흔하지 않으나 주로 1염색체 생물($2n-1$)과 3염색체 생물($2n+1$)로 나타난다.

해설 정배수체에는 동질배수체와 이질배수체가 있으며 작물의 거의 절반은 정배수체이고, 정배수체의 대부분은 이질배수체이고 동질배수체는 10% 미만이다.

정답 ②

## |03| 유전자 구조와 발현, 조작

### (1) 유전자 구조

① 핵 산
ⓐ 생물의 형질은 유전자가 지배하고, 유전물질은 핵산(核酸, Nucleic Acid)이다.
ⓑ 핵산의 기본단위는 인산, 5탄당, 염기가 공유결합한 뉴클레오티드(Nucleotide)로 DNA(Deoxyribonucleic Acid)와 RNA(Ribonucleic Acid)가 있다.
ⓒ 대부분 생물은 DNA가 유전물질이고 DNA가 발현할 때 RNA가 나타난다.

② 핵 DNA
ⓐ DNA는 두 가닥의 이중나선(Double Helix) 구조이고, 두 가닥은 염기와 염기의 상보적 결합(수소결합)에 의하여 염기쌍(base pair, bp)을 이루고 있다.
- 2개의 수소결합 = Adenine과 Thymine : A=T
- 3개의 수소결합 = Guanine과 Cytosine : G≡C

ⓛ 핵 안의 DNA는 세포분열 전에는 염색질로 존재하고, 세포분열 때 염색체 구조가 나타난다.

ⓒ 유전자 DNA는 단백질을 지정하는 엑손(Exon)과 단백질을 지정하지 않는 인트론(Intron)을 포함한다.

ⓔ 진핵세포의 DNA와 히스톤 단백질이 결합하여 형성한 뉴클레오솜(Nucleosome)들이 압축·포장되어 염색체 구조를 이룬다.

ⓜ 유전암호
- DNA 가닥의 염기서열은 단백질에 대한 유전정보이고 그 단백질의 기능에 의해 형질이 나타난다.
- DNA 염기서열에서 3염기조합(Triplet)이 1개의 아미노산을 지정하며, 이것이 유전암호(Genome Code)이다.

③ **핵외 DNA** : 식물의 세포질에 존재하는 엽록체(Chloroplast)와 미토콘드리아는 핵 DNA와는 독립된 DNA를 가지고 있다.

④ **트랜스포존(轉移因子, Transposon)**

㉠ 게놈의 한 장소에서 다른 장소로 이동하여 삽입될 수 있는 DNA 단편이다.

ⓛ 트랜스포존의 절단, 이동은 전이효소(Trans-posase)로 촉매되며, 전이효소유전자는 트랜스포존 내에 있다.

ⓒ 원핵생물(박테리아)과 진핵생물에 광범위하게 분포하며, 돌연변이의 원인이 된다.

ⓔ 유전분석, 유전자조작에 유용하게 이용되고, 유전자에 삽입된 트랜스포존을 표지(標識, Marker)로 이용하여 특정 유전자를 규명할 수 있다.

ⓜ 유전자조작에서 유전자운반체로의 이용과 돌연변이를 유기하는 데 유용하다.

⑤ **플라스미드(Plasmid)**

㉠ 세포 내에서 핵이나 염색체와 독립적으로 존재하면서 자율적으로 자가증식해 자손에 전해지는 유전요인이다.

ⓛ 플라스미드는 작은 고리 모양의 DNA(디옥시리보핵산) 분자인 경우가 많으며, 세포질이고 자기복제 능력을 지니는 DNA 복제단위[레플리콘(Replicon)]이다.

ⓒ 플라스미드는 복제원점(Replication Origin)을 가지고 있기 때문에 세균 내부의 DNA 복제 기구들을 이용하여 복제가 가능하며, 플라스미드에 유전자가 있다면 정상적으로 발현도 된다.

ⓔ 플라스미드는 원형의 DNA로 항생제나 제초제 저항성 유전자를 가지며, 식물의 유전자조작에서 유전자운반체로 많이 이용된다.

⑥ **바이러스의 유전물질**

㉠ 바이러스에는 캡시드(Capsid)라는 단백질 껍질 속에 유전물질(DNA 또는 RNA)이 들어 있다.

ⓛ 한 가닥의 RNA로 된 역전사바이러스(Retrovirus)는 역전사효소(Reverse Transcriptase)를 가지고 있으며, 역전사바이러스가 진핵세포에 감염되면 역전사효소를 이용하여 자신의 RNA로부터 DNA를 합성한다.

ⓒ 역전사효소는 유전자은행 작성 시 이용된다.

## (2) 유전자(DNA)의 복제

### ① 개념

　㉠ 유전물질은 세포분열을 하기 전에 스스로 복제되어야 세포분열 시 생성되는 2개의 딸세포에 각각 모세포와 동일한 유전 정보를 물려줄 수 있다.

　㉡ DNA 복제 모형에는 보존적 복제, 반보존적 복제, 분산적 복제의 3가지 모형이 있으며 이 중 반보존적 복제 모형에 따라 DNA가 복제된다.

　㉢ 반보존적 복제 모형에 따르면 먼저 DNA를 구성하는 두 가닥의 사슬이 분리되어 분리된 사슬이 각각 주형이 되고, 상보적인 염기를 가진 뉴클레오타이드가 주형가닥을 따라 늘어서면서 합성되어 새로운 DNA 가닥이 만들어진다.

### ② DNA 복제 과정

　㉠ DNA 복제는 복제 원점이라고 하는 특정 염기서열 위치에서 시작된다.

　㉡ DNA 복제는 완전한 DNA가 복제될 때까지 양방향으로 동시에 진행된다.

　㉢ DNA 이중나선은 DNA 풀림효소(헬리케이스)에 의해 복제 원점에서부터 풀리고, 단일 가닥 결합 단백질은 풀린 DNA 가닥을 안정화시킨다.

　㉣ 주형가닥에 프라이메이스에 의해 RNA 프라이머가 $5' \rightarrow 3'$ 방향으로 합성된다. 프라이머는 DNA 합성을 위한 $3'$ 말단을 제공한다.

　㉤ 프라이머의 $3'$ 말단에 DNA 중합효소에 의해 새로운 뉴클레오타이드가 연속적으로 붙어 복제가 진행된다.

---

**🔍참고**

• 프라이머(Primer)는 DNA 복제의 시발체로 사용되는 한 가닥 핵산이다.
• DNA 중합효소의 작용 : DNA 중합효소는 뉴클레오시드 3인산을 주형가닥에 상보적으로 결합시키고, 2개의 인산이 떨어져 나온다.

---

　㉥ 새로운 DNA 가닥은 항상 $5' \rightarrow 3'$ 방향으로 만들어지며, 새로 합성되는 DNA는 주형가닥과 상보적이다.

　㉦ 선도가닥

　　• DNA 합성 방향($5' \rightarrow 3'$ 방향)이 DNA 이중나선이 풀어지는 방향과 같으면 DNA 합성이 연속적으로 진행되는데 이렇게 DNA가 합성되는 가닥을 말한다.

　　• 선도가닥의 복제 : 주형가닥의 이중나선이 $3' \rightarrow 5'$ 방향으로 풀리는 가닥은, DNA 합성 방향이 $5' \rightarrow 3'$ 방향이므로 진행 방향과 일치한다. 따라서 DNA 합성이 연속적으로 이루어진다.

　㉧ 지연가닥

　　• DNA 이중나선이 풀리는 방향이 새로 DNA가 합성되어야 하는 방향과 반대 방향인 가닥은 DNA 중합효소가 연속적으로 DNA를 합성하지 못하고 100~200개 단위의 작은 조각으로 DNA를 끊어서 합성하는데, 이런 작은 DNA 조각을 오카자키 절편이라고 한다.

- 합성된 DNA 조각(오카자키 절편)들은 DNA 연결효소(리게이스)에 의해 연결되는데, 이 가닥을 지연가닥이라고 한다.
- 지연가닥의 복제 : 주형 DNA 가닥이 풀리는 방향과 DNA 합성 방향이 일치하지 않는 가닥은 DNA가 어느 정도 풀린 후 프라이머를 합성하고 DNA를 5′ → 3′ 방향으로 합성하기 때문에 DNA가 여러 조각으로 합성되고 DNA 연결효소가 최종적으로 DNA 조각들을 연결시킨다.

## (3) 유전자발현

① 중심원리
  ㉠ 중심원리(Central Dogma) : 유전정보가 DNA에서 RNA를 거쳐 단백질로 합성된다는 것을 1956년 Crick이 제안하였으며, 이를 중심원리라 한다.
  ㉡ 유전자발현(Gene Expression) : 유전정보는 RNA로 전사(Transcription)된 후 리보솜(Ribosome)에서 아미노산으로 번역(Translation)되어 단백질이 합성되는 과정을 말한다.
  ㉢ 유전자산물(遺傳子産物, Gene Product) : 유전자발현으로 인해 합성된 단백질이다.

② 유전자발현(형질발현, 단백질합성)
  ㉠ 전사(Transcription, RNA 합성)
   - RNA 중합효소가 DNA에 존재하는 특수한 염기서열인 프로모터에 결합하여 DNA 가닥을 풀고 RNA 합성을 시작한다.
   - DNA 중합효소는 DNA 주형에 상보적으로 결합하는 리보뉴클레오타이드를 차례로 결합시킨다.
   - DNA 두 가닥 중 한 가닥만 전사되어 RNA를 합성한다.
   - 진핵세포에서 RNA 전구체인 1차 전사물은 스플라이싱(Splicing) 등 가공과정을 거쳐 mRNA가 완성된다.
   - 스플라이싱은 RNA 전구체에서 유전정보를 갖지 않는 부분인 인트론을 제거하고 유전정보를 지닌 엑손만 연결되는 과정이다.
   - RNA의 종류
     - mRNA(전령 RNA, messenger RNA) : 유전 정보의 전달체 기능을 수행한다.
     - tRNA(운반 RNA, transfer RNA) : 아미노산을 리보솜으로 운반하는 역할을 한다.
     - rRNA(리보솜 RNA, ribosomal RNA) : 단백질 합성 장소인 리보솜을 구성하는 주요 성분이다.
     ※ 각각 다른 RNA 중합효소가 관여한다.
   - DNA 유전암호(Triplet)는 mRNA로 전사되어 코돈(Codon)을 만들고 mRNA의 코돈이 아미노산으로 번역된다.
   - 번역에 직접 참여하는 유전암호가 코돈이므로 유전암호는 코돈으로 표시한다.
  ㉡ 번역(Translation, 단백질 합성)
   - DNA의 유전정보로부터 단백질이 합성되는 과정에는 mRNA, tRNA, 리보솜, 아미노산 등이 필요하다.
   - 번역(단백질합성)은 세포질의 리보솜(Ribosome)에서 이루어진다.

- mRNA의 코돈과 tRNA의 안티코돈(Anticodon)이 상보적으로 결합하고 mRNA의 코돈이 아미노산으로 전환되어 단백질을 합성한다.
- 종결 코돈에 상보적인 tRNA가 결합하면 합성된 단백질이 리보솜으로부터 방출된다.
- 생성된 폴리펩타이드를 구성하는 아미노산 수는 전사된 mRNA의 코돈 수보다 적다.
- 원핵세포의 경우 DNA가 세포질에 있어서 전사와 번역이 거의 동시에 이루어진다.
- 진핵세포의 전사는 핵에서, 번역은 세포질에서 각각 다른 시간에 일어나므로 원핵세포의 증식이 빠르게 이루어진다.
- 진핵세포의 경우 전사는 핵에서, 번역은 세포질에서 일어나기 때문에 전사 결과 처음 만들어진 RNA가 가공과정을 거쳐 성숙한 mRNA로 된다.

③ 유전자 발현과 환경
  ㉠ 유전자 발현 조절 : 전사와 번역의 장소가 핵과 세포질로 구분되어 있고, RNA의 가공 과정, 단백질의 변형 과정을 거친다. 이러한 많은 단계에서 유전자 발현이 조절된다.
  - 전사조절 : 프로모터 앞쪽의 조절 요소에 전사 조절 인자가 결합하여 유전자 발현을 조절한다.
  - 전사 후 조절(RNA 가공 조절)
    - mRNA 말단의 변화 : 전사 직후 형성된 mRNA 전구체의 5′ 말단에 캡이 형성되며, 3′ 말단에 폴리A 꼬리가 형성된다.
    - RNA 스플라이싱 : 전사 직후의 mRNA는 엑손과 인트론이 모두 존재하여 단백질 합성에 바로 이용될 수 없어 인트론이 제거되고 엑손끼리 서로 연결되는 스플라이싱이 일어난다. 엑손의 조합에 따라 다양한 종류의 mRNA가 생성된다.
  - RNA 수송 조절 : 성숙한 mRNA가 핵을 통해 세포질로 배출되는 속도가 조절된다.
  - RNA 분해 조절 : mRNA는 폴리 A 꼬리가 짧아지면서 분해되는데, mRNA의 분해 속도를 조절하여 합성되는 단백질의 양을 조절한다.
  - 번역 조절 : 단백질 합성의 개시를 조절하는 단백질에 의해 단백질 번역을 조절할 수 있다.
  - 번역 후 조절(단백질 변형 과정상의 조절) : 진핵세포의 단백질은 합성된 후 기능적인 단백질로 변형되는 과정을 거치는데, 단백질의 화학적 변형이나 기능 조절, 수송 과정 등이 조절될 수 있다.
  ㉡ 진핵세포의 유전자 발현단계 : 세포는 환경 변화를 신호로 인식하여 그에 대응하기 위한 유전자가 발현한다.
  - 첫 번째 : 세포질에 있는 수용체(受容體, Receptor)에서 외부신호를 감지한다.
  - 두 번째 : 수용체에서 감지된 신호를 신호전달계(Signal Transduction)가 전사조절단백질에 전달된다.
  - 세 번째 : 전사조절단백질이 핵으로 이동하여 DNA와 결합하여 전사가 이루어진다.
  - 네 번째 : 전사된 mRNA가 세포질로 나와 번역되어 필요한 단백질이 생산된다.
  - 다섯 번째 : 단백질의 작용으로 형질이 발현된다.

**트랜스포존에 대한 설명으로 옳은 것은?**

18 경남 지도사 `기출`

① 트랜스포존은 옥수수같은 진핵생물에만 분포한다.
② 짧은 RNA이다.
③ 절단과 이동이 제한효소에 의해 이루어진다.
④ 돌연변이의 원인이 된다.

`해설` **트랜스포존(轉移因子, Transposon)**

- 게놈의 한 장소에서 다른 장소로 이동하여 삽입될 수 있는 DNA 단편으로 트랜스포존의 절단, 이동은 전이효소(Trans-posase)로 촉매되며, 전이효소유전자는 트랜스포존 내에 있다.
- 원핵생물(박테리아)과 진핵생물에 광범위하게 분포하며, 그 종류가 수백 가지로 많고, 돌연변이의 원인이 된다.
- 유전분석, 유전자조작에 유용하게 이용되며, 유전자에 삽입된 트랜스포존을 표지(標識, Marker)로 이용하여 특정 유전자를 규명할 수 있고 유전자조작에서 유전자운반체로의 이용과 돌연변이를 유기하는 데 유용하다.

`정답` ④

# |04| 유전자조작(遺傳子操作)

## (1) 재조합 DNA

### ① 개 념

㉠ 한 생물에서 추출한 특정 DNA를 다른 생물의 DNA에 끼워 넣어 재조합 DNA를 만든 후, 이를 숙주세포에 도입하여 증식하는 과정을 통해 이루어지며, 이 과정을 유전자 클로닝이라 하며, 증식한 세포집단을 클론(Clone)이라고 한다.

㉡ 유전공학기술을 이용한 형질전환육종에서 가장 먼저 수행하는 기술이다.

### ② 유전자 클로닝(Gene Cloning)

㉠ 재조합 DNA를 세균에 넣어 증식시키면 재조합 DNA를 만든 후 숙주박테리아에 주입하여 형질전환세포를 선발하여 증식시키는 것이다.

㉡ 숙주박테리아에 주입된 재조합 DNA는 숙주세포가 분열할 때마다 함께 복제되고 대량 증식되어 형질전환세포 클론이 만들어진다.

ⓒ 유전자 클로닝에는 DNA를 자르는 제한효소와 DNA를 이어주는 연결효소(Ligase)가 있어야 하며, 재조합 DNA를 숙주세포로 운반하는 벡터(Vector)가 있어야 한다.

③ 제한효소(制限酵素, Restriction Enzyme)

ⓐ DNA의 특정 염기서열을 인식하여 그 부위를 선택적으로 절단하는 효소이다.

ⓑ 제한효소는 다른 생물로부터 들어오는 DNA를 절단함으로써 자신을 보호하는 기능을 한다.

ⓒ 제한효소로 잘린 DNA의 말단 부위를 점착말단이라고 하며, 점착말단은 상보적인 염기서열을 가진 다른 DNA 말단과 결합할 수 있는 단일가닥 부분이다.

ⓓ 한 종류의 제한효소는 항상 같은 염기서열을 자르므로 다른 DNA라도 같은 제한효소로 자른 DNA의 점착말단은 모두 동일하다.

ⓔ DNA 단편은 상보적 점착성 말단을 가진 다른 DNA와 결합으로 재조합 DNA를 만들 수 있다.

ⓕ 제한효소는 여러 종류가 있으며, 제한효소마다 인식하는 염기서열이 다르다.

> **참고**
>
> 제한효소의 명명
> 그 효소가 분리된 미생물 속명의 첫 글자와 종명의 처음 두 글자를 합하여 세 글자로 하며, 이탤릭체로 쓴다.
> 예 Escherichia coli에서 분리한 제한효소는 *Eco*로 쓰며 발견순서에 따라 Ⅰ, Ⅱ, Ⅲ 등을 붙인다.

④ 연결효소(Ligase)

ⓐ 제한효소가 절단한 DNA 조각을 연결하는 효소로, 제한효소에 의해 절단된 조각의 말단이 동일할 때 연결이 가능하다.

> **참고**
>
> 서로 다른 제한효소로 잘라 점착말단 부위가 다른 DNA 조각들은 DNA 연결효소로 연결할 수 없다.

ⓑ 끊어진 DNA의 당-인산이 연결되어 완전한 DNA를 만든다.

ⓒ 연결효소는 모든 세포에서 생성되며 DNA 복제과정에 이용된다.

ⓓ 유전자조작에는 대장균, $T_4$ 파지의 연결효소를 주로 이용한다.

ⓔ 연결효소는 인접한 뉴클레오티드사이에 인산에스테르 결합 형성의 촉매로 DNA 가닥에서 끊어진 곳을 이어준다.

⑤ 벡터(Vector)

ⓐ 외래유전자를 숙주세포로 운반해주는 유전자 운반체를 벡터(Vector)라고 한다.

ⓑ 벡터의 구비조건 : 외래 DNA를 삽입하기 쉽고, 숙주세포에서 자가증식을 할 수 있어야 하며, DNA 재조합형을 식별할 수 있는 표지유전자를 가지고 있어야 한다.

ⓒ 유전자 클로닝에 많이 사용되는 벡터는 대장균박테리아를 숙주로 하는 플라스미드(Plasmid)와 박테리오파지(Bacteriophage)가 있다.

## (2) 유전자은행(遺傳子銀行, DNA Library)

① 특정 DNA 단편의 클론(Clone)을 모아 놓은 유전자 집단이다.

② 유전체 라이브러리(Genomic Library)와 cDNA(상보적 DNA, complementary DNA) 라이브러리가 있다.

③ 프로브(Probe)

  ㉠ 유전자은행에서 원하는 유전자를 찾을 때 사용하는 상보적인 DNA 단편이다.

  ㉡ 프로브는 인공합성, mRNA로부터 합성 또는 다른 생물의 유전자를 이용한다.

④ 역전사

  ㉠ 역전사는 mRNA를 주형으로 삼아 뉴클레오티드를 삽입시켜 그것이 상보적인 DNA를 합성하는 반응이다.

  ㉡ 역전사효소(Reverse Transcriptase) : RNA를 주형으로 해서 DNA를 합성할 수 있는 효소로, 레트로바이러스가 특이적으로 가지고 있는 효소이다(역전사를 촉매하기 위해 사용).

## (3) 유전공학(遺傳工學, Genetic Engineering)

① 재조합 DNA 기술과 유전자 클로닝 기술을 실용적으로 응용하는 분야를 말한다.

② 유전공학 기술로 형질전환된 작물이 생산한 농산물을 유전자변형농산물(遺傳子變形農産物, Genetically Modified Organism, GMO)이라 한다.

③ 안티센스(Anti-sense) RNA : 세포질에서 단백질로 번역되는 mRNA와 서열이 상보적인 단일가닥 RNA이다.

  ㉠ 플레이버세이버(Flavr Savr) : 안티센스(Anti-sense) RNA 기술을 이용하여 세포벽분해효소(Polygalacturonase) 유전자의 발현을 억제시킨 것으로, 토마토가 성숙 후에도 물러지지 않게 하였다.

  ㉡ 황금쌀 : 박테리아의 Carotene Desaturase 유전자를 벼 종자의 저장단백질인 Glutelin 유전자에 재조합한 것으로 비타민 A의 전구물질인 β-carotene을 다량 함유하고 있다.

④ 다른 생물의 유전자(DNA)를 유전자운반체(Vector) 또는 물리적 방법으로 직접 도입하여 형질전환식물(形質轉換植物, Transgenic Plant)을 육성하는 기술을 말하며, 이를 이용하는 육종을 형질전환육종(形質轉換育種, Transgenic Breeding)이라 한다.

## (4) 형질전환육종

① 개념 및 특징

  ㉠ 형질전환 작물은 외래의 유전자를 목표 식물에 도입하여 발현시킨 작물이다.

  ㉡ 식물, 동물, 미생물에서 유래되었거나 합성한 외래유전자를 이용할 수 있다.

  ㉢ 도입 외래유전자는 동물, 식물, 미생물로부터 분리하여 이용 가능하다.

  ㉣ 형질전환으로 도입된 유전자는 식물의 핵 내에서 염색체상에 고정되어 식물체의 모든 세포에 존재하면서 식물의 필요에 따라 발현된다.

  ㉤ 형질전환 방법에는 아그로박테리움 방법, 입자총 방법 등이 있다.

ⓑ 꽃가루에 의한 유전자 이동빈도는 엽록체형질전환체가 핵형질전환체보다 낮다.

ⓢ 유용유전자 탐색에 쓰이는 cDNA는 역전사효소를 이용하여 mRNA로부터 합성할 수 있다.

ⓞ 일반적으로 유전자총을 이용한 형질전환은 아그로박테리움을 이용하는 것보다 삽입되는 유전자의 사본수가 많지만 실패율이 높다.

ⓩ 아그로박테리움을 이용하여 형질전환하는 방법이 더 효과적이다.

② 형질전환육종 과정 순서

> 유전자분리, 증식 → 유전자도입 → 식물세포선발 → 세포배양, 식물체분화

ⓐ 1단계 : 원하는 유전자(DNA)를 분리하여 클로닝(Cloning)한다.

ⓑ 2단계 : 클로닝한 유전자를 벡터에 재조합하여 식물세포에 도입한다.

ⓒ 3단계 : 재조합 유전자(DNA)를 도입한 식물세포를 증식하고 식물체로 재분화시켜 형질전환식물을 선발한다.

ⓓ 4단계 : 형질전환식물의 특성을 평가하여 신품종으로 육성한다.

③ 도입유전자와 형질전환 품종

ⓐ 최초의 형질전환 품종 : Flavr Savr 토마토(안티센스 RNA 이용)

ⓑ 내충성 품종 : Bt유전자 도입

ⓒ 제초제 저항성 품종 : aroA 유전자, bar 유전자 도입

ⓓ 바이러스 저항성 품종 : TMV(담배모자이크바이러스)의 외피 단백질합성 유전자를 도입

ⓔ 기능성 품종(3세대 GMO) : 비타민 A를 강화한 골든라이스(2000년)

---

Level UP **이론을 확인하는 문제**

### 유전자 클로닝 과정에 대한 설명으로 옳지 않은 것은?

14 국가직 기출

① DNA를 자르기 위하여 제한효소(Restriction Enzyme)를 사용한다.

② 제한효소는 DNA 이중가닥 중 한 가닥만을 자르는 특징을 가지고 있다.

③ 끊어진 DNA 가닥들을 이어주는 역할을 하는 것은 연결효소(Ligase)이다.

④ 외래유전자를 숙주세포로 운반해주는 유전자 운반체를 벡터(Vector)라고 한다.

해설 **유전자 클로닝**
mRNA로부터 역전사시킨 cDNA 등 유전정보를 지니고 있는 DNA 단편이나 식물체의 전체 DNA를 제한효소로 절단시킨 Genomic DNA를 플라스미드, 박테리오파지 등 유전자 운반체인 Vector에 부착시켜 박테리아나 기주세포에 도입한 다음 박테리아나 세포의 증식과 더불어 도입한 특정 유전자를 대량 증식시키는 것을 유전자 클로닝이라고 한다. 유전자 클로닝은 cDNA 클로닝과 Genomic DNA 클로닝으로 구분한다.

정답 ②

유전자변형농산물인 황금쌀(Golden Rice)에 대한 설명으로 옳은 것은?  20 지방직 7급 기출

① 플레이버세이버(Flavr Savr)라고도 불린다.

② 곰팡이의 카로틴디새튜라아제(Carotene Desaturase) 유전자를 이용하였다.

③ 비타민 A의 전구물질인 β-카로틴(β-carotene)을 다량 함유한다.

④ 벼 종자의 저장단백질인 아이소플라빈(Isoflavine) 유전자를 재조합하였다.

> 해설 **황금쌀(Golden Rice)**
> 박테리아의 Carotence Desaturase 유전자를 벼 종자의 저장단백질인 Glutelin 유전자에 재조합한 것으로 비타민 A의 전구물질인 β-카로틴(β-carotene)을 다량 함유하고 있다.

> 정답 ③

# 작물의 육종(育種, Breeding)

## |01| 작물육종의 개념

### (1) 육종의 의의

① 식물육종은 인류의 필요성에 따라 인간이 바라는 방향으로 유용식물을 유전적으로 개량하는 작물의 인위적 진화의 방법으로 기존의 것보다 실용가치가 더 높은 신품종이나 새로운 작물을 육성 보급하는 농업기술로 정의될 수 있다.

② 작물의 육종은 목표형질에 대한 유전변이를 만들고, 우량 유전자형의 선발로 신품종을 육성하며, 이를 증식, 보급하는 과학기술이다.

③ 육종이 자연계의 진화와 구별되는 것은 개량된 새로운 개체의 선발을 주도하는 힘이 인간의 힘에 의해 이루어지는 것으로써 그 목표와 전략이 확실한 과학지식과 유전적 기초를 바탕으로 하여 뚜렷한 방향성을 가지고 비교적 짧은 시간에 이루어진다는 것이다.

④ 식물육종은 그 단독의 역할보다는 유전학을 바탕으로 생물학, 생리학, 생화학, 토양학, 재배학 및 생물통계 등의 관련 주변 학문의 협력과 도움으로 수행되는 종합응용 과학기술이다.

### (2) 육종기술 종류

① **분리육종** : 자연적으로 생성된 유전체를 대상으로 선발하거나 인공교배 과정이 없이 우수한 개체나 집단을 선발한다(재래종).

② **교배육종** : 인공 교배과정을 통해 나타난 다양한 유전체 변이체를 대상으로 선발하거나 $F_2$ 세대 분리세대에서 다양한 유전자원을 선발한 다음 계속 자가교배를 통해 고정한다.

③ **도입육종** : 우수 $F_1$ hybrid에서 분리하여 고정한 다음 모계든 부계든 계통으로 활용한다.

④ **여교배** : $F_1$과 모부계 중 한쪽 양친과 다시 교잡하는 방법으로 특정 타깃 형질을 고정하여 새로운 계통 육성에 많이 적용한다.

⑤ **잡종강세육종** : 모부계 계통 육성 후 $F_1$의 성능검정을 통해 우수한 교배조합을 선발하며, 종자생산의 경제성을 고려하여 MS(Male Sterile ; 웅성불임), SI(Self-Incompatibility ; 자가불화합성)를 사용한다.

⑥ **조직배양육종** : 화분 반수체를 세포배양하여 2배체(약배양)로 만들고 Homo화/고정화/계통화/시간단축을 가능하게 하며, 화분 외에도 식물의 여러 조직세포를 배양하여 식물체를 확보한다.

⑦ **돌연변이육종** : 방사선, 화학물질로 다양한 유전적 변이체를 유기하여 선발한 다음, 육종소재로 활용한다.

⑧ **종·속간육종** : 종간의 교잡, 속간의 교잡으로 새로운 작물을 개발한다.

작물의 육종방법

| 자식성 작물 | • 분리육종 : 순계선발<br>• 교배육종 : 계통육종법, 집단육종법, 파생계통육종법, 1개체 1계통 육종법<br>• 여교배육종법 | |
|---|---|---|
| 타식성 작물 | • 분리육종 : 집단선발법, 계통집단선발법(= 일수일렬법), 순환선발(단순순환선발, 상호순환선발)<br>• 교배육종 : 잡종강세육종 | |
| 잡종강세육종 | 타식성 작물 | 품종간교배, 자식계통간교배, 단교배, 3원교배, 복교배, 합성품종(자연수분 or 다계교배) |
| | 자식성 작물 | 세포질적, 유전자적 웅성불임성, 임성회복유전자 이용 |
| 배수성육종 | 동질배수체의 이용, 이질배수체의 이용, 반수체 이용 | |
| 돌연변이육종 | 자연적 | 아조변이 |
| | 인위적 | 방사선물질($X$선, $r$선, 중성자, $\alpha$입자, $\beta$입자, 양성자)처리, 화학물질 처리, 자외선 등 |
| 영양번식작물 | 영양계 선발하여 증식 | |
| 생물공학육종 | 조직배양, 세포융합, 유전자전환(형질전환) 등 | |

## (3) 육종의 기본 과정

육종목표의 설정 → 육종재료 및 방법 결정 → 변이작성 → 우량계통 육성 → 생산성 검정 → 지역적응성 검정 → 신품종 결정 및 등록 → 종자증식 → 신품종 보급

① 목표 설정 : 기존 품종의 결점보완, 농업인 및 소비자 요구, 미래 수요 등을 고려해 형질 특성을 구체적으로 정한다.

육종목표를 설정할 때 고려 사항
• 대상지역의 자연조건(기후, 지형, 토양 등)
• 재배실태 : 병해충과 재해발생 상황, 재배방법, 품종의 분포상황
• 농업경영조건 및 사회적 여건
• 예상되는 미래의 농업기술과 농업사정 및 사회정세

② 재료 및 방법 결정 : 목표형질의 특성검정법 개발 및 육종가의 경험과 지식이 중요하다.

③ 변이작성

　㉠ 자연변이의 이용 또는 인공교배, 돌연변이 유발, 염색체 조작, 유전자전환 등의 인위적 방법을 사용한다.

　㉡ 변이집단은 목표형질의 유전자형을 포함해야 한다.

④ 우량계통 육성

　㉠ 반복적 선발로 여러 해가 걸리고 재배할 포장과 특성 검정을 위한 시설, 인력, 경비 등이 필요하다.

　㉡ 육종의 규모와 효율은 육종가의 능력과 노력에 달려있다.

⑤ 신품종 결정

　㉠ 육성한 우량계통은 생산성 검정, 지역적응성 검정을 통해 신품종으로 결정한다.

　㉡ 품종보호 요건은 신규성, 구별성, 균일성, 안정성, 고유한 품종명이다.

⑥ 신품종의 보급

　㉠ 신품종은 국가기관에 등록하고 보급종자를 생산, 보급한다.

　㉡ 신품종 보급은 재해에 대한 위험 분산과 시장성 및 재배의 안전성을 고려한다.

## Level UP 이론을 확인하는 문제

**다음 작물의 육종과정 순서에서 ㉠~㉣에 들어갈 내용으로 옳은 것은?**　20 지방직 7급 기출

육종목표 설정 → 육종재료 및 육종방법 결정 → ( ㉠ ) → ( ㉡ ) → ( ㉢ ) → ( ㉣ ) → 신품종 결정 및 등록 → 종자증식 → 신품종 보급

|  | ㉠ | ㉡ | ㉢ | ㉣ |
|---|---|---|---|---|
| ① | 변이작성 | 우량계통육성 | 생산성검정 | 지역적응성검정 |
| ② | 우량계통육성 | 변이작성 | 생산성검정 | 지역적응성검정 |
| ③ | 변이작성 | 우량계통육성 | 지역적응성검정 | 생산성검정 |
| ④ | 우량계통육성 | 변이작성 | 지역적응성검정 | 생산성검정 |

해설　육종의 기본 과정

　육종목표 설정 → 육종재료 및 육종방법 결정 → 변이작성 → 우량계통육성 → 생산성검정 → 지역적응성검정 → 신품종 결정 및 등록 → 종자증식 → 신품종 보급

정답　①

## |02| 자식성 작물의 육종

### (1) 자식성 작물 집단의 유전적 특성

① 자식성 작물은 자식을 하면 세대가 진전됨에 따라 집단 내에 이형접합체가 감소하고 동형접합체가 증가하는데, 이는 잡종집단에서 우량유전자형을 선발하는 이론적 근거가 된다.

② 자식성 집단은 유전자들이 연관되어 있으면 세대경과에 따라 동형접합체 빈도가 영향을 받는다.

③ 유전적 특성을 이용하여 순계를 선발해 품종을 만들 수 있다.

④ 자식성 집단에서 $F_1(Aa)$을 1회 자식하면 $F_2$ 집단의 이형접합체 빈도는 1/2이다.

### (2) 한 쌍의 대립유전자에 대한 이형접합체($F_1$, $Aa$)를 자식하면

① $F_2$의 유전자형 구성은 $1/4\ AA$ : $1/2\ Aa$ : $1/4\ aa$로 동형접합체와 이형접합체가 1/2씩 존재한다.

② $F_2$를 모두 자식하면

   ㉠ 동형접합체는 똑같은 유전자형을 생산된다.

   ㉡ 이형접합체는 다시 분리[$1/2\ Aa \rightarrow 1/2(1/4\ AA$ : $1/2\ Aa$ : $1/4\ aa)$]하므로 $F_2$보다 1/2이 감소한다.

③ 이후 자식에 의한 세대의 진전에 따라 이형접합체는 1/2씩 감소한다.

④ 자식을 거듭한 $m$세대 집단의 유전자형 빈도

   ㉠ 대립유전자가 한 쌍인 경우

   • 이형접합체 빈도 $= \left(\dfrac{1}{2}\right)^{m-1}$

   • 동형접합체 빈도 $= \left[1-\left(\dfrac{1}{2}\right)^{m-1}\right]$

   ㉡ 대립유전자가 $n$쌍이고 모두 독립적이며 이형접합체인 경우

   • 이형접합체 빈도 $= \left[\left(\dfrac{1}{2}\right)^{m-1}\right]^n$

   • 동형접합체 빈도 $= \left[1-\left(\dfrac{1}{2}\right)^{m-1}\right]^n$

   ㉢ 유전자들이 연관되어 있으면 세대경과에 따른 이형접합체와 동형접합체 빈도는 공식과 다르게 나타난다.

### (3) 분리육종 (分離育種, Breeding By Separation)

① 개념

    ㉠ 재래종 집단에서 우량 유전자형을 분리하여 품종으로 육성하는 것이다.

    ㉡ 자식성 작물의 분리육종은 개체선발을 통해 순계를 육성한다.

    ㉢ 타식성 작물의 분리육종은 집단선발에 의하여 집단개량을 한다.

    ㉣ 영양번식작물의 분리육종은 영양계를 선발하여 증식한다.

② 순계선발(= 순계분리법 = 순계도태법)

    ㉠ 순계(純系, Pure Line)란 동형접합체로부터 나온 자손으로 재래종 집단에서 우량한 개체(유전자형)를 선발해 계통재배로 순계를 얻을 수 있다.

    ㉡ 순계를 생산성 검정, 지역적응성 검정을 거쳐 우량품종으로 육성하고, 이를 순계선발이라고 한다.

    ㉢ 우리나라 벼 '은방주', 콩 '장단백목', 고추의 '풋고추' 등은 순계선발 품종이다.

> **🔍참고**
>
> 자식성 작물의 재래종은 재배과정 중 여러 유전자형을 포함하나 오랜 세대에서 자식함으로 대부분 동형접합체이다.

### (4) 교잡육종(交雜育種, Cross Breeding)

① 개념

    ㉠ 재래종 집단에서 우량 유전형을 선발할 수 없을 때, 인공교배를 통해 새로운 유전변이를 만들어 신품종을 육성하는 육종방법이며, 대부분 작물품종은 교배육종방법에 의해 육성된 것이다.

    ㉡ 교잡육종의 이론적 근거는 우량형질을 한 개체에 조합하는 조합육종과 양친보다 우수한 특성이 나타나는 초월육종 및 교배친 등이 있다.

        • 조합육종(Combination Breeding) : 교배를 통해 서로 다른 품종이 별도로 가지고 있는 우량형질을 한 개체 속에 조합하는 것이다.

        • 초월육종(Transgression Breeding) : 같은 형질에 대하여 양친보다 더 우수한 특성이 나타나는 것 즉, 양친의 범위를 초월한 특성을 지닌 개체를 선발하는 것이다.

        • 교배친(Cross Parent) : 교배친으로 사용한 실적, 유전자원평가 및 분석을 통하여 선정한다. 특히, 교배친중 하나는 대상지역의 주요 품종이나 재래종을 선정한다.

    ㉢ 교잡육종은 잡종세대를 취급하는 방식에 따라 계통육종, 집단육종, 파생계통육종, 1개체 1계통 육종 등으로 구분한다.

분리육종과 교잡육종

• 분리육종은 주로 재래종 집단을 대상으로 하고 교잡육종은 잡종의 분리세대를 대상으로 한다.
• 기존변이가 풍부할 때는 교잡육종보다 분리육종이 더 효과적이다.
• 자식성 작물에서는 두 가지 방법 모두 순계를 육성하는 것이다.

② 계통육종(系統育種, Pedigree Breeding)

   ㉠ 개 념

- 계통육종은 인공교배를 통해 $F_1$을 만들고 $F_2$부터 매 세대 개체선발과 계통재배와 계통선발의 반복으로 우량한 유전자형의 순계를 육성하는 방법이다.
- 잡종의 분리세대($F_2$)에서 선발을 시작하여 계통 간의 비교로 우수한 계통을 고정시킨다.
- 주로 자식성 작물을 대상으로 적용된다.
- $F_2$에서 육안 감별이 쉬운 질적형질 또는 유전력이 높은 양적형질을 선발한다.
- 수량은 폴리진이 관여하고 환경의 영향이 크기 때문에 $F_2$ 개체선발이 의미 없다.
- $F_3$ 이후 계통선발은 먼저 계통군을 선발하고 계통을 선발하며, 계통 내에서 개체를 선발한다.
- 계통육종법은 비교적 소수의 유전자가 관여하는 형질(양적형질)을 육종목표로 할 경우에 사용한다.

   ㉡ 장 점

- 잡종 초기세대부터 계통을 선발하므로 육종효과가 빨리 나타난다.
- 계통육종법은 육종가의 정확한 선발에 의하여 육종규모를 줄이고 육종연한을 단축할 수 있다.
- $F_2$부터 선발을 시작하므로 육안관찰이나 특성검정이 용이한 질적형질의 개량에 효율적이다.

   ㉢ 단 점

- 계통육종은 육종재료의 관리와 선발에 많은 시간과 노력이 소요된다.
- 육종가의 선발 안목이 중요하고 유용 유전자를 상실할 우려가 있다.
- 효율적 선발을 위해 목표형질의 특성검정방법이 필요하다.

품종이 육성되기까지 10년 이상 걸려서 육종연한을 단축시키는 것이 중요하다.

• 온실을 이용하여 세대촉진하거나 겨울 동안 다른 나라에서 세대를 진전시켜 육종연한을 단축시킨다.
• 생산성 검정단계에서 종자양이 충분하여 지역적응성 검정시험을 겸하면 육종연한을 단축시킨다.
• 최근에는 약배양 기술을 이용하여 고정계통의 선발기간을 단축시킨다.

③ 집단육종(集團育種, Bulk Breeding, = 람쉬육종법)

  ㉠ 개 념

- 집단육종은 잡종 초기세대에서 순계를 만든 후 후기세대에서 집단선발하는 것으로 자식성 작물에 주로 실시한다.
- 폴리진(다수유전자)이 관여하는 양적형질의 개량에 유리하며, $F_2$부터 개체선발을 시작하는 계통육종과 달리, 잡종의 분리세대 동안 선발하지 않고 혼합채종과 집단재배를 집단의 동형접합성이 높아진 후기세대($F_5 \sim F_6$)에서 개체선발에 들어간다.
- 육종과정 : 인공교배와 $F_1$개체 양성, $F_2 \sim F_4$에서는 집단재배, $F_5 \sim F_6$에서는 포장에 재배하여 개체선발을 하며, 그 후에는 계통육종법의 육종과정과 동일하다.

> **참고**
>
> 집단육종법(Bulk Method)에서 개체선발을 $F_5 \sim F_6$에서 하는 이유는 개체의 동형접합도(Homozygosity)가 충분히 높아진 후에 선발하기 위해서이다.

  ㉡ 장 점

- 유용한 유전자들을 가장 많이 확보 · 유지할 수 있다.
- 집단육종에서는 자연선택을 유리하게 이용할 수 있다.
- 초기세대에 선발하지 않으므로 잡종집단의 취급이 용이하다.
- 출현빈도가 낮은 우량유전자형을 선발할 가능성이 높다.
- 집단육종은 계통육종과 같은 별도의 관리와 선발노력이 필요하지 않다.
- 잡종초기 집단재배를 하므로 유용유전자 상실의 위험이 적다.
- 선발을 하는 후기세대에 동형접합체가 많으므로 폴리진이 관여하는 양적형질의 개량에 유리하다.

  ㉢ 단 점

- 집단재배 기간 중 개체수가 많으므로 육종규모를 줄이기 어렵다.
- 집단재배를 하는 기간이 필요하므로 계통육종에 비해 육종연한이 길다.
- 초기세대에서 효율적으로 선발이 가능한 우량한 재조합 계통의 선발 육성이 어렵다.
- 개체선발이 이루어질 때까지 일정 규모의 혼합집단을 계속 유지하여야 하기 때문에 육종 포장면적을 많이 차지한다.

계통육종과 집단육종의 비교

| 구 분 | 계통육종 | 집단육종 |
|---|---|---|
| 선발효과 | • $F_2$세대부터 선발을 시작하므로 출수기, 간장, 내병성 등 육안관찰이나 특성검정이 용이한 형질의 선발효과가 큼<br>• 유전자수가 적은 질적형질의 개량에 효율적 (유용유전자 상실 우려) | • 잡종초기세대에 선발하지 않고 집단재배하기 때문에 유용유전자의 상실염려가 적음<br>• 후기세대로 갈수록 동형접합성이 증가하므로 유전자형과 표현형 식별 용이<br>• 수량과 같은 양적형질의 개량에 유리 |
| 육종조작 | • $F_2$세대 이후 개체선발과 계통선발하여 특성 검정 : 시간, 노력이 많이 듦<br>• 육종가의 능력에 따라 정확한 선발로 계통육종의 능률을 높일 수 있음 | $F_2$부터 자연선택을 효과적으로 이용 가능 |
| 육종규모와 육종연한 | • 육종가의 정확한 선발에 의해 육종규모와 연한을 단축할 수 있음<br>• $F_3$, $F_4$세대에 공시하는 계통수가 많으면 큰 면적의 포장이 필요, 세대촉진이 어려움 | • 집단재배하는 세대가 필요하므로 육종규모를 조정하기 곤란하며 육종연한이 길어짐<br>• 시설이용하면 세대촉진이 가능 |

④ 파생계통육종(派生系統育種, $F_2$-derived line Method)

　㉠ 계통육종과 집단육종을 절충한 육종방법이다.

　㉡ $F_2$ 또는 $F_3$에서 질적형질에 대한 개체선발로 파생계통을 만들고 파생계통별로 집단재배 후 $F_5 \sim F_6$ 세대에 양적형질을 육종한다.

　㉢ 계통육종의 장점을 이용하면서 집단육종의 결점을 보안하는 육종방법이다.

　㉣ 계통육종보다 우량한 유전자형을 상실할 염려가 적으며 집단육종에 비해 재배면적 및 육종연한도 단축된다.

　㉤ $F_3$세대 이후 집단재배하여 계통육종에 비해 선발효율이 떨어진다.

⑤ 1개체 1계통 육종(Single Seed Descent Method)

　㉠ 개 념
- $F_2 \sim F_4$세대에서 매 세대의 모든 개체를 1립씩 채종하여 집단재배하고 $F_2$ 각 개체별로 $F_5$ 계통재배를 한다. 따라서 $F_5$세대의 각 계통은 $F_2$ 각 개체로부터 유래하게 된다.
- 집단육종과 계통육종의 이점을 모두 살리는 육종방법이다.
- 집단육종과 계통육종을 절충한 육종방법으로 온실과 같은 시설을 이용하기 편리하다.
- 1개체 1계통 육종의 실례로 영산벼가 있다.

　㉡ 장 점
- 1개체에서 1립씩만 채종하므로 면적이 적게 들고 많은 조합을 취급할 수 있다.
- 온실에서 세대촉진으로 생육기간을 단축시켜 육종연한을 줄일 수 있다.
- 이론적으로 잡종집단 내 모든 개체가 유지되므로 유용유전자를 상실할 염려가 없다.
- 선발에 참고하기 위한 야장기록이나 선발을 위한 개체표지 및 개체수확에 드는 노력을 절약할 수 있다.

- 초장, 성숙기, 내병충성 등 유전력이 높은 형질에 대하여는 개체선발이 가능하다.
- 잡종후기세대에 선발하게 되므로 집단 내의 동형접합체 빈도가 높아져서 고정된 개체를 선발할 수 있다.

© 단 점
- 유전력이 낮은 형질이나 폴리진이 관여하는 형질의 개체선발을 할 수 없다.
- 도복저항성과 같이 소식(疏植)이 필요한 형질은 불리하다.
- 밀식재배로 인하여 우수하지만 경쟁력이 약한 유전자형을 상실할 염려가 있다.

## (5) 여교배육종(戾交配育種, Backcross Breeding)

① 개 념
- ㉠ 우량품종에 한두 가지 결점이 있을 때 이를 보완하기 위해 반복친과 1회친을 사용하는 육종방법이다.
- ㉡ 여교배는 양친 $A$와 $B$를 교배한 $F_1$을 다시 양친 중 어느 하나인 $A$ 또는 $B$와 교배하는 것이다.
- ㉢ 여교배를 여러 번 할 때 처음 단교배에 한 번만 사용한 교배친을 1회친이라 하고, 반복해서 사용하는 교배친을 반복친이라고 한다.
- ㉣ 1회친은 비실용품종을 사용하고, 반복친은 실용품종으로 한다.
- ㉤ 우리나라 '통일찰' 벼품종은 여교배육종에 의하여 육성되었다.
- ㉥ 여교배 잡종의 표시 : $BC_1F_1$, $BC_1F_2$⋯⋯⋯로 표시한다.

② 장 점
- ㉠ 이전하려는 1회친의 특성만 선발하므로 육종효과가 확실하고 재현성이 높다.
- ㉡ 계통육종이나 집단육종과 같이 여러 형질의 특성검정을 하지 않아도 된다.

③ 단 점
- ㉠ 목표형질 이외의 다른 형질의 개량을 기대하기는 어렵다.
- ㉡ 대상형질에 관여하는 유전자가 많을수록 육종과정이 복잡하고 어려워진다.

④ 적 용
- ㉠ 단순 유전하는 유용형질을 실용형질에 이전하고자 할 때
- ㉡ 몇 개의 품종이 가지고 있는 서로 다른 유용형질을 한 품종에 모으고자 할 때
- ㉢ 게놈(Genome)이 다른 종ㆍ속의 유용 유전자를 재배종에 도입하고자 할 때
- ㉣ 동질유전자계통(Isogenic Line)을 육성하여 다계품종(Multiline Variety)을 육성하고자 할 때

⑤ 성공 조건
- ㉠ 만족할 만한 반복친이 있어야 한다.
- ㉡ 육성품종은 도입형질 이외에 다른 형질이 반복친과 같아야 한다.
- ㉢ 여교배를 하는 동안 이전형질(유전자)의 특성이 변하지 않아야 한다.
- ㉣ 여러 번 여교배한 후에도 반복친의 특성을 충분히 회복해야 한다.

**자식성 작물의 유전적 특성과 육종에 대한 설명으로 옳지 않은 것은?**  17 서울직 기출

① 자식을 거듭한 $m$세대 집단의 이형접합체의 빈도는 $1 - (1/2)^{m-1}$이다.

② 자식을 거듭하면 세대가 진전됨에 따라 동형접합체가 증가한다.

③ 자식성 작물의 분리육종은 개체선발을 통해 순계를 육성한다.

④ 자식에 의한 집단 내 이형접합체는 1/2씩 감소한다.

해설  자식을 거듭한 $m$세대 집단의 이형접합체의 빈도는 $\left(\dfrac{1}{2}\right)^{m-1}$이다.

정답  ①

**여교배육종의 성공 조건으로 옳지 않은 것은?**  18 국가직 기출

① 만족할 만한 반복친이 있어야 한다.

② 육성품종은 도입형질 이외에 다른 형질이 1회친과 같아야 한다.

③ 여교배 중에 이전하려는 형질의 특성이 변하지 않아야 한다.

④ 여러 번 여교배한 후에도 반복친의 특성을 충분히 회복해야 한다.

해설  ② 실용품종(반복친)의 한두 가지 결점을 개량하는 것이 목적이므로 육성품종은 도입형질 이외에 다른 형질이 반복친과 같아야 한다.

정답  ②

## |03| 타식성 작물의 육종

### (1) 타식성 작물 집단의 유전적 특성

① 자식성 작물에 비해서 타가수분을 많이 하기 때문에 대부분 이형접합체이다.

② 타식성 작물에서 근친교배 또는 자식하여 약세화한 식물체 간에 인공교배를 하거나 자식성 작물의 순계 간에 인공교배하면 그 1대잡종은 잡종강세가 나타난다.

   ⊙ 근교약세(자식약세, Inbreeding Depression)

     • 인위적으로 자식시키거나 근친교배를 하면 생육이 불량해지고 생산성이 떨어지는데 이를 근교약세라고 한다.

     • 원인 : 근친교배에 의하여 이형접합체가 동형접합체로 되면서 이형접합체의 열성유전자가 분리되기 때문이다.

   ⓒ 잡종강세(雜種强勢, Hybrid Vigor, Heterosis)

     • 타식성 작물의 근친교배로 약세화한 작물체에 나타내는 현상으로, 근교약세의 반대현상이라 할 수 있다.

     • 자식성 작물에서도 잡종강세가 나타나지만 타식성 작물에서 월등히 크게 나타난다.

     • 원인 : 우성설(優性說, Dominance Theory)과 초우성설(超優性說, Overdominance Theory), 이형접합설, 복대립유전자설 등으로 설명된다.

---

**➕ PLUS ONE**

• 우성설(Bruce) : $F_1$에 집적된 우성 유전자들의 상호작용에 의하여 잡종강세가 나타난다는 설

• 초우성설(Shull) : 잡종강세가 이형접합체($F_1$)로 되면 공우성이나 유전자 연관 등에 의해 잡종강세가 발현된다는 설

• 복대립유전자설 : 같은 유전자 좌에 여러 개의 유전자가 있어 같은 형질을 지배하면서 서로 다른 표현형을 나타내는 유전자를 복대립유전자라고 하는데 분화된 거리가 먼 것끼리 합쳐질수록 강세가 크다.

---

③ 동형접합체 비율이 높아지면 순계분리에 의한 집단의 적응도가 떨어지므로 생산량이 낮아진다.

④ 타식성 작물은 자식 또는 근친교배로 동형접합체 비율이 높아지면 집단 적응도가 떨어지므로, 타가수정을 통해 적응에 유리한 이형접합체를 확보한다고 할 수 있다.

⑤ 타식성 작물의 육종은 근교약세를 일으키지 않고 잡종강세를 유지하는 우량집단을 육성하는 것이다.

⑥ 타식성 작물의 육종방법에는 집단선발, 순환선발이 있다.

## (2) 집단선발(集團選拔, Mass Selection)

① 타식성 작물의 분리육종

    ㉠ 타식성 작물의 분리육종은 순계선발을 하지 않고 근교(자식)약세를 방지하고 잡종강세를 유지하기 위해서 집단선발이나 계통집단선발을 한다.

    ㉡ 근친교배나 자가수정을 계속하면 자식약세가 일어난다.˙

    ㉢ 타식성 작물의 품종은 타가수분에 의한 불량개체와 이형개체의 분리를 위해 반복적 선발이 필요하다.

② 집단선발

    ㉠ 기본집단에서 우량개체의 선발 및 혼합채종 후 집단재배하고, 집단 내 우량개체 간에 타가수분을 유도하여 품종을 개량하는 것이다.

    ㉡ 집단개량 시 다른 품종의 수분 방지를 위해 격리(Isolation)가 필요하다.

    ㉢ 목표형질이 소수의 주동유전자가 지배하는 경우 집단개량이 빨리 이루어진다.

    ㉣ 다수의 유전자가 관여하며 그 유전자들이 집단 내의 여러 개체에 분산되어 있을 경우 개량 속도는 늦어지나, 선발개체 간에 유전자재조합의 기회가 많아 우량한 유전자형 개체의 출현율이 높아진다.

    ㉤ 자방친만 선발하여 선발에 의해 제거된 개체의 유전자가 다음 세대에 다시 도입될 수 있는 단점이 있다.

    ㉥ 이를 보안하기 위해 후대검정에 의한 계통집단선발을 한다.

---

**🔍참고**

집단선발법
1집단을 집단별로 선발하는 방법인데, 성군집단선발법은 1집단 내에서 형질이 비슷한 몇 개의 소군 즉 분형집단을 만들고 각 분형집단 내에서 집단별로 선발하는 방법이다.

---

③ 계통집단선발(系統集團選拔, Pedigree Mass Selection)

    ㉠ 타식성 작물의 집단선발법에 계통재배 및 계통 평가의 단계를 한 번 더 거치게 되는 형태로서 일수일렬법이라 하기도 한다.

    ㉡ 기본집단에서 선발한 우량개체를 계통재배 후 거기에서 선발한 우량계통을 혼합채종하여 집단을 개량하는 방법이다.

    ㉢ 수량과 같이 유전력이 낮은 양적형질은 개체평가가 어려워 선발한 개체를 계통재배하여 후대검정한다.

    ㉣ 선발한 우량개체의 우수성을 확인하므로 단순 집단선발보다 육종효과가 우수하다.

    ㉤ 직접법과 잔수법이 있다.

### (3) 순환선발(循環選拔, Recurrent Selection)

① 우량개체를 선발하고 그들 간에 상호교배를 함으로써 집단 내에 우량유전자의 빈도를 높여 가는 육종방법으로 타식성 작물에서 실시한다.

② 순환선발에 의한 조합능력 개량에는 단순순환선발 및 상호순환선발이 있다.

       ㉠ 단순순환선발(單純循環選拔)

            • 기본집단에서 선발한 우량개체를 자가수분하고, 동시에 검정친과 교배하여 검정교배 $F_1$ 중에 잡종강세가 높은 조합의 자식계통으로 개량집단을 만든 후 개체 간 상호교배로 집단을 개량한다.

            • 일반조합능력을 개량하는 데 효과적이며, 3년 주기로 반복 실시한다.

       ㉡ 상호순환선발(相互循環選拔)

            • 두 집단 $A$, $B$를 동시에 개량하는 방법이며, 3년 주기로 반복 실시한다.

            • 집단 $A$ 개량에는 집단 $B$를 검정친으로 하고 집단 $B$ 개량에는 집단 $A$를 검정친으로 사용한다.

            • 두 집단에 서로 다른 대립유전자가 많을 때 효과적으로 일반조합능력과 특정조합능력을 함께 개량할 수 있다.

### (4) 잡종강세육종법[= 하이브리드 육종, 1대잡종($F_1$)육종, 헤테로시스육종]

잡종강세가 큰 교배조합을 찾아서 그 1대잡종품종으로 육성하는 육종방법이다.

> **참고**
>
> • Hybrid : 혼합, 복합, 잡종(雜種)
> • Heterosis : 잡종강세

① 타식성 작물의 잡종강세육종

       ㉠ 품종간교배

            • 자연수분품종끼리 교배한 1대잡종품종은 자식계통을 교배친으로 사용한 1대잡종보다 생산성이 떨어진다.

            • 1대잡종종자 채종이 유리하고 환경스트레스에 적응성이 높다.

       ㉡ 자식계통간교배

            • 1대잡종의 형질이 균일하고, 매년 같은 유전자형의 종자를 생산한다.

            • 내병성, 숙기, 이삭형질 등을 개량하기 용이하다.

            • 자식열세가 나타나므로 자식계통의 육성과 유지에 많은 노력이 필요하다.

ⓒ 단교배
- 잡종강세현상이 가장 뚜렷, 형질이 균일하고 불량형질이 적게 나타난다.
- 1대잡종종자의 생산량이 적고 발아력이 약하다.
- 종자가격이 비싸다.

ⓔ 3원교배와 복교배
- 단교배에 비해 생산성이 낮고 균일성은 떨어진다.
- 1대잡종종자의 채종량이 많아 가격이 싸다.
- 환경에 대한 안정성이 높다.

ⓜ 합성품종
- 세대가 진전되어도 이형접합성이 높아서 비교적 높은 잡종강세를 유지한다.
- 노력과 경비를 절감할 수 있다(매년 1대잡종종자 생산이 필요 없음).
- 환경변동에 안정성이 높다.

 참고

잡종강세 발현도
단교배 > 복교배 > 합성품종

합성품종(合成品種, Synthetic Variety)
- 여러 개의 우량계통을 격리포장에서 자연수분 또는 인공수분하여 다계교배시켜 육성한 품종이다.
- 여러 계통이 관여하므로 세대가 진전되어도 비교적 높은 잡종강세가 나타난다.
- 유전적 폭이 넓어 환경변동에 안정성이 높다.
- 자연수분에 의해 유지되므로 채종 노력과 경비가 절감된다.
- 영양번식이 가능한 타식성 사료작물에 많이 이용된다.

② 자식성 작물의 잡종강세육종
ⓐ 자식성 식물에서 서로 다른 순계 간의 교배로 잡종종자를 육성한다.
ⓑ 자연수분이나 인공수분으로 1대잡종종자를 대량생산할 수 없어 세포질적, 유전자적 웅성불임성이나 임성회복유전자를 이용한다.
ⓒ 타식을 촉진할 수 있는 수단이 필요하다.
ⓓ 잡종강세현상 중 불리한 특성을 개선할 수단을 강구해야 한다.

**타식성 작물의 특성과 육종방법에 대한 설명으로 옳지 않은 것은?**  14 국가직 기출

① 근친교배나 자가수정을 계속하면 자식약세가 일어난다.

② 합성품종은 여러 개의 우량계통들을 다계교배시켜 육성한 품종이다.

③ 선발된 우량개체 간 교배를 통해 집단의 우량유전자 빈도를 높여가는 순환선발도 한다.

④ 타식성 작물의 개량은 지속적인 자가수정과 개체선발을 하는 계통육종법이 효율적이다.

해설 ④ 자식성 작물의 개량은 지속적인 자가수정과 개체선발을 하는 계통육종법이 효율적이다.

정답 ④

**합성품종에 대한 설명으로 옳지 않은 것은?**  18 지방직 기출

① 격리포장에서 자연수분 또는 인공수분으로 육성될 수 있다.

② 세대가 진전되어도 비교적 높은 잡종강세가 나타난다.

③ 영양번식이 가능한 타식성 사료작물에 널리 이용된다.

④ 유전적 배경이 협소하여 환경 변동에 대한 안정성이 낮다.

해설 **합성품종**
- 조합능력검정을 통하여 선발한 다수의 계통을 격리포장에서 자연수분 또는 인공수분으로 다계교배시켜 육성한다.
- 여러 계통이 관여하므로 세대가 진전되어도 비교적 높은 잡종강세가 나타난다.
- 유전적 폭이 넓어 환경변동에 안정성이 높다.
- 자연수분에 의하므로 채종 노력과 경비가 절감된다.
- 영양번식이 가능한 타식성 사료작물에 많이 이용된다.

정답 ④

## |04| 1대잡종육종(一代雜種育種, Hybrid Breeding)

### (1) 1대잡종품종의 이점

① 1대잡종육성은 잡종강세가 큰 교배조합의 1대잡종($F_1$)을 품종으로 육성하는 방법이다.
② 1대잡종품종은 수량이 높고 균일도가 우수하며, 우성유전자 이용이 유리하다.
③ 매년 새로 만든 1대잡종을 파종하므로 종자산업발전에 기여한다.

 참고

잡종강세는 이형접합성이 높고 양친 간에 유전거리가 가까울수록 크게 나타난다.

### (2) 1대잡종품종의 육성

① 품종간교배
   ㉠ 1대잡종품종의 육성은 자연수분품종(고정종, Open Pollinated Variety)간교배나 자식계통(Iinbred Line)간교배 또는 여러 개의 자식계통으로 합성품종을 만든다.
   ㉡ 자연수분품종끼리 교배한 1대잡종은 자식계통을 사용하였을 때보다 생산성과 균일성은 낮으나 $F_1$종자의 채종이 유리하고 환경스트레스에 적응성이 높다.
   ㉢ 자가불화합성으로 자식이 곤란한 경우 또는 과수와 같이 세대가 길어 계통육성이 어려운 경우 주로 이용한다.

② 자식계통간교배
   ㉠ 1대잡종품종의 강세는 이형접합성이 높을 때 크게 나타나므로 동형접합체인 자식계통을 육성하여 교배친으로 이용한다.
   ㉡ 자식계통의 육성은 우량개체를 선발하여 5~7세대 동안 자가수정시킨다.
   ㉢ 육성된 자식계통은 자식이나 형매교배(兄妹交配)로 유지하며, 다른 우량한 자식계통과 교배로 능력을 개량한다.

참고

자식계통간교배로 만든 품종의 생산성은 자연방임품종보다 높다.

   ㉣ 자식계통으로 1대잡종품종을 육성하는 방법에는 단교배, 3원교배, 복교배 등이 있다.
     • 단교배(單交配, Single Cross, $A/B$) : 단교배 1대잡종품종은 잡종강세가 가장 크지만, 채종량이 적고 종자가격이 비싸다는 단점이 있다.
     • 3원교배(三元交配, Three-way Cross, $A/B//C$) : 단교배를 한 잡종1세대를 모계로 하여 다른 하나의 자식계나 근교계를 교배하는 것으로 종자생산량과 잡종강세 발현도는 좋으나 균일성이 조금 낮다.

- 복교배(複交配, Double Cross, $A/B//C/D$) : 단교배끼리 다시 교배한 것으로 종자생산량과 잡종강세 발현도는 좋으나 균일성이 조금 낮다. 또 4개의 어버이 계통을 유지해야 하는 어려움이 있다.

**단교배, 3원교배, 복교배에 의한 1대잡종품종 육성**

| 단교배 | 3원교배 | 복교배 |
|---|---|---|
| $A \times B$<br>↓<br>1대잡종품종 | $A \times B$<br>↓<br>$F_1 \times C$<br>↓<br>1대잡종품종 | $A \times B$ $C \times D$<br>↓<br>$F_1 \times F_1$<br>↓<br>1대잡종품종 |

ⓑ 사료작물에서는 3원교배나 복교배에 의한 1대잡종품종이 많이 이용된다.

③ **조합능력**(組合能力, Combining Ability) : 어떤 교배친을 다른 교배친과 비교할 때 1대잡종에서 잡종강세를 나타내는 상대적 능력을 의미한다.

㉠ 종 류
- 일반조합능력(General Combining Ability, GCA) : 어떤 자식계통이 여러 검정계통과 교배되어 나타나는 1대잡종의 평균잡종강세의 정도이다.
- 특정조합능력(Specific Combining Ability, SCA) : 특정한 검정친과 교배된 1대잡종에서만 나타나는 잡종강세의 정도이다.

㉡ 검 정
- 조합능력검정은 계통 간 잡종강세 발현 정도를 평가하는 과정이다.
- 조합능력의 검정은 먼저 톱교배로 일반조합능력을 검정하고 선발된 자식계통으로 단교배를 통해 특정조합능력을 검정한다.

㉢ 조합능력 검정법
- 단교배(Single Cross) : 검정할 계통들을 교배하고, $F_1$의 생산력을 비교함으로써 어느 조합이 얼마나 우수한 성능을 보이는지, 즉 특정조합능력을 검정할 수 있다.
- 톱교배(Top Cross)
  - 검정할 계통들을 몇 개의 검정친과 교배한 $F_1$의 생산력을 조사 후 평균하여 조합능력을 검정한다.
  - 톱교배에서 여러 검정친 대신 유전변이가 큰 집단을 사용해도 일반조합능력이 높은 계통을 선발할 수 있다.
  - 유전적으로 고정된 근교계통이나 자식계통을 사용하면 특정 조합능력도 검정할 수 있다.
- 다계교배(Poly Cross)
  - 종자생산이 가능한 영양번식식물이나 다년생 식물에서 흔히 사용하는 방법으로, 교배구에 검정할 계통을 개체단위로 20~30회 반복 임의배치하여 재배하면서 자연방임수분이 되도록 한다.
  - 교배된 $F_1$을 다음 해에 재배하여 평가하는데, 다계교배에서는 화분친을 알 수 없기 때문에 일반조합능력의 검정만 가능하다.

- 요인교배(Factorial Cross) : 일반조합능력과 특정조합능력을 모두 검정할 수 있다.
- 이면교배(Diallel Cross) : 이면교배를 이용하면 검정하는 계통의 범위 내에서 일반조합능력과 특정조합능력을 검정할 수 있으며, 기본 가정의 설정에 따라 잡종강세에 관여하는 유전자의 수, 우성도 및 유전력에 대한 정보를 얻을 수 있다.

> **참고**
>
> 조합능력의 향상을 위해 자식계통을 육성하고, 조합능력은 순환선발에 의하여 개량된다.

## (3) 1대잡종종자의 채종

① $F_1$종자의 채종은 인공교배 또는 웅성불임성 및 자가불화합성을 이용한다.
  - ㉠ 인공교배 이용 : 오이, 수박, 멜론, 참외, 호박, 토마토, 피망, 가지 등
  - ㉡ 웅성불임성 이용 : 벼, 밀, 옥수수, 상추, 고추, 당근, 쑥갓, 양파, 파 등
  - ㉢ 자가불화합성 이용 : 무, 배추, 양배추, 순무, 브로콜리 등
② 웅성불임성(CGMS)을 이용한 $F_1$종자 생산체계 : 3계통법(3-Parental System)

**PLUS ONE**

- 웅성불임친($A$계통, Male Sterile Line) : 완전불임으로 조합능력이 높으며, 채종량이 많아야 한다.
- 웅성불임유지친($B$계통, Maintainer) : 웅성불임을 유지한다.
- 임성회복친($C$계통, Restorer) : 웅성불임친의 임성을 회복시키며, 화분량이 많으면서 $F_1$의 임성을 온전히 회복시킬 수 있어야 한다.

  - ㉠ 웅성불임친($A$계통)에 세포질이 정상인 웅성불임유지친($B$계통)의 화분을 수분하여 $A$계통에 종자가 형성하면 그 종자는 발아하여 정상 식물체가 되지만 웅성불임이다. 이런 방법으로 $A$계통을 유지한다.
  - ㉡ $A$계통과 $B$계통은 웅성불임세포질 이외에 대부분 특성이 같은 동질유전자계통이다.
  - ㉢ $A$계통(자방친)에 임성회복친($C$계통, 화분친)을 인공교배하여 1대잡종종자를 생산하면 그 1대잡종종자는 정상적으로 종자를 생성한다.
③ 자가불화합성을 이용한 $F_1$종자 생산
  - ㉠ $S$ 유전자형이 다른 집단을 함께 재배하면 두 집단의 개체 간에 자연수분이 일어나 자방친과 화분친 구분 없이 모두 1대잡종종자를 만든다.
  - ㉡ 두 집단의 비율은 같게 하며 두 집단을 교대로 이랑재배한다.
  - ㉢ 양친 모두 1대잡종종자를 얻을 수 있고 생육이나 수량 등 다른 형질에 나쁜 영향을 주지 않는다.
  - ㉣ 자식계통의 육성은 뇌수분하여 자식하고, 수분 직후 이산화탄소(3~10%)를 처리하여 자가불화합성을 타파한다.

뇌수분(蕾受粉, Bud Pollination)
화분관의 생장을 억제하는 물질이 생기기 전 꽃봉우리 때 수분하는 것이다.

**PLUS ONE**

다계교잡법
• 세 가지 이상의 품종으로부터 우량형질을 한 품종에 모으고자 할 때 행하는 육종법이다.
• 다계교잡의 최종집단의 취급은 계통육종법이나 집단육종법 또는 다양한 절충법의 형태로 이끌어 나갈 수 있다.

---

Level UP **이론을 확인하는 문제**

판매용 $F_1$종자를 얻기 위한 방법으로 자가불화합성을 이용하여 채종하는 작물만으로 짝지은 것은?

19 국가직 기출

① 참외, 호박, 토마토          ② 멜론, 상추, 양배추

③ 수박, 고추, 양상추          ④ 무, 배추, 브로콜리

해설  자가불화합성을 이용하여 채종하는 작물에는 무, 배추, 양배추, 순무, 브로콜리 등이 있다.

정답  ④

---

Level UP **이론을 확인하는 문제**

작물의 교배 조합능력에 대한 설명으로 옳지 않은 것은?

19 국가직 기출

① 일반조합능력은 어떤 자식계통이 다른 많은 검정계통과 교배되어 나타나는 평균잡종강세이다.
② 잡종강세가 가장 큰 것은 단교배 1대잡종품종이지만, 채종량이 적고 종자가격이 비싸다.
③ 특정조합능력은 특정한 교배조합의 $F_1$에서만 나타나는 잡종강세이다.
④ 잡종강세는 이형접합성이 낮고 양친 간에 유전거리가 가까울수록 크게 나타난다.

해설  ④ 잡종강세는 이형접합성이 높고 양친 간에 유전거리가 멀수록 크게 나타난다.

정답  ④

## |05| 배수성육종(倍數性育種, Polyploidy Breeding)

### (1) 의 의

① 인위적으로 배수성을 야기하여 형질개량을 꾀하는 육종법이다.

② 2배체에 비해 3배체 이상의 배수체는 세포와 기관이 크고, 병해충에 대한 저항성 증대, 함유성분 증가 등의 형질변화가 일어난다.

③ 배수성육종은 콜히친 등의 처리로 염색체를 배가시켜 품종을 육성하는 것이다.

④ 복2배체의 육성방법은 이종게놈의 양친을 교배한 $F_1$의 염색체를 배가시키거나 체세포를 융합시키는 것이다.

### (2) 염색체의 배가법

① 콜히친(Colchicine, $C_{22}H_{25}NO_6$) 처리법

    ㉠ 배수체를 작성하기 위해 세포분열이 왕성한 생장점에 콜히친을 처리한다(가장 효과적인 방법).

    ㉡ 콜히친 처리는 분열 중인 세포에서 방추사 형성·발달, 동원체 분할 등을 방해하여 배수체를 형성한다.

    ㉢ 2배체 식물의 발아종자, 정아(끝눈) 또는 액아(겨드랑이눈)의 생장점에 $0.01 \sim 0.2\%$ 콜히친수용액의 처리는 복제된 염색체가 양극으로 분리되지 못하여 4배성 세포($2n=4x$)가 생겨 4배체로 발달한다.

② 아세나프텐(Acenaphtene, $C_{12}H_{10}$) 처리법

    ㉠ 아세나프텐($2 \sim 4g$)을 클로로포름이나 에테르에 용해시켜 유리종의 내벽에 바르면 잠시 후 용매가 증발하여 아나세프텐의 결정이 유리면에 생기는데, 이 유리종으로 $5 \sim 10$일간 식물을 덮어준다.

    ㉡ 아세나프텐은 물에 불용성이지만 승화하여 가스상태로 식물의 생장점에 작용한다.

③ 절단법

    ㉠ 절단면의 유합조직에서 나오는 부정아에는 염색체가 배가된다.

    ㉡ 재생력이 강한 담배, 가지, 토마토 등에 이용된다.

④ 온도처리법 : 고온, 저온, 변온 등의 처리에 의하여 핵분열을 교란시켜 배수성핵을 유도하는 방법이다.

### (3) 동질배수체(同質倍數體)

① 동질배수체는 주로 3배체와 4배체를 육성한다.

② 주로 콜히친처리에 의해서 염색체를 배가시켜 동질배수체를 작성한다.

> **참고**
>
> ($n \to 2n$, $2n \to 4n$ 등), 3배체($3n$)는 $4n \times 2n$의 방법으로 작성한다.

③ 특 성

    ㉠ 형태적 특성 : 세포가 커지고, 영양기관의 발육이 왕성하여 거대화하고, 화서 및 종자가 대형화한다.

    ㉡ 임성(결실성) 저하 : 임성이 저하하여 10~70%가 된다. 3배체는 거의 완전불임이 된다.

    ㉢ 저항성 증대 : 내한성, 내건성, 내병성 등이 증대하지만, 감소될 경우도 있다.

    ㉣ 함유성분 변화 : 사과, 토마토, 시금치 등에서 비타민 C 함량이 증가하고, 담배에서 니코틴 함량이 증가한다.

    ㉤ 발육지연 : 생육, 개화, 성숙이 늦어진다.

④ 이 용

    ㉠ 동질배수체는 사료작물과 화훼류에 많이 이용된다.

       • 사료작물 : 레드클로버, 이탈리안라이그라스, 페레니얼라이그라스 등

       • 화훼류 : 금어초, 피튜니아, 플록스 등

    ㉡ 동질3배체로 히아신스, 칸나, 뽕나무, 튤립, 사과, 바나나 등이 자연적으로 작성되었고, 씨 없는 수박, 사탕무가 인위적으로 작성되었다.

    ㉢ 동질4배체로 원예작물(무), 사료작물(라이그라스, 레드클로버 등), 화훼작물(피튜니아, 금어초, 코스모스 등)에서 인위적으로 작성되었다.

## (4) 이질배수체(異質倍數體, 복2배체)

① 개념 및 작성

    ㉠ 다른 종류의 게놈을 동일개체에 보유시켜 실용적 가치가 높은 신품종을 창설하는 것이다.

    ㉡ 이질배수체 작성

       • 게놈이 다른 양친을 동질4배체로 만들어 교배($AAAA \times BBBB \rightarrow AABB$)시킨다.

       • 이종게놈의 양친을 교배한 $F_1$의 염색체를 배가($AA \times BB \rightarrow AB \rightarrow AABB$)시킨다.

       • 체세포를 융합($AA+BB \rightarrow AABB$)시킨다.

② 특 성

    ㉠ 임성은 동질배수체보다 높은 것이 보통이다. 특히 모든 염색체가 완전히 $2n$으로 조성으로 되어 있는 것은 완전히 정상적 임성을 나타낸다.

    ㉡ 어버이의 중간특성을 나타낼 때가 많지만 현저한 특성변화를 나타낼 때도 있다.

③ 이 용

    ㉠ 이질배수체는 임성이 높은 것도 많으므로, 종자를 목적으로 재배할 때에도 유리하게 이용될 경우가 많다.

    ㉡ 자연적으로 작성된 이질배수체 – 밀, 담배, 유채류, 벼 등

    ㉢ 인위적으로 육성한 이질배수체 – 트리티케일(라이밀), 호마, 백람(白籃, 하쿠란)

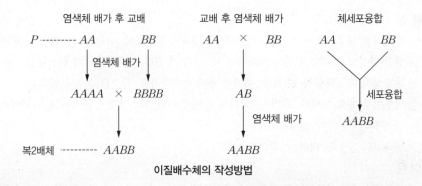

이질배수체의 작성방법

## (5) 반수체(半數體, Haploid)

① 특 징

  ㉠ 반수체는 생육이 빈약하고 완전불임으로 실용성이 없다.

  ㉡ 반수체의 염색체를 배가하면 곧바로 동형접합체를 얻을 수 있어 육종연한을 단축하는 데 이용된다.

  ㉢ 상동게놈이 1개뿐이므로 열성형질의 선발이 쉽다.

  ㉣ 반수체는 거의 모든 식물에서 나타나며, 자연상태에서는 반수체의 발생빈도가 낮다.

② 반수체육종

  ㉠ 인위적으로 반수체를 만드는 방법으로 약배양, 화분배양, 종·속간교배, 반수체유도유전자 등이 있다.

  ㉡ 화성벼, 화진벼, 화영벼, 화남벼, 화신벼 등은 모두 반수체육종으로 육성하였으며, 화성벼는 반수체 육종(화분배양)으로 육성된 국내 최초의 품종이다(1985년).

  ㉢ 약배양은 화분배양보다 배양이 간편하고, 식물체 재분화율이 높다.

---

**PLUS ONE**

**약배양 육종법**

• 감수분열 중인 어린화분이 들어 있는 약(葯)을 인공배지 상에서 배양하여 callus 유도와 더불어 반수체식물 (Haploid)을 분화시키고 이를 인위 또는 자연배가시켜 바로 고정된 품종을 육성하는 육종법이다.

• 장점 : 세대촉진 재배를 통한 육종법보다 2~3년 더 육종연한을 단축시킬 수 있다.

• 단점 : $F_1$식물체상에서 수정을 통하여 자방과 화분 유전자 간 다양한 재조합이 이루어질 수 있는 기회를 차단당함으로써 친품종 간, 우량형질 간 다양한 재조합변이를 얻을 수 없다.

**배수성육종에 대한 설명으로 옳지 않은 것은?**

16 지방직 기출

① 동질배수체는 주로 3배체와 4배체를 육성한다.

② 동질배수체는 사료작물과 화훼류에 많이 이용된다.

③ 일반적으로 화분배양은 약배양보다 배양이 간단하고 식물체 재분화율이 높다.

④ 3배체 이상의 배수체는 2배체에 비하여 세포와 기관이 크고, 함유성분이 증가하는 등 형질변화가 일어난다.

---

**해설** **약배양**

- 화분배양보다 배양이 간단하고 식물체의 재분화율이 높다.
- 약배양은 화분세포 이외의 화분벽세포 조직이 기관으로 분화될 수 있는 단점이 있어서 화분만을 배양하는 화분배양이 개발되었지만 효율이 낮고 백색체가 많이 나온다.

**정답** ③

---

**배수체의 특성을 이용하여 신품종을 육성하는 육종방법에 대한 설명으로 가장 옳은 것은?**

19 지방직 기출

① 4배체(♀)×2배체(♂)에서 나온 동질3배체(♀)에 2배체(♂)의 화분을 수분하여 만든 수박 종자를 파종하면 과실은 종자를 맺지 않는다.

② 배수체를 만들기 위해서는 세포분열이 왕성하지 않은 곳을 선택하여 콜히친을 처리해야 한다.

③ 콜히친을 처리하게 되면 분열 중인 세포에서 정상적으로 방추사 형성을 가능하게 하지만 동원체 분할을 방해하기 때문에 염색체가 분리하지 못한다.

④ 반수체는 생육이 불량하고 완전불임이기 때문에 반수체의 염색체를 배가하면 이형접합체를 얻을 수 있으므로 육종연한을 대폭 줄일 수 있다.

---

**해설** ② 배수체를 작성하기 위해 세포분열이 왕성한 생장점에 콜히친을 처리한다.

③ 콜히친을 처리하게 되면 분열 중인 세포에서 정상적으로 방추사 형성이 억제되므로 동원체가 분리되지 않아 염색체가 분리하지 못하고 한 세포 내에 염색체 수는 배가 된다.

④ 반수체는 생육이 불량하고 완전불임이기 때문에 반수체의 염색체를 배가하면 동형접합체를 얻을 수 있으므로 육종연한을 대폭 줄일 수 있다.

**정답** ①

# |06| 돌연변이육종(突然變異育種, Mutation Breeding)

## (1) 개 념

① 기존 품종의 종자나 식물체에 돌연변이 유발원을 처리하여 변이를 일으킨 후 특정형질만 변화시키거나 새로운 형질이 나타난 변이체를 찾아 신품종을 육성하는 것이다.

② 특징은 돌연변이율이 낮고 열성돌연변이가 많으며, 돌연변이 유발장소를 제어할 수 없다.

③ 타식성 작물보다 자식성 작물에서 많이 이용하며, 교잡육종이 어려운 영양번식작물의 개량에 유리하다.

## (2) 돌연변이 유발원

① 방사선 : $X$선, $r$선, 중성자, $\alpha$입자, $\beta$입자, 양성자 등

> **참고**
>
> $X$선과 $r$선은 균일하고 안정한 처리가 쉬우며, 잔류방사능이 없어 많이 사용된다.

② 화학물질 : EMS(Ethyl Methane Sulfonate), NMU(Nitrosomethylurea), ES(Diethyl Sulfate), $NaN_3$(Sodium Azide) 등

③ 자외선, 열, 전이인자 등

## (3) 장 점

① 단일유전자만을 변화시킬 수 있고, 새로운 유전자를 만들 수 있다.

② 방사선 처리로 염색체를 절단하면 연관군 내의 유전자들을 분리시킬 수 있다.

③ 영양번식작물에서도 인위적으로 유전적 변이를 일으킬 수 있다.

④ 방사선을 처리하면 불화합성을 화합성으로 변하게 할 수 있으므로, 종래 불가능했던 자식계나 교잡계를 만들 수 있다.

## (4) 단 점

① 인위적으로 돌연변이를 일으키면 형태적 기형화 또는 불임률 저하 등 변이가 많이 나타날 수 있다.

② 우량형질의 출현율이 낮아서 열성돌연변이가 많으며, 돌연변이 장소를 제어할 수 없어서 교잡육종에 비해 안정적인 효율성이 낮다(열성돌연변이는 우성 → 열성, 우성돌연변이는 열성 → 우성).

## (5) 영양번식에의 이용 및 세대표시

① 교배육종이 어려운 영양번식작물에 유리하다.

② 영양번식작물에서 돌연변이원을 처리하면 체세포돌연변이를 쉽게 얻을 수 있으며, 정상조직과 변이조직이 함께 있게 되는데 이를 키메라라고 한다.

③ 종자번식작물의 경우, 돌연변이 처리 후 세대표시를 $M_1$, $M_2$, $M_3$로 한다.

④ 우성변이는 처리 당대인 $M_2$에 나타나고 열성변이는 $M_2$ 이후에 나타난다.

**아조변이**

• 과수의 햇가지에 생기는 돌연변이를 말한다.

• 생장중인 가지 및 줄기의 생장점의 유전자에 돌연변이가 일어나 두셋의 형질이 다른 가지나 줄기가 생기는 현상으로 가지변이라고도 한다.

• 아조변이 품종을 다시 아조변이하여 원래의 품종으로 되돌아가는 것을 격세유전이라고 한다.

• 아조변이의 대표적 예로는 '후지' 사과, '스타킹 딜리셔스' 사과, '신고' 배 등이 있다.

## Level UP 이론을 확인하는 문제

**돌연변이육종에 대한 설명으로 옳지 않은 것은?**     17 지방직 기출

① 인위돌연변이체는 대부분 수량이 낮으나, 수량이 낮은 돌연변이체는 원품종과 교배하면 생산성을 회복시킬 수 있다.

② 돌연변이유발원으로 Sodium Azide, Ethyl Methane Sulfonate 등이 사용된다.

③ 이형접합성이 높은 영양번식작물에 돌연변이유발원을 처리하면 체세포돌연변이를 쉽게 얻을 수 있다.

④ 타식성 작물은 자식성 작물에 비해 돌연변이유발원을 종자처리하면 후대에 포장에서 돌연변이체의 확인이 용이하다.

**해설** 타식성 작물은 이형접합체가 많으므로 돌연변이원을 종자처리한 후대에는 돌연변이체를 선발하기 어렵다. 돌연변이육종은 타식성작물보다 자식성작물에서 많이 이용하며, 교잡육종이 어려운 영양번식작물의 개량에 유리하다.

**정답** ④

# |07| 영양번식작물의 육종

## (1) 유전적 특성

① 영양번식작물은 고구마, 감자, 바나나처럼 배수체가 많다.

② 영양번식작물은 감수분열 때 다가염색체를 형성하므로 불임성이 높아 종자를 얻기 어렵다.

> **참고**
>
> 고구마와 같은 영양번식작물은 감수분열 때 다가염색체를 형성하므로 불임률이 높다.

③ 영양번식작물은 종자로부터 발생한 식물체는 비정상적인 것이 많다.

④ 영양번식작물은 영양번식과 동시에 유성생식도 하며, 영양계는 이형접합성이 높다.

⑤ 영양번식작물은 동형접합체는 물론 이형접합체도 영양번식에 의하여 영양계의 유전자형을 그대로 유지할 수 있다 .

⑥ 자가수정으로 얻은 실생묘(實生苗, Seedling)는 유전자형이 분리된다.

⑦ 영양계끼리 교배한 $F_1$은 다양한 유전자형이 발생하며, 이 $F_1$에서 선발한 영양계는 1대잡종 유전자형을 유지한 채 영양번식으로 증식되어 잡종강세를 나타낸다.

## (2) 육종방법

① 영양번식작물의 육종은 영양계 선발(Clone Selection)을 통해 신품종을 육성한다.

② 영양계선발은 교배나 돌연변이에 의한 유전변이 또는 실생묘 중에서 우량한 것을 선발하고, 삽목이나 접목 등으로 증식하여 신품종을 육성한다.

③ 영양계의 선발은 바이러스에 감염되지 않은(Virus Free) 영양계의 선발 및 증식과정에서 바이러스 감염을 방지하는 것이 중요하다.

④ 이때 바이러스 무병(Virus Free) 개체를 얻기 위해 생장점을 무균배양한다.

**영양번식작물의 유전적 특성과 육종방법에 대한 설명으로 옳은 것은?**  18 지방직 〈기출〉

① 이형접합형 품종을 자가수정하여 얻은 실생묘는 유전자형이 분리되지 않는다.

② 이형접합형 품종을 영양번식시켜 얻은 영양계는 유전자형이 분리된다.

③ 영양번식작물은 영양번식과 유성생식이 가능하며, 영양계는 이형접합성이 낮다.

④ 고구마와 같은 영양번식작물은 감수분열 때 다가염색체를 형성하므로 불임률이 높다.

---

해설  ① 이형접합형 품종을 자가수정하여 얻은 실생묘는 유전자형이 분리된다.

② 이형접합형 품종을 영양번식시켜 얻은 영양계는 유전자형이 그대로 유지된다.

③ 영양번식작물은 영양번식과 유성생식이 가능하며, 영양계는 이형접합성이 높다.

정답  ④

---

## |08| 생물공학적 작물육종

### (1) 조직배양(組織培養, Tissue Culture)

① 개 념

ㄱ 식물의 세포, 조직, 기관 등을 기내의 영양배지에서 무균적으로 배양하여 완전한 식물체를 재분화시키는 배양기술이다.

ㄴ 조직배양은 분화한 식물세포가 정상적인 식물체로 재분화를 할 수 있는 전체형성능을 가지고 있어 가능하다.

ㄷ 조직배양의 재료로 영양기관과 생식기관을 모두 사용(이용)할 수 있다.

ㄹ 배지에 돌연변이유발원이나 스트레스를 가하면 변이세포를 선발할 수 있다.

② 이 용

ㄱ 원연종, 속간잡종 육성, 우량 이형접합체 증식, 인공종자 개발, 유용물질의 생산, 유전자원 보존 등에 이용된다.

ㄴ 식물의 생장점을 조직배양하면 분열속도가 빨라 바이러스가 증식하지 못하므로 바이러스 무병묘를 생산한다.

ㄷ 체세포 조직배양으로 유기된 체세포배(體細胞胚, Somatic Embryo)를 캡슐에 넣어 인공종자를 만든다(캡슐재료는 알긴산을 많이 이용).

ㄹ 종자수명이 짧은 작물 또는 영양번식작물은 조직배양하여 기내보존하면 장기보존이 가능하다.

ㅁ 조직배양은 번식이 힘든 관상식물을 단시일에 대량으로 번식시킬 수 있다.

ⓗ 종·속간잡종의 육성은 기내수정을 하여 얻은 잡종의 배배양, 배주배양, 자방배양을 통해 $F_1$종자를 얻을 수 있다.

> **참고**
>
> 기내수정(器內受精, In Vitro Fertilization)
> 기내(器內)에서 씨방의 노출된 밑씨에 직접 화분을 수분시켜 수정하도록 하는 것을 말한다.

### (2) 세포융합(細胞融合, Cell Fusion)

① 개 념

ⓐ 서로 다른 두 종류의 세포를 융합시켜 각 세포의 장점을 동시에 갖는 잡종세포나 잡종생물을 만드는 기술이다.

ⓑ 세포벽을 제거시킨 원형질체인 나출원형질체를 융합시키고 융합세포를 배양하여 식물체를 재분화시키는 기술이다.

> **참고**
>
> 나출원형질체(裸出原形質體, Protoplast)
> 펙티나아제, 셀룰라아제 등을 처리하여 세포벽을 제거한 원형질체

ⓒ 세포융합은 보통 교배가 불가능한 원연종 간의 잡종을 만들거나 세포질에 존재하는 유전자를 도입하는 수단으로 이용된다.

ⓓ 토마토와 감자의 세포를 융합시킨 포마토(열매는 토마토, 뿌리는 감자)가 있다.

② 체세포잡종(體細胞雜種, Somatic Hybrid)

ⓐ 분화 식물체를 체세포잡종이라고 하며 핵과 세포질 모두 잡종이다(보통 유성생식에 의한 잡종은 핵만 잡종임).

ⓑ 체세포잡종은 서로 다른 두 식물종의 세포융합으로 얻은 재분화 식물체를 말한다.

ⓒ 체세포잡종은 종·속간잡종의 육성, 유용물질의 생산, 유전자전환, 세포선발 등에 이용된다.

ⓓ 체세포잡종은 생식과정을 거치지 않고 다른 식물종의 유전자를 도입하므로 육종재료의 이용범위를 크게 넓힐 수 있다.

③ 세포질잡종(細胞質雜種, Cytoplasmic Hybrid, Cybrid)

ⓐ 핵과 세포질이 모두 정상인 나출원형질체와 세포질만 정상인 나출원형질체가 융합하여 생긴 잡종을 말한다.

ⓑ 세포질만 잡종이므로 웅성불임성 도입, 광합성능력 개량 등의 세포질유전자에 의해 지배받는 형질개량에 유용하다.

### (3) 유전자전환(遺傳子轉換, Gene Transformation)

① 다른 생물의 유전자(DNA)를 유전자운반체(Vector) 또는 물리적 방법으로 직접 도입하여 형질전환식물 (形質轉換植物, Transgenic Plant)을 육성하는 기술을 말하며, 이를 이용하는 육종을 형질전환육종(形 質轉換育種, Transgenic Breeding)이라 한다.

② 세포융합을 이용한 체세포잡종은 양친 모두의 게놈을 가지므로 원하지 않는 유전자도 갖지만 형질전환 식물은 원하는 유전자만 갖는다.

---

**+ PLUS ONE**

**육종의 변천사**
- 17세기 : 식물의 유성생식 인지
- 18세기 : 식물의 인공교배 시작
- 1900년대 : 멘델법칙의 재발견(육종기술 및 방법의 점진적인 발전)
- 1903년 : 요한센의 순계설
  - 순계선발법은 이전부터 맥류품종 선발에 적용
  - 1920년 이전에 우리나라도 벼 재래종에서 순계선발 실시
- 1906년 : 대한제국 권업모법장 설립(체계적인 근대적 육종실시)
  일본 벼품종을 도입하여 적응 선발시험
- 1915년 : 벼 교배육종 시작(1930년 이후 실용적인 선발)
- 1962년 : 농촌진흥청 발족
  벼 육종의 본격적인 추진
- 1968년 : 국제벼연구소(IRRI)와의 협력연구
- 1971년 : 내병, 내도복, 다수성 품종인 '통일' 육성
- 1975년 : 쌀 자급 생산 달성
- 1977년 : 쌀 생산 4천 2백만 섬 돌파
- 1990년대 : 통일 품종이 사라지고, 자포니카 양질 다수성 품종 육성
- 2000년대 : 고품질 및 특수기능성 벼품종 개발

---

#### Level UP 이론을 확인하는 문제

**식물조직배양에 대한 설명으로 옳지 않은 것은?**　　　　　18 국가직 기출

① 영양번식작물에서 바이러스 무병 개체를 육성할 수 있다.

② 분화한 식물세포가 정상적인 식물체로 재분화를 할 수 있는 능력은 전체형성능이라 한다.

③ 번식이 힘든 관상식물을 단시일에 대량으로 번식시킬 수 있다.

④ 조직배양의 재료로 영양기관을 사용한 경우는 많으나 예민한 생식기관을 사용한 사례는 없다.

> **해설** 조직배양의 재료로는 단세포, 영양기관(뿌리, 줄기, 잎, 떡잎, 눈), 생식기관(꽃, 과실, 배주, 배, 배유, 과피, 약·화분), 생장점, 전체식물 등이 이용될 수 있다.

> **정답** ④

# 적중예상문제

CHAPTER 01
## 작물의 품종과 계통

## 01

작물의 생태종과 생태형에 대한 설명으로 옳은 것은?

11 국가직 기출

① 생태형 내에서 재배유형이 다른 것을 생태종이라 한다.

② 열대자포니카 벼와 온대자포니카 벼는 서로 다른 생태종이다.

③ 춘파형과 추파형은 보리에서 서로 다른 생태종이다.

④ 생태형 간에는 교잡친화성이 높아 유전자교환이 잘 일어나지 않는다.

해설 ② 아시아벼의 생태종은 인디카(Indica), 열대자포니카(Tropical Japonica), 온대자포니카(Temperate Japonica)로 나누어진다.

① 생태종 내에서 재배유형이 다른 것을 생태형으로 구분한다.

③ 춘파형과 추파형은 보리에서 서로 다른 생태형이다.

④ 생태형 간에는 교잡친화성이 높아 유전자교환이 잘 일어난다.

## 02

품종에 대한 설명으로 옳지 않은 것은?

16 지방직 기출

① 식물학적 종은 개체 간에 교배가 자유롭게 이루어지는 자연집단이다.

② 품종은 작물의 기본단위이면서 재배적 단위로서 특성이 균일한 농산물을 생산하는 집단이다.

③ 생태종 내에서 재배유형이 다른 것을 생태형으로 구분하는데, 생태형끼리는 교잡친화성이 낮아 유전자 교환이 잘 일어나지 않는다.

④ 영양계는 유전적으로 잡종상태라도 영양번식에 의하여 그 특성이 유지되기 때문에 우량한 영양계는 그대로 신품종이 된다.

해설 생태형 사이에는 교잡친화성이 높아 유전자교환이 잘 일어난다.

## 03

재배종과 야생종 벼의 특성을 비교하여 바르게 설명한 것은?

① 재배종 벼는 야생종에 비해 휴면성이 약해졌다.
② 재배종 벼는 야생종에 비해 내비성이 약해졌다.
③ 재배종 벼는 야생종에 비해 종자의 크기가 작은 방향으로 육성되었다.
④ 재배종 벼는 야생종에 비해 탈립성이 커졌다.

해설 **재배벼와 야생벼의 차이**

| 구 분 | | 재배벼 | 야생벼 |
|---|---|---|---|
| 번식 특성 | 번식 방법 | 종자번식 | 종자 및 영양번식 |
| | 종자번식 양식 | 자식성 (타식률 약 1%) | 주로 타식성 (30~100%) |
| | 개화부터 개약 까지의 시간 | 개화와 동시 | 2~9분 |
| | 암술머리의 크기 | 소 | 대 |
| | 꽃가루 수 (수술당) | 700~2,500개 | 3,800 ~9000개 |
| | 꽃가루 수명 | 3분 | 6분 이상 |
| | 꽃가루 확산거리 | 20m | 40m |
| 종자 특성 | 종자 크기 | 큼 | 작 음 |
| | 종자 수 | 많 음 | 적 음 |
| | 종자 모양 | 집약형이고 큼 | 산형이고 작음 |
| | 탈립성 | 어려움 | 매우 용이 |
| | 휴면성 | 없거나 약함 | 강 함 |
| | 수 명 | 짧 음 | 긺 |
| | 까 락 | 없거나 짧음 | 강인하고 긺 |
| | 내비성 | 강 함 | 약 함 |
| 생태 특성 | 생존연한 | 1년생 | 1년생 및 다년생 |
| | 감광성·감온성 | 민감~둔감 | 모두 민감 |
| | 내저온성 | 약 함 | 강한 것이 분화 |

(참고문헌 : 김동이, 2017 식용작물학, p. 28)

## 04

다음 글에 해당하는 용어는?

> 소수의 우량품종들을 여러 지역에 확대 재배함으로써 유전적 다양성이 풍부한 재래품종들이 사라지는 현상이다.

① 유전적 침식
② 종자의 경화
③ 유전적 취약성
④ 종자의 퇴화

해설
② 종자의 경화 : 불량환경에서의 출아율을 높이기 위해 파종 전 종자에 흡수·건조의 과정을 반복적으로 처리함으로써 초기발아 과정에서의 흡수를 조장하는 것
③ 유전적 취약성 : 소수의 우량품종을 확대 재배함으로써 병해충 등 재해로부터 일시에 급격한 피해를 받게 되는 현상
④ 종자의 퇴화 : 생산력이 우수하던 종자가 재배연수를 경과하는 동안에 생산력이 떨어지고 품질이 나빠지는 현상

## 05

신품종이 보호품종으로 되기 위해 갖추어야 하는 5가지의 품종보호요건이 바르게 묶인 것은?

① 신규성, 구별성, 균일성, 안정성, 고유한 품종명칭
② 신규성, 상업성, 경제성, 구별성, 고유한 품종명칭
③ 신규성, 구별성, 경제성, 안정성, 고유한 품종명칭
④ 신규성, 상업성, 균일성, 구별성, 고유한 품종명칭

해설 **신품종보호요건**
신규성, 구별성, 균일성, 안정성, 고유한 품종명칭

정답 03 ① 04 ① 05 ①

## 06

**신품종의 등록과 특성유지에 대한 설명으로 옳지
않은 것은?**  15 국가직 기출

① 신품종이 보호품종으로 등록되기 위해서는 신
규성, 우수성, 균일성, 안정성 및 고유한 품종명
칭의 5가지 요건을 구비해야 한다.

② 국제식물신품종보호연맹(UPOV)의 회원국은
국제적으로 육성자의 권리를 보호받으며, 우리
나라는 2002년에 가입하였다.

③ 품종의 퇴화를 방지하고 특성을 유지하는 방법
으로는 개체집단선발, 계통집단선발, 주보존,
격리재배 등이 있다.

④ 신품종에 대한 품종보호권을 설정등록하면「식
물신품종보호법」에 의하여 육성자의 권리를 20
년(과수와 임목의 경우 25년)간 보장받는다.

> **해설** 신품종이 보호품종으로 등록되기 위해서는 신규성,
> 구별성, 균일성, 안정성 및 고유한 품종명칭의 5가
> 지 요건을 구비해야 한다.

## 07

**작물의 종자갱신에 대한 설명으로 옳지 않은 것은?**  13 지방직 기출

① 우리나라에서 벼·보리·콩 등 자식성 작물의
종자갱신연한은 3년 1기이다.

② 종자갱신에 의한 증수효과는 벼보다 감자가 높다.

③ 옥수수와 채소류의 1대잡종품종은 매년 새로운
종자를 사용한다.

④ 품종퇴화를 방지하기 위해서는 일정 기간마다 우
량종자로 바꾸어 재배하는 것이 좋다.

> **해설** ① 우리나라 벼, 보리, 콩 등의 자식성 작물의 종자
> 갱신연한은 4년 1기이다.

## 08

**신품종의 종자증식에 관한 설명으로 옳지 않은 것은?**  10 국가직 기출

① 보급종은 농가에 보급할 종자이며, 원종을 증식
한 것이다.

② 원종은 원원종을 재배하여 채종한 종자이다.

③ 원원종은 기본식물을 증식하여 생산한 종자이다.

④ 기본식물은 일반농가들이 생산한 종자이다.

> **해설** 기본식물은 신품종 증식의 기본이 되는 종자로 육
> 종가들이 직접 생산하거나, 육종가의 관리하에 생
> 산한다.

## 01

배우자 간 접합에 의한 정상적인 수정과정을 거치지 않고도 종자가 형성되는 생식방법은?

08 국가직 기출 [기출]

① 유성생식
② 아포믹시스
③ 영양번식
④ 자가수정

[해설] 아포믹시스는 무성생식 중의 한 방법으로, 수정 하지 않고 종자번식을 하는 방법이다.

## 02

아포믹시스(Apomixis)에 대한 설명으로 옳지 않은 것은?

10 지방직 [기출]

① 부정배형성은 배낭을 만들지 않고 주심이나 주피가 직접 배를 형성하는 것이다.
② 무포자생식은 배낭의 조직세포가 배를 형성하는 것이다.
③ 복상포자생식은 배낭모세포가 감수분열을 못하거나 비정상적인 분열을 하여 배를 형성하는 것이다.
④ 아포믹시스에 의하여 생긴 종자는 종자 형태를 가진 영양계(營養系)라 할 수 없다.

[해설] 아포믹시스에 의해 생긴 종자는 수정과정이 없기 때문에 종자 형태를 가진 영양계라 할 수 있으며, 영양계는 다음 세대에 유전분리가 일어나지 않기 때문에 종자번식작물의 우량 아포믹시스는 영양번식작물의 영양계처럼 곧바로 신품종이 형성된다.

## 03

위수정생식(僞受精生殖)을 바르게 설명한 것은?

09 국가직 [기출]

① 배낭을 만들지 않고 포자체의 조직세포가 직접 배를 형성하는 것
② 배낭을 만들지만 배낭의 조직세포가 배를 형성하는 것
③ 배낭모세포가 비정상적인 분열을 하여 배를 형성하는 것
④ 수분(受粉)의 자극을 받아 난세포가 배로 발달하는 것

[해설] 위수정생식(僞受精生殖, Pseudogamy)
수분의 자극으로 난세포가 배로 발달하는 것으로 벼, 밀, 보리, 목화, 담배 등에서 나타나며 이로 종자가 생기는 것을 위잡종(僞雜種, False Hybrid)이라 한다.

## 04

**무수정생식에 대한 설명으로 옳은 것은?**

13 지방직 기출

① 웅성단위생식은 정세포가 단독으로 분열하여 배를 형성한다.

② 위수정생식은 수분의 자극으로 주심세포가 배로 발육한다.

③ 부정배 형성은 수분의 자극으로 배낭세포가 배를 형성한다.

④ 단위생식은 수정하지 않은 조세포가 배로 발육한다.

해설  ② 위수정생식은 수분의 자극으로 난세포가 배로 발육한다.

③ 부정배 형성은 포자체의 조직세포(주심, 주피)가 직접 배를 형성한다.

④ 단위생식은 수정하지 않은 난세포가 배로 발육한다.

## 05

**작물의 생식에 대한 설명으로 옳지 않은 것은?**

16 국가직 기출

① 아포믹시스는 무수정종자형성이라고 하며, 부정배형성, 복상포자생식, 위수정생식 등이 이에 속한다.

② 속씨식물 수술의 화분은 발아하여 1개의 화분관세포와 2개의 정세포를 가지며, 암술의 배낭에는 난세포 1개, 조세포 1개, 반족세포 3개, 극핵 3개가 있다.

③ 무성생식에는 영양생식도 포함되는데, 고구마와 거베라는 뿌리로 영양번식을 하는 작물이다.

④ 벼, 콩, 담배는 자식성 작물이고, 시금치, 딸기, 양파는 타식성 작물이다.

해설  속씨식물 수술의 화분은 발아하여 1개의 화분관세포와 2개의 정세포를 가지며, 암술의 배낭에는 난세포 1개, 조세포 2개, 반족세포 3개, 극핵 2개가 있다.

## 06

**작물의 생식에 대한 설명으로 옳지 않은 것은?**

20 지방직 7급 기출

① 종자번식작물의 생식방법에는 유성생식과 아포믹시스가 있고 영양번식작물은 무성생식을 한다.

② 유성생식작물의 세대교번에서 배우체세대는 감수분열을 거쳐 포자체세대로 넘어간다.

③ 한 개체에서 형성된 암배우자와 수배우자가 수정하는 것은 자가수정에 해당한다.

④ 타식성 작물을 자연상태에서 세대 진전하면 개체의 유전자형은 이형접합체로 남는다.

해설  ② 유성생식작물의 세대교번은 배우체세대와 포자체세대가 번갈아가며 나타난다. 포자체세대는 감수분열에 의해 배우체세대로 바뀌고, 배우체세대는 수정에 의해 포자체세대로 넘어간다.

## 07

**유성생식을 하는 작물의 세포분열에 관한 설명으로 옳지 않은 것은?**

17 서울시 기출

① 체세포분열을 통해 개체로 성장한다.

② 생식세포의 감수분열에 의해 반수체 딸세포가 생기고 배우자가 형성된다.

③ 체세포분열 전기에 방추사가 염색체의 동원체에 부착한다.

④ 제1감수분열 전기에 염색사가 응축되어 염색체를 형성한다.

해설  ③ 체세포분열 중기에 대한 설명이다.

## 08

**감수분열에 대한 설명으로 옳은 것은?**

12 지방직 기출

① 제1감수분열은 동형분열이며, 제2감수분열은 이형분열이다.
② 제1감수분열은 염색체 교차에 의하여 유전자재조합이 일어난다.
③ 제1감수분열과 제2감수분열이 끝나면 한 개의 생식모세포로부터 2개의 딸세포를 만든다.
④ 감수분열 과정에서 상동염색체가 분리되지 않으므로 멘델의 유전법칙이 성립된다.

**해설** 제1감수분열은 염색체의 수가 반으로 줄어드는 감수분열, 제2감수분열은 염색분체가 분열하는 동형분열로 한 개의 생식모세포에서 4개의 감수분열 낭세포가 생긴다.

## 09

**체세포분열과 감수분열에 대한 설명으로 옳지 않은 것은?**

20 국가직 7급 기출

① 체세포분열에서 $G_1$기의 딸세포 중 일부는 세포분화를 하여 조직으로 발달한다.
② 체세포분열은 체세포의 DNA를 복제하여 딸세포들에게 균등하게 분배하기 위한 것이다.
③ DNA 합성은 제1감수분열과 제2감수분열 사이의 간기에 일어난다.
④ 교차는 제1감수분열 과정 중에 생기며, 유전변이의 주된 원인이다.

**해설** 감수분열의 간기는 제1감수분열이 끝나면 극히 짧거나 없고, DNA 합성이 없다.

## 10

**종자·과실의 부위 중 유전적 조성이 다른 것은?**

16 국가직 기출

① 종 피                    ② 배
③ 과 육                    ④ 과 피

**해설** 수정이 끝나면 배 발생과 함께 종자와 열매를 형성한다. 배낭이 들어있는 배주는 성숙하여 종자가 되고, 배주를 싸고 있는 자방이 열매로 발달한다. 배주껍질은 종피, 자방껍질은 과피가 된다. 종자에서 배와 종피는 유전적 조성이 다르다(종피·과육·과피 : $1n$, 배 : $2n$).

## 11

**수정과 종자발달에 대한 설명으로 옳은 것은?**

16 지방직 기출

① 침엽수와 같은 나자식물은 중복수정이 이루어지지 않는다.
② 수정은 약에 있는 화분이 주두에 옮겨지는 것을 말한다.
③ 완두는 배유조직과 배가 일체화되어 있는 배유종자이다.
④ 중복수정은 정핵이 난핵과 조세포에 결합되는 것을 말한다.

**해설** ② 수분에 대한 설명이다.
③ 완두는 무배유종자이다.
④ 중복수정은 한 개의 정핵이 난핵과 접합하여 배($2n$)가 형성되고, 나머지 한 개의 정핵은 두 개의 극핵과 접합하여 배유($3n$)가 된다.

## 12

중복수정 준비가 완료된 배낭에는 몇 개의 반수체핵(Haploid Nucleus)이 존재하며, 이들 중에서 몇 개가 웅핵(정세포)과 융합되는가?

18 지방직 기출

| | 배낭의 반수체핵 수 | 웅핵과 융합되는 반수체핵 수 |
|---|---|---|
| ① | 6 | 2 |
| ② | 6 | 3 |
| ③ | 8 | 2 |
| ④ | 8 | 3 |

**해설** 배낭의 형성
- 배낭은 8핵 7세포로 구성되어 있다.
- 배낭 안에는 주공 쪽에 난세포 1개와 조세포 2개가, 주공의 반대쪽에 반족세포 3개, 중앙에 극핵 2개가 위치하며, 조세포와 반족세포는 나중에 퇴화된다.
- 속씨식물(피자식물)의 경우, 2개의 정세포 중 1개는 난세포와 융합하여 접합자($2n$)를 만들고, 다른 1개는 극핵과 융합하여 배유핵($3n$)을 형성한다.

## 13

종자의 수분(受粉) 및 종자형성에 대한 설명으로 옳지 않은 것은?

17 지방직 기출

① 담배와 참깨는 수술이 먼저 성숙하며 자식으로 종자를 형성할 수 없다.
② 포도는 종자형성 없이 열매를 맺는 단위결과가 나타나기도 한다.
③ 웅성불임성은 양파처럼 영양기관을 이용하는 작물에서 1대잡종을 생산하는 데 이용된다.
④ 1개의 웅핵이 배유형성에 관여하여 배유에서 우성유전자의 표현형이 나타나는 현상을 크세니아(Xenia)라고 한다.

**해설** 자식성 작물에는 벼, 밀, 보리, 콩, 완두, 담배, 토마토, 가지, 참깨, 복숭아나무 등이 있다.

## 14

웅성불임성에 대한 설명으로 옳은 것은?

16 국가직 기출

① 암술과 화분은 정상이나 종자를 형성하지 못하는 현상이다.
② 암술머리에서 생성되는 특정 단백질과 화분의 특정 단백질 사이의 인식작용 결과이다.
③ S유전자좌의 복대립유전자가 지배한다.
④ 유전자작용에 의하여 화분이 형성되지 않거나, 제대로 발육하지 못하여 종자를 만들지 못한다.

**해설** ① · ② · ③은 자가불화합성, ④는 웅성불임에 대한 설명이다. 웅성불임성은 웅성기관의 이상에 의한 불임성으로 유전자작용에 의해 화분이 아예 형성되지 않거나 화분이 발육하지 못해 수정능력이 없으며, 핵 내 ms유전자와 세포질의 미토콘드리아 DNA가 관여한다.

## 15

웅성불임과 자가불화합성에 대한 설명으로 옳은 것은?

11 지방직 기출

① 세포질웅성불임은 핵 내 웅성불임유전자가 관여한다.
② 세포질웅성불임은 영양기관을 이용하는 작물의 1대잡종 생산에 이용될 수 있다.
③ 배우체형 자가불화합성은 화분을 생산한 식물체의 유전자형에 의해 결정된다.
④ 포자체형 자가불화합성은 화분의 유전자에 의해 결정된다.

**해설** ① 세포질웅성불임성은 세포질유전자만 관여한다.
③ 배우체형 자가불화합성은 화분의 유전자에 의해 결정된다.
④ 포자체형 자가불화합성은 화분을 생산한 식물체의 유전자형에 의해 결정된다.

## 01

3쌍의 독립된 대립유전자에 대하여 $F_1$의 유전자형이 $AaBbCc$일 때 $F_2$에서 유전자형의 개수는? (단, 돌연변이는 없음)

17 국가직 기출

① 9개
② 18개
③ 27개
④ 36개

해설 배우자 종류수와 배우자 조합수 및 $F_2$의 유전자형과 표현형 종류수

| 유전자 쌍수 | $F_1$의 배우자 종류수 | 배우자 조합수 | $F_2$ 유전자형의 종류수 | $F_2$ 표현형의 종류수 | $F_2$ 완전분리 최소 개체수 |
|---|---|---|---|---|---|
| 1 | 2 | 4 | 3 | 2 | 4 |
| 2 | 4 | 16 | 9 | 4 | 16 |
| 3 | 8 | 64 | 27 | 8 | 64 |
| 4 | 16 | 256 | 81 | 16 | 256 |
| 5 | 32 | 1,024 | 243 | 32 | 1,024 |
| 10 | 1,024 | 1,048,576 | 59,049 | 1,024 | 1,048,576 |
| $n$ | $2^n$ | $4^n$ | $3^n$ | $2^n$ | $4^n$ |

## 02

양성잡종($AaBb$)에서 $F_2$의 표현형분리가 $(9A\_B\_)$ : $(3A\_bb + 3aaB\_ + 1aabb)$로 나타난 경우에 대한 설명으로 가장 옳지 않은 것은?

20 서울시 지도사 기출

① A와 B 사이에 상위성이 있는 경우 발생한다.
② 수수의 알갱이 색깔이 해당된다.
③ 벼의 밑동색깔이 해당된다.
④ 비대립유전자 사이의 상호작용 때문이다.

해설 이중열성상위–보족유전자에 대한 설명으로 우성유전자인 $A$, $B$가 함께 있을 때 자색이 나타나는 것처럼 어떤 형질의 발현에 있어 서로 보족적으로 작용하는 유전자를 보족유전자라고 한다.

## 03

양성잡종($AaBb$)에서 비대립유전자 $A$와 $B$가 독립적이고 $F_2$의 표현형 분리가 보기와 같을 때 비대립유전자 간의 관계는? (단, $A$는 $a$에 대하여, $B$는 $b$에 대하여 우성이다)

09 지방직 기출

$$(9A\_B\_ + 3A\_bb) : (3aaB\_) : (1aabb) = 12 : 3 : 1$$

① 중복유전자
② 열성상위
③ 우성상위
④ 억제유전자

해설 ① 중복유전자
$= (9A\_B\_ + 3A\_bb + 3aaB\_) : 1aabb$
$= 15 : 1$
② 조건유전자(열성상위)
$= (9A\_B\_) : (3A\_bb) : (3aaB\_ + 1aabb)$
$= 9 : 3 : 4$
③ 피복유전자(우성상위)
$= (9A\_B\_ + 3A\_bb) : (3aaB\_) : (1aabb)$
$= 12 : 3 : 1$
④ 억제유전자
$= (3aaB\_) : (9A\_B\_ + 3A\_bb + 1aabb)$
$= 3 : 13$

## 04

양성잡종($AaBb$)에서 비대립유전자 $A/a$와 $B/b$가 독립적이고 비대립유전자 간 억제유전자로 작용하였을 때, $F_2$의 표현형으로 옳은 것은? (단, '_' 표시는 우성대립유전자, 열성대립유전자 모두를 뜻한다)

11 국가직 기출

① $(9A\_B\_)$ : $(3A\_bb+3aaB\_+1aabb)$
　＝ 9 : 7
② $(3aaB\_)$ : $(9A\_B\_+3A\_bb+1aabb)$
　＝ 3 : 13
③ $(9A\_B\_+3A\_bb)$ : $(3aaB\_)$ : $(1aabb)$
　＝ 12 : 3 : 1
④ $(9A\_B\_)$ : $(3A\_bb+3aaB\_)$ : $(1aabb)$
　＝ 9 : 6 : 1

해설 ① 보족유전자, ③ 피복유전자, ④ 복수유전자이다.
양성잡종 $AaBb$가 비대립유전자 $A$와 $B$가 독립적일 때 $F_2$ 표현형의 분리비
　→ $A\_B\_$ : $A\_bb$ : $aaB\_$ : $aabb$
　＝ 9 : 3 : 3 : 1
　　단, 상위성이 있는 경우 유전자 상호작용에 따라 다음과 같은 분리비가 나타난다.
• $(9A\_B\_)$ : $(3A\_bb+3aaB\_+1aabb)$
　＝ 9 : 7 → 보족유전자
• $(9A\_B\_+3A\_bb+3aaB\_)$ : $1aabb$
　＝ 15 : 1 → 중복유전자
• $(9A\_B\_)$ : $(3A\_bb+3aaB\_)$ : $(1aabb)$
　＝ 9 : 6 : 1 → 복수유전자
• $(3aaB\_)$ : $(9A\_B\_+3A\_bb+1aabb)$
　＝ 3 : 13 → 억제유전자
• $(9A\_B\_+3A\_bb)$ : $(3aaB\_)$ : $(1aabb)$
　＝ 12 : 3 : 1 → 우성상위(피복유전자)
• $(9A\_B\_)$ : $(3A\_bb)$ : $(3aaB\_+1aabb)$
　＝ 9 : 3 : 4 → 열성상위(조건유전자)

## 05

비대립유전자의 상호작용 중 우성상위를 나타내는 것은?

14 국가직 기출

① 조건유전자
② 중복유전자
③ 보족유전자
④ 피복유전자

해설 ① 조건유전자 – 열성상위
② 중복유전자 – 비누적적
③ 보족유전자 – 이중열성상위

## 06

대립유전자 상호작용 및 비대립유전자 상호작용에 대한 설명으로 옳지 않은 것은?

17 국가직 기출

① 중복유전자에서는 같은 형질에 관여하는 여러 유전자들이 누적효과를 나타낸다.
② 보족유전자에서는 여러 유전자들이 함께 작용하여 한 가지 표현형을 나타낸다.
③ 억제유전자는 다른 유전자작용을 억제하기만 한다.
④ 불완전우성, 공우성은 대립유전자 상호작용이다.

해설 ① 복수유전자에 대한 설명이다.
중복유전자는 똑같은 형질에 관여하는 여러 유전자들이 독립적으로 작용한다.

## 07

변이에 대한 설명으로 옳지 않은 것은?

11 국가직 기출

① 개체들 사이에 형질의 특성이 다른 것을 변이라고 한다.
② 유전변이는 다음 세대로 유전되지만 환경변이는 유전되지 않는다.
③ 유전변이가 크다는 것은 유전자형이 다양하다는 것과 같다는 의미이다.
④ 양적형질은 불연속변이를 하므로 표현형들의 구별이 쉽다.

해설  양적형질은 연속변이를 하므로 표현형으로 유전자형을 판별하기 어렵다.

## 08

작물의 주요 질적형질과 양적형질에 대한 일반적인 설명으로 옳은 것은?

10 지방직 기출

① 질적형질 개량은 계통육종법이 유리하고 양적형질 개량은 집단육종법이 유리하다.
② 질적형질은 폴리진에 의해 지배되고 양적형질은 소수의 주동 유전자에 의해 지배된다.
③ 질적형질은 모두 세포질유전에 의하고 양적형질은 멘델식 유전에 의한다.
④ 질적형질은 연속변이를 보이고 양적형질은 불연속변이를 보인다.

해설  형질의 변이양상
• 질적형질
　－ 불연속변이를 하는 형질로 소수의 주동유전자가 주도한다.
　－ 초기선발 및 계통육종법이 유리하다.
　－ 멘델의 법칙을 따른다(우열, 분리, 독립).
• 양적형질
　－ 연속변이를 하는 형질로 폴리진이 지배한다.
　－ 후기선발 및 집단육종법이 유리하다.
　－ 질적형질과 동일하게 유전법칙을 따른다.

## 09

유전변이의 특성 중 양적형질에 대한 설명으로 옳지 않은 것은?

12 국가직 기출

① 표현형으로 유전자형을 분석하기 쉽다.
② 환경에 따라 변동되기 쉽다.
③ 폴리진(Polygene)에 의해 지배된다.
④ 평균, 분산 등의 통계적 방법으로 유전분석을 한다.

해설  질적형질은 유전자형과 표현형의 관계가 명확하여 선발이 용이하다.

## 10

폴리진(Polygene) 유전에 관한 설명으로 옳지 않은 것은?

09 지방직 기출

① 다수의 유전자가 관여한다.
② 환경의 영향을 많이 받는다.
③ 개개 유전자의 지배가 환경변이보다 작다.
④ 불연속변이를 보인다.

해설  양적형질은 연속변이하는 형질로 폴리진이 관여하며 환경의 영향을 많이 받으며 주로 표현력이 작은 미동유전자에 의하여 지배를 받는다.

## 11

다음 중 유전력에 대하여 잘못 설명한 것은?

13 국가직 기출

① 유전력이 높은 형질은 환경의 영향을 많이 받는다.
② 유전력은 0~1까지의 값을 가진다.
③ 유전력이란 표현형의 전체분산 중 유전분산이
  차지하는 비율이다.
④ 유전력이 높으면 선발효율이 높다.

해설 유전력이 낮은 형질은 환경의 영향을 많이 받는다.

## 12

작물 유전현상에 대한 설명으로 옳지 않은 것은?

08 국가직 기출

① 세포질유전은 멘델의 법칙이 적용되지 않는다.
② 질적형질은 주동유전자가 지배한다.
③ 세포질유전은 핵외의 미토콘드리아와 색소체의
  유전자에 의해 결정된다.
④ 유전형질의 변이양상이 불연속적인 경우를 양
  적형질이라 한다.

해설 유전형질의 변이양상이 불연속적인 경우를 질적 형
  질, 연속변이를 하는 경우를 양적형질이라 한다.

## 13

유전적 평형이 유지되고 있는 식물집단에서 한 쌍
의 대립유전자 $A$와 $a$의 빈도를 각각 $p$, $q$라 하고
$p=0.6$이고, $q=0.4$일 때, 집단 내 대립유전자빈도
와 유전자형빈도에 대한 설명으로 옳지 않은 것은?

17 지방직 기출

① 유전자형 $AA$의 빈도는 0.36이다.
② 유전자형 $Aa$의 빈도는 0.24이다.
③ 유전자형 $aa$의 빈도는 0.16이다.
④ 이 집단이 5세대가 지난 후 예상되는 대립유전
  자 $A$의 빈도는 0.6이다.

해설 유전적 평형집단에서 대립유전자빈도(Allele
  Frequency)와 유전자형 빈도(Genotype
  Frequency)의 관계
  • 한 쌍의 대립유전자 $A$, $a$의 빈도를 $p$, $q$라 할 때
    $(pA+qa)^2=p^2AA+2pqAa+q^2aa$이다.
  • 대립유전자 $A$의 빈도 $p$가 0.6이고, 대립유전자
    $a$의 빈도 $q$가 0.4일 때
    $AA=p^2=0.6^2=0.36$
    $Aa=2pq=2(0.6\times0.4)=0.48$
    $aa=q^2=0.4^2=0.16$이다.
  ※ 유전적 평형집단에서는 몇 세대가 지나도 이런
    빈도가 변하지 않는다.

## 14

벼에서 A유전자는 유수분화기를 빠르게 하는 동시에 주간엽수를 적게 하고 유수분화 이후의 기관형성에도 영향을 미친다. 이와 같이 한 개의 유전자가 여러 가지 형질에 관여하는 것은? <samp>16 지방직</samp> <samp>기출</samp>

① 연관(Linkage)
② 상위성(Epistasis)
③ 다면발현(Pleiotropy)
④ 공우성(Codominance)

<samp>해설</samp> 하나의 유전자가 여러 가지 특성을 나타내는 경우 또는 서로 다른 특성이 동일한 유전자에 의하여 영향을 받아 나타나게 되는 현상을 다면발현이라 한다.

## 15

색소체 DNA(cpDNA)와 미토콘드리아 DNA(mtDNA)의 유전에 대한 설명으로 가장 옳지 않은 것은? <samp>20 서울시 지도사</samp> <samp>기출</samp>

① cpDNA와 mtDNA의 유전은 정역교배의 결과가 일치하지 않고, Mendel의 법칙이 적용되지 않는다.
② cpDNA와 mtDNA의 유전자는 핵 게놈의 유전자지도에 포함될 수 없다.
③ cpDNA에 돌연변이가 발생하면 잎색깔이 백색에서 얼룩에 이르기까지 다양하게 나온다.
④ 식물의 광합성 및 NADP합성 관련 유전자는 mtDNA에 의해서 지배된다.

<samp>해설</samp> mtDNA는 세포질적 웅성불임(CMS)에 존재한다.

## 16

작물의 유전현상에 대한 설명으로 옳은 것은? <samp>17 서울시</samp> <samp>기출</samp>

① 핵외유전인 세포질유전은 멘델의 법칙이 적용되지 않는다.
② 유전형질의 변이양상이 불연속인 경우 양적형질이라고 한다.
③ 양적형질은 소수의 주동유전자가 지배하고, 질적형질은 폴리진(Polygene)이 지배한다.
④ 핵외유전자는 핵 게놈의 유전자지도에 포함된다.

<samp>해설</samp> ② 유전형질의 변이양상이 연속인 경우 양적형질이라고 한다.
③ 질적형질은 소수의 주동유전자가 지배하고, 양적형질은 폴리진이 지배한다.
④ 핵외유전자는 핵 게놈의 유전자지도에 포함되지 않는다.

## 17

핵외유전의 특징으로 옳은 것은? <samp>11 국가직</samp> <samp>기출</samp>

① 정역교배의 결과가 일치하지 않는다.
② 멘델의 법칙이 적용된다.
③ 핵외유전자는 핵 게놈의 유전자지도에 포함된다.
④ 핵치환을 하면 핵외유전은 중단된다.

<samp>해설</samp> 핵외유전(세포질유전)은 멘델법칙이 적용되지 않는 비멘델식 유전이며 정역교배 결과가 일치하지 않는다.

## 18

$A$와 $B$ 유전자가 동일 염색체상에 존재할 경우 이들 유전자에 Hetero인 개체를 검정교배했을 때, 표현형의 분리비는? (단, $A$, $B$ 유전자는 완전연관이다)

15 국가직 기출

① $1AaBb : 1Aabb : 1aaBb : 1aabb$

② $9AaBb : 3Aabb : 3aaBb : 1aabb$

③ $3AB/ab : 1ab/ab$

④ $1AB/ab : 1ab/ab$

해설 **완전연관**

같은 염색체에 서로 다른 두 유전자가 연관되어 있을 때 연관유전자들이 분리하지 않으면 두 배우자가 $AB : ab = 1 : 1$로 형성되며 모두 양친형 배우자만 생긴다.

## 19

상인으로 연관된 $A$, $B$ 두 유전자의 재조합 빈도가 20%이면, $AABB \times aabb$ 교배 시 $F_1$에서 형성되는 배우자 $AB : Ab : aB : ab$의 비율은?

09 국가직 기출

① $1 : 2 : 2 : 1$

② $2 : 1 : 1 : 2$

③ $4 : 1 : 1 : 4$

④ $1 : 4 : 4 : 1$

해설 상인연관 비율 $n : 1 : 1 : n$에서 연관된 $A$와 $B$가 20%로 교차했으므로

교차율 = $100/n+1$

$20 = 100/n+1$, $n = 4$이므로

$AB : Ab : aB : ab$는 $4 : 1 : 1 : 4$이다.

## 20

유전자 사이의 재조합빈도에 대한 설명으로 옳지 않은 것은?

10 지방직 기출

① 재조합빈도는 전체 배우자 중 재조합형의 비율을 뜻한다.

② 연관된 유전자 사이의 재조합빈도는 0~100% 범위에 있다.

③ 두 유전자 사이의 거리가 멀수록 재조합빈도가 높아진다.

④ 재조합빈도가 0%인 경우를 완전연관이라 한다.

해설 연관된 유전자 사이의 재조합빈도는 0~50% 범위에 있다.

## 21

작물의 유전자지도에 대한 설명으로 옳은 것은?

① 유전자들의 절대적 위치에 근거하여 만들어진다.
② 연관된 두 유전자 사이의 재조합빈도는 유전자 간 거리에 반비례한다.
③ 정확한 거리를 추정하기 위해서는 가장 멀리있는 유전자 사이의 RF를 구해야 한다.
④ 염색체지도는 유전자지도의 일종이다.

해설
① 유전자들의 상대적 위치에 근거하여 만들어진다.
② 연관된 두 유전자 사이의 재조합빈도는 유전자 간 거리에 비례한다.
③ 정확한 거리를 추정하기 위해서는 가장 가깝게 연관된 유전자 사이의 RF를 구해야 한다.

## 22

염색체지도상의 거리가 $a-b$ 간에 10단위, $b-c$ 간에 20단위이다. 여기서, 2중교차형이 1.6% 나왔다면 간섭의 정도(%)는?

09 지방직 기출

① 80
② 20
③ 16
④ 1.6

해설 유전자 거리단위 10단위와 20단위는 유전자 교차확률이 0.1과 0.2이므로 2중교차 확률은 0.1×0.2 = 0.02이다(10%와 20%가 동시에 일어날 확률). 하지만 간섭이라는 현상이 일어나기 때문에 이론상의 2중교차확률 2%는 더 줄어든다. 2%에서 1.6%로 감소했으므로 80%로 줄었다. 따라서 간섭이 20% 정도로 영향을 주었다고 할 수 있다.

$$일치계수 = \frac{이중교차의\ 관찰빈도}{이중교차의\ 기대빈도} = \frac{1.6}{2.0} = 0.8$$

$$간섭계수 = 1 - 일치계수 = 1 - 0.8 = 0.2$$

## 01

유전변이에 관한 설명으로 옳지 않은 것은?

10 국가직 기출

① 인공교배 양친의 유전적 차이가 클수록 잡종집단의 유전변이가 적어진다.
② 인위돌연변이 및 염색체조작은 주로 동일 종 내에서 유전변이를 작성하고자 할 때 실시한다.
③ 세포융합은 서로 다른 종의 우량유전자를 도입한 유전변이를 작성하고자 할 때 효과적이다.
④ 유전자전환은 생물종에 관계없이 원하는 유전자만을 도입할 수 있는 방법이다.

해설 인공교배하는 양친의 유전적 차이가 클수록 잡종집단의 유전변이가 커진다.

## 02

배수체의 염색체 조성에 대한 설명으로 옳은 것은?

20 국가직 7급 기출

① 반수체 생물 : $\frac{1}{2}n$
② 1염색체 생물 : $2n+1$
③ 3염색체 생물 : $4n-1$
④ 동질배수체 생물 : $3x$

해설 ① 반수체 생물(n, 체세포염색체의 반)
② 1염색체 생물($2n-1$)
③ 3염색체 생물($2n+1$)

## 03

재배작물의 염색체 수($2n$)로 옳지 않은 것은?

09 국가직 기출

① 벼 – 24
② 옥수수 – 20
③ 대두 – 40
④ 감자 – 24

해설 감자의 염색체 수는 48개이다.

## 04

유전체에 대한 설명으로 옳지 않은 것은?

15 국가직 기출

① 2배체인 벼의 체세포 염색체 수는 24개이고, 염색체 기본수는 12개이다.
② 위치효과는 염색체 단편이 $180°$ 회전하여 다시 그 염색체에 결합하여 유전자의 배열이 달라지는 것을 말한다.
③ 상동염색체의 두 염색체는 각 형질에 대한 유전자좌가 일치한다.
④ 유전체(Genome)는 유전자(Gene)와 염색체(Chromosome)가 합쳐진 용어이다.

해설 **역위**
염색체 단편이 $180°$ 회전하여 다시 그 염색체에 결합함으로써 유전자의 배열이 달라지는 것인데, 역위가 일어나는 부위에서는 교차의 억제 현상이 나타난다.

## 05

**식물 유전자의 구조에 대한 설명으로 옳지 않은 것은?**

12 지방직 〈기출〉

① 진핵세포의 DNA와 히스톤 단백질이 결합하여 형성한 뉴클레오솜들이 압축·포장되어 염색체 구조를 이룬다.
② 한 가닥 RNA로 된 역전사바이러스는 진핵세포에 감염되면 역전사효소를 이용하여 RNA로부터 DNA를 합성한다.
③ 트랜스포존의 절단과 이동은 전이효소에 의해 촉매된다.
④ 진핵세포 유전자의 DNA는 단백질을 지정하는 인트론과 단백질을 지정하지 않는 엑손을 포함한다.

> **해설** 유전자 DNA는 단백질을 지정하는 엑손(Exon)과 단백질을 지정하지 않는 인트론(Intron)을 포함한다.

## 06

**유전자 탐색 및 조작에 이용되는 DNA에 대한 설명으로 옳지 않은 것은?**

12 국가직 〈기출〉

① 플라스미드(Plasmid)는 식물의 유전자조작에서 유전자운반체로 많이 사용된다.
② 트랜스포존(Transposon)은 유전자의 돌연변이를 유발하지 않으며, 유전자운반체로 이용된다.
③ 프라이머(Primer)는 DNA 복제의 시발체로 사용되는 한 가닥 핵산이다.
④ 프로브(Probe)는 유전자은행에서 원하는 유전자를 찾을 때 사용하는 상보적인 DNA 단편이다.

> **해설** 트랜스포존(Transposon)은 유전자조작에서 유전자 운반체로의 이용과 돌연변이를 유기하는 데 유용하다.

## 07

**식물세포에서 유전자의 복제와 발현과정에 대한 설명으로 옳지 않은 것은?**

11 국가직 〈기출〉

① 체세포분열 시 염색체는 세포 주기의 S기에서 복제된다.
② 핵에서 mRNA를 합성하는 것을 전사(Transcription)라고 한다.
③ 핵에서 엑손을 제거하는 과정인 스플라이싱(Splicing)이 일어난다.
④ 세포질의 리보솜(Ribosome)에서 단백질이 합성된다.

> **해설** 스플라이싱(Splicing)은 DNA가 전사되어 전령 RNA가 되는 과정에서 인트론이 제거되어 엑손이 연결되는 것이다.

## 08

**유전공학기술을 이용한 형질전환육종에서 가장 먼저 수행하는 기술은?**

11 지방직 〈기출〉

① 재조합 벡터제작
② 유전자 클로닝
③ 식물체 재분화
④ 식물세포에 유전자 도입

> **해설** 전통적인 방법에 의해 작물의 품종개량을 해오던 육종기술 분야는 1980년대에 들어서면서 커다란 변혁기를 맞이하게 된다. 토양미생물 중 자연 상태에서 식물세포로 감염능력이 있는 Agrobacterium의 존재를 발견하였고, 생물체 내에 있는 유전자를 제한효소를 사용하여 재조합할 수 있는 기술(유전자 클로닝)이 개발되었기 때문이다.

## 09

원형의 DNA로 항생제나 제초제 저항성 유전자를 가지며, 유전자 운반체로 많이 사용되는 것은?

09 국가직 기출

① Marker
② Transposon
③ Probe
④ Plasmid

해설 ① Marker – 표지
② Transposon – 전이인자
③ Probe – 소식자(消息子)

## 10

안티센스 RNA 기술을 이용하여 만들어진 형질전환 식물은?

09 국가직 기출

① Bollgard – 면화
② TMV 저항성 – 담배
③ Roundup Ready – 콩
④ Flavr Savr – 토마토

해설 안티센스 RNA법을 이용하여 토마토 Flavr Savr(유전자 재조합기술로 생산된 토마토의 품종. 세계 최초로 상용 재배된 유전자 변형작물)가 만들어졌다.

## 11

안티센스(Anti-sense) RNA에 대한 설명으로 옳은 것은?

18 지방직 기출

① 세포질에서 단백질로 번역되는 mRNA와 서열이 상보적인 단일가닥 RNA이다.
② mRNA와 이중나선을 형성하여 mRNA의 번역 효율을 높인다.
③ 특정한 유전자의 발현을 증가시켜 농작물의 상품가치를 높이는 데 활용될 수 있다.
④ 특정한 유전자의 DNA와 상보적으로 결합하여 전사 활성을 높인다.

해설 **안티센스 RNA**
특정 mRNA에 상보적인 염기서열을 가진 RNA로 원래의 mRNA와 2중가닥을 형성하여 번역(단백질 합성)을 억제한다.

## 12

형질전환육종 과정을 순서대로 바르게 나열한 것은?

13 국가직 기출

① 유전자분리 · 증식 → 유전자도입 → 식물세포
   선발 → 세포배양 · 식물체분화
② 유전자도입 → 식물세포선발 → 세포배양 · 식
   물체분화 → 유전자분리 · 증식
③ 식물세포선발 → 세포배양 · 식물체분화 → 유
   전자분리 · 증식 → 유전자도입
④ 세포배양 · 식물체분화 → 유전자분리 · 증식 →
   유전자도입 → 식물세포선발

해설  **형질전환육종의 단계**
- 1단계 : 원하는 유전자를 분리하여 클로닝(증식)
  한다.
- 2단계 : 클로닝한 유전자를 벡터에 재조합하여
  식물세포에 도입한다.
- 3단계 : 재조합 유전자(DNA)를 도입한 식물세포
  를 증식하고 식물체로 재분화시켜 형질전환식물
  을 선발한다.
- 4단계 : 형질전환식물의 특성을 평가하여 신품종
  으로 육성한다.

## 13

다음 중 유전자변형식물체(GMO)를 만드는 과정을
순서대로 바르게 나열한 것은?

08 국가직 기출

> ㄱ. 목표 유전자 분리
> ㄴ. 유전자 클로닝(Cloning)
> ㄷ. 목표형질을 가진 개체의 발견
> ㄹ. 작물 형질전환
> ㅁ. 운반체로 유전자 재조합

① ㄷ - ㄴ - ㄱ - ㅁ - ㄹ
② ㄷ - ㄱ - ㄴ - ㅁ - ㄹ
③ ㄷ - ㄴ - ㅁ - ㄱ - ㄹ
④ ㄷ - ㄱ - ㅁ - ㄴ - ㄹ

해설  **형질전환육종의 단계**
목표형질을 가진 개체의 발견 - 목표 유전자 분리 -
유전자 클로닝(Cloning) - 운반체로 유전자 재조합
- 작물 형질전환

## 01

분리육종에 포함되지 않는 것은?　　10 국가직 기출

① 계통집단선발　　② 영양계분리
③ 파생계통육종　　④ 성군집단선발

해설　파생계통육종은 계통육종과 집단육종을 절충한 교배육종방법이다.

## 02

육종의 기본과정을 순서대로 바르게 나열한 것은?
13 국가직 기출

① 육종목표 설정 → 육종재료 및 육종방법 결정
→ 변이작성 → 우량계통 육성 → 생산성 검정
→ 지역적응성 검정 → 신품종결정 및 등록 →
종자증식 → 신품종 보급
② 육종재료 및 육종방법 결정 → 육종목표 설정
→ 우량계통 육성 → 지역적응성 검정 → 신품
종 결정 및 등록 → 생산성 검정 → 종자증식 →
신품종 보급
③ 육종목표 설정 → 변이작성 → 육종재료 및 육
종방법 결정 → 우량계통 육성 → 생산성 검정
→ 지역적응성 검정 → 신품종결정 및 등록 →
종자증식 → 신품종 보급
④ 육종목표 설정 → 변이작성 → 육종재료 및 육
종방법 결정 → 우량계통 육성 → 생산성 검정
→ 지역적응성 검정 → 종자증식 → 신품종 보
급 → 신품종 결정 및 등록

해설　**육종의 기본과정**
육종목표의 설정 → 육종재료 및 방법 결정 → 변이
작성 → 우량계통 육성 → 생산성 검정 → 지역적응
성 검정 → 신품종 결정 및 등록 → 종자증식 → 보급

## 03

자식성 작물의 유전적 특성과 육종에 대한 설명으로 옳지 않은 것은?　　12 지방직 기출

① 자식을 하면 세대가 진전됨에 따라 동형접합체
가 증가한다.
② 자식을 거듭한 $m$세대 집단의 이형접합체의 빈
도는 $\left(\dfrac{1}{2}\right)^{m-1}$이다.
③ 유전적 특성을 이용하여 순계를 선발해 품종을
만들 수 있다.
④ 자식에 의한 집단 내의 이형접합체는 1/4씩 감
소한다.

해설　자식에 의한 집단 내 이형접합체는 1/2씩 감소한다.

## 04

자식성 작물 집단에서 대립유전자 2쌍이 모두 독립
적인 이형접합체($F_1$)를 3세대까지 자식(Selfing)한
$F_3$집단의 동형접합체 빈도는?　　14 국가직 기출

① $\dfrac{9}{16}$　　　② $\dfrac{10}{16}$

③ $\dfrac{11}{16}$　　　④ $\dfrac{12}{16}$

해설　**동형접합체 빈도**
$$\left[1-\left(\dfrac{1}{2}\right)^{m-1}\right]^n = \left[1-\left(\dfrac{1}{2}\right)^{3-1}\right]^2$$

## 05

**분리육종법과 교잡육종법에 대한 설명으로 옳지 않은 것은?**

12 국가직 기출

① 분리육종은 유전자재조합을 기대하는 것이고, 교잡육종은 유전자의 상호작용을 기대하는 것이다.
② 분리육종은 주로 재래종 집단을 대상으로 하고 교잡육종은 잡종의 분리세대를 대상으로 한다.
③ 기존변이가 풍부할 때는 교잡육종보다 분리육종이 더 효과적이다.
④ 자식성 작물에서는 두 가지 방법 모두 순계를 육성하는 것이다.

해설 분리육종은 재래종 집단에서 우량유전자형을 분리하여 품종으로 육성하는 것이고, 교잡육종은 교잡에 의해 새로운 유전변이를 유도하여 신품종을 육성하는 방법이다.

## 06

**자식성 작물의 교잡육종에서 유용한 유전자들을 가장 많이 확보·유지할 수 있는 육종법은?**

12 국가직 기출

① 계통육종법
② 파생계통육종법
③ 집단육종법
④ 여교잡육종법

해설 **집단육종법**
폴리진이 관여하는 양적형질의 개량에 유리하며, $F_2$부터 개체선발을 시작하는 계통육종과 달리, 잡종의 분리세대 동안 선발하지 않고 혼합채종과 집단재배를 집단의 동형접합성이 높아진 후기세대에서 개체선발에 들어간다.

## 07

**자식성 작물에서 집단육종의 이점으로 옳지 않은 것은?**

11 국가직 기출

① 초기세대에 선발하지 않으므로 잡종집단의 취급이 용이하다.
② 출현빈도가 낮은 우량유전자형을 선발할 가능성이 높다.
③ 집단재배에 의하여 자연선택을 유리하게 이용할 수 있다.
④ 이형접합체가 증가한 후기세대에 선발하기 때문에 선발이 간편하다.

해설 ④ 동형접합체가 증가한 후대에 선발하므로 선발이 간편하다.

## 08

**집단육종에 대한 설명으로 옳은 것은?**

20 국가직 7급 기출

① 양적형질보다 질적형질의 개량에 유리한 육종법이다.
② 타식성 작물의 육종에 유리한 방법이다.
③ 출현 빈도가 낮은 우량유전자형을 선발할 가능성이 높다.
④ 계통육종에 비하여 육종 연한을 단축할 수가 있다.

해설 ① 선발을 하는 후기세대에 동형접합체가 많으므로 폴리진이 관여하는 양적 형질의 개량에 유리하다.
② 집단육종은 잡종 초기세대에서 순계를 만든 후 후기세대에서 집단선발하는 것으로 자식성 작물에 주로 실시한다.
④ 집단재배를 하는 기간이 필요하므로 계통육종에 비해 육종연한이 길다.

## 09

**계통육종과 집단육종의 비교 설명으로 옳지 않은 것은?**

09 국가직 기출

① 계통육종은 육종효과가 빨리 나타나며, 시간과 노력이 절약된다.

② 계통육종은 육안관찰이나 특성검정이 용이한 질적형질의 개량에 효율적이다.

③ 집단육종은 양적형질의 개량에 유리하며, 유용유전자를 상실할 염려가 적다.

④ 집단육종은 출현빈도가 낮은 우량유전자형을 선발할 가능성이 높다.

**해설** **계통육종과 집단육종 비교**

| 계통육종 | 집단육종 |
|---|---|
| • $F_2$부터 선발을 시작하므로 육안관찰 및 특성검정이 용이해 형질개량에 효율적이다.<br>• 육종가의 정확한 선발에 의해 육종규모를 줄일 수 있으며 육종연한을 단축할 수 있다.<br>• 선발이 잘못되면 유용유전자를 상실하게 된다.<br>• 육종재료의 관리 및 선발에 시간, 노력, 경비가 많이 든다. | • 잡종초기 집단재배를 하므로 유용유전자 상실의 위험이 적다.<br>• 선발을 하는 후기세대에 동형접합체가 많으므로 폴리진이 관여하는 양적형질의 개량에 유리하다.<br>• 별도의 관리와 선발에 노력이 필요하지 않다.<br>• 집단재배 기간 중 육종규모를 줄이기 어렵다.<br>• 계통육종에 비해 육종연한이 길다. |

## 10

**계통육종법과 집단육종법에 대한 비교 설명으로 옳은 것은?**

13 지방직 기출

① 계통육종법은 초기세대부터 선발하므로 육안관찰이 용이한 양적형질의 개량에 효과적이다.

② 집단육종법은 잡종 초기세대에 집단재배를 하기 때문에 유용유전자를 상실할 경우가 많다.

③ 집단육종법은 육종재료의 관리와 선발에 많은 시간, 노력, 경비가 든다.

④ 계통육종법은 육종가의 정확한 선발에 의하여 육종규모를 줄이고 육종연한을 단축할 수 있다.

**해설** ① 계통육종법은 육안관찰이나 특성검정이 용이한 질적형질의 개량에 효율적이다.
② 집단육종법은 양적형질의 개량에 유리하며, 유용유전자를 상실할 염려가 적다.
③ 집단육종법은 별도의 관리와 선발에 노력이 필요하지 않다.

## 11

**집단육종과 계통육종에 대한 설명으로 옳지 않은 것은?**

17 국가직 기출

① 집단육종에서는 자연선택을 유리하게 이용할 수 있다.

② 집단육종에서는 초기세대에 유용유전자를 상실할 염려가 크다.

③ 계통육종에서는 육종재료의 관리와 선발에 많은 시간과 노력이 든다.

④ 계통육종에서는 잡종 초기세대부터 계통단위로 선발하므로 육종효과가 빨리 나타난다.

**해설** 집단육종법은 잡종 초기세대에 집단재배를 하기 때문에 유용유전자를 상실한 염려가 적다.

## 12

**집단육종과 계통육종에 대한 설명으로 옳지 않은 것은?**

11 지방직 기출

① 집단육종은 잡종집단의 취급이 용이하고 출현 빈도가 낮은 우량유전자형의 선발이 가능하다.

② 계통육종은 육종재료의 관리와 선발에 많은 시간과 노력이 들지만 육종가의 정확한 선발에 의하여 육종연한을 단축할 수 있다.

③ 집단육종은 계통육종과 같은 별도의 관리와 선발노력이 필요하지 않다.

④ 계통육종은 $F_3$부터 매 세대 개체선발을 통해 우량한 유전자형의 순계를 육성한다.

> **해설** 계통육종은 잡종의 분리세대($F_2$ 이후)마다 개체선발과 선발개체별 계통재배를 계속하여 계통 간의 비교로 우열을 판별하고, 선택 고정시키면서 순계를 만들어가는 육종법이다.

## 13

**1개체 1계통 육종(Single Seed Descent Method)의 이점으로 옳은 것은?**

11 국가직 기출

① 우량품종에 한두 가지 결점이 있을 때 이를 보완하는 데 효과적이다.

② $F_2$세대부터 선발을 시작하므로 특성검정이 용이한 질적형질의 개량에 효율적이다.

③ 유용유전자를 잘 유지할 수 있고, 육종연한을 단축할 수 있다.

④ 균일한 생산물을 얻을 수 있으며, 우성유전자를 이용하기 유리하다.

> **해설** ① 여교배육종법, ② 계통육종법, ④ 1대잡종을 품종으로 육성하는 육종방법을 말한다.
>
> **1개체 1계통 육종**
> - $F_2$–$F_4$세대에는 매 세대 모든 개체로부터 1립씩 채종하여 집단재배를 하고, $F_2$ 각 개체별로 $F_5$ 계통재배를 한다.
> - 집단육종과 계통육종의 이점을 모두 살리는 육종방법으로 초기 집단재배를 해서 유용유전자를 유지할 수 있고, 육종규모가 작아 온실에서 육종연한을 단축할 수 있다.

## 14

**우량품종에 한두 가지 결점이 있을 때 이를 보완하기 위하여 이용되는 여교잡육종에 대한 설명으로 옳지 않은 것은?**

07 국가직 기출

① 1회친의 특정 형질을 선발하므로 육종효과와 재현성이 낮다.

② 대상형질에 관여하는 유전자가 많을수록 육종과정이 복잡하고 어려워진다.

③ 여러 번 여교배를 한 후에도 반복친의 특성을 충분히 회복해야 한다.

④ 목표형질 이외의 다른 형질의 개량을 기대하기 어렵다.

> **해설** 이전하려는 1회친의 특성만 선발하므로 육종효과가 확실하고 재현성이 높다.

## 15

우량품종에 한두 가지 결점이 있을 때 이를 보완하기 위해 반복친과 1회친을 사용하는 육종방법으로 옳은 것은?

17 지방직 기출

① 순환선발법      ② 집단선발법
③ 여교배육종법     ④ 배수성육종법

**해설** **여교배육종(戾交配育種, Backcross Breeding)**
• 우량품종의 한두 가지 결점을 보완하는 데 효과적 육종방법이다.
• 여교배는 양친 A와 B를 교배한 $F_1$을 다시 양친 중 어느 하나인 A 또는 B와 교배하는 것이다.

## 16

여교배육종에 대한 설명으로 옳지 않은 것은?

13 지방직 기출

① 연속적으로 교배하면서 이전하려는 반복친의 특성만 선발한다.
② 육종효과가 확실하고 재현성이 높다.
③ 목표형질 이외의 다른 형질의 개량을 기대하기는 어렵다.
④ '통일찰' 벼품종은 여교배육종에 의하여 육성되었다.

**해설** ① 이전하려는 1회친의 특성만 선발한다.

## 17

여교배육종에 대한 설명으로 옳지 않은 것은?

10 지방직 기출

① 여교배육종은 우량품종에 한두 가지 결점이 있을 때 이를 보완하는 데 효과적이다.
② 여교배를 하는 동안 이전형질(유전자)의 특성이 변하지 않아야 한다.
③ 여러 번 교배한 후에 반복친의 특성을 충분히 회복해야 한다.
④ 육종효과가 불확실하고 재현성은 낮지만 목표형질 이외의 다른 형질의 개량은 쉽다.

**해설** 육종환경에 구애받지 않고, 육종의 효과를 예측할 수 있으면 재현성이 높으나, 계통육종법이나 집단육종법과 같이 여러 형질의 동시 개량은 기대하기 어렵다.

## 18

작물의 육종방법에 대한 설명으로 옳지 않은 것은?

16 국가직 기출

① 교배육종(Cross Breeding)은 인공교배로 새로운 유전변이를 만들어 품종을 육성하는 것이다.
② 배수성육종(Polyploidy Breeding)은 콜히친 등의 처리로 염색체를 배가시켜 품종을 육성하는 것이다.
③ 1대잡종육종(Hybrid Breeding)은 잡종강세가 큰 교배조합의 1대잡종($F_1$)을 품종으로 육성하는 것이다.
④ 여교배육종(Backcross Breeding)은 연속적으로 교배하면서 이전하려는 반복친의 특성만 선발하므로 육종효과가 확실하고 재현성이 높다.

**해설** 여교배육종은 이전하려는 1회친의 특성만 선발하므로 육종효과가 확실하고 재현성이 높다.

## 19

다음 중 타식성 작물에서 사용하기 어려운 육종방법은?

13 국가직 기출

① 일대잡종육종법
② 여교배육종법
③ 돌연변이육종법
④ 순계분리육종법

해설 순계분리법은 자식성인 수집 재래종의 개량에 가장 효과적인 작물육종법이다.

## 20

자식성 작물과 타식성 작물에 대한 설명으로 옳지 않은 것은?

20 국가직 7급 기출

① 자식성 작물은 유전적으로 세대가 진전함에 따라 유전자형이 동형접합체로 된다.
② 자식성 작물은 자식을 계속하면 자식약세현상이 나타난다.
③ 타식성 작물은 유전적으로 잡종강세현상이 두드러진다.
④ 타식성 작물은 자식성작물보다 유전변이가 더 크다.

해설 ② 타식성 작물은 자식약세(근교약세)를 방지하고 잡종강세를 유지하기 위해서 집단선발이나 계통 집단선발을 한다. 하지만 근친교배나 자가수정을 계속하면 자식약세가 일어난다.

## 21

타식성 작물의 육종방법이 아닌 것은?

20 지방직 7급 기출

① 순계선발 　　　② 집단선발
③ 합성품종 　　　④ 순환선발

해설 ① 순계선발은 자식성 작물의 분리육종방법이다.

## 22

육종방법에 대한 설명으로 옳은 것은? 15 국가직 기출

① 집단육종은 잡종 초기세대에서 순계를 만든 후 후기세대에서 집단선발하는 것으로 타식성 작물에서 주로 실시한다.
② 계통육종은 인공교배 후 후기세대에서 계통단위로 선발하므로 양적형질의 개량에 유리하다.
③ 순환선발은 우량개체 선발과 그들 간의 교배를 통해 좋은 형질을 갖추어주는 것으로 타식성 작물에서 실시한다.
④ 분리육종은 타식성 작물에서 개체선발을 통해 이루어지는 육종방법으로 영양번식작물의 경우에는 이용되지 않는다.

해설 ① 집단육종은 잡종 초기세대에서 순계를 만든 후 후기세대에서 집단선발하는 것으로 자식성 작물에 주로 실시한다.
② 계통육종은 $F_2$세대부터 선발을 시작하므로 특성검정이 용이한 질적형질의 개량에 효율적이다.
④ 분리육종은 타식성 작물에서 개체선발을 통해 이루어지는 육종방법으로 영양번식작물에 이용된다.

## 23

우량개체를 선발하고 그들 간에 상호교배를 함으로써 집단 내에 우량유전자의 빈도를 높여 가는 육종방법은?

① 집단선발　　　　② 순환선발
③ 파생계통육종　　④ 집단육종

> **해설** 순환선발은 우량개체를 선발하고 그들 간에 상호교배를 함으로써 집단 내에 우량유전자의 빈도를 높여 가는 육종방법으로 타식성 작물에서 실시한다.

## 24

1대잡종육종에 대한 설명으로 옳지 않은 것은?

15 국가직 기출

① 1대잡종품종은 수량이 높고 균일도도 우수하며, 우성유전자 이용의 장점이 있다.
② 조합능력검정은 계통 간 잡종강세 발현 정도를 평가하는 과정이다.
③ 1대잡종육종에서는 주로 여교잡을 여러 차례 실시하여 잡종강세를 높인다.
④ 1대잡종종자 채종을 위해서는 자가불화합성이나 웅성불임성을 많이 이용한다.

> **해설** 1대잡종육종은 잡종강세가 큰 교배조합 선발과 $F_1$ 종자를 대량생산할 수 있는 채종기술이 중요하다.

## 25

1대잡종품종의 육성에 대한 설명으로 옳지 않은 것은?

17 서울시 기출

① 자식계통으로 1대잡종품종을 육성하는 방법에는 단교배, 3원교배, 복교배 등이 있다.
② 단교배 1대잡종품종은 잡종강세가 가장 크지만, 채종량이 적고 종자가격이 비싸다는 단점이 있다.
③ 사료작물에는 3원교배 및 복교배 1대잡종품종이 많이 이용된다.
④ 자연수분품종끼리 교배한 1대잡종품종은 자식계통을 사용하였을 때보다 생산성이 낮고, $F_1$ 종자의 채종이 불리하다.

> **해설** 자연수분품종간교배한 $F_1$ 품종은 자식계통을 이용했을 때보다 생산성은 낮으나 채종이 유리하고 환경스트레스 적응성이 높다.

## 26

1대잡종의 품종과 채종에 대한 설명으로 옳지 않은 것은?

18 국가직 기출

① 사료작물에서는 3원교배나 복교배에 의한 1대잡종품종이 많이 이용된다.
② 일반적으로 1대잡종품종은 수량이 높고 균일한 생산물을 얻을 수 있다.
③ $F_1$종자의 경제적 채종을 위해 주로 자가불화합성과 웅성불임성을 이용한다.
④ 자식계통간교배로 만든 품종의 생산성은 자연방임품종보다 낮다.

> **해설** ④ 자식계통간교배로 만든 품종의 생산성은 자연방임품종보다 높다.

## 27

1대잡종육종(一代雜種育種)에 대한 설명으로 옳지 않은 것은?

10 지방직 기출

① 1대잡종품종은 옥수수, 배추, 무 등에서 이용되고 있다.
② 1대잡종품종은 수량이 많고, 균일한 생산물을 얻을 수 있으며, 우성유전자를 이용하기가 유리하다.
③ 1대잡종육종에서는 잡종강세가 큰 교배조합 선발을 위해 자식계통을 육성해야 한다.
④ 1대잡종품종 중 잡종강세가 가장 큰 것은 복교배 1대잡종품종이다.

해설 **잡종강세 발현도**
단교배 > 복교배 > 합성품종

## 28

조합능력에 대한 설명으로 옳은 것은?

16 대구 지도사 기출

① 일반조합능력은 자식계통을 여러 자식계통과 교배하는 것이고, 특정조합능력은 자식계통을 검정친으로 교배한 것이다.
② 일반조합능력은 생활에 유리한 우성유전자들이 많이 들어있고, 특정조합능력은 유전자 상호작용에 의한 것이다.
③ 일반조합능력은 단교배, 특정조합능력은 톱교배로 검정한다.
④ 특정조합능력을 조기검정하고, 일반조합능력을 후기검정한다.

해설 일반조합능력은 특정계통의 평균잡종강세(우성유전자 집적)를 나타내고, 특정조합능력은 특정조합 사이에만 나타나는 잡종강세(유전자 상호작용)를 말한다.

## 29

잡종강세의 정도를 나타내는 조합능력에 대한 설명 중 옳지 않은 것은?

07 국가직 기출

① 잡종강세를 이용하는 육종에서는 조합능력이 높은 어버이 계통을 선정하는 것이 좋다.
② 일반조합능력은 어떤 자식계통이 여러 검정계통과 교배되어 나타나는 1대잡종의 평균잡종강세이다.
③ 조합능력은 순환선발에 의하여 개량된다.
④ 톱교잡 검정법은 특정조합능력검정에 이용한다.

해설 조합능력의 검정은 먼저 톱교배로 일반조합능력을 검정하고, 거기서 선발된 자식계통으로 단교배를 하여 특정조합능력을 검정한다.

## 30

채종 시 자가불화합성을 이용하는 작물로만 구성된 것은?

① 오이 – 수박 – 호박
② 멜론 – 참외 – 토마토
③ 당근 – 상추 – 고추
④ 순무 – 배추 – 무

해설 **1대잡종종자의 채종방법**
• 인공교배 이용 : 오이, 수박, 멜론, 참외, 호박, 토마토, 피망, 가지 등
• 웅성불임성 이용 : 상추, 고추, 당근, 쑥갓, 양파, 파, 벼, 밀, 옥수수 등
• 자가불화합성 이용 : 무, 배추, 양배추, 양상추, 순무, 브로콜리 등

## 31

1대잡종종자 채종 시 자가불화합성을 이용하기 어려운 작물은?

14 국가직 기출

① 벼                    ② 브로콜리
③ 배 추                 ④ 무

해설 벼는 웅성불임성을 이용하는 작물이다.

## 32

1대잡종종자를 채종하기 위해서 웅성불임성을 이용하는 작물들로 옳은 것은?

13 지방직 기출

① 당근, 양파, 옥수수, 벼
② 무, 양배추, 순무, 배추
③ 호박, 멜론, 피망, 브로콜리
④ 오이, 수박, 토마토, 가지

해설 상추, 고추, 당근, 쑥갓, 양파, 파, 벼, 밀, 옥수수 등은 웅성불임성을 이용한 작물이다.

## 33

염색체 수를 늘리거나 줄임으로 생겨나는 변이를 이용하는 육종방법은?

① 교잡육종법              ② 선발육종법
③ 배수체육종법           ④ 돌연변이육종법

해설 ① 육종의 소재가 되는 변이를 교잡을 통해 얻는 방법이다.
② 교배를 하지 않고 재래종에서 우수한 특성을 가진 개체를 골라 품종으로 만드는 방법이다.
④ 자연적 돌연변이 또는 인위적 돌연변이를 이용하여 우수한 품종을 얻는 방법이다.

## 34

배수성육종법에 사용되는 콜히친은 감수분열과정에서 주로 무엇의 발달을 저해하는가?

09 지방직 기출

① 리보솜
② 핵
③ 골지체(Golgi Body)
④ 방추사

해설 동일배수체 육종에 사용되는 콜히친은 세포 내의 방추사 형성을 저해하여, 딸염색체들이 양극으로 이동하지 못함으로써 염색체 수를 배가하는 효과를 나타낸다.

## 35

다음 작물 중 이질배수체가 아닌 것은?

08 국가직 기출

① 무                    ② 밀
③ 라이밀                ④ 서양유채

해설 ① 무 – 동질4배체
② 밀($AABBDD$, $2n=42$) – 이질6배체
③ 라이밀(트리티케일, $AABBDDRR$ = 밀 + 호밀, 최초 속간잡종) – 이질8배체
④ 서양유채($AACC$, $BBCC$) – 이질4배체

## 36

배수성육종에 대한 설명으로 옳지 않은 것은?

17 지방직 기출

① 배수체를 작성하기 위해 세포분열이 왕성한 생장점에 콜히친을 처리한다.
② 복2배체의 육성방법은 이종게놈의 양친을 교배한 $F_1$의 염색체를 배가시키거나 체세포를 융합시키는 것이다.
③ 반수체는 염색체를 배가하면 동형접합체를 얻을 수 있으나 열성형질을 선발하기 어렵다.
④ 인위적으로 반수체를 만드는 방법으로 약배양, 화분배양, 종·속간교배 등이 있다.

해설  반수체육종은 염색체를 배가하면 곧바로 동형접합체를 얻을 수 있으므로 육종연한을 대폭 줄일 수 있고, 상동게놈이 1개뿐이므로 열성형질을 선발하기 쉽다.

## 37

반수체를 이용한 품종개량에 대한 설명으로 옳은 것은?

07 국가직 기출

① 육종연한이 단축된다.
② 열성형질의 선발이 어렵다.
③ 반수체는 생육이 왕성하고 임성이 높아 실용성이 높다.
④ 반수체의 염색체는 배가하면 곧바로 이형접합체를 얻어 변이체를 많이 만들 수 있다.

해설  ② 열성형질의 선발이 용이하다.
③ 반수체는 생육이 불량하고 완전불임으로 실용성이 없다.
④ 반수체의 염색체는 배가하면 곧바로 동형접합체를 얻어 변이체를 많이 만들 수 있다.

## 38

반수체육종의 특성만을 고른 것은?

11 지방직 기출

> ㄱ. 집단육종법보다 육종연한 단축
> ㄴ. 유전물질 증가
> ㄷ. 열성형질 선발용이
> ㄹ. 다가염색체 형성

① ㄱ, ㄴ
② ㄱ, ㄷ
③ ㄴ, ㄷ
④ ㄴ, ㄹ

해설  반수체는 생육이 불량하고 완전불임으로 실용성이 없으며, 염색체를 배가하면 곧바로 동형접합체가 되므로 유전·육종에 이용가치가 높아 육종연한을 대폭 줄이고 열성형질을 선발하기 쉽다.

## 39

반수체육종에 많이 이용되는 배양법으로 짝지어진 것은?

08 국가직 기출

① 약배양, 생장점배양
② 생장점배양, 배주배양
③ 약배양, 화분배양
④ 화분배양, 원형질체배양

해설  **반수체육종 배양법**
약배양, 화분배양, 배배양, 배주배양, 방사선조사 등

## 40

**돌연변이육종에 대한 설명으로 옳지 않은 것은?**

16 지방직 기출

① 종래에 없었던 새로운 형질이 나타난 변이체를 골라 신품종으로 육성한다.

② 열성돌연변이보다 우성돌연변이가 많이 발생하고 돌연변이 유발장소를 제어할 수 없다.

③ 벼과작물은 $M_1$ 식물체의 이삭단위로 채종하여 $M_2$ 계통으로 재배하고 선발한다.

④ 돌연변이육종은 교배육종이 어려운 영양번식작물에 유리하다.

**해설** 우량형질의 출현율이 낮아서 열성돌연변이가 많으며, 돌연변이 장소를 제어할 수 없어서 교잡육종에 비해 안정적인 효율성이 낮다.

## 41

**인위돌연변이체의 낮은 수량에 대한 설명으로 옳지 않은 것은?**

12 지방직 기출

① 돌연변이 유전자가 원품종의 유전배경에 적합하지 않기 때문이다.

② 돌연변이체는 세포질에 결함이 생길 수 있기 때문이다.

③ 돌연변이가 일어날 때 다른 유전형질이 열악해질 수 있기 때문이다.

④ 유전자 돌연변이는 염기의 치환, 결실 등이 일어나지 않기 때문이다.

**해설** 유전자 돌연변이는 유전자의 구조적 변화에 의하여 일어나는 변이로 염기쌍의 치환, 중복, 결실이나 배열의 재조합 따위의 구조 변화에 의하여 일어난다.

## 42

**다음은 돌연변이육종법을 설명한 것이다. 옳지 않은 것은?**

06 대구 지도사 기출

① 새로운 유전자를 창생할 수 있다.

② 여러 유전자를 동시에 변화시킬 수 있다.

③ 영양번식식물에서도 인위적으로 유전적 변이를 일으킬 수 있다.

④ 방사선을 처리하면 불화합성이던 것을 화합성으로 변하게 할 수 있다.

**해설** 단일유전자만을 변화시킬 수 있다.

## 43

**유전자원의 수집과 보존에 대한 설명으로 옳지 않은 것은?**

11 지방직 기출

① 유전자원을 수집할 때에는 병충해 유무 등의 내력을 기록한다.

② 종자번식작물의 유전자원은 종자의 형태로만 수집·보존된다.

③ 종자수명이 짧은 작물은 조직배양을 하여 기내보존하면 장기간 보존할 수 있다.

④ 유전자원의 탐색, 수집 및 이용을 위한 국제식물유전자원연구소가 설치되어 있다.

**해설** 작물의 유전자원은 대부분 종자로 수집하지만 비늘줄기, 덩이줄기, 접수, 식물체, 화분, 배양조직 등으로 수집하기도 한다.

## 44

종·속간교잡에서 나타나는 생식격리장벽을 극복하기 위해 사용되는 방법으로 옳지 않은 것은?

18 지방직 기출

① 자방을 적출하여 배양한다.
② 약을 적출하여 배양한다.
③ 배를 적출하여 배양한다.
④ 배주를 적출하여 배양한다.

> **해설** 종간잡종이나 속간잡종을 만들어 내기 위하여 배배양이나 배주배양, 자방배양이 이용되고 있다.

## 45

인공종자의 캡슐재료로 가장 많이 이용되는 화학물질은?

18 지방직 기출

① 파라핀
② 알긴산
③ 비닐알코올
④ 소듐아자이드

> **해설** 인공종자는 체세포의 조직배양으로 유기된 체세포배를 알긴산 캡슐에 넣어 만든다. 캡슐재료는 알긴산(Alginic Acid)을 많이 사용하며, 이는 해초인 갈조류의 엽상체로부터 얻는다.

# PART 03

# 재배환경

# 토양환경

## |01| 지력(地力)

### (1) 개 념

① 토양의 물리적, 화학적, 생물학적 종합적인 조건은 작물의 생산력을 지배한다. 이를 지력이라고 한다.
② 주로 물리적 및 화학적 지력조건을 토양비옥도(Soil Fertility)라고도 한다.
③ 지력은 작물의 생산성에 중점을 둔 단어이며, 비옥도는 토양이 양분을 공급하는 능력에 중점을 둔 단어이다.

### (2) 지력향상 조건

① 토 성
　㉠ 양토(壤土)를 중심으로 사양토 내지 식양토가 토양의 수분, 공기, 비료성분의 종합적 조건에 알맞다.
　㉡ 사토는 수분 및 비료성분이 부족하고, 식토는 공기가 부족하다.
② 토양구조
　㉠ 입단구조가 조성될수록 토양의 수분 및 비료 보유력이 좋아진다.
　㉡ 입단구조와 단립구조로 구분한다.
③ 토 층
　㉠ 심토는 투수 및 통기가 알맞아야 하며, 작토는 깊고 양분의 함량이 양호해야 한다.
　㉡ 심토까지 투수성과 통기성이 양호하기 위해서 객토, 심경을 하거나 토양개량제를 시용한다.
④ 토양반응
　㉠ 토양반응은 중성~약산성이 알맞다.
　㉡ 강산성 또는 알칼리성이면 작물생육이 저해된다.
⑤ 유기물 및 무기성분
　㉠ 대체로 토양 중의 유기물 함량이 증가할수록 지력이 높아진다.
　㉡ 무기성분이 풍부하고 균형 있게 포함되어 있어야 지력이 높다.
　㉢ 유기물이 분해될 때 여러 가지 산을 생성하여 암석의 분해를 촉진한다.
　㉣ 유기물이 분해되어 망간, 붕소, 구리 등 미량원소를 공급한다.
　㉤ 습답에서는 유기물 함량이 많으면 오히려 해가 되기도 한다.
　㉥ 습답에서는 유기물의 혐기적 분해로 유기산이 집적되어 뿌리의 생장과 흡수장해를 일으킨다.

**토양유기물 부식**

- 유기물의 부식은 토양의 보수력, 보비력을 증대시킨다.
- 유기물의 부식은 토양반응이 쉽게 변하지 않는 완충능을 증대시킨다.
- 유기물의 부식은 토양입단의 형성을 조장한다.
- 유기물의 부식은 알루미늄의 독성을 중화하는 작용을 한다.
- 녹비로서의 밀은 오래 생육한 것이 짧게 생육한 것보다 탄질률이 높다.

⑥ 토양수분과 토양공기

  ㉠ 토양수분의 부족은 한해를 받게 되고, 토양수분의 과다는 습해나 수해를 유발한다.

  ㉡ 토양공기는 토양수분과 관계가 깊으며, 토양 중의 공기가 적거나 산소의 부족 또는 이산화탄소 등 유해가스의 과다는 작물뿌리의 생장과 기능을 저해한다.

⑦ 토양미생물 : 작물생육을 돕는 유용 미생물이 번식하기 좋은 상태가 유리하고 병충해를 유발하는 미생물이 적어야 한다.

⑧ 유해물질 : 무기 또는 유기 유해물질들에 의한 토양의 오염은 작물생육을 저해하고, 심하면 생육이 불가능하게 된다.

**Level UP 이론을 확인하는 문제**

토양유기물의 부식에 대한 설명으로 옳지 않은 것은?　　　　　12 지방직 기출

① 유기물이 분해될 때 여러 가지 산을 생성하여 암석의 분해를 촉진한다.

② 유기물의 부식은 알루미늄의 독성을 중화하는 작용을 한다.

③ 녹비로서의 밀이 오래 생육한 것이 짧게 생육한 것보다 탄질률이 높다.

④ 밀짚의 탄질률이 볏짚보다 낮다.

해설 C/N율 : 밀짚(72) > 볏짚(67)

정답 ④

## |02| 토양 3상과 고상(기계적 조성)

### (1) 토양의 3상

① 토양의 3상 분포

　㉠ 토양은 고상(유기물, 무기물인 흙), 액상(토양수분), 기상(토양공기)의 3상으로 구성된다.

　㉡ 기상과 액상의 비율은 토양의 종류와 기상의 조건에 따라 달라진다(고상은 큰 변동 없음).

　㉢ 고상은 유기물과 무기물로 이루어져 있으며, 일반적으로 고상의 비율은 입자가 작고 유기물 함량이 많아질수록 낮아진다.

② 작물생육에 알맞은 토양의 3상 분포

　㉠ 고상이 약 50%, 액상 및 기상이 각각 약 25% 정도이다.

　㉡ 작물은 기상에서 산소와 이산화탄소를 흡수하고, 액상에서 양분과 수분을 흡수하며, 고상에 의해 기계적 지지를 받는다.

　㉢ 기상의 비율이 높으면 수분부족으로 위조, 고사한다.

　㉣ 액상의 비율이 높으면 통기가 불량하고 뿌리의 발육이 저해된다.

### (2) 토양입자의 분류

① 자 갈

　㉠ 암석이 풍화하여 맨 먼저 생긴 여러 모양의 굵은 입자이다.

　㉡ 화학적, 교질적 작용이 없고 비료분·수분의 보유력도 빈약하다.

　㉢ 투기성, 투수성은 좋게 한다.

② 모 래

　㉠ 석영을 많이 함유하는 암석이 기계적으로 부서져서 생긴 것이다.

　㉡ 입경에 따라 거친 모래, 보통 모래, 고운 모래로 세분된다.

　㉢ 거친 모래는 자갈과 비슷한 성질을 가지며, 잔(고운) 모래는 물이나 양분을 흡착하고 투기성 및 투수성을 좋게 하며, 토양을 부드럽게 한다.

　㉣ 영구적 모래 : 모래 중의 석영은 풍화되어도 모양이 작아질 뿐 점토가 되지 않는다.

　㉤ 일시적 모래 : 운모, 장석, 산화철 등은 완전히 풍화되면 점토가 된다.

③ 점 토

　㉠ 토양입자 중 가장 미세한 알갱이(입경 2um 이하)이다.

　㉡ 화학적·교질적 작용을 하고, 물과 양분을 흡착하는 힘이 크고 투기·투수를 저해한다.

　㉢ 토양교질

　　• 부식은 점토와 같이 입자가 미세하고 입경이 1um 이하이며, 특히 0.1um 이하의 입자는 교질(膠質, Colloid)이라 한다.

　　• 교질입자는 보통 음이온(−)을 띠고 있어 양이온(+)을 흡착한다.

　　• 토양 중에 교질입자가 많아지면 치환성양이온을 흡착하는 힘이 강해진다.

② 양이온치환용량(Cation Exchange Capacity, CEC) 또는 염기치환용량(Base Exchange Capacity, BEC)
- 토양 100g이 보유하는 치환성양이온의 총량을 mg당량(meq)으로 표시한 것이다.
- 토양 중 고운 점토와 부식이 증가하면 CEC도 증대된다.
- CEC가 증대하면 $NH_4^+$, $K^+$, $Ca^{2+}$, $Mg^{2+}$ 등의 비료성분을 흡착 및 보유하는 힘이 커져서 비료를 많이 주어도 일시적 과잉흡수가 억제된다.
- CEC가 증대하면 비료성분의 용탈이 적어서 비효가 늦게까지 지속된다.
- CEC가 증대하면 토양의 완충능력이 커지게 된다.

**토양 입경에 따른 토양입자의 분류법**

| 토양입자의 구분 | | | 입경(mm) | |
|---|---|---|---|---|
| | | | 미국농무성법 | 국제토양학회법 |
| 자 갈 | | | 2.00 이상 | 2.00 이상 |
| 세 토 | 모 래 | 매우 거친 모래 | 2.00~1.00 | – |
| | | 거친 모래 | 1.00~0.50 | 2.00~0.20 |
| | | 보통 모래 | 0.50~0.25 | – |
| | | 고운 모래 | 0.25~0.10 | 0.20~0.02 |
| | | 매우 고운 모래 | 0.10~0.05 | – |
| | 미 사 | | 0.05~0.002 | 0.02~0.002 |
| | 점 토 | | 0.002 이하 | 0.002 이하 |

## (3) 토성(土性, Soil Class)

① 개 념
- ㉠ 토양입자의 성질에 따라 구분한 토양의 일종이다.
- ㉡ 모래(미사, 세사, 조사)와 점토의 구성비로 토양을 구분하는 것이다.
- ㉢ 입경 2mm 이하의 입자로 된 토양을 세토(細土, Fine Sand)라고 하고, 세토 중의 점토함량에 따라서 토성을 다음과 같이 분류한 것이다.

**토성의 분류법**

| 토성의 명칭 | 세토(입경 2mm 이하) 중 점토 함량(%) |
|---|---|
| 사토(沙土, Sand) | 12.5 이하 |
| 사양토(砂壤土, Sandy Loam) | 12.5~25.0 |
| 양토(壤土, Loam) | 25.0~37.5 |
| 식양토(埴壤土, Clay Loam) | 37.5~50.0 |
| 식토(埴土, Clay) | 50.0 이상 |

② 주요 토성의 특성

   ㉠ 사토(모래 함량이 70% 이상인 토양)

     • 점착성이 낮으나 통기와 투수가 좋다.

     • 지온의 상승이 빠르나 물과 양분의 보유력이 약하다.

     • 척박하고 토양침식이 심하여 한해를 입기 쉽다.

     • 점토를 객토하고, 유기물을 시용하여 토성을 개량해야 한다.

   ㉡ 식토(점토 함량이 50% 이상인 토양)

     • 투기 · 투수가 불량하고 유기질의 분해가 더디며, 습해나 유해물질에 의한 피해가 많다.

     • 물과 양분의 보유력이 좋으나, 지온의 상승이 느리고 투수와 통기가 불량하다.

     • 점착력이 강하고, 건조하면 굳어져서 경작이 곤란하다.

     • 미사, 부식질을 많이 주어서 토성을 개량해야 한다.

   ㉢ 부식토 : 세토가 부족하고 강한 산성을 나타내기 쉬우므로 산성을 교정하고 점토를 객토하는 것이 좋다.

 **참고**

작물의 생육에는 자갈이 적고 부식이 풍부한 사양토~식양토가 가장 좋다.

③ 작물에 따른 적합한 토성

   ㉠ 감자 : 사토~식양토

   ㉡ 옥수수 : 양토~식양토

   ㉢ 양파 : 사토~양토

   ㉣ 오이 : 사토~양토

   ㉤ 담배 : 사양토~양토

   ㉥ 강낭콩 : 양토~식양토

   ㉦ 땅콩 : 사토~사양토

   ㉧ 보리 : 세사토~양토

**작물종류와 재배에 적합한 토성**

| 작 물 | 사 토 | 사양토 | 양 토 | 식양토 | 식 토 |
|---|---|---|---|---|---|
| 감 자 | ○ | ○ | ○ | ○ | △ |
| 콩, 팥 | ○ | ○ | ○ | ○ | ○ |
| 녹두, 고구마 | ○ | ○ | ○ | ○ | |
| 근채류 | ○ | ○ | ○ | △ | |
| 땅 콩 | ○ | ○ | △ | △ | |
| 오이, 양파 | ○ | ○ | | | |
| 호 밀 | △ | ○ | ○ | ○ | △ |
| 귀 리 | △ | △ | ○ | ○ | △ |
| 조 | △ | ○ | ○ | ○ | △ |
| 참깨, 들깨 | △ | ○ | ○ | △ | △ |
| 보 리 | | ○ | ○ | | |
| 수수, 옥수수, 메밀 | | ○ | ○ | ○ | |
| 목화, 삼, 완두 | | ○ | ○ | △ | |
| 아마, 담배, 피, 모시풀 | | ○ | ○ | | |
| 강낭콩 | | △ | ○ | ○ | |
| 알팔파, 티머시 | | | ○ | ○ | ○ |
| 밀 | | | | ○ | ○ |

○ : 재배적지, △ : 재배 가능지

## Level UP 이론을 확인하는 문제

**점토 교질에 대한 설명으로 옳은 것은?**  18 경남 지도사 기출

① 점토는 화학적 · 교질적 작용을 한다.

② 석영은 점토가 된다.

③ 점토는 1μm 입자이다.

④ 자갈은 화학적 · 교질적 작용을 한다.

해설 ① 점토는 토양 중의 가장 미세한 입자이고 화학적 · 교질적 작용을 하며, 물과 양분을 흡착하는 힘이 크고
투기 · 투수를 저해한다.
② 모래는 석영을 많이 함유한 암석이 부서져 생긴 것으로 입경에 따라 거친 모래, 보통 모래, 고운 모래로
세분된다.
③ 점토는 국제법에 의한 토양의 입경 구분에 따르면 2μm(0.002mm) 이하의 입자(粒子)를 가리킨다.
④ 자갈은 화학적 · 교질적 작용이 없고 비료분 · 수분의 보유력도 빈약하다.

정답 ①

가장 다양한 토성에서 재배적지를 보이는 작물은?

19 지방직 기출

① 감 자         ② 옥수수

③ 담 배         ④ 밀

해설 작물종류와 재배에 적합한 토성

| 작 물 | 사 토 | 사양토 | 양 토 | 식양토 | 식 토 |
|---|---|---|---|---|---|
| 감 자 | ○ | ○ | ○ | ○ | △ |
| 수수, 옥수수, 메밀 | | ○ | ○ | ○ | |
| 아마, 담배, 피, 모시풀 | | ○ | ○ | | |
| 밀 | | | | ○ | ○ |

○ : 재배적지, △ : 재배 가능지

정답 ①

# |03| 토양의 구조 및 토층

## (1) 토양구조(土壤構造, Soil Structure)

토양을 구성하는 입자들이 모여 있는 상태를 말하며, 단립(홑알)구조, 이상구조, 입단(떼알)구조들의 형태로 존재한다.

① 단립구조(單粒構造, Single-Grained Structure)

   ⊙ 토양입자가 서로 결합되어 있지 않고 독립적으로 모여 이루어진 구조이다.

   ⓒ 대공극이 많고 소공극이 적어서 투기와 투수는 좋으나, 수분, 비료분의 보유력이 낮다.

> 참고 •
>
> 공극
> 공기 혹은 물이 존재하는 공간

   ⓒ 단립구조의 토양은 입자 사이에 생기는 공극도 작기 때문에 공기의 유통이나 물의 이동이 느리며, 건조하면 땅 갈기가 힘들다.

   ⓔ 해안의 사구지에서 볼 수 있다.

② 이상구조(泥狀構造, Puddled Structure)

  ⊙ 미세한 토양입자가 무구조, 단일상태로 집합한 구조로 건조하면 각 입자가 서로 결합하여 부정형 흙
    덩이를 이루는 것이 단일구조와 다르다.

  ⓒ 부식 함량이 적고 과습한 식질토양에서 많이 보이며, 소공극은 많고 대공극이 적어 토양통기가 불량
    하다.

③ 입단구조(粒團構造, Crumbled Structure)

  ⊙ 단일입자가 결합하여 2차입자로 되고, 다시 3차, 4차 등으로 집합하여 입단을 구성하고 있는 구조이다.

  ⓒ 대소공극이 모두 많고, 투기와 투수, 양분의 저장 등이 모두 알맞아 작물생육에 적당하다.

  ⓒ 입단구조의 소공극은 모세관력에 의해 수분을 보유하는 힘이 크고 대공극은 과잉된 수분을 배출한다.

  ⓔ 유기물이나 석회가 많은 표토층에서 많이 나타난다.

## (2) 토양입단(粒團, Compound Granule)의 형성과 파괴

① 입단의 형성

  ⊙ 입단은 부식과 석회가 많고 토양입자가 비교적 미세할 때에 형성된다.

  ⓒ 토양에 입단구조가 형성되면 소공극과 대공극이 균형 있게 발달한다.

    • 소공극 : 모세관현상에 의해 지하수의 상승이 이루어진다.

    • 대공극 : 모세관현상이 이루어지지 않는다.

  ⓒ 모관공극의 발달 : 토양통기가 좋아지고 빗물의 지중 침투가 많아지며, 지하수의 불필요한 증발도
    억제된다.

② 입단구조를 형성하는 주요 인자

  ⊙ 유기물 시용 : 유기물이 미생물에 의해 분해될 때 미생물이 분비하는 점액에 의해서 토양입자를 결
    합시킨다.

  ⓒ 석회의 시용 : 석회는 유기물의 분해를 촉진하고, 칼슘이온 등은 토양입자를 결합시키는 작용을 한다.

  ⓒ 콩과작물의 재배 : 콩과작물(클로버, 알팔파 등)은 잔뿌리가 많고 석회분이 풍부해 입단형성에 효과
    가 크다.

  ⓔ 토양의 피복(멀칭) : 토양에 피복작물을 심으면 표토의 건조와 비바람의 타격을 줄이며, 토양 유실을
    막아서 입단을 형성, 유지하는 데 효과가 있다.

  ⓜ 토양개량제(Soil Conditioner)의 시용 : 인공적으로 합성된 고분자 화합물인 아크리소일(Acrisoil),
    크릴륨(Krilium) 등을 사용하면 토양입자를 형성하는 효과가 있다.

③ 입단이 발달한 토양

  ⊙ 토양 통기가 좋고 수분과 양분의 보유력이 좋아서 토양이 비옥하다.

  ⓒ 토양침식이 감소되고, 빗물의 이용도가 높아진다.

  ⓒ 토양미생물의 번식과 활동이 좋아지고, 유기물의 분해가 촉진된다.

  ⓔ 땅이 부드러워져 땅 갈이가 쉬워지고, 물을 알맞게 간직할 수 있는 좋은 토양이 된다.

  ⓜ 토양입단 알갱이의 지름은 1~2mm 범위의 것이 알맞으며 많이 생길수록 좋다.

입단의 크기가 너무 커지면 물을 간직할 수 없고 공극의 크기도 커지게 되므로, 어린 식물은 가뭄의 피해를 입을 수 있다.

④ 입단구조를 파괴하는 요인

　㉠ 경운 : 토양이 너무 마르거나 젖어 있을 때 경운을 하여 통기가 좋아지면 토양입자를 결합시켜주는 부식의 분해가 촉진되어 입단이 파괴된다.

　㉡ 나트륨이온($Na^+$)의 작용 : 알갱이들이 엉키는 것을 방해하므로, 이것이 많이 함유된 물질이 토양에 들어가면 토양의 물리적 성질을 약화시키게 된다.

　㉢ 입단의 팽창과 수축의 반복 : 습윤과 건조, 동결과 융해, 고온과 저온 등으로 입단이 팽창, 수축하는 과정을 반복하면 파괴된다.

　㉣ 비, 바람 : 건조토양이 비를 맞으면 입단이 급격히 팽창하고 입단 사이의 공기가 압축되면서 폭발적으로 대기 중으로 빠져나와 입단이 파괴된다.

⑤ 토양의 밀도와 공극량

토양의 입자 또는 입단 사이에 생기는 공간을 공극이라 하는데, 공극량이 많을수록 토양은 가벼워진다. 공극의 양과 크기는 토성 또는 토양의 구조에 따라 다르다.

　㉠ 고운 토성 : 토양에 있는 공극량이 많다고 해도 그 크기는 작다.

　㉡ 거친 토성 : 알갱이 사이 또는 떼알 사이의 공극량은 적을 수도 있으나 그 크기는 크다. 토양에 있을 수 있는 물이나 공기의 양은 공극량에 의해서 결정되지만, 물의 이동이나 공기의 유통은 공극량보다는 공극의 크기에 의해서 지배된다.

　㉢ 토양의 밀도 : 토양의 질량을 차지하는 부피로 나눈 값으로 일정한 부피 속에 들어 있는 토양의 무게(정확히 말하면 질량)를 나타내며, 토양이 무겁고 가벼운 정도를 나타내는 말이다.

　　• 진밀도(입자밀도) : 토양 알갱이가 차지하는 부피만으로 구하는 밀도를 토양의 알갱이 밀도 또는 진밀도라고 한다.

$$입자(알갱이) 밀도 = \frac{건조한 토양의 질량(무게)}{토양 알갱이가 차지하는 부피(토양입자의 부피)}$$

　　• 가밀도(전용적 밀도) : 알갱이가 차지하는 부피뿐만 아니라 알갱이 사이의 공극까지 합친 부피로, 구하는 밀도를 토양의 부피 밀도 또는 가밀도라고 한다(같은 토양이라도 떼알이 발달되어 있는 정도에 따라 공극량이 달라지므로 부피 밀도는 일정한 것이 아님).

$$가밀도 = \frac{건조한 토양의 질량(무게)}{토양 알갱이가 차지하는 부피 + 토양공극}$$

ㄹ 토양의 공극량 : 토양의 공극률은 다음 식으로 계산된다.

$$공극률(\%) = 1 - \frac{용적비중}{입자비중}$$

ㅁ 토양 공극의 크기
  - 대공극(통기공극) : 공기의 유통과 수분의 이동을 좋게 한다.
  - 소공극(모세공극) : 공기의 유통과 수분의 이동을 제한한다.

## (3) 경지의 토층 구분

토양이 수직적으로 분화된 층위를 말한다. 경지에서는 흔히 작토, 서상, 심토 3가지로 토양을 분류한다.

① 작토(作土, Surface Soil)

ㄱ 계속 경운되는 층위로 경토라 부르며, 작물의 뿌리가 주로 발달하는 층위이다.

ㄴ 부식이 많고 흙이 검으며 입단형성이 좋다.

ㄷ 작물의 생육과 가장 밀접한 관계가 있으므로 유기물 및 석회를 시용한다.

ㄹ 일반적으로 작토층은 가급적 깊은 것이 좋으므로 심경으로 작토층을 깊게 하는 것이 좋다.

ㅁ 질적으로는 양토를 중심으로 사양토 내지 식양토로 유기물과 유효성분이 풍부한 것이 좋다.

② 서상(鋤床) : 작토층 바로 아래층으로 작토보다 부식이 적다.

③ 심토(心土, 하층토, Sub Soil)

ㄱ 서상층 밑의 하층으로, 일반적으로 부식이 극히 적고 구조가 치밀하다.

ㄴ 심토가 너무 치밀하면 투수와 투기가 불량해져 지온이 낮아지고 뿌리가 깊게 뻗지 못해 생육이 나빠진다.

ㄷ 논에서 심토가 과도하게 치밀하면 투수가 몹시 불량해져 토양공기의 부족으로 유기물 분해의 억제, 유해가스의 발생 또는 지온이 낮아져 벼의 생육이 나빠지므로 지하배수를 적당히 하여야 한다.

## (4) 구조단위

자연적으로 형성된 입단의 단위이다.

① 구상 : 표토에 많으며 구형이다.

② 판상 : 딱딱하고 불투성인 점토반층에서 나타나며 가로축이 더 긴 형태이다. 또 투기성, 투수성이 나쁘고 뿌리가 뻗지 못한다.

③ 괴상 : 집적층에 많으며 입단의 가로와 세로축이 같은 형태이다.

④ 주상 : 집적층에 많이 나타나며 세로축이 더 긴 형태이다.

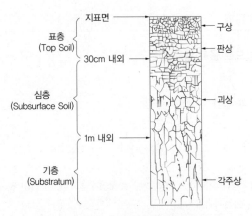

**토양 단면의 구조 및 토층분화의 특징**

PLUS ONE

## 토양학적 토층의 분류

• 지면을 수직으로 파 내려간 다음 단면을 조사하면 토양의 빛깔과 알갱이의 크기를 달리하는 몇 개의 층으로 구분되는 것을 볼 수 있다. 이들 토양의 층을 토층 또는 층위(Horizon)라 하며, 토양의 단면이 몇 개의 층으로 나누어지는 것을 토층의 분화라 한다.

• 토층의 구분 : 토층은 O층, A층, B층, C층, R층의 5개 층으로 크게 구분한다.

| $O_1$ | 유기물층 | | 유기물의 원형을 육안으로 식별할 수 있는 유기물층 |
|---|---|---|---|
| $O_2$ | | | 유기물의 원형을 육안으로 식별할 수 없는 유기물층 |
| $A_1$ | 용탈층 | 성토층 | 부식화된 유기물과 광물질이 섞여 있는 암흑색층 |
| $A_2$ | | | 규산염 점토와 철, 알루미늄 등의 산화물이 용탈된 담색층(용탈층) |
| $A_3$ | | | A층에서 B층으로 이행하는 층위이나 A층의 특성을 좀 더 지니고 있는 층 |
| $B_1$ | 집적층 | | A층에서 B층으로 이행하는 층위이며, B층에 가까운 층 |
| $B_2$ | | | 규산염 점토와 철, 알루미늄 등의 산화물 및 유기물의 일부가 집적되는 층(집적층) |
| $B_3$ | | | C층으로 이행하는 층위로, C층보다 B층의 특성에 가까운 층 |
| C | 모재층 | | 토양생성작용을 거의 받지 않은 모재층으로 칼슘, 마그네슘 등의 탄산염이 교착상태로 쌓여 있거나 위에서 녹아 내려온 물질이 엉켜서 쌓인 층 |
| R | 모암층 | | C층 밑에 있는 풍화되지 않는 바위층(단단한 모암) |

**토양의 입단형성방법으로 옳지 않은 것은?**                    17 서울시 기출

① 콩과작물의 재배

② 나트륨이온($Na^+$)의 첨가

③ 유기물의 시용

④ 토양개량제의 시용

해설 나트륨이온($Na^+$)은 알갱이들이 엉키는 것을 방해하므로, 이것이 많이 함유된 물질이 토양에 들어가면 토양의 물리적 성질을 약화시키게 된다.

정답 ②

# |04| 토양수분

## (1) 토양수분 함량의 표시법

① **토양수분의 함량** : 건토에 대한 수분의 중량비로 표시하며, 토양의 최대수분함량이 표시된다.

② **토양수분장력**

　㉠ 수분장력 : 토양이 수분을 지니는 것 → 토양 내 물분자와 토양입자 사이에 작용하는 인력에 의해 토양이 수분을 보유한다.

　㉡ 토양수분장력의 단위

　　• 임의의 수분함량의 토양에서 수분을 제거하는 데 소요되는 단위면적당 힘이며 기압 또는 수주(水柱)의 높이로 표시한다.

　　• 수주높이의 대수를 취하여 pF(potential Force)로 나타낸다($pF = \log H$, H는 수주의 높이).

　㉢ 대기압의 표시(기압으로 나타내는 방법)

　　• 토양수분장력이 1기압(mmHg)일 때 : 수주의 높이를 환산하면 약 1천cm에 해당하며, 이 수주의 높이를 log(로그)로 나타내면 3이므로 pF는 3이 된다.

　　• $1(bar) = 1$기압 $= 13.6 \times 76(cm) = 1,033(cm) \fallingdotseq 1,000(cm) = 10^3(cm)$

| 수주의 높이 H(cm) | 수주 높이의 대수 pF(=log H) | 대기압(bar) |
|---|---|---|
| 1 | 0 | 0.001 |
| 10 | 1 | 0.01 |
| 1,000 | 3 | 1 |
| 10,000,000 | 7 | 10,000 |

③ 토양수분장력과 토양수분 함유량의 함수관계

    ㉠ 수분이 많으면 수분장력은 작아지고 수분이 적으면 수분장력이 커지는 관계가 있다.

    ㉡ 수분 함유량이 같아도 토성에 따라 수분장력은 달라진다.

## (2) 토양의 수분항수(水分恒數, Moisture Constant)

토양수분의 함유상태는 토양의 물리성, 작물의 생육과 비교적 뚜렷한 관계를 가진 특정한 수분함유 상태들이 있는데, 이를 토양의 수분항수라 하며 주요항수는 다음과 같다.

① 최대용수량(最大容水量, Maximum Water-holding Capacity)

    ㉠ pF = 0

    ㉡ 최대용수량은 토양하부에서 수분이 모관상승하여 모관수가 최대로 포함된 상태를 말한다.

    ㉢ 토양의 모든 공극에 물이 찬 포화상태를 말하며 포화용수량이라고도 한다.

② 포장용수량(圃場容水量, Field Capacity, FC)

    ㉠ pF = 2.5~2.7(1/3~1/2기압)

    ㉡ 포장용수량은 수분이 포화된 상태의 토양에서 증발을 방지하면서 중력수를 완전히 배제하고 남은 수분상태를 말하며, 최소용수량이라고도 한다.

    ㉢ 포장용수량 이상인 중력수는 토양의 통기 저해로 작물생육이 나쁘다.

    ㉣ 비가 온 후 하루 정도 지난 상태인 포장용수량은 작물이 이용하기 좋은 수분 상태를 나타낸다.

---

**+ PLUS ONE**

수분당량(水分當量, Moisture Equivalent, ME)

물로 포화된 토양에 중력의 1,000배의 원심력이 작용할 때 토양 중에 잔류하는 수분상태를 말하며, pF가 2.7 이내로 포장용수량과 거의 일치한다.

---

③ 초기위조점(初期萎凋點, First Permanent Wilting Point)

    ㉠ pF = 3.9(약 8기압)

    ㉡ 생육이 정지하고 하위엽이 위조하기 시작하는 토양의 수분상태를 말한다.

④ 영구위조점(永久萎凋點, Permanent Wilting Point, PWP)

    ㉠ pF = 4.2(15기압)

    ㉡ 위조한 식물을 포화습도의 공기 중에 24시간 방치해도 회복하지 못하는 위조를 영구위조라고 한다.

    ㉢ 위조계수(萎凋係數, Wilting Coefficient) : 영구위조점에서의 토양함수율이다. 즉, 토양건조중(土壤乾燥重)에 대한 수분의 중량비이다.

⑤ 흡습계수(吸濕係數, Hygroscopic Coefficient)

    ㉠ pF = 4.5(31기압)

    ㉡ 상대습도 98%(25℃)의 공기 중에서 건조토양이 흡수하는 수분상태로 흡습수만 남은 수분 상태이며 작물에는 이용될 수 없다.

⑥ 풍건 및 건토상태

ⓐ 풍건상태(風乾狀態, Air Dry) : pF = 약 6

ⓑ 건토상태(乾土狀態, Oven Dry) : 105~110℃에서 항량에 도달되도록 건조한 토양으로, pF값은 약 7이다.

## (3) 토양수분의 형태

① 결합수(結合水, Combined Water)

ⓐ pF = 7.0 이상으로 화합수 또는 결정수라고도 한다.

ⓑ 토양을 105℃로 가열해도 점토광물에 결합되어 있어 분리시킬 수 없는 수분을 말한다.

ⓒ 작물이 흡수, 이용할 수 없다.

② 흡습수(吸濕水, Hygroscopic Water)

ⓐ pF = 4.5~7.0

ⓑ 토양을 105℃로 가열 시 분리가능하며, 토양입자에 응축시킨 수분이다.

ⓒ 토양입자표면에 피막상으로 흡착된 수분이므로 작물이 이용할 수 없는 무효수분이다.

③ 모관수(毛管水, 응집수, Capillary Water)

ⓐ pF = 2.7~4.5

ⓑ 작물이 주로 이용하는 모관수는 표면장력에 의해 토양공극 내에서 중력에 저항하여 유지된다.

ⓒ 물분자 사이의 응집력에 의해 유지되는 것으로, 작물이 주로 이용하는 유효수분이다.

> **🔍 참고**
>
> 시설원예식물은 모관수와 중력수를 활용하고, 일반 노지식물은 모관수를 활용한다.

④ 중력수(重力水, 자유수, Gravitational Water)

ⓐ pF = 2.7 이하

ⓑ 중력에 의해 토양층 아래로 내려가는 수분이다.

ⓒ 작물에 이용되나 근권 이하로 내려간 것은 직접 이용되지 못한다.

⑤ 지하수(地下水, Underground Water)

ⓐ 땅속에 스며들어 지하에 정체되어 모관수의 근원이 되는 수분이다.

ⓑ 지하수위가 낮으면 토양이 건조하기 쉽고, 높은 경우는 과습하기 쉽다.

## (4) 유효수분(pF 2.7~4.2)

① 유효수분

ⓐ 식물이 이용할 수 있는 토양의 유효수분은 포장용수량~영구위조점 사이의 수분이다.

ⓑ 점토 함량이 많을수록 유효수분의 범위가 넓어진다.

ⓒ 토성별 유효수분함량은 양토에서 가장 크며, 사토에서 가장 작다.

ⓓ 보수력은 식토에서 가장 크고, 사토에서는 유효수분 및 보수력이 가장 작다.

② **무효수분** : 작물이 이용할 수 없는 영구위조점(pF 4.2) 이하 수분이다.

③ **잉여수분** : 포장용수량 이상의 토양수분은 작물생리상 과습 상태를 유발하므로 잉여수분이라 한다.

④ **최적함수량**

　㉠ 식물 생육에 가장 알맞은 최적함수량은 대개 최대용수량의 60~80%의 범위에 있다.

　㉡ 수도의 최적함수량은 최대용수량 상태이다.

　㉢ 최적함수량은 작물에 따라 다르나 보리는 최대용수량의 70%, 밀 80%, 호밀 75%, 봄호밀 60%, 콩 90%, 옥수수 70%, 감자 80%이다.

⑤ **토양수분의 역할**

　㉠ 광합성과 각종 화학반응의 원료가 된다.

　㉡ 용매와 물질의 운반매체로 식물에 필요한 영양소들을 용해하여 작물이 흡수, 이용할 수 있도록 한다.

　㉢ 각종 효소의 활성을 증대시켜 촉매작용을 촉진한다.

　㉣ 수분이 흡수되어 세포의 팽압이 커지기 때문에 세포가 팽팽하게 되어 식물의 체형을 유지시킨다.

　㉤ 증산작용으로 체온의 상승이 억제되어 체온을 조절시킨다.

⑥ **관 수**

　㉠ 관수의 시기는 보통 유효수분의 50~85%가 소모되었을 때(pF 2.0~2.5)이다.

　㉡ 관수 방법

　　• 지표관수 : 지표면에 물을 흘러 보내어 공급한다.

　　• 지하관수 : 땅속에 작은 구멍이 있는 송수관을 묻어서 공급한다.

　　• 살수(스프링클러)관수 : 노즐을 설치하여 물을 뿌리는 방법이다.

　　• 점적관수 : 물을 천천히 조금씩 흘러나오게 하여 필요 부위에 집중적으로 관수하는 방법(관개방법 중 가장 발전된 방법)이다.

　　• 저면관수 : 배수구멍을 물에 잠기게 하여 물이 위로 스며 올라가게 하는 방법으로, 토양에 의한 오염과 토양병해를 방지하고 미세종자, 파종상자와 양액재배, 분화재배에 이용한다.

**토양수분에 대한 설명으로 옳은 것을 〈보기〉에서 모두 고른 것은?**

19 지방직 기출

> ㄱ. 점토광물에 결합되어 있어 분리시킬 수 없는 수분을 결합수라 한다.
> ㄴ. 토양입자 표면에 피막상으로 흡착된 수분을 흡습수라고 하며, pF 4.5~7로 식물이 흡수·이용할 수 있는 수분이다.
> ㄷ. 중력수란 중력에 의하여 비모관공극에 스며 흘러내리는 물을 말하며, pF 2.7 이상으로 식물이 이용하지 못한다.
> ㄹ. 작물이 주로 이용하는 수분은 pF 2.7~4.5의 모관수이며 표면장력 때문에 토양공극 내에서 중력에 저항하여 유지되는 수분을 말한다.

① ㄱ, ㄷ       ② ㄱ, ㄹ

③ ㄴ, ㄷ       ④ ㄴ, ㄹ

**해설** ㄴ. 토양입자 표면에 피막상으로 흡착된 수분을 흡습수라고 하며, pF 4.5~7로 식물이 흡수·이용할 수 없는 수분이다.
ㄷ. 중력수란 중력에 의하여 비모관공극을 통해 흘러내리는 물을 말하며, pF 2.7 이하로 식물이 이용하지 못한다.

**정답** ②

**토양수분장력이 높은 순서대로 바르게 나열한 것은?**

20 국가직 7급 기출

① 모관수 > 중력수 > 흡습수
② 중력수 > 흡습수 > 모관수
③ 흡습수 > 모관수 > 중력수
④ 모관수 > 흡습수 > 중력수

**해설** 토양수분의 pF 수치
- 결합수 : 7.0 이상
- 흡습수 : 4.5~7.0
- 모관수 : 2.7~4.5
- 중력수 : 2.7 이하
- 지하수 : 0

**정답** ③

## |05| 토양공기

### (1) 토양의 용기량(容氣量, Air Capacity)

① **토양 용기량** : 토양 중에서 공기가 차지하는 공극량이다. 즉, 토양의 용적에 대한 공기로 차 있는 공극의 용적 비율로 표시한다.

② **토양공기의 용적** : 전공극 용적에서 토양수분의 용적을 뺀 것이다.

> 토양공기 용적 = 전공극 용적 - 토양수분 용적

③ **최소용기량** : 토양 내 수분의 함량이 최대용수량에 달할 때이다.

> 최소용기량 = 최대용수량

④ **최대용기량** : 풍건상태의 용기량이다.

### (2) 조 성

① 토양공기는 대기에 비해 이산화탄소의 농도가 몇 배나 높고, 산소의 농도는 훨씬 낮다.

② 토양 속으로 깊이 들어갈수록 이산화탄소의 농도는 점차 높아지고, 산소의 농도는 낮아지며, 약 120cm 이하로 깊어지면 이산화탄소의 농도가 산소의 농도보다 높아진다.

③ 토양 내에서 유기물의 분해 및 뿌리나 미생물의 호흡에 의해 산소는 소모되고 이산화탄소는 배출되는데, 대기와의 가스교환이 느려 산소가 적어지고 이산화탄소가 많아진다.

**대기와 토양공기의 조성 비교 (단위 : %)**

| 종 류 | 질 소 | 산 소 | 이산화탄소 |
|---|---|---|---|
| 대 기 | 79.01 | 20.93 | 0.03* |
| 토양공기 | 75~80 | 10~21 | 0.1~10 |

\* 최근에는 0.033 ~ 0.035%에 달했다고 한다.

### (3) 지배요인

① **토성** : 일반적으로 사질 토양이 비모관공극(대공극)이 많아 토양의 용기량이 증가하고 토양 용기량 증가는 산소의 농도를 높인다.

② **토양구조** : 식질토양에서 입단 형성이 조장되면 비모관공극이 증대하여 용기량이 증대한다.

③ **경운** : 경운작업이 깊이 이루어지면 토양의 깊은 곳까지 용기량이 증대한다.

④ **토양수분** : 토양의 수분함량이 증가하면 토양 용기량은 적어지고 산소의 농도는 낮아지며, 이산화탄소의 농도는 높아진다.

⑤ **유기물** : 미숙유기물을 시용하면 산소의 농도는 훨씬 낮아지지만, 이산화탄소의 농도는 높아지지 않는다.

⑥ **식생** : 토양 내의 뿌리호흡에 의한 식물의 생육으로 이산화탄소의 농도가 나지보다 현저히 높아진다.

### (4) 토양공기와 작물생육

① 토양용기량과 작물의 생육
  ㉠ 일반적으로 토양용기량이 증대하면 산소가 많아지고 이산화탄소는 적어지므로 작물생육에는 이롭다.
  ㉡ 토양 중의 이산화탄소의 농도가 높아지면 수소이온을 생성하여 토양이 산성화되고 수분과 무기염류의 흡수가 저해되어 작물에 해롭다.

> **참고**
>
> 무기염류의 저해 정도 : K > N > P > Ca > Mg

  ㉢ 토양 중 산소가 부족하면 뿌리의 호흡과 여러 가지 생리작용이 저해될 뿐만 아니라 환원성 유해물질이 생성되어 뿌리가 상하게 되며, 유용한 호기성 토양미생물의 활동이 저해되어 유효태 식물양분이 감소한다.

② 최적용기량의 범위 : 10~25%
  ㉠ 벼, 양파, 이탈리안 라이그라스 : 10%
  ㉡ 귀리와 수수 : 15%
  ㉢ 보리, 밀, 순무, 오이 : 20%
  ㉣ 양배추와 강낭콩 : 24%

③ 토양의 공기 조성과 작물의 생육관계
  ㉠ 발 아
    • 종자의 발아 : 산소의 요구도가 비교적 높다.
    • 산소에 대한 요구도가 높은 작물 : 옥수수, 귀리, 밀, 양배추, 완두 등
  ㉡ 수분흡수 : 산소농도가 낮아지면 뿌리의 호흡이 저해되고 수분흡수가 억제된다.
  ㉢ 양분흡수 : 산소가 부족할 때에는 칼륨의 흡수가 가장 저해되고 잎이 갈변된다.

### (5) 토양통기의 촉진방법

① 토양처리
  ㉠ 배수를 한다(토양 내 수분의 배출로 토양 용기량을 늘림).
  ㉡ 토양입단을 조성한다(유기물, 석회, 토양개량제 등을 시용).
  ㉢ 심경을 한다.
  ㉣ 객토를 한다(식질토성의 개량 및 습지의 지반을 높임).

② 재배적 조건
  ㉠ 답리작, 답전작 또는 답전윤환재배를 한다.
  ㉡ 파종 시 미숙퇴비 및 구비를 종자 위에 두껍게 덮지 않는다.
  ㉢ 중습답에서는 휴립재배를 한다.
  ㉣ 습전에서는 휴립휴파를 한다.
  ㉤ 중경을 한다.

## |06| 토양무기물

### (1) 무기물 개념

① 토양 내의 각종 무기성분은 작물생육의 영양원이 되고 있다.

② 토양 무기성분은 광물성분을 의미한다.

㉠ 1차 광물 : 암석에서 분리된 광물이다.

㉡ 2차 광물 : 1차 광물의 풍화 생성으로 재합성된 광물이다.

### (2) 필수원소(必須元素, Essential Nutrient Elements)

① 종류(16종)

㉠ 다량원소(9종) : 탄소(C), 산소(O), 수소(H), 질소(N), 인(P), 칼륨(K), 칼슘(Ca), 마그네슘(Mg), 황(S)

㉡ 미량원소(7종) : 철(Fe), 구리(Cu), 망간(Mn), 붕소(B), 아연(Zn), 몰리브덴(Mo), 염소(Cl)

> **참고**
>
> 미량원소(7종) 외에 규소(Si), 나트륨(Na), 니켈(Ni), 코발트(Co), 바나듐(V) 등은 어떤 종의 식물에는 필수적이라고 알려졌으나 모든 식물에 대하여는 인정되지 않고 있다.

② 필수무기원소 : 탄소, 산소, 수소를 제외한 13원소를 말한다. 16원소 중 탄소(C), 산소(O), 수소(H)는 $CO_2$와 $H_2O$에서 공급되고 그 외 13원소는 토양성분 중에서 공급된다.

> **PLUS ONE**
>
> 인공적 보급의 필요성이 있는 비료요소
> - 비료의 3요소 : N, P, K
> - 비료의 4요소 : N, P, K, Ca
> - 비료의 5요소 : N, P, K, Ca, 부식

### (3) 필수원소의 생리작용

① 탄소(C), 산소(O), 수소(H)

㉠ 식물체의 90~98%의 구성성분이다.

㉡ 엽록소의 구성원소이다.

㉢ 광합성에 의해 생성된 탄수화물, 지방, 단백질, 핵산 등 유기물의 구성재료가 된다.

② 질소(N)

    ㉠ 단백질(효소), 핵산, 엽록소 등의 구성성분이다.

    ㉡ 질소는 질산태($NO_3^-$)와 암모니아태($NH_4^+$)의 형태로 식물체에 흡수되며, 흡수된 질소는 세포막의 구성성분으로도 이용된다.

    ㉢ 단백질의 구성성분인 원형질은 그 건물의 40~50%가 질소화합물이며 효소, 엽록소도 질소화합물이다.

    ㉣ 결핍 : 황백화현상(노엽의 단백질이 분해되어 생장이 왕성한 부분으로 질소분이 이동)이 일어나고, 하위엽에서 화곡류의 분얼이 저해된다.

    ㉤ 과다 : 작물체의 수분함량이 높아지고 세포벽이 얇아지면 연해져서 한발, 저온, 기계적 상해, 병충해 등에 취약해진다. 또 웃자람(도장), 엽색이 진해지기도 한다.

③ 인(P)

    ㉠ 인산이온이다. 즉, 산성이나 중성에는 $H_2PO_4^-$, 알칼리성에서는 $HPO_4^{2-}$의 형태로 식물체에 흡수된다.

    ㉡ 세포핵, 세포막(인지질), 분열조직, 효소, ATP 등의 구성성분으로 어린 조직이나 종자에 많이 함유되어 있다.

    ㉢ 인산은 세포의 분열, 광합성, 호흡작용, 녹말의 합성과 당분의 분해, 질소동화 등에 관여한다.

    ㉣ 결핍 : 산성토에서 불가급태(Al-P, Fe-P)가 되어 결핍되기 쉽다. 또 생육초기 뿌리발육 저해, 어린 잎이 암녹색이 되어 둘레에 오점이 생기며, 심하면 황화하고 결실이 저해된다.

④ 칼륨(K)

    ㉠ 칼륨은 이온화되기 쉬운 형태로 잎, 생장점, 뿌리의 선단 등 분열조직에 많이 함유되어 있다.

    ㉡ 여러 가지 효소작용의 활성제로 작용을 하며 체내 구성물질은 아니다.

    ㉢ 광합성, 탄수화물 및 단백질 형성, 세포 내의 수분공급, 증산에 의한 수분상실의 조절하여 세포의 팽압을 유지하게 하는 등의 역할을 한다.

    ㉣ 광합성(탄소동화작용)을 촉진하므로 일조가 부족한 때에 효과가 크다.

    ㉤ 결핍 : 생장점이 말라죽고 줄기가 연약해지며, 잎의 끝이나 둘레의 황화현상, 생장점고사, 하위엽의 조기낙엽 현상 등으로 결실이 저조하다.

> 🔍 **참고**
>
> 단백질 합성에 필요하므로 칼륨 흡수량과 질소 흡수량의 비율은 거의 같은 것이 좋다.

⑤ 칼슘(Ca)

    ㉠ 세포막 중 중간막의 주성분이며, 잎에 함유량이 많다.

    ㉡ 분열조직의 생장과 뿌리 끝의 발육에 필요하다.

    ㉢ 단백질의 합성과 물질전류에 관여하고 알루미늄의 과잉흡수를 억제하며, 질소의 흡수이용을 촉진한다.

    ㉣ 토양 중 석회의 과다는 마그네슘, 철, 아연, 코발트, 붕소 등 흡수가 저해되는 길항작용을 한다.

    ㉤ 결핍 : 뿌리나 눈의 생장점이 붉게 변하여 죽게 된다. 또 토마토 배꼽썩음병도 나타난다.

⑥ 마그네슘(Mg)

  ㉠ 엽록체 구성원소로 잎에 다량 함유하고 있다.

  ㉡ 체내 이동이 용이하여 부족 시 늙은 조직으로부터 새 조직으로 이동한다.

  ㉢ 결 핍

    • 황백화현상, 줄기나 뿌리의 생장점 발육이 저해된다.

    • 체내의 비단백태질소가 증가하고 탄수화물이 감소되며, 종자의 성숙이 저해된다.

    • 칼슘(Ca)이 부족한 산성토양이나 사질토양, K, Ca, NaCl을 과다하게 사용했을 때에 결핍현상이
      나타나기 쉽다.

⑦ 황(S)

  ㉠ 단백질, 효소, 아미노산 등의 구성물질 성분이며, 엽록소 형성 및 여러 특수기능에 관여한다.

  ㉡ 황의 요구도가 큰 작물 : 파, 마늘, 양배추, 아스파라거스 등

  ㉢ 체내 이동성이 낮으며, 결핍증상은 새 조직에서부터 나타난다.

  ㉣ 결핍 : 황백화, 단백질생성 억제, 엽록소의 형성 억제, 세포분열이 억제되고, 콩과작물에서는 근류
    균의 질소 고정능력이 저하되며, 세포분열이 억제되기도 한다.

⑧ 철(Fe)

  ㉠ 엽록소(호흡효소) 구성성분으로 엽록소와 형성에 관여한다.

  ㉡ 토양 용액에 철의 농도가 높으면 P과 K의 흡수가 억제된다.

  ㉢ 토양의 pH가 높거나 인산 및 칼슘의 농도가 높으면 불용태가 된다.

  ㉣ 결 핍

    • 어린잎부터 황백화하여 엽맥 사이가 퇴색한다.

    • 니켈, 코발트, 크롬, 아연, 몰리브덴, 망간 등의 과잉은 철의 흡수·이동을 저해하여 결핍상태에
      이른다.

      예 콩밭이 누렇게 보여 잘 살펴보니 상위엽의 잎맥 사이가 황화(Chlorosis)되었고, 토양조사를 하
        였더니 pH가 9이었다면 철의 결핍이다.

  ㉤ 철의 과잉은 벼의 경우 잎에 갈색의 반점·무늬를 형성하고 심하면 잎끝부터 흑변하여 고사한다.

⑨ 구리(Cu)

  ㉠ 산화효소의 구성원소로 작용하며, 엽록소 형성에 관여한다.

  ㉡ 엽록체의 복합단백 구성성분으로 광합성과 호흡작용에 관여한다.

  ㉢ 과잉은 뿌리의 신장이 억제된다.

  ㉣ 결핍 : 단백질 합성 억제, 잎 끝에 황백화현상이 나타나고 고사한다.

⑩ 망간(Mn)

  ㉠ 여러 효소의 활성을 높여서 광합성 물질의 합성과 분해, 호흡작용 등에 관여한다.

  ㉡ 생리작용이 왕성한 곳에 많이 함유되어 있고, 체내 이동성이 낮아서 결핍증상은 새잎부터 나타난다.

  ㉢ 토양의 과습 또는 강한 알칼리성이 되거나 철분의 과다는 망간의 결핍을 초래한다.

  ㉣ 결핍 : 엽맥에서 먼 부분(엽맥 사이)이 황색으로 되며, 화곡류에서는 세로로 줄무늬가 생긴다.

⑪ 붕소(B)

　㉠ 붕소는 촉매 또는 반응조절물질로 작용하며, 석회결핍의 영향을 덜 받게 한다.

　㉡ 생장점 부근에 함유량이 높고 체내 이동성이 낮아 결핍증상은 생장점 또는 저장기관에 나타난다.

　㉢ 석회의 과잉과 토양의 산성화는 붕소결핍의 주원인이며, 개간지에서 나타나기 쉽다.

　㉣ 결 핍

　　• 분열조직의 괴사(Necrosis)를 일으키는 일이 많다.

　　• 채종재배 시 수정, 결실이 불량하고, 콩과작물의 근류형성 및 질소고정이 저해된다.

　　• 담배의 끝마름병, 사과의 축과병, 순무의 갈색속썩음병, 꽃양배추의 갈색병, 알팔파의 황색병 등

⑫ 아연(Zn)

　㉠ 여러 효소의 촉매 또는 반응조절물질로서 작용한다.

　㉡ 단백질, 탄수화물의 대사에 관여한다.

　㉢ 결핍 : 황백화, 괴사, 조기낙엽 등을 초래한다.

　㉣ 과잉 : 잎의 황백화, 콩과작물에서 잎 · 줄기의 자주빛 현상 등이 나타난다.

⑬ 몰리브덴(Mo)

　㉠ 질산환원효소의 구성성분이고, 근류균의 질소고정과 질소대사에 필요하며, 콩과작물이 많이 함유하고 있는 원소이다.

　㉡ 결핍 : 잎의 황백화, 모자이크병에 가까운 증세가 나타난다.

⑭ 염소(Cl)

　㉠ 광합성작용과 물의 광분해에 촉매작용을 하여 산소를 발생시킨다.

　㉡ 세포의 삼투압 증진, 식물조직 수화작용의 증진, 아밀로스(Amylose) 활성증진, 세포즙액의 pH 조절기능을 한다.

　㉢ 결핍 : 어린잎의 황백화, 전 식물체의 위조현상이 나타난다.

## (4) 비필수원소와 생리작용

① 규소(Si)

　㉠ 규소는 화본과식물의 경우 다량으로 흡수하나, 필수원소는 아니다.

　㉡ 화본과작물의 가용성 규산화 유기물의 시용은 생육과 수량에 효과가 있다.

　㉢ 경엽의 직립화로 수광상태가 좋아져 광합성에 유리하고 뿌리의 활력이 증대된다.

　㉣ 병에 대한 저항성을 높이고, 도복의 저항성도 강하다.

② 코발트(Co)

　㉠ 비타민 B12를 구성하는 금속성분으로 부족 시 단백질 합성이 저해된다.

　㉡ 콩과작물의 근류균 형성에 관여하며, 뿌리혹 발달이나 질소고정에 필요하다.

③ 나트륨(Na)

　㉠ 필수원소는 아니나 셀러리, 사탕무, 순무, 목화, 크림슨클로버 등에서는 시용효과가 인정되고 있다.

　㉡ $C_4$식물에서는 나트륨의 요구도가 높다.

④ 알루미늄(Al)

    ㉠ 토양 중 규산과 함께 점토광물의 주를 이룬다.

    ㉡ 산성토양에서는 토양의 알루미나 활성화로 용출되어 식물에 유해하다.

    ㉢ 결 핍

        • 뿌리의 신장을 저해, 맥류의 잎에서는 엽맥 사이의 황화현상을 나타낸다.

        • 토마토 및 당근 등에서는 지상부에 인산결핍증과 비슷한 증상을 나타낸다.

    ㉣ 과잉 : 칼슘, 마그네슘, 질산의 흡수 및 인의 체내이동이 저해된다.

---

**PLUS ONE**

**주요정리**

- 체내 이동이 낮은 원소 : Ca, S, Fe, Cu, Mn, B
- 엽록소 구성요소(형성에 관여) : N, S, Fe, Mg, Mn
- 근류근 형성에 관여 : S, Mo, Co, B
- 엽맥 간 황백화 형성 : 어린잎–Fe, Mn, 노잎–Mg

---

**Level UP 이론을 확인하는 문제**

작물의 생육에 필요한 필수원소에 대한 설명으로 옳지 않은 것은?　　　17 서울시 기출

① 질소, 인, 칼륨을 비료의 3요소라 한다.

② 철, 망간, 황은 미량원소이다.

③ 칼슘, 마그네슘은 다량원소이다.

④ 탄소, 수소, 산소는 이산화탄소와 물에서 공급된다.

| 해설 필수원소의 종류(16종) | |
|---|---|
| 다량원소<br>(9종) | 탄소(C), 산소(O), 수소(H), 질소(N), 인(P), 칼륨(K), 칼슘(Ca), 마그네슘(Mg), 황(S) |
| 미량원소<br>(7종) | 철(Fe), 망간(Mn), 구리(Cu), 아연(Zn), 붕소(B), 몰리브덴(Mo), 염소(Cl) |

정답 ②

## |07| 토양유기물

### (1) 기 능

① 암석의 분해를 촉진한다(유기물 분해 시 산의 생성으로).

> **참고**
>
> 유기물이란 동물, 식물의 사체가 분해되어 암갈색, 흑색을 띤 부식물을 말한다.

② 양분을 공급한다.

> **참고**
>
> • 다량원소 : N, P, K, Ca, Mg, Si
> • 미량원소 : Mn, B, Cu, Co, Zn

③ 대기 중의 이산화탄소를 공급한다(광합성 조장).
④ 생장촉진물질을 생성한다(호르몬, 비타민, 핵산물질).
⑤ 입단을 형성한다(토양의 물리성 개선).
⑥ 토양의 통기, 보수, 보비력 증대한다.
⑦ 토양의 완충능력을 증대시킨다(토양반응 억제).
⑧ 미생물의 번식을 조장한다.
⑨ 토양을 보호한다(토양침식 방지).
⑩ 지온을 상승시킨다.

### (2) 토양부식과 작물생육

① 토양부식의 함량 증대
　㉠ 토양 중 부식함량 증대는 지력의 증대를 의미한다.
　㉡ 부식토처럼 토양부식의 과잉은 부식산에 의해서 산성이 강해지고, 점토함량이 부족해서 작물생육에
　　　지장을 초래한다.
② 배수가 잘되는 토양에서는 유기물 분해가 왕성하므로 유기물이 축적되지 않는다.
③ 유기물이 과다한 습답에서는 토양이 심한 환원상태로 되어 뿌리의 호흡저해, 혐기성 미생물에 의한 유
　해물질의 생성 등으로 해를 끼친다.
④ 토양유기물의 주요 공급원에는 퇴비, 구비, 녹비, 고간류 등이 있다.

**토양유기물에 대한 설명으로 옳지 않은 것은?**

19 국가직 기출

① 유기물의 부식은 토양의 보수력, 보비력을 약화시킨다.

② 유기물의 부식은 토양반응이 쉽게 변하지 않는 완충능을 증대시킨다.

③ 유기물의 부식은 토양입단의 형성을 조장한다.

④ 유기물이 분해되어 망간, 붕소, 구리 등 미량원소를 공급한다.

해설 ① 유기물의 부식은 토양의 보수력, 보비력을 강화시킨다.

토양유기물은 미생물의 분해를 통하여 직·간접적으로 토양의 입단형성에 기여한다. 입단형성과 부식에 의해 통기성, 보수력, 보비력이 증가하므로 작물의 생육에 가장 이상적인 토양상태가 된다.

정답 ①

## |08| 토양반응(pH)

### (1) 토양반응의 표시

① pH란 용액 중에 존재하는 수소이온($H^+$)농도의 역수의 대수(log)로 정의된다.

$$pH = -log[H^+]$$

② 이는 순수한 물이 해리할 때 수소이온($H^+$)농도와 수산화이온($OH^-$)농도가 $10^{-7}$mol/L로 중성인 것을 기준으로 한다.

③ 토양이 산성, 중성, 염기성인가의 성질로 토양용액 중 수소이온($H^+$)농도와 수산화이온($OH^-$)농도의 비율에 의해 결정되며 pH로 표시한다.

④ 1~14의 수치로 표시되며, 7이 중성이고 7 이하가 산성이며 7 이상이 알칼리성이 된다.

 **참고**

작물의 생육에는 pH 6~7이 가장 알맞다.

### (2) 산성토양의 종류

① 활산성(活酸性, Active Acidity)
   ㉠ 토양용액에 들어 있는 $H^+$에 기인하는 산성으로, 식물에 직접 해를 끼친다.
   ㉡ pH 값은 활성의 유리수소이온의 농도로 표시한다.
② 잠산성(潛酸性, 치환산성, Exchange Acidity)
   ㉠ 치환산성 : KCl 같은 중성염을 가해 주면 더 많은 수소이온이 용출되며, 이에 기인하는 산성이다.

$$[colloid]\ H^+ + KCl \Leftrightarrow [colloid]\ K^+ + HCl(H^+ + Cl^-)$$

   ㉡ 가수산성(加水酸性, Hydrolytic Acidity) : 아세트산칼슘$[(CH_3COO)_2Ca)]$과 같은 약산염으로 가해 주면 더 많은 수소이온($H^+$)이 용출되어 나타나는 산성을 말한다.
   ㉢ 양토나 식토는 사토에 비해 잠산성이 높아 pH가 같더라도 중화에 더 많은 석회를 필요로 한다.

### (3) 토양반응과 작물의 생육

① 토양 중 작물 양분의 가급도(유효도) : 토양 pH에 따라 크게 다르며, 중성~약산성에서 가장 높다.
   ㉠ 강산성에서의 작물생육
      • 강산성이 되면 P, Ca, Mg, B, Mo 등의 가급도가 감소되어 생육이 감소하고, 암모니아가 식물체 내에 축적되고, 동화되지 못해 해롭다.
      • 강산성이 되면 Al, Cu, Zn, Mn 등은 용해도가 증가하여 그 독성 때문에 작물생육이 저해된다.
      • 강산성 토양에서 과다한 수소이온($H^+$)은 그 자체가 작물의 양분흡수와 생리작용을 방해한다.
   ㉡ 강알칼리성에서의 작물생육
      • 강알칼리성이 되면 B, Fe, Mn 등의 용해도 감소로 작물의 생육에 불리하다.
      • $Na_2CO_3$ 같은 강염기가 증가하여 생육을 저해한다.

---

**PLUS ONE**

**가급도 정리**
• 알칼리성 흡수에 변함이 없는 것 : K, S, Ca, Mg
• 알칼리성 흡수가 크게 줄어드는 것 : Mn, Fe
• 강산성 토양에서 양분의 흡수변화
  – 가급도가 증가하는 것 : Al, Cu, Zn, Mn
  – 가급도가 감소하는 것 : P, Ca, Mg, B, Mo
• 강알칼리성 토양에서는 B, Fe, Mn 등의 용해도가 감소하여 작물생육에 불리하다.

**가급도의 증감 예**
• 강산성이 되면 P과 Mg의 가급도가 감소한다.
• 중성보다 강산성 조건에서 N의 가급도는 감소한다.
• 중성보다 강알칼리성 조건에서 Mn의 용해도가 감소한다.
• 중성보다 pH가 높아질수록 Fe의 가급도는 감소한다.

② 미생물과 토양반응

　　㉠ 공기질소를 고정하여 유효태양분을 생성하는 대다수의 활성박테리아는 중성 부근의 토양반응을 좋아한다.

　　㉡ 사상균류는 산소의 공급과 관계없이 잘 활동하는 통성 미생물이어서 넓은 범위의 토양반응에 잘 적응하고 일반적으로 산성을 좋아한다.

③ 산성토양에 대한 작물의 적응성

　　㉠ 극히 강한 것 : 벼, 밭벼, 귀리, 루핀, 토란, 아마, 기장, 땅콩, 감자, 봄무, 호밀, 수박 등

　　㉡ 강한 것 : 메밀, 옥수수, 목화, 당근, 오이, 완두, 호박, 토마토, 밀, 조, 고구마, 담배 등

　　㉢ 약간 강한 것 : 유채, 파, 무 등

　　㉣ 약한 것 : 보리, 클로버, 양배추, 근대, 가지, 삼, 겨자, 고추, 완두, 상추 등

　　㉤ 가장 약한 것 : 알팔파, 콩, 자운영, 시금치, 사탕무, 셀러리, 부추, 양파 등

④ 알칼리성 토양에 대한 작물의 적응성

　　㉠ 강한 것 : 사탕무, 수수, 평지(유채), 목화, 보리, 양배추, 버뮤다그라스 등

> 🔍 **참고**
>
> pH 8 이상의 강알칼리성에 알맞은 작물은 거의 없다.

　　㉡ 중간 정도의 것 : 당근, 무화과, 포도, 상치, 귀리, 올리브, 양파, 호밀 등

　　㉢ 약한 것 : 사과, 셀러리, 레몬, 배, 감자, 레드클로버 등


## (4) 산성토양의 원인

① 치환성염기의 용탈

　　㉠ 토양 중 $Ca^{2+}$, $Mg^{2+}$, $K^+$ 등의 치환성염기가 용탈되어 미포화교질이 늘어나는 것이 토양산성화의 가장 보편적인 원인이다.

　　㉡ 미포화교질이 많으면 중성염(KCl)이 가해질 때 $H^+$가 생성되어 산성을 나타낸다.

　　　• 포화교질 : 토양교질(토양콜로이드)이 $Ca^{2+}$, $Mg^{2+}$, $K^+$, $Na^+$ 등으로 포화된 것이다.

　　　• 미포화교질 : 토양교질에 치환성양이온 외에 $H^+$도 함께 흡착하고 있는 것이다.

$$[colloid]\ H^+ + KCl \rightleftharpoons [colloid]\ K^+ + HCl(H^+ + Cl^-)$$

② 빗물에 의한 염기용탈

　　㉠ 토양유기물이 분해될 때 생기는 이산화탄소나 공기 중의 이산화탄소는 빗물이나 관개수 등에 용해되어 탄산을 생성하는데, 치환성염기는 탄산에 의해 용탈된다.

　　㉡ 강우나 관개로 토양 중에 미포화교질이 많아져 토양을 산성화시킨다.

③ 유기물 분해에 의한 유기산 : 토양 중 탄산 유기산은 그 자체로 산성화의 원인이며, 부엽토는 부식산 때문에 산성화를 촉진한다.

④ **토양 중 질소, 황의 산화** : 토양 중 질소, 황이 산화되면 질산, 황산이 되어 토양이 산성화되고 염기의 용탈을 촉진시킨다. 토양염기가 감소하면 토양광물 중 $Al^{3+}$이 용출되고, 물과 만나면 다량의 $H^+$를 생성한다.

$$Al^{3+} + 3H_2O \rightarrow Al(OH)_3 + 3H^+$$

⑤ **산성비료의 연용** : 산성비료, 즉 황산암모니아, 과인산석회, 염화칼륨, 황산칼륨, 인분뇨, 녹비 등의 연용은 토양을 산성화시킨다.

⑥ **기타** : 화학공장에서 배출되는 산성물질, 제련소 등에서 배출되는 아황산가스 등도 토양을 산성화시킨다.

---

**PLUS ONE**

**산성토양의 해**

- 수소이온($H^+$)의 과잉은 작물의 뿌리에 해를 준다.
- 알루미늄이온($Al^{3+}$), 망간이온($Mn^{2+}$)이 용출되어 작물에 해를 준다.
- 필수원소 인, 칼슘, 마그네슘, 몰리브덴, 붕소 등이 결핍된다.
- 석회의 부족과 미생물의 활동이 저조하여 유기물의 분해가 나빠져 토양의 입단형성이 저해된다.
- 질소고정균 등의 유용미생물의 활동이 나빠진다.

---

## (5) 산성토양의 개량과 재배대책

① **산성토 개량**
  ㉠ 근본적 개량대책은 석회와 유기물을 넉넉히 시비하여 토양반응과 구조를 개선한다.
  ㉡ 석회만 시비하여도 토양반응은 조정되지만, 유기물과 함께 시비하는 것이 석회의 지중침투성을 높여 석회의 중화효과를 더 깊은 토층까지 미치게 한다.
  ㉢ 유기물의 시용은 토양구조의 개선, 부족한 미량원소의 공급, 완충능의 증대로 알루미늄이온 등의 독성이 경감된다.
  ㉣ 개량에 필요한 석회의 양은 토양의 pH나 종류에 따라 다르며, pH가 동일하더라도 점토나 부식의 함량이 많은 토양은 석회의 시용량을 늘려야 한다.

② **재배대책**
  ㉠ 산성에 강한 작물(옥수수, 수수, 메밀, 감자, 담배 등)을 심는다.
  ㉡ 산성비료의 시용을 피해야 한다. 즉, 석회와 유기물을 충분히 시용하고 황산암모니아, 과인산석회, 황산칼륨, 염화칼륨, 인분뇨, 녹비 등의 연용을 피한다.
  ㉢ 용성인비는 산성토양에서도 유효태인 수용성 인산을 함유와 마그네슘의 함유량도 많아 효과가 크다.
  ㉣ 산성토양은 용해도가 증가하여 붕소가 유실되기 쉬우므로 붕소를 10a당 약 0.5~1.3kg 정도를 주어서 보급한다.

## (6) 알칼리토양의 생성

① 해안지대의 신간척지 또는 바닷물의 침입지대는 알칼리토양이 된다.

② 강우가 적은 건조지대에서는 규산염광물의 가수분해로 방출되는 강염기에 의해 알칼리성 토양이 된다.

### Level UP 이론을 확인하는 문제

**토양가급도에 관한 설명으로 옳은 것은?** 　　　　　　　　　　　19 경남 지도사 기출

① N – pH 5 이하에서는 가급도가 높아진다.

② P – pH 6 이하의 산성에서는 가급도가 낮아진다.

③ Mn – pH 5 이하의 산성에서 가급도가 감소한다.

④ Mg – pH 8 이상의 강알칼리에서 가급도가 낮아진다.

해설　① 중성보다 강산성 조건에서 N의 가급도는 감소한다.

　　　③ 강산성이 되면 Mn의 가급도는 증가한다.

　　　④ 강산성이 되면 Mg의 가급도가 감소한다.

정답　②

### Level UP 이론을 확인하는 문제

**산성토양개량 방법으로 옳지 않은 것은?** 　　　　　　　　　　　18 경남 지도사 기출

① 용성인비를 시비한다.

② 석회를 시비한다.

③ 염화칼리랑 녹비를 연용한다.

④ 붕소를 시비한다.

해설　석회와 유기물을 충분히 사용하고 염화칼륨, 인분뇨, 녹비 등의 연용을 피한다.

정답　③

# |09| 토양미생물

## (1) 유익작용(역할)

### ① 유기물의 분해

㉠ 토양미생물은 유기물을 분해하여 무기화작용으로 유리되는 양분을 식물이 흡수할 수 있게 한다.

> **🔍참고**
>
> **무기화작용**
> 유기태 질소화합물을 무기태로 변환하는 것으로 첫 단계가 암모니아화 작용(Amide 물질로부터 암모니아를 생성)이다.

㉡ 토양미생물은 유기태 질소화합물을 무기태로 변환하는 질소의 무기화작용을 돕는다.

㉢ 토양미생물에서 분비되는 점질물질은 토양입단의 형성을 촉진한다.

㉣ 유기물의 분해로 발생되는 유기·무기산(질산, 황산, 탄산)은 석회석과 같은 암석이나 인산, 철, 망간 같은 양분의 유효도를 높여준다.

### ② 유리질소(遊離窒素)의 고정

㉠ 식물이 토양으로부터 질소를 얻기 위해서는 먼저 질소가 암모늄이온이나 질산염 형태로 바뀌어야 한다. 즉, 토양의 암모늄이온이나 질산염은 박테리아에 의해 대기질소나 유기물로부터 생성되고, 질소고정 박테리아는 대기질소를 암모늄이온으로 전환시킨다. 이 과정을 질소고정작용이라 하며 대부분의 식물이 생존하는 데 필수적인 과정이다.

㉡ 콩과식물은 뿌리의 혹 안에서 상주하는 박테리아에 의해 고정된 질소를 이용한다. 즉, 근류균은 콩과식물과 공생하면서 유리질소를 고정하며 Azotobacter, Azotomonas 등은 호기상태에서, Clostridium 등은 혐기상태에서 단독으로 유리질소를 고정한다.

### ③ 질산화작용(窒酸化作用, Nitrification)

㉠ 암모늄이온($NH_4^+$)이 아질산이온($NO_2^-$)과 질산이온($NO_3^-$)으로 산화되는 과정이다.

㉡ 암모늄이온($NH_4^+$)을 질산으로 변하게 하여 작물에 이롭게 한다.

### ④ 무기물의 산화

㉠ 가용성 무기성분을 동화(이용)하여 유실을 적게 한다.

㉡ 균사 등의 점질물질에 의해서 토양의 입단을 형성한다.

㉢ 토양미생물 간의 길항작용은 토양전염 병원균의 활동을 억제한다.

㉣ 토양미생물은 지베렐린, 시토키닌 등의 식물생장촉진 물질을 분비한다.

### ⑤ 근권(根圈, Rhizosphere) 형성

㉠ 식물 뿌리는 많은 유기물을 분비하거나 근관과 잔뿌리가 탈락하여 새로운 유기물이 되어 다른 생물의 영양원이 된다.

㉡ 이것은 뿌리 근처에 강력한 생물학적 활동 영역(근권)을 형성하여 뿌리의 양분흡수 촉진, 뿌리의 신장생장 억제, 뿌리 효소활성을 촉진한다.

⑥ 균근의 형성
　　㉠ 내생균근(內生菌根, Endomycorrhizae) : 뿌리에 사상균(버섯 등)이 착생하여 공생함으로써 식물은 물과 양분의 흡수가 용이해지고 뿌리 유효표면이 증가하며 내염성, 내건성, 내병성 등이 강해진다.
　　㉡ 외생균근(外生菌根, Ectomycorrhizae) : 토양양분의 유효화로 담자균류, 자낭균 등이 왕성해지면 병원균의 침입을 막게 된다. 이는 균사가 펙틴질, 탄수화물을 섭취하여 뿌리 외부에 연속적으로 자라, 하나의 피복을 이루면서 뿌리를 완전히 둘러싸기 때문이다.

참고

토양미생물인 균근은 인산흡수를 도와주는 대표적인 공생미생물이다.

## (2) 유해작용

① 식물의 병을 일으키는 미생물이 많다.
　　㉠ 토양에서 유래되는 병 : 토마토 세균병, 감자 시들음병, 채소 무름병, 뿌리썩음병, 점무늬병, 모잘록병 등
　　㉡ 방제법 : 토양소독(소토, 열소독, 약제소독)을 한다.
② 미숙유기물을 시비하면 질소기아현상처럼 작물과 미생물 간에 양분의 쟁탈이 일어난다.

참고

**질소기아현상**
일반토양의 C/N율이 10 : 1보다 높은 유기물을 토양에 주면 미생물과 작물사이에 질소의 경쟁이 유발되어 일시적으로 작물이 유효성질소의 부족을 겪게 되는 현상을 말한다.

③ 황산염을 환원하여 황화수소 등의 유해한 환원성 물질을 생성한다.
　　㉠ 토양에 처음 함황아미노산이 발생하여 분해되면 $SO_4$, $SO_3$ 같은 가급태로 변한다.
　　㉡ Desulfovibrio, Desulfotomaculum 등의 혐기성(환원성)세균은 $SO_4$를 환원하여 $H_2S$가 되게 한다.
④ 탈질세균에 의해 $NO_3^-$ → $NO_2^-$ → $N_2O$, $N_2$로 되는 탈질작용을 일으킨다.

참고

습답에서는 유기물의 혐기적 분해로 유기산이 집적되어 뿌리의 생장과 흡수장해를 일으킨다.

- 토양생물의 평균분포(토양 1g 중 분포)
  세균(16,900,000) > 방선균(1,340,000) > 혐기성 세균(1,000,000) > 사상균(205,000) > 혐기성 사상균(1,326)
  > 조류(500) > 원생동물(40)
- 방사상균(방선균)은 곰팡이(사상) + 세균(포자)의 중간으로 사상세균이다.
  − 흙냄새 유발 : Actinomyces Odorifer
  − 항생물질 생산 : Terramycin, Streptomycin, Neomycin

## (3) 토양조건과 미생물

① 유용 토양미생물의 생육조건

㉠ 토양 내에 유기물이 많고, 통기가 좋아야 한다.

㉡ 토양반응은 중성~미산성, 토양습도는 과습하거나 과건하지 않아야 한다.

㉢ 토양온도는 20~30℃일 때 생육이 왕성하다.

② 유해한 토양미생물

㉠ 윤작, 담수 또는 배수, 토양소독 등에 의해서 생육활동을 억제 및 경감시킬 수 있다.

㉡ 심토로 갈수록 미생물 수는 감소한다.

### 🔍 참고

해로운 토양동물에는 두더지, 달팽이 굼벵이 등이 있다.

---

### Level UP 이론을 확인하는 문제

Actinomyces Odorifer 등에 의해 토양 특유의 냄새를 나게 하며, 리그닌 · 케라틴을 분해하는 토양
미생물은?                                                                       09 지방직 기출

① 방사상균                              ② 사상균
③ 근류균                                ④ 세 균

해설   ① 방사상균(방선균)은 곰팡이(사상)+세균(포자)의 중간으로 사상세균이다.
  • 흙냄새 유발 : Actinomyces Odorifer
  • 항생물질 생산 : Terramycin, Streptomycin, Neomycin

정답   ①

# | 10 | 논토양과 밭토양

## (1) 논토양의 일반적인 특성

### ① 논토양의 환원과 토층의 분화

㉠ 토층분화란 논토양에서 갈색 산화층과 회색(청회색)의 환원층으로 분화되는 것을 말한다.

㉡ 담수 후 시간이 경과한 뒤 표층은 산화제2철에 의해 적갈색을 띤 산화층이 되고 그 이하의 작토층은 청회색의 환원층이 되며, 심토는 다시 산화층이 되는 토층분화가 일어난다.

- 산화층(표층)은 수 mm에서 1~2cm이며, 산화제2철로 적갈색을 띤 산화층이 된다.
- 표층 이하의 작토층은 산화제1철로 청회색을 띤 환원층이 된다.
- 심토(산화층)는 유기물이 극히 적어서 산화층이 형성된다.

> **참고**
>
> 논토양에서는 혐기성균의 활동으로 질산이 질소가스가 되고, 밭토양에서는 호기성균의 활동으로 암모니아가 질산이 된다.

### ② 산화환원전위(Eh)

㉠ 산화환원전위의 경계는 0.3mV이다. 산화층은 0.6mV, 환원층은 0.3mV 정도로 청회색을 띤다.

㉡ 미숙한 유기물을 많이 시용하거나 미생물이 왕성한 토양은 산소소비가 많아서 Eh값이 0.0 이하가 된다.

㉢ 산화환원전위는 토양이 산화될수록 상승하고, 환원될수록 하강한다.

> **참고**
>
> Eh
> 산화와 환원 정도를 나타내는 기호로, Eh값은 밀리볼트(mV) 또는 볼트(Volt)로 나타낸다.

### ③ 논토양에서의 탈질현상

㉠ 암모니아태질소가 산화층에 들어가면 질화균이 질화작용을 일으켜 질산으로 된다.

$$NH_4^+ \rightarrow NO_2 \rightarrow NO_3^-$$

㉡ 담수 논의 산화층에 있는 암모니아태질소는 질산으로 되어 환원층으로 내려가 질소가스로 탈질된다.

㉢ 담수 후 유기물 분해가 왕성할 때에는 미생물이 소비하는 산소의 양이 많아 전층이 환원상태가 된다.

㉣ 암모니아태질소를 심부 환원층에 주면 토양에 잘 흡착되므로 비효가 오래 지속된다.

㉤ 탈질현상에 의한 질소질 비료의 손실을 줄이기 위하여 암모니아태질소를 환원층에 준다.

전층시비

논을 갈기 전에 암모니아태질소를 논 전면에 미리 뿌린 다음, 갈고 써레질하여 작토의 전층에 섞이도록 하는 것

④ 양분의 유효화

 ㉠ 답전윤환 재배에서 논토양이 담수 후 환원상태가 되면 밭상태에서는 난용성인 인산알루미늄, 인산철 등이 유효화된다.

 ㉡ 담수된 논토양은 유기물이 축적되는 경향이 있고, 물이 빠지면 유기태질소가 분해되어 질소는 흡수되기 쉬운 형태로 변한다.

 ㉢ 담수된 논토양의 심토는 유기물이 극히 적어서 산화층을 형성한다.

 ㉣ 담수상태의 논에서는 조류(藻類)의 대기질소 고정작용이 나타난다.

⑤ 유기태질소의 무기화

 ㉠ 잠재지력의 건토효과

  • 토양을 건조하면 토양유기물이 쉽게 분해될 수 있는 상태로 되고, 여기에 물을 가하면(가수) 미생물의 활동이 촉진되어 다량의 암모니아가 생성되는 현상이다.

  • 건조가 충분하고 유기물의 함량이 많을수록 효과가 크다.

  • 건토효과는 토양을 동결시킬 경우에도 비슷하게 나타난다.

 ㉡ 지온상승 효과

  • 한여름에 지온이 상승하면 유기태질소의 무기화가 촉진되어 암모니아가 생성되는 현상이다.

  • 암모니아 생성량의 증가 여부는 습토와 풍건토 사이에 차이가 없다.

 ㉢ 알칼리 효과

  • 알칼리 처리로 나타나는 효과를 알칼리 효과라고 한다.

  • 토양에 알칼리나 산을 첨가하여 반응을 변화시킨 후 담수하면 유기태질소의 무기화가 촉진된다. 이는 토양반응의 변화에 의해서 이분해성 유기물이 미생물에 의해 분해되기 쉽기 때문이다.

⑥ 바람직한 논토양의 성질

 ㉠ 작토 : 작물의 뿌리가 자유롭게 뻗어 양분을 흡수하는 곳이다.

 ㉡ 유효토심 : 뿌리가 작토 밑으로 더 뻗어 나갈 수 있는 깊이이다.

 ㉢ 투수성 : 논토양에서 투수성은 매우 중요한 성질 중의 하나이다.

 ㉣ 토성 : 모래의 함량과 점토의 함량에 따라 토성을 나타낸다.

## (2) 논토양의 노후화

① 노후화답과 그 개량

 ㉠ 노후화답

  • 논의 작토층에서 철과 망간 등이 용탈되어 산화상태인 하층에 운반되고 동시에 여러 가지 염기도 함께 용탈·제거되어 생산력이 몹시 떨어진 논을 노후화답이라 한다.

- 철과 망간 등의 함량이 적고 투수가 잘되는 토양의 경우 작토에서 $Fe^{3+}$, $Mn^{3+}$ 등의 용탈이 일어나면 작토에 심한 부족이 일어난다.
- 철분이나 망간 등이 심토의 산화층에 집적된다.
- 물 빠짐이 지나친 사질의 토양은 노후화답이 되기 쉽다.

참고

**저위생산논**
충분한 시비와 노력으로도 벼의 수확량이 얼마 되지 않는 논으로 노후화 토양, 누수 토양, 물 빠짐이 나쁜 질흙이 그 대부분을 차지한다.

ⓛ 추락현상
- 담수하의 작토 환원층에서는 황산염이 환원되어 황화수소($H_2S$)가 생성되는데, 철분이 많으면 벼뿌리가 산화철(적갈색)의 피막을 입어 황화수소가 철과 반응하여 황화철이 되어 침전하므로 벼에 해가 없다.
- 추락현상은 철분이 결핍되면 황화수소에 의해서 벼뿌리가 상하게 되어 양분의 흡수가 저해되므로, 벼가 자람에 따라 깨씨무늬병이 발생하고 점차로 아랫잎부터 죽으며, 가을 성숙기에 이르러서는 윗잎까지도 죽어버려 벼의 수확량이 감소하는 경우가 있는데, 이를 추락현상이라 한다.
- 노후화답은 작토층으로부터 활성철이 용탈되어 있기 때문에 황화수소를 불용성의 황화철로 침전시킬 수 없어 추락현상이 발생한다.

ⓒ 노후화답의 개량
- 객토 : 산의 붉은 흙, 못의 밑바닥 흙, 바닷가의 질흙 등으로 객토하여 철을 공급하고, 미량요소를 공급한다.
- 심경 : 토층 밑으로 침전된 양분을 작토층으로 되돌린다.
- 함철 자재의 시용 : 갈철광의 분말, 비철토, 퇴비철 등을 시용한다.
- 규산질비료의 시용 : 규산석회, 규회석 등을 시용한다.

참고

황산기비료인 ($NH_4)_2SO_4$, $K_2(SO_4)$ 등을 시용하지 않아야 한다.

ⓓ 노후화답의 재배대책 : 저항성 품종의 선택, 조기재배, 무황산근 비료의 시용, 추비 중점의 시비, 엽면시비 등
② **누수답과 그 개량**
ⓛ 누수답(사력질답)
- 작토의 깊이가 얕고 밑에는 자갈이나 모래층이 있어 물빠짐이 심하며, 보수력이 약한 논을 말한다.
- 누수답은 지온상승이 느리고, 점토분이 적으며 토성이 좋지 않다.
- 양분의 용탈이 심하여 쉽게 노후화 토양으로 변한다.

      ⓛ 누수답의 개량 : 객토 및 유기물을 시용하고, 바닥 토층을 밑다듬질한다.

③ 식질논과 그 개량

    ㉠ 식질토양

- 통기성이 불량하고, 유기물이 집적되며, 단단한 점토의 반층 때문에 뿌리가 잘 뻗지 못한다.
- 배수불량으로 유해물질의 농도가 높아져 뿌리의 활력이 약하다.

    ⓛ 식질토양의 개량 : 가을갈이를 하고, 유기물을 시용하여 토양의 구조를 떼알로 하여 불량한 성질을 개량한다.

④ 습답과 그 개량

    ㉠ 특 성

- 지하수위가 높고, 연중 건조하지 않으며 수분 침투가 적다.
- 항상 담수하에 있으므로 유기물 분해가 저해되어 미숙 유기물이 다량 집적되어 있다.
- 여름철 고온기에는 유기물 분해가 왕성하여 심한 환원상태를 이루고, 황화수소 등의 유해한 환원성 물질이 생성·집적되어 뿌리가 상한다.
- 환원상태이므로 유기물이 혐기적으로 분해되어 유기산을 생성하나 투수가 적으므로, 작토 중에 유기산이 집적되어 뿌리의 생장과 흡수 작용에 장해를 준다.
- 지온 상승효과에 의해 질소가 공급되므로 벼의 생육 후기에는 질소가 과다하게 되어 병해·도복 등을 일으킨다.

> 🔍 **참고**
>
> 논토양의 적정 투수량은 1일 15~25mm라고 하며, 증발산까지 합친 적정 감수량은 1일 20~30mm라 한다.

    ⓛ 개량방법

- 명거 배수·암거 배수 등을 꾀하여 투수를 좋게 하고 유해 물질을 배제한다.
- 객토를 하여 철분 등을 공급해야 한다.

    ⓒ 재배대책

- 휴립재배를 하여 토양 통기를 조장하고 질소의 시용량을 줄인다.
- 석회물질의 시용으로 산성의 중화와 부족 성분의 보급을 꾀하여야 한다.
- 이랑재배로 배수를 좋게 한다.

⑤ 밭토양과 그 개량

    ㉠ 특 징

- 경사지에 많이 분포되어 있고, 양분의 천연공급량은 낮다.
- 연작 장해가 많고, 양분이 용탈되기 쉽다.

    ⓛ 바람직한 밭토양

- 보수성과 배수성이 좋아야 한다.
- 산성이 되지 않게 하고, 인산과 미량원소의 결핍 등이 없어야 한다.
- 작토는 20cm 이상, 유효토심은 50cm 이상인 것이 좋다.

- 유효토심의 토양경도는 너무 높지 않아야 한다.
- 토양의 공극량은 전체 부피의 반으로써 공극에는 물과 공기가 반씩 들어있는 것이 좋다.
- 대체로 미산성 내지 중성의 반응이 좋다.

  ⓒ 개량방법
  - 돌려짓기(콩과식물 또는 심근성 식물, 목초 등)
  - 산성토양의 개량(석회시용, 퇴비시용 등)
  - 유기물시용, 깊이갈이

## (3) 논토양과 밭토양의 차이점

① 양분의 존재형태

| 원 소 | 밭토양(산화상태) | 논토양(환원상태) |
|---|---|---|
| 탄소(C) | $CO_2$ | $CH_4$, 유기산물 |
| 질소(N) | $NO_3^-$ | $N_2$, $NH_4^+$ |
| 망간(Mn) | $Mn^{4+}$, $Mn^{3+}$ | $Mn^{2+}$ |
| 철(Fe) | $Fe^{3+}$ | $Fe^{2+}$ |
| 황(S) | $SO_4^{2-}$ | $H_2S$, S |
| 인(P) | 인산($H_3PO_4$), 인산알루미늄($AlPO_4$) | 인산이수소철[$Fe(H_2PO_4)_2$], 인산이수소칼슘[$Ca(H_2PO_4)_2$] |
| 산화환원전위(Eh) | 높 음 | 낮 음 |

② 토양의 색깔
  ㉠ 논토양 : 청회색, 회색을 띤다.
  ㉡ 밭토양 : 황갈색, 적갈색을 띤다.

③ 산화환원물 상태
  ㉠ 논토양 : 환원물($N_2$, $H_2S$, S)이 존재한다.
  ㉡ 밭토양 : 산화물($NO^{3-}$, $SO_4^{2-}$)이 존재한다.

④ 양분의 유실과 천연공급
  ㉠ 논토양 : 관개수에 의한 양분의 천연공급량이 많다.
  ㉡ 밭토양 : 빗물(강우)에 의한 양분의 유실이 많다.

⑤ 토양의 pH
  ㉠ 논토양 : 담수로 인하여 낮과 밤, 담수기간과 낙수기간에 따라 차이가 있다.
  ㉡ 밭토양 : 밭토양은 대체로 산성이다.

⑥ 산화환원전위(Eh)
  ㉠ 논토양 : Eh값은 환원이 심한 여름에 작아지고, 산화가 심한 가을부터 봄까지 커진다.
  ㉡ 밭토양 : 논토양보다 높다.

참고

pH가 상승하면 Eh값은 낮아지는 상관관계가 있다.

## Level UP 이론을 확인하는 문제

**논토양에 대한 설명 중 옳지 않은 것은?**

18 경남 지도사 기출

① 논토양에서 산화환원전위가 높아진다.

② 논에서는 토층분화가 일어난다.

③ 질산태질소는 논토양에 주면 탈질현상이 심하다.

④ 누수가 심한 논에의 심층시비는 질소 용탈을 조장하여 불리하다.

해설  ① 밭토양에서 산화환원전위가 높아진다.

정답  ①

## | 11 | 간척지, 개간지 토양

### (1) 간척지 토양

① 특 성

 ㉠ 간척지토양의 모재는 미세한 입자로 비옥하다.

 ㉡ 토양의 염화나트륨(NaCl)이 0.3% 이하면 벼의 재배가 가능하나 0.1% 이상이면 염해의 우려가 있다.

 ㉢ 간척지토양은 점토가 과다하고 나트륨이온이 많아서 토양의 투수성과 통기성이 나쁘다.

 ㉣ 해면 하에 다량 집적되어 있던 황화물이 간척 후 산화되면서 황산이 되어 토양이 강산성이 된다.

 ㉤ 간척지답은 지하수위가 높아서 유해한 황화수소의 생성이 증가할 수 있다.

② 개량방법

 ㉠ 관배수 시설로 염분, 황산의 제거하고 이상적 환원상태의 발달을 방지한다.

 ㉡ 석회를 시용하여 산성을 중화하고, 염분의 용탈을 쉽게 한다.

 ㉢ 석고, 토양개량제, 생짚 등을 시용하여 토양의 물리성을 개량한다.

 ㉣ 염생식물을 심어 염분을 흡수시킨다.

ⓜ 노력, 경비, 지세를 고려하여 합리적인 제염법(담수법, 명거법, 여과법, 객토 등)을 선택한다.

- 담수법 : 물을 10여 일 간격으로 깊이 대어 염분을 녹여 배출시키는 것이다.
- 명거법 : 5~10m 간격으로 도랑을 내어 염분이 도랑으로 씻겨 내리도록 한다.
- 여과법 : 땅 속에 암거를 설치하여 염분을 여과시키고 토양통기도 조장한다.

③ 내염재배
ⓐ 간척지의 벼재배는 이앙법이 유리하다.
ⓑ 조기재배 및 휴립재배를 한다.
ⓒ 논에 물을 말리지 않고, 자주 환수한다.
ⓓ 석회사용과 황산암모니아나 황산칼륨 등의 비료의 사용을 피하고 요소, 인산암모니아, 염화칼륨 등을 사용한다.
ⓔ 비료는 여러 차례 나누어 시비하고 시비량은 많게 한다.
ⓕ 내염성이 강한 품종을 선택한다.

**PLUS ONE**

작물의 내염성 정도

| 구 분 | 밭작물 | 과 수 |
|---|---|---|
| 강 | 사탕무, 유채, 양배추, 목화 | – |
| 중 | 알팔파, 토마토, 수수, 보리, 벼, 밀, 호밀, 아스파라거스, 시금치, 양파, 호박, 고추 | 무화과, 포도, 올리브 |
| 약 | 완두, 셀러리, 고구마, 감자, 가지, 녹두 | 배, 살구, 복숭아, 귤, 사과, 레몬 |

## (2) 개간지 토양

① 특 성
ⓐ 대체로 산성이며, 부식과 점토가 적고, 경사진 곳이 많아 토양보호에 유의해야 한다.
ⓑ 토양구조가 불량하고, 인산 등 비료성분이 적으며, 토양의 비옥도가 낮다.

② 개량방법
ⓐ 토양측면 : 개간 초기에는 밭벼, 고구마, 메밀, 호밀, 조, 고추, 참깨 등을 재배하는 것이 유리하다.
ⓑ 기상측면 : 고온작물, 중간작물, 저온작물 중 알맞은 것을 선택하여 재배한다.

염분이 많고 산성인 토양에 재배가 가장 적합한 작물은?                    19 지방직 〈기출〉

① 고구마                              ② 양 파

③ 가 지                              ④ 목 화

해설  사탕무, 양배추, 목화 등은 간척지 염분토양에 강하다.

정답  ④

# |12| 토양오염 및 토양보호

## (1) 중금속오염

① 중금속과 피해

ㄱ 금속광산의 폐수, 제련소의 분진, 금속공장의 폐수, 자동차의 배기가스, 화력발전소 등이 농경지에 들어가면 대부분 토양에 축적된다.

ㄴ 식물의 중금속 흡수는 호흡작용이 저해되고, 지나친 경우 세포가 사멸한다.

ㄷ 수은이 사람 몸에 축적되면 미나마타병이 발생하고, 카드뮴이 축적되면 이타이이타이병이 발생한다.

ㄹ 논토양의 비소함량이 10ppm을 넘으면 수량이 감소한다.

ㅁ 구리는 생육장애를 발생시키는데, 특히 맥류에서 더 민감하게 발생한다.

② 중금속 피해대책

ㄱ 중금속을 흡수할 수 없도록 토양 중 유해 중금속을 불용화시켜야 한다.

ㄴ 유해 중금속의 불용화 정도 : 인산염 > 수산화물 > 황화물 순으로 크다.

ㄷ 담수재배 및 환원물질을 시용한다.

ㄹ 석회질 비료와 유기물을 시용한다.

ㅁ 인산물질의 시용으로 인산화물을 불용화시킨다.

ㅂ 점토광물(지오라이트, 벤토나이트 등)의 시용으로 흡착에 의한 불용화한다.

ㅅ 경운, 객토 및 쇄토를 하고, 중금속 흡수식물을 재배한다.

## (2) 염류장해

### ① 염류집적

    ㉠ 염류집적은 주로 시설재배 시 연속적인 작물의 시비로 작물이 이용하지 못하고 집적되어 장해가 나타난다.

    ㉡ 토양수분이 적고, 산성토양일수록 심하다.

    ㉢ 토양용액이 작물의 세포액 농도보다 높으면 삼투압에 의한 양분의 흡수가 이루어지지 못한다.

    ㉣ 어린뿌리(유근)의 세포가 저해 받아 지상부 생육장해와 심한 경우 고사한다.

### ② 피해대책

    ㉠ 객토 및 심경을 하고, 유기물을 시용한다.

    ㉡ 피복물을 제거하고, 담수처리를 한다.

    ㉢ 흡비작물을 이용한다(옥수수, 수수, 호밀, 수단그라스 등).

---

**➕ PLUS ONE**

**시설재배**
- 우리나라 시설재배 면적은 채소류가 화훼류에 비해 월등히 높다.
- 연속적인 작물의 시비로 작물이 이용하지 못하고 집적되어 염류집적이 크다.
- 시설 내의 온도와 습도 조절은 노지보다 용이하다.
- 우리나라에서도 일부 과수의 경우 시설재배가 이루어지고 있다.

---

## (3) 토양보호

### ① 수식(빗물에 의한 토양침식)

    ㉠ 원 인

- 강 우
  - 10분간 2mm를 초과하는 강우는 토양침식의 위험이 있다.
  - 강한 강우는 표토의 비산이 많고, 유거수가 일시에 많아져 표토가 유실된다.
- 토양의 성질
  - 식토는 빗물의 흡수량이 적어서 침식되기 쉽고 사토는 분산되기 쉽기 때문에 역시 침식을 받기 용이하다.
  - 내수성 입단의 형성, 심토의 투수성은 침식이 적다. 또 자갈은 강우의 타격을 견디고, 유거수를 일시 정체시켜 토양침투를 조장해 침식이 적다.
- 지 형
  - 경사가 급하면 토양이 불안전하며 유거수의 유속이 빨라지므로 침식이 조장된다.
  - 경사장이 길면 유거수의 가속도에 의해 침식이 조장된다.
  - 적설이 많고 식생이 적은 사면은 침식이 많다.
  - 바람이 세거나 토양이 불안정한 사면은 침식이 많다.

- 식 생
  - 식생의 피복도가 클수록 침식은 경감된다.
  - 식생은 강우의 타격을 막고 유거수의 유속을 줄여 토양침투를 많게 하여 침식을 막는다.
  ○ 대 책
  - 조림, 초생재배, 단구식 재배, 대상재배
  - 등고선 경작, 토양피복, 합리적 작부체계 등
② 풍 식
  ○ 원인 : 토양이 가볍고 건조할 때 강풍에 의해 발생한다.
  ○ 대 책
  - 방풍림, 방풍울타리 등의 조성한다(방풍효과 범위 : 그 높이의 10~15배).
  - 피복식물을 재배하여 토사의 이동을 방지한다.
  - 관개하여 토양을 젖어있게 한다.
  - 이랑을 풍향과 직각이 되도록 한다.
  - 겨울에 건조하고 바람이 센 지대에서는 높이베기로 그루터기를 이용해 풍력을 약화시키며, 지표에 잔재물을 그대로 둔다.

## Level UP 이론을 확인하는 문제

시설재배지에서 발생하는 염류집적에 따른 대책으로 옳지 않은 것은?                16 지방직 기출

① 토양피복                          ② 유기물 시용
③ 관수처리                          ④ 흡비작물 재배

해설 염류집적에 따른 대책
- 유기물의 시용 : 유기물은 토양의 염기치환능력을 증가시키는 등 물리화학적 성질을 개선하는 기능을 가지고 있다.
- 담수처리 : 충분한 물을 관수하는 담수처리를 함으로써 염류제거를 할 수 있다.
- 환토, 객토 및 심경을 실시한다.
- 피복물의 제거 : 고온으로 작물재배가 어려운 여름에 비닐을 벗겨 비에 노출시키면 염류농도가 크게 감소된다.
- 흡비작물의 이용 : 옥수수, 수수, 호밀, 수단그라스 등

정답 ①

# 수분환경

## |01| 수분과 작물 생리

### (1) 작물생육에 있어 수분의 기본역할

① 살아 있는 식물세포 원형질의 생활상태를 유지한다.

② 다른 성분들과 함께 식물체 구성 물질(2/3 이상)의 성분이다.

③ 작물이 필요물질을 흡수하는 데 용매역할을 한다.

④ 세포의 긴장상태를 유지시켜 식물의 체제유지를 가능하게 한다.

⑤ 필요물질의 합성, 분해의 매개체가 된다.

⑥ 식물의 체내물질 분포를 고르게 하는 매개체가 된다.

### (2) 수분퍼텐셜(Water Potential, $\psi_w$)

#### ① 개 념

㉠ 수분의 이동을 어떤 상태의 물이 지니는 화학퍼텐셜을 이용하여 설명하고자 도입된 개념이다.

㉡ 토양–식물–대기로 이어지는 연속계에서 물의 화학퍼텐셜을 서술하고 수분이동을 설명하는 데 사용할 수 있다.

㉢ 물의 퍼텐셜에너지는 높은 곳에서 낮은 곳으로 이동한다.

㉣ 물의 이동

• 삼투압 : 낮은 삼투압 → 높은 삼투압

• 수분퍼텐셜 : 높은 수분퍼텐셜 → 낮은 수분퍼텐셜

㉤ 공식 : 수분퍼텐셜은 한 조건에서 용액 중 물의 화학퍼텐셜($\mu_w$)과 대기압하의 같은 온도에서의 순수한 물의 화학퍼텐셜($\mu^0_w$)의 차이를 물의 부분몰용적($V_w$)으로 나눈 값

$$\psi_w = \frac{\mu_w - \mu^0_w}{V_w}$$

㉥ 어떤 물질의 화학퍼텐셜은 상대적 값으로 주어진 상태에서 한 물질의 퍼텐셜과 표준상태에서 같은 물질의 퍼텐셜의 차이로 나타내며, 수분퍼텐셜도 그 절대량을 특정할 수 없어 어떤 기준점을 설정하여 이를 중심으로 값을 정하는 데 1기압 등온조건의 기준 상태에서 순수한 물의 수분퍼텐셜을 0으로 간주한다. 따라서 용액의 수분퍼텐셜은 항상 0보다 낮은 음(−)의 값을 가진다.

② 구 성

$$\text{수분퍼텐셜}(\psi_w) = \text{삼투퍼텐셜}(\psi_s) + \text{압력퍼텐셜}(\psi_p) + \text{매트릭퍼텐셜}(\psi_m)$$

ⓐ 삼투퍼텐셜($\psi_s$)
  • 용질 농도에 따라 영향을 받는 물의 퍼텐셜에너지이다.
  • 용질이 첨가될수록 감소하며 항상 음(–)값을 가진다.
ⓑ 압력퍼텐셜($\psi_p$)
  • 식물세포 내 벽압이나 팽압의 결과로 생기는 정수압에 따른 퍼텐셜에너지이다.
  • 식물세포에서는 일반적으로 양(+)의 값을 가진다.
ⓒ 매트릭퍼텐셜($\psi_m$)
  • 매트릭퍼텐셜은 식물체 내의 수분퍼텐셜에 거의 영향을 미치지 않는다.
  • 교질물질과 식물세포의 표면에 대한 물의 흡착친화력에 의해 나타나는 퍼텐셜에너지이다.
  • 항상 음(–)값을 가진다.
  • 토양의 수분퍼텐셜의 결정에 매우 중요하다.

🔍참고

수분퍼텐셜은 0이나 (–)값을 가지며, 순수한 물의 수분퍼텐셜이 가장 높다.

③ 식물체 내의 수분퍼텐셜
  ⓐ 식물체 내의 수분퍼텐셜은 매트릭퍼텐셜의 영향을 거의 받지 않고, 삼투퍼텐셜과 압력퍼텐셜이 좌우하므로 $\psi_w = \psi_s + \psi_p$로 표시할 수 있다.
  ⓑ 세포의 부피와 압력퍼텐셜이 변화함에 따라 삼투퍼텐셜과 수분퍼텐셜이 변화한다.
  ⓒ 식물체 내의 수분퍼텐셜은 0이나 음(–)의 값을 갖는다.
  ⓓ 압력퍼텐셜과 삼투퍼텐셜이 같으면 세포의 수분퍼텐셜이 0이 되므로 팽만상태가 된다($\psi_s = \psi_p$).
  ⓔ 수분퍼텐셜과 삼투퍼텐셜이 같아지면 압력퍼텐셜은 0이 되므로 원형질분리가 일어난다($\psi_w = \psi_s$).
  ⓕ 수분퍼텐셜은 토양에서 가장 높고, 대기에서 가장 낮으며, 식물체 내에서는 중간의 값을 나타낸다.
  ⓖ 수분의 이동은 토양 → 식물체 → 대기로 이어진다.

## (3) 흡수의 기구

① 삼투압(滲透壓, Osmotic Pressure)
  ⓐ 삼투(滲透, Osmosis) : 식물세포의 세포질막은 인지질로 된 반투막이며, 외액이 세포액보다 농도가 낮을 때는 외액의 수분농도가 세포액보다 높은 결과가 되므로 외액의 수분이 반투성인 원형질막을 통하여 세포 속으로 확산해 들어가는 것을 삼투라 한다.
  ⓑ 삼투압 : 내액과 외액의 농도차에 의해서 삼투를 일으키는 압력을 말한다.

> **참고**
>
> 세포에서 물은 삼투압이 낮은 곳에서 높은 곳으로 이동한다.

② 팽압(膨壓, Turgor Pressure) : 삼투에 의해서 세포 내의 수분이 증가하면서 세포의 크기를 증대시키려는 압력이다.

③ 막압(膜壓, Wall Pressure) : 팽압에 의해 세포막이 늘어나면, 탄력성에 의해서 다시 안으로 수축하려는 압력이다.

④ 흡수압(吸水壓, Suction Pressure)
  ㉠ 식물세포의 삼투압은 세포내로 수분이 들어가는 압력이고, 막압은 세포외로 수분을 배출하는 압력이다.
  ㉡ 실제의 흡수는 삼투압이 막압보다 높을 때 이루어지는데 이를 흡수압 또는 DPD(확산압차, Diffusion Pressure Deficit)라고 한다.

⑤ SMS(Soil Moisture Stress)
  ㉠ 토양의 수분보유력과 토양용액을 합친 것을 말한다.
  ㉡ 작물뿌리가 토양으로부터 수분을 흡수하는 것은 DPD와 SMS 사이의 압력의 차이로 이루어진다.

⑥ 확산압차구배(擴散壓差勾配, DPDD ; Diffusion Pressure Deficit Difference)
  ㉠ 식물조직 내의 사이에서도 서로 DPD의 차이가 있는 이를 DPDD라고 한다.
  ㉡ 세포들 사이의 수분이동은 이에 따라 이루어진다.

⑦ 수동적 흡수(Passive Absorption)
  ㉠ 물관 내의 부압(−)에 의한 흡수를 말한다(증산에 의한 흡수).
  ㉡ 증산이 왕성할 때에는 물관 내의 확산압차가 주의 세포보다 극히 커지고, 조직 내의 DPDD를 극히 크게 하여 흡수를 왕성하게 한다.
  ㉢ ATP의 소모 없이 이루어지는 흡수이다.

⑧ 적극적 흡수(Active Absorption)
  ㉠ 세포의 삼투압에 기인하는 흡수를 말한다(삼투압).
  ㉡ 대사에너지를 소비하여 물관 주위의 세포들로부터 물관으로 수분이 비삼투적으로 배출되는 현상이다(비삼투적 흡수).
  ㉢ ATP의 소모가 동반된다.

**식물체 내 수분퍼텐셜에 대한 설명으로 옳지 않은 것은?**                    17 국가직 기출

① 매트릭퍼텐셜은 식물체 내 수분퍼텐셜에 거의 영향을 미치지 않는다.

② 세포의 수분퍼텐셜이 0이면 원형질분리가 일어난다.

③ 삼투퍼텐셜은 항상 음(−)의 값을 가진다.

④ 세포의 부피와 압력퍼텐셜이 변화함에 따라 삼투퍼텐셜과 수분퍼텐셜이 변화한다.

> 해설 수분퍼텐셜과 삼투퍼텐셜이 같아지면 압력퍼텐셜은 0이 되므로 원형질분리가 일어난다.
>
> 정답 ②

# |02| 작물의 요수량

## (1) 요수량(要水量, Water Requirement)

① 작물의 요수량 : 작물의 건물 1g을 생산하는 데 소비된 수분량(g)을 뜻한다.

② 증산계수(蒸散係數, Transpiration Coefficient) : 건물 1g을 생산하는 데 소비된 증산량으로, 요수량과 증산계수는 동의어로 사용되고 있다.

③ 증산능률(蒸散能率, Efficiency Transpiration) : 일정량의 수분을 증산하여 축적된 건물량으로, 요수량과 반대되는 개념이다.

④ 요수량은 일정 기간 내의 수분소비량과 건물축적량을 측정하여 산출한다.

⑤ 요수량은 작물의 수분경제의 척도를 나타내는 것이지, 수분의 절대소비량을 표시하는 것은 아니다.

⑥ 대체로는 요수량이 작은 작물일수록 가뭄에 대한 저항성이 크다.

## (2) 요수량의 지배요인

① 작물의 종류

   ㉠ 수수, 옥수수, 기장 등은 증산계수(요수량)가 작고 호박, 알팔파, 클로버 등은 크다.

   ㉡ 명아주는 요수량이 아주 크다.

② 생육단계 : 건물생산의 속도가 낮은 생육초기에 요수량이 크다.

③ 환경 : 광의 부족, 많은 바람, 공중습도의 저하, 저온과 고온, 토양수분의 과다 및 과소, 척박한 토양 등의 불량환경은 수분소비량에 비해 건물축적을 더욱 적게 하여 요수량을 크게 한다.

작물의 요수량에 대한 설명으로 옳지 않은 것은?                    10 지방직 기출

① 일반적으로 작물의 생육초기에는 요수량이 적다.

② 일정 기간 내의 수분소비량과 건물축적량을 측정하여 산출한다.

③ 작물의 건물 1g을 생산하는 데 소비된 수분량(g)을 뜻한다.

④ 일반적으로 광부족, 척박한 토양 등의 불량환경에서는 요수량이 많아진다.

해설 건물생산의 속도가 느린 생육초기에는 요수량이 크다.

정답 ①

# |03| 공기 중 수분

## (1) 공기습도

① 공기습도가 높지 않고 공기가 알맞게 건조해야 증산이 조장되고, 양분흡수가 촉진되며, 생육이 촉진된다.

② 과도한 건조는 불필요한 증산을 크게 하여 한해(旱害)를 유발한다.

③ 공기습도가 높을 경우 작물의 피해

　㉠ 증산작용이 약해지고 뿌리의 수분흡수력이 감소해 물질의 흡수 및 순환이 쇠퇴한다.

　㉡ 표피가 연약해지고 작물체가 도장하게 되어 낙과 및 도복의 원인이 된다.

　㉢ 공기습도가 포화상태에 이르면 기공이 폐쇄되어 기공으로부터의 가스 침입이 억제된다.

　㉣ 공기습도의 과습은 개화수정에 장애가 된다. 따라서 탈곡 및 건조작업이 곤란하다.

　㉤ 병충해에 대한 저항력이 약해져서 병균 발달을 조장한다.

## (2) 이슬(Dew)

① 이슬은 대기 중의 수증기가 응결하여 물방울이 되어 지면의 지상물이나 식물의 잎 등에 부착되어 있는 물기이다.

② 이슬은 잎을 적셔서 기공의 폐쇄로 증산작용 및 광합성을 억제하므로 식물을 도장하게 하는 경향이 있다.

## (3) 안 개

① 안개는 극히 작은 물방울이 대기 중에 떠다니는 현상이다.

② 안개는 일광을 차단하여 지온을 낮게 하고, 공기를 과습하게 하여 작물에 해롭다.

③ 여름철 안개의 상습발생지대에서 벼를 재배하면 도열병이 많이 발생한다.

④ 바닷가 등 안개가 심한 지역에는 해풍이 불어오는 방향에 오리나무, 참나무, 전나무 등과 낙엽송으로 방풍림을 설치한다.

⑤ 귀리, 풋베기목초, 순무 등은 안개의 적응성이 높다.

## (4) 강우(비)

① 적당한 강우는 수분공급원, 비료의 천연공급원이 되는 등 작물의 생육에 기본요인이 된다.

② 강우의 부족은 한해를, 과다는 습해와 수해의 우려가 있다.

③ 계속되는 강우는 일조의 부족 및 온도의 저하, 공중습도의 과습, 토양과습 등으로 증산작용과 광합성이 저하되어 작물의 생육이 지연되거나 도장한다.

④ 온도가 낮아지면 개화가 저해되고 개약(꽃밥에서 화분이 방출되는 현상)이 약화된다.

⑤ 과실 성숙기의 오랜 비는 성숙저해, 과실의 크기, 당함량, 향기, 색깔 등을 손상하여 품질을 저해한다.

## (5) 우 박

① 대체로 국지적으로 내리나 작물을 심하게 손상시킨다.

② 우박 피해는 생리적, 병리적 장해를 수반한다.

③ 우박 후에는 약제를 살포해서 병해의 예방과 비배관리로 작물의 건실한 생육을 유도하여야 한다.

## (6) 눈

① 이 점

  ㉠ 눈은 월동 중 토양에 수분을 공급하여 월동작물의 건조해를 막고, 풍식을 경감한다.

  ㉡ 눈 밑의 작물온도의 저하를 예방하여 동해를 방지한다.

② 설 해

  ㉠ 과다한 눈은 과수의 가지가 찢어지는 등 작물에 기계적 상처를 입힌다.

  ㉡ 광의 차단으로 생리적 장애의 유발 원인이 되기도 한다.

  ㉢ 눈이 녹을 때 눈사태와 저습지의 습해 원인이 되기도 한다.

  ㉣ 늦은 봄의 눈은 목야지의 목초 생육을 더디게 한다.

  ㉤ 맥류에서는 병해(설부병 등)의 발생을 유발하기도 한다.

  ㉥ 적설이 해가 될 때에는 물을 대거나, 흙이나 재, 규산석회, 그린애쉬(공장의 매연) 등을 뿌려준다.

# |04| 관 개

## (1) 효 과

① 논에서의 효과

   ㉠ 생리적으로 필요한 수분을 공급한다.

   ㉡ 온도조절 작용은 물 못자리초기, 본답의 냉온기에 관개에 의해서 보온이 되며, 혹서기에는 관개에 의해 과도한 지온상승을 억제한다.

   ㉢ 벼농사 기간 중 무기양분이 관개수에 섞여 공급된다.

   ㉣ 관개수에 의해 염분 및 유해물질을 제거되고, 잡초의 발생이 적어지며, 제초작업이 쉬워진다.

   ㉤ 해충의 만연이 적어지고 토양선충이나 토양전염의 병원균이 소멸, 경감된다.

   ㉥ 이앙, 중경, 제초 등의 작업이 용이해지고, 벼의 생육을 조절 및 개선할 수 있다.

② 밭에서의 효과

   ㉠ 생리적으로 필요한 수분의 공급으로 한해방지, 생육조장, 수량 및 품질 등이 향상된다.

   ㉡ 관개가 가능하면 작물 선택, 다비재배의 가능, 파종·시비의 적기 작업 및 효율적 실시 등으로 재배수준이 향상된다.

   ㉢ 혹서기에는 지온상승의 억제와 냉온기에는 지온을 높일 수 있고, 여름철 관개로 북방형 목초의 하고현상을 경감시킬 수 있으며, 늦가을과 초봄의 생초이용기간을 연장할 수 있다.

   ㉣ 관개수에 의해 미량원소(K, Ca, Mg, Si 등)가 보급되며, 가용성 알루미늄이 감소된다. 또 비료이용의 효율이 증대된다.

   ㉤ 토양이 가볍고 건조한 지대에서 관개하면 풍식을 방지할 수 있다.

   ㉥ 혹한기 살수결빙법 등으로 동상해를 방지할 수 있다.

③ 밭관개의 유의점

   ㉠ 가능한 한 수익성이 높은 작물을 밀식할 수 있다(가장 수익성이 높은 작물을 선택할 수 있음).

   ㉡ 관개를 하면 비료 이용효과를 높일 수 있으므로 다비재배가 유리하다. 특히 밭토양의 질소는 질산태이며, 관개수에 따라 용탈되기 쉬우므로 시비량을 늘리고 여러 번 분비해야 한다.

   ㉢ 다비재배에서 도복이 유발되므로 내도복성 품종을 선택한다.

   ㉣ 식질토양에서는 휴립재배보다 평휴재배를 한다. → 식질토양은 휴립·중경 등으로 관개수의 침투를 도모해야 하며, 비닐멀칭 등을 설치하여 지면증발을 억제하여 관개수 효율을 높이는 조치를 취한다.

   ㉤ 수분이 충분하면 다비밀식 등 다수확재배를 위해 재식밀도를 높인다.

   ㉥ 관개와 다비재배를 하면 병충해·잡초의 발생이 많아지기 때문에 병충해·제초를 방제해야 한다.

## (2) 용수량

① 논의 용수량 관개에 소요되는 수분의 총량을 용수량이라 한다.

② 용수량의 계산

| (엽면증발량 + 수면증발량 + 지하침투량) − 유효강우량 |
| --- |

ⓐ 엽면증발량 : 같은 기간 증발계증발량의 1.2배 정도이다.

ⓑ 수면증발량 : 증발계증발량과 거의 비슷하다.

ⓒ 지하침투량 : 토성에 따라 크게 다르며, 평균 536mm 정도이다.

ⓓ 유효강우량 : 관개수에 더해지는 우량이며, 강우량의 75% 정도이다.

## (3) 방 법

① **지표관개** : 지표면에 물을 흘려 대는 방법이다.

ⓐ 전면관개 : 지표면 전면에 물을 대는 관개법이다.

ⓑ 휴간관개 : 이랑을 세우고, 이랑 사이에 물을 대는 관개법이다.

② **살수관개** : 공중에서 물을 뿌려 대는 방법이다.

ⓐ 다공관관개 : 파이프에 직접 작은 구멍을 여러 개 내어 살수하여 관개하는 방법이다.

ⓑ 스프링클러관개 : 주로 노지재배 시 스프링클러를 이용하여 관개 하는 방법이다.

ⓒ 미스트관개 : 공중습도를 유지하기 위해, 물에 높은 압력을 가하여 고급 화초, 난 등에 이용하는 관개방법이다.

ⓓ 점적관개 : 토양전염병의 방지를 위한 가장 좋은 관개방법 중 하나이다.

③ **지하관개** : 지하로부터 수분을 공급하는 방법이다.

ⓐ 개거법 : 개방된 상수로에 물을 대어 이것을 침투시키면, 모관상승에 의해 뿌리영역에 관수하는 방법으로, 지하수위가 낮지 않은 사질토지대에 이용된다.

ⓑ 암거법 : 지하에 토관, 목관, 콘크리트관, 플라스틱관 등을 배치하여 물을 대고, 간극을 통해 스며오르게 하는 방법이다.

ⓒ 압입법 : 뿌리가 깊은 과수 등에 물을 주거나, 기계적으로 압입하는 방법이다.

**PLUS ONE**

절수관개

논의 관개수가 부족할 때는 수분의 요구도가 큰 이앙기에서 활착기까지, 유수형성기 및 수잉기에서 유숙기까지만 담수한다.

관개의 효과와 관개방법에 대한 설명이 가장 옳은 것은? 19 지방직 **기출**

① 논에 담수관개를 하면 작물 생육초기 저온기에는 보온효과가 작고 혹서기에는 지온과 수온을 높이는 효과가 있다.

② 논에 담수관개를 하면 해충이 만연하고 토양전염병이 늘어난다.

③ 밭에 관개를 하면 한해(旱害)가 방지되고 토양함수량을 알맞게 유지할 수 있어 생육이 촉진된다.

④ 밭에 관개하고 다비재배를 하면 병충해와 잡초 발생이 적어진다.

**해설** ① 논에 담수관개를 하면 물 못자리초기, 본답의 냉온기에 관개에 의하여 보온이 되며, 혹서기에 과도한 지온상승을 억제한다.

② 논에 담수관개를 하면 해충의 만연이 적어지고 토양선충이나 토양전염의 병원균이 소멸, 경감된다.

④ 밭에 관개와 다비재배를 하면 병충해 · 잡초의 발생이 많아지기 때문에 병충해 · 제초를 방제해야 한다.

**정답** ③

## |05| 배수(排水)

### (1) 효 과

① 농작업을 용이하게 하고, 기계화를 촉진하며, 습해나 수해를 방지한다.

② 토양의 성질을 개선하여 작물의 생육을 조장한다.

③ 1모작답을 2 · 3모작답으로 사용할 수 있어 경지이용도를 높인다.

### (2) 방 법

① **객토법** : 객토하여 토성을 개량하거나 지반을 높여 자연적으로 배수하는 방법이다.

② **기계배수** : 인력, 축력, 풍력, 기계력 등을 이용해서 배수하는 방법이다.

③ **개거배수(명거배수)** : 포장 내 알맞은 간격으로 도랑을 치고 포장 둘레에도 도랑을 쳐서 지상수 및 지하수를 배제하는 방법이다.

④ **암거배수** : 지하에 배수시설을 하여 배수하는 방법이다.

# |06| 한해(旱害, Drought Injury, 가뭄해)

## (1) 개념

① 식물체 내에 수분함량이 감소하면 위조상태가 되고, 더욱 감소하게 되면 고사한다. 이렇게 수분의 부족으로 작물에 발생하는 장애를 한해라고 한다.

② 작물의 체내 수분이 감소하는 주원인은 강우와 관개의 부족으로 발생하지만 수분이 충분하여도 근계발달이 불량하여 시들게 되는 경우도 있다.

## (2) 발생 기구

① 세포 내 수분의 감소는 수분이 제한인자가 되어 광합성의 감퇴와 양분흡수 저해, 물질전류 저해 등 여러 생리작용이 감퇴된다.

② 세포 내 건조는 효소작용의 교란으로 광합성이 감퇴되고 이화(분해)작용이 우세하여 단백질, 당분이 소모되어 피해가 발생한다.

③ 세포로부터 심한 탈수는 원형질이 회복될 수 없는 응집을 초래하여 작물의 위조 및 고사를 일으킨다.

④ 탈수된 세포가 갑자기 수분을 흡수할 때에도 원형질이 세포막과 이탈되지 않은 상태로 먼저 팽창하므로 원형질은 기계적인 견인력을 받아서 파괴되는 경우가 있다.

## (3) 작물의 내건성[耐乾性, 내한성(耐寒性), Drought Tolerance)]

① 작물이 건조에 견디는 성질로, 여러 요인에 의해서 지배된다.

② 내건성이 강한 작물은 체내 수분의 손실이 적어 수분의 흡수능이 크고, 체내의 수분보유력이 크며, 수분함량이 낮은 상태에서 생리기능이 높다.

> **참고**
>
> 작물 내한성(耐寒性)
> 호밀 > 보리 > 귀리 > 옥수수

③ 형태적 특성

㉠ 표면적과 체적의 비가 작고, 잎이 작으며 왜소하다.

㉡ 뿌리가 깊고, 지상부에 비하여 근군의 발달이 좋다.

㉢ 잎조직이 치밀하며, 엽맥과 울타리조직이 발달하였다.

㉣ 표피에 각피가 잘 발달하였으며, 기공이 작고 수효가 많다.

㉤ 저수능력이 크고, 다육화의 경향이 있다.

㉥ 기동세포가 발달하여 탈수되면 잎이 말려서 표면적이 축소된다.

④ 세포적 특성

　　㉠ 세포가 크기가 작아 수분이 적어져도 원형질 변형이 적다.

　　㉡ 세포 중에서 원형질이나 저장양분이 차지하는 비율이 높아 수분보유력이 강하다.

　　㉢ 원형질의 점성과 세포액의 삼투압이 높아서 수분보유력이 강하다.

　　㉣ 탈수될 때 원형질의 응집이 덜하다.

　　㉤ 원형질막의 수분, 요소, 글리세린 등에 대한 투과성이 크다.

⑤ 물질대사적 특성(건조할 때)

　　㉠ 증산이 억제되고, 급수 시에는 수분 흡수기능이 크다.

　　㉡ 호흡이 낮아지는 정도가 크고, 광합성이 감퇴하는 정도가 낮다.

　　㉢ 단백질, 당분의 소실이 늦다.

## (4) 생육단계 및 재배조건과 한해

① 작물의 내건성은 생식 · 생장기에 가장 약하다.

② 화곡류는 생식세포 감수분열기에 가장 약하고, 출수개화기와 유숙기가 다음으로 약하고, 분얼기에는 비교적 강하다(분얼기 > 유숙기 > 출수개화기 > 감수분열기).

③ 퇴비, 인산, 칼륨이 결핍되거나 질소의 과다와 밀식은 한해를 조장한다.

④ 퇴비가 적으면 토양 보수력의 저하로 한해가 심하다.

## (5) 한해 대책

① 관개 : 근본적인 한해 대책은 충분한 관수이다.

② 내건성 작물 및 품종 선택

　　㉠ 화곡류(수수, 조, 피, 기장 등)는 내건성이 강하나 옥수수는 강하지 않다.

　　㉡ 맥류 중에는 호밀, 밀이 한발에 강하고 보리는 비교적 약하고, 귀리는 보리보다도 약하다.

③ 토양수분의 보유력 증대와 증발억제

　　㉠ 토양입단 조성 : 토양의 수분보유력 증대를 위해 토양입단을 조성한다.

　　㉡ 드라이 파밍(Dry Farming) : 수분을 절약하는 농법으로, 휴간기에 비가 올 때 심경을 하여 땅속 깊이 저수하고 한발 시에 파종을 깊이하며 진압 후에 복토하고 지표를 엉성하게 중경하여 모세관이 연결되지 않게 함으로써 지표면으로부터의 증발을 억제하는 내건농법이다.

　　㉢ 피복(멀칭) : 비닐, 풀, 퇴비로 지면을 피복하면 증발이 경감된다.

　　㉣ 중경제초 : 표토를 갈아 모세관을 절단한 후 잡초를 제거하면 토양수분 증발을 경감할 수 있다

　　㉤ 증발억제제의 살포 : OED 유액을 지면이나 엽면에 뿌리면 증발, 증산이 억제된다.

| 밭에서의 재배 대책 | 논에서의 재배 대책 |
|---|---|
| • 뿌림골을 낮게 한다(휴립구파).<br>• 뿌림골을 좁히거나 파종 시 재식밀도를 성기게 한다.<br>• 질소의 다용을 피하고 퇴비, 인산, 칼륨을 증시한다.<br>• 봄철의 맥류재배 포장이 건조할 때 답압을 한다(모세<br> 관 현상 유도). | • 중북부의 천수답지대에서는 건답직파를 한다.<br>• 남부의 천수답지대에서는 만식적응재배를 한다(밭못자<br> 리모, 박파모는 만식적응성에 강함).<br>• 이앙기가 늦을 때는 모솎음, 못자리가식, 본답가식, 저<br> 묘 등으로 과숙을 회피한다.<br>• 모내기가 한계 이상으로 지연될 경우에는 조, 메밀, 기<br> 장, 채소 등을 대파한다. |

## Level UP 이론을 확인하는 문제

**내한성(耐寒性) 관련 설명으로 틀린 것은?**　　　　　　　　19 경남 지도사 기출

① 고온건조기에 관개를 하여 지온을 낮추어 하고현상을 줄인다.

② 가장 약한 시기는 출수기이고 그 다음으로는 유숙기, 감수분열기 순이다.

③ 덧거름을 주면 하고현상의 정도가 완화된다.

④ 난지형 목초를 혼파하여 목초 생산량의 감소를 완화한다.

**해설** 화곡류의 생육단계 중 한발의 해에 가장 약한 시기는 감수분열기이다.

**정답** ②

# |07| 습해(濕害, Excess Moisture Injury)

## (1) 개념

① 토양의 과습상태가 지속되어 토양의 산소가 부족하면, 뿌리가 상하고 심하면 지상부의 황화, 위조, 고사하는 것을 습해라 한다.

② 저습한 논의 답리작 맥류나 침수지대의 채소 등에서 흔히 볼 수 있다.

③ 담수하에서 재배되는 벼에서 토양의 산소가 몹시 부족하여 나타나는 장애도 일종의 습해로 볼 수 있다.

## (2) 발 생

① 토양이 과습하면 토양의 산소가 부족하여 직접 피해로 뿌리의 호흡장애가 생기고 호흡장애는 에너지 방출이 저해된다.

② 호흡장애는 뿌리의 양분흡수, 광합성 및 증산작용을 저해하고 성장쇠퇴와 수량도 감소시킨다.

③ 유해물질을 생성한다.

　㉠ 지온이 높을 때 과습하면 토양산소의 부족으로 환원상태가 심해져서 습해가 더욱 증대된다.

　㉡ 메탄가스, 질소가스, 이산화탄소의 생성이 많아져 토양산소를 적게 하여 호흡장애를 조장한다.

　㉢ 철, 망간 등의 환원성도 유해하나 황화수소는 더욱 해롭다.

　㉣ 토양전염병 발생 및 전파도 많아진다.

## (3) 작물의 내습성(耐濕性, Resistance to High Soil-Moisture)

① 다습한 토양에 대한 작물의 적응성을 내습성이라 한다.

② 내습성 관여 요인

　㉠ 경엽으로부터 뿌리로 산소를 공급하는 능력

　　• 뿌리의 피층세포 배열 형태는 세포간극의 크기 및 내습성 정도에 영향을 미친다.

　　• 벼의 경우 잎, 줄기, 뿌리에 통기계가 발달하여 지상부에서 뿌리로 산소를 공급할 수 있어 담수조건에서도 생육을 잘한다.

　　• 뿌리의 피층세포가 직렬(直列)로 되어있는 것은 사열(斜列)로 되어있는 것보다 세포간극이 커서 뿌리에 산소를 공급하는 능력이 커 내습성이 강하다.

　　• 생육초기 맥류와 같이 잎이 지하에 착생하고 있는 것은 뿌리로부터 산소 공급능력이 크다.

　㉡ 내습성의 차이는 품종 간에도 크며, 답리작 맥류재배에서는 내습성이 강한 품종을 선택해야 안전하다.

　㉢ 뿌리조직의 목화

　　• 뿌리조직의 목화(木化)는 환원성 유해물질의 침입을 막아 내습성을 증대시킨다.

　　• 벼와 골풀은 보통의 상태에서도 뿌리의 외피가 심하게 목화한다.

　　• 외피 및 뿌리털에 목화가 생기는 맥류는 내습성이 강하고, 목화가 생기기 힘든 파의 경우는 내습성이 약하다.

　㉣ 뿌리의 발달습성

　　• 습해를 받았을 때 부정근의 발생력이 큰 것은 내습성을 강하게 한다.

　　• 근계가 얕게 발달하면 내습성이 강하다.

　㉤ 환원성 유해물질에 대한 저항성 : 뿌리의 황화수소 및 이산화철에 대한 높은 저항성은 내습성을 증대시킨다.

**(4) 습해 대책**

① **배수** : 토양의 과습을 근본적으로 시정할 수 있는 방법이다.

② **정지** : 밭에서는 휴립휴파, 논에서는 휴립재배, 경사지에서는 등고선재배 등을 한다.

③ **시비** : 미숙유기물과 황산근비료의 사용을 피하고, 표층시비로 뿌리를 지표면 가까이 유도하고, 뿌리의 흡수장해 시 엽면시비를 한다.

④ **토양개량** : 객토, 부식, 석회 및 토양개량제 등의 사용은 토양의 입단구조를 조성하여 공극량이 증대하므로 습해를 경감한다.

⑤ **과산화석회($CaO_2$)의 시용** : 과산화석회를 종자에 분의하여 파종하거나, 토양에 혼입하면 산소가 방출되므로 습지에서 발아 및 생육이 조장된다.

⑥ **작물 및 품종의 선택**

　㉠ 작물의 내습성 : 골풀, 미나리, 택사, 연, 벼 > 밭벼, 옥수수, 율무, 토란, 평지(유채), 고구마 > 보리, 밀 > 감자, 고추 > 토마토, 메밀 > 파, 양파, 당근, 자운영 등의 순이다.

> **📑 참고**
>
> 작물의 내습성은 대체로 옥수수 > 고구마 > 보리 > 감자 > 토마토 순이다.

　㉡ 채소의 내습성 : 양상추, 양배추, 토마토, 가지, 오이 > 시금치, 우엉, 무 > 당근, 꽃양배추, 멜론, 피망의 순이다.

　㉢ 과수의 내습성 : 올리브 > 포도 > 밀감 > 감, 배 > 밤, 복숭아, 무화과의 순이다.

**Level UP 이론을 확인하는 문제**

> **작물의 내습성에 대한 설명 중 가장 옳지 않은 것은?**　　19 지방직 **기출**
>
> ① 근계가 깊게 발달하면 내습성이 강하다.
> ② 뿌리조직이 목화하는 특성은 내습성을 높인다.
> ③ 경엽에서 뿌리로 산소를 공급하는 능력이 좋을수록 내습성이 강하다.
> ④ 뿌리가 환원성 유해물질에 대하여 저항성이 클수록 내습성이 강하다.
>
> **해설** ① 근계가 얕게 발달하면 내습성이 강하다.
>
> **정답** ①

작물의 습해 대책에 대한 설명으로 옳은 것은? 19 국가직 기출

① 과수의 내습성은 복숭아나무가 포도나무보다 높다.

② 미숙유기물과 황산근 비료를 시용하면 습해를 예방할 수 있다.

③ 과습한 토양에서는 내습성이 강한 멜론 재배가 유리하다.

④ 과산화석회를 종자에 분의해서 파종하거나 토양에 혼입하면 습지에서 발아가 촉진된다.

**해설** ① 과수의 내습성(내수성)의 강한 정도는 올리브 > 포도 > 감귤 > 감, 배 > 복숭아, 밤, 무화과 순이다.

② 미숙유기물과 황산근 비료의 시용을 피한다.

③ 채소의 내습성의 강한 정도는 양상추, 양배추, 토마토, 가지, 오이 > 시금치, 우엉, 무 > 당근, 꽃양배추, 멜론, 피망, 양파, 파 순이다.

**정답** ④

# |08| 수해(水害)

## (1) 개 념

① 많은 비로 인해 발생되는 피해를 수해라고 한다.

② 수해는 단기간의 호우로 흔히 발생하며, 우리나라에서는 7~8월 우기에 국지적 수해가 발생한다.

## (2) 발 생

① 2~3일 연속강우량에 따른 수해의 발생 정도

　㉠ 100~150mm : 저습지의 국부적인 수해 발생

　㉡ 200~250mm : 하천, 호수 부근의 상당한 지역의 수해 발생

　㉢ 300~350mm : 광범위한 지역에 큰 수해 발생

② 형 태

　㉠ 토양이 붕괴하여 산사태, 토양침식 등이 유발된다.

　㉡ 유토에 의해서 전답이 파괴되고 매몰이 발생한다.

　㉢ 유수에 의해서 농작물이 도복되고 손상되며 표토가 유실된다.

　㉣ 침수에 의해서 흙앙금이 가라앉고, 생리적인 피해로 생육이 저해된다.

　㉤ 침수에 의한 저항성의 약화와 병원균의 전파로 병충해의 발생이 증가한다.

③ 관수해(冠水害)의 생리

    ㉠ 작물이 물에 완전히 잠기게 되는 침수를 관수라고 하며, 그 피해를 관수해라고 한다.

    ㉡ 관수는 산소의 부족으로 무기호흡을 하게 된다.

    ㉢ 무기호흡은 호흡기질의 소모량이 많아 무기호흡이 오래 계속되면 당분, 전분 등 호흡기질이 소진되어 마침내 기아상태에 이르게 된다.

    ㉣ 관수상태의 벼 잎은 급히 도장하여 이상 신장이 나타나기도 한다.

    ㉤ 관수로 인한 급격한 산소부족은 체내 대사작용의 교란이 발생한다.

    ㉥ 관수상태에서는 병균의 전파와 침입이 용이하며, 작물의 병해충에 대한 저항성이 약해져서 병충해의 발생이 심해진다.

## (3) 수해에 관여하는 요인

① 작물의 종류와 품종

    ㉠ 침수에 강한 밭작물 : 화본과목초, 피, 수수, 옥수수, 땅콩 등

    ㉡ 침수에 약한 밭작물 : 콩과작물, 채소, 감자, 고구마, 메밀 등

    ㉢ 벼는 묘대기 및 이앙 직후 분얼 초기에는 관수에 강하고, 수잉기~출수개화기에는 극히 약하다.

② 침수해의 요인

    ㉠ 수온 : 높은 수온은 호흡기질의 소모가 증가하므로 관수해가 크다.

    ㉡ 수 질

        • 깨끗한 물보다 탁한 물, 흐르는 물보다 고여 있는 물은 수온이 높고 용존산소가 적어 피해가 크다.

        • 청고(靑枯) : 수온이 높은 정체탁수로 인한 관수해로 단백질 분해가 거의 일어나지 못해 벼가 푸른색이 되어 죽는 현상이다.

        • 적고(赤枯) : 흐르는 맑은 물에 의한 관수해로 단백질 분해가 생겨, 갈색으로 변해 죽는 현상이다.

**PLUS ONE**

오수(汚水)나 탁수(濁水)가 정체해 있을 때는 극단의 산소부족으로 말미암아 탄수화물이 급속히 소모되고 단백질로부터 호흡재료의 보급도 받지 못하므로 벼는 급속히 청고상태(푸른색이 되어 죽는 현상)로서 죽게 된다. 반면에 유동청수(流動淸水)의 경우에는 적고(赤枯)가 발생한다.

③ 재배적 요인 : 질소비료를 과다 사용 또는 추비를 많이 하면 체내 탄수화물이 감소하고, 호흡작용이 왕성해져 내병성과 관수저항성이 약해져, 그로 인해 피해가 커진다.

### (4) 수해 대책

① 사전대책
- ㉠ 치산을 잘해서 산림을 녹화하고, 하천의 보수하여 개수시설을 강화한다(수해의 기본대책).
- ㉡ 재배양식의 변경
  - 수잉기와 출수기는 수해에 약하므로 수해의 시기가 이때와 일치하지 않도록 조절한다.
  - 경사지는 피복작물을 재배하거나 피복으로 토양유실을 방지한다.
  - 수해 상습지에서는 작물의 종류나 품종의 선택에 유의하고, 질소 과다시용을 피한다.

② 침수 중 대책
- ㉠ 배수를 잘하여 관수기간을 단축한다.
- ㉡ 잎의 흙 앙금이 가라앉으면 동화작용을 저해하므로 물이 빠질 때 씻어준다.
- ㉢ 키가 큰 작물은 서로 결속하여 유수에 의한 도복을 방지한다.

③ 퇴수 후 대책
- ㉠ 퇴수 후 산소가 많은 새 물로 환수하여 새 뿌리의 발생을 촉진하도록 한다.
- ㉡ 김을 매어 토양의 통기를 좋게 한다.
- ㉢ 표토의 유실이 많을 때에는 새 뿌리의 발생 후에 추비를 주어 영양상태를 회복시킨다.
- ㉣ 침수 후에는 병충해의 발생이 많아지므로, 약제를 살포하여 방제를 철저히 한다.
- ㉤ 수해가 격심할 때에는 추파, 보식, 개식, 대파 등을 고려한다.
- ㉥ 못자리 때 관수된 것은 뿌리가 상해 있으므로 배수 5~7일 후 새 뿌리가 발생하면 이앙한다.


## |09| 수질오염(水質汚染, Water Pollution)

### (1) 개 념

① 수질오염 : 공장, 도시폐수, 광산폐수 등의 배출로 인한 하천, 호수, 지하수, 해양의 수질이 오염되어 인간이나 동물, 식물이 피해를 입는 것이다.

② 수질오염 물질 : 각종 유기물, 시안화합물, 중금속류, 농약, 강산성 또는 강알칼리성 폐수 등이 있다.

③ 소량의 유기물 유입 시 : 수생미생물의 영양으로 이용되고 수중 용존산소가 충분한 경우 호기성균의 산화작용으로 이산화탄소와 물로 분해되어 수질오염이 발생하지 않는 자정작용이 일어난다.

④ 다량의 유기물 유입 시 : 수생미생물이 활발하게 증식하여 수중 용존산소가 다량 소모되어 산소 공급이 그에 수반되지 못하고, 결국 산소부족 상태가 된다.

## (2) 수질오염원

① 도시오수

ⓐ 질소 및 유기물

- 논에 질소함량이 높은 폐수가 유입되면 벼에 과번무, 도복, 등숙불량, 병충해 등 질소과잉장애가 나타난다.
- 유기물 함량이 높은 오수의 유입은 혐기조건에서는 메탄, 유기산, 알코올류 등 중간대사물이 생성되고, 이 분해 과정에선 토양의 Eh가 낮아진다.
- 황화수소는 유기산과 함께 벼 뿌리에 근부현상을 일으키고 칼륨, 인산, 규산, 질소의 흡수가 저해되어 수량이 감소된다.

ⓑ 부유물질

- 논에 부유물질의 유입은 어린식물의 기계적 피해를 발생하고, 토양은 표면 차단으로 투수성이 낮아진다.
- 침전된 유기물의 분해로 생성된 유해물질의 장애 등으로 벼의 생육이 부진과 쭉정이가 많아진다.

ⓒ 세제 : 합성세제의 주성분인 ABS(Alkyl Benzene Sulfonate)가 20ppm 이상이면 뿌리의 노화현상이 빠르게 일어난다.

ⓓ 도시오수의 피해대책

- 오염되지 않은 물과 충분히 혼합 · 희석하여 이용하거나 물 걸러내기로 토양의 이상 환원을 방지한다.
- 저항성 작물 및 품종을 선택하여 재배한다.
- 질소질비료를 줄이고 석회, 규산질비료의 시용한다.

② 공장폐수

ⓐ 산과 알칼리

- 산성 물질의 공장폐수가 논에 유입되면 벼의 줄기와 잎이 황변되고 토양 중 알루미늄이 용출되어 피해를 입는다.
- 강알칼리의 유입은 뿌리가 고사되고, 약알칼리의 경우 토양 중 미량원소의 불용화로 양분의 결핍 증상이 나타난다.

ⓑ 중금속

- 관개수에 중금속이 다량 함유되면 식물의 발근과 지상부 생육이 저해되고, 심하면 중금속 특유의 피해증상이 발생한다.
- 중금속이 축적된 농산물의 인축 섭취는 심각한 피해를 발생시킨다.

ⓒ 유 류

- 물 표면에 기름이 부유하면, 식물체 줄기와 잎에 흡착하여 접촉부위가 적갈색으로 고사된다.
- 공기와 물 표면의 접촉이 차단되어 물의 용존산소가 부족하게 되고 벼의 근부현상을 일으킨다.

## (3) 수질등급

생물화학적 산소요구량(BOD), 화학적 산소요구량(COD), 용존산소량(DO), 대장균군수, pH 등이 참작되어 여러 등급으로 구분된다.

① 용존산소량(溶存酸素量, Dissolved Oxygen, DO)
  ㉠ 물에 녹아 있는 산소량으로, 일반적으로 수온이 높아질수록 용존산소량은 낮아진다.
  ㉡ 용존산소량이 낮아지면 BOD, COD가 높아지게 된다.

② 생물화학적 산소요구량(生物化學的 酸素要求量, Biochemical Oxygen Demand, BOD)
  ㉠ 수중의 오탁유기물을 호기성균이 생물화학적으로 산화분해하여 무기성 산화물과 가스체로 안정화하는 과정에 소모되는 총 산소량을 ppm 또는 mg/L의 단위로 표시한 것이다.
  ㉡ 물이 오염되는 유기물량의 정도를 나타내는 지표로 사용된다.
  ㉢ 하천오염은 BOD의 측정으로 알 수 있으며, BOD가 높으면 오염도가 크다.

③ 화학적 산소요구량(化學的 酸素要求量, Chemical Oxygen Demand, COD)
  ㉠ 화학적 산소요구량은 유기물이 화학적으로 산화되는 데 필요한 산소량으로서 오탁유기물의 양을 ppm으로 나타낸다.
  ㉡ COD를 측정하여 오탁유기물의 양을 산출한다.

### Level UP 이론을 확인하는 문제

18 지방직 기출

**농업용수의 수질오염과 등급에 대한 설명으로 옳지 않은 것은?**

① 논에 유기물 함량이 높은 폐수가 유입되면 혐기조건에서 메탄가스 등이 발생하여 토양의 산화환원전위가 높아진다.
② 산성 물질의 공장폐수가 논에 유입되면 벼의 줄기와 잎이 황변되고 토양 중 알루미늄이 용출되어 피해를 입는다.
③ 수질은 대장균수와 pH 등이 참작되어 여러 등급으로 구분되며 일반적으로 수온이 높아질수록 용존 산소량은 낮아진다.
④ 화학적 산소요구량은 유기물이 화학적으로 산화되는 데 필요한 산소량으로서 오탁유기물의 양을 ppm으로 나타낸다.

해설 ① 논에 유기물 함량이 높은 폐수가 유입되면 혐기조건에서 메탄가스 등이 발생하여 토양의 산화환원전위가 낮아진다.

정답 ①

# 대기환경

## |01| 대기조성과 작물생육

### (1) 대기조성

① 지상의 공기(대기)의 조성비는 대체로 일정비율을 유지한다.

② 질소 약 79%, 산소 약 21%, 이산화탄소 0.03% 및 기타 수증기, 먼지, 연기, 미생물, 각종 가스 등으로 구성되어 있다.

> **PLUS ONE**
>
> 대기성분 중 유해물질
>
> 황화수소, 아황산가스, 산화질소, 이산화질소, 일산화탄소, 암모니아, 메탄, 오존 등

### (2) 대기와 작물

① 작물은 광합성을 통해 대기 중 이산화탄소에서 유기물을 합성한다.

② 작물은 대기 중 산소를 이용하여 호흡작용을 한다.

③ 질소고정균에 의해 대기 중 질소는 유리질소 고정의 재료가 된다.

④ 토양 중 산소가 부족하면 토양 내 환원성 유해물질이 생성된다.

⑤ 대기 중 아황산가스 등 유해성분은 작물에 직접적 유해작용을 한다.

⑥ 토양산소의 변화는 비료성분 변화와 관련이 있어 작물생육에 영향을 미친다.

⑦ 바람은 작물의 생육에 여러 영향을 미친다.

### Level UP 이론을 확인하는 문제

다음 대기성분 중에서 유해물질에 속하는 것은?                    06 대구 지도사 `기출`

① 산 소                          ② 질 소

③ 이산화탄소                      ④ 황화수소

> 해설 대기성분 중 유해물질
>
> 황화수소, 아황산가스, 산화질소, 이산화질소, 일산화탄소, 암모니아, 메탄, 오존 등
>
> 정답 ④

## |02| 대기 중 산소와 질소

### (1) 산소농도와 호흡작용

① 대기 중의 산소농도 21%는 작물의 호흡작용에 알맞은 농도이다.

② 토양 중의 함수량이 증가하여 포화 또는 담수상태가 지속되면 산소부족으로 양분흡수를 크게 저해한다.

③ 호수나 하천의 물이 부영양화하여 플랑크톤의 발생이 극단적으로 증대하면 물속의 산소농도가 저하하여 어류가 죽게 된다.

④ 대기 중 산소농도가 낮아지면 호흡속도를 감소시키며, 5~10% 이하에 이르면 호흡은 크게 감소한다. 특히 $C_3$식물의 광호흡이 작아진다.

⑤ 산소농도의 증가는 일시적으로는 작물의 호흡을 증가시키지만, 90%에 이르면 호흡은 급속히 감퇴하고, 100%에서는 식물이 고사한다.

### (2) 질 소

① 질소($N_2$) : 대기의 약 79%를 차지하며, 대기는 질소의 가장 큰 저장소이다.

② 식물이 질소를 필요로 하는 이유 : 생물의 성장과 기능에 중요한 역할을 하기 때문이다.

③ 질소고정(Nitrogen Fixation) : 식물은 대기의 질소를 사용하는 데 필요한 효소를 가지고 있지 않기 때문에 토양세균을 통해 공중질소를 암모니아로 고정한다. 즉, 근류균, Azotobacter 등은 공기 중에 함유되어 있는 질소가스를 고정한다.

④ 질소순환

  ㉠ 질산화작용 : 암모늄이온($NH_4^+$)이 아질산($NO_2^-$)과 질산($NO_3^-$)으로 산화되는 과정이다.

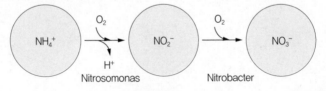

**질산화과정**

  ㉡ 탈질작용 : $NO_3^-$은 작물이나 미생물이 매우 쉽게 이용하기도 하지만, 음이온이므로 토양에서 이동이 매우 빨라 쉽게 용탈되기도 하고 탈질반응을 통하여 손실된다.

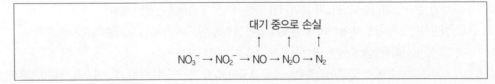

  ㉢ 탄질비(C/N율)와 질소기아 현상 → C/N율이 10 : 1보다 높은 유기물을 토양에 주면 질소기아현상이 일어난다.

톱밥 : 225 : 1 (45 : 0.2)
밀집 : 80 : 1 (40 : 0.5)
콩대 : 40 : 1 (40 : 1)
클로버 : 20 : 1 (40 : 3)
부식 : 10 : 1 (50 : 4.5)

　ㄹ 질화작용(Nitrification)을 통해 토양에서 질소고정세균에 의해 생성된 암모늄화합물은 아질산염으로, 그 다음에는 질산염으로 바뀐다.

$$NH_4^+ + 3/2\,O_2 \xrightarrow{\text{(Nitrosomonas)}} NO_2^- + H_2O + 2H^+ + 에너지(84kcal)$$

$$NO_2^- + 1/2\,O_2 \xrightarrow{\text{(Nitrobacter)}} NO_3^- + 에너지(17.8kcal)$$

📖🔍 **참고** •

**질산화작용의 첫 단계에 관여하는 세균**
Nitrosomonas, Nitrosovibrio, Nitrosospira, Nitrosolobus, Nitrosococcus 등

　ㅁ 아질산염과 질산염을 흡수, 동화한 후 식물은 $NO_2^-$와 $NO_3^-$를 단백질과 핵산의 생합성에 사용되는 암모늄으로 다시 바꾼다.

　ㅂ 분해와 암모니아화작용 : 세균과 균류가 질소를 함유하는 배설물이나 유기물 잔해를 분해하는 과정이다.

# |03| 이산화탄소

## (1) 호흡작용

① 대기 중 이산화탄소의 농도가 높아지면 일반적으로 호흡속도는 감소한다.

② 이산화탄소의 농도가 높아지면 온도가 높아질수록 어느 선까지는 동화량이 증가한다.

③ 5%의 이산화탄소농도에서 발아종자의 호흡은 억제된다.

④ 사과는 10~20% 농도의 이산화탄소에서 호흡이 즉시 정지되며, 어린 과실일수록 영향이 크다.

⑤ 과실, 채소를 이산화탄소 중에 저장하면 대사기능이 억제되어 장기간의 저장이 가능하다.

⑥ 잎 주위 이산화탄소농도는 바람에 의해 크게 영향을 받는다(연풍은 작물생육에 용이).

⑦ 잎 주위 공기 중의 이산화탄소농도가 현저히 낮은 경우 : 역으로 엽 내에서 외부로 이산화탄소의 유출이 생긴다($C_4$식물은 이산화탄소의 유출이 없음).

⑧ 낮에는 군락에 가까울수록 이산화탄소의 농도가 낮고 밤에는 군락 내일수록 높다.

⑨ 엽면적이 최적엽면적지수 이상으로 증대하면 건물생산량은 증가하지 않지만 호흡은 증가한다.

## (2) 광합성

이산화탄소의 농도가 낮아지면 광합성속도는 낮아지며 이산화탄소농도를 대기 중의 농도인 0.03%보다 높여 주면 작물의 광합성이 증대된다.

① 이산화탄소 포화점

  ㉠ 이산화탄소농도가 증가할수록 광합성속도도 증가하나 어느 농도에 도달하면 이산화탄소농도가 그 이상 증가하더라도 광합성속도는 증가하지 않는 한계점의 이산화탄소농도이다.

  ㉡ 작물의 이산화탄소 포화점은 대기농도의 7~10배(0.21~0.3%)이다.

② 이산화탄소 보상점

  ㉠ 광합성에 의한 유기물의 생성속도와 호흡에 의한 유기물의 소모속도가 같아지는 이산화탄소농도를 이산화탄소 보상점이라 한다.

  ㉡ 이산화탄소농도가 낮아짐에 따라 광합성속도도 낮아지며, 어느 농도에 도달하면 그 이하에서는 호흡에 의한 유기물의 소모를 보상할 수 없는 한계점의 이산화탄소농도이다.

  ㉢ 대체로 작물의 이산화탄소 보상점은 대기농도의 1/10~1/3(0.003~0.01%)이다.

  ㉣ 광이 약한 조건에서는 강한 조건에서보다 이산화탄소 보상점이 높다.

  ㉤ 빛이 약할 때는 이산화탄소 보상점이 높아지고, 이산화탄소 포화점은 낮아진다.

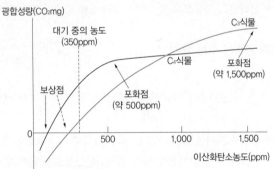

**작물의 이산화탄소 보상점과 포화점**

## (3) 탄산시비

① 탄산시비란 이산화탄소농도를 인위적으로 높여 주는 것이다.

② 작물의 생육을 촉진하고 수량을 증대시키기 위한 조건 : 적정수준까지는 광도와 함께 이산화탄소농도를 높여 준다.

③ 방 법

  ㉠ 시설 내에 유지되어야 할 이산화탄소농도 : 1,000~1,500ppm이며, 경우에 따라서는 2,000ppm까지도 요구된다.

ⓛ 시비시기와 시간의 결정 : 작물의 광합성 태세, 하루 중의 이산화탄소농도 변화, 광도와 환기시간 등을 고려해야 한다.

④ 이산화탄소가 특정 농도 이상으로 증가하면 더 이상 광합성은 증가하지 않고 오히려 감소하며, 이산화탄소와 함께 광도를 높여주는 것이 바람직하다.

⑤ 시설 내 이산화탄소의 농도는 대기보다 낮지만, 인위적으로 이산화탄소 환경을 조절할 수 있기에 실용적으로 탄산시비를 이용할 수 있다.

⑥ 탄산시비 공급원으로 액화탄산가스가 이용된다.

⑦ 효 과

　　㉠ 탄산시비하면 수확량 증대효과가 있다. 즉, 시설 내의 탄산시비는 작물의 생육촉진을 통해 수량을 증대시키고 품질을 크게 향상시킨다.

　　ⓛ 열매채소에서 수량증대가 크고, 잎채소와 뿌리채소에서도 상당한 효과가 있다.

　　㉢ 절화의 탄산시비는 품질향상과 절화수명연장의 효과가 있다.

　　㉣ 육묘 중 탄산시비는 모종의 소질 향상과 정식 후에도 시용효과가 계속 유지된다.

　　㉤ 탄산시비의 효과는 시설 내 환경변화에 따라 달라진다.

　　㉥ 목화, 담배, 사탕무, 양배추에서는 이산화탄소 2% 농도에서 광합성농도가 10배로 증가된다.

　　㉦ 멜론에서는 이산화탄소 사용으로 당도가 높아진다.

　　㉧ 콩에서 이산화탄소농도를 0.3~1.0% 증가시킬 경우 떡잎의 엽록소함량이 증가하고, 이산화탄소처리와 조명시간을 길게 하면 생장한 잎의 엽록소와 카로티노이드 함량이 감소한다.

　　㉨ 토마토에서 이산화탄소 사용으로 총수량은 20~40% 증수하지만 조기수량은 감소한다.

## (4) 이산화탄소의 농도에 영향을 주는 요인

① 계 절

　　㉠ 식물의 잎이 무성한 공기층은 여름철에 광합성이 왕성하여 이산화탄소농도가 낮고, 가을철에 높아진다.

　　ⓛ 지표면과 접한 공기층은 여름철 토양유기물의 분해와 뿌리의 호흡에 의해 이산화탄소농도가 높아진다.

② 지표면과의 거리 : 지표로부터 멀어짐에 따라 이산화탄소농도는 낮아지는 경향이 있다.

③ 식생 : 식생이 무성하면 뿌리의 왕성한 호흡과 바람의 차단으로, 지면에 가까운 공기층은 이산화탄소농도가 높고, 지표와 떨어진 공기층은 잎의 왕성한 광합성에 의해 이산화탄소농도가 낮다.

④ 바람 : 바람은 대기 중 이산화탄소농도의 불균형상태를 완화시킨다.

⑤ 미숙유기물의 시용 : 미숙퇴비, 낙엽, 구비, 녹비의 시용은 이산화탄소의 발생이 많아 탄산시비의 효과를 기대할 수 있다.

⑥ 일출과 일몰(탄산가스 사용시기)

　　㉠ 탄산가스 사용시각은 일출 30분 후부터 2~3시간이나, 환기를 하지 않을 때에도 3~4시간 이내로 제한한다.

ⓒ 일출 후 시설 내 기온이 올라가고 광의 강도가 강해지면서 식물의 광합성 활동이 증가하기 때문에 $CO_2$ 함량은 급격히 감소한다. 이때 탄산시비가 필요한 것이다.

ⓒ 오후에는 광합성 능력이 낮아지므로 $CO_2$를 사용할 필요가 없고 전류를 촉진하도록 유도한다.

## Level UP 이론을 확인하는 문제

우리나라 토마토 시설재배 농가에서 사용하는 탄산시비에 대한 설명으로 옳지 않은 것은?

19 국가직 기출

① 탄산시비하면 수확량 증대 효과가 있다.
② 탄산시비 공급원으로 액화탄산가스가 이용된다.
③ 광합성능력이 가장 높은 오후에 탄산시비효과가 크다.
④ 탄산시비의 효과는 시설 내 환경 변화에 따라 달라진다.

해설 과채류의 경우 광합성속도가 오후보다 오전이 훨씬 높으므로 오후에 $CO_2$를 공급하지 않아도 오전 8시부터 11시까지만 시용하면 충분한 광합성 증대효과를 거둘 수 있다.

정답 ③

# |04| 바 람

## (1) 연 풍

① 풍속 4~6km/h 이하의 바람을 의미한다.

② 효 과
　㉠ 여름철에는 기온 및 지온을 낮게 하고, 봄과 가을에는 서리를 막아주며, 수확물의 건조를 촉진한다.
　ⓒ 잎을 흔들어 그늘진 잎에 광을 조사함으로써 광합성을 증대시킨다.
　ⓒ 이산화탄소의 농도 저하를 경감시켜 광합성을 조장한다.
　ⓔ 증산을 조장하고 양분의 흡수를 증대시킨다.
　ⓜ 풍매화의 수정과 결실을 좋게 한다.
　ⓗ 풍속 1.1~1.7m/s 이하의 바람은 작물 주위의 습기를 빼앗아 증산을 촉진하고 양분의 흡수를 좋게 한다.

③ 해작용
　㉠ 잡초의 씨나 병균을 전파하고, 이미 건조할 때 건조상태를 더 조장한다.
　ⓒ 저온의 바람은 작물의 냉해를 유발하기도 한다.

## (2) 풍 해

① 풍속 4~6km/h 이상의 강풍 피해로, 풍속이 크고 공중습도가 낮을 때 심해진다.

② 직접적인 기계적 장애

　㉠ 작물의 절손, 열상, 낙과, 도복, 탈립 등을 초래하며, 이러한 기계적 장애는 2차적으로 병해, 부패 등이 발생하기 쉽다.

　㉡ 벼의 경우 출수 3~4일에, 도복의 경우에는 출수 15일 이내 것이 가장 피해가 심하다.

　㉢ 벼의 수분 수정이 저해되어 불임잎이 발생하고 상처에 의해서 목도열병 등이 발생한다.

　㉣ 벼 출수 30일 이후의 것은 피해가 경미하다.

　㉤ 과수에서는 절손, 절상, 낙과 등이 발생한다.

③ 직접적인 생리적 장애

　㉠ 바람에 의해 상처가 나면 호흡이 증대하여, 체내 양분소모가 증가한다.

　㉡ 작물에 생긴 상처가 건조하면 광산화반응을 일으켜 고사할 수 있다.

　㉢ 바람이 2~4m/s 이상 강해지면 기공이 닫혀 이산화탄소의 흡수가 감소되므로 광합성을 감퇴시킨다.

　㉣ 벼의 경우 습도 60% 이상에서는 풍속 10m/s에서 백수가 생기나, 습도 80%에서는 풍속 20m/s에서도 백수가 발생하지 않는다.

　㉤ 바닷물을 육상으로 날려 염풍의 피해를 유발한다.

④ 풍해대책

　㉠ 풍세의 약화 : 방풍림을 조성하고, 방풍울타리를 설치한다.

　㉡ 풍식대책
　　• 방풍림, 방풍울타리 등을 조성하여 풍속을 줄이고, 관개하여 토양을 습윤상태로 있게 한다.
　　• 피복식물을 재배하여 토사의 이동을 방지하고, 이랑을 풍향과 직각으로 한다.
　　• 겨울에 건조하고 바람이 센 지역은 작물 수확 시 높이베기로 그루터기를 이용해 풍력을 약화시킨다.

　㉢ 재배적 대책
　　• 목초, 고구마 등 내풍성 작물을 선택하고, 키가 작고 줄기가 강한 내도복성 품종을 선택한다.
　　• 벼의 경우 조기재배 등 작기의 이동으로 피해를 줄인다.
　　• 태풍이 올 때 논물 깊이대기를 한다(담수).
　　• 맥류의 배토, 토마토나 가지의 지주 및 수수나 옥수수의 결속을 한다.
　　• 칼륨비료 증시, 질소비료 과용금지, 밀식의 회피 등을 한다.
　　• 사과의 경우 수확 25~30일 전에 낙과방지제를 살포한다.

　㉣ 사후대책
　　• 쓰러진 것은 일으켜 세우거나 바로 수확한다.
　　• 태풍 후에는 병의 발생이 많아지므로 약제를 살포한다.
　　• 낙엽은 병이 든 것이 많으므로 제거한다.

## |01| 광과 식물의 생장

### (1) 광합성(光合成, Photosynthesis)

① 녹색식물은 광에너지를 받아 엽록소를 형성하고 대기의 이산화탄소와 뿌리가 흡수한 물을 이용하여 유기물의 형성과 산소를 방출하는 작용을 하는데, 이를 광합성이라 한다.

② 제1과정(명반응)

  ㉠ 식물의 광합성의 한 과정으로 엽록소에서 태양의 빛에너지를 흡수해서 NADPH, ATP 등의 화학 에너지를 생성하는 과정을 말한다.

  ㉡ 일단 ATP와 NADPH 합성에 $CO_2$는 필요 없고, 물과 빛만 있으면 이 과정이 일어나므로 명반응(Photophosphorylation)이라 한다.

  ㉢ 명반응은 크게 물의 광분해와 광인산화 과정으로 나눌 수 있다.

    • 물의 광분해 : 엽록체의 틸라코이드막에서 빛에너지를 이용하여 물이 분해되면 산소가 발생한다.

    • 광인산화 : 빛을 받은 색소가 빛을 흡수하여 고에너지가 방출되고, 이 전자에너지로 ATP를 생성한다.

  ㉣ 물에서 방출한 전자는 $NADP^+$에 흡수되어 NADPH를 생성한다.

③ 제2과정(암반응)

  ㉠ 엽록소의 스트로마에서 일어난다.

  ㉡ 명반응의 결과 생성된 ATP와 NADPH를 이용하여 이산화탄소를 고정하고 포도당을 합성한다.

  ㉢ 두 과정에 의해 광합성 반응이 완료된다.

$$명반응 : 12H_2O + 12NADP \xrightarrow{\text{빛에너지}} 6O_2 + 12NADPH$$
$$18ADP \quad 18ATP$$

$$18ATP \quad 18ADP$$
$$암반응 : 6CO_2 + 12NADPH \longrightarrow C_6H_{12}O_6 + 6H_2O + 12NADP^+$$
$$전체 \ 반응식 : 6CO_2 + 12H_2O \xrightarrow{\text{빛에너지}} C_6H_{12}O_6 + 6H_2O + 6O_2$$

④ 광합성 효율과 빛
  ㉠ 적색광 : 광합성에는 675nm를 중심으로 한 650~700nm의 적색 부분이 유효하다.
  ㉡ 청색광 : 450nm를 중심으로 한 400~500nm의 청색광 부분이 가장 효과적이다.
  ㉢ 녹색, 황색, 주황색 파장의 광은 대부분 투과·반사되어 효과가 적다.
⑤ $C_3$식물, $C_4$식물, CAM식물의 광합성 특징 : 고등식물의 광합성 제2과정에서 $CO_2$가 환원되는 물질에 따라 $C_3$식물, $C_4$식물, CAM식물로 구분한다.
  ㉠ $C_3$식물
    • 종류 : 벼 , 밀, 콩, 귀리 등
    • 이산화탄소를 공기에서 직접 얻어 캘빈회로에 이용하는 식물로 최초로 합성되는 유기물이 3탄소화합물이다.
    • 날씨가 덥고 건조하면 $C_3$식물은 광호흡이 증대된다.
  ㉡ $C_4$식물
    • 종류 : 옥수수, 수수, 기장, 사탕수수 등
    • 수분을 보존하고 광호흡을 억제하는 적용기구가 있다.
    • 이산화탄소를 고정하는 경로를 가지고 있으며, 날씨가 덥고 건조하면 기공을 닫아 수분을 보존하고 탄소를 4탄소화합물로 고정시킨다.
    • 엽육세포와 유관속초세포가 매우 인접하여 있어 효율적으로 광합성을 수행한다.
  ㉢ CAM식물
    • 종류 : 선인장, 파인애플, 솔잎국화 같은 대부분의 다육식물
    • $C_4$식물처럼 이산화탄소를 고정하지만 고정을 하는 시간대가 정해져 있는 식물이다.
    • 밤에만 기공을 열어 이산화탄소를 받아들이는 방법으로 수분을 보존하며 이산화탄소를 4탄소화합물로 고정한다.
  ㉣ $C_3$식물과 $C_4$식물의 해부학적인 차이
    • $C_3$식물의 유관속초세포 : 엽록체가 적고 그 구조도 엽육세포와 유사하다.
    • $C_4$식물의 유관속초세포 : 다수의 엽록체가 함유되어 있고 엽육세포가 유관속초세포 주위에 방사상으로 배열된다.

C₃식물, C₄식물, CAM식물의 광합성 특징 비교

| 특 성 | C₃식물 | C₄식물 | CAM식물 |
|---|---|---|---|
| $CO_2$ 고정계 | 캘빈회로 | C₃회로+캘빈회로 | C₄회로+캘빈회로 |
| 잎조직 구조 | 엽육세포로 분화하거나 내용이 같은 엽록유세포에 엽록체가 많이 포함되어 광합성이 이곳에서 이루어지며, 유관속초세포는 별로 발달하지 않고 발달해도 엽록체를 거의 포함하지 않음 | 유관속초세포가 매우 발달하여 다량의 엽록체를 포함하고, 그 다량의 엽록체를 포함한 유관속초세포가 방사상으로 배열되어 이른바 크렌즈 구조를 보이는 것이 특징 | 엽육세포는 해면상으로 균일하게 매우 발달하고 엽록체도 균일하게 분포하며, 유관속초세포는 발달하지 않음. 두꺼운 잎조직의 안쪽에는 저수조직을 가지는 것이 특징 |
| 최대광합성능력 ($mg-CO_2/cm^2/h$) | 15~40 | 35~80 | 1~4 |
| $CO_2$ 보상점(ppm) | 30~70 | 0~10 | 0~5(암중) |
| 21% $O_2$에 의한 광합성억제 | 있 음 | 없 음 | 있 음 |
| 광호흡 | 있 음 | 거의 없음 | 정오 후 측정가능 |
| 광포화점 | 최대일사의 1/4~1/2 | 최대일사 이상 강광조건에서 높은 광합성률 | 부 정 |
| 광합성 적정온도(℃) | 13~30 | 30~47 | ~35 |
| 내건성 | 약 함 | 강 함 | 매우 강함 |
| 광합성산물 전류속도 | 느 림 | 빠 름 | – |
| 최대건물 생장률 ($g/m^2/d$) | 19.5±1.9 | 30.3±13.8 | – |
| 건물생산량(ton/ha/년) | 22±3.3 | 38±16.9 | 낮고 변화가 심함 |
| 증산율 ($g-H_2O/g-$건물량 증가) | 450~950 (다습조건에 적응) | 250~350 (고온에 적응) | 18~125 (매우 적음) |
| $CO_2$ 첨가에 의한 건물생산 촉진효과 | 큼 | 작음(하나의 $CO_2$ 분자를 고정하기 위하여 더 많은 에너지가 필요함) | – |
| 작 물 | 벼, 보리, 밀, 콩, 귀리, 담배 등 | 옥수수, 수수, 수단그라스, 사탕수수, 기장, 진주조, 버뮤다그라스, 명아주 등 | 선인장, 솔잎국화, 파인애플 등 |

## (2) 광호흡

① 빛이 있는 조건에서 세포호흡과는 상관없이 산소를 소비하여 이산화탄소를 발생시키는 호흡작용을 말한다.
② 엽록체, 미토콘드리아, 퍼옥시즘이 관여하는 데 이산화탄소가 방출되기 때문에 탄소의 알짜 손실이 일어난다.
③ 벼, 담배 등 $C_3$식물은 광에 의해 직접적으로 호흡이 촉진되는 광호흡이 명확하고, $C_4$식물은 미미하다.

## (3) 증산작용

① 햇빛을 받으면 온도의 상승으로 증산이 촉진된다.
② 광합성에 의해 동화물질이 축적되면 공변세포의 삼투압이 높아져 흡수가 증가하여 기공이 열리고 증산이 촉진된다.

> **참고**
>
> 엽록소형성-적색광 · 청색광, 굴광현상-청색광, 일장효과-적색광, 야간조파-적색광

## (4) 굴광성

① 굴광성이란 빛에 대해 방향성을 갖는 생장 즉, 식물의 한쪽에 광이 조사되면 광이 조사된 쪽으로 식물체가 구부러지는 현상이다.
② 광이 조사된 쪽은 옥신의 농도가 낮아지고, 반대쪽은 옥신의 농도가 높아지면서 옥신의 농도가 높은 쪽의 생장속도가 빨라져 생기는 현상이다.
③ 줄기나 초엽 등 지상부에서는 광의 방향으로 구부러지는 향광성을 나타내며, 뿌리는 반대로 배광성을 나타낸다.
④ 굴광현상은 400~500nm, 특히 440~480nm의 청색광이 가장 유효하다.

## (5) 착색(전자기 스펙트럼)

① 광량이 부족하면 엽록소 형성이 저해되고, 담황색 색소인 에티올린(Etiolin)이 형성되어 황백화현상을 일으킨다.
② 사과, 포도, 딸기, 순무 등의 착색은 안토시아닌 색소의 생성에 의하고, 비교적 저온에 의해 생성이 조장되어 자외선이나 자색광파장에서 생성이 촉진되며, 광조사가 좋을 때 착색이 좋아진다.

## (6) 신장과 개화

### ① 신 장

    ⊙ 자외선과 같은 단파장의 광(자외선)은 식물의 신장을 억제한다.

    ⊙ 광부족이거나, 자외선의 투과가 적은 그늘 등의 환경은 도장(웃자라기)되기 쉽다.

### ② 개 화

    ⊙ 광의 조사가 좋으면 광합성이 증가하여 탄수화물 축적이 많아지고, C/N율이 높아져서 화성이 촉진된다.

    ⊙ 일장의 적색광이 개화에 큰 영향을 끼치고, 야간조파도 적색광이 가장 효과적이다.

    ⊙ 대부분 광이 있을 때 개화하나 수수는 광이 없을 때 개화한다.

---

### Level UP 이론을 확인하는 문제

**$C_3$와 $C_4$ 그리고 CAM 작물의 생리적 특성에 대한 설명으로 옳은 것은?**  18 국가직 기출

① $C_4$작물은 $C_3$작물보다 이산화탄소 보상점이 낮다.

② $C_3$작물은 광호흡이 없고 이산화탄소시비 효과가 작다.

③ $C_4$작물은 $C_3$작물 보다 증산율과 수분이용효율이 높다.

④ CAM작물은 밤에 기공을 열며 3탄소화합물을 고정한다.

> **해설** ② $C_4$작물은 광호흡이 없고 이산화탄소시비 효과가 작다.
> ③ $C_4$작물은 $C_3$작물보다 증산율은 낮고 수분이용효율이 높다(증산율과 수분이용효율은 반비례관계).
> ④ CAM작물은 밤에 기공을 열며 4탄소화합물을 고정한다.
>
> **정답** ①

---

### Level UP 이론을 확인하는 문제

**광(光)과 착색에 대한 설명으로 옳지 않은 것은?**  16 국가직 기출

① 엽록소 형성에는 청색광역과 적색광역이 효과적이다.

② 광량이 부족하면 엽록소 형성이 저하된다.

③ 안토시안의 형성은 적외선이나 적색광에서 촉진된다.

④ 사과와 포도는 볕을 잘 쬘 때 안토시안의 생성이 촉진되어 착색이 좋아진다.

> **해설** ③ 안토시안의 형성은 자외선이나 자색광파장에서 생성이 촉진된다.
>
> **정답** ③

## |02| 광보상점과 광포화점

### (1) 광 도

① 광합성

　㉠ 진정광합성(眞正光合成, True Photosynthesis) : 작물은 대기의 이산화탄소를 흡수하여 유기물을
　　 합성하고, 호흡을 통해 유기물을 소모하며 이산화탄소를 방출한다. 호흡을 무시한 절대적 광합성을
　　 진정광합성이라 한다.

　㉡ 외견상광합성(外見上光合成, Apparent Photosynthesis) : 호흡으로 소모된 유기물을 제외한 외견
　　 상으로 나타난 광합성을 말한다.

> **참고**
>
> 식물의 건물생산은 진정광합성량과 호흡량의 차이, 즉 외견상광합성량이 결정한다.

② 광보상점(光補償點, Compensation Point)

　㉠ 광합성은 어느 한계까지 광이 강할수록 속도가 증대되는데, 암흑상태에서 광도를 점차 높여 이산화
　　 탄소의 방출속도와 흡수속도가 같게 되는 때의 광도를 광보상점이라 한다.

　㉡ 외견상광합성속도가 0이 되는 조사광량이다.

　㉢ 광보상점 이하의 경우에 생육적온까지 온도가 높아지면 진정광합성은 증가한다.

③ 광포화점(光飽和點, Light Saturation Point)

　㉠ 광의 조도(빛의 세기)가 보상점을 지나 증가하면서 광합성속도도 증가한다. 그러나 어느 한계에 이
　　 르면 광도를 더 증가하여도 광합성량이 더 이상 증가하지 않는데, 이때의 빛의 세기를 말한다.

　㉡ 벼 잎이 광포화점에 도달하는 데에는 온난한 지대보다는 냉량한 지대에서 더욱 강한 일사가 필요하다.

　㉢ 고립상태에서의 벼는 생육초기에는 광포화점에 도달하지만 무성한 군락의 상태에서는 도달하기 힘
　　 들다.

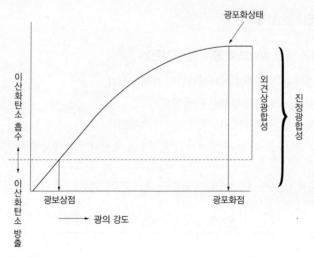

### (2) 광보상점과 내음성(耐陰性, Shade Tolerance)

① 작물의 생육은 광보상점 이상의 광을 받아야 지속적 생육이 가능하나, 보상점이 낮은 작물은 상대적으로 낮은 광도에서도 생육할 수 있는 힘, 즉 내음성이 강하다.

　　㉠ 내음성이 강한 식물 : 사탕단풍나무, 너도밤나무 등은 보상점이 낮다.

　　㉡ 내음성이 약한 식물 : 소나무, 측백 등은 보상점이 높다.

② **음생식물** : 보상점이 낮아 음지에서 잘 자라는 식물이다. 즉, 보상점이 낮은 식물은 그늘에 견딜 수 있어 내음성이 강하다.

③ **양생식물** : 보상점이 높아 태양광 아래서만 양호한 생육을 할 수 있는 식물이다.

> 🔍**참고**
>
> 음지식물은 양지식물보다 광포화점이 낮다.

### (3) 고립상태에서의 광포화점

① 고립상태(孤立狀態)

　　㉠ 작물의 거의 모든 잎이 직사광선을 받을 수 있도록 되어 있는 상태를 말한다.

　　㉡ 포장에서 극히 생육초기에 여러 개체의 잎들이 서로 중첩되기 전의 상태이다.

　　㉢ 어느 정도 생장하게 되면 고립상태는 형성되지 않는다.

② 고립상태 작물의 광포화점

　　㉠ 양생식물이라도 전체 조사광량보다 낮으며, 대체로 일반작물의 광포화점은 조사광량의 30~60% 범위 내에 있다.

　　㉡ 광포화점은 온도와 이산화탄소농도에 따라 변화한다.

　　㉢ 고립상태에서 온도와 이산화탄소가 제한조건이 아닐 때 $C_4$식물은 최대조사광량에서도 광포화점이 나타나지 않으며, 이때 광합성률은 $C_3$식물의 2배에 달한다.

　　㉣ 생육적온까지 온도가 높아질수록 광합성속도는 높아지나 광포화점은 낮아진다.

　　㉤ 이산화탄소 포화점까지 공기 중의 이산화탄소농도가 높아질수록 광합성속도와 광포화점이 높아진다.

　　㉥ 군집상태(자연포장)의 작물은 고립상태의 조건에서보다 광포화점이 훨씬 높다.

　　㉦ 각 식물의 여름날 정오의 광량에 대한 비율을 표시하면 다음의 표와 같다.

(단위 : %, 조사광량에 대한 비율)

| 작 물 | 광포화점 |
|---|---|
| 음생식물 | 10 정도 |
| 구약나물 | 25 정도 |
| 콩 | 20~23 |
| 감자, 담배, 강낭콩, 해바라기, 보리, 귀리 | 30 정도 |
| 벼, 목화 | 40~50 |
| 밀, 알팔파 | 50 정도 |
| 고구마, 사탕무, 무, 사과나무 | 40~60 |
| 옥수수 | 80~100 |

## (4) 군락의 광포화점

① 군락상태(群落狀態)

　㉠ 포장에서 작물이 밀생하고 크게 자라며 잎이 서로 포개져서 많은 수의 잎이 직사광을 받지 못하고 그늘에 있는 상태를 군락상태라고 한다.

　㉡ 포장상태의 작물은 군락을 형성하고 수량은 면적당 광합성량에 따라 달라지므로 군락의 광합성이 높아야 수량도 높아진다.

② 군락의 광포화점

　㉠ 벼잎에 투사된 광은 10% 정도가 잎을 투과한다. 따라서 군락이 우거져 그늘이 많아지면 포화광을 받지 못하는 잎이 많아지고, 이 잎들이 충분한 광을 받기 위해서는 더 강한 광이 필요하므로 군락의 광포화점은 높아진다.

　㉡ 군락의 형성도가 높을수록 군락의 광포화점이 증가한다.

　㉢ 벼 포장에서 군락의 형성도가 높아지면 광포화점은 높아진다.

　㉣ 벼잎의 광포화점은 온도에 따라 달라진다.

　㉤ 벼의 고립상태에 가까운 생육초기에는 낮은 조도에서도 광포화를 이룬다.

　㉥ 출수기 전후 군락상태의 벼는 전광(全光)에 가까운 높은 조도에서도 광포화에 도달하지 못한다.

## (5) 포장동화능력(圃場同化能力)

① 의의 : 포장상태에서의 단위면적당 동화능력으로, 수량을 직접 지배한다.

② 포장동화능력은 총엽면적, 수광능률, 평균동화능력의 곱으로 표시한다.

$$P = AfP_0$$
$P$ : 포장동화능력, $A$ : 총엽면적, $f$ : 수광능률, $P_0$ : 평균동화능력

증수재배
- 증수재배의 요점 : 작물의 생육초기에는 엽면적을 증가시켜 포장동화능력을 증대하고 생육후기에는 최적엽면적과 단위동화능력을 증가시켜 포장동화능력을 증대시킨다.
- 생육초기의 엽면적 증대, 후기의 최적엽면적 및 단위동화능력(평균동화능력)을 제고하기 위한 합리적인 재배방법(간작기간, 재식밀도, 시비 및 관리법)을 강구해야 한다.
- 벼의 경우 출수 전에는 주로 엽면적의 지배를 받고, 출수 후에는 단위동화능력의 지배를 받는다.
- 엽면적이 과다하여 그늘에 든 잎이 많이 생기면 동화능력보다 호흡소모가 많아져 포장동화능력이 저하된다.

③ 수광능률(受光能率)
  ㉠ 군락의 잎이 광을 받아서 얼마나 효율적으로 광합성에 이용하는가의 표시이다.
  ㉡ 수광능력은 군락의 수광태세와 총엽면적에 영향을 받는다.
  ㉢ 수광능률의 향상은 총엽면적을 적당한 한도로 조절하고, 군락 내부로 광을 투사하기 위해 수광상태를 개선해야 한다.
  ㉣ 규산과 칼륨을 충분히 시용한 벼에서는 수광태세가 양호하여 증수된다.
  ㉤ 남북이랑방향은 동서이랑방향보다 수광량이 많아 작물생육에 유리하다.
  ㉥ 콩은 키가 크고 잎은 좁고 가늘고 길며, 가지는 짧고 적은 것이 수광태세가 좋고 밀식에 적응한다.

④ 평균동화능력(平均同化能力)
  ㉠ 잎의 단위면적당 동화능력이다.
  ㉡ 단위동화능력을 총엽면적에 대해 평균한 것으로 단위동화능력과 같은 의미로 사용된다.
  ㉢ 시비, 물관리 등을 잘하여 무기영양상태를 좋게 하면 평균동화능력을 높일 수 있다.

## (6) 최적엽면적(最適葉面積, Optimum Leaf Area)

① 건물생산량과 광합성의 관계
  ㉠ 건물의 생산은 진정광합성과 호흡량의 차이인 외견상광합성량에 의해 결정된다.
  ㉡ 군락의 발달은 군락 내 엽면적이 증가하여 진정광합성량이 증가하나 엽면적이 일정 이상 커지면 엽면적 증가와 비례하여 진정광합성량은 증가하지 않는다.
  ㉢ 호흡량은 엽면적 증가와 비례해서 증대하므로 건물생산량은 어느 한계까지는 군락 내 엽면적 증가에 따라 같이 증가하나 그 이상의 엽면적 증가는 오히려 건물생산량을 감소시킨다.
② 최적엽면적 : 건물생산량이 최대일 때의 단위면적당 군락엽면적이다.
③ 엽면적지수(葉面積指數, Leaf Area Index, LAI) : 군락의 엽면적을 토지면적에 대한 배수치(倍數值)로 표시하는 것이다.
④ 최적엽면적지수(最適葉面積指數)
  ㉠ 최적엽면적일 때의 엽면적지수를 최적엽면적지수라 한다.
  ㉡ 군락의 최적엽면적지수는 작물의 종류와 품종, 생육시기와 일사량, 수광상태 등에 따라 달라진다.
  ㉢ 최적엽면적지수를 크게 하면 군락의 건물생산능력을 크게 하므로 수량을 증대시킬 수 있다.

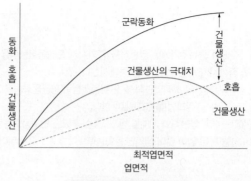

**건물생산과 엽면적과의 관계**

## (7) 군락의 수광태세

① 의 의
- ㉠ 군락의 최대엽면적지수는 군락의 수광태세가 좋을 때 커진다.
- ㉡ 동일 엽면적일 경우 수광태세가 좋을 때 군락의 수광능률은 높아진다.
- ㉢ 수광태세의 개선은 광에너지의 이용효율을 높일 수 있다. 이를 위해서는 우수한 초형의 품종 육성, 군락의 잎 구성을 좋게 하는 재배법의 개선이 필요하다.

② 벼의 초형
- ㉠ 잎이 얇지 않고, 약간 좁으며, 상위엽이 직립한 것이 좋다.
- ㉡ 키가 너무 크거나 작지 않아야 한다.
- ㉢ 분얼은 개산형(開散型, Gathered Type)이 좋다.
- ㉣ 각 잎이 공간적으로 되도록 균일하게 분포해야 한다.

③ 옥수수의 초형
- ㉠ 상위엽은 직립하고 아래로 갈수록 약간씩 기울어 하위엽은 수평이 되는 것이 좋다.
- ㉡ 숫이삭이 작고, 잎혀(葉舌)가 없는 것이 좋다.
- ㉢ 암이삭은 1개인 것보다 2개인 것이 밀식에 더 잘 적응한다.

④ 콩의 초형
- ㉠ 키가 크고 도복이 안 되며, 가지는 짧고 적게 치는 것이 좋다.
- ㉡ 꼬투리가 원줄기에 많이 달리고 밑까지 착생하는 것이 좋다.
- ㉢ 잎이 작고 가늘며, 잎자루(葉柄)가 짧고 직립하는 것이 좋다.

⑤ 수광태세의 개선을 위한 재배법
- ㉠ 벼의 경우 규산과 칼륨을 충분한 시용하면 잎이 직립하고, 무효분얼기에 질소를 적게 주면 상위엽이 직립한다.
- ㉡ 벼, 콩의 경우 밀식을 할 때에는 줄 사이를 넓히고 포기 사이를 좁히는 것이 파상군락을 형성케 하여 군락 하부로 광투사를 좋게 한다.

ⓒ 맥류는 광파재배보다 드릴파재배를 하는 것이 잎이 조기에 포장 전면을 덮어 수광태세가 좋아지고, 지면증발도 적어진다.

ⓓ 어느 작물이나 재식밀도와 비배관기를 적절하게 해야 한다.

### (8) 벼의 생육단계별 일조부족의 영향

| 분얼기 | 일사부족은 수량에 크게 영향을 주지 않는다. |
|---|---|
| 유수분화 초기 | 최고분얼기(출수 전 30일)를 전후한 1개월 사이 일조가 부족하면 유효경수 및 유효경 비율이 저하되어 이삭수의 감소를 초래한다. |
| 감수분열기 (특히 감수분열 성기) | 감수분열기에 일사가 부족하면 갓 분화되거나 생성된 영화의 생장이 정지되고 퇴화하여 이삭당 영화수가 가장 크게 감소하고 영의 크기도 작아진다(1수 영화수와 정조 천립중을 감소시킨다). |
| 유숙기 | 유숙기 전후 1개월 사이 일조가 부족하면 동화물질의 감소와 배유로의 전류, 축적을 감퇴시키고, 배유 발육을 저해하여 등숙률과 정조 천립중을 크게 감소시킨다. |

**PLUS ONE**

생육단계와 일사
- 일조부족의 영향은 작물의 생육단계에 따라서 차이가 있다.
- 감수분열기의 차광은 영화의 크기를 작게 하며, 유숙기의 차광은 정조 천립중을 크게 감소시킨다.
- 일조부족이 수량에 가장 큰 영향을 주는 시기는 유숙기이고, 다음이 감수분열기(분얼성기의 일조부족은 수량에 크게 영향을 미치지 않음)이다.

### (9) 수광과 기타 재배적 문제(작휴와 파종)

① 이랑의 방향

ⓐ 경사지는 등고선 경작이 유리하나 평지는 수광량을 고려해 이랑의 방향을 정해야 한다.

ⓑ 남북방향이 동서방향보다 수량의 증가를 보인다.

ⓒ 겨울작물이 아직 크게 자라지 않았을 때는 동서이랑이 수광량이 많고, 북서풍도 막을 수 있다.

② **파종의 위치** : 강한 일사를 요구하지 않는 감자는 동서이랑도 무난하며 촉성재배 시 동서이랑의 골에 파종하되 골 북쪽으로 붙여서 파종하면 많은 일사를 받을 수 있다.

**PLUS ONE**

작물의 광입지
- 감자, 당근, 비트 : 광포화점이 낮고 한발에도 약하므로 흐린 날이 있어야만 생육과 수량이 증대한다.
- 벼, 목화, 조, 기장 등 : 광포화점이 높고 한발에도 강하므로 맑은 날씨가 계속되어야 생육과 수량이 증대한다.

다음 광과 광합성의 관계에 대한 그림에서 괄호 안에 들어갈 말로 옳은 것은? 19 경남 지도사 기출

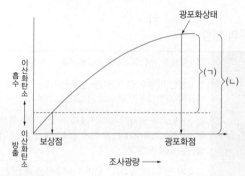

① ㄱ: 개엽광합성, ㄴ: 외견광합성

② ㄱ: 외견광합성, ㄴ: 개엽광합성

③ ㄱ: 진정광합성, ㄴ: 외견광합성

④ ㄱ: 외견광합성, ㄴ: 진정광합성

**해설**

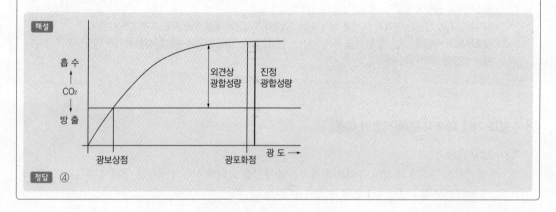

**정답** ④

포장군락의 단위면적당 동화능력을 구성하는 요인으로 가장 옳지 않은 것은?    19 지방직 기출

① 평균동화능력                    ② 수광능률

③ 진정광합성량                    ④ 총엽면적

해설  포장동화능력 = 총엽면적×수광능률×평균동화능력

정답  ③

작물군락의 포장광합성에 대한 설명으로 옳지 않은 것은?    19 국가직 기출

① 수광능력은 군락의 수광태세와 총엽면적에 영향을 받는다.

② 콩은 키가 작고 잎은 넓고, 가지는 길고 많은 것이 수광태세가 좋고 밀식에 적응한다.

③ 포장동화능력은 총엽면적, 수광능률, 평균동화능력의 곱으로 표시한다.

④ 작물의 최적엽면적은 일사량과 군락의 수광태세에 따라 크게 변동한다.

해설  ② 콩은 키가 크고 잎은 좁고 가늘며, 가지는 짧고 적은 것이 수광태세가 좋고 밀식에 적응한다.

정답  ②

## |01| 온도와 작물생리

### (1) 온도계수(溫度係數, Temperature Coefficient)

① 온도 10℃ 상승에 따른 이화학적 반응 또는 생리작용의 증가배수를 온도계수 또는 $Q_{10}$이라 한다.

② 생물학적 반응속도는 온도 10℃ 상승에 2~3배 상승한다.

③ 온도 10℃ 간격에 대한 온도상수를 $Q_{10}$이라 부르는데, $Q_{10}$은 높은 온도에서의 생리작용률을 10℃ 낮은 온도에서의 생리작용률로 나눈 값이다.

$$Q_{10} = \frac{R_2}{R_1}$$

④ 보통 $Q_{10}$은 온도에 따라 다르게 변화하며, 높은 온도일수록 낮은 온도에서보다 $Q_{10}$값이 적게 나타난다.

### (2) 온도에 따른 광합성과 호흡

① 온도와 광합성

㉠ 광합성은 이산화탄소의 농도, 광의 강도, 수분 등이 제한요소로 작용하지 않는 한 30~35℃까지는 광합성의 $Q_{10}$은 2이다.

㉡ 광합성의 온도계수는 고온보다 저온에서 크며, 온도가 적온보다 높으면 광합성은 둔화된다.

② 온도와 호흡

㉠ 온도의 상승은 작물의 호흡속도를 증가시킨다.

㉡ 일반적으로 $Q_{10}$은 30℃ 정도까지는 2~3이고, 32~35℃ 정도에 이르면 감소하며, 50℃ 부근에서 호흡은 정지한다. 벼의 호흡 $Q_{10}$은 1.6~2.0 정도이다.

㉢ 적온을 넘어 고온이 되면 체내의 효소계가 파괴되므로 호흡속도가 오히려 감소한다.

### (3) 양분의 흡수 및 이행

① 온도의 상승은 세포의 투과성, 호흡에너지 방출, 증산작용은 증가하고, 점성은 감소하므로 수분흡수는 증가한다.

② 온도의 상승과 함께 양분의 흡수 및 이행도 증가하지만, 적온 이상으로 온도가 상승하면 오히려 양분의 흡수가 감퇴된다.

## (4) 온도와 증산

① 증산은 작물로부터 물을 발산하는 중요한 기작 중 하나로, 작물의 체온조절과 물질의 전류에 있어 중요한 역할을 한다.

② 온도의 상승은 작물의 증산량을 증가시키고, 수분의 흡수와 이행이 증대되고 엽 내 수증기압이 상대적으로 증가한다.

---

**PLUS ONE**

생육적온 범위에서 온도상승이 작물의 생리에 미치는 영향
- 증산작용증가, 수분흡수증가, 호흡증가, 탄수화물의 소모가 증가한다.
- 동화물질의 전류가 빨라진다.
- 동화물질이 잎에서 생장점 또는 곡실로 전류되는 속도는 적온까지는 온도가 올라갈수록 빨라진다.

---

### Level UP 이론을 확인하는 문제

**온도에 따른 작물의 여러 생리작용에 대한 설명으로 가장 옳은 것은?**    19 지방직 **기출**

① 이산화탄소농도, 광의 강도, 수분 등이 제한요소로 작용하지 않을 때, 광합성의 온도계수는 저온보다 고온에서 크다.

② 고온일 때 뿌리의 당류농도가 높아져 잎으로부터의 전류가 억제된다.

③ 온도가 상승하면 수분의 흡수와 이동이 증대되고 증산량도 증가한다.

④ 적온 이상으로 온도가 상승하게 되면 호흡작용에 필요한 산소의 공급량이 늘어나 양분의 흡수가 증가된다.

---

**해설**
① 이산화탄소농도, 광의 강도, 수분 등이 제한요소로 작용하지 않을 때, 광합성의 온도계수는 고온보다 저온에서 크다.
② 저온일 때 뿌리의 당류농도가 높아져 잎으로부터의 전류가 억제된다.
④ 적온 이상으로 온도가 상승하게 되면 호흡작용에 필요한 산소의 공급량이 줄어들어 탄수화물의 소모가 많아짐에 따라 오히려 양분의 흡수가 감퇴한다.

**정답** ③

# |02| 유효온도

## (1) 주요온도(主要溫度, Cardinal Temperature)

① 유효온도(有效溫度) : 작물생육이 가능한 범위의 온도이다.

② 최저온도(最低溫度, Minimum Temperature) : 작물생육이 가능한 가장 낮은 온도이다.

③ 최고온도(最高溫度, Maximum Temperature) : 작물생육이 가능한 가장 높은 온도이다.

④ 최적온도(最適溫度, Optimum Temperature) : 작물생육이 가장 왕성한 온도이다.

### 여름작물과 겨울작물의 주요온도

| 주요온도 | 최저온도(℃) | 최적온도(℃) | 최고온도(℃) |
|---|---|---|---|
| 여름작물 | 10~15 | 30~35 | 40~50 |
| 겨울작물 | 1~5 | 15~25 | 30~40 |

### 작물의 주요온도

| 작 물 | 최저온도(℃) | 최적온도(℃) | 최고온도(℃) |
|---|---|---|---|
| 보 리 | 3~45 | 20 | 28~30 |
| 밀 | 3~45 | 25 | 30~32 |
| 호 밀 | 1~2 | 25 | 30 |
| 귀 리 | 4~5 | 25 | 30 |
| 사탕무 | 4~5 | 25 | 28~30 |
| 담 배 | 13~14 | 28 | 35 |
| 완 두 | 1~2 | 30 | 35 |
| 옥수수 | 8~10 | 30~32 | 40~44 |
| 벼 | 10~12 | 30~32 | 36~38 |
| 오 이 | 12 | 33~34 | 40 |
| 삼 | 1~2 | 35 | 45 |
| 메 론 | 12~15 | 35 | 40 |

## (2) 적산온도(積算溫度, Sum of Temperature)

① 적산온도

㉠ 작물의 발아부터 성숙까지의 생육기간 중 0℃ 이상의 일평균기온을 합산한 온도이다.

㉡ 적산온도는 작물이 생육시기와 생육기간에 따라서 차이가 있다.

② 주요작물의 적산온도

㉠ 여름작물

• 목화(4,500~5,500℃), 벼(3,500~4,500℃), 담배(3,200~3,600℃), 옥수수(2,370~3,000℃)

• 메밀(1,000~1,200℃), 조(1,800~3,000℃), 콩, 수수(2,500~3,000℃)

    ⓒ 겨울작물 : 추파맥류(1,700~2,300℃)

    ⓒ 봄작물 : 감자(1,300~3,000℃), 아마(1,600~1,850℃), 봄보리(1,600~1,900℃), 완두 (2,100~2,800℃)

③ 유효적산온도(Growing Degree Days ; GDD)

    ㉠ 유효온도 : 작물생육의 저온한계를 기본온도라 하고 고온한계를 유효고온한계온도로 하여 그 범위 내의 온도를 의미한다.

    ⓒ 유효적산온도 : 유효온도를 발아 후 일정 생육단계까지 적산한 것

    ⓒ 계산 : GDD(℃)=Σ(일최고기온+일최저기온)÷2-기본온도

---

---

## |03| 변온과 작물의 생육

### (1) 변온과 작물의 생리

① 야간의 온도가 높거나 낮은 경우 무기성분의 흡수가 감퇴된다.

② 적온에 비해 야간의 온도가 높거나 낮으면 뿌리의 호기적 물질대사의 억제로 무기성분의 흡수가 감퇴된다.

③ 야간의 온도가 낮아지는 것은 탄수화물 축적에 유리한 영향을 준다.

④ 작물은 변온이 결실과 동화물질의 축적에는 유리하나 야간의 온도가 높아 온도변화가 적게 되면 영양생 장이 대체로 빨라진다.

⑤ 비교적 낮의 온도가 높고 밤의 온도가 낮으면 동화물질의 축적이 많다.

⑥ 밤의 기온이 어느 정도 낮아 변온이 클 때는 생장이 느리다.

⑦ 탄수화물의 전류축적이 가장 많은 온도는 25℃ 이하이다(야간온도).

### (2) 변온과 작물의 생장

① 벼
- ⊙ 밤의 저온은 분얼최성기까지는 신장을 억제하나 분얼은 증대시킨다.
- ⓛ 분얼기의 초장은 25~35℃ 변온에서 최대, 유효분얼수는 15~35℃ 변온에서 증대된다.
- ⓒ 벼를 산간지에서 재배할 경우 변온에 의해 평야지보다 등숙이 더 좋다.
- ⓔ 벼는 변온이 커서 동화물질의 축적이 유리하여 등숙이 양호하다.

② 고구마 : 고구마는 29℃의 항온보다 20~29℃ 변온에서 덩이뿌리의 발달이 촉진된다.

③ 감자 : 야간온도가 10~14℃로 저하되는 변온에서 괴경의 발달이 촉진된다.

---

**PLUS ONE**

작물종자의 발아
- 담배, 박하, 셀러리, 오처드그라스 등의 종자는 변온상태에서 발아가 촉진된다.
- 전분종자가 단백질 종자보다 발아에 필요한 최소수분 함량이 적다.
- 호광성 종자는 가시광선 중 600~680nm에서 가장 발아를 촉진시킨다.
- 벼, 당근의 종자는 수중에서도 발아가 감퇴하지 않는다.
- 모든 작물 종자가 변온조건에서 발아가 촉진되는 것은 아니다.

---

### (3) 변온과 개화

① 일반적으로 일교차가 커서 밤의 기온이 비교적 낮은 것이 동화물질의 축적을 조장하여 개화를 촉진하며, 화기도 커진다.

② 맥류는 밤의 기온이 높아서 변온이 작은 것이 출수 및 개화가 촉진된다.

③ 콩은 야간의 고온은 개화를 단축시키나 낙뢰낙화(落雷落花)를 조장한다.

④ 담배는 주야 변온에서 개화를 촉진한다.

### (4) 변온과 결실

① 대체로 변온은 작물의 결실에 효과적이다.

② 주야 온도교차가 큰 분지의 벼가 주야 온도교차가 적은 해안지보다 등숙이 빠르며 야간의 저온이 청미를 적게 한다.

③ 곡류의 결실은 20~30℃에서는 변온이 큰 것이 동화물질의 축적이 많아진다.

④ 콩은 밤 기온이 20℃일 때 결협률이 최대가 된다.

변온과 작물생육에 대한 설명으로 가장 옳은 것은?　　　　20 서울시 지도사 기출

① 감자의 괴경은 20~29℃의 변온에서 현저히 촉진된다.

② 계속되는 야간의 고온은 콩의 개화를 촉진시키나 낙뢰낙화를 조장한다.

③ 벼는 분얼최성기까지는 밤의 저온이 신장과 분얼을 증가시킨다.

④ 분지에서 재배된 벼가 해안지에서 재배된 벼보다 등숙이 느리다.

> 해설　① 감자는 야간온도가 10~14℃로 저하되는 변온에서 괴경의 발달이 촉진된다.
> 　　　③ 벼의 밤의 저온은 분얼최성기까지는 신장을 억제하나 분얼은 증대시킨다.
> 　　　④ 벼를 산간지에서 재배할 경우 변온에 의해 평야지보다 등숙이 더 좋다.
>
> 정답　②

## |04| 고온장해

### (1) 열해(熱害, Heat Injury)

① 개념

　㉠ 열해(고온해) : 온도가 생육 최고온도 이상의 온도에서 생리적 장해가 초래되고 한계온도 이상에서는 고사하게 되는데, 이렇게 기온이 지나치게 높아짐에 따라 입는 피해를 열해라고 한다.

　㉡ 열사(Heat Killing) : 보통 1시간 정도의 짧은 시간에 받은 열해로 고사하는 것이다.

　㉢ 열사점(열사온도) : 열사를 일으키는 온도를 열사온도 또는 열사점이라고 한다.

　㉣ 최적온도가 낮은 한지형 목초나 하우스 재배, 터널재배 시 흔히 열해가 문제되며, 묘포에서 어린묘목이 여름나기에서도 열사의 위험성이 있다.

② 기구

　㉠ 유기물 과잉소모 : 광합성보다 호흡작용이 우세하여 유기물 소모가 많아 작물이 피해를 입는다. 즉, 호흡량 증대로 인한 유기물 소모가 많아진다.

　㉡ 질소대사의 이상 : 고온은 단백질의 합성을 저해하여 암모니아의 축적이 많아지므로 유해물질로 작용한다.

　㉢ 철분의 침전 : 고온에 의해 철분이 침전되면 황백화현상이 일어난다.

　㉣ 증산 과다 : 수분 흡수보다 증산이 과다하여 위조를 유발한다.

③ 열사의 원인
   ㉠ 원형질 단백의 응고 : 지나친 고온은 원형질 단백의 열응고가 유발되어 원형질이 사멸하고 열사하게 된다.
   ㉡ 원형질막의 액화 : 고온에 의해 원형질막이 액화되면 기능의 상실로 세포의 생리작용이 붕괴되어 사멸하게 된다.
   ㉢ 전분의 점괴화(粘塊化) : 고온으로 전분이 열응고하여 점괴화하면 엽록체의 응고 및 탈색으로 그 기능을 상실한다.
   ㉣ 기타 팽압에 의한 원형질의 기계적 피해, 유독물질의 생성 등으로 발생한다.

④ 작물의 내열성(耐熱性, Heat Tolerance)
   ㉠ 내건성이 큰 작물이 내열성도 크다.
   ㉡ 작물의 연령이 많아지면 내열성은 커진다.
   ㉢ 세포의 점성, 염류농도, 단백질함량, 당분함량, 유지함량 등이 증가하면 내열성은 커진다.
   ㉣ 세포 내 결합수가 많고 유리수가 적으면 내열성이 커진다.
   ㉤ 기관별로는 주피와 완성엽(늙은엽) > 눈과 어린잎 > 미성엽과 중심주 순으로 크다.
   ㉥ 고온, 건조, 다조(多照) 환경에서 오래 생육한 작물은 경화되어 내열성이 크다.

⑤ 대 책
   ㉠ 내열성이 강한 작물을 선택한다.
   ㉡ 재배시기를 조절하여 혹서기의 위험을 회피한다.
   ㉢ 고온기에 관개를 통해 지온을 낮춘다.
   ㉣ 피음 및 피복을 실시하여 온도상승을 억제한다.
   ㉤ 시설재배에서는 환기의 조절로 지나친 고온을 회피한다.
   ㉥ 재배 시 과도한 밀식과 질소과용 등을 피한다.

## (2) 목초의 하고현상(夏枯現象)

① 개 념
   ㉠ 북방형 목초가 고온과 건조, 병충해 및 잡초 발생 등으로 일시적으로 중지되거나 세력이 약하여 말라 죽는 현상이다.
   ㉡ 하고현상은 여름철에 기온이 높고 건조가 심할수록 급증한다.
   ㉢ 하고현상의 원인은 고온, 건조, 장일, 병충해, 잡초의 무성 등이다.

② 원 인
   ㉠ 고온 : 한지형 목초의 영양생장은 18~24℃에서 감퇴되며 그 이상의 고온에서는 하고현상이 심해진다.
   ㉡ 건조 : 한지형 목초는 대체로 요수량이 커서 난지형 목초보다 하고현상이 더 크게 나타난다.
      • 한지형 목초는 이른 봄에 생육이 지나치게 왕성하면 하고현상이 심해진다.
      • 한지형 목초 : 알팔파, 블루그라스, 스위트클로버, 레드클로버 등

   ⓒ 장일 : 월동목초는 대부분 장일식물로 초여름의 장일조건에서 생식생장으로 전환되고 하고현상이 발생한다.

   ⓔ 병충해 : 한지형 목초는 여름철 고온다습한 조건에서 병충해가 생겨 하고현상을 일으킨다.

   ⓜ 잡초 : 여름철 고온에서 목초는 쇠약해지고 잡초는 무성하여 하고현상을 조장한다.

③ 대 책

   ㉠ 스프링플러시(Spring Flush)의 억제 : 봄철 일찍부터 약한 채초를 하거나 방목하여 스프링플러시를 완화시켜야 한다.

   ⓛ 관개 : 고온건조기에 관개를 하여 지온을 낮추고 수분 공급으로 하고현상을 경감시킨다.

   ⓒ 초종의 선택 : 환경에 따라 하고현상이 경미한 초종을 선택하여 재배한다.

   ⓔ 혼파 : 하고현상에 강한 초종이나 하고현상이 없는 남방형 목초를 혼파하면 하고현상에 의한 목초 생산량 감소를 줄일 수 있다.

   ⓜ 방목과 채초를 조절 : 목초가 과도하게 무성하면 병충해의 발생이 많고 목초를 밑동으로부터 바싹 베면 지온 상승의 우려가 있으므로 약한 정도의 채초와 방목은 하고현상을 감소시킨다.

**Level UP 이론을 확인하는 문제**

**목초의 하고현상에 대한 설명으로 옳지 않은 것은?**        19 국가직 기출

① 앨팰퍼나 스위트클로버보다 수수나 수단그라스가 하고현상이 더 심하다.

② 한지형 목초의 영양생장은 18~24℃에서 감퇴되며 그 이상의 고온에서는 하고현상이 심해진다.

③ 월동 목초는 대부분 장일식물로 초여름의 장일조건에서 생식생장으로 전환되고 하고현상이 발생한다.

④ 한지형 목초는 이른 봄에 생육이 지나치게 왕성하면 하고현상이 심해진다.

**해설** ① 난지형목초(수수나 수단그라스)보다 한지형목초(앨팰퍼나 스위트클로버)가 하고현상이 더 심하다.

**정답** ①

# |05| 저온장해

## (1) 냉해(冷害, Chilling Injury)

① 개념

    ㉠ 벼나 콩 등의 여름작물이 생육적온 이하의 비교적 낮은 냉온을 장기간 지속적으로 받아 피해를 받는 것을 냉해라고 한다.

    ㉡ 냉온장해 : 식물체 조직 내에 결빙이 생기지 않는 범위의 저온에 의해서 받는 피해를 의미한다.

    ㉢ 열대작물은 20℃ 이하, 온대 여름작물은 1~10℃에서 냉해가 발생한다.

② 기구(지연형)

    ㉠ 물질의 동화와 전류가 저해된다.

    ㉡ 질소동화가 저해되어 암모니아 축적이 증가한다.

    ㉢ 질소, 인산, 칼륨, 규산, 마그네슘 등 양분의 흡수가 저해된다.

    ㉣ 호흡의 감소로 원형질유동이 감퇴 또는 정지되어 모든 대사기능이 저해된다.

③ 구분

    ㉠ 지연형 냉해

       • 생육초기부터 출수기에 걸쳐 오랜 기간 냉온이나 일조 부족으로 등숙이 충분하지 못하여 수량감수를 초래하게 되는 냉해이다.

       • 벼가 생식생장기에 들어서 유수형성을 할 때 냉온을 만나면 출수가 지연된다.

       • 벼가 8~10℃ 이하가 되면 잎에 황백색의 반점이 생기고, 위조 또는 고사하며 분얼이 지연된다.

       • 질소, 인산, 칼륨, 규산, 마그네슘 등 양분의 흡수 및 물질동화 및 전류가 저해된다.

       • 질소동화의 저해로 암모니아의 축적이 많아지고, 호흡의 감소로 원형질유동이 감퇴 또는 정지되어 모든 대사기능이 저해된다.

    ㉡ 장해형 냉해

       • 유수형성기부터 개화기 사이(특히 생식세포의 감수분열기)에 냉온의 영향을 받아서 벼의 생식기관이 비정상적으로 형성되거나 또는 꽃가루의 방출 및 수정에 장해를 일으켜 결국 불임현상이 초래되는 냉해이다.

       • 작물생육기간 중 특히 냉온에 대한 저항성이 약한 시기에 저온과의 접촉으로 뚜렷한 장해를 받게 되는 냉해이다.

       • 타페트 세포(Tapete Cell)의 이상비대는 장해형 냉해의 좋은 예이며, 품종이나 작물의 냉해 저항성의 기준이 되기도 한다.

> 🔍 **참고**
>
> **타페트 비대(약벽내면층 비대)**
> 벼의 타페트가 암상(癌狀)으로 이상발달하여 내부의 화분을 억압함으로써 기능을 상실하게 하는 냉온장해이다.

ⓒ 병해형 냉해
- 벼의 경우 냉온에서는 규산의 흡수가 줄어들므로 조직의 규질화가 충분히 형성되지 못하여 도열 병균에 대한 저항성이 약해져 침입이 용이해진다.
- 광합성의 저하로 체내 당함량이 저하되고, 질소대사에 이상을 초래하여 체내에 유리아미노산이나 암모니아가 축적되어 병의 발생을 조장하는 냉해이다.
ⓔ 혼합형 냉해 : 장기간의 저온에 의하여 지연형 냉해, 장애형 냉해 및 병해형 냉해 등이 혼합된 형태의 현상으로 수량감소에 가장 치명적이다.
④ 냉온에 의한 작물의 생육장해
㉠ 광합성의 능력과 단백질 합성 및 효소의 활력을 저하시킨다.
㉡ 양·수분의 흡수와 양분의 전류 및 축적을 방해한다.
㉢ 꽃밥 및 화분의 세포에 이상을 초래한다.
⑤ 대 책
㉠ 내냉성 품종의 선택 : 냉해 저항성 품종이나 냉해 회피성 품종(조생종)을 선택한다.
㉡ 입지조건의 개선 : 지력배양 및 방풍림을 설치하고, 객토, 밑다짐 등으로 누수답 개량과 암거배수 등으로 습답 개량을 한다.
㉢ 육묘법 개선 : 보온육묘로 못자리 냉해의 방지와 질소과잉을 피한다.
㉣ 재배방법의 개선
- 조기재배, 조식재배로 출수 및 성숙을 앞당겨 등숙기 냉해를 회피한다.
- 인산, 칼륨, 규산, 마그네슘 등을 충분하게 시용하고 소주밀식한다.
㉤ 냉온기의 담수 : 저온기에 수온 19~20℃ 이상의 물을 15~20cm 깊이로 깊게 담수하면 냉해를 경감·방지할 수 있다.
㉥ 관개 수온 상승
- 수온이 20℃ 이하로 내려가면 물이 넓고, 얇게 고이는 온수저류지를 설치한다.
- 수로를 넓게 하여 물이 얕고, 넓게 흐르게 하며, 낙차공이 많은 온조수로를 설치한다.
- 물이 비닐파이프 등을 통과하도록 하여 관개수온을 높인다.
- OED(증발억제제, 수온상승제)를 살포한다.

## (2) 한해(寒害)

① 개 념
㉠ 작물이 월동하는 도중에 겨울의 추위에 의해 받는 피해로, 동해와 상해(霜害), 건조해, 습해, 설해(雪害) 등과 관련 있다.
㉡ 동해와 상해를 합쳐 동상해라고 한다.
② 동해의 발생 기구
㉠ 한해는 조직 내의 결빙에 의해 나타나는 장해이다.
㉡ 식물체 조직 내 결빙 : 즙액 농도가 낮은 세포간극에 먼저 결빙이 생기며, 세포 내의 물이 스며 나와 세포간극의 결빙은 점점 커진다.

ⓒ 세포 내 결빙 : 결빙이 더욱 진전되면서 세포 내 원형질이나 세포액이 얼게 되는 것이다.
ⓔ 세포 외 결빙
  • 세포간극에 생기는 결빙이다.
  • 세포 내 수분의 세포 밖 이동으로 세포 내 염류농도는 높아지고, 수분의 부족으로 원형질단백이 응고하여 세포는 죽게 된다.
  • 세포 외 결빙이 생겼을 때 온도가 상승하여 결빙이 급격히 융해되면 원형질이 물리적으로 파괴되어 세포가 죽게 된다.

③ 작물의 내동성
  ㉠ 생리적 요인
  • 세포 내에 수분함량이 많으면 생리적 활성이 저하되어 내동성이 감소한다.
  • 원형질에 전분함량이 많으면 기계적 견인력에 의해 내동성이 감소한다.
  • 전분함량이 낮고 가용성 당의 함량이 높으면 세포의 삼투압이 커지고 원형질단백의 변성이 적어 내동성이 증가한다.
  • 원형질의 수분투과성이 크면 세포 내 결빙을 적게 하여 내동성이 증대된다.
  • 원형질의 친수성 콜로이드가 많으면 세포 내의 결합수가 많아지므로 내동성이 커진다.
  • 원형질의 점도가 낮고 연도가 크면 결빙에 의한 탈수와 융해 시 세포가 물을 다시 흡수할 때 원형질의 변형이 적으므로 내동성이 크다.
  • 지방과 수분이 공존할 때 빙점강하도가 커지므로 지유함량이 높은 것이 내동성이 강하다.
  • 칼슘이온($Ca^{2+}$)은 세포 내 결빙의 억제력이 크고 마그네슘이온($Mg^{2+}$)도 억제작용이 있다.
  • 원형질단백에 디설파이드기(-SS기)보다 설파하이드릴기(-SH기)가 많으면 기계적 견인력에 분리되기 쉬워 원형질의 파괴가 적고 내동성이 증대한다.

  ㉡ 맥류에서의 형태와 내동성
  • 포복성 작물은 직립성인 것보다 내동성이 강하다.
  • 관부가 깊어 생장점이 땅속 깊이 있는 것이 내동성이 강하다.
  • 엽색이 진한 것이 내동성이 강하다.

  ㉢ 발육단계와 내동성
  • 작물의 생식기관은 영양기관보다 내동성이 약하다.
  • 가을밀의 경우 2~4엽기의 영양체는 -17℃에서도 동사하지 않고 견디나 수잉기 생식기관은 -1.3~1.8℃에서도 동해를 받는다.

  ㉣ 내동성의 계절적 변화
  • 월동하는 겨울작물의 내동성 : 기온이 내려감에 따라 점차 증대하고, 다시 높아지면 차츰 감소된다.

📑 참고

휴면상태일 때는 내동성이 커진다.

- 경화(硬化, Hardening) : 월동작물이 5℃ 이하의 저온에 계속 처하게 될 때 내동성이 증가하는 현상이다.
- 경화상실(Dehardening) : 경화된 것을 다시 반대의 조건(높은 온도에 처리)을 주면 원래의 상태로 되돌아오게 되는 현상이다.

작물의 내한성(내동성)에 관여하는 인자
- 식물체의 함수량
- 세포액의 삼투압
- 지유함량
- 당분과 전분의 함량
- 친수성 콜로이드
- 조직즙의 굴절률
- 원형질의 투과성
- 원형질의 점성
- 원형질의 탈수저항성

④ 작물의 한해대책
  ㉠ 일반대책
    - 내동성 작물과 품종을 선택한다.
    - 입지조건을 개선한다(방풍시설 설치, 토질의 개선, 배수 철저 등).
    - 채소류, 화훼류 등은 보온재배한다.
    - 이랑을 세워 뿌림골을 깊게 한다(고휴구파).
    - 적기에 파종하고 파종량을 늘려준다(맥류).
    - 월동 전 답압을 실시한다.
    - 인산, 칼리질 비료를 중시하고, 파종 후 퇴비와 구비를 종자 위에 사용하여 생장점을 낮춘다(맥류).
  ㉡ 응급대책
    - 관개법 : 저녁관개는 물이 가진 열을 토양에 보급하고, 낮에 더워진 지중열을 빨아올리며, 수증기가 지열의 발산을 막아서 동상해를 방지할 수 있다.
    - 송풍법 : 동상해가 발생하는 밤의 지면 부근의 온도 분포는 온도역전현상으로 인해 지면에 가까울수록 온도가 낮다. 따라서 송풍기 등으로 상공의 따뜻한 공기를 지면으로 보내주면 기온역전현상을 파괴하여 작물 부근의 온도를 높임으로 상해를 방지할 수 있다.
    - 피복법 : 이엉, 거적, 플라스틱 필름 등으로 작물체를 직접 피복하면 작물체로부터의 방열을 방지할 수 있다.
    - 발연법 : 불을 피우고 연기를 발산하여 방열을 방지함으로써 서리의 피해를 방지하는 방법으로 약 2℃ 정도 온도가 상승한다.

• 연소법 : 연료(낡은 타이어, 뽕나무생가지, 중유 등)를 태워 그 열을 작물에 보내는 적극적인 방법으로 −3~−4℃ 정도의 동상해를 방지할 수 있다.
• 살수빙결법 : 스프링클러 등을 이용하여 작물체의 표면에 물을 뿌려주면 −7~−8℃ 정도의 동상해를 막을 수 있다(물이 얼 때 1g당 약 80cal의 잠열이 발생하는 점을 이용).
ⓒ 사후대책
• 피해가 가벼울 때 : 속효성 비료의 추비와 요소의 엽면살포로 생육을 촉진시킨다.
• 피해가 심한 경우 : 대파를 강구한다.
• 과수류에서 피해를 입은 것 : 동상해 후에는 낙화하기 쉬우므로 적화시기를 늦추어 준다.
• 병충해가 만연되지 않도록 철저히 방제한다.

## Level UP 이론을 확인하는 문제

**벼의 생육기간 중 유수형성기부터 개화기에 냉온의 영향을 받는 피해는?**  08 국가직 기출

① 지연형 냉해          ② 장해형 냉해
③ 병해형 냉해          ④ 촉진형 냉해

해설 장해형 냉해는 유수형성기부터 개화기 사이에 냉온의 영향을 받아 불임을 초래한다.

정답 ②

## Level UP 이론을 확인하는 문제

**다음 중 내냉성(耐冷性)에 관한 설명 틀린 것은?**  19 경남 지도사 기출

① 세포 원형질의 수분투과율이 높다.
② 내냉성이 높은 것은 점성이 높다.
③ 내냉성이 높은 것은 당도가 높다.
④ 세포조직의 광에 대한 굴절률이 높다.

해설 내냉성이 높은 것은 점성이 낮다.

정답 ②

# 상적발육과 환경

## |01| 상적발육

### (1) 개념

① 생장
  ㉠ 여러 기관(잎, 줄기, 뿌리와 같은 영양기관)이 양적으로 증대하는 것이다.
  ㉡ 시간의 경과에 따른 변화로 영양생장을 의미한다.

② 발육
  ㉠ 발육은 작물 체내에서 일어나는 질적인 재조정작용이다.
  ㉡ 질적변화로 생식생장을 의미한다.

③ 상적발육(相的發育, Phasic Development)
  ㉠ 작물이 순차적인 몇 개의 발육상을 거쳐 발육이 완성되는 현상이다.
  ㉡ 영양기관의 발육단계인 영양생장을 거쳐 생식기관의 발육단계인 생식적 발육의 전환으로, 화성이라 표현하기도 한다. 화성(花成)은 영양생장에서 생식생장으로 이행하는 한 과정이다.
  ㉢ 상적발육 초기는 감온상(특정 온도가 필요한 단계), 후기는 감광상(특정 일장이 필요한 단계)에 해당된다.

> **PLUS ONE**
>
> 상적발육설(相的發育說, Theory of Phasic Development)
> • 리센코(Lysenko, 1932)에 의해서 제창되었다.
> • 작물의 생장은 발육과 다르며, 생장은 여러 기관의 양적증가를 의미하지만 발육은 체내의 순차적인 질적 재조정 작용을 의미한다.
> • 1년생 종자식물의 발육상은 개개의 단계, 즉 상에 의해 성립된다.
> • 개개의 발육단계 또는 발육상은 서로 접속해 발생하며, 잎의 발육상을 경과하지 못하면 다음의 발육상으로 이행할 수 없다.
> • 1개의 식물체에서 개개의 발육상이 경과하려면 서로 다른 특정 환경조건이 필요하다.

## (2) 화성의 유인

① 화성유도의 주요 요인

ㄱ 내적 요인

- 영양상태 특히, C/N율로 대표되는 동화생산물의 양적 관계
- 옥신(Auxin)과 지베렐린(Gibberellin) 등 식물호르몬의 체내 수준 관계

> **🔍참고**
>
> 화학적 방법으로 화성을 유도하는 경우에 지베렐린은 저온·장일 조건을 대체하는 효과가 크다.

ㄴ 외적 요인

- 화성의 유도에는 특수환경, 특히 일정한 온도와 일장이 관여한다.
- 버널리제이션(Vernalization)과 감온성의 관계

② C/N율설

ㄱ C/N율 : 식물 체내의 탄수화물(C)과 질소(N)의 비율(탄질률)을 의미한다.

ㄴ C/N율설 : C/N율이 식물의 생육, 화성 및 결실을 지배한다고 생각하는 견해이다.

ㄷ C/N율설이 적용되는 경우 : 고구마순을 나팔꽃에 대목, 접목 – 개화, 결실, 과수재배에서 환상박피, 각절 등은 C/N율과 관련된다.

- 체내 C/N율이 높을 때 화아분화가 촉진된다.
- 환상박피를 한 윗부분은 C/N율이 높아져 화아분화가 촉진된다.

③ 크라우스와 크레이빌(Kraus & Kraybil, 1918)의 연구결과(토마토)

ㄱ 수분과 질소를 포함한 광물질 양분이 풍부해도 탄수화물의 생성이 불충분하면 생장이 미약하고 화성 및 결실도 불량하다.

ㄴ 탄수화물 생성이 풍부하고 수분과 광물질 양분, 특히 질소가 풍부하면 생육은 왕성하나 화성 및 결실은 불량하다.

ㄷ 수분과 질소의 공급이 약간 쇠퇴하고 탄수화물의 생성이 조장되어 탄수화물이 풍부해지면 화성 및 결실은 양호하게 되나, 생육은 감퇴한다.

ㄹ 탄수화물의 증대를 저해하지 않고, 수분과 질소가 더욱 감소되면, 생육이 더욱 감퇴하고 화아는 형성되나 결실하지 못하고, 더욱 심해지면 화아도 형성되지 않는다.

## (3) 환경이 화성을 지배하는 정도

① 추파맥류의 최소엽수(最少葉數, Minimum Number of Leaves)

ㄱ 최소엽수 : 주경에 화아분화가 될 때까지 형성된 최소착엽수이다.

ㄴ 일반적으로 작물의 종류, 품종에 따라 차이가 있으며, 같은 작물의 경우 만생종일수록 많은 것이 보통이다.

② 가을호밀 Petkus라는 품종

　　㉠ 화성의 최적조건을 주면 최소엽수가 5매로 되고, 가장 불리한 조건을 주어도 주간엽수가 25매가 된다음에 출수한다.

　　㉡ 엽수에 미치는 환경의 영향한계는 5~25매 사이라고 본다.

③ 기타작물

　　㉠ 벼의 만생종에서 24시간 낮 상태를 계속 유지하여 11년간 출수가 억제되었다.

　　㉡ 양배추에서 저온처리를 하지 않음으로써 2년 동안 추대가 억제되었다.

　　㉢ 옥수수에서 배시대에 이미 주간엽수가 결정되어 있다.

　　㉣ 저온이나 일장이 화성을 지배하는 정도는 작물에 따라 차이가 있음을 알 수 있다.

---

### Level UP 이론을 확인하는 문제

**다음 중 상적발육에 대한 설명으로 틀린 것은?**　　　　　　　19 경남 지도사 기출

① 완전히 독립적인 과정이다.

② 체내 순차적인 질적 재조정작용이다.

③ 1년생 종자식물의 발육상은 하나하나의 단계로 구성되어 있다.

④ 발육상에 따라 서로 다른 특정 환경조건이 필요하다.

> **해설** 개개의 발육단계는 서로 접속해 성립되어 있으며, 이전의 발육상을 경과하지 못하면 다음의 발육상으로 이행할 수 없다.
>
> **정답** ①

---

## |02| 춘화처리(春花處理, Vernalization)

### (1) 개 념

① 온도유도 : 식물들에 있어서 생육의 일정한 시기에 일정한 온도에 처하여 개화를 유도하는 것이다.

② 춘화처리

　　㉠ 작물의 개화를 유도하기 위해 생육의 일정한 시기에 일정한 온도로 처리하는 것이다.

　　㉡ 저온 춘화처리를 필요로 하는 식물에서는 저온처리를 하지 않으면 개화가 지연되거나 영양기에 머물게 된다.

　　㉢ 저온처리 자극의 감응부위는 생장점이다.

## (2) 구 분

① 처리온도에 따른 구분

   ⊙ 저온춘화 : 월동하는 작물의 경우에는 대체로 1~10℃의 저온에 의해서 춘화가 된다.

> **📑🔍참고**
>
> 유채는 정상적인 개화와 결실을 위해 저온춘화가 필요하다.

   ⓛ 고온춘화 : 콩과 같은 단일식물은 비교적 고온인 10~30℃의 온도처리가 유효하다.

   ⓒ 일반적으로 저온춘화가 고온춘화에 비해 효과적이고, 춘화처리라 하면 보통은 저온춘화를 의미한다.

② 처리시기에 따른 구분

   ⊙ 종자춘화형 식물 : 최아종자의 저온처리가 효과적인 작물이다(예 추파맥류, 완두, 잠두, 봄무 등).

> **📑🔍참고**
>
> 종자춘화를 할 때에는 종자근의 시원체인 백체가 나타나기 시작할 무렵까지 최아하여 처리한다.

   ⓛ 녹식물춘화형 식물 : 식물이 일정한 크기에 달한 녹체기에 저온 처리하는 작물이다(예 양배추, 히요스 등).

   ⓒ 비춘화처리형 식물 : 춘화처리의 효과가 뚜렷하지 않는 작물을 말한다.

③ 그 밖의 구분

   ⊙ 단일춘화 : 추파맥류의 최아종자를 저온처리가 없어도 본잎 1매 정도의 녹체기에 약 한 달 동안의 단일처리를 하되 명기에 적외선이 많은 광을 조명하면 춘화처리를 한 것과 같은 효과가 발생하는데, 이를 단일춘화라고 한다.

   ⓛ 화학적 춘화 : 지베렐린과 같은 화학물질을 처리해도 춘화처리와 같은 효과를 나타내는 경우도 많다.

## (3) 춘화처리에 관여하는 조건

① 최 아

   ⊙ 춘화처리에 필요한 수분의 흡수율은 작물에 따라 각각 다르다.

   ⓛ 춘화처리에 알맞은 수온은 12℃ 정도이다.

   ⓒ 종자 춘화 시 종자근의 시원체인 백체가 나타나기 시작할 무렵까지 최아하여 처리한다.

   ⓔ 춘화처리 종자는 병균에 감염되기 쉬우므로 종자를 소독해야 한다.

   ⓜ 최아종자는 처리기간이 길어지면 부패하거나 유근이 도장될 우려가 있다.

| 작물명 | 흡수율(%) | 작물명 | 흡수율(%) |
|---|---|---|---|
| 보 리 | 25 | 봄 밀 | 30~50 |
| 호 밀 | 30 | 가을밀 | 35~55 |
| 옥수수 | 30 | 귀 리 | 30 |

② 춘화처리 온도와 기간

　㉠ 처리온도 및 기간은 작물의 종류와 품종의 유전성에 따라 서로 다르다.

　㉡ 일반적으로 겨울작물은 저온, 여름작물은 고온이 효과적이다.

| 작 물 | | 최아종자 처리조건 | |
|---|---|---|---|
| | | 온도(℃) | 기간(일) |
| 일반작물 | 추파맥류 | 0~3 | 30~60 |
| | 벼 | 37 | 10~20 |
| | 옥수수 | 20~30 | 10~15 |
| | 수 수 | 20~30 | 10~15 |
| | 콩 | 20~25 | 10~15 |
| 채 소 | 배 추 | −2~1 | 33 |
| | 결구배추 | 3 | 15~20 |
| | 봄 무 | 0 | 15일 이상 |
| | 시금치 | 5 | 13 |
| 꽃 | 나팔수선 | 1±1 | 32 |
| | 아이리스 | 8 | 35~40일 또는 60일 |
| | 튜베로즈 | 30 | 14일, 그 후 7~8℃에 40~50일 |
| | 글라디올라스 | 25 | 10일 |

③ 산 소

　㉠ 춘화처리 중 산소가 부족하여 호흡을 불량하게 되면 춘화처리 효과가 지연(저온)되거나 발생하지 못 한다(고온).

　㉡ 춘화처리 기간 중에는 산소를 충분히 공급해야 한다.

　㉢ 호흡을 저해하는 조건은 춘화처리도 저해한다.

④ 광 선

　㉠ 저온춘화는 광선의 유무에 관계가 없다.

　㉡ 고온춘화는 처리 중 암흑상태에 보관해야 한다.

⑤ 건조 : 고온과 건조는 춘화처리 중 또는 처리 후라도 저온처리 효과를 경감 또는 소멸시키므로 고온·건조를 피해야 한다.

⑥ 탄수화물 : 배나 생장점에 당과 같은 탄수화물이 공급되지 않으면 춘화처리 효과의 발생이 어렵다.

## (4) 이춘화와 재춘화

① 이춘화(離春化, Devernalization)

  ㉠ 저온춘화처리 과정 중 불량한 조건은 저온처리의 효과감퇴이나, 심하면 저온처리의 효과가 전혀 나타나지 않는 현상을 보인다.

  ㉡ 밀에서 저온춘화처리를 실시한 직후에 35℃의 고온에 처리하면 춘화처리효과가 상실된다.

② 재춘화(再春化, Revernalization) : 가을호밀에서 이춘화 후에 저온춘화처리를 하면 다시 춘화처리가 되는 것을 말한다.

## (5) 화학적 춘화

① 화학물질이 저온처리와 동일한 춘화효과를 가지는 것을 화학적 춘화라고 한다.

② 예를 들면, 소량의 옥신은 파인애플의 개화를 유도하며, 저온처리 전의 Barassica Compestris에 IAA, IBA, NAA를 처리하면 화성을 촉진한다. 화학물질 중에서 저온처리의 대치효과가 탁월한 것은 지베렐린이며, IAA, IBA, 4-Chlorophenoxyacetic acid, 2-Naphthoxyacetic acid 등도 같은 효과가 있다.

## (6) 춘화처리의 농업적 이용

① 수량 증대 : 추파맥류를 춘화처리해서 춘파하면 춘파형 재배지대에서도 추파형 맥류의 재배도 가능하다.

② 채종 : 월동작물을 저온처리 후 봄에 심어도 출수 · 개화하므로 채종에 이용될 수 있다. 월동채소를 춘파하여 채종할 때 이용된다.

③ 촉성재배 : 딸기는 화아분화에 저온이 필요하기 때문에 겨울에 출하할 수 있는 촉성재배를 하려면 여름철에 저온에서 딸기묘의 화아분화를 유도하여야 한다.

 참고

딸기를 촉성재배하기 위해 여름철에 묘를 냉장처리한다.

④ 육종상의 이용 : 맥류의 육종에서 세대단축에 이용된다.

⑤ 종 또는 품종의 감정 : 라이그라스류의 종 또는 품종은 3~4주일 춘화처리를 한 다음 종자의 발아율에 의해 감정이 가능하다.

⑥ 재배와 채종, 재배법의 개선 : 추파성이 강한 맥류는 저온에 강하고, 춘파성이 강한 것은 저온에 약하다. 추파성이 낮은 품종은 만파하는 데 안전하다.

⑦ 기 타

  ㉠ 밀에서 생장점 이외의 기관에 저온처리하면 춘화처리 효과가 발생하지 않는다.

  ㉡ 밀은 한 번 춘화되면 새로이 발생하는 분얼도 직접 저온을 만나지 않아도 춘화된 상태를 유지한다.

**춘화처리에 대한 설명으로 옳지 않은 것은?**

17 국가직 기출

① 호흡을 저해하는 조건은 춘화처리도 저해한다.

② 최아종자 고온춘화처리 시 광의 유무가 춘화처리에 관계하지 않는다.

③ 밀에서 생장점 이외의 기관에 저온처리하면 춘화처리 효과가 발생하지 않는다.

④ 밀은 한 번 춘화되면 새로이 발생하는 분얼도 직접 저온을 만나지 않아도 춘화된 상태를 유지한다.

해설 고온춘화처리는 처리 중에 암흑 상태에 보관해야 하지만 저온춘화처리는 광선의 유무와 관계가 없다.

정답 ②

**버널리제이션의 농업적 이용에 대한 설명으로 옳지 않은 것은?**

18 국가직 기출

① 맥류의 육종에서 세대단축에 이용된다.

② 월동채소를 춘파하여 채종할 때 이용된다.

③ 개나리의 개화유도를 위해 온욕법을 사용한다.

④ 딸기를 촉성재배하기 위해 여름철에 묘를 냉장처리한다.

해설 온욕법(11월에 개나리를 잘라서 30℃ 온탕에 9~12시간 침지했다가 따뜻한 곳에 보관함으로써 개화유도하는 것)은 버널리제이션과는 성질이 다르다

정답 ③

## |03| 일장효과(日長效果, Photoperiodism)

### (1) 개 념

① 일장효과(광주기효과)
  ㉠ 일장이 식물의 개화와 화아분화 및 그 밖의 발육에 영향을 미치는 현상으로 광주기효과라고도 한다.
  ㉡ 일장효과는 가너(Garner)와 앨러드(Allard, 1920)에 의해 발견되었다.
  ㉢ 식물의 화아분화와 개화에 가장 크게 영향을 주는 것은 일조시간의 변화이다.
  ㉣ 개화는 광의 강도, 광이 조사되는 기간의 길이, 즉 일장이 중요하다.
  ㉤ 광주기성에서 개화는 낮의 길이보다 밤의 길이에 더 크게 영향을 받는다.

② 장일과 단일
  ㉠ 장일 : 1일 24시간 중 명기의 길이가 12~14시간 이상으로 명기의 길이가 암기보다 길 때를 말한다.
  ㉡ 단일 : 명기가 암기보다 짧을 때로 명기의 길이가 12~14시간보다 짧은 것을 말한다.

③ 일장과 화성유도
  ㉠ 유도일장(Inductive Day-Length) : 식물의 화성을 유도할 수 있는 일장이다.
  ㉡ 비유도일장(Noninductive Day-Length) : 화성을 유도할 수 없는 일장이다.
  ㉢ 한계일장(Critical Day-Length) : 유도일장과 비유도일장의 경계가 되는 일장을 말한다.
  ㉣ 최적일장(Optimum Day-Length) : 화성을 가장 빨리 유도하는 일장이다.

④ 피토크롬(Phytochrome)
  ㉠ 광주기, 특히 밤의 길이가 식물의 계절적 행동을 결정하며, 이러한 특성에는 피토크롬이라는 빛을 흡수하는 색소단백질이 관련되어 있다.
  ㉡ 적색광을 흡수하기 때문에 청색 또는 청록색으로 보인다.
  ㉢ 적색광(660nm)이 발아에 가장 효과적이며, 원적색광(730nm)은 발아와 적색광의 효과를 억제한다.
  ㉣ 피토크롬은 서로 다른 파장의 빛을 흡수하여 한 가지 형태에서 다른 형태로 전환된다.

### (2) 작물의 일장형

① 장일식물(長日植物, Long-Day Plant, LDP)
  ㉠ 장일상태(보통 16~18시간)에서 화성이 유도 · 촉진되는 식물로, 단일상태는 개화를 저해한다.
  ㉡ 최적일장 및 유도일장 주체는 장일 측에 있고, 한계일장은 단일 측에 있다.
  ㉢ 추파맥류, 시금치, 양파, 상추, 아마, 티머시, 양귀비, 완두, 아주까리, 감자 등

② 단일식물(短日植物, Short-Day Plant, SDP)
  ㉠ 단일상태(보통 8~10시간)에서 화성이 유도 · 촉진되며, 장일상태는 이를 저해한다.
  ㉡ 최적일장 및 유도일장의 주체는 단일 측에 있고, 한계일장은 장일 측에 있다.
  ㉢ 벼의 만생종, 국화, 콩, 담배, 들깨, 조, 기장, 피, 옥수수, 담배, 아마, 호박, 오이, 나팔꽃, 사르비아, 코스모스, 도꼬마리, 목화 등

③ 중성식물(中性植物, Day-Neutral Plant)
   ㉠ 개화에 일정한 한계일장이 없고, 넓은 범위의 일장에서 개화하는 식물로 화성이 일장에 영향을 받지 않는다고 할 수도 있다.
   ㉡ 고추, 강낭콩, 가지, 토마토, 당근, 셀러리 등
④ 정일식물(定日植物, Definite Day-Length Plant)
   ㉠ 중간식물이라고도 하며, 일장이 어떤 좁은 범위에서만 화성이 유도되고 2개의 한계일장이 있다.
   ㉡ 사탕수수의 F-106이란 품종은 12시간에서 12시간 45분의 일장에서만 개화한다.

> 🔍 **참고** •
>
> 정일(중간)식물은 좁은 범위의 특정일장에서만 개화한다.

⑤ 장단일식물(長短日植物, Long-Short-Day Plant, LSDP)
   ㉠ 처음엔 장일, 후에 단일이 되면 화성이 유도되나, 일정한 일장에만 두면 장일, 단일에 관계없이 개화하지 못한다.
   ㉡ 낮이 짧아지는 늦여름과 가을에 개화한다.
   ㉢ 야래향, 브리오필룸 속, 칼랑코에 등
⑥ 단장일식물(短長日植物, Short-Long-Day Plant, SLDP)
   ㉠ 처음엔 단일이고 후에 장일이 되면 화성이 유도되나 계속 일정한 일장에서는 개화하지 못한다.
   ㉡ 낮이 길어지는 초봄에 개화한다.
   ㉢ 토끼풀, 초롱꽃, 에케베리아 등

## (3) 일장효과에 영향을 미치는 조건

① 발육단계
   ㉠ 본엽이 나온 뒤 어느 정도 발육한 후에 감응한다.
   ㉡ 어린식물은 일장에 감응하지 않고, 발육단계가 더욱 진전하게 되면 점차 감수성이 없어진다.
   ㉢ 단일처리의 경우 벼는 주간 본엽수가 7~9매, 도꼬마리는 발아 일주일 후, 차조기는 발아 15일 후부터 발아한다.
② 처리일수
   ㉠ 단일식물인 도꼬마리나 나팔꽃은 단기간의 1회 처리에도 감응하여 개화한다.
   ㉡ 코스모스는 12회 이상 단일처리하면 장일조건에 옮겨도 전부 개화한다(5~11회 단일처리는 일부만 개화).
   ㉢ 셀비어는 17회 이상, 창질경이는 25회 이상 단일처리가 필요하다.
③ 온도의 영향
   ㉠ 일장효과의 발현에는 어느 한계의 온도가 필요하다.
   ㉡ 가을국화의 경우 10~15℃ 이하에서는 일장과 관계없이 개화한다.
   ㉢ 장일성인 사리풀(히요스)의 경우 저온에서 단일조건이라도 개화한다.

④ 광의 강도
　㉠ 명기의 광이 약광이라도 일장효과가 발생한다.
　㉡ 대체로 광도가 증가할수록 효과가 크다.
⑤ 광 질
　㉠ 일장효과에 유효한 광의 파장은 장일식물이나 단일식물이나 같다.
　㉡ 효과는 600~680nm의 적색광이 가장 크고(광합성은 660nm), 다음이 자색광인 400nm 부근이며(광합성은 450nm), 480nm 부근의 청색광이 가장 효과가 적다(광합성에는 효과적).
⑥ 질소의 시용
　㉠ 장일식물은 질소 부족 시 개화가 촉진된다.
　㉡ 단일식물의 경우 질소의 요구도가 커서 질소가 풍부해야 생장속도가 빨라 단일효과가 더욱 잘 나타난다.
⑦ 연속암기와 야간조파
　㉠ 연속암기
　　• 단일식물은 개화유도에 일정한 시간 이상의 연속암기가 반드시 필요하다.

> **참고**
>
> 장일식물은 24시간 주기가 아니더라도 명기의 길이가 암기보다 상대적으로 길면 개화가 촉진된다.

　　• 단일식물은 암기가 극히 중요하므로 장야식물 또는 장암기식물이라 하고, 장일식물을 단야식물 또는 단암기식물이라 하기도 한다.
　㉡ 야간조파
　　• 단일식물의 연속암기 중간에 광을 조사하여 암기를 요구도 이하로 분단하면 암기의 합계가 아무리 길다고 해도 단일효과가 발생하지 않는다. 이것을 야간조파 또는 광중단이라고 한다.
　　• 야간조파에 가장 효과인 파장은 600~680nm의 적색광이다.
　　• 야간조파에 의해 개화가 억제될 가능성이 높은 작물의 단일식물로 국화, 콩, 들깨, 조, 기장, 피, 옥수수, 담배, 아마, 호박, 오이, 늦벼, 나팔꽃 등이 있다.

> **참고**
>
> 겨울철 들깨에 야간조파(Night Break)를 실시하면 잎 수확량이 증대된다.

## (4) 일장효과의 기구

① 감응부위
　㉠ 감응부위는 성숙한 잎이며, 어린잎은 거의 감응하지 않는다.
　㉡ 도꼬마리, 나팔꽃은 좁은 엽면적만 단일처리해도 화성이 유도된다.

② 자극의 전단

　　㉠ 일장처리에 의한 자극은 잎에서 생성되어 줄기의 체관부 또는 피층을 통해 화아가 형성되는 정단분열조직으로 이동되어 모든 방향으로 전달된다.

　　㉡ 자극은 접목부에도 전달되나 물관부를 통해 이동하지 않는다.

③ 일장효과의 물질적 본체 : 호르몬성 물질로 플로리겐 또는 개화호르몬이라 불린다.

④ 화학물질과 일장효과

　　㉠ 옥신 처리 : 장일식물은 옥신 시용으로 화성이 촉진되나 단일식물은 옥신에 의해 화성이 억제되는 경향이 있다.

　　㉡ 지베렐린 처리 : 저온·장일의 대치적 효과가 커서 1년생 히요스 등은 지베렐린 공급 시 단일에서도 개화한다.

　　㉢ 나팔꽃에서는 키네틴이 화성을 촉진한다.

　　㉣ 파인애플은 2,4-D 처리로 개화가 유도된다.

　　㉤ 파인애플에서 아세틸렌이 화성을 촉진한다.

## (5) 개화 이외의 일장효과

① 성의 표현

　　㉠ 스위트콘(Sweet Corn), 모시풀은 자웅동주식물인데, 일장에 따라 성의 표현이 달라진다. 즉, 모시풀은 8시간 이하의 단일에서는 자성(雌性), 14시간 이상의 장일에서는 웅성(雄性)으로 표현된다.

　　㉡ 오이, 호박 등은 단일 하에서 암꽃이 많아지고, 장일하에서 수꽃이 많아지고 C/N율이 높아진다.

　　㉢ 자웅이주식물인 삼(대마)은 단일에서 수그루 → 암그루(♂ → ♀) 및 암그루 → 수그루(♀ → ♂)의 성전환이 이루어진다.

> 🔍**참고**
>
> 삼은 단일에 의해 성전환이 되므로 이를 이용해 암그루만을 생산할 수 있다.

② 영양생장

　　㉠ 단일식물(콩 등)이 장일조건에 놓이면 영양생장이 계속되어 거대형이 된다.

　　㉡ 장일식물(배추, 양배추 등)이 단일조건에 놓이면 추대현상이 이루어지지 않아 줄기가 신장하지 못하고, 지표면에 잎만 출엽하는 근출엽형식물(방사엽식물)이 된다.

③ 저장기관의 발육

　　㉠ 고구마의 덩이뿌리, 봄무나 마의 비대근, 감자나 돼지감자의 덩이줄기, 달리아의 알뿌리 등은 단일조건에서 발육이 촉진된다.

　　㉡ 양파나 마늘의 비늘줄기는 장일(16시간 이상)에서 발육이 촉진된다.

④ 결협(꼬투리 맺힘) 및 등숙 : 단일식물인 콩이나 땅콩의 경우 결협·등숙은 단일조건에서 촉진된다.

⑤ 수목의 휴면

　　㉠ 모든 나무는 15~21℃에서는 일장 여하에 관계없이 휴면한다.

　　㉡ 21~27℃에서 장일(16시간)은 생장을 지속시키고, 단일(8시간)은 휴면을 유도하는 경향이 있다.

## (6) 일장효과의 농업적 이용

① 수량 증대 : 북방형 목초이며, 장일식물인 오차드그라스, 라디노클로버를 가을철 단일기에 일몰부터 20시경까지 보광을 하여 장일조건을 만들어 주거나, 심야에 1~1.5시간의 야간조파로 연속 암기를 중단하면 장일효과가 발생하고 절간신장하게 되어 산초량이 70~80% 증대한다.

　　㉠ 북방형목초(장일식물) - 야간조파 - 일장효과 발생 - 절간신장

　　㉡ 가을철 한지형목초에 보광처리를 하면 산초량(産草量)이 증대된다.

② 꽃의 개화기 조절

　　㉠ 일장처리에 의해 인위개화, 개화기의 조절, 세대단축이 가능하다.

　　㉡ 단일성 국화는 단일처리로 촉성재배를 하고, 장일처리로 억제재배를 하여 연중 개화시킬 수 있는데, 이것을 주년재배라 한다.

③ 육종상의 이용

　　㉠ 인위개화 : 고구마순을 나팔꽃에 접목하고, 8~10시간 단일처리를 하면 인위적으로 개화가 유도되어 교배육종이 가능해진다.

　　㉡ 개화기 조절 : 개화기가 다른 두 품종 간의 교배 시 한 품종의 일장처리로 개화기를 늦추거나 빠르게 하여 서로 맞도록 조절한다.

　　㉢ 육종연한의 단축 : 온실재배와 일장처리로 여름작물의 겨울재배로 육종연한이 단축될 수 있다.

---

**🔍 참고**

포인세티아의 차광재배, 국화의 촉성재배, 깻잎의 가을철 시설재배는 일장을 조절한 재배방법이나 딸기의 촉성재배는 저온에 의한 화아분화 방법이다.

일장과 온도에 따른 작물의 발육에 대한 설명으로 가장 옳은 것은?                    19 지방직 기출

① 토마토는 감온상(온도)과 감광상(일장)이 모두 뚜렷하지만 추파맥류는 그 구분이 뚜렷하지 않다.
② 꽃눈의 분화·발육을 촉진하기 위해 일정기간의 일장처리를 하는 것을 버널리제이션 (Vernalization)이라고 한다.
③ 일반적으로 월년생 장일식물은 0~10℃ 저온처리에 의해 화아분화가 촉진된다.
④ 밀에 35℃ 정도의 고온처리 후 일정기간의 저온을 처리하면 춘화처리 효과가 상실되며 이를 이춘화라 한다.

해설 ① 토마토는 감온상과 감광상이 없다.
② 버널리제이션(Vernalization)은 개화유도를 위해 생육 중 일정한 시기에 일정한 온도로 처리하는 것이다.
④ 밀에서 저온춘화처리를 실시한 직후에 35℃의 고온에 처리하면 춘화처리효과가 상실되며 이를 이춘화라 한다.

정답 ③

개화 이외의 일장효과에 대한 설명으로 가장 옳지 않은 것은?                    20 서울시 지도사 기출

① 대체로 단일조건에서 고구마 괴근과 양파 인경의 비대가 조장된다.
② 담배는 한계일장 이상의 일장조건에서 영양생장을 계속하면 거대형 식물이 된다.
③ 콩은 화아형성 후의 일장이 단일조건이면 결협이 촉진된다.
④ 단일조건은 삼의 성전환(암 ↔ 수)을 조장한다.

해설 고구마의 덩이뿌리는 단일조건에서 발육이 촉진되지만 양파의 비늘줄기는 장일조건에서 발육이 촉진된다.

정답 ①

일장효과의 농업적 이용에 대한 설명으로 가장 옳지 않은 것은?                    19 지방직 기출

① 클로버를 가을철 단일기에 일몰부터 20시경까지 보광하여 장일조건을 만들어 주면 절간신장을 하게 되고, 산초량이 70~80% 증대한다.

② 호프(Hop)를 재배할 때 차광을 통해 인위적으로 단일조건을 주게 되면 개화시기가 빨라져 수량이 증대한다.

③ 조생국화를 단일처리하면 촉성재배가 가능하고, 단일처리의 시기를 조금 늦추면 반촉성재배가 가능하다.

④ 고구마순을 나팔꽃 대목에 접목하고 8~10시간 단일처리하면 개화가 유도된다.

해설 호프는 개화기를 경과하면 갑자기 왕성하게 자라서 엽면적이 커지고 증산량이 증가한다. 따라서, 개화기에서 구화기로 넘어가는 7월 상순과 중순의 강우량이 많아야 충실한 구화를 형성할 수 있으며 그 결과 건화의 수확량이 많아진다. 그러나, 강우량이 많은 대신 일조량이 부족하면 잎조직이 연약해져서 노균병이 많이 발생한다. 성숙기에 일조가 부족하면 구화의 유효성분의 함량이 적어진다.

정답 ②

# |04| 품종의 기상생태형

## (1) 구 성

① 기본영양생장성(Grande of Basic Vegetative Growth)
　㉠ 작물의 출수 및 개화에 알맞은 온도와 일장에서도 일정의 기본영양생장이 덜 되면 출수, 개화에 이르지 못하는 성질을 말한다.
　㉡ 기본영양생장 기간의 길고 짧음에 따라 기본영양생장이 크다(B)와 작다(b)로 표시한다.

② 감온성(Sensitivity for Temperature)
　㉠ 작물이 높은 온도에 의해서 출수 및 개화가 촉진되는 성질을 말한다.
　㉡ 감온성이 크다(T)와 작다(t)로 표시한다.

③ 감광성(Sensitivity for Day Length)
　㉠ 작물이 일장에 의해 출수ㆍ개화가 촉진되는 성질을 말한다.
　㉡ 감광성이 크다(L)와 작다(l)로 표시한다.

## (2) 분류

① 기본영양생장형(Blt형) : 기본영양생장성이 크고, 감광성과 감온성은 작아서 생육기간이 주로 기본영양
생장성에 지배되는 형태의 품종이다.

② 감광형(bLt형) : 기본영양생장기간이 짧고 감온성은 낮으며 감광성만이 커서 생육기간이 감광성에 지배
되는 형태의 품종이다.

> **🔍참고**
>
> 감광성 작물
> 늦벼, 그루콩, 그루조, 가을메밀

③ 감온형(blT형) : 기본영양생장성과 감광성이 작고, 감온성이 커서 생육기간이 주로 감온성에 지배되는
형태의 품종이다.

> **🔍참고**
>
> 감온형 작물
> 조생종, 올콩, 여름메밀

④ blt형 : 세 가지 성질이 모두 작아서 어떤 환경에서도 생육기간이 짧은 형의 품종이다.

> **PLUS ONE**
>
> 우리나라 작물의 기상생태형
> • 감온형 품종은 조생종, 감광형 품종은 만생종, 기본영양생장형은 어느 작물에서도 존재하기 힘들다.
> • 우리나라는 북부 쪽으로 갈수록 감온형인 조생종, 남쪽으로 갈수록 감광성의 만생종이 재배된다.
> • 감온형은 조기파종으로 조기수확, 감광형은 윤작관계상 늦게 파종된다.

## (3) 기상생태형 지리적 분포

① 저위도지대

  ㉠ 기본영양생장성이 크고 감온성, 감광성이 작아서 고온단일인 환경에서도 생육기간이 길어 수량이
  많은 기본영양생장형(Blt형)이 재배된다(대만, 미얀마, 인도 등).

  ㉡ 저위도지대는 연중 고온·단일조건으로 감온성이나 감광성이 큰 것은 출수가 빨라져서 생육기간이
  짧고, 수량이 적다.

  ㉢ 조생종 벼는 감광성이 약하고 감온성이 크므로 일장보다는 고온에 의하여 출수가 촉진된다.

  ㉣ 저위도지대인 적도 부근에서 기본영양생장성이 큰 품종은 생육기간이 길어서 다수성이 된다.

② 중위도지대
    ㉠ 위도가 높은 곳에서는 감온형이 재배되며 남쪽에서는 감광형이 재배된다(일본과 우리나라).
    ㉡ 중위도지대(우리나라)는 서리가 늦게 오므로 어느 정도 늦게 출수해도 안전하게 성숙할 수 있고, 다수성이므로 주로 이런 품종들이 분포한다.
    ㉢ 영양생장성이 비교적 크고 감온성, 감광성이 작은 기본영양생장형이 분포한다.
    ㉣ Blt형은 생육기간이 길어 안전한 성숙이 어렵다.
    ㉤ 중위도지대에서 감온형 품종은 조생종으로 사용된다.
③ 고위도지대
    ㉠ 기본영양생장성과 감광성은 작고, 감온성이 커서 일찍 고온에 감응하는 감온형(blT형)이 출수·개화하여 서리가 오기 전 성숙할 수 있다(일본의 홋카이도, 만주, 몽골 등).
    ㉡ 고위도지대에서는 감온형 품종을 심어야 일찍 출수하여 안전하게 수확할 수 있다.
    ㉢ 고위도지방에서는 감광성이 큰 품종은 적합하지 않다.

## (4) 우리나라 주요 작물의 기상생태형

| 작물 | | 감온형(blT형) | 중간형 | 감광형(bLt형) |
|---|---|---|---|---|
| 벼 | 명칭 | 조생종 | 중생종 | 만생종 |
| | 분포 | 북부 | 중북부 | 중남부 |
| 콩 | 명칭 | 올콩 | 중간형 | 그루콩 |
| | 분포 | 북부 | 중북부 | 중남부 |
| 조 | 명칭 | 봄조 | 중간형 | 그루조 |
| | 분포 | 서북부, 중부산간지 | | 중부의 평야, 남부 |
| 메밀 | 명칭 | 여름메밀 | 중간형 | 가을메밀 |
| | 분포 | 서북부, 중부산간지 | | 중부의 평야, 남부 |

## (5) 벼품종의 기상생태형과 재배적 특성

① 조만성

　　㉠ 파종과 이앙을 일찍 할 때 조생종에는 blt형과 감온형이 있고, 만생종에는 기본영양생장형과 감광형이 있다.

　　㉡ 파종과 모내기를 일찍 할 때 blt형은 조생종이 된다.

② 묘대일수감응도(苗垈日數感應度)

　　㉠ 손모내기에서 못자리기간을 길게 할 때 모가 노숙하고, 이앙 후 생육에 난조가 생기는 정도이다. 이는 벼가 못자리 때 이미 생식생장의 단계로 접어들어 생기는 것이다.

　　㉡ 감온형은 못자리기간이 길어져 못자리 때 영양결핍과 고온기에 이르게 되면 쉽게 생식생장의 경향을 보인다.

　　㉢ 감광형과 기본영양생장형은 쉽게 생식생장의 경향을 보이지 않으므로 묘대일수감응도는 감온형은 높고, 감광형과 기본영양생장형은 낮다.

　　㉣ 수리안전답과 기계이앙을 하는 상자육묘에서는 문제가 되지 않는다.

③ 작기이동과 출수

　　㉠ 만파만식(만기재배)을 할 때 출수가 지연되는 정도는 기본영양생장형과 감온형이 크고 감광형이 작다.

　　㉡ 기본영양생장형과 감온형은 대체로 일정한 유효적산온도를 채워야 출수하므로 조파조식보다 만파만식에서 출수가 크게 지연된다.

　　㉢ 감광형은 단일기에 감응하고 한계일장에 민감하므로, 조파조식이나 만파만식에 대체로 일정한 단일기에 주로 감응하므로 이앙기가 빠르거나 늦음에 따른 출수기의 차이는 크지 않다.

> **참고**
>
> 조기수확을 목적으로 조파조식할 때에는 감온형인 조생종이 감광형인 만생종보다 유리하다.

④ 만식적응성(晚植適應性)

　　㉠ 만식적응성이란 이앙이 늦을 때 적응하는 특성이 있다.

　　㉡ 기본영양생장형 : 만식을 하면 출수가 너무 지연되어 성숙이 불안정해진다.

　　㉢ 감온형 : 못자리 기간이 길어지면 생육에 난조가 발생한다.

　　㉣ 감광형 : 만식을 해도 출수의 지연도가 적고, 묘대일수감응도가 낮아 만식적응성이 크다. 즉, 감광형은 만식을 해도 출수의 지연도가 적다.

⑤ 조식적응성

　　㉠ 감온형과 blt형 : 조기수확을 목적으로 조파조식할 때 알맞다.

　　㉡ 기본영양생장형 : 수량이 많은 만생종 중에서 냉해 회피 등을 위해 출수 산물·성숙을 앞당기려 할 때 알맞다.

　　㉢ 감광형 : 출수·성숙을 앞당기지 않고, 파종·이앙을 앞당겨서 생육기간의 연장으로 증수를 꾀하려 할 때 알맞다.

벼의 조식재배(早植栽培, Early Planting Culture)

• 목 적
  – 한랭지에서 중·만생종을 조기육묘하여 조기이앙하는 재배법이다.
  – 생육기간을 늘려 다수확이 목적이므로 중·만생종(감광형) 품종을 선택한다.
  – 4월 중·하순에 못자리를 설치하고 5월 중·하순에 이앙하여 8월 상·중순에 출수, 9월 중·하순에 등숙 및 수확하게 된다.
• 효 과
  – 단위면적당 수수의 증가 : 영양생장기간이 길어지므로 단위면적당 이삭수가 증가한다.
  – 단위면적당 영화수의 증가 : 최적엽면적지수가 증가해 광합성량이 증가하며 단위면적당 입수 확보가 가능하다.
  – 등숙률의 증가 : 등숙기간에 일조가 좋아 등숙비율이 높고 수량이 증가한다.
  – 한랭지의 경우 생육 후기 냉해 위험을 줄일 수 있다.
• 유의점
  – 생육기간이 길어지므로 보통재배에 비하여 시비량을 20~30% 늘려야 한다.
  – 잎집무늬마름병의 발생이 많고 남부지방에서는 줄무늬마름병을 주의해야 한다.

## Level UP 이론을 확인하는 문제

중위도지대에서 벼 품종의 기상생태형에 따르는 재배적 특성에 대한 설명으로 옳지 않은 것은?

19 국가직 기출

① 파종과 모내기를 일찍 할 때 blt형은 조생종이 된다.
② 묘대일수감응도는 감온형이 낮고 기본영양생장형이 높다.
③ 조기수확을 목적으로 조파조식할 때 감온형이 적합하다.
④ 감광형은 만식해도 출수의 지연도가 적다.

해설 묘대일수감응도는 감온형이 가장 크고, 감광형, 기본영양생장형 순이다.

정답 ②

우리나라 식량작물의 기상생태형에 대한 설명으로 옳지 않은 것은? 　　16 지방직 기출

① 여름메밀은 감온형 품종이다.

② 그루콩은 감광형 품종이다.

③ 북부지역에서는 감온형 품종이 알맞다.

④ 만파만식 시 출수지연 정도는 감광형 품종이 크다.

해설　만파만식을 할 때 출수지연 정도는 감광형이 가장 작다.

정답　④

CHAPTER 01 **토양환경**

## 01

토양의 양이온치환용량(CEC)에 대한 설명으로 옳지 않은 것은?
17 국가직 기출

① CEC가 커지면 토양의 완충능이 커지게 된다.
② CEC가 커지면 비료성분의 용탈이 적어 비효가 늦게까지 지속된다.
③ 토양 중 점토와 부식이 늘어나면 CEC도 커진다.
④ 토양 중 교질입자가 많으면 치환성양이온을 흡착하는 힘이 약해진다.

해설 ④ 토양 중 교질입자가 많으면 치환성양이온을 흡착하는 힘이 강해진다.

## 02

토성에 대한 설명으로 옳지 않은 것은?
07 국가직 기출

① 토양 중에 교질입자가 많으면 치환성양이온을 흡착하는 힘이 강해진다.
② 토양 중에 고운 점토와 부식이 증가하면 CEC(양이온치환용량)가 증대된다.
③ 부식토는 세토가 부족하고 강한 알칼리성을 나타내기 쉬우므로 이를 교정하기 위해 점토를 객토하는 것이 좋다.
④ 식토는 투기·투수가 불량하고 유기질의 분해가 더디며, 습해나 유해물질에 의한 피해가 많다.

해설 ③ 부식토는 세토가 부족하고 강한 산성을 나타내기 쉬우므로 이를 교정하기 위해 점토를 객토하는 것이 좋다.

## 03

**토성에 따른 재배적지 작물로 옳은 것은?**

12 지방직 기출

① 사토 ~ 사양토 : 강낭콩
② 사양토 ~ 양토 : 담배
③ 양토 ~ 식양토 : 땅콩
④ 식양토 ~ 식토 : 보리

> **해설** ① 양토 ~ 식양토 : 강낭콩
> ③ 사토 ~사양토 : 땅콩
> ④ 세사토 ~ 양토 : 보리

## 04

**다음 중 토양 재배범위가 가장 넓은 것은?**

18 경남 지도사 기출

① 콩, 팥
② 오이, 양파
③ 수수, 옥수수
④ 보리, 밀

> **해설** **작물종류와 재배에 적합한 토성**
>
> | 작 물 | 사 토 | 사양토 | 양 토 | 식양토 | 식 토 |
> |---|---|---|---|---|---|
> | 콩, 팥 | ○ | ○ | ○ | ○ | ○ |
> | 오이,<br>양파 | ○ | ○ | ○ | | |
> | 수수,<br>옥수수 | | ○ | ○ | ○ | |
> | 보 리 | | ○ | ○ | | |
> | 밀 | | | | ○ | ○ |
>
> ○ : 재배적지

## 05

**지력증진과 토양조건과의 관계에 관한 설명으로 옳지 않은 것은?**

10 국가직 기출

① 토양반응은 중성~약산성이 알맞다.
② 습답에서는 유기물 함량이 많으면 오히려 해가 되기도 한다.
③ 토양구조는 단립구조가 조성될수록 토양의 수분 및 비료 보유력이 좋아진다.
④ 토층에서 심토는 투수 및 통기가 알맞아야 하며, 작토는 깊고 양호해야 한다.

> **해설** ③ 토양구조는 단립구조가 조성될수록 대공극이 많고, 토양통기와 투수성은 좋으나 수분과 비료보유력이 적다.

## 06

**토양의 입단에 대한 설명으로 옳지 않은 것은?**

13 지방직 기출

① 입단은 부식과 석회가 많고 토양입자가 비교적 미세할 때에 형성된다.
② 나트륨이온($Na^+$)은 점토의 결합을 강하게 하여 입단형성을 촉진하고, 칼슘이온($Ca^{2+}$)은 토양입자의 결합을 느슨하게 하여 입단을 파괴한다.
③ 토양에 피복작물을 심으면 표토의 건조와 비바람의 타격을 줄이며, 토양 유실을 막아서 입단을 형성·유지하는 데 효과가 있다.
④ 입단이 발달한 토양에서는 토양미생물의 번식과 활동이 좋아지고, 유기물의 분해가 촉진된다.

> **해설** $Na^+$은 분산제로 작용하고 $Ca^{2+}$은 응집제로 작용한다.

## 07

**토양의 입단형성과 발달에 불리한 것은?**

16 지방직 〔기출〕

① 토양개량제 시용
② 나트륨이온 첨가
③ 석회 시용
④ 콩과작물 재배

〔해설〕 나트륨이온의 첨가는 점토의 결합을 분산시켜서 입단을 파괴한다.

## 08

**토양입단형성에 관한 설명으로 옳은 것은?**

16 대구 지도사 〔기출〕

① 석회가 유기물의 분해속도를 촉진한다.
② 경 운
③ 나트륨이온 첨가
④ 습윤과 건조의 반복

〔해설〕 **유기물과 석회의 시용**
유기물이 미생물에 의해 분해되면서 미생물이 분비하는 점질물질이 토양입자를 결합시키며, 석회는 유기물의 분해 촉진과 칼슘이온 등이 토양입자를 결합시키는 작용을 한다.

## 09

**토양입단형성과 발달을 도모하는 재배관리가 아닌 것은?**

13 국가직 〔기출〕

① 유기물과 석회 시용
② 토양 경운
③ 콩과작물 재배
④ 토양 피복

〔해설〕 입단구조를 파괴하는 요인은 과도한 경운과 입단의 팽창 및 수축의 반복, 비와 바람, 나트륨이온의 첨가 등이다.

## 10

**토양수분의 함유상태에 대한 설명으로 옳지 않은 것은?**

10 지방직 〔기출〕

① 최대용수량은 토양하부에서 수분이 모관상승하여 모관수가 최대로 포함된 상태를 말한다.
② 포장용수량은 수분이 포화된 상태의 토양에서 증발을 방지하면서 중력수를 완전히 배제하고 남은 수분상태를 말한다.
③ 초기위조점은 생육이 정지하고 하위엽이 위조하기 시작하는 토양의 수분상태를 말한다.
④ 잉여수분은 최대용수량 이상의 과습한 상태의 토양수분을 말한다.

〔해설〕 잉여수분은 포장용수량 이상의 토양수분인 과습상태의 수분을 말한다.

## 11

다음 중 pF가 2.5~2.7에 해당되는 토양수분항수는?

06 대구 지도사 기출

① 최대용수량
② 포장용수량
③ 위조계수
④ 흡습계수

해설 **토양의 수분항수**
- 최대용수량 pF 0
- 포장용수량 pF 2.5~2.7
- 초기위조점 pF 3.9
- 영구위조점 pF 4.2
- 흡습계수 pF 4.5

## 12

토양수분에 대한 설명으로 옳지 않은 것은?

18 국가직 기출

① 비가 온 후 하루 정도 지난 상태인 포장용수량은 작물이 이용하기 좋은 수분 상태를 나타낸다.
② 작물이 주로 이용하는 모관수는 표면장력에 의해 토양공극 내에서 중력에 저항하여 유지된다.
③ 흡습수는 토양입자표면에 피막상으로 흡착된 수분이므로 작물이 이용할 수 있는 유효수분이다.
④ 위조한 식물을 포화습도의 공기 중에 24시간 방치해도 회복하지 못하는 위조를 영구위조라고 한다.

해설 ③ 흡습수(흡착수)는 토양입자표면에 피막상으로 흡착된 수분이므로 작물에 거의 이용되지 못하는 무효수분이다.

## 13

토양수분의 형태에 대한 설명 중 옳은 것은?

09 국가직 기출

① 결합수는 점토광물로부터 분리시킬 수 있는 수분이다.
② 흡습수는 토양입자표면에 피막상으로 흡착된 수분이다.
③ 모관수는 중력에 의하여 비모관공극으로 흘러 내리는 수분이다.
④ 중력수는 토양공극 내에서 중력에 저항하여 유지되는 수분이다.

해설 ① 결합수는 점토광물로부터 분리시킬 수 없는 수분이다.
③ 모관수는 표면장력에 의해 모세관 상승으로 보유되는 수분이다.
④ 중력수는 중력에 의해서 비모관공극을 스며 내려가는 수분이다.

## 14

토양수분의 형태에 관한 설명으로 옳지 않은 것은?

10 국가직 기출

① 작물이 주로 이용하는 수분 형태는 모관수이다.
② 흡습수는 pF 2.7~4.5로 표시하는데 작물에 흡수·이용된다.
③ 결합수는 점토광물에 결합되어 있어 분리시킬 수 없는 수분을 말한다.
④ 중력수는 pF 0~2.7로서 작물에 이용되나 근권 이하로 내려간 것은 직접 이용되지 못한다.

해설 흡습수는 pF 4.5~7.0로 표시하는데 작물에 흡수 이용되지 못한다.

## 15

토양수분의 형태로 점토질 광물에 결합되어 있어 분리시킬 수 없는 수분은? 16 지방직 기출

① 결합수
② 모관수
③ 흡습수
④ 중력수

해설 **결합수(화합수, 결정수)**
· 점토광물의 구성요소로 되어 있는 수분으로 토양에서 분리시킬 수 없다.
· 105℃ 가열해도 비분리되는 수분이다.
· pF 7.0 이상으로 작물에 이용할 수 없는 무효수분이다.

## 16

식물이 이용 가능한 유효수분을 올바르게 나타낸 것은? 13 국가직 기출

① 식물 생육에 가장 알맞은 최적함수량은 대개 최대 용수량의 20~30%의 범위에 있다.
② 결합수는 유효수분 범위에 있다.
③ 유효수분은 토양입자가 작을수록 적어진다.
④ 식물이 이용할 수 있는 토양의 유효수분은 포장 용수량~영구위조점 사이의 수분이다.

해설 ① 식물 생육에 가장 알맞은 최적함수량은 대개 최대용수량의 60~80%의 범위에 있다.
② 결합수는 무효수분 범위에 있다.
③ 유효수분은 토양입자가 작을수록 넓어진다.

## 17

식물의 필수원소에 대한 설명으로 옳지 않은 것은? 15 국가직 기출

① 질소화합물은 늙은 조직에서 젊은 생장점으로 전류되므로 결핍증세는 어린 조직에서 먼저 나타난다.
② 칼륨은 이온화되기 쉬운 형태로 잎·생장점·뿌리의 선단에 많이 함유되어 있다.
③ 붕소는 촉매 또는 반응조절물질로 작용하며, 석회결핍의 영향을 덜 받게 한다.
④ 철은 호흡효소의 구성성분으로 엽록소의 형성에 관여하고, 결핍하면 어린잎부터 황백화하여 엽맥 사이가 퇴색한다.

해설 **질소(N)**
질소 화합물은 늙은 조직에서 젊은 생장점으로 전류되므로 결핍증세는 늙은 부분에서 먼저 나타난다. 과잉하면 도장하거나 엽록이 짙어지며, 한발, 저온, 기계적 상해, 병해충 등에 약하게 된다.

## 18

작물의 생육에 필요한 무기원소에 대한 설명으로 옳지 않은 것은? 16 국가직 기출

① 칼륨은 식물세포의 1차 대사산물(단백질, 탄수화물 등)의 구성성분으로 이용되고, 작물이 다량으로 필요로 하는 필수원소이다.
② 질소는 $NO_3^-$와 $NH_4^+$ 형태로 흡수되며, 흡수된 질소는 세포막의 구성성분으로도 이용된다.
③ 몰리브덴은 근류균의 질소고정과 질소대사에 필요하며, 콩과작물이 많이 함유하고 있는 원소이다.
④ 규소는 화본과식물의 경우 다량으로 흡수하나, 필수원소는 아니다.

**해설** 칼륨은 광합성, 탄수화물, 및 단백질 형성, 세포 내의 수분 공급, 증산에 따른 수분 상실을 조절하여 세포의 팽압을 유지하게 하는 등의 기능에 관여한다.

## 19

무기성분 중 결핍 증상이 노엽에서 먼저 황백화가 발생하며, 토양 중 석회 과다 시 흡수가 억제되는 것은?

20 국가직 7급 기출

① 철  ② 황
③ 마그네슘  ④ 붕 소

**해설** 철과 마그네슘 두 원소는 황백화현상이 발생하며, 토양 중 석회의 과다로 흡수가 저해되는 길항작용도 한다. 두 원소의 차이점은 마그네슘은 노엽에서부터 황백화가 발생하고, 철은 어린잎부터 황백화가 발생한다.

## 20

칼슘에 관한 설명으로 옳지 않은 것은?

10 국가직 기출

① 체내에서 이동하기 쉽다.
② 식물의 잎에 함유량이 많다.
③ 과다하면 철의 흡수가 저해된다.
④ 결핍하면 뿌리나 눈(芽)의 생장점이 붉게 변하여 죽게 된다.

**해설** 칼슘(Ca)은 세포막 중 중간막의 주성분으로 잎에 많이 존재하고, 체내에서의 이동은 어렵다.

## 21

〈보기〉에서 작물의 필수원소와 생리작용에 대한 설명으로 옳은 것을 모두 고른 것은?

20 서울시 지도사 기출

ㄱ. 철은 엽록소와 호흡효소의 성분으로, 석회질 토양 및 석회과용토양에서는 철 결핍증이 나타난다.
ㄴ. 염소는 통기 불량에 대한 저항성을 높이고, 결핍되면 잎이 황백화되며 평행맥엽에서는 조반이 생기고 망상맥엽에서는 점반이 생긴다.
ㄷ. 황은 세포막 중 중간막의 주성분으로 분열조직의 생장, 뿌리 끝의 발육과 작용에 반드시 필요하다.
ㄹ. 마그네슘은 엽록소의 형성재료이며, 인산대사나 광합성에 관여하는 효소의 활성을 높인다.
ㅁ. 몰리브덴은 질산환원효소의 구성성분으로, 결핍되면 잎 속에 질산태질소의 집적이 생긴다.

① ㄱ, ㄴ, ㄷ
② ㄱ, ㄹ, ㅁ
③ ㄴ, ㄷ, ㄹ
④ ㄷ, ㄹ, ㅁ

**해설** ㄴ. 염소는 광합성작용과 물의 광분해에 촉매작용을 하여 산소를 발생시키고, 결핍되면 어린잎의 황백화와 전 식물체의 위조현상이 나타난다.
ㄷ. 칼슘은 세포막 중 중간막의 주성분이며, 분열조직의 생장과 뿌리 끝의 발육에 필요하다.

적중예상문제 **291**

## 22

콩밭이 누렇게 보여 잘 살펴보니 상위엽의 잎맥 사이가 황화(Chlorosis)되었고, 토양조사를 하였더니 pH가 9이었다. 다음 중 어떤 원소의 결핍증으로 추정되는가? 13 국가직 기출

① 질 소
② 인
③ 철
④ 마그네슘

해설  철(Fe)은 pH가 높거나 토양 중에 인산 및 칼슘의 농도가 높으면 흡수가 크게 저해된다.

## 23

식물 양분의 가급도와 토양 pH와의 관계에 대한 설명으로 옳지 않은 것은? 11 국가직 기출

① 강산성이 되면 P과 Mg의 가급도가 감소한다.
② 중성보다 pH가 높아질수록 Fe의 가급도는 증가한다.
③ 중성보다 강산성 조건에서 N의 가급도는 감소한다.
④ 중성보다 강알칼리성 조건에서 Mn의 용해도가 감소한다.

해설  철(Fe) : pH가 높아질수록(강알칼리성) 가급도가 급격히 감소하여 작물 생육이 불리해지는 식물영양성분이다.
　• 가급도 : 식물이 양분을 흡수·이용할 수 있는 유효도이다.
　• 용해도 : 일정한 온도에서 용매에 녹는 최대량이다.

## 24

토양의 산성의 분류 중 다음 보기가 설명하는 것은? 16 대구 지도사 기출

> 토양교질물에 흡착된 $H^+$과 Al이온에 따라 나타나는 것

① 가수산성
② 잠산성
③ 강산성
④ 활산성

해설  ① 가수산성 : 아세트산칼슘[Calcium Acetate, $(CH_3COO)_2Ca$]과 같은 약산염의 용액으로 침출한 액에 용출된 $H^+$에 기인된 산성을 말한다.
　③ 강산성 : 수용액의 수소이온 농도 지수(pH)가 7보다 월등히 낮은 산성을 말한다.
　④ 활산성 : 토양용액에 들어 있는 $H^+$에 기인하는 산성을 활산성이라 하며 식물에 직접 해를 끼친다.

## 25

산성토양보다 알칼리성토양(pH 7.0~8.0)에서 유효도가 높은 필수원소로만 묶은 것은? 20 국가직 7급 기출

① Fe, Mg, Ca
② Al, Mn, K
③ Zn, Cu, K
④ Mo, K, Ca

해설  **가급도(유효도) 정리**
　• 강산성 토양에서 양분의 흡수변화
　　가급도가 증가하는 원소 : Al, Cu, Zn, Mn
　　가급도가 감소하는 원소 : P, Ca, Mg, B, Mo
　• 알칼리성 흡수에 변함이 없는 원소 : K, S, Ca, Mg
　• 알칼리성 흡수가 크게 줄어드는 원소 : Mn, Fe

## 26

토양이 산성화되었을 때 양분 가급도가 감소되어 작물생육에 불이익을 주는 것으로만 짝지은 것은?

18 지방직 기출

① B, Fe, Mn
② B, Ca, P
③ Al, Cu, Zn
④ Ca, Cu, P

해설 토양이 강산성이 되면 P, Ca, Mg, B, Mo 등의 가급도가 감소되어 생육이 감소하고, 암모니아가 식물체 내에 축적되고, 동화되지 못해 해롭다.

## 27

토양반응과 작물생육에 대한 설명으로 옳지 않은 것은?

17 서울시 기출

① 공기질소를 고정하여 유효태양분을 생성하는 대다수의 활성박테리아는 중성 부근의 토양반응을 좋아한다.
② 강산성 토양에서 과다한 수소이온($H^+$)은 그 자체가 작물의 양분흡수와 생리작용을 방해한다.
③ 강산성이 되면 Al, Cu, Zn, Mn 등은 용해도가 증가하여 그 독성 때문에 작물생육이 저해된다.
④ 강알칼리성이 되면 B, Fe, N 등의 용해도가 증가하여 작물생육에 불리하다.

해설 ④ 강알칼리성이 되면 B, Fe, Mn 등의 용해도가 감소하여 작물의 생육에 불리하다.

## 28

토양반응과 작물의 생육에 대한 설명으로 옳지 않은 것은?

17 국가직 기출

① 토양유기물을 분해하거나 공기질소를 고정하는 활성박테리아는 중성 부근의 토양반응을 좋아한다.
② 토양 중 작물 양분의 가급도는 토양 pH에 따라 크게 다르며, 중성~약산성에서 가장 높다.
③ 강산성이 되면 P, Ca, Mg, B, Mo 등의 가급도가 감소되어 생육이 감소한다.
④ 벼, 양파, 시금치는 산성토양에 대한 적응성이 높다.

해설 벼는 산성토양에 극히 강하지만 양파와 시금치는 가장 약하다.

## 29

산성토양에 대한 작물의 적응성 정도가 옳지 않은 것은?

11 국가직 기출

① 강한 작물 - 땅콩, 감자, 수박
② 강한 작물 - 귀리, 호밀, 토란
③ 약한 작물 - 자운영, 콩, 사탕무
④ 약한 작물 - 셀러리, 목화, 딸기

해설 **산성토양에 대한 작물의 적응성**
• 극히 강한 것 : 벼, 밭벼, 귀리, 토란, 아마, 기장, 땅콩, 감자, 수박 등
• 강한 것 : 메밀, 옥수수, 목화, 당근, 오이, 완두, 호박, 토마토, 밀, 조, 고구마, 담배 등
• 약간 강한 것 : 유채, 파, 무 등
• 약한 것 : 보리, 클로버, 양배추, 근대, 가지, 삼, 겨자, 고추, 완두, 상추 등
• 가장 약한 것 : 알팔파, 콩, 자운영, 시금치, 사탕무, 셀러리, 부추, 양파 등

## 30

다음 중 산성토양에 극히 강한 작물만을 고른 것은?

09 지방직 기출

| ㄱ. 수 박 | ㄴ. 가 지 |
|---|---|
| ㄷ. 기 장 | ㄹ. 상 추 |
| ㅁ. 고 추 | ㅂ. 부 추 |
| ㅅ. 시금치 | ㅇ. 감 자 |

① ㄱ, ㄷ, ㅇ      ② ㄱ, ㄹ, ㅅ

③ ㄴ, ㅁ, ㅂ      ④ ㄴ, ㅅ, ㅇ

해설   산성토양에 ㄴ, ㄹ, ㅁ는 약하며 ㅂ, ㅅ은 가장 약하다.

## 31

산성토양에 아주 약한 작물들로만 묶인 것은?

12 지방직 기출

| ㄱ. 양 파 | ㄴ. 옥수수 |
|---|---|
| ㄷ. 팥 | ㄹ. 감 자 |
| ㅁ. 아 마 | ㅂ. 수 수 |
| ㅅ. 시금치 | ㅇ. 유 채 |

① ㄱ, ㄷ, ㅅ      ② ㄱ, ㄹ, ㅇ

③ ㄴ, ㅁ, ㅅ      ④ ㄴ, ㅂ, ㅇ

해설   산성토양에 ㄹ, ㅁ은 극히 강하며 ㄴ, ㅂ은 강하고 ㅇ은 약간 강하다.

## 32

토양 산성화의 원인에 대한 설명으로 잘못된 것은?

① 토양 중에 미포화교질이 많은 경우에 중성염이 들어가면 OH가 생성되어 산성을 나타낸다.
② 인분뇨나 생리적 산성비료 등을 연용하면 토양이 산성화된다.
③ 화학공장에서 배출되는 아황산가스 등도 토양의 산성화를 조장한다.
④ 토양 중의 탄산, 유기산은 그 자체가 산성의 원인이 된다.

해설   미포화교질이 많으면 중성염이 가해질 때 $H^+$가 생성되어 산성을 나타낸다.

## 33

산성토양의 개량과 재배대책으로 옳지 않은 것은?

14 국가직 기출

① 산성토양에 적응성이 높은 콩, 팥, 양파 등의 작물을 재배한다.
② 석회와 유기물을 충분히 시용하고 염화칼륨, 인분뇨, 녹비 등의 연용을 피한다.
③ 유효태인 구용성 인산을 함유하는 용성인비를 시용한다.
④ 붕소는 10a당 0.5~1.3kg의 붕사를 주어서 보급한다.

해설   산성토양에 적응성이 높은 토란, 감자, 수박 등의 작물을 재배한다. 콩, 팥, 양파는 산성토양에 적응력이 가장 약하다.

## 34

토양미생물의 작물에 대한 유익한 활동으로 옳은 것은?

16 국가직 기출

① 토양미생물은 암모니아를 질산으로 변하게 하는 환원과정을 도와 밭작물을 이롭게 한다.
② 토양미생물은 유기태 질소화합물을 무기태로 변환하는 질소의 무기화 작용을 돕는다.
③ 미생물 간의 길항작용은 물질의 유해작용을 촉진한다.
④ 뿌리에서 유기물질의 분비에 의한 근권(Rhizosphere)이 형성되면 양분흡수를 억제하여 뿌리의 신장생장을 촉진한다.

해설 ① 토양미생물은 암모니아를 질산으로 변하게 하는 질산화 과정을 도와 밭작물을 이롭게 한다.
③ 미생물 간의 길항작용은 물질의 유해작용을 경감한다.
④ 뿌리에서 유기물질의 분비에 의한 근권(Rhizosphere)이 형성되면 근권미생물들은 뿌리로부터는 당류, 아미노산, 비타민 등을 공급받고 뿌리에는 식물생장촉진물질을 제공하거나, 뿌리의 영양흡수촉진, 병원균의 뿌리에의 기생억제 등의 상호작용을 한다.

## 35

토양미생물과 작물과의 관계에 대한 설명으로 옳은 것은?

11 지방직 기출

① 토양미생물은 무기물 유실을 촉진시킨다.
② 공중질소를 질산태 형태로 고정하여 식물에 공급한다.
③ 뿌리혹을 형성하여 식물이 이용할 무기양분을 고갈시킨다.
④ 토양미생물은 지베렐린, 시토키닌 등의 식물생장촉진물질을 분비한다.

해설 ① 토양미생물은 무기물 유실을 경감시킨다.
② 특수세균군에는 유리질소를 고정하여 화합태질소로 만드는 유리질소고정세균, 토양 속의 암모니아태질소를 질산태질소로 변화시키는 질화세균, 질산에서 질소가스 또는 산화질소를 생기게 하는 탈질세균, 황 또는 그 화합물을 산화시키는 황세균, 철화합물을 불용성으로 하는 철세균, 섬유소(셀룰로스)를 분해하는 섬유소분해세균 등이 있다.
③ 뿌리혹을 형성하여 식물이 이용할 무기양분을 제공한다.

## 36

토양 내에서 황산염으로부터 유해한 물질을 생성하는 미생물은?

14 국가직 기출

① Azotobacter - Bacillus megatherium
② Desulfovibrio - Desulfotomaculum
③ Clostridium - Azotobacter
④ Rhizobium - Bradyrhizobium

해설 황산염 또는 유황환원세균 : Desulfovibrio - Desulfotomaculum

### 용도별 관련 미생물 종류

| 용 도 | 관련 미생물 |
|---|---|
| 토양개량 | Bacillus속, Clostridium속, Trichoderma속, Azotobacter속, Rhizobium속 등 |
| 병해방제 | Pseudomonas속, Bacillus속, Gliocladium속, Trichoderma속, 비병원성 Fusarium속, 비병원성 Erwinia속, Streptomyces속, Xanthomonas속, VA균근균, Azotobacter속, Verticillium속 등 |
| 유기물 분해촉진 | Streptomyces속, Pseudomonas속, Bacillus속, Clostridium속, Thermus속 등 |
| 양수분 흡수촉진 | VA균근균, Azotobacter속, Bacillus속, Rhizobium속, Trichoderma속, Candida속, Frankia속, Azospirillum속, Bradyrhizobium속 등 |
| 생육촉진 | 광합성세균, 내열성방선균, Rhizoctonia속, Pseudomonas속 등 |
| 병해충 방제 | Bacillus속, Pasteuria속 등 |
| 제 초 | Epicoccosorus속, Dendryphiella |

## 37

논토양에서 일어나는 특성으로 옳지 않은 것은?

09 국가직 기출

① 담수된 논토양의 심토는 유기물이 극히 적어서 산화층을 형성한다.
② 토양의 상층부는 산화제1철에 의해 표층이 적갈색을 띤 산화층이 된다.
③ 암모니아태질소를 산화층에 주면 질화균의 작용에 의해 질산으로 된다.
④ 암모니아태질소를 심부 환원층에 주면 토양에 잘 흡착되므로 비효가 오래 지속된다.

해설 ② 토양의 상층부는 산화제2철에 의해 표층이 적갈색을 띤 산화층이 된다.

## 38

논토양의 일반특성으로 옳지 않은 것은?

13 국가직 기출

① 누수가 심한 논은 암모니아태질소를 논토양의 심부환원층에 주어서 비효 증진을 꾀한다.
② 담수 후 유기물 분해가 왕성할 때에는 미생물이 소비하는 산소의 양이 많아 전층이 환원상태가 된다.
③ 탈질현상에 의한 질소질비료의 손실을 줄이기 위하여 암모니아태질소를 환원층에 준다.
④ 담수 후 시간이 경과한 뒤 표층은 산화제2철에 의해 적갈색을 띤 산화층이 되고 그 이하의 작토층은 청회색의 환원층이 되며, 심토는 다시 산화층이 되는 토층분화가 일어난다.

해설 누수가 심한 논에의 심층시비는 질소 용탈을 조장하여 불리하다.

## 39

논토양과 시비에 대한 설명으로 옳지 않은 것은?

17 지방직 기출

① 담수상태의 논에서는 조류(藻類)의 대기질소 고 정작용이 나타난다.
② 암모니아태질소가 산화층에 들어가면 질화균이 질화작용을 일으켜 질산으로 된다.
③ 한여름 논토양의 지온이 높아지면 유기태질소 의 무기화가 저해된다.
④ 답전윤환 재배에서 논토양이 담수 후 환원상태 가 되면 밭상태에서는 난용성인 인산알루미늄, 인산철 등이 유효화된다.

해설 ③ 한여름 논토양의 지온이 높아지면 유기태질소의 무기화가 촉진되어 암모니아가 생성된다.

## 40

논토양에 대한 설명으로 옳지 않은 것은?

12 국가직 기출

① 담수 논의 산화층에 있는 암모니아태질소는 질 산으로 되어 환원층으로 내려가 질소가스로 탈 질된다.
② 습답에서는 유기물의 혐기적 분해로 유기산이 집적되어 뿌리의 생장과 흡수장해를 일으킨다.
③ 간척지답은 지하수위가 높아서 유해한 황화수 소의 생성이 증가할 수 있다.
④ 논토양의 노후화는 환원형의 철분이나 망간의 용해성이 감소하기 때문에 나타난다.

해설 **노후화 논**
논의 작토층으로부터 철이 용탈됨과 동시에 여러 가지 염기도 함께 용탈 제거되어 생산력이 몹시 떨 어진 논을 노후화 논이라 하며, 물빠짐이 지나친 사 질의 토양은 노후화 논으로 되기 쉽다.

## 41

노후화답에 관한 설명으로 옳은 것은?

10 국가직 기출

① 철분이나 망간 등이 심토의 산화층에 집적된다.
② 노후화답 개량을 위해서는 심경을 피해야 한다.
③ 노후화답에는 황산근을 가진 비료를 시용해야 한다.
④ 환원층에서 철분이나 망간이 환원되면 용해성 이 감소한다.

해설 ② 노후화답 개량을 위해서는 심경을 하여 토층 밑 으로 침전된 양분을 반전시켜 준다.
③ 노후화답에는 황산기비료인 $(NH_4)_2SO_4$나 $K_2(SO_4)$ 등을 시용하지 않아야 한다.
④ 논은 담수 후 산화층과 환원층으로 분화되면서 작토 중에 있는 철분과 망간을 비롯하여 수용성 무기염류가 용탈된다.

## 42

논토양과 밭토양의 차이점에 대한 설명으로 옳지 않은 것은?

16 국가직 기출

① 논토양에서는 환원물($N_2$, $H_2S$, S)이 존재하나, 밭토양에서는 산화물($NO_3$, $SO_4$)이 존재한다.
② 논에서는 관개수를 통해 양분이 공급되나, 밭에서는 빗물에 의해 양분의 유실이 많다.
③ 논토양에서는 혐기성균의 활동으로 질산이 질소가스가 되고, 밭토양에서는 호기성균의 활동으로 암모니아가 질산이 된다.
④ 논토양에서는 pH 변화가 거의 없으나, 밭에서는 논토양에 비해 상대적으로 pH의 변화가 큰 편이다.

해설 **토양 pH**
논토양은 담수로 인하여 산소 공급이 차단되어 작토층 토양의 대부분은 환원상태로 된다. 낮과 밤 및 담수기간과 낙수기간에 따라 차이가 있으나 밭토양은 그렇지 않다.

## 43

간척지 토양에 작물을 재배하고자 할 때 내염성이 강한 작물로만 묶인 것은?

16 국가직 기출

① 토마토 – 벼 – 고추
② 고추 – 벼 – 목화
③ 고구마 – 가지 – 감자
④ 유채 – 양배추 – 목화

해설 내염성 작물이란 저항성에 따른 식물 분류 방법으로 사탕무, 유채, 양배추, 목화, 대추야자, 튤립, 갯질경이 등과 같이 간척지 염분토양에 강한 작물을 말한다.

## 44

간척지에서 간척 당시의 토양 특징에 대한 설명으로 옳은 것은?

15 국가직 기출

① 지하수위가 낮아서 쉽게 심한 환원상태가 되어 유해한 황화수소 등이 생성된다.
② 황화물은 간척하면 환원과정을 거쳐 황산이 되는데, 이 황산이 토양을 강산성으로 만든다.
③ 염분농도가 높아도 벼의 생육에는 영향을 주지 않는다.
④ 점토가 과다하고 나트륨이온이 많아서 토양의 투수성과 통기성이 나쁘다.

해설 ① 지하수위가 높아서 쉽게 심한 환원상태가 되어 유해한 황화수소 등이 생성된다.
② 황화물은 간척하면 산화과정을 거쳐 황산이 되는데, 이 황산이 토양을 강산성으로 만든다.
③ 높은 염분농도 때문에 벼의 생육이 저해된다.

## 45

시설재배에 대한 설명으로 옳지 않은 것은?

11 지방직 기출

① 우리나라 시설재배 면적은 채소류가 화훼류에 비해 월등히 높다.
② 물을 필요한 양만큼 표층 토양에 관개하게 되므로 염류집적이 적다.
③ 시설 내의 온도와 습도 조절은 노지보다 용이하다.
④ 우리나라에서도 일부 과수의 경우 시설재배가 이루어지고 있다.

해설 염류가 집적된 토양은 관수를 하여도 물이 토양에 잘 침투하지 못하고 물이 토양의 표면에서 옆으로 흐르는 경우가 많다. 이와 같은 현상은 연작되는 시설재배지에서도 흔히 볼 수 있고 이 정도가 되면 염류가 많이 집적된 경우이다.

## 01

작물의 재배환경 중 수분에 관한 설명으로 옳지 않은 것은?

17 서울시 기출

① 순수한 물의 수분퍼텐셜(Water Potential)이 가장 낮다.
② 요수량이 작은 작물일수록 가뭄에 대한 저항성이 크다.
③ 세포에서 물은 삼투압이 낮은 곳에서 높은 곳으로 이동한다.
④ 옥수수, 수수 등은 증산계수가 작은 작물이다.

해설 순수한 물일 때 삼투퍼텐셜 및 수분퍼텐셜 값은 0MPa을 나타낸다.

## 02

작물과 수분에 대한 설명으로 가장 옳지 않은 것은?

20 서울시 지도사 기출

① 세포가 수분을 최대로 흡수하면 삼투압과 막압이 같아서 확산압차(DPD)가 0이 되는 팽윤(팽만)상태가 된다.
② 수수, 기장, 옥수수는 요수량이 매우 적고, 명아주는 매우 크다.
③ 세포의 삼투압에 기인하는 흡수를 수동적 흡수라고 한다.
④ 일비현상은 뿌리 세포의 흡수압에 의해 생긴다.

해설 ③ 세포의 삼투압에 기인하는 흡수는 적극적 흡수이다.

## 03

식물체의 수분퍼텐셜(Water Potential)에 대한 설명으로 옳은 것은?

16 지방직 기출

① 수분퍼텐셜은 토양에서 가장 낮고, 대기에서 가장 높으며, 식물체 내에서는 중간의 값을 나타내므로 토양 → 식물체 → 대기로 수분의 이동이 가능하게 된다.
② 수분퍼텐셜과 삼투퍼텐셜이 같으면 압력퍼텐셜이 100이 되므로 원형질분리가 일어난다.
③ 압력퍼텐셜과 삼투퍼텐셜이 같으면 세포의 수분퍼텐셜이 0이 되므로 팽만상태가 된다.
④ 식물체 내의 수분퍼텐셜에는 매트릭퍼텐셜이 많은 영향을 미친다.

해설 ① 수분퍼텐셜은 토양이 가장 높고, 대기가 가장 낮으며 식물체 내에서 중간 값이 나타나므로 토양 → 식물체 → 대기로 수분의 이동이 가능하게 된다.
② 수분퍼텐셜과 삼투퍼텐셜이 같으면 압력퍼텐셜이 0이 되므로 원형질분리가 일어난다.
④ 매트릭퍼텐셜은 식물체 내의 수분퍼텐셜에 거의 영향을 미치지 않는다.

## 04

**작물의 수분흡수에 대한 설명으로 옳지 않은 것은?**

20 국가직 7급 기출

① 수분흡수와 이동에는 삼투퍼텐셜, 압력퍼텐셜, 매트릭퍼텐셜이 관여한다.
② 수분퍼텐셜과 삼투퍼텐셜이 같으면 팽만상태로 세포 내 수분 이동이 없다.
③ 일액현상은 근압에 의한 수분흡수의 결과이다.
④ 수분의 흡수는 세포 내 삼투압이 막압보다 높을 때 이루어진다.

해설  수분퍼텐셜과 삼투퍼텐셜이 같아지면 압력퍼텐셜은 0이 되므로 원형질분리가 일어난다. 팽만상태는 압력퍼텐셜과 삼투퍼텐셜이 같을 때 나타난다.

## 05

**작물의 수분퍼텐셜에 대한 설명으로 옳지 않은 것은?**

20 지방직 7급 기출

① 세포의 팽만상태는 수분퍼텐셜이 0이다.
② 수분퍼텐셜과 삼투퍼텐셜이 같으면 원형질 분리가 일어난다.
③ 수분퍼텐셜은 토양에서 가장 높고, 대기에서 가장 낮다.
④ 압력과 온도가 낮아지면 수분퍼텐셜이 증가한다.

해설  수분퍼텐셜은 압력이 증가하고, 온도가 높아지면 증가한다.

## 06

**다음에 제시된 벼의 생육단계 중 가장 높은 담수를 요구하는 시기로 가장 옳은 것은?**

19 지방직 기출

① 최고분얼기-유수형성기
② 유수형성기-수잉기
③ 활착기-최고분얼기
④ 수잉기-유숙기

해설  **벼의 생육단계와 관개의 정도**

| 모내기(이앙)준비 | 10~15cm 관개 |
| --- | --- |
| 이앙기 | 2~3cm 담수 |
| 이앙기~활착기 | 10cm 담수 |
| 활착기~최고분얼기 | 2~3cm 담수 |
| 최고분얼기~유수형성기 | 중간낙수 |
| 유수형성기~수잉기 | 2~3cm 담수 |
| 수잉기~유숙기 | 6~7cm 담수 |
| 유숙기~황숙기 | 2~3cm 담수 |
| 황숙기(출수 후 30일경) | 완전낙수 |

## 07

**내건성이 강한 작물의 특성으로 옳지 않은 것은?**

17 서울시 기출

① 잎조직이 치밀하며, 엽맥과 울타리조직이 발달하였다.
② 원형질의 점성이 높고, 세포액의 삼투압이 낮다.
③ 탈수될 때 원형질의 응집이 덜하다.
④ 세포 중에서 원형질이나 저장양분이 차지하는 비율이 높다.

해설  ② 원형질의 점성이 높고, 세포액의 삼투압이 높아서 수분보유력이 강하다.

## 08

내건성이 강한 작물의 특성에 대한 설명으로 옳지 않은 것은?

① 건조할 때에는 호흡이 낮아지는 정도가 크고, 광합성이 감퇴하는 정도가 낮다.
② 기공의 크기가 커서 건조 시 증산이 잘 이루어진다.
③ 저수능력이 크고, 다육화의 경향이 있다.
④ 삼투압이 높아서 수분 보유력이 강하다.

**해설** ② 기공의 크기가 작거나 적어서 건조 시 증산이 억제된다.

## 09

내한성(耐寒性)이 강한 작물을 순서대로 나열한 것은?

① 호밀 > 보리 > 귀리 > 옥수수
② 보리 > 호밀 > 옥수수 > 귀리
③ 귀리 > 보리 > 호밀 > 옥수수
④ 호밀 > 귀리 > 보리 > 옥수수

**해설** 작물 내한성(耐寒性)
호밀 > 보리 > 귀리 > 옥수수

## 10

내건성이 강한 작물의 세포적 특성으로 옳지 않은 것은?

① 세포의 크기가 작다.
② 원형질의 점성이 높다.
③ 세포액의 삼투압이 낮다.
④ 세포에서 원형질이 차지하는 비율이 높다.

**해설** 세포액의 삼투압이 높아서 수분보유력이 강하다.

## 11

작물의 한해(旱害)에 대한 재배기술적 대책으로 옳지 않은 것은?

① 토양입단 조성
② 중경제초
③ 비닐피복
④ 질소증시

**해설** 질소시비량을 줄이고 퇴비, 인산, 칼륨을 증시한다.

## 12

밭작물의 한해(旱害) 대책으로 적절하지 못한 것은?

① 토양의 수분보유력 증대를 위해 토양입단을 조성한다.
② 파종 시 재식밀도를 성기게 한다.
③ 봄철 맥류 재배지에서 답압을 실시한다.
④ 질소시비량을 늘리고 인산·칼륨시비량을 줄인다.

**해설** 질소의 다용을 피하고 퇴비, 인산, 칼륨을 증시한다.

## 13

작물의 내습성에 관여하는 요인에 대한 설명으로 옳지 않은 것은? 16 국가직 기출

① 뿌리조직의 목화(木化)는 환원성 유해물질의 침입을 막아 내습성을 증대시킨다.

② 뿌리의 황화수소 및 아산화철에 대한 높은 저항성은 내습성을 증대시킨다.

③ 습해를 받았을 때 부정근의 발달은 내습성을 약화시킨다.

④ 뿌리의 피층세포 배열 형태는 세포간극의 크기 및 내습성 정도에 영향을 미친다.

해설 습해 시 부정근의 발생력이 큰 것은 내습성이 강하다.

## 14

습해의 대책과 작물의 내습성에 대한 설명으로 옳지 않은 것은? 17 서울시 기출

① 습해를 받았을 때 부정근의 발생력이 큰 것은 내습성을 강하게 한다.

② 미숙유기물과 황산근비료의 시용을 피하고, 전층시비를 한다.

③ 과산화석회를 종자에 분의하여 파종하거나 토양에 혼입한다.

④ 작물의 내습성은 대체로 옥수수 > 고구마 > 보리 > 감자 > 토마토 순이다.

해설 미숙유기물과 황산근비료의 시용을 피하고 표층시비로 뿌리를 지표면 가까이 유도하며, 뿌리의 흡수장해 시 엽면시비를 한다.

## 15

습해에 강한 조건이 아닌 것은? 18 경남 지도사 기출

① 목화된 것이 내습성이 강하다.

② 피층세포가 직렬일 때 내습성이 강하다.

③ 생육초기의 맥류처럼 잎이 위쪽 줄기에 착생하고 있는 것이 습해에 강하다.

④ 근계가 얕게 발달한 것이 내습성이 강하다.

해설 생육초기 맥류와 같이 잎이 지하에 착생하고 있는 것은 뿌리로부터 산소 공급능력이 크다.

## 16

다습한 토양에 대한 작물의 적응성 증대방안에 관한 설명으로 옳지 않은 것은? 10 국가직 기출

① 밭에서는 휴립휴파를 하고, 습답에서는 휴립재배를 하기도 한다.

② 미숙유기물 시용을 피하고, 심층시비를 하여 작물이 뿌리를 깊게 뻗도록 유도한다.

③ 내습성의 차이는 품종 간에도 크며, 답리작 맥류재배에서는 내습성이 강한 품종을 선택해야 안전하다.

④ 과산화석회를 종자에 분의해서 파종하거나 토양에 혼입하면 습지에서 발아 및 생육이 촉진된다.

해설 습답에서는 미숙유기물 시용을 피하고 표층시비하는 것이 좋다.

# 01

**대기환경에 관한 설명으로 옳은 것은?**

10 국가직 기출

① 작물의 이산화탄소 포화점은 대기 중 농도의 1/10~1/3 정도이다.

② 광이 약한 조건에서는 강한 조건에서보다 이산화탄소 보상점이 높다.

③ 대기 중의 산소농도가 90% 이상이어도 작물의 호흡에는 지장이 없다.

④ 작물이 생육을 계속하기 위해서는 이산화탄소 보상점 이하의 이산화탄소농도가 필요하다.

**해설** ① 작물의 이산화탄소 보상점은 대기 중 농도의 1/10~1/3 정도이고, 작물의 이산화탄소 포화점은 대기농도의 7~10배(0.21~0.3%)이다.

③ 대기 중의 산소농도의 증가는 일시적으로는 작물의 호흡을 증가시키지만, 90%에 이르면 호흡은 급속히 감퇴하고, 100%에서는 식물이 고사한다.

④ 작물이 생육을 계속하기 위해서는 이산화탄소 보상점 이상의 이산화탄소농도가 필요하다.

# 02

**대기 중의 이산화탄소와 작물의 생리작용에 대한 설명으로 옳은 것은?**

13 지방직 기출

① 광선이 있을 때 1% 이상의 이산화탄소는 작물의 호흡을 증가시킨다.

② 이산화탄소의 농도가 높으면, 온도가 높을수록 동화량은 감소한다.

③ 빛이 약할 때에는 이산화탄소 보상점이 높아지고, 이산화탄소 포화점은 낮아진다.

④ 시설 내에서 탄산가스는 광합성 능력이 저하되는 오후에 시용한다.

**해설** ① 광선이 있을 때 1% 이상의 이산화탄소는 작물의 호흡을 멎게 한다.

② 이산화탄소의 농도가 높으면 온도가 높아질수록 어느 선까지는 동화량이 증가한다.

④ 오후에는 광합성 능력이 저하되므로 탄산가스를 시용할 필요가 없다.

## 03

작물의 광합성에 대한 설명으로 옳지 않은 것은?

12 지방직 기출

① 엽면적이 최적엽면적지수 이상으로 증대하면 건물생산량은 증가하지 않지만 호흡은 증가한다.
② 벼 잎에서 광포화점 도달은 온난한 지대보다는 냉량한 지대에서 더욱 강한 일사가 필요하다.
③ 이산화탄소 포화점까지는 이산화탄소농도가 높아질수록 광합성속도와 광포화점이 낮아진다.
④ 고립상태에서의 벼는 생육초기에는 광포화점에 도달하지만 무성한 군락의 상태에서는 도달하기 힘들다.

**해설** ③ 이산화탄소 포화점까지는 이산화탄소농도가 높아질수록 광합성속도와 광포화점이 높아진다.

## 04

대기 중의 이산화탄소와 작물의 생리작용에 대한 설명으로 옳지 않은 것은?

16 국가직 기출

① 대기 중의 이산화탄소농도가 높아지면 일반적으로 호흡속도는 감소한다.
② 광합성에 의한 유기물의 생성속도와 호흡에 의한 유기물의 소모속도가 같아지는 이산화탄소농도를 이산화탄소 보상점이라 한다.
③ 작물의 이산화탄소 보상점은 대기 중 농도의 약 7~10배(0.21~0.3%)가 된다.
④ 과실·채소를 이산화탄소 중에 저장하면 대사기능이 억제되어 장기간의 저장이 가능하다.

**해설** 대기농도의 7~10배(0.21~0.3%)가 되는 것은 작물의 이산화탄소 포화점이다.

## 05

〈보기〉에서 시설 내 탄산시비에 대한 설명으로 옳은 것을 모두 고른 것은?

20 서울시 지도사 기출

---
ㄱ. 탄산가스 사용 최적농도 범위는 엽채류가 토마토나 딸기보다 더 높다.
ㄴ. 탄산가스 발생제를 이용하면 발생량과 시간의 조절이 쉽다.
ㄷ. 시설 내 광도에 따라 탄산가스 포화점이 변하기 때문에 시비량을 조절한다.
ㄹ. 일반적으로 광합성 효율이 좋은 오후가 오전보다 탄산시비 시기로 적당하다.
---

① ㄱ, ㄷ
② ㄱ, ㄹ
③ ㄴ, ㄷ
④ ㄴ, ㄹ

**해설** ㄴ. 탄산가스 발생제를 이용하면 발생량과 시간의 조절이 어렵다.
ㄹ. 탄산가스 사용시각은 일출 30분 후부터 2~3시간이나, 환기를 하지 않을 때에도 3~4시간 이내로 제한한다.

## 06

시설 내에서 이산화탄소시비 시기로 가장 적합한 시간은?

09 국가직 기출

① 일출 2시간 전부터 일출 때까지
② 일출 30분 후부터 2~3시간
③ 오후 4시부터 2~3시간
④ 일몰 후 2~3시간

해설 시설 내의 탄산가스 농도변화, 빛의 밝기, 환기 등을 고려할 때 일반적으로 일출 후 30분~1시간 후부터 2~3시간 정도 사용해 주는 것이 적당하다.

## 07

탄산가스 사용효과로 틀린 것은?

16 대구 지도사 기출

① 토마토의 개화, 과실의 성숙이 지연된다.
② 오이는 곁가지 발생이 감소한다.
③ 멜론이 너무 커져 열과가 될 수 있다.
④ 콩의 떡잎에서 엽록소 함량이 증가한다.

해설 오이는 저온시설재배나 밀식재배의 경우 햇빛이 너무 약하면 과실 자람이 늦고 곁가지의 발생이 감소하며, 기형과의 발생이 증가한다. 탄산가스 사용 시 오이는 곁가지 발생이 왕성해진다.

## 08

이산화탄소농도에 관여하는 요인의 설명으로 옳지 않은 것은?

09 국가직 기출

① 지표로부터 멀어짐에 따라 이산화탄소농도는 낮아지는 경향이 있다.
② 잎이 무성한 공기층은 여름철에 이산화탄소농도가 낮고, 가을철에 높아진다.
③ 식생이 무성하면 지면에 가까운 공기층의 이산화탄소농도는 낮아진다.
④ 미숙퇴비, 녹비를 시용하면 이산화탄소의 발생이 높아진다.

해설 식생이 무성하면 뿌리의 왕성한 호흡과 바람의 차단으로, 지면에 가까운 공기층의 이산화탄소농도는 높아진다.

## 01

C$_3$작물과 C$_4$작물의 광합성 특성에 대한 비교 설명으로 옳지 않은 것은?

13 지방직 기출

① CO$_2$ 보상점은 C$_3$작물이 C$_4$작물보다 높다.
② 광포화점은 C$_3$작물이 C$_4$작물보다 낮다.
③ CO$_2$ 첨가에 의한 건물생산 촉진효과는 대체로 C$_3$작물이 C$_4$작물보다 크다.
④ 광합성 적정온도는 대체로 C$_3$작물이 C$_4$작물보다 높은 편이다.

해설 광합성 적정온도는 대체로 C$_4$작물(30~47℃)이 C$_3$작물(13~30℃)보다 높은 편이다.

## 02

광합성에 관한 설명으로 옳지 않은 것은?

17 서울시 기출

① 고온다습한 지역의 C$_4$식물은 유관속초세포와 엽육세포에서 탄소환원이 일어난다.
② 광포화점은 온도와 이산화탄소농도에 따라 변화한다.
③ 광합성의 결과 틸라코이드(Thylakoid)에서 산소가 발생한다.
④ CAM식물은 탄소고정과 탄소환원이 공간적으로 분리되어 있다.

해설 C$_4$식물은 탄소고정과 탄소환원이 공간적으로 분리되어 있다.

## 03

C$_3$식물과 C$_4$식물의 광합성에 대한 비교 설명으로 옳은 것은?

20 국가직 7급 기출

① CO$_2$ 보상점은 C$_4$식물이 높다.
② 광합성 적정온도는 C$_3$식물이 높다.
③ 증산율(g H$_2$O/g 건량 증가)은 C$_3$식물이 높다.
④ CO$_2$ 1분자를 고정하기 위한 이론적 에너지요구량(ATP)은 C$_3$식물이 높다.

해설 ③ C$_3$식물의 증산율은 450~950, C$_4$식물의 증산율은 250~350이다.
① CO$_2$ 보상점은 C$_3$식물이 높다.
② 광합성 적정온도는 C$_4$식물이 높다.
④ CO$_2$ 1분자를 고정하기 위한 이론적 에너지요구량(ATP)은 같다.

## 04

벼와 옥수수의 생리 · 생태적 특성으로 옳은 것은?

09 국가직 기출

① 유관속초세포는 벼가 옥수수보다 더 발달되어 있다.
② CO$_2$ 보상점은 벼가 옥수수보다 더 낮다.
③ 광합성 적정온도는 벼가 옥수수보다 더 높다.
④ 광호흡량은 벼가 옥수수보다 더 높다.

해설 C$_3$식물인 벼는 광호흡이 있고, C$_4$식물인 옥수수는 광호흡이 거의 없다.

## 05

사탕수수와 밀의 광합성 특성을 비교한 것으로 옳은 것은? 10 국가직 기출

① 사탕수수가 밀보다 광포화점이 낮다.
② 사탕수수가 밀보다 광호흡이 낮다.
③ 사탕수수가 밀보다 광합성 적정온도가 낮다.
④ 사탕수수가 밀보다 이산화탄소 보상점이 높다.

해설 $C_3$식물인 밀은 광호흡이 있고, $C_4$식물인 사탕수수는 광호흡이 거의 없다.

## 06

작물의 엽록소형성, 굴광현상, 일장효과 및 야간조파에 가장 효과적인 광으로 짝지어진 것은? 09 국가직 기출

| | 엽록소형성 | 굴광현상 | 일장효과 | 야간조파 |
|---|---|---|---|---|
| ① | 자색광 | 적색광 | 녹색광 | 청색광 |
| ② | 적색광 | 청색광 | 적색광 | 적색광 |
| ③ | 황색광 | 청색광 | 황색광 | 청색광 |
| ④ | 적색광 | 적색광 | 자색광 | 적색광 |

해설
• 엽록소 형성 : 청색광역과 적색광역이 효과적이다.
• 굴광현상 : 400~500nm, 특히 440~480nm의 청색광이 가장 유효하다.
• 일장효과 : 적색광이 개화에 큰 영향을 끼친다.
• 야간조파 : 적색광이 가장 효과적이다.

## 07

식물의 굴광현상에 대한 설명으로 옳은 것은? 10 지방직 기출

① 굴광현상은 440~480nm의 청색광이 가장 유효하다.
② 초엽(鞘葉)에서는 배광성을 나타낸다.
③ 덩굴손의 감는 운동은 굴광성으로 설명할 수 있다.
④ 줄기와 뿌리 모두 배광성을 나타낸다.

해설 ② 초엽(鞘葉)에서는 향광성을 나타낸다.
③ 덩굴손의 감는 운동은 굴촉성으로 설명할 수 있다.
④ 줄기에서는 향광성, 뿌리에서는 배광성을 나타낸다.

## 08

그림은 광도에 따른 광합성을 나타낸 것이다. 이에 대한 설명으로 옳지 않은 것은? 20 국가직 7급 기출

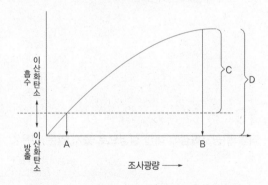

① A가 낮은 식물은 그늘에 견딜 수 있어서 내음성이 강하다.
② 고립상태에서 B는 콩이 옥수수보다 높다.
③ B는 온도와 이산화탄소의 농도에 따라 변화한다.
④ D−C(D에서 C를 뺀 부분)는 호흡에 의한 소모 부분이다.

**해설** ② 고립상태에서 광포화점(B)은 옥수수가 80~100%, 콩이 20~23% 정도이다.
광보상점(A), 광포화점(B), 외견상광합성(C), 진정광합성(D).

# 09

일반 포장에서 작물의 광포화점에 대한 설명으로 옳지 않은 것은?

17 지방직 기출

① 벼 포장에서 군락의 형성도가 높아지면 광포화점은 높아진다.
② 벼잎의 광포화점은 온도에 따라 달라진다.
③ 콩이 옥수수보다 생육초기 고립상태의 광포화점이 높다.
④ 출수기 전후 군락상태의 벼는 전광(全光)에 가까운 높은 조도에서도 광포화에 도달하지 못한다.

**해설** $C_4$식물(옥수수)이 $C_3$식물(콩)보다 생육초기 고립상태의 광포화점이 높다.

# 10

작물의 광포화점에 대한 설명으로 옳지 않은 것은?

09 지방직 기출

① 음지식물은 양지식물보다 낮다.
② 군락의 형성도가 높을수록 증가한다.
③ 군락의 수광태세가 좋을수록 증가한다.
④ 고립상태에서 일반작물의 광포화점은 생육적온까지 온도가 높아질수록 낮아진다.

**해설** ③ 군락의 수광태세가 좋을수록 광포화점이 감소한다.

# 11

군락의 광포화점에 대한 설명으로 옳지 않은 것은?

08 국가직 기출

① 군락의 형성도가 높을수록 광포화점은 높아진다.
② 포장군락에서는 전광(全光)에서 포화상태에 도달한다.
③ 군락이 무성한 시기일수록 더욱 강한 일사가 필요하다.
④ 벼잎에 투사된 광은 10% 정도가 잎을 투과한다.

**해설** 출수기 전후 군락상태의 벼는 전광(全光)에 가까운 높은 조도에서도 광포화에 도달하지 못한다.

# 12

작물의 재배환경 중 광과 관련된 설명으로 옳지 않은 것은?

17 국가직 기출

① 군락 최적엽면적지수는 군락의 수광태세가 좋을 때 커진다.
② 식물의 건물생산은 진정광합성량과 호흡량의 차이, 즉 외견상광합성량이 결정한다.
③ 군락의 형성도가 높을수록 군락의 광포화점이 낮아진다.
④ 보상점이 낮은 식물은 그늘에 견딜 수 있어 내음성이 강하다.

**해설** ③ 군락의 형성도가 높을수록 군락의 광포화점이 높아진다.

## 13

작물의 최적엽면적지수에 대한 설명으로 옳지 않은 것은?

11 국가직 기출

① 최적엽면적지수는 생육기간 중 일사량에 따라 변한다.
② 최적엽면적지수는 수광태세가 좋은 초형일수록 작아진다.
③ 최적엽면적지수를 크게 하면 수량을 증대시킬 수 있다.
④ 최적엽면적지수는 작물의 종류와 품종에 따라 다르다.

해설 ② 최적엽면적지수는 수광태세가 좋은 초형일수록 커진다.

## 14

포장동화능력에 대한 설명으로 옳지 않은 것은?

12 국가직 기출

① 포장군락의 단위면적당 동화능력을 말한다.
② 엽면적지수, 적산온도, 평균동화능력의 곱으로 표시된다.
③ 벼의 경우 출수 전에는 주로 엽면적의 지배를 받고, 출수 후에는 단위동화능력의 지배를 받는다.
④ 엽면적이 과다하여 그늘에 든 잎이 많이 생기면 동화능력보다 호흡소모가 많아져 포장동화능력이 저하된다.

해설 포장동화능력 = 총엽면적×수광능률×평균동화능력

## 15

'총엽면적×수광능률×평균동화능력'으로 표시되는 것은?

09 국가직 기출

① 개엽동화능력
② 진정광합성량
③ 포장동화능력
④ 단위동화능력

해설 포장동화능력은 포장군락의 단위면적당 동화능력이다.

## 16

작물의 수광태세를 개선하는 방법으로 옳지 않은 것은?

13 지방직 기출

① 벼는 분얼이 조금 개산형인 것이 좋다.
② 옥수수는 수이삭이 작고 잎혀가 없는 것이 좋다.
③ 벼나 콩에서 밀식 시에는 포기 사이를 넓히고, 줄 사이를 좁히는 것이 좋다.
④ 맥류는 광파재배보다 드릴파재배를 하는 것이 좋다.

해설 벼나 콩에서 밀식 시 줄 사이를 넓히고 포기 사이를 좁히는 것이 파상군락을 형성하게 하여 군락 하부로 광투사를 좋게 한다.

## 17

경종법에 의한 수광태세 개선방법으로 옳지 않은 것은?

18 경남 지도사 기출

① 줄 사이를 넓히고 포기 사이를 좁힌다.
② 무효분얼기에 질소를 적게 주면 수광태세가 좋아진다.
③ 칼리, 규산을 충분히 주면 잎이 꼿꼿이 선다.
④ 드릴파재배 대신 광파재배를 한다.

**해설** 맥류는 광파재배보다 드릴파재배를 하는 것이 잎이 조기에 포장 전면을 덮어 수광태세가 좋아지고, 지면증발도 적어진다.

## 18

광 조건과 작물의 생육에 대한 설명으로 옳지 않은 것은?

11 지방직 기출

① 광포화점은 고립상태의 작물보다 군락상태의 작물에서 높다.
② 규산과 칼륨을 충분히 시용한 벼에서는 수광태세가 양호하여 증수된다.
③ 벼 감수분열기의 광 부족은 단위면적당 이삭수를 감소시킨다.
④ 남북이랑방향은 동서이랑방향보다 수광량이 많아 작물생육에 유리하다.

**해설** 최고분얼기의 일조부족은 단위면적당 이삭수를 감소시키고, 벼 감수분열기의 광 부족은 갓 분화, 생성된 영화가 생장이 정지되고 퇴화하여 이삭당 영화수가 크게 감소한다.

## 19

광과 관련된 작물의 생리작용에 대한 설명으로 옳은 것은?

20 지방직 7급 기출

① 광포화점은 외견상광합성속도가 0이 되는 조사광량으로서, 유기물의 증감이 없다.
② 보상점이 낮은 나무는 내음성이 강해, 수림 내에서 생존경쟁에 유리하다.
③ 광호흡은 광합성 과정에서만 이산화탄소를 방출하는 현상으로서, 엽록소, 미토콘드리아, 글리옥시좀에서 일어난다.
④ 광포화점과 광합성속도는 온도 및 이산화탄소 농도와는 관련성이 없다.

**해설**
① 광보상점은 외견상광합성속도가 0이 되는 조사광량이다.
③ 광호흡은 광합성에 의해 이산화탄소를 발생시키는 것으로 엽록체, 미토콘드리아, 퍼옥시좀에서 일어난다.
④ 이산화탄소농도가 높아질수록 광합성속도와 광포화점이 높아진다.

## 01

온도가 작물의 생리작용에 미치는 영향으로 옳지 않은 것은?  14 국가직 기출

① 광합성의 온도계수는 고온보다 저온에서 크며, 온도가 적온보다 높으면 광합성은 둔화된다.
② 적온을 넘어 고온이 되면 체내의 효소계가 파괴되므로 호흡속도가 오히려 감소한다.
③ 동화물질이 잎에서 생장점 또는 곡실로 전류되는 속도는 적온까지는 온도가 올라갈수록 빨라진다.
④ 온도상승에 따라 세포투과성과 호흡에너지 방출 및 증산작용은 감소하고 수분의 점성은 증대하므로 수분흡수가 증대한다.

해설 ④ 온도상승에 따라 세포투과성과 호흡에너지 방출 및 증산작용은 증대하고 수분의 점성은 감소하므로 수분흡수가 증대한다.

## 02

생육적온 범위에서 온도상승이 작물의 생리에 미치는 영향이 아닌 것은?  13 국가직 기출

① 증산작용이 증가한다.
② 수분흡수가 증가한다.
③ 호흡이 증가한다.
④ 탄수화물의 소모가 감소한다.

해설 작물은 생육적온이 있고, 적온까지는 온도의 상승에 따라 생리대사가 빠르게 증가하지만, 적온 이상의 고온에서는 온도의 상승에 따라 반응속도가 줄어든다.

## 03

온도가 영향을 미치는 작물의 생리작용으로 가장 거리가 먼 것은?  11 지방직 기출

① 굴광현상
② 증 산
③ 광합성
④ 동화물질의 전류

해설 온도와 작물생리 작용
 • 증 산
 • 광합성
 • 동화물질의 전류
 • 호 흡
 • 양분의 흡수 및 이용
 • 수분흡수

## 04

생육 최적온도가 높은 작물부터 낮은 순으로 올바르게 나열한 것은?  11 국가직 기출

① 완두 > 오이 > 귀리
② 오이 > 귀리 > 옥수수
③ 오이 > 담배 > 보리
④ 멜론 > 사탕무 > 벼

해설 작물의 주요 온도

| 작 물 | 최저온도 (℃) | 최적온도 (℃) | 최고온도 (℃) |
|---|---|---|---|
| 밀 | 3~4.5 | 25 | 30~32 |
| 호 밀 | 1~2 | 25 | 30 |
| 보 리 | 3~4.5 | 20 | 28~30 |
| 귀 리 | 4~5 | 25 | 30 |
| 옥수수 | 8~10 | 30~32 | 40~44 |
| 벼 | 10~12 | 30~32 | 36~38 |
| 담 배 | 13~14 | 28 | 35 |
| 삼 | 1~2 | 35 | 45 |
| 사탕무 | 4~5 | 25 | 28~30 |
| 완 두 | 1~2 | 30 | 35 |
| 멜 론 | 12~15 | 35 | 40 |
| 오 이 | 12 | 33~34 | 40 |

## 05

작물의 생육과 관련된 온도에 대한 설명으로 옳지 않은 것은? 14 국가직 기출

① 담배의 적산온도는 3,200~3,600℃ 범위이다.
② 벼의 생육 최고온도는 36~38℃ 범위이다.
③ 옥수수의 생육 최고온도는 40~44℃ 범위이다.
④ 추파맥류의 적산온도는 1,300~1,600℃ 범위이다.

해설 ④ 추파맥류의 적산온도는 1,700~2,300℃ 범위이다.

## 06

유효적산온도(GDD)를 계산하기 위한 식은? 18 지방직 기출

① GDD(℃) = Σ (일최고기온 + 일최저기온) ÷ 2 + 기본온도
② GDD(℃) = Σ (일최고기온 + 일최저기온) × 2 − 기본온도
③ GDD(℃) = Σ (일최고기온 + 일최저기온) ÷ 2 − 기본온도
④ GDD(℃) = Σ (일최고기온 + 일최저기온) × 2 + 기본온도

해설 **유효적산온도**
= Σ[(일최고기온+일최저기온)/2−기본온도]
기본온도는 대체로 여름작물은 10℃, 월동작물과 과수는 5℃로 본다.

## 07

온도가 작물생육에 미치는 영향으로 옳지 않은 것은? 12 국가직 기출

① 작물의 유기물축적이 최대가 되는 온도는 호흡이 최고가 되는 온도보다 낮다.
② 벼는 평야지가 산간지보다 변온이 커서 등숙이 좋은 경향이 있다.
③ 고구마는 29℃의 항온보다 20~29℃ 변온에서 덩이뿌리의 발달이 촉진된다.
④ 맥류는 밤의 기온이 높아서 변온이 작은 것이 출수 및 개화가 촉진된다.

해설 ② 벼는 산간지가 평야지보다 변온이 커서 동화물질의 축적에 유리하여 등숙이 양호하다.

## 08

작물종자의 발아에 관한 설명 중 옳지 않은 것은? 07 국가직 기출

① 담배나 가지과채소 등은 주·야간 변온보다는 항온에서 발아가 촉진된다.
② 전분종자가 단백질 종자보다 발아에 필요한 최소수분함량이 적다.
③ 호광성 종자는 가시광선 중 600~680nm에서 가장 발아를 촉진시킨다.
④ 벼, 당근의 종자는 수중에서도 발아가 감퇴하지 않는다.

해설 ① 담배나 가지과채소 등은 주·야간 항온보다는 변온에서 발아가 촉진된다.

## 09

변온의 효과에 대한 설명으로 옳은 것은?

16 지방직 기출

① 비교적 낮의 온도가 높고 밤의 온도가 낮으면 동화물질의 축적이 적다.
② 밤의 기온이 어느 정도 낮아 변온이 클 때 생장이 빠르다.
③ 맥류의 경우 밤의 기온이 낮아서 변온이 크면 출수·개화를 촉진한다.
④ 벼를 산간지에서 재배할 경우 변온에 의해 평야지보다 등숙이 더 좋다.

해설 ① 비교적 낮의 온도가 높고 밤의 온도가 낮으면 동화물질의 축적이 많다.
② 밤의 기온이 어느 정도 낮아 변온이 클 때는 생장이 느리다.
③ 맥류는 밤의 기온이 높아서 변온이 작은 것이 출수·개화를 촉진하나 일반적으로는 변온이 큰 것이 개화를 촉진하고 화기도 키운다.

## 10

작물이 생육최고온도에 장기간 재배되면 생육이 쇠퇴하여 열해가 발생한다. 이에 대한 설명으로 옳지 않은 것은?

11 지방직 기출

① 광합성보다 호흡작용이 우세하여 유기물 소모가 많아 작물이 피해를 입는다.
② 단백질의 합성이 촉진되고, 암모니아의 축적이 적어 작물이 피해를 입는다.
③ 수분 흡수보다 증산이 과다하여 위조를 유발한다.
④ 고온에 의해 철분이 침전되면 황백화현상이 일어난다.

해설 고온은 단백질의 합성을 저해하여 암모니아의 축적이 많아지므로 유해물질로 작용하여 작물이 질소대사 이상의 피해를 입는다.

## 11

과도한 고온으로 인해 작물의 생육이 저해되는 주요 원인이 아닌 것은?

07 국가직 기출

① 호흡량 증대로 인한 유기물 소모가 많아진다.
② 단백질 합성 저해에 따른 식물체 내의 암모니아가 감소한다.
③ 수분의 흡수보다 과도한 증산에 의해 식물체가 건조해진다.
④ 식물체 내 철분의 침전이 일어난다.

해설 고온에서 단백질의 합성을 저해하여 암모니아의 축적이 많아진다.

## 12

열해의 주요원인이 아닌 것은?

① 무기물 축적
② 유기물 과잉소모
③ 질소대사이상
④ 철분침전

해설 **열해의 기구**
• 유기물(양분)의 과잉소모
• 질소대사의 이상
• 철분의 침전
• 증산 과다
※ 열사의 원인 : 원형질막의 액화(파괴), 원형질단백의 응고, 전분의 점괴화

## 13

고온장해가 발생한 작물에 대한 설명으로 옳지 않은 것은? 　17 지방직 `기출`

① 호흡이 광합성보다 우세해진다.
② 단백질의 합성이 저해된다.
③ 수분흡수보다 증산이 과다해져 위조가 나타난다.
④ 작물의 내열성은 미성엽(未成葉)이 완성엽(完成葉)보다 크다.

　`해설` 작물의 내열성은 기관별로는 주피와 완성엽이 내열성이 크고 눈과 어린잎이 그다음이며 미성엽과 중심주가 가장 약하다.

## 14

북방형 목초의 하고 원인이 아닌 것은?
　09 국가직 `기출`

① 고 온　　　　② 건 조
③ 단 일　　　　④ 병충해

　`해설` **목초의 하고현상(夏枯現象)**
북방형 목초가 고온과 건조, 장일, 병충해 및 잡초 발생 등으로 일시적으로 중지되거나 세력이 약하여 말라죽는 현상이다.

## 15

목초의 하고현상에 대한 설명으로 옳은 것은?
　13 지방직 `기출`

① 스프링플러시가 심할수록 하고현상도 심해진다.
② 월동목초는 대부분 단일식물로 여름철 단일조건에 놓이면 하고현상이 조장된다.
③ 여름철 잡초가 무성하면 하고현상이 완화된다.
④ 병충해 발생이 많으면 하고현상이 완화된다.

　`해설` ② 월동목초는 대부분 장일식물로 여름철 단일조건에 놓이면 하고현상이 조장된다.
③ 여름철 잡초가 무성하면 하고현상이 심해진다.
④ 병충해 발생이 많으면 하고현상이 심해진다.

## 16

벼의 장해형 냉해에 해당되는 것은? 　17 국가직 `기출`

① 유수형성기에 냉온을 만나면 출수가 지연된다.
② 저온조건에서 규산흡수가 적어지고, 도열병 병균침입이 용이하게 된다.
③ 질소동화가 저해되어 암모니아의 축적이 많아진다.
④ 융단조직(Tapete)이 비대하고 화분이 불충실하여 불임이 발생한다.

　`해설` **장해형 냉해**
• 유수형성기부터 개화기 사이, 특히 생식세포의 감수분열기에 냉온의 영향을 받아서 생식기관이 정상적으로 형성되지 못하거나 또는 꽃가루의 방출 및 수정에 장해를 일으켜 결국 불임현상이 초래되는 유형의 냉해이다.
• 융단조직(Tapete)의 이상비대는 장해형 냉해의 좋은 예이며, 품종이나 작물의 냉해 저항성의 기준이 되기도 한다.

## 17

맥류의 동상해 대책으로 틀린 것은?
　18 경남 지도사 `기출`

① 뿌림골을 낮춘다.
② 적기에 파종하고 한지에서는 파종량을 늘린다.
③ 퇴비를 종자 위에 준다.
④ 답압을 한다.

해설 **맥류의 동상해 대책**

- 이랑을 세워 뿌림골을 깊게 한다.
- 칼리질 비료를 증시하고 퇴비를 종자위에 준다.
- 적기에 파종하고, 한지에서는 파종량을 늘린다.
- 과도하게 자라거나 서리발이 설 때에는 답압을 한다.

## 18

작물의 내동성을 증대시키는 생리적 요인에 대한 설명으로 옳지 않은 것은?                     09 지방직 기출

① 원형질의 수분투과성이 크면 세포 내 결빙을 적게 하여 내동성이 증대된다.

② 지방과 수분이 공존할 때 빙점강하도가 커지므로 지유함량이 높은 것이 내동성이 강하다.

③ 당분함량이 많으면 세포의 삼투압이 높아지고 원형질단백의 변성을 막아서 내동성이 크다.

④ 세포 내의 자유수가 많아지면 세포의 결빙을 억제하여 내동성이 증대된다.

해설 ④ 세포 내의 자유수가 많아지면 세포의 결빙을 조장하여 내동성이 저하된다.

## 19

작물의 내동성에 관여하는 생리적 요인에 대한 설명으로 옳은 것은?                     12 지방직 기출

① 원형질의 수분투과성이 크면 세포 내 결빙을 적게 하여 내동성이 증대된다.

② 원형질단백질에 −SS기가 많은 것은 −SH기가 많은 것보다 원형질의 파괴가 적고 내동성이 크다.

③ 전분함량이 높으면 내동성이 증대된다.

④ 세포액의 농도가 낮으면 내동성이 증대된다.

해설 ② 원형질단백질에 −SH기가 많은 것은 −SS기가 많은 것보다 기계적 견인력을 받을 때 분리되기 쉬우므로 원형질의 파괴가 적고 내동성이 크다.
③ 전분함량이 높으면 내동성이 저하된다.
④ 세포액의 농도가 높으면 조직즙의 광에 대한 굴절률이 커지고 내동성이 증대된다.

## 20

작물의 내동성에 대한 설명으로 옳은 것은?                     18 국가직 기출

① 생식기관은 영양기관보다 내동성이 강하다.

② 포복성 작물은 직립성인 것보다 내동성이 강하다.

③ 원형질에 전분함량이 많으면 기계적 견인력에 의해 내동성이 증가한다.

④ 세포 내에 수분함량이 많으면 생리적 활성이 증가하므로 내동성이 증가한다.

해설 ① 생식기관은 영양기관보다 내동성이 극히 약하다.
③ 원형질에 전분함량이 많으면 기계적 견인력에 의해 내동성이 저하된다.
④ 세포 내에 수분함량이 많으면 세포 내 결빙이 생기기 쉬워 생리적 활성이 저하하므로 내동성이 저하된다.

## 21

작물의 내동성에 대한 설명 중 옳지 않은 것은?                     07 국가직 기출

① 원형질의 친수성 콜로이드가 많으면 세포 내의 결합수가 많아지므로 내동성이 커진다.

② 세포 내 전분함량이 많으면 내동성이 저하된다.

③ 세포 내 칼슘이온은 세포 내 결빙을 억제한다.

④ 원형질의 수분투과성이 크면 내동성이 저하된다.

해설 ④ 원형질의 수분투과성이 크면 세포 내 결빙을 적게 하여 내동성을 증대시킨다.

## 01

작물의 생육은 생장과 발육으로 구별되는데 다음 중 발육에 해당되는 것은? 13 국가직 〔기출〕

① 뿌리가 신장한다.
② 잎이 커진다.
③ 화아가 형성된다.
④ 줄기가 비대한다.

〔해설〕 **생장과 발육**
- 생 장
  - 여러 가지 잎, 줄기, 뿌리 같은 영양기관이 양적으로 증대하는 것을 말한다.
  - 영양생장을 의미하며, 시간의 경과에 따른 변화이다.
- 발 육
  - 아생(芽生), 화성(化成), 개화(開化), 성숙(成熟) 등과 같은 작물의 단계적 과정을 거치는 체내 질적 재조정작용이다.
  - 생식생장이며 질적 변화이다.

## 02

작물의 상적발육에 대한 설명으로 옳지 않은 것은? 12 국가직 〔기출〕

① 발육은 작물 체내에서 일어나는 질적인 재조정 작용이다.
② 생장은 여러 기관의 양적 증대에 의해 나타난다.
③ 상적발육 초기는 감온상보다 감광상에 해당된다.
④ 화성(花成)은 영양생장에서 생식생장으로 이행하는 한 과정이다.

〔해설〕 작물의 상적발육에서 초기의 특정온도가 필요한 단계를 감온상이라 하고, 작물의 상적발육에서 일정 단계를 지난 뒤에 특정 일장이 필요한 단계를 감광상이라 한다.

## 03

작물의 화성유도에 대한 설명으로 옳은 것은? 12 국가직 〔기출〕

① 환상박피를 한 윗부분은 C/N율이 높아져 화아분화가 촉진된다.
② 저온버널리제이션의 효과는 처리온도가 낮을수록 뚜렷하다.
③ 개화유도물질인 플로리겐은 생장점에서 만들어져 잎으로 이동한다.
④ 단일식물의 개화억제를 위한 야간조파에는 근적외선광이 효과적이다.

〔해설〕 ② 춘화처리의 처리온도 및 기간은 유전성에 따라 서로 다르다.
③ 잎에서 생성된 개화유도물질인 플로리겐이 줄기의 생장점으로 이동되어 화성이 유도된다.
④ 단일식물의 개화억제를 위한 야간조파에는 적색광이 효과적이다.

## 04

작물의 생육단계가 영양생장에서 생식생장으로 전환되는 현상에 대한 설명으로 옳은 것은? 18 지방직 〔기출〕

① 줄기의 유관속 일부를 절단하면 절단된 윗부분의 C/N율이 낮아져 화아분화가 촉진된다.
② 뿌리에서 생성된 개화유도물질인 플로리겐이 줄기의 생장점으로 이동되어 화성이 유도된다.
③ 저온처리를 받지 않은 양배추는 화성이 유도되지 않으므로 추대가 억제된다.
④ 화학적 방법으로 화성을 유도하는 경우에 ABA는 저온 · 장일 조건을 대체하는 효과가 크다.

**해설** ① 줄기의 유관속 일부를 절단하면 절단된 윗부분의 C/N율이 높아져 화아분화가 촉진된다.
② 잎에서 생성된 개화유도물질인 플로리겐이 줄기의 생장점으로 이동되어 화성이 유도된다.
④ 화학적 방법으로 화성을 유도하는 경우에 지베렐린은 저온·장일 조건을 대체하는 효과가 크다.

## 05

버널리제이션에 대한 설명으로 옳지 않은 것은?

11 국가직 기출

① 저온처리의 감응 부위는 생장점이다.
② 산소부족과 같이 호흡을 저해하는 조건은 버널리제이션을 촉진한다.
③ 최아종자를 저온처리하는 경우에는 광의 유무가 버널리제이션에 관계하지 않는다.
④ 처리 중 종자가 건조하면 버널리제이션 효과가 감쇄한다.

**해설** 춘화처리 중 산소의 공급은 절대적으로 필요하며 산소의 부족은 호흡을 불량하게 하며 춘화처리 효과가 지연(저온), 발생하지 못한다(고온).

## 06

정상적인 개화와 결실을 위해 저온춘화가 필요한 작물은?

14 국가직 기출

① 춘파밀
② 수 수
③ 유 채
④ 콩

**해설** **저온춘화형 작물**
배추, 무, 알타리무, 겨자채, 갓, 양배추, 꽃양배추, 냉이, 유채 등 십자화과 채소

## 07

화학적 춘화처리에 대한 설명으로 옳은 것은?

19 경남 지도사 기출

① 시금치는 10ppm의 NAA에 침지하고 저온처리 시 화아분화가 촉진된다.
② 벼에 단일조건에서 지베렐린을 처리하면 춘화효과가 감소한다.
③ 잠두에 저온처리 후에 지베렐린을 처리하면 춘화효과가 증가한다.
④ 아마를 저온처리 후에 NAA를 처리하면 춘화효과가 감소한다.

**해설** ① 시금치는 1ppm의 NAA에 침지하고 저온처리 시 춘화효과가 증가한다.
② 벼에 장일조건에서 지베렐린을 처리하면 춘화효과가 증가한다.
③ 잠두에 저온처리 후에 지베렐린을 처리하면 춘화효과가 감소한다.

## 08

춘화처리에 대한 설명으로 옳지 않은 것은?

15 국가직 기출

① 완두와 같은 종자춘화형 식물과 양배추와 같은 녹체춘화형 식물로 구분한다.
② 종자춘화를 할 때에는 종자근의 시원체인 백체가 나타나기 시작할 무렵까지 최아하여 처리한다.
③ 춘화처리 기간 중에는 산소를 충분히 공급해야 한다.
④ 춘화처리 기간과 종료 후에는 종자를 건조한 상태로 유지해야 한다.

**해설** 춘화처리 도중뿐만 아니라 처리 후에도 고온과 건조는 저온처리의 효과를 경감 또는 소멸시키므로 처리기간 중에는 물론 처리 후에도 고온과 건조를 피해야 한다.

## 09

**춘화처리의 농업적 이용에 대한 설명으로 가장 옳지 않은 것은?** 20 서울시 지도사 기출

① 월동작물의 채종에 이용한다.
② 맥류의 육종에 이용한다.
③ 딸기의 반촉성재배에 이용한다.
④ 라이그래스류의 종 또는 품종의 감정에 이용한다.

해설 ③ 딸기를 촉성재배하기 위해 여름철 묘를 냉장처리한다.

## 10

**춘화처리(Vernalization)를 농업적으로 이용한 사례가 아닌 것은?** 08 국가직 기출

① 국화의 주년재배
② 월동채소의 봄파종
③ 딸기의 촉성재배
④ 맥류작물의 세대단축

해설 ① 국화의 주년재배는 일장과 관련이 있다.
국화에서 조생국(早生菊)은 단일처리로 촉성재배하고, 만생추국(晩生秋菊)은 장일처리하여 억제재배를 하여, 연중개화가 가능하게 하는 것을 주년재배라고 한다.
**춘화처리의 농업적 이용**
- 채 종
- 육종에의 이용
- 촉성재배
- 수량증대
- 재배법 개선
- 종 또는 품종의 감정

## 11

**다음 중 화아분화 전후에 장일상태에 의하여 개화가 촉진되는 작물은(LL식물)은?** 06 대구 지도사 기출

① 양딸기 ② 토마토
③ 고 추 ④ 시금치

해설 **식물의 일장형**

| 일장형 | 화아분화 전 | 화아분화 후 | 대상식물 |
|---|---|---|---|
| LL | 장 일 | 장 일 | 시금치, 봄보리 |
| LS | 장 일 | 단 일 | 핏소스테기아 |
| LI | 장 일 | 중 성 | 사탕무 |
| SL | 단 일 | 장 일 | 양딸기, 시네라리아 |
| SS | 단 일 | 단 일 | 콩(만생종), 코스모스, 나팔꽃 |
| SI | 단 일 | 중 성 | 벼(만생종) |
| IL | 중 성 | 장 일 | 밀(춘파형) |
| IS | 중 성 | 단 일 | 소빈국 |
| II | 중 성 | 중 성 | 벼(조생), 메밀, 토마토, 고추 |

## 12

**일장형이 장일식물에 해당하는 것으로만 묶인 것은?** 14 국가직 기출

① 콩, 담배 ② 양파, 시금치
③ 국화, 토마토 ④ 벼, 고추

해설 **작물의 일장형**
- 장일식물 : 추파맥류, 시금치, 양파, 상추, 아마, 아주까리, 감자 등
- 단일식물 : 국화, 콩, 담배, 들깨, 조, 기장, 피, 옥수수, 아마, 호박, 오이, 늦벼, 나팔꽃 등
- 중성식물 : 강낭콩, 고추, 가지, 토마토, 당근, 셀러리 등



09 ③ 10 ① 11 ④ 12 ② 정답

## 13

일장효과에 대한 설명으로 옳은 것은?

18 경남 지도사 기출

① 본엽이 나온 직후 감응한다.
② 적색광, 청색광이 일장효과에 좋다.
③ 약광에서는 일장효과가 발생하지 않는다.
④ 장일식물인 사리풀은 저온하에서는 단일라도 개화한다.

해설 ① 본엽이 나온 뒤 어느 정도 발육한 후에 감응한다.
② 적색광이 일장효과에 좋다.
③ 명기가 약광이라도 일장효과가 나타난다.

## 14

작물의 개화생리에 대한 설명으로 옳지 않은 것은?

15 국가직 기출

① 체내 C/N율이 높을 때 화아분화가 촉진된다.
② 정일(중간)식물은 좁은 범위의 특정 일장에서만 개화한다.
③ 광주기성에 관계하는 개화호르몬은 피토크롬이다.
④ 광주기성에서 개화는 낮의 길이보다 밤의 길이에 더 크게 영향을 받는다.

해설 ③ 광주기성에 관계하는 개화호르몬은 플로리겐(Florigen)이다.
꽃, 열매, 씨앗의 생식기관의 생장 식물의 잎에는 광주기성을 감지하는 피토크롬이라는 감광색소가 있다.

## 15

야간조파에 의해 개화가 억제될 가능성이 높은 작물로만 짝지어진 것은??

11 국가직 기출

① 보리, 콩, 양파
② 벼, 콩, 들깨
③ 감자, 시금치, 상추
④ 양파, 들깨, 보리

해설 야간조파에 의해 개화가 억제될 가능성이 높은 작물의 단일식물로 국화, 콩, 들깨, 조, 기장, 피, 옥수수, 담배, 아마, 호박, 오이, 늦벼, 나팔꽃 등이 있다.

## 16

화학물질과 일장효과에 관한 설명으로 옳지 않은 것은?

10 국가직 기출

① 나팔꽃에서는 키네틴이 화성을 촉진한다.
② 파인애플은 2,4-D 처리로 개화가 유도된다.
③ 파인애플에서 아세틸렌이 화성을 촉진한다.
④ 마류(麻類)에서는 생장억제제가 개화를 촉진한다.

해설 ④ 마류(麻類)에서는 생장억제제가 개화를 억제한다.

## 17

작물의 일장효과에 대한 설명으로 옳은 것은?

17 서울시 기출

① 오이는 단일하에서 C/N율이 높아지고 수꽃이 많아진다.
② 양배추는 단일조건에서 추대하여 개화가 촉진된다.
③ 스위트콘(Sweet Corn)은 일장에 따라 성의 표현이 달라진다.
④ 고구마는 단일조건에서 덩이뿌리의 발육이 억제된다.

해설　① 오이, 호박 등은 단일하에서 암꽃이 많아지고, 장일하에서 수꽃이 많아진다.
　　② 양배추는 장일조건에서 추대하여 개화가 촉진된다.
　　④ 고구마는 단일조건에서 덩이뿌리의 발육이 촉진된다.

## 18

작물의 일장반응에 대한 설명으로 옳지 않은 것은?

12 국가직 기출

① 가을철 한지형목초에 보광처리를 하면 산초량(産草量)이 증대된다.
② 겨울철 들깨에 야간조파(Night Break)를 실시하면 잎 수확량이 증대된다.
③ 콩을 장일하에서 재배하면 영양생장기간이 짧아진다.
④ 양파의 비늘줄기는 장일에서 발육이 촉진된다.

해설　단일식물인 콩은 장일하에 재배하면 개화기를 중심으로 해서 개화기 이전인 영양생장기간이 길어지고 생육생장기간이 짧아져서 빈약한 생육을 하게 된다.

## 19

작물의 일장반응에 대한 설명으로 옳은 것은?

16 지방직 기출

① 모시풀은 8시간 이하의 단일조건에서 완전 웅성이 된다.
② 콩의 결협(꼬투리 맺힘)은 단일조건에서 촉진된다.
③ 고구마의 덩이뿌리는 장일조건에서 발육이 촉진된다.
④ 대마는 장일조건에서 성전환이 조장된다.

해설　① 모시풀은 8시간 이하의 단일조건에서 완전 자성이 된다.
　　③ 고구마의 덩이뿌리, 마의 비대근, 감자의 덩이줄기, 달리아의 알뿌리는 단일조건에서 발육이 촉진된다.
　　④ 대마는 단일조건에서 성전환이 조장된다.

## 20

상적발육의 생리현상을 농업현장에 적용한 예로 적용원리가 다른 하나는?

13 지방직 기출

① 딸기의 촉성재배
② 국화의 촉성재배
③ 맥류의 세대단축 육종
④ 추파맥류의 봄 대파

해설　①·③·④ 춘화처리, ② 일장효과이다.

## 21

작물의 수확 및 출하 시기 조절을 위한 환경 처리 요인이 다른 것은? 18 지방직 기출

① 포인세티아 : 차광재배
② 국화 : 촉성재배
③ 딸기 : 촉성재배
④ 깻잎 : 가을철 시설재배

해설  ① · ② · ④ 일장효과의 농업적 이용, ③ 춘화처리의 농업적 이용이다.

## 22

다음 중에서 일장효과의 농업적 이용과 관계가 먼 것은?

① 수량 증대
② 꽃의 개화기 조절
③ 육종연한 단축
④ 성전환에는 이용될 수 없다.

해설  대마(삼)는 단일조건에서 성전환이 조장된다.

## 23

우리나라에서 재배되고 있는 벼의 기상생태형에 대한 설명으로 옳지 않은 것은? 10 지방직 기출

① 출수 · 개화를 위해 일정한 정도의 기본영양생장을 필요로 하는 성질을 기본영양생장성이라고 한다.
② 주로 장일환경에서 출수 · 개화가 촉진되는 정도가 큰 것을 감광성이 크다고 한다.
③ 생육적온에 이르기까지 고온에 의해 출수 · 개화가 촉진되는 성질을 감온성이라고 한다.
④ 영양생장기간의 재배적인 단축 · 연장에는 가소영양생장이 대상이 된다.

해설  **기상생태형의 구성**
• 기본영양생장성 : 작물의 출수 및 개화에 알맞은 온도와 일장에서도 일정의 기본영양생장이 덜 되면 출수, 개화에 이르지 못하는 성질
• 감온성 : 작물이 높은 온도에 의해서 출수 및 개화가 촉진되는 성질
• 감광성 : 작물이 단일환경에 의해 출수 및 개화가 촉진되는 성질

## 24

다음 중 감광형 작물이 아닌 것은? 16 대구 지도사 기출

① 올 콩
② 그루조
③ 가을메밀
④ 벼 만생종

해설  • 감온형 작물 : 올콩
• 감광형 작물 : 그루조, 가을메밀, 벼 만생종

## 25

다음과 같은 현상이 예상되는 원인으로 가장 적합한 것은?

07 국가직 기출

> 어떤 벼 품종을 재배하였더니 영양생장기간이 길어져 출수·개화가 지연되고 등숙기에 저온상태에 놓여 수량이 감소하였다.

① 기본영양생장이 큰 품종을 우리나라의 북부산간지에 재배하였기 때문이다.
② 우리나라 중·남부평야지에 잘 적응하는 품종을 저위도의 적도지역에 재배하였기 때문이다.
③ 우리나라 북부산간지역에 잘 적응하는 품종을 남부평야지에 재배하였기 때문이다.
④ 기본영양생장성과 감광성이 작고 감온성이 큰 품종을 우리나라의 남부평야지에 재배하였기 때문이다.

**해설** **기상생태형 지리적 분포**
- 저위도지대
  - 저위도 지대는 연중 고온, 단일 조건으로 감온성이나 감광성이 큰 것은 출수가 빨라져서 생육기간이 짧고 수량이 적다.
  - 감온성과 감광성이 작고 기본영양생장성이 큰 Blt형은 연중 고온, 단일인 환경에서도 생육기간이 길어서 다수성이 되므로 주로 이런 품종이 분포한다.
- 중위도지대
  - 우리나라와 같은 중위도 지대는 서리가 늦으므로 어느 정도 늦은 출수도 안전하게 성숙할 수 있고, 또 이런 품종들이 다수성이므로 주로 이런 품종들이 분포한다.
  - 위도가 높은 곳에서는 blT형이, 남쪽은 blt형이 재배된다.
  - Blt형은 생육기간이 길어 안전한 성숙이 어렵다.
- 고위도 지대 : 기본영양생장성과 감광성은 작고 감온성이 커서 일찍 감응하여 출수, 개화하여 서리 전 성숙할 수 있는 감온형인 blT형이 재배된다.

## 26

품종의 생태형에 대한 설명으로 옳지 않은 것은?

15 국가직 기출

① 조생종 벼는 감광성이 약하고 감온성이 크므로 일장보다는 고온에 의하여 출수가 촉진된다.
② 만생종 벼는 단일에 의해 유수분화가 촉진되지만 온도의 영향은 적다.
③ 고위도 지방에서는 감광성이 큰 품종은 적합하지 않다.
④ 저위도 지방에서는 기본영양생장성이 크고 감온성이 큰 품종을 선택하는 것이 좋다.

**해설** 저위도 지방에서는 감온성과 감광성이 적고 기본영양생장성이 커서 생육기간이 긴 품종, 생산량이 많은 Blt형 품종을 재배해야 한다.

## 27

벼 품종의 기상생태형에 대한 설명으로 옳지 않은 것은?

17 국가직 기출

① 저위도지대인 적도 부근에서 기본영양생장성이 큰 품종은 생육기간이 길어서 다수성이 된다.
② 중위도지대에서 감온형 품종은 조생종으로 사용된다.
③ 고위도지대에서는 감온형 품종을 심어야 일찍 출수하여 안전하게 수확할 수 있다.
④ 우리나라 남부에서는 감온형 품종이 주로 재배되고 있다.

| 작 물 | | 감온형(bIT형) | 중간형 | 감광형(bLt형) |
|---|---|---|---|---|
| 벼 | 명 칭 | 조생종 | 중생종 | 만생종 |
| | 분 포 | 북부 | 중북부 | 중남부 |
| 콩 | 명 칭 | 올 콩 | 중간형 | 그루콩 |
| | 분 포 | 북 부 | 중북부 | 중남부 |
| 조 | 명 칭 | 봄 조 | 중간형 | 그루조 |
| | 분 포 | 서북부, 중부 산간지 | | 중부의 평야, 남부 |
| 메 밀 | 명 칭 | 여름메밀 | 중간형 | 가을메밀 |
| | 분 포 | 서북부, 중부 산간지 | | 중부의 평야, 남부 |

## 29

우리나라 벼의 기상생태형과 재배적 특성에 대한 설명으로 옳은 것은?    11 지방직 〈기출〉

① 감광형은 만식을 해도 출수의 지연도가 적고 묘대일수 감응도가 높아서 만식적응성이 크다.

② 묘대일수 감응도는 기본영양생장형이 낮고 감광형이 높다.

③ 조기수확을 목적으로 조파조식을 할 때에는 감온형이 알맞다.

④ 조파조식을 할 때보다 만파만식을 할 때 출수지연 정도는 감온형이 가장 작다.

**해설**　① 감광형은 만식을 해도 출수의 지연도가 적고 묘대일수 감응도가 낮아서 만식적응성이 크다.
　② 묘대일수 감응도는 감온형이 가장 크고, 감광형, 기본영양생장형 순이다.
　④ 조파조식을 할 때보다 만파만식을 할 때 출수지연 정도는 감광형이 가장 작다.

## 28

우리나라에서 재배되는 감온형인 조생종 벼 품종에 대한 설명으로 옳은 것은?    12 지방직 〈기출〉

① 감광형인 만생종보다 묘대일수감응도가 낮다.

② 평야지에서 재배하면 조기출수로 등숙기 기온이 높아 미질이 우수하다.

③ 조기수확을 목적으로 조파조식할 때에는 감온형인 조생종이 감광형인 만생종보다 유리하다.

④ 저위도지대(열대)에서 재배할 경우 수량이 증대된다.

**해설**　① 감온형이 감광형보다 묘대일수감응도가 높다.
　② 평야지에서 재배하면 조기출수로 등숙기 기온이 높아 미질이 불량하다.
　④ 저위도지대(열대)에서 재배할 경우 수량이 적다.

I wish you the best of luck!

# 재배기술

# 01 작부체계

## |01| 작부체계의 개념

### (1) 의 의

① 일정한 토지에서 몇 종류 작물을 순차적인 재배 또는 조합·배열하여 함께 재배하는 방식을 의미한다.

② 제한된 토지를 가장 효율적으로 이용하기 위해 발달하였다.

### (2) 중요성(효과)

① 지력의 유지와 증강

② 병충해 및 잡초발생의 감소

③ 농업노동의 효율적 배분과 잉여노동의 활용

④ 경지이용도 제고

⑤ 종합적인 수익성 향상 및 안정화 도모

⑥ 농업 생산성 향상 및 생산의 안정화

### (3) 변천과 발달

① 대전법

㉠ 가장 원시적 작부방법이며, 화전이 대표적인 방법이다.

㉡ 조방농업이 주를 이루던 시대에 개간한 토지에서 몇 해 동안 작물을 연속해서 재배하고, 그 후 생산력이 떨어지면 이동하여 다른 토지를 개간하여 작물을 재배하는 경작법이다.

> 📑🔍 참고 ●
>
> **조방농업(粗放農業)**
> 인구가 적고 이용할 수 있는 토지가 넓어 자본과 노력을 적게 들이고 자연력이나 자연물에 기대어 짓는 농업을 말한다.

㉢ 우리나라는 화전, 일본은 소전, 중국은 화경이라 한다.

② **주곡식 대전법** : 인류가 정착생활을 하면서 초지와 경지 전부를 주곡으로 재배하는 작부방식이다.

③ **휴한농법** : 지력감퇴 방지를 위해 농지의 일부를 몇 년에 한 번씩 작물을 심지 않고 휴한하는 작부방식이다.

④ 윤작 : 농기구의 발달과 더불어 몇 가지 작물을 돌려짓는 작부방식이다.
　　㉠ 순삼포식 농법 : 경지를 3등분 하여 2/3에 추파 또는 춘파곡물을 재배하고 1/3은 휴한하는 것을 순차적으로 교차하는 작부 방식이다.
　　㉡ 개량삼포식 농법 : 삼포식 농법과 같이 1/3은 휴한하나, 휴한지에 클로버, 알팔파, 베치 등의 콩과녹비작물을 재배하여 지력증진을 도모하는 방식이다.
　　㉢ 노포크식 윤작법 : 순무, 보리, 클로버, 밀의 4년 사이클의 윤작방식으로 영국 노포크(Norfolk) 지방의 윤작체계이다.

> 🔍 **참고**
>
> 유럽에서 발달한 노포크식과 개량삼포식은 윤작농업의 대표적 작부방식이다.

⑤ 자유식 : 시장상황, 가격변동에 따라 작물을 수시로 바꾸는 재배방식으로, 현재는 농업인의 특정 목적에 의하여 특정작물을 재배하는 수의식(隨意式)으로 변천·발달하였다.
⑥ 답전윤환 : 지력의 증진 등의 목적으로 논을 몇 해마다 담수한 논 상태와 배수한 밭 상태로 돌려가면서 이용하는 것을 답전윤환이라고 한다.

> 🔍 **참고**
>
> 작부체계 발달순서
> 대파법 → 휴한농법 → 삼포식 → 개량삼포식 → 자유작 → 답전윤환

---

**Level UP 이론을 확인하는 문제**

**작물을 재배하는 작부방식에 대한 설명으로 가장 옳지 않은 것은?**　　19 지방직 기출

① 지속적인 경작으로 지력이 떨어지고 잡초가 번성하면 다른 곳으로 이동하여 경작하는 것을 대전법이라고 한다.
② 3포식 농법은 경작지의 2/3에 추파 또는 춘파 곡류를 심고, 1/3은 휴한하면서 해마다 휴한지를 이동하여 경작하는 방식이다.
③ 3포식 농법에서 휴한지에 콩과식물을 재배하여 사료도 얻고 지력을 높이는 방법을 개량 3포식 농법이라고 한다.
④ 정착농업을 하면서 지력을 높이기 위해 콩과작물을 재배하는 것을 휴한농법이라고 한다.

**해설** 휴한농법은 지력의 감퇴를 막기 위하여 몇 년에 1번씩 작물을 심지 않고 토지를 휴한하는 농사법이다.
**정답** ④

## |02| 연작과 기지현상

### (1) 연 작

① 연작이란 동일포장에 동일작물을 계속해서 재배하는 것, 즉 이어짓기이다.

② 기지(忌地, Soil Sickness)란 연작의 결과 작물의 생육이 뚜렷하게 나빠지는 것을 말한다.

③ 연작의 필요성

㉠ 수익성과 수요량이 크고 기지현상이 적은 작물은 연작을 하는 것이 보통이다.

㉡ 기지현상이 있어도 채소 등은 수익성이 높은 작물은 기지대책을 세우고 연작한다.

### (2) 작물의 종류와 기지

① 작물의 기지 정도

㉠ 연작의 해가 적은 것 : 벼, 옥수수, 고구마, 맥류, 조, 수수, 삼, 담배, 무, 순무, 당근, 양파, 호박, 연, 미나리, 딸기, 양배추 등

㉡ 1년 휴작 작물 : 콩, 쪽파, 생강, 파, 시금치, 마 등

㉢ 2년 휴작 작물 : 오이, 감자, 땅콩, 잠두 등

㉣ 3년 휴작 작물 : 참외, 쑥갓, 강낭콩, 토란 등

㉤ 5~7년 휴작 작물 : 수박, 토마토, 가지, 고추, 완두, 사탕무, 레드클로버, 우엉 등

㉥ 10년 이상 휴작 작물 : 인삼, 아마 등

> **참고**
>
> • 벼, 맥류(밀, 보리), 수수, 고구마 등은 연작의 해가 적어 기지에 강한 작물이다.
> • 인삼과 고추는 기지현상에 피해가 크기 때문에 동일포장에서 다년간 휴작한다.

② 과수의 기지 정도

㉠ 기지가 문제되는 과수 : 복숭아, 감귤류, 무화과, 앵두 등

㉡ 기지가 나타나는 정도의 과수 : 감나무 등

㉢ 기지가 문제되지 않는 과수 : 사과, 포도, 자두, 살구 등

### (3) 기지의 원인(연작의 피해)

① 토양 비료분의 소모

㉠ 연작은 특정 비료성분의 소모가 많아져 결핍현상이 일어난다.

㉡ 알팔파, 토란 등은 석회를 많이 흡수하여 토양에 석회결핍증이 나타나기 쉽다.

㉢ 옥수수는 다비성으로 연작을 하면 유기물과 질소가 결핍된다.

㉣ 심근성 또는 천근성 작물의 다년 연작은 토층의 양분만 집중적으로 수탈되기 쉽다.

② **토양염류집적** : 최근 시설재배에서 다비연작을 하면 작토층에 집적되는 염류의 과잉으로 작물생육을 저해하는 경우가 많이 발견되고 있다.

③ **토양물리성 악화**

    ㉠ 화곡류와 같은 천근성 작물을 연작하면 토양의 하층이 굳어지면서 다음 재배작물의 생육이 억제된다.

    ㉡ 심근성 작물의 연작은 작토의 하층까지 물리성이 악화된다.

    ㉢ 석회 등의 성분이 집중 수탈되면 토양반응이 악화될 수도 있다.

④ **토양전염병의 해**

    ㉠ 연작은 토양 중 특정 미생물이 번성하여 토양전염병의 발병 가능성이 커진다.

    ㉡ 아마와 목화 · 완두 · 백합(잘록병), 가지와 토마토(풋마름병), 사탕무(뿌리썩음병 및 갈반병), 강낭콩(탄저병), 인삼(뿌리썩음병), 수박(덩굴쪼김병) 등이 그 예이다.

⑤ **토양선충의 피해**

    ㉠ 연작은 토양선충이 번성하여 직접 피해를 주기도 하며, 2차적으로 병균의 침입이 조장되어 병해가 유발할 수 있다.

    ㉡ 연작에 의한 선충의 피해가 큰 작물은 밭벼, 두류, 감자, 인삼, 사탕무, 무, 제충국, 우엉, 가지, 호박, 감귤류, 복숭아, 무화과, 레드클로버 등이 있다.

⑥ **유독물질의 축적**

    ㉠ 작물의 유체 또는 생체에서 나오는 물질이 동종이나 유연종 작물의 생육을 저해하는데, 연작하면 유독물질이 축적되어 기지현상을 일으킨다.

    ㉡ 유독물질에 의한 기지현상은 유독물질의 분해 또는 유실로 없어진다.

⑦ **잡초의 번성** : 잡초 번성이 쉬운 작물은 연작 시 특정 잡초가 번성된다.

## (4) 기지의 대책

① **윤작** : 윤작은 가장 효과적인 대책이다.

② **담수** : 담수처리는 밭 상태에서 번성한 선충과 토양미생물을 감소시키고, 유독물질의 용탈로 연작장해를 경감시킬 수 있다.

③ **저항성 품종의 재배 및 저장성 대목을 이용한 접목**

    ㉠ 기지현상에 대한 저항성이 강한 품종을 선택한다.

    ㉡ 저항성 대목을 이용한 접목으로 기지현상을 경감, 방지할 수 있다.

    ㉢ 수박, 멜론, 가지, 포도 등은 저항성 대목에 접목하여 기지현상을 경감할 수 있다.

④ **객토 및 환토**

    ㉠ 기지성이 없는 새로운 흙을 이용하여 객토한다.

    ㉡ 시설재배의 경우 염류가 과잉 집적되면 배양토를 바꾸어 기지현상을 경감시킨다.

⑤ **합리적 시비** : 동일작물의 연작으로 많이 수탈되는 특정 성분을 비료로 충분히 공급하여 심경을 하고, 퇴비를 많이 시비하여 지력을 배양하면 기지현상을 경감시킬 수 있다.

⑥ 유독물질의 제거 : 유독물질의 축적이 기지의 원인인 경우(복숭아, 감귤류) 관개 또는 약제(알코올, 황산, 수산화칼륨, 계면활성제 등)를 이용해 유독물질을 흘려보내어 제거하면 기지현상을 경감시킬 수 있다.

⑦ 토양소독 : 토양선충이 기지현상의 주요 원인인 경우 살선충제로 소독하고, 병원균의 경우에는 살균제 등을 이용하여 소독한다.

### Level UP 이론을 확인하는 문제

**다음 중 연작의 피해에 대한 설명으로 옳지 않은 것은?**
19 경남 지도사 기출

① 포도, 수박 등은 저항성 대목에 접목하면 기지현상이 경감된다.

② 벼, 옥수수 같은 작물을 연작하면 토양물리성이 악화된다.

③ 수박보다 쪽파의 기지가 더 크다.

④ 시설재배는 작토층에 염류가 축적되어 기지가 나타난다.

**해설** • 1년 휴작 작물 : 파, 쪽파, 생강, 콩, 시금치 등
• 5~7년 휴작 작물 : 수박, 토마토, 가지, 고추, 완두, 사탕무, 레드클로버 등

**정답** ③

## |03| 윤작(輪作, Crop Rotation)

윤작이란 동일포장에서 동일작물을 이어짓기하지 않고 몇 가지 작물을 특정한 순서에 따라 규칙적으로 반복하여 재배하는 것이다.

### (1) 윤작 시 작물의 선택(윤작원리)

① 주작물은 지역 사정에 따라 다양하게 선택한다.

② 지력유지를 위하여 콩과작물이나 다비작물을 반드시 포함한다.

③ 용도의 균형을 위해서는 주작물이 특수하더라도 식량과 사료의 생산이 병행되는 것이 좋다.

④ 토지의 이용도를 높이기 위하여 여름작물과 겨울작물을 결합한다.

⑤ 잡초의 경감을 위해서는 중경작물이나 피복작물을 포함하는 것이 좋다.

⑥ 토양보호를 위하여 피복작물이 포함되도록 한다.

⑦ 이용성과 수익성이 높은 작물을 선택한다.

⑧ 기지현상을 회피하도록 작물을 배치한다.

윤작의 원리

사료생산병행, 콩과작물이나 다비작물, 중경작물이나 피복작물, 여름작물과 겨울작물, 이용성과 수익성이 높은 작물, 기지현상 회피작물을 선택한다.

## (2) 효 과

① 지력의 유지 증강

ㄱ 질소고정 : 콩과작물의 재배는 공중질소를 고정한다.

ㄴ 잔비량 증가 : 다비작물의 재배는 잔비량이 증가한다.

ㄷ 토양구조의 개선 : 근채류, 알팔파, 레드클로버 등 뿌리가 깊게 발달하는 작물의 재배는 토양의 입단형성을 조장한다.

ㄹ 토양유기물 증대 : 녹비작물, 콩과작물의 재배는 토양유기물을 증대시키고, 목초류도 잔비량이 많다.

ㅁ 구비(廐肥)생산량의 증대 : 윤작으로 사료작물을 재배하면 구비생산량 증대로 지력증강에 도움이 된다.

② 토양보호 : 윤작에 피복작물을 포함하면 토양침식이 방지되어 토양을 보호한다.

③ 기지의 회피 : 윤작은 기지현상이 회피되고, 화본과목초의 재배는 토양선충을 경감시킨다.

④ 병충해 경감

ㄱ 연작 시 특히 많이 발생하는 병충해, 토양전염 병원균의 경우는 윤작으로 경감시킬 수 있다.

ㄴ 콩과 및 채소류 등의 연작으로 인한 선충피해는 윤작으로 피해를 줄일 수 있다.

⑤ 잡초의 경감 : 중경작물, 피복작물의 재배는 경지의 잡초 번성을 억제한다.

⑥ 수량의 증대 : 윤작은 지력증강, 기지의 회피, 병충해와 잡초의 경감 등으로 수량이 증대된다.

⑦ 토지이용도 향상 : 여름작물과 겨울작물의 결합 또는 곡실작물과 청예작물의 결합은 토지이용도를 높일 수 있다.

⑧ 노력분배의 합리화 : 여러 작물들을 재배하면 계절적 노력의 집중화를 경감하고 노력의 분배를 시기적으로 합리화할 수 있다.

⑨ 농업경영의 안정성 증대 : 여러 가지 작물의 재배는 자연재해나 시장변동에 따른 피해가 분산 또는 경감되어 농업경영의 안정성이 높아진다.

같은 해에 여러 작물을 동일포장에서 조합·배열하여 함께 재배하는 작부체계가 아닌 것은?

17 국가직 기출

① 윤 작        ② 혼 작

③ 간 작        ④ 교호작

**해설** 윤작은 한 토지에 몇 가지 작물을 순차적으로 돌아가며 재배하는 방식이다.

**정답** ①

## |04| 답전윤환(畓田輪換)

### (1) 개 념

① 논을 몇 해 동안씩 담수한 논 상태와 배수한 밭 상태로 돌려가면서 재배하는 방식을 답전윤환이라 한다.

② 답전윤환의 최소 연수는 논 기간과 밭 기간을 2~3년으로 하는 것이 알맞다.

### (2) 답전윤환이 윤작의 효과에 미치는 영향

포장을 논 상태와 밭 상태로 사용하는 답전윤환은 윤작의 효과를 커지게 한다.

① **토양의 물리적 성질** : 산화상태의 토양은 입단의 형성, 통기성, 투수성, 가수성이 양호해지며, 환원상태 토양에서는 입단의 분산, 통기성과 투수성이 적어지고 가수성이 커진다.

② **토양의 화학적 성질** : 산화상태의 토양에서는 유기물의 소모가 크고 양분유실이 적고 pH가 저하되며, 환원상태가 되면 유기물 소모가 적고 양분의 집적이 많아지고 토양의 철과 알루미늄 등에 부착된 인산을 유효화하는 장점이 있다.

③ **토양의 생물적 성질** : 환원상태가 되는 담수조건에서는 토양의 병충해, 선충과 잡초의 발생이 감소한다.

### (3) 효 과

① 지력증진

　㉠ 답전윤환 시 밭 기간 동안에는 토양의 입단화가 진전(증가)되고 미량요소 용탈이 감소되며, 환원성 유해물질이 감소된다.

　㉡ 답전윤환 시 답 기간 동안에는 투수성이 좋아지고 산화환원전위가 높아진다.

② 기지의 회피 : 답전윤환은 병원균과 선충을 경감시키고 작물의 종류도 달라지므로 기지현상이 회피된다.

③ 잡초의 감소 : 담수와 배수가 서로 교체되므로 잡초 발생량이 감소한다.

④ 벼 수량의 증가 : 밭 상태로 클로버 등을 2~3년 재배 후 벼를 재배하면 수량이 첫 해에 30% 정도 증가하며, 질소의 시용량도 크게 절약된다.

⑤ 노력의 절감 : 잡초 발생, 병충해 발생 등이 억제 및 절감되어 노력이 절감된다.

### (4) 한 계

① 수익성에 있어 벼를 능가하는 작물의 성립이 문제된다.

② 2모작 체계에 비하여 답전윤환 체계가 더 유리해야 한다.

---

**Level UP 이론을 확인하는 문제**

**다음 중 답전윤환의 효과가 아닌 것은?**　　　　　　　06 대구 지도사 **기출**

① 지력유지 증진　　　　　　　　② 기지최대

③ 잡초발생억제　　　　　　　　④ 생력재배

**해설** 답전윤환 효과
지력증진, 기지회피, 잡초감소, 벼의 수량 증가, 노력의 절감

**정답** ②

---

## |05| 혼파(混播, Mixed Needing)

### (1) 개 념

① 두 종류 이상의 작물종자를 함께 섞어서 파종하는 방식이다.

② 사료작물의 재배 시 화본과종자와 콩과종자를 8 : 2, 9 : 1 정도 섞어 파종하여 목야지를 조성하는 방법이다.

　**예** 클로버+티머시, 베치+이탈리안라이그라스, 레드클로버+클로버의 혼파

### (2) 장 점

① 가축 영양상의 이점 : 탄수화물이 함량이 높은 화본과목초와 단백질이 풍부한 콩과목초가 섞이면 영양분이 균형된 사료의 생산이 가능해진다.

② 공간의 효율적 이용 : 상번초와 하번초의 혼파 또는 심근성과 천근성 작물의 혼파는 땅의 지상부와 지하부를 입체적으로 이용할 수 있기 때문에 공간을 효율적으로 이용할 수 있다.

③ 비료성분의 효율적 이용 : 화본과와 콩과, 심근성과 천근성은 흡수하는 비료성분이 서로 다르고, 토양의 흡수성도 차이가 있어서 비료 성분을 효율적으로 이용할 수 있다.

④ 질소비료의 절약 : 콩과작물의 공중질소 고정으로 고정된 질소를 화본과작물도 이용하므로 질소비료가 절약된다.

⑤ 잡초의 경감 : 오처드그라스와 같은 직립형목초지에는 잡초 발생이 쉬운데, 두과목초인 레드클로버가 혼파되어 공간을 메우면 멀칭효과가 있어 잡초의 발생이 줄어든다.

⑥ 목초 생산의 평준화 : 여러 종류의 목초가 함께 생육하면 생장이 각기 다르므로 혼파목초지의 산초량(産草量)은 시기적으로 표준화된다. 즉, 1년 365일 내내 목초들을 거둬들여서 사료로 쓸 수 있다.

⑦ 생산 안정성 증대 : 여러 종류의 목초를 함께 재배하면 불량환경이나 각종 병충해에 대한 안정성이 증대된다.

⑧ 건초 및 사일리지 제조상 이점 : 수분함량이 많은 두과목초와 수분이 거의 없는 화본과목초가 섞이면 건초를 제조하기에 용이하다.

## (3) 단 점

① 작물의 종류가 제한적이고 파종작업이 힘들다.

② 목초별로 생장이 달라 시비, 병충해 방제, 수확 작업 등이 불편하다.

③ 채종이 곤란하고 기계화가 어렵다.

④ 수확기가 불일치하면 수확이 제한을 받는다.

---

### Level UP 이론을 확인하는 문제

**혼파의 이점이 아닌 것은?**                                16 경남 지도사 기출

① 병충해 방제에 유리하다.

② 공간의 효율적 이용으로 상번초, 하번초 혼파

③ 공간의 효율적 이용으로 심근성, 천근성 작물 혼파

④ 콩과목초는 단백질, 볏과목초는 탄수화물 함량이 많다.

해설 목초별로 생장이 달라 시비, 병충해 방제, 수확 등의 작업이 불편하다.

정답 ①

## |06| 혼작(混作, 섞어짓기, Companion Cropping)

### (1) 개 념

① 생육기간이 거의 같은 두 종류 이상의 작물을 동시에 같은 포장에 섞어 재배하는 것이다.

② 작물 사이에 주작물과 부작물이 뚜렷하게 구분되는 경우도 있으나 명확하지 않은 경우가 많다.

③ 혼작하는 작물들의 여러 생태적 특성으로 따로따로 재배하는 것보다 혼작의 합계 수량 또는 수익성이 많아야 의미가 있다.

④ 혼작물의 선택은 키, 비료의 흡수, 건조나 그늘에 견디는 정도 등을 고려하여 작물 상호 간 피해가 없는 것이 좋다.

### (2) 방 식

① 조혼작(條混作)

　㉠ 여름작물을 작휴의 줄에 따라 다른 작물을 일렬로 점파, 조파하는 방법이다.

　㉡ 서북부지방의 조밭+콩의 혼작, 팥밭+녹두의 혼작이 이에 해당한다.

② 점혼작(點混作)

　㉠ 본작물 내의 주간 군데군데 다른 작물을 한 포기 또는 두 포기씩 점파하는 방법이다.

　㉡ 콩밭+수수 또는 옥수수혼작, 고구마고랑+콩의 혼작이 이에 해당한다.

③ 난혼작(亂混作)

　㉠ 군데군데 혼작물을 주 단위로 재식하는 방법으로 그 위치가 정해져 있지 않다.

　㉡ 콩밭+수수 또는 조혼작, 목화밭+참깨 또는 들깨혼작, 조밭+기장 또는 수수혼작, 오이밭+아주까리 혼작, 기장밭+콩혼작, 팥밭+메밀혼작 등이 이에 해당한다.

---

**Level UP 이론을 확인하는 문제**

> **우리나라 중부지방에서 혼작에 적합한 작물조합으로 옳지 않은 것은?**　　17 지방직 기출
>
> ① 조와 기장　　　　　　　　　② 콩과 보리
> ③ 콩과 수수　　　　　　　　　④ 팥과 메밀
>
> ---
>
> **해설** ② 간작 : 보리+콩/팥, 보리+목화, 보리+고구마
> **혼작 방법**
> • 조혼작(條混作) : 서북부지방의 조+콩, 팥+녹두의 혼작이 이에 해당한다.
> • 점혼작(點混作) : 콩+수수 또는 옥수수, 고구마+콩이 이에 해당한다.
> • 난혼작(亂混作) : 콩+수수 또는 조, 목화+참깨 또는 들깨, 조+기장 또는 수수, 오이+아주까리, 기장+콩, 팥+메밀 등이 이에 해당한다.
>
> **정답** ②

## |07| 간작(間作, 사이짓기, Intercropping)

### (1) 개 념

① 한 종류의 작물이 생육하고 있는 이랑 또는 포기 사이에 한정된 기간 동안 다른 작물을 재배하는 것을 간작이라 한다.

② 간작되는 작물은 수확시기가 서로 다른 것이 보통인데, 이미 생육하고 있는 것을 주작물 또는 상작이라 하고 나중에 재배하는 작물을 간작물 또는 하작이라 한다.

③ 주작물에 큰 피해 없이 간작물을 재배, 생산하는 데 주목적이 있다.

④ 주작물 파종 시 이랑 사이를 넓게 해야 간작물의 생육에 유리하다.

⑤ 주작물은 키가 작아야 통풍, 통광이 좋고, 빨리 성숙한 품종을 수확하여 간작물을 빨리 독립적으로 자랄 수 있게 한다.

### (2) 장 점

① 단작(단일경작)보다 토지 이용률이 높다.

② 노동력의 분배 조절이 용이하다.

③ 주작물과 간작물의 적절한 조합으로 비료를 경제적으로 이용할 수 있고 녹비작물 재배를 통해서 지력상승을 꾀할 수 있다.

④ 주작물은 간작물에 대하여 불리한 기상조건과 병충해에 대하여 보호역할을 한다.

⑤ 간작물이 조파, 조식되어야 하는 경우 간작은 이것을 가능하게 하여 수량이 증대된다.

### (3) 단 점

① 간작물로 인하여 작업이 복잡하고, 기계화가 곤란하다.

② 후작의 생육장해가 발생할 수 있고, 토양수분 부족으로 발아가 나빠질 수 있다.

③ 후작물로 인하여 토양비료의 부족이 발생할 수 있다.

# |08| 기타 방식

## (1) 교호작(交互作, 엇갈아짓기, Alternate Cropping)

① 두 작물 이상의 작물을 일정 이랑씩 교호로 배열하여 재배하는 방식이다.
② 콩의 2이랑에 옥수수 1이랑과 같이 생육기간이 비슷한 작물을 서로 건너서 교호로 재배하는 방식이다.
③ 작물별 시비, 관리작업이 가능하며 주작물과 부작물의 구별이 뚜렷하지 않다.
④ 옥수수와 콩의 경우 공간의 이용향상, 지력유지, 생산물 다양화 등의 효과가 있다.
　예 옥수수와 콩의 교호작, 수수와 콩의 교호작

## (2) 주위작(周圍作, 둘레짓기, Border Cropping)

① 포장의 주위에 포장 내 작물과는 다른 작물을 재배하는 것을 주위작이라 하며, 혼파의 일종이라 할 수 있다.
② 주목적은 포장 주위의 공간을 생산에 이용하는 것이다.
　예 콩밭, 참외밭 주위에 키가 큰 옥수수나 수수를 심으면 방풍효과가 있다.
　예 논두렁에 콩을 심는 것 등
　예 밭 주위에 뽕나무를 심어 토양침식을 방지하는 방법이 있다.

> **참고**
>
> 콩은 간작, 혼작, 교호작, 주위작 등의 작부체계에 적합한 대표적인 작물이다.

# 종묘와 종자

## |01| 종묘(種苗)

### (1) 개 념

① 종물 : 작물재배에 있어 번식의 기본단위로 사용되는 것으로 종자, 영양체, 묘 등이 포함되고 이러한 작물번식의 시발점이 되는 것이다.

② 종자 : 종물 중 유성생식의 결과, 수정에 의해 배주(밑씨)가 발육한 것을 식물학상 종자(Seed)라 한다.

③ 종묘 : 종자를 그대로 파종하기도 하지만 묘를 길러서 재식하기도 하는 데 묘도 작물번식에서 기본단위로 볼 수 있어 종물과 묘를 총칭하여 종묘라 한다.

> **참고**
>
> 아포믹시스(Apomixis, 무수정생식, 무수정종자형성)에 의해 형성된 종자도 식물학상 종자로 취급하며 체세포배를 이용한 인공종자도 종자로 분류한다.

### (2) 종자의 분류

① 형태에 의한 분류

ㄱ 식물학상 종자 : 두류, 유채, 담배, 아마, 목화, 참깨, 배추, 무, 토마토, 오이, 수박, 고추, 양파 등

ㄴ 식물학상 과실

- 과실이 나출된 것 : 밀, 메밀, 쌀보리, 옥수수, 들깨, 호프, 삼, 차조기, 박하, 제충국, 상추, 우엉, 쑥갓, 미나리, 근대, 시금치, 비트 등
- 과실이 영(穎)에 쌓여 있는 것 : 벼, 겉보리, 귀리 등
- 과실이 내과피에 쌓여 있는 것 : 복숭아, 자두, 앵두 등

ㄷ 포자 : 버섯, 고사리 등

ㄹ 영양기관 : 감자, 고구마 등

② 배유의 유무에 의한 분류

ㄱ 배유종자 : 벼, 보리, 옥수수 등 화본과종자와 피마자, 양파 등

ㄴ 무배유종자 : 콩, 완두, 팥 등 두과종자와 상추, 오이 등

③ 저장물질에 의한 분류

ㄱ 전분종자 : 벼, 맥류, 잡곡류, 화곡류 등

          ⓛ 지방종자 : 참깨, 들깨 등 유료종자

          ⓒ 단백질종자 : 두과작물

## (3) 종묘로 이용되는 영양기관의 분류

    ① 눈(芽, Bud) : 포도나무, 마, 꽃의 아삽 등

    ② 잎(葉, Leaf) : 산세베리아, 베고니아 등

    ③ 줄기(莖, Stem)

        ⊙ 지상경(地上莖) 또는 지조(枝條) : 사탕수수, 포도나무, 사과나무, 귤나무, 모시풀 등

        ⓛ 근경(根莖, 땅속줄기, Rhizome) : 생강, 연, 박하, 호프 등

        ⓒ 괴경(塊莖, 덩이줄기, Tuber) : 감자, 토란, 돼지감자 등

        ⓔ 구경(球莖, 알줄기, Corm) : 글라디올러스, 프리지아 등

        ⓜ 인경(鱗莖, 비늘줄기, Bulb) : 나리, 마늘, 양파 등

        ⓗ 흡지(吸枝, Sucker) : 박하, 모시풀 등

    ④ 뿌 리

        ⊙ 지근(枝根, Rootlet) : 부추, 고사리, 닥나무 등

        ⓛ 괴근(塊根, 덩이뿌리, Tuberous Root) : 고구마, 마, 달리아 등

## (4) 묘의 분류

    ① 식물학적 묘 : 포본묘, 목본묘

    ② 육성법에 따른 묘 : 실생묘, 삽목묘, 접목묘, 취목묘 등

### Level UP 이론을 확인하는 문제

**식물학적 과실에 대한 설명으로 옳지 않은 것은?**      19 경남 지도사 기출

① 넓은 의미의 종자는 곰팡이나 버섯 같은 종균도 포함한다.

② 수정에 의해 밑씨가 발육한 것을 식물학상 종자라고 한다.

③ 벼, 쌀보리, 복숭아는 식물학상 과실에 속한다.

④ 무수정생식으로 생성된 것은 식물학상 종자라고 할 수 없다.

**해설** 아포믹시스(Apomixis, 무수정생식, 무수정종자형성)에 의해 형성된 종자도 식물학상 종자로 취급하며 체세포배를 이용한 인공종자도 종자로 분류한다.

**정답** ④

# |02| 종자의 생성과 구조

## (1) 종자의 생성

### ① 수 정

- ㉠ 종자가 생성되려면 화분과 배낭 속에 들어있는 자웅 양핵이 접합되는 수정이 이루어져야 한다.
- ㉡ 일단 수분되면 화분이 발아하여 화분관을 신장시키고, 2개의 정세포가 배낭 안으로 들어가서 수정된다.

> **참고**
>
> **화분(花粉, Pollen)**
> 약벽(葯壁)의 화분모세포 분열에 의하여 생기며 2회 분열하여 4개의 화분이 생기며, 화분 내에는 1개의 생식세포와 1개의 화분관세포가 들어있다.

### ② 배낭(胚囊, Embryo Sac)

- ㉠ 씨방 내 밑씨 속의 주심조직에서 배낭모세포가 감수분열하여 배낭세포를 형성한다.
- ㉡ 배주의 배낭모세포의 감수분열로 생성되며, 2회 분열하여 4개의 딸세포가 형성되나 3개는 퇴화, 소실되고 1개가 배낭세포가 형성된다.
- ㉢ 배낭 내 핵은 둘로 나누어져서 1개는 주공 쪽으로 1개는 반대쪽으로 이동하여 각 2회의 분열로 4개의 핵이 되어 양쪽 1개의 핵이 중심으로 이동하여 극핵을 만든다.
- ㉣ 주공 가까이의 3개의 핵 중 1개를 난세포, 2개를 조세포, 3개의 반족세포를 형성하여 2개의 극핵이 접합한 중심핵이 된다.

### ③ 중복수정

- ㉠ 중복수정은 수정이 2번, 즉 이중으로 반복하여 수정된다는 말로 속씨식물에만 해당된다.
- ㉡ 정세포(Sperm)와 난세포(Egg)가 만나는 것을 수정이라 하므로, 정세포(Sperm)와 난세포(Egg)가 만나 $3n$의 접합자가 되고, 나머지 정세포(Sperm)와 극핵(Polar Nuclei) 2개가 만나 $3n$의 배유핵을 만든다.
- ㉢ 속씨식물(피자식물)은 중복수정 후 배는 $2n(n+n)$, 배유는 $3n(2n+n)$의 염색체 조성을 가진다.
- ㉢ 수정 후 배와 배유는 분열로 발육하게 되고 점차 수분이 감소하고 주피는 종피가 되며, 모체에서 독립하는데 이를 종자라 한다.

> **참고**
>
> 소나무, 향나무 등의 겉씨식물은 배유가 수정 전에 형성되며 중복수정을 하지 않는다.

## (2) 종자의 구조

① 단자엽식물(외떡잎식물, Monocotyledones)

  ㉠ 배유종자

  * 옥수수 종자의 외층은 과피로 둘러싸여 있고 그 안에 배와 배유 두 부분으로 형성된다.
  * 배와 배유 사이에는 흡수층이 있고 배유에 영양분을 다량 저장하고 있다.

  ㉡ 배에는 잎, 생장점, 줄기, 뿌리의 어린 조직이 모두 갖추어져 있다.

  ㉢ 배유에는 양분이 저장되어 있어 종자발아 등에 이용된다.

  ㉣ 외떡잎식물의 뿌리는 수염뿌리이며 꽃잎은 주로 3의 배수로 되어 있다.

  ㉤ 종류 : 벼, 보리, 밀, 귀리, 수수, 옥수수, 가지, 토마토, 양파, 당근, 아스파라거스 등

---

**참고**

**배반**
종자가 발아할 때 배유의 영양분을 배축에 전달하는 역할

---

② 쌍자엽식물(쌍떡잎식물, Dicotyledones)

  ㉠ 무배유종자 : 배유가 거의 없거나 퇴화되어 위축된 종자를 무배유종자라 한다.

  ㉡ 쌍떡잎식물인 강낭콩은 배와 떡잎, 종피로 구성되어 있다.

  ㉢ 콩종자의 배는 유아, 배축, 유근으로 형성되어 있으며 잎, 생장점, 줄기, 뿌리의 어린 조직이 갖추어져 있다.

  ㉣ 콩과식물의 종자는 배젖이 없으므로 떡잎에 대부분의 양분을 저장한다.

  ㉤ 대부분의 쌍떡잎 식물의 배유에는 종자의 발아 등에 필요한 양분이 저장되어 있다.

  ㉥ 배는 장차 식물체가 되는 부분으로 떡잎과 유아가 각각 잎과 줄기로 성장한다.

  ㉦ 쌍떡잎식물은 잎맥이 망상구조이고 줄기의 관다발이 규칙적(일정하게)으로 배열되어 있다.

  ㉧ 쌍떡잎식물의 뿌리계는 곧은뿌리와 곁뿌리로 구성되어 있고 기능면에서 물과 무기염류를 흡수하는 데 효과적이다.

  ㉨ 종류 : 완두, 잠두, 강낭콩, 팥(지하자엽형발아), 호박, 오이, 배추, 고추 등

---

**PLUS ONE**

**배유의 형성과정**

* 속씨식물
  - 배낭모세포의 감수분열($2n$) → 4개의 배낭세포 형성($n$) → 한 개만 남아서 3회 핵분열($n$) → 8개의 핵을 갖는 배낭 형성($8n$)
  - 이 중 2개의 극핵($2n$)이 수분 후 배낭에 도달한 정핵($n$)과 만나서 배유($3n$)가 형성된다.
* 겉씨식물
  배낭모세포의 감수분열($2n$) → 배낭세포 형성 → 핵분열 후 2개의 핵이 수정과정과 관계없이 배유($n$)를 형성한다. 배유는 형성되나 곧 퇴화된다.

배유가 있는 종자를 나열한 것은?                                                      17 서울시 **기출**

① 벼, 콩                                      ② 보리, 옥수수
③ 밀, 상추                                     ④ 오이, 팥

**해설** 배유의 유무에 의한 분류
- 배유종자 : 벼, 보리, 밀, 옥수수 등 대부분 화본과작물
- 무배유종자 : 콩, 팥, 동부, 강낭콩, 상추, 오이 등

**정답** ②

# |03| 종자의 품질

## (1) 외적조건

① 순 도
  ㉠ 전체 종자에 대한 정립종자(순수종자)의 중량비로, 순도가 높을수록 종자의 품질은 향상된다.
  ㉡ 불순물에는 이형종자, 잡초종자, 협잡물(돌, 흙, 모래, 잎, 줄기 등) 등이 있다.

② 종자의 크기와 중량
  ㉠ 종자는 크고 무거운 것이 충실하고 발아, 생육에 좋다.
  ㉡ 종자의 크기는 1,000립중 또는 100립중으로 표시하며, 종자의 무게(충실도)는 비중 또는 1L중으로 나타낸다.

③ 색택과 냄새
  ㉠ 품종 고유의 신선한 냄새와 색택을 가진 종자가 건전하고 충실하며, 발아, 생육이 좋다.
  ㉡ 수확기 일기불순, 수확시기, 저장환경, 병해 등에 의해 영향을 받는다.

④ 수분함량 : 종자의 수분 함량이 낮을수록 저장력이 좋고, 발아력이 길게 유지되며 변질 및 부패의 우려가 적어진다.

⑤ 건전도 : 오염, 변색, 변질이 없고, 탈곡 중 기계적 손상이 없는 종자가 우량하다.

## (2) 내적조건

① 유전성 : 우량품종에 속하고 이형종자 혼입이 없으며, 유전적으로 순수해야 한다.

② 발아력

　　㉠ 발아율이 높고 발아가 빠르며 균일하며, 초기신장성이 좋은 것이 우량종자이다.

　　㉡ 순활종자(진가, 용가, Pure Live Seed)는 종자순도와 발아율에 의해 결정된다.

$$순활종자 = \frac{발아율(\%) \times 순도(\%)}{100}$$

③ **병충해** : 종자전염의 병충원이 없어야 하고, 종자소독으로도 방제할 수 없는 바이러스병의 종자는 품질을 크게 떨어뜨린다.

## (3) 종자검사

① **검사기관**

　　㉠ 종자검사는 1962년 주요농작물검사법이 제정되면서 시작되었다.

　　㉡ 농촌진흥청, 국립종자원, 국립농산물품질관리원에서 국제규정에 준하여 실시한다.

　　㉢ 종자검사는 국제종사검사협회의 국제종사검사규정과 공식종자검사협회의 종자검사규정에 의한다.

② **종자검사항목**

　　㉠ 순도분석(Purity Analysis) : 검사시료는 순수종자 이외의 이종종자와 이물로 구분하는데, 이때 시료의 내용을 확인할 때 실시한다.

　　㉡ 이종종자 입수검사 : 검사신청자가 요구하는 종이나 유사종자 또는 특정 이종종자의 숫자를 파악하는 검사로 국가 간 거래되는 종자에서 해초(害草)나 기피종자의 유무를 판단한다.

　　㉢ 발아검사(Germination Test) : 종자의 발아력을 검사하는 것으로, 종자의 수확에서 판매까지 품질을 비교 및 결정하는 데 가장 중요한 검사항목이다.

　　㉣ 수분검사 : 종자의 수분함량은 종자의 저장 중 품질에 가장 큰 영향을 끼치는 요인이다.

　　㉤ 천립중검사 : 정립종자 1000립을 세어서 계립기 등을 이용해 천립중을 측정한다.

　　㉥ 종자건전도검사 : 종자시료의 병해상태와 종자의 가치를 비교하는 것으로 식물방역, 종자보증, 작물평가, 농약처리에 있어 주요 수단이 된다.

　　㉦ 품종검증(品種檢證)

　　　• 주로 종자나 유묘, 식물체 외관상 형태적 차이로 구별한다.

　　　• 구별이 어려운 경우 종자를 재배하여 수확할 때까지 특성을 조사하는 전생육검사를 기준으로 평가하고, 보조방법으로 생화학적 및 분자생물학적 검정방법을 이용한다.

③ **종자검사 방법**

　　㉠ 형태적 특성에 의한 검사

　　　• 종자의 특성조사 : 종자의 크기, 너비, 비중, 영(穎)의 특성, 배의 크기, 종피색, 까락의 장단, 합점(合點, Chalaza, 주심·주피·주병이 서로 붙어 생긴 조직)의 모양, 모용(毛茸)의 유무 등에 대한 조사로 가장 간단하고 오래된 검사법이다.

- 유묘 특성조사 : 잎의 색, 형태, 잎의 하부 배축의 색, 엽맥형태, 절간길이, 모용, 엽신의 무게 등에 대한 조사로 특성조사보다 더 많은 정보를 얻을 수 있다.
- 전생육검사 : 종자를 파종하여 수확할 때까지 작물의 생장과 발육 특성을 관찰하여 꽃의 색깔, 결실종자의 특성, 모용, 엽설(葉舌, 잎혀, Ligule) 등을 조사하는 것이다.
- 생화학적 검정

| 자외선형광 검정 | 자외선 아래에서 형광 물질을 가진 종자 및 유묘를 검사한다. |
|---|---|
| 페놀검사 | 벼, 밀, 블루그라스 등은 페놀(Phenol)에 대한 배, 종피, 영, 이삭의 착색반응을 이용하여 품종을 비교할 수 있다. |
| 염색체 수 조사 | 4배체 품종이 육성되었을 때, 뿌리 끝세포 염색체 수의 조사로 2배체, 4배체를 구분할 수 있다. |

ⓛ 영상분석법(Image Analysis Method) : 종자특성을 카메라와 컴퓨터를 이용해 영상화한 후 자료를 전산화하고 프로그램을 이용하여 분석하는 기술이다.

ⓒ 분자생물학적 검정
- 형태학적 특성검사 외에 추가적인 분석이 필요할 때 검사하는 방법이다.
- 전기영동법, 핵산증폭지문법 등의 방법으로 단백질조성의 분석 또는 단백질을 만드는 DNA를 추적하여 품종을 구별할 수 있다.

## (4) 종자보증(種子保證, Seed Certification)

① 개념
ⓞ 국가 또는 종자관리사가 정해진 기준에 따라 종자의 품질을 보증하는 것이다.
ⓛ 국가(국립농산물품질관리원, 국립종자원)가 보증하면 국가보증, 종자관리사가 보증하면 자체보증이라 한다.

② 종자 품질보증 방법
ⓞ 포장검사
- 종자보증을 받으려면 농림축산식품부장관 혹은 종자관리사에게 작물의 고유특성이 잘 나타나는 생육기간에 1회 이상 포장검사를 받아야 한다.
- 교잡위험이 있는 품종 또는 작물은 재배지역으로부터 일정한 거리를 두어 격리시켜야 한다.
- 포장검사의 분류 : 달관검사, 표본검사, 재관리검사
ⓛ 종자검사
- 포장검사에 합격한 종자에 대하여 순도검사를 실시한다.
- 순도 이외에 종자의 규격, 발아율최저한도, 피해립, 수분, 이종종자 등의 종자검사를 한다.

③ 보증표시 : 종자검사를 필한 보증종자는 분류번호, 종명, 품종명 소집단번호, 발아율, 이품종률, 유효기간, 수량, 포장일자, 보증기관 등 보증표시를 하여 판매한다.

**순도검사법**

- 종자순도검사 : 종자시료를 대상으로 정립과 이종종자 및 이물을 구분하는 것을 말한다.
- 정립에 포함된 것
  - 미숙립, 발아립, 주름진립, 소립, 병해립
  - 원래 크기의 1/2 이상인 종자쇄립
  - 목초나 화곡류의 영화가 배유를 가진 것
- 이종종자는 대상작물 외의 다른 작물의 종자를 말하며 어떤 것은 모양, 크기, 무게 등이 대상작물의 정립과 비슷하여 구별하기 쉽지 않으므로 검사시설과 감별전문가가 필요하다.
- 대략 2,500개 종자를 대상으로 순도검사를 시행하며, 잡초종자 같은 유해 종자가 포함된 경우 검사 시료를 10배 이상(25,000개 이상)으로 하여 특정 종자수를 검사한다.
- 전체시료 중 정립의 비율 = $\dfrac{\text{정립의 무게}}{\text{전체 검사 시료의 무게}} \times 100$

---

### Level UP 이론을 확인하는 문제

**종자의 품질과 종자검사법에 대한 설명으로 옳지 않은 것은?**  17 서울시 기출

① 순도가 높을수록 종자의 품질이 향상된다.

② 벼, 밀 등은 페놀에 의한 이삭의 착색반응으로 품종을 비교할 수 있다.

③ 종자의 천립중검사는 종자검사의 항목에 포함되지 않는다.

④ 발아가 균일하고 발아율이 높을 때 우량한 종자라 한다.

해설 종자의 천립중검사는 종자검사의 항목에 포함된다.

정답 ③

# |04| 종자처리(발아전)

## (1) 선종(選種, Seed Selection)

① 개념 : 크고 충실하여 발아와 생육이 좋은 종자를 가려내는 것을 선종이라 한다.

② 방 법

ㄱ 육안에 의한 선별 : 콩종자 등을 상 위에 펴놓고 육안으로 굵고 건실한 종자를 선별하는 것이다.

ㄴ 용적에 의한 선별 : 맥류종자 등을 체로 쳐서 작은 알을 가려 제거하는 방법이다.

ㄷ 중량에 의한 선별 : 키, 풍구, 선풍기 등을 이용하여 가벼운 종자를 제거하는 방법이다.

ㄹ 색택에 의한 선별 : 선별기를 이용하여 시든 종자, 퇴화 종자, 변색된 종자를 가려낸다.

ㅁ 비중에 의한 선별

- 화곡류 등의 종자는 비중이 큰 것이 대체로 굵고 충실하므로, 알맞은 비중의 용액에 종자를 담그고 가라앉는 충실한 종자만 가려내는 비중선이 널리 이용되고 있다.
- 염수선(소금물을 비중액으로 이용)이 주로 이용되고 있으며 황산암모니아, 염화칼륨, 간수, 재 등이 일부 이용되기도 한다.

**비중선에 사용되는 용액의 비중**

| 작 물 | 비 중 |
|---|---|
| 메벼 유망종 | 1.10 |
| 메벼 무망종, 겉보리 | 1.13 |
| 찰벼 및 밭벼 | 1.08 |
| 쌀보리, 밀, 호밀 | 1.22 |

ㅂ 기타 물리적 특성에 의한 선별 : 이외 외부조직이나 액체친화성, 전기적 성질 등에 의한 물리적 특성에 차이를 두고 선별하는 방법 등이 있다.

---

**PLUS ONE**

**선별기의 유형**

- 길이에 의한 선별 : 종자선별기를 이용한다.
- 너비, 두께에 의한 선별 : Grader를 이용한다.
- 비중에 의한 선별 : 비중선별기(분리기)를 이용한다.
- 액체친화성에 의한 선별 : 액체친화성 선별기를 이용한다.
- 색채에 의한 선별 : 정전식 색채분리기를 이용한다.

## (2) 종자소독(種子消毒)

① 화학적 소독(종자외부 부착균 소독)

    ㉠ 침지소독 : 농약 수용액에 종자를 일정시간 담가서 소독하는 방법이다.

    ㉡ 분의소독 : 분제 농약을 종자에 그대로 묻게 하여 소독하는 방법이다.

> **🔍참고**
>
> 바이러스에 대하여는 현재 종자소독으로 방제할 수 없다.

② 물리적 소독(종자내부 부착균 소독)

    ㉠ 냉수온탕침법

      • 맥류 겉깜부기병 : 종자를 6~8시간 냉수에 담갔다가 45~50℃의 온탕에 2분 정도 담근 후 곧 다시 겉보리는 53℃, 밀은 54℃의 온탕에 5분간 담갔다가 냉수에 식힌 다음, 그대로 또는 말려서 파종한다.

      • 쌀보리 : 냉수에 담근 후 50℃ 온탕에 5분간 담그고 냉수에 식힌 다음 파종한다.

      • 벼의 선충심고병 : 벼종자를 냉수에 24시간 침지 후 45℃ 온탕에 2분 정도 담그고 다시 52℃의 온탕에 10분간 담갔다가 냉수에 식혀 파종한다.

    ㉡ 온탕침법

      • 맥류 겉깜부기병 : 보리는 43℃, 밀은 45℃ 물에서 8~10시간 정도 담근다.

      • 고구마 검은무늬병(흑반병) : 45℃ 물에 씨고구마를 30~40분 정도 담가 소독한다.

      • 벼묘 : 물 온도 45℃에서 하단부의 1/3를 약 15분간 담가 소독한다.

    ㉢ 건열처리

      • 종자에 부착된 병균 및 바이러스를 제거하기 위해 60~80℃에서 1~7일간 처리한다.

      • 박과, 가지과, 십자화과 등 종피가 두꺼운 종자에 주로 많이 사용되고, 종자의 함수량이 높으면 피해가 있으므로 건조하여 함수량을 낮게 하며, 점차 온도를 높여 처리해야 한다.

      • 곡류는 온탕침법을, 채소종자는 건열처리를 더 많이 사용한다.

③ 기피제 처리 : 종자 출아과정에서 조류, 서류 등에 의한 피해를 방지하기 위하여 종자에 화학약제를 처리하여 파종하는 방식이다.

    ㉠ 땅콩종자에 연단, 콜타르를 도포 후 재에 버무려 파종 : 쥐, 새, 개미 등의 피해를 방지한다.

    ㉡ 벼 직파재배 시 종자에 비소제를 도포해서 파종 : 오리에 의한 피해를 방지한다.

    ㉢ 종자에 티람을 도말하여 파종 : 새에 의한 피해 방지할 수 있다.

## (3) 침종(浸種, Seed Imbibition)

① 개 념

    ㉠ 파종 전 종자를 일정기간 동안 물에 담가 발아에 필요한 수분을 흡수시키는 것을 침종이라 한다.

    ㉡ 벼, 가지, 시금치, 수목의 종자 등에 실시한다.

② 장점 : 종자를 침종하면 발아가 빠르고 균일하며 발아기간 중 피해를 줄일 수 있다.

③ 침종방법

　㉠ 침종시간은 연수(軟水)보다는 경수(硬水)가, 수온이 낮을수록 더 길어진다.

　㉡ 침종 시 수온은 낮지 않고 산소가 많은 물이 좋으므로 자주 갈아주는 것이 좋다.

　㉢ 수온이 낮은 물에 오래 침종하면 종자의 저장양분이 유실되고, 산소부족에 의해 강낭콩, 완두, 콩, 목화, 수수 등에서는 발아장해가 유발된다.


## |05| 종자의 발아

### (1) 개 념

① 발아(發芽) : 종자에서 유아와 유근이 출현하는 것이다.

② 출아(出芽) : 종자 파종 시 발아한 새싹이 지상으로 출현하는 것이다.

③ 맹아(萌芽) : 목본식물(뽕나무, 아카시아 등)의 지상부 눈이 벌어져 새싹이 움트거나 씨감자 등에서 지하부 새싹이 지상으로 자라는 현상이나 새싹 자체를 말한다.

④ 최아(催芽) : 발아와 생육을 촉진할 목적으로 종자의 싹을 약간 틔워서 파종하는 것이다.

### (2) 발아조건

① 수 분

　㉠ 모든 종자는 일정량의 수분을 흡수해야만 발아한다.

　㉡ 발아에 필요한 수분의 함량은 종자 무게에 대해 벼 23%, 밀 30%, 쌀보리 50%, 콩 100% 정도이다.

　㉢ 토양이 건조하면 습한 경우에 비해 발아할 때 종자의 함수량이 적다.

　㉣ 전분종자보다 단백종자가 발아에 필요한 최소 수분함량이 많다.

② 온 도

　㉠ 온도와 발아의 관계는 작물 종류와 품종에 따라 다르다.

　㉡ 발아 최저온도 0~10℃, 최적온도 20~30℃, 최고온도 35~50℃ 범위에 있다.

　㉢ 최적온도일 때 발아율이 높고 발아속도가 빠르며, 고온작물에 비해 저온작물의 발아온도가 낮다.

　㉣ 지나친 고온은 발아하지 못하고 휴면상태가 되며, 나중에 열사하게 된다.

　㉤ 담배, 박하, 셀러리, 가지과종자 등은 변온상태에서 발아가 촉진된다. 이는 종피가 고온에서 팽창하고 저온에서 수축하여 수분흡수와 가스교환이 용이해지기 때문이다.

> 🔍참고 •
>
> 당근, 파슬리, 티머시 등은 변온이 종자발아를 촉진하지 않는 작물이다.

③ 산 소

　　㉠ 종자가 발아 중에는 많은 산소를 요구하며, 산소가 충분히 공급되면 발아가 촉진된다.

　　㉡ 볍씨와 같이 산소가 없는 경우에도 무기호흡으로 발아에 필요한 에너지를 얻을 수 있다.

　　㉢ 수중발아 상태를 보고 산소요구도를 파악할 수 있다.

| 수중발아가 잘 되는 종자 | 벼, 상추, 당근, 셀러리, 피튜니아, 티머시, 캐나다블루그라스 등 |
|---|---|
| 수중발아 시 발아감퇴 종자 | 담배, 토마토, 카네이션, 화이트클로버, 브롬그라스 등 |
| 수중발아를 못 하는 종자 | 밀, 귀리, 메밀, 콩, 무, 양배추, 고추, 가지, 파, 알팔파, 옥수수, 수수, 호박, 율무 등 |

④ 광(光)

　　㉠ 대부분 종자에 있어 광은 발아에 무관하지만 광에 의해 발아가 조장되거나 억제되는 것도 있다.

　　　• 호광성종자(광발아종자) : 광에 의해 발아가 조장되며, 암조건에서 발아하지 않거나 발아가 몹시 불량한 종자

　　　• 혐광성종자(암발아종자) : 광에 의하여 발아가 저해되고 암조건에서 발아가 잘 되는 종자

　　　• 광무관종자 : 광이 발아에 관계가 없는 종자

| 호광성종자 | 담배, 상추, 뽕나무, 셀러리, 우엉, 차조기, 금어초, 베고니아, 피튜니아, 디기탈리스, 그라스류(버뮤다그라스, 켄터키블루그라스, 벤트그라스) 등 |
|---|---|
| 혐광성종자 | 호박, 토마토, 가지, 수박, 무, 파, 양파, 오이, 나리과식물 등 |
| 광무관종자 | 벼, 보리, 옥수수 등 화곡류와 대부분 콩과작물 등 |

　　㉡ 화본과목초의 종자나 잡초종자는 대부분 호광성종자로, 땅속에 묻혀 있을 때는 산소와 광 부족으로 휴면하다가 지표 가까이 올라오면 산소와 광에 의해 발아하게 된다.

　　㉢ 적색광, 근적색광 전환계가 호광성종자의 발아에 영향을 미친다.

　　㉣ 화학물질에 의해서 광감수성은 달라진다. 즉, 지베렐린 처리는 호광성종자의 암중발아를 유도하고, 약산의 처리는 호광성이 혐광성으로 바뀌는 경우도 있다.

---

**PLUS ONE**

**시설재배 시 환경특이성(노지와 비교)**

• 온도 : 일교차가 크고, 위치별 분포가 다르며, 지온이 높다.

• 광선 : 광질이 다르고, 광량이 감소하며, 광분포가 불균일하다.

• 공기 : 탄산가스가 부족하고, 유해가스가 집적되며, 바람이 없다.

• 수분 : 토양이 건조해지기 쉽고, 공중습도가 높으며, 인공관수를 한다.

• 토양 : 염류농도가 높고, 토양물리성이 나쁘며, 연작장해가 있다.

## (3) 발아의 기구

### ① 발아과정

> 수분의 흡수 → 저장양분 분해효소 생성 및 활성화 → 저장양분의 분해, 전류 및 재합성 → 배의 생장개시 → 종피의 파열 → 유묘 출현

- ㉠ 종자는 적당한 수분, 온도, 산소, 광의 생장기능의 발현으로 생장점이 종자외부에 나타나는데 배의 유근 또는 유아가 종자 밖으로 출현하면서 발아하게 된다.
- ㉡ 산소가 충분한 경우 유근과 유아의 출현순서는 수분의 다수에 따라 다르게 나타나지만, 일반적으로 유근이 먼저 나온다.

### ② 수분의 흡수

- ㉠ 종자가 수분을 흡수하면 물은 세포를 팽창시키고 효소와 탄산가스의 유통을 좋게 한다.
- ㉡ 수분흡수는 종자 전체의 부피가 커지고, 종피가 파열되면서 물과 가스의 흡수가 가속화되어 배의 생장점이 나타나기 시작한다.

> **PLUS ONE**
>
> 수분흡수에 관계되는 주요 요인
> 종자의 화학적 조성, 종피의 투수성, 물의 이용성, 용액의 농도, 온도 등

- ㉢ 수분흡수의 단계
  - 제1단계 : 종자가 매트릭퍼텐셜(고상의 수분 견인력)로 인해 수분흡수가 왕성하게 일어나는 시기
  - 제2단계 : 수분흡수가 정체되고 효소들이 활성화되면서 발아에 필요한 물질대사가 왕성하게 일어나는 시기
  - 제3단계 : 유근, 유아가 종피를 뚫고 출현하면서 수분의 흡수가 다시 왕성해지는 시기

### ③ 저장양분의 분해효소 생성, 전류 재합성 등

종자가 수분을 흡수하면(수분흡수 제2단계) 가수분해효소들이 활성화되어 저장양분(탄수화물, 지방, 단백질 등)을 분해시키고, 떡잎이나 배유의 저장조직에서 영양분을 생장점으로 전류시키며, 재합성의 화학반응이 진행되고 발아에 필요한 에너지를 생성하게 된다.

- ㉠ 전 분
  - 배유나 자엽에 저장된 전분은 산화효소에 의해 분해되어 맥아당이 된다.
  - 맥아당은 Maltase에 의해 가용성인 포도당이 되어 배와 생장점으로 이동하여 호흡의 기질로 사용되는 한편 셀룰로스, 비환원당, 전분 등으로 합성된다.
- ㉡ 지방 : Lipase에 의해 지방산, Glycerol로 변하고, 다시 화학변화로 당분으로 변하여 유식물로 이동하고 호흡기질로 쓰이며 탄수화물, 지방 형성에도 쓰인다.
- ㉢ 단백질 : Protease에 의해 가수분해되어 Amino Acid, Amide 등으로 분해되어 유식물에 이동되어 호흡기질 또는 단백질의 구성물질로 쓰인다.

④ 배의 생장 개시 : 효소의 활성으로 새로운 물질이 합성되고 세포분열이 일어나 상배축과 하배축, 유근과 같은 기관이 성장한다.

⑤ 종피의 파열과 유묘의 출현 : 종자가 물을 흡수하여 종피가 부풀고, 세포분열로 조직이 팽창하면서 생기는 내부압력에 의해 종피가 파열되고 유근이나 유아가 출현한다.

⑥ 이유기와 독립생장기의 전환 : 유식물이 배유나 떡잎의 저장양분을 이용하여 생육하다가 독립영양으로 전환되는 시기를 이유기라고 한다.

## (4) 종자발아를 위한 생육촉진처리

① 최 아
  ㉠ 발아, 생육의 촉진을 목적으로 종자의 싹을 약간 틔워 파종하는 것이다.
  ㉡ 벼의 조기육묘, 한랭지의 벼농사, 맥류 만파재배, 땅콩의 생육촉진 등에 이용된다.
  ㉢ 벼 종자 발아기간 : 침종을 포함해 $10^{\circ}C$에서 약 10일, $20^{\circ}C$에서 약 5일, $30^{\circ}C$에서 약 3일의 기간이 소요되고, 발아적산온도는 $100^{\circ}C$이며, 어린싹이 $1{\sim}2mm$ 출현할 때가 알맞다.

② 프라이밍(Priming)
  ㉠ 파종 전에 수분을 가하여 발아의 속도와 균일성을 높이는 기술이다.
  ㉡ 삼투용액프라이밍, 고형물질처리, 반투성막프라이밍 등이 있고 주로 수분퍼텐셜이 낮은 Polyethylene Glycol(PEG)용액 등으로 처리한다.
  ㉢ 프라이밍(Priming) 처리 조건 : 주로 $15{\sim}20^{\circ}C$에서 실시한다. 수분퍼텐셜은 주로 $-0.5{\sim}-2.0MPa$이다.
  ㉣ 프라이밍 처리 물질로는 PEG 외에도 NaCl, $KNO_3$, $K_3PO_4$, $KH_2PO_4$ 등의 무기염류용액을 이용한다.

③ 전발아처리(前發芽處理)
  ㉠ 포장발아 100%를 목적으로 처리하는 방법으로 유체파종(액상파종, Fluid Drilling)과 전발아종자(前發芽種子, Pregerminated Seed)가 있다.
  ㉡ 유체파종은 겔상태의 용액 내에 발아종자를 넣어두고 이 겔을 특수기계를 이용하여 파종하는 방법이다.
  ㉢ 액상으로 이용되는 물질은 알긴산나트륨 등이 있다.

④ 종자의 경화(硬化, Hardening)
  ㉠ 불량환경에서 종자발아 시 출아율을 높이기 위한 처리이다.
  ㉡ 경화는 파종 전 종자에 흡수 · 건조의 과정을 반복적으로 처리하는 것이다.
  ㉢ 당근의 경우 3회 반복하면 배가 커지고, 발아와 생장촉진, 수량증대 등의 효과가 있다.
  ㉣ 경화처리는 밀, 옥수수, 순무, 토마토 등에서도 효과가 있다.

⑤ 과산화물(過酸化物, Peroxides)

　　㉠ 과산화물이 수중에서 분해되면 산소를 방출하고 물에 용존산소를 증가시켜 종자의 발아와 유묘의 생육을 증진시킨다.

　　㉡ 벼 직파재배에서 많이 이용된다.

⑥ 저온, 고온처리

　　㉠ 저온처리 : 발아촉진을 위하여 수분을 흡수한 종자를 5~10℃에서 7~10일간 처리한다.

　　㉡ 고온처리 : 벼종자의 경우 50℃로 예열 후 물 또는 질산칼륨($KNO_3$)에 24시간 침지한다.

⑦ 박피제거 : 강산(염산, 황산)이나 강알칼리성 용액, 치아염소산나트륨(NaOCl), 치아염소산칼슘(CaO-$Cl_2$)에 종자를 담가 종피의 일부를 녹여 경실의 종피를 약화시킴으로써 휴면의 타파나 발아를 촉진시키는 방법이다.

⑧ 발아촉진물질 : $GA_3$, 티오우레아(티오요소, Thiourea), $KNO_3$, KCN, NaCN, DNP, $H_3S$, $NaN_3$ 등이 발아촉진물질로 알려져 있다.

## (5) 발아조사

① 종자의 발아력

　　㉠ Liebenberg의 발아시험기를 사용한다.

　　㉡ 수반 또는 샬레에 여지, 탈지면, 세사를 깐 후 적당한 수분을 공급한다. 그 위에 종자를 놓고 발아시키고 조사한다.

② 파종된 종자의 발아조사

　　㉠ 발아시 : 파종된 종자 중에서 최초로 1개체가 발아된 날

　　㉡ 발아기 : 파종된 종자의 약 40%가 발아된 날

　　㉢ 발아전 : 파종된 종자의 대부분(80% 이상)이 발아된 날

　　㉣ 발아일수 : 파종부터 발아기까지의 일수

　　㉤ 발아기간 : 발아시부터 발아전까지의 기간

　　㉥ 발아율(Percent Germination, PG) : 파종된 총 종자 수에 대한 발아종자 수의 비율(%)

　　㉦ 발아세(Germination Energy, GE) : 치상 후 정해진 기간(72시간) 내의 발아율 또는 표준발아검사에서 중간발아조사일까지 발아율

　　㉧ 평균발아일수(Mean Germination Time, MGT) : 발아된 모든 종자의 발아일수의 평균

$$MGT = \frac{\Sigma\,(t_i ㉠)}{N}$$

여기서, $t_i$ : 파종부터 경과일수, ㉠ : 그날의 발아종자 수, $N$ : 총 발아종자 수

예 콩종자 100립을 치상하여 5일 동안 발아시킨 결과이다. 이 실험의 평균발아일수(MGT)는? (단, 소수점 첫째 자리까지만 계산한다.)

| 치상 후 일수 | 1 | 2 | 3 | 4 | 5 | 계 |
|---|---|---|---|---|---|---|
| 발아한 종자 수 | 15 | 15 | 30 | 10 | 10 | 80 |

풀이) 평균발아일수 = (파종일부터의 일수×그날의 발아종자 수)합계/발아종자 수

$= \{(1 \times 15)+(2 \times 15)+(3 \times 30)+(4 \times 10)+(5 \times 10)/80\}$

$= 225/80$

$= 2.8125$(소수점 첫째 자리까지만 계산)

ⓩ 발아속도(Germination Rate, GR) : 전체 종자에 대한 그날그날의 발아속도 합. 즉, 파종한 후 경과일수에 따라 발아되는 속도

$$GR = \Sigma \left( \frac{\ni}{t_i} \right)$$
여기서, $t_i$ : 파종부터 경과일수, ∋ : 그날그날의 발아종자 수

ⓩ 평균발아속도(Mean Daily Germination) : 발아한 총 종자의 평균적인 발아속도

$$MDG = \frac{N}{T}$$
여기서, $N$ : 총 발아종자 수, $T$ : 총 조사일수

ⓚ 발아속도지수(Promptness Index, PI) : 발아율과 발아속도를 동시에 고려하여 발아속도를 지수로 표시한 것

$$PI = \Sigma [(T - t_i + 1) \ni]$$
여기서, $T$ : 총 조사일수, $t_i$ : 파종부터 경과일수, ∋ : 그날그날의 발아종자 수

**PLUS ONE**

**종자의 용가(Utility Value)**
- 종자의 실질적인 가치를 나타내는 척도로 종자의 진가(Real Value, Real Quality)라고도 하며 다음과 같이 계산된다.
- 종자의 용가(진가) = 발아율(%)×순도(%)/100

③ 종자발아력 간이검정법

㉠ 테트라졸륨법(Tetrazolium Method)
- TTC(2,3,5-Triphenylet-Razolium Chloride) 용액을 화본과 0.5%, 두과 1%로 처리하면 활력 있는 종자의 배와 유아의 단면이 적색으로 착색되는 것이 발아력이 강하다.
- 종자호흡의 결과 발생하는 탈수소효소(Dehydrogenase)와 테트라졸륨 용액이 결합하여 붉은색을 띤다(즉, 살아있는 부분은 붉게 변함).

ⓛ 구아야콜법(Guaiacol Method)

- 종자를 파쇄하여 1%의 구아야콜 수용액 한 방울을 가하고, 다시 1.5% 과산화수소액 한 방울을 가하면 죽은 종자는 색반응이 나타나지 않고 발아력이 강한 종자는 배와 배유부의 단면에 자색으로 착색된다.
- 이 방법의 결점은 종자의 착색된 배가 곧 탈색되는 것이다.

ⓒ 전기전도율 검사법

- 기계를 사용하여 종자의 개별적 전기전도율을 측정하는 방법이다.
- 원리는 죽은 종자의 세포는 세포막이 덜 딱딱하여 물의 투과를 돕고 나아가 세포내용물이 물에 용출되어 결과적으로 전기전도율을 증가시킨다는 원리를 이용한 것이다.
- 완두, 콩 등에서 많이 이용되며, 전기전도도가 높으면 활력이 낮은 종자이다.
- 실험목적으로 이용된다.
- 장점으로 신속하고 신빙성이 있으며 결과해석이 용이하나 퇴화정도가 심하지 않는 종자에서는 재현성이 어려운 점이 있다.

---

**PLUS ONE**

- 종자검사 방법에는 테트라졸륨검사(T.T.C), 효소활성측정법, Ferric Chloride법, Indoxyl Acetate법이 있다.
- 기타 발아능검사 방법으로는 전기전도율검사, 배절제법, X선검사법, 유리지방산검사법이 있다.

---

**Level UP 이론을 확인하는 문제**

종자발아를 촉진할 목적으로 행하여지는 재배기술에 해당하지 않는 것은?     19 지방직 〈기출〉

① 경실종자에 진한 황산처리
② 양상추 종자에 근적외광 730nm 처리
③ 벼종자에 최아(催芽)처리
④ 당근종자에 경화(硬化)처리

해설 호광성종자인 양상추(결구상추) 발아 시 광의 파장이 600~700nm의 범위에서는 발아가 촉진적이었고, 730nm 부근에서는 발아가 억제적이었다.

정답 ②

다음 보기 중 광발아성 종자로만 된 것은?

| ㄱ. 상추 | ㄴ. 파 |
|---|---|
| ㄷ. 양파 | ㄹ. 가지 |

① ㄱ

② ㄱ, ㄷ

③ ㄴ, ㄹ

④ ㄱ, ㄷ, ㄹ

**해설** ㄴ, ㄷ, ㄹ은 혐광성종자(암발아)에 해당한다.

**정답** ①

콩종자 100립을 치상하여 5일 동안 발아시킨 결과이다. 이 실험의 평균발아일수(MGT)는? (단, 소수점 첫째 자리까지만 계산한다)

| 치상 후 일수 | 1 | 2 | 3 | 4 | 5 | 계 |
|---|---|---|---|---|---|---|
| 발아한 종자 수 | 15 | 15 | 30 | 10 | 10 | 80 |

① 2.2

② 2.4

③ 2.6

④ 2.8

**해설** 평균발아일수 = [(파종일부터의 일수×그날의 발아종자 수)합계/발아종자 수]

= [(1×15)+(2×15)+(3×30)+(4×10)+(5×10)/80]

= [225/80]

= 2.8125(소수점 첫째 자리까지만 계산)

**정답** ④

## |06| 종자의 수명과 저장

### (1) 종자의 수명

① 개념 : 종자가 발아력을 보유하고 있는 기간을 종자의 수명이라 한다.

② 저장 중 발아력 상실 원인

    ㉠ 종자가 저장 중 발아력을 상실하는 것은 종자의 원형질을 구성하는 단백질의 응고이며, 효소의 활력 저하도 원인이 된다.

    ㉡ 종자를 장기저장하는 경우 저장 중 호흡에 의한 저장양분의 소모도 원인이 된다.

③ 종자 수명에 미치는 조건

    ㉠ 종자의 수명은 작물의 종류나 품종에 따라 다르고 채종지 환경, 숙도, 수분함량, 수확 및 조제방법, 저장조건 등에 따라 영향을 받는다.

    ㉡ 저장종자의 수명에는 수분함량, 온도, 산소 등이 영향을 미친다.

④ 종자의 수명

    ㉠ 단명종자 : 종자를 실온저장하는 경우 2년 이내 발아력을 상실하는 종자이다.

    ㉡ 상명종자 : 3~5년 활력을 유지할 수 있는 종자이다.

    ㉢ 장명종자 : 5년 이상 활력을 유지할 수 있는 종자이다.

**작물별 종자의 수명**

| 구 분 | 단명종자(1~2년) | 상명종자(3~5년) | 장명종자(5년 이상) |
|---|---|---|---|
| 농작물류 | 콩, 땅콩, 옥수수, 해바라기, 메밀, 기장 | 벼, 밀, 보리, 완두, 페스큐, 귀리, 유채, 켄터키블루그라스, 목화 | 클로버, 알팔파, 사탕무, 베치 |
| 채소류 | 강낭콩, 상추, 파, 양파, 고추, 당근 | 배추, 양배추, 방울다기양배추, 꽃양배추, 멜론, 시금치, 무, 호박, 우엉 | 비트, 토마토, 가지, 수박 |
| 화훼류 | 베고니아, 팬지, 스타티스, 일일초, 코레옵시스 | 알리섬, 카네이션, 시클라멘, 색비름, 피튜니아, 공작초 | 접시꽃, 나팔꽃, 스토크, 백일홍, 데이지 |

### (2) 종자의 저장

① 개념 : 종자가 가지는 유전적 특성을 언제나 이용할 수 있게 안전하고도 확실하게 보존하는 일이다.

② 종자저장의 조건

    ㉠ 채종한 종자를 빨리 건조시키는 것이 필요하다.

    ㉡ 건조하고 냉랭한 곳, 병해충 우려가 없는 곳에 저장해야 한다.

    ㉢ 저온건조하에서는 15%의 습도와 함수량을 유지하도록 한다.

    ㉣ 종이봉투에 보관하거나 염화석회를 넣은 데시케이터에 밀봉하기도 한다.

③ 종자저장 방식

      ⊙ 건조저장 : 관계습도 50%, 함수율이 13% 이하가 되도록 저장하는 방법(채소, 화훼류 등 대부분의 작물 종자)이다.

      ⓛ 습사저온저장(냉습적법) : 종자를 저온상태(0~10℃)에서 젖은 모래와 종자를 섞어 저장하는 방식으로 장기저장 시는 0℃ 이하, 습도는 30% 내외를 유지한다.

      ⓒ 밀폐저장 : 낙엽송, 포플러류 등의 종자를 수분 5% 내외로 건조시켜 유리병이나 양철통에 황화칼륨 같은 종자 활력제와 실리카겔 같은 건조제를 함께 넣고 밀봉시켜 2~4℃의 낮은 온도로 저장한다.

      ⓔ 보호저장 : 종자를 파종하기 전에 마른 모래 2, 종자 1의 비율로 섞어 건조하지 않도록 실내 또는 창고 등에 보관하는 방법이다.

      ⓜ 토중저장 : 용기에 종자를 넣어 묻어두는 방법으로 밤, 호두 등에 이용하며 80~90%의 습도를 유지한다.

---

**🔍참고**

벼와 보리 같은 곡류의 수분함량은 13% 이하로 건조시켜 저장하면 안전하다.

---

**PLUS ONE**

**종자코팅**
- 종자의 표면을 흙, 비료, 농약 등으로 싸는 것이다.
- 특징 : 종자를 성형, 정립시켜 파종을 용이하게 해주고 또한 농약 등으로 생육을 촉진시키며 효과적으로 병충해를 방지한다.
- 방식 : 필름종자, 펠릿(과립)종자, 피막종자, 장환종자, 종자테이프, 종자매트 등
- 장점
  – 펠릿종자는 토양전염성 병을 방제할 수 있다.
  – 펠릿종자는 종자대와 솎음노력비를 동시에 절감할 수 있다.
  – 필름코팅은 종자의 품위를 높이고 식별을 쉽게 한다.
  – 필름코팅은 종자에 처리한 농약이 인체에 묻는 것을 방지할 수 있다.

**종자의 품질과 종자처리에 관한 설명으로 가장 옳지 않은 것은?**

19 지방직 기출

① 파종 전에 종자에 수분을 가하여 발아 속도와 균일성을 높이는 처리를 최아 혹은 종자코팅이라고 한다.

② 종자는 수분함량이 낮을수록 저장력이 좋고, 발아율이 높으며 발아가 빠르고 균일할 수록 우량종 자이다.

③ 순도분석은 순수종자 외의 이종종자와 이물 확인 시 실시하고, 발아검사는 종자의 발아력을 조사 하는 것이다.

④ 물리적 소독법 중 온탕침법은 곡류에, 건열처리는 채소종자에 많이 쓰인다.

---

**해설 최아와 종자코팅**
- 최아(催芽) : 발아와 생육을 촉진할 목적으로 종자의 싹을 약간 틔워서 파종하는 것이다.
- 종자코팅 : 종자의 표면을 흙, 비료, 농약 등으로 싸는 것. 그 목적은 종자를 성형, 정립시켜 파종을 용이하 게 해주고 또한 농약 등으로 생육촉진과, 병충해 방지에 효과적이다.

**정답 ①**

---

**종자가 미세하여 관리하기 힘들고 표면이 매우 불균일하거나 매우 가벼워서 손으로 다루거나 기계파 종이 어려울 경우 화학적으로 불활성의 고체물질을 피복하여 종자를 크게 만드는 것을 무엇이라 하 는가?**

19 경남 지도사 기출

① 테이프종자            ② 피막종자

③ 필름종자            ④ 펠릿종자

---

**해설** ④ 펠릿종자 : 크기와 모양이 불균일한 종자를 대상으로 종자의 모양과 크기를 불활성물질로 성형한 종자이다.

① 테이프종자 : 종이나 그 밖의 분해되는 재료로 만든 폭이 좁은 대상(帶狀)의 물질에 종자를 불규칙적 또 는 규칙적으로 붙여 배열한 것이다.

② 피막종자 : 형태는 원형에 가깝게 유지하고 중량이 약간 변할 정도로 피막 속에 살충, 살균, 염료, 기타 첨 가물을 포함시킬 수 있다.

③ 필름종자 : 필름코팅은 친수성 중합체에 농약이나 색소를 혼합하여 종자 표면에 5~15μm 정도로 얇게 덧 씌워주는 것이다. 필름코팅의 주된 목적은 농약을 종자에 분의처리하였을 때 농약이 묻거나 인체에 해를 주기 때문에 이를 방지하기 위함이며, 색을 첨가함으로써 종자의 품위를 높이고 식별을 쉽게 하는 데 있다.

**정답 ④**

## |07| 종자의 휴면(休眠, Dormancy)

### (1) 개 념

① 성숙한 종자에 수분, 온도, 산소 등 발아에 적당한 환경조건을 주어도 일정기간 동안 발아하지 않는 현상이다.

    ㉠ 휴면 중인 종자나 눈은 저온, 고온, 건조 등에 대한 저항성이 극히 강해져서 후대번식이나 생존에 있어서 생태적으로 유리하다.

    ㉡ 맥류종자의 휴면은 수발아 억제에 효과가 있고 감자의 휴면은 저장에 유리하다.

② 종 류

    ㉠ 자발적 휴면(진정휴면) : 발아능력이 있는 성숙한 종자가 환경조건이 발아에 알맞더라도 내적요인에 의해 휴면하는 것으로 생육의 일시정지 상태이다.

    ㉡ 타발적 휴면(강제휴면) : 종자의 외적조건이 맞지 않아 발아가 되지 않는 휴면이다.

    ㉢ 제2차 휴면 : 휴면이 끝난 종자라도 발아환경조건이 불리한 상태로 장기간 유지되면 발아조건이 적당하더라도 휴면 상태를 유지하는 현상이다.

### (2) 내적원인

① 경실(硬實, Hard Seed)

    ㉠ 종피가 단단하여 수분의 투과를 저해하기 때문에 발아하지 않는 종자를 경실이라 한다.

    ㉡ 종자에 따라 투수성이 다르기 때문에 몇 년에 걸쳐 조금씩 발아하는 것이 보통이다.

    ㉢ 종피의 불투수성으로 장기간 휴면하는 종자로 주로 소립의 두과목초종자(클로버류, 자운영, 베치, 아카시아, 강낭콩, 싸리 등)와 고구마, 연, 오크라종자, 벼과목초종자(달리스그래스, 바히아그래스 등) 등에서 나타난다.

> **참고**
>
> 경실종자의 휴면은 종피의 불투수성과 불투기성이 원인이 되는 경우가 가장 많다.

② 발아억제물질

    ㉠ 콩과, 화본과목초, 연, 고구마 등 많은 종류의 휴면에 발아억제물질이 관련되어 있다.

    ㉡ 벼종자는 영에 있는 발아억제물질이 휴면의 원인으로 종자를 물에 잘 씻거나 과피를 제거하면 발아된다.

    ㉢ 옥신은 측아의 발육을 억제하고, ABA(Abscisic Acid)는 사과, 자두, 단풍나무에서 겨울철 눈의 휴면을 유도하는 작용을 한다.

    ㉣ 발아억제물질 : ABA, 시안화수소, 암모니아, 쿠마린, 페놀화합물 등

③ 배의 미숙

　　㉠ 종자가 모주에서 이탈할 때 배가 미숙상태로 발아하지 못한다(미나리아재비, 장미과 식물, 인삼, 은행 등).

　　㉡ 미숙상태의 종자가 수주일 또는 수개월 경과하면서 배가 완전히 발육하고 필요한 생리적 변화를 완성해 발아할 수 있는데, 이를 후숙(After Ripening)이라 한다.

④ 종피의 기계적 저항

　　㉠ 종자에 산소나 수분이 흡수되어 배가 팽대할 때 종피의 기계적 저항으로 배의 팽대가 억제되어 종자가 함수상태로 휴면하는 것이다.

　　㉡ 잡초종자, 나팔꽃, 땅콩, 체리 등에서 흔히 나타난다.

　　㉢ 건조시키거나 30℃ 고온처리로 기계적 저항력을 약화시키면 타파된다.

⑤ 종피의 불투기성

　　㉠ 종피의 불투기성 때문에 산소흡수가 저해되고 이산화탄소가 축적되어 발아하지 못한다.

　　㉡ 귀리, 보리 등의 종자에서 나타난다.

⑥ 배휴면(胚休眠)

　　㉠ 자발적 휴면의 하나로 형태적으로는 종자가 완전히 발달하였으나 배의 발육이 미숙해서 후숙기간이 휴면기간이 되는 경우로 생리적 휴면(生理的休眠, Physiological Dormancy)이라고도 한다.

　　㉡ 사과, 배, 복숭아, 장미과식물에서 나타난다.

　　㉢ 배휴면의 타파 : 후숙이 잘되도록 저온습윤처리 또는 지베렐린, 에틸렌 등의 발아촉진물질을 처리한다.

---

### Level UP 이론을 확인하는 문제

**종자휴면에 대한 설명으로 옳은 것은?**　　　　　　　　　　　　　　　　20 지방직 7급 〈기출〉

① 배휴면은 배가 미숙한 상태이어서 수주일 혹은 수개월의 후숙의 과정을 거쳐야 하는 경우를 말한다.

② 귀리와 보리는 종피의 불투기성 때문에 발아하지 못하고 휴면하기도 한다.

③ 경실은 수분의 투과를 수월하게 돕기 때문에 발아하기 쉽고 휴면이 일어나지 않는다.

④ 발아억제물질로는 ABA, 시안화수소(HCN), 질산염이 있다.

　해설　① 배휴면은 자발적 휴면의 하나로 형태적으로는 종자가 완전히 발달하였으나 배의 발육이 미숙해서 후숙기간이 휴면기간이 되는 경우를 말한다.

　　　　③ 경실은 종피가 단단하여 수분의 투과를 저해하기 때문에 발아하지 않는다.

　　　　④ 발아억제물질로는 ABA, 시안화수소(HCN), 암모니아, 쿠마린, 페놀화합물 등이 있다.

　정답　②

## |08| 휴면타파와 발아촉진

### (1) 발아촉진법

① 경실종자의 발아촉진법

      ㉠ 종피파상법

- 경실종자의 종피에 상처를 내는 방법이다.
- 자운영, 콩과의 소립종자 등은 종자의 25~35%의 모래를 혼합하여 20~30분 절구에 찧어서 종피에 가벼운 상처를 내어 파종하면 발아가 촉진된다.
- 고구마는 배의 반대편에 손톱깎이 등으로 상처를 내어 파종한다.

      ㉡ 진한 황산처리

- 진한 황산에 경실종자를 넣고 일정시간 교반하여 종피를 침식시키는 방법으로 처리 후 물에 씻어 산을 제거하고 파종하면 발아가 촉진된다.
- 처리시간 : 비중을 1.84로 하고, 고구마 1시간, 감자종자 20분, 레드클로버 15분, 화이트클로버 30분, 연 5시간, 목화 5분, 오크라 4시간 등이다.

      ㉢ 온도처리

- 저온처리 : 알팔파종자를 -190℃ 액체공기에 2~3분간 침지 후 파종하면 발아가 촉진된다.
- 건열처리 : 알팔파, 레드클로버 등은 105℃에 4분간 처리한 후 파종한다.
- 습열처리 : 라디노클로버는 40℃ 온탕에 5시간 또는 50℃ 온탕에 1시간 처리한다.
- 변온처리 : 자운영종자는 17~30℃와 20~40℃ 등 고온과 저온의 교차를 주는 방법이다.
- 진탕처리 : 스위트클로버는 종자를 플라스크에 넣고 초당 3회 비율로 10분간 진탕처리 한다.
- 질산염처리 : 버필로그래스종자는 0.5% 질산용액에 24시간 침지하고 5℃에 6주간 냉각시켜 파종하면 발아가 촉진된다.
- 기타 : 알코올, 이산화탄소, 펙티나아제 처리 등도 유효하다.

---

**✛ PLUS ONE**

**발아관련 화학물질**
- 발아촉진물질 : 지베렐린(GA), 시토키닌, 에틸렌(에테폰 혹은 에스렐), 질산염, 과산화수소($H_2O_2$) 등
- 발아억제물질 : 암모니아, 시안화수소(HCN), ABA, 페놀화합물, 쿠마린(Coumarin) 등
- 발근활착촉진 : IAA-라놀린도포, 옥신(Auxin), 자당액 침지, 환상박피, 황화, 과망간산칼리

---

② 화곡류 및 감자의 발아촉진법

      ㉠ 벼종자 : 50℃에서 4~5일간, 40℃에서 3주간 보존하면 발아억제물질이 불활성화되어 휴면이 타파된다.

      ㉡ 맥류종자 : 0.5~1% 과산화수소액($H_2O_2$)에 24시간 침지 후 5~10℃의 저온에 젖은 상태로 수일간 보관하면 휴면이 타파된다.

      ㉢ 감자 : 절단 후 지베렐린 수용액 2ppm 정도에 30~60분간 침지하여 파종한다.

③ 목초종자의 발아촉진법
  ㉠ 질산염류액 처리 : 화본과목초종자는 질산칼륨 0.2%, 질산알루미늄 0.2%, 질산망간 0.2% , 질산암모늄 0.1%, 질산소다 0.1%, 질산마그네슘 0.1% 수용액에 처리하면 발아가 촉진된다.
  ㉡ 지베렐린 처리 : 브롬그라스, 휘트그라스, 화이트클로버 등의 목초종자는 100ppm, 차조기는 100~500ppm 지베렐린 수용액에 처리하면 휴면이 타파되고 발아가 촉진된다.

## (2) 발아촉진물질의 처리

① 지베렐린 처리
  ㉠ 각종 종자의 휴면타파, 발아촉진에 효과가 크다.
  ㉡ 감자 2ppm, 약용인삼 25~100ppm 등이 효과적이다.
  ㉢ 호광성종자인 양상추, 담배 등은 10~300ppm의 지베렐린 수용액 처리로 발아가 촉진되며, 적색광의 대체효과가 있다.
② 에스렐 처리 : 양상추 100ppm, 땅콩 3ppm, 딸기종자 5,000ppm의 에스렐 수용액 처리로 발아가 촉진된다.
③ 질산염 처리 : 화본과목초에서 발아를 촉진하고, 벼종자에도 유효하다.
④ 시토키닌 처리 : 호광성종자인 양상추에 처리하면 적색광 대체효과가 있어 발아를 촉진하며, 땅콩의 발아촉진에도 효과적이다.

> **PLUS ONE**
>
> 상추종자의 발아실험에서 적색광과 근적외광전환계라는 광가역반응은 관찰된다(양상추를 재료로 한 연구에서, 광의 파장이 600~700nm의 범위에서는 발아가 촉진적이었고, 730nm 부근에서는 발아가 억제적이었다. 호광성종자의 광발아에 있어서 적색광·근적외광 전환계가 존재한다).

## (3) 휴면연장과 발아억제

① 온도조절 : 감자 0~4℃, 양파 1℃ 내외로 저장하면 발아를 억제할 수 있다.
② 약제처리
  ㉠ 감자의 발아억제
    • 수확하기 4~6주 전에 MH-30 수용액 1,000~2,000ppm을 경엽에 살포한다.
    • 수확 후 저장 당시 TCNB(Tetrachloro-Nitrobenzene) 6% 분제를 감자 180L당 450g 비율로 분의해서 저장한다.
    • 토마톤, 노나놀, 벨비탄 K, 클로르 IPC 등의 처리도 발아를 억제한다.
  ㉡ 양파의 발아억제
    • 수확 15일 전 MH 수용액 3,000ppm을 잎에 살포한다.
    • 수확 당일 MH 0.25%액에 하반부를 48시간 침지한다.
  ㉢ 담배의 발아억제 : 전기콜린양액, 앤티싹, 액아단 등의 약제를 처리한다.
③ 방사선조사 : 감자, 양파, 당근, 밤 등은 $\gamma$선을 조사하면 발아가 억제된다.

**종자의 발아촉진물질 처리에 대한 설명으로 가장 옳지 않은 것은?**
20 서울시 지도사 기출

① 지베렐린은 감자, 약용인삼에 효과적이다.

② 에스렐 수용액은 딸기에 효과적이다.

③ 시토키닌은 양상추에서 지베렐린의 효과가 있으나 땅콩의 발아촉진에는 효과가 없다.

④ 질산염은 화본과목초의 발아를 촉진한다.

해설 시토키닌 처리는 호광성종자인 양상추에 처리하면 적색광 대체효과가 있어 발아를 촉진하며, 땅콩의 발아촉진에도 효과적이다.

정답 ③

# |09| 종자의 퇴화

## (1) 개 념

① 종자퇴화 : 어떤 작물을 계속 재배함에 따라 생산력이 점차 감퇴하는 현상이다.

② 종자퇴화의 증상과 원인

　㉠ 유전적 퇴화 : 자연교잡, 이형유전자 분리, 돌연변이, 이형종자의 기계적 혼입, 근교약세, 역도태 등
　　으로 세대가 경과함에 따라 종자가 유전적으로 퇴화한다.

　㉡ 생리적 퇴화 : 생산지의 재배환경이 나쁘면 생리적 조건이 갈수록 퇴화한다.

　㉢ 병리적 퇴화 : 종자바이러스 등으로 인한 퇴화이다.

## (2) 대 책

① 유전적 퇴화 대책 : 격리재배(자연교잡 방지), 이형종자의 혼입 방지(낙수의 제거, 채종포 변경), 출수기
　이형주의 철저한 도태, 종자 건조 및 밀폐, 냉장한다.

　㉠ 자연교잡 방지

　　• 격리재배로 방지할 수 있으며, 다른 품종과의 격리거리는 옥수수 400~500m 이상, 십자화과류
　　　1,000m 이상, 호밀 250~300m 이상, 참깨 및 들깨 500m 이상으로 유지하는 것이 좋다.

　　• 주요작물의 자연교잡률(%) : 벼 0.2~1.0, 보리 0.0~0.15, 밀 0.3~0.6, 조 0.2~0.6, 귀리와 콩
　　　0.05~1.4, 아마 0.6~1.0, 가지 0.2~1.2, 수수 5.0 등

　㉡ 이형종자의 기계적 혼입방지 : 퇴비, 낙수(落穗), 수확, 탈곡, 보관 시 이형종자의 혼입을 방지한다.

ⓒ 이형주 제거

- 이미 혼입된 경우 이형주 식별이 용이한 출수기, 성숙기에 이형주를 철저히 도태시킨다.
- 조, 수수, 옥수수 등에서는 순정한 이삭만 골라 채종한다.
- 이형주는 전생육기간을 통해 제거한다.
- 채소나 지하부 영양기관을 수확하는 작물은 수확기에 제거하여 순도를 유지한다.

ⓔ 주보존 : 벼처럼 주보존이 가능한 작물은 기본식물을 주보존하여 이것에서 받은 종자를 증식 · 보급하면 세대경과에 따른 유전적 퇴화를 방지할 수 있다.

ⓜ 밀폐저장 : 순정종자를 건조시켜 장기간 밀폐저장하고 해마다 이 종자를 증식해서 농가에 보급하면 세대경과에 따른 유전적 퇴화를 방지할 수 있다.

② **생리적 퇴화 대책** : 토양에 맞는 작물 재배(벼는 비옥한 토양, 감자는 고랭지에서 재배), 재배시기의 조절, 비배관리 개선 등이 있다.

ⓐ 감자의 환경조건

- 고랭지에서 채종해야 하며, 평지에서 씨감자는 가을재배를 해야 퇴화를 경감할 수 있다.
- 고랭지에 비해 평지는 생육기간이 짧고 온도가 높으며 여름의 저장기간이 길다.
- 여름 온도가 높아 저장 중 저장양분의 소모도 크고 바이러스병 등의 감염에 의해 퇴화가 일어나기도 한다.

ⓑ 콩의 환경조건

- 서늘한 지역에서 생산된 것이 따뜻한 남부에서 생산된 종자가 보다 충실하다.
- 차지고 축축한 토양에서 생산된 것이 가볍고 건조한 토양에서 생산된 것이 보다 충실하다.

ⓒ 벼의 환경조건 : 분지에서 생산된 것이 평지에서 생산된 것보다 임실이 좋고 충실하다.

ⓓ 재배환경조건

- 재배조건의 불량으로 종자가 생리적 퇴화한다.
- 재배시기 조절, 비배관리 개선, 착과수 제한, 종자의 선별 등을 통해 퇴화를 방지한다.

③ **병리적 퇴화 대책** : 무병지 채종, 이형주 제거, 병해방제, 약제소독, 종자검정 등 여러 대책이 필요하다.

---

**PLUS ONE**

**저장종자의 퇴화**
- 저장 중 종자퇴화의 주된 원인은 원형질단백의 응고이다. 또 효소의 활력저하, 저장양분의 소모도 중요한 요인이다.
- 유해물질의 축적, 발아 유도기구 분해, 리보솜 분리 저해, 효소분해 및 불활성, 가수분해효소의 형성과 활성, 지질의 산화, 균의 침입, 기능상 구조변화 등도 종자퇴화에 영향을 미친다.
- 퇴화종자는 호흡감소, 유리지방산 증가, 발아율 저하, 성장 및 발육 저하, 저항성 감소, 출현율 감소, 비정상묘의 증가, 효소활력 저하, 종자 침출물 증가, 저장력 감소, 발아균일성 감소, 수량의 감소 등의 증상이 나타난다.

**종자퇴화현상에 대해 잘못 설명한 것은?**　13 국가직 기출

① 자연교잡에 의해 퇴화가 일어나기도 한다.

② 고온다습한 평야지 채종이 퇴화방지에 유리하다.

③ 바이러스병 등의 감염에 의해 퇴화가 일어나기도 한다.

④ 저장 중 종자퇴화의 주된 원인은 원형질단백의 응고이다.

해설　감자의 경우 평지에서 채종하면 고랭지에서 채종하는 것에 비해 퇴화가 심하다.

정답　②

## |10| 채종재배(採種栽培, Seed Production Culture)

### (1) 개 념

① **채종** : 작물재배에 쓰일 종자를 생산하는 전체적인 농업기술 및 과정이다.

② **채종재배** : 우수한 종자를 생산할 목적으로 이루어지는 재배이다.

③ **종자의 선택 및 처리** : 채종재배 시 종자는 원원종포 또는 원종포 등에서 생산된 믿을 수 있는 종자로 선종 및 종자소독 등 필요한 처리 후 파종한다.

### (2) 채종포의 선정(재배지 선정)

① 기상조건과 토양

ㄱ 기온 : 가장 중요한 조건은 기상이며, 그 중에서도 기온이다.

ㄴ 강 우

- 개화기부터 등숙기까지 강우는 종자의 수량과 품질에 영향을 미치므로, 이 시기에 강우량이 적은 곳이 좋다.

- 강우량이 너무 많거나 다습하면 수분장해로 임실률이 떨어지고 수발아가 발생한다.

ㄷ 일장 : 화아의 형성과 추대에 영향을 미친다.

ㄹ 토양 : 배수가 좋은 양토가 좋고 토양 병해충 발생빈도가 낮아야 하며, 연작장해가 있는 작물의 경우 윤작지를 선택한다.

② 채종포장 환경

　　㉠ 지 역

　　　• 콩 : 평야지보다는 중산간지대의 비옥한 곳이 생리적으로 더 충실한 종자가 생산된다.

　　　• 감자 : 바이러스를 매개하는 진딧물이 적은 고랭지가 씨감자의 생산에 알맞다.

　　㉡ 포 장

　　　• 한 지역에서 단일품종을 집중적으로 재배하는 것이 혼종의 방지가 가능하고 재배기술을 종합적으로 이용하기 편하며 탈곡이나 조제 시 기계적 혼입을 방지할 수 있다.

　　　• 호밀을 재배했던 곳에 밀이나 보리의 종자생산 또는 알팔파를 재배한 곳에 콩과작물인 레드클로버를 재배하는 것은 좋지 않다.

---

**PLUS ONE**

**채종재배의 유의사항**

• 교잡의 염려가 적은 장소를 선택할 것

• 강우기가 채종기와 겹치지 않을 것

• 풍해 또는 태풍피해가 적을 것

• 이형주 도태가 용이하고 우량 모본을 양성할 것

• 병충해 발생이 적은 곳을 선택할 것

• 수확기에 건조하며 맑은 날이 계속되는 곳을 선택할 것

---

## (3) 채종포의 관리

① 격 리

　　㉠ 옥수수, 십자화과식물 등 타가수정작물의 채종포는 일반포장과 반드시 격리되어야 한다.

　　㉡ 최소격리거리는 작물종류, 종자 생산단계, 포장의 크기, 화분의 전파방법에 따라 다르다.

　　㉢ 채종포에서는 비슷한 작물을 격년으로 재배하지 않는 것이 유리하다.

② 파 종

　　㉠ 파종적기에 파종하는 것이 온도 및 토양수분이 발아에 알맞기 때문에 유리하다.

　　㉡ 파종 전 살균제 또는 살충제를 미리 살포하고 휴면종자는 휴면타파처리를 한다.

　　㉢ 파종간격은 빛의 투과와 공기의 흐름이 잘 되도록 작물에 알맞게 정한다.

　　㉣ 일반적으로 종자용작물은 이형주의 제거, 포장검사에 용이한 조파를 한다.

③ 정지 및 착과조절

　　㉠ 착과위치와 착과수는 채종량과 종자의 품위에 영향을 미치므로 우량 종자생산을 위해 적심, 적과, 정지를 하는 것이 좋다.

　　㉡ 콩과작물, 참깨, 들깨, 토마토, 고추, 박과채소 등은 개화기간이 길고 착과위치에 따라 숙도가 다른 작물은 적심이 필요하다.

④ 관 개

　　㉠ 작물의 생육과정 중 수분이 충분해야 생육이 왕성하고 많은 수량을 낼 수 있다.

　　㉡ 옥수수에서 생식생장기의 수분장해는 불임이삭이 증가한다.

⑤ 시 비

　　㉠ 채종재배 시는 개화, 결실을 위해 비배관리가 중요하다.

　　㉡ 엽채류, 근채류의 채종재배는 영양체의 수확(청과재배)에 비해 재배기간이 길어 그만큼 시비량이 많아야 한다.

　　㉢ 무, 배추, 양배추, 셀러리 등은 붕소의 요구도가 높고 콩종자의 칼슘 함량은 발아율과 정비례한다.

⑥ 이형주의 제거와 수분

　　㉠ 이형주 제거 : 채종포에서는 순도가 높은 종자를 채종하기 위해 이형주를 제거한다.

　　㉡ 수분 : 수분과 수정은 자연적 과정이지만 수분에 있어 곤충 등의 도움은 종자생산에 크게 도움이 된다.

⑦ 병충해 방제와 제초

　　㉠ 병충해방제 : 종자전염병 등은 저장 중 또는 파종 전 종자소독을 해야 한다.

　　㉡ 제초 : 채종포장에는 방제하기 어려운 다년생 잡초가 없어야 하며, 잡초는 화학적 방제법, 생태적 방제법 등을 종합적으로 활용하여 방제한다.

⑧ 수확 및 탈곡

　　㉠ 채종재배는 채종적기에 수확한다. 조기수확은 채종량이 감소하고 활력이 떨어지며 적기보다 너무 늦은 수확은 탈립, 도복 및 수확과 탈곡 시 기계적 손상이 발생할 수 있다.

　　㉡ 화곡류의 채종적기는 황숙기, 십자화과 채소는 갈숙기이다.

　　㉢ 수확 후 일정기간의 후숙은 발아율, 발아속도, 종자수명이 좋아진다.

　　㉣ 탈곡, 조제 시는 이형립과 협잡물이 혼입되지 않도록 하며, 탈곡 시 기계적 손상이 없어야 한다.

⑨ 저 장

　　㉠ 종자를 충분히 건조하여 저온저장한다.

　　㉡ 감자, 고구마 등은 알맞은 저장온도와 습도를 유지하고, 충해나 서해를 방지한다.

---

**Level UP 이론을 확인하는 문제**

**작물의 채종재배에 대한 설명으로 옳지 않은 것은?**　　19 국가직 기출

① 씨감자의 채종포는 진딧물의 발생이 적은 고랭지가 적합하다.

② 타가수정작물의 채종포는 일반포장과 반드시 격리되어야 한다.

③ 채종포에서는 비슷한 작물을 격년으로 재배하는 것이 유리하다.

④ 채종포에서는 순도가 높은 종자를 채종하기 위해 이형주를 제거한다.

해설 씨받이를 위한 밭인 채종포에서는 비슷한 작물을 격년으로 재배하지 않는 것이 유리하다.

정답 ③

# 육묘와 영양번식

## |01| 육묘

### (1) 필요성(목적)

① 직파가 매우 불리한 경우 : 딸기, 고구마, 과수 등은 육묘이식이 경제적인 재배법이다.

② 증수 : 벼, 콩, 맥류, 과채류 등은 직파보다 육묘 시 생육이 조장되어 증수할 수 있다.

③ 조기수확 : 과채류는 조기에 육묘해서 이식하면 수확기를 앞당길 수 있다.

④ 토지이용도 증대 : 벼를 육묘이식하면 답리작이 가능하여 경지이용률을 높일 수 있다. 채소도 육묘이식하면 토지이용도를 높일 수 있다.

⑤ 재해의 방지 : 직파재배에 비해 육묘이식은 집약관리가 가능하므로 병충해, 한해, 냉해 등을 방지하기 쉽고 벼에서는 도복이 줄어들고, 감자의 가을재배에서는 고온해가 경감된다.

⑥ 용수의 절약 : 벼재배에서는 못자리 기간 동안 본답의 용수가 절약된다.

⑦ 노력의 절감 : 처음부터 넓은 본포에서 직파하여 관리하는 것보다 중경, 제초 등에 소요되는 노력이 절감된다.

⑧ 추대방지 : 봄결구배추를 보온육묘 후 이식하면 직파 시 포장에서 냉온시기에 저온감응으로 추대하고 결구하지 못하는 현상을 방지할 수 있다.

⑨ 종자의 절약 : 직파하는 경우보다 종자량이 훨씬 적게 들어 비싼 종자일 경우 유리하다.

### (2) 묘상의 종류

① 의의 : 묘를 육성하는 장소를 묘상이라 하며, 벼의 경우를 특히 못자리라 하고 수목은 묘포라 한다.

② 보온양식에 따른 분류

  ㉠ 노지상 : 자연 포장상태로 이용하는 묘상이다.

  ㉡ 냉상 : 태양열만 유효하게 이용하는 묘상이다.

  ㉢ 온상 : 열원과 태양열도 유효하게 이용하는 방법으로 열원에 따라 양열온상, 전열온상 등으로 구분한다.

③ 지면고정에 따른 분류

  ㉠ 저설상(지상) : 지면을 파서 설치하는 묘상으로 보온의 효과가 커서 저온기 육묘에 이용되며, 배수가 좋은 곳에 설치된다.

  ㉡ 평상 : 지면과 같은 높이로 만드는 묘상이다.

  ㉢ 고설상(양상) : 지면보다 높게 만든 묘상으로 온도와 상관없이, 배수가 나쁜 곳이나 비가 많이 오는 시기에 설치한다.

④ 못자리의 종류

㉠ 물못자리 : 초기부터 물을 대고 육묘하는 방식이다.

| 장 점 | 단 점 |
| --- | --- |
| • 관개에 의해 초기 냉온을 보호한다.<br>• 모가 비교적 균일하게 빨리 자란다.<br>• 잡초, 병충해, 쥐, 조류 등의 피해가 적다. | • 모가 연약하고 발근력이 약하다.<br>• 모가 빨리 노쇠한다. |

㉡ 밭못자리 : 못자리 기간 동안은 관개하지 않고 밭 상태에서 육묘하는 방식이다.

| 장 점 | 단 점 |
| --- | --- |
| • 모가 단단해 노쇠가 더디다.<br>• 발근력도 강하여 만식재배, 다수확 재배에 알맞다. | • 도열병과 잡초 발생이 많다.<br>• 설치류와 조류의 피해가 우려된다. |

㉢ 절충못자리 : 물못자리와 밭못자리를 절충한 방식이다.
  • 초기 물못자리, 후기 밭못자리 : 서늘한 지대에서 모를 튼튼히 기르고자 할 때 한다.
  • 초기 밭못자리, 후기 물못자리 : 따뜻한 지대에서 모의 생육을 강건히 할 때 한다.

㉣ 보온절충못자리
  • 초기에는 폴리에틸렌필름 등으로 피복하여 보온하고 물은 통로에만 대주다가 본엽이 3매 정도 자라고 기온이 15℃일 때, 보온자재를 벗기고 못자리 전면에 담수하여 물못자리로 바꾸는 방식이다.
  • 물못자리에 비해 10~12일 조파하여 약 15일 정도 조기이앙할 수 있고, 모도 안전하게 자라는 이점 등이 있어 가장 널리 보급되어 있는 못자리이다.

㉤ 보온밭못자리 : 모내기를 일찍 하고자 할 때 폴리에틸렌필름으로 터널식프레임을 만들어 그 속에서 밭못자리 형태로 육묘하는 방식이다.

㉥ 상자육묘 : 기계이앙을 위한 것으로 파종 후 8~10일에 모내기를 하는 유묘, 파종 후 20일경에 모내기를 하는 치묘, 파종 후 30일경에 모내기를 하는 중묘가 있다.

## (3) 묘상의 설치장소

① 본포에서 가까운 곳이 좋다.
② 집에서 멀지 않아 관리가 편리한 곳이 좋다.
③ 관개용수의 수원이 가까워 관개수를 얻기 쉬운 곳이 좋다.
④ 저온기 육묘는 따뜻하고 방풍이 되어 강한 바람을 막아주는 곳이 좋다.
⑤ 배수가 잘되고 오수와 냉수가 침입하지 않는 곳이 좋다.
⑥ 인축, 동물, 병충 등의 피해가 없는 곳이 좋다.
⑦ 지력이 너무 비옥하거나 척박하지 않은 곳이 좋다.

## (4) 묘상의 구조와 설비

① 노지상(露地床)
  ㉠ 지력이 양호한 곳을 골라 파종상을 만들고 파종한다.
  ㉡ 모판은 배수, 통기, 관리 등을 고려하여 보통 너비 1.2m 정도로 한다.

② 냉 상

    ㉠ 구덩이는 깊지 않게 하고 양열재료 대신 단열재료를 넣는다.

    ㉡ 단열재료는 상토의 열이 달아나지 않게 짚, 왕겨 등을 상토 밑에 10cm 정도 넣는다.

③ 온상 : 구덩이를 파고 그 둘레에 온상틀을 설치한 다음 발열 또는 가열장치를 한 후 그 위에 상토를 넣고 온상창과 피복물을 덮어서 보온한다.

    ㉠ 온상구덩이

      • 너비는 1.2m, 길이 3.6m 또는 7.2m로 하는 것을 기준으로 한다.

      • 깊이는 발열의 필요에 따라 조정하며 발열의 균일성을 위해 중앙부를 얕게 판다.

    ㉡ 온상틀

      • 콘크리트, 판자, 벽돌 등으로 만들 경우 견고하나 비용이 많이 든다.

      • 볏짚으로 둘러치면 비용이 적게 들고 보온도 양호하나 금년만 쓸 수 있다.

    ㉢ 열원 : 열원으로는 전열, 온돌, 스팀, 온수 등이 이용되기도 하나 양열재료를 밟아 넣어 발열시키는 경우가 많다.

    ㉣ 양열재료의 종류

      • 주재료 : 탄수화물이 풍부한 볏짚, 보릿짚, 건초, 두엄 등

      • 보조재료 또는 촉진재료 : 질소분이 많은 쌀겨, 깻묵, 계분, 뒷거름, 요소, 황산암모늄 등

      • 지속재료 : 부패가 더딘 낙엽 등

    ㉤ 발열조건

      • 양열재료에서 발생되는 열은 호기성균, 효모와 같은 미생물의 활동에 의해 각종 탄수화물과 섬유소가 분해되면서 발생하는 열이다.

      • 열에 관여하는 미생물은 영양원으로 질소를 소비하며, 탄수화물을 분해하므로 재료에 질소가 부족하면 적당량의 질소를 첨가해 주어야 한다.

      • 발열은 균일하게 장시간 지속되어야 하는데 양열재료는 충분량으로 고루 섞고 수분과 산소가 알맞아야 한다.

      • 양열재료를 밟아 넣을 때 여러 층으로 나누어 밟아야 재료가 고루 잘 섞이고 잘 밟혀야 하며, 물의 분량과 정도를 알맞게 해야 한다.

    ㉥ 발열재료 C/N율

      • 발열재료의 C/N율은 20~30% 정도일 때 발열상태가 양호하다.

      • 수분함량은 전체의 60~70% 정도로 발열재료건물의 1.5~2.5배 정도가 발열이 양호하다.

**각종 양열재료의 C/N율**

| 재 료 | 탄소(%) | 질소(%) | C/N율 |
|---|---|---|---|
| 보리짚 | 47.0 | 0.65 | 72 |
| 밀 짚 | 46.5 | 0.65 | 72 |
| 볏 짚 | 45.0 | 0.74 | 61 |
| 낙 엽 | 49.0 | 2.00 | 25 |

| | | | |
|---|---|---|---|
| 쌀 겨 | 37.0 | 1.70 | 22 |
| 자운영 | 44.0 | 2.70 | 16 |
| 알팔파 | 40.0 | 3.00 | 13 |
| 면실박 | 16.0 | 5.00 | 3.2 |
| 콩깻묵 | 17.0 | 7.00 | 2.4 |

   ◇ 상 토
- 배수가 잘 되고 보수가 좋으며, 비료성분이 넉넉하고 병충원이 없어야 좋으며, 퇴비와 흙을 섞어 쌓았다가 잘 섞은 후 체로 쳐서 사용한다.
- 플러그육묘상토(공정육묘상토) : 속성상토로 피트모스, 버미큘라이트, 펄라이트 등을 혼합하여 사용한다.

## (5) 기계이앙용 상자육묘

① 육묘상자
   ㉠ 규격은 가로, 세로, 높이 60cm×30cm×3cm이다.
   ㉡ 필요 상자수는 대체로 본답 10a당 어린모는 15개, 중모는 30~35개이다.

② 상 토
   ㉠ 부식의 함량이 알맞고 배수가 양호하고 적당한 보수력을 가지고 있어야 한다.
   ㉡ 병원균이 없고 모잘록병을 예방하기 위해 pH 4.5~5.5 정도가 알맞다.
   ㉢ 상토양은 복토할 것까지 합하여 상자당 4.5L 정도 필요하다.

③ 비 료
   ㉠ 기비를 상토에 고루 섞어주는 데 어린모는 상자당 질소, 인, 칼륨을 각 1~2g 준다.
   ㉡ 중모는 질소 1~2g, 인 4~5g, 칼륨 3~4g을 준다.

④ 파종량 : 상자당 마른 종자로 어린모 200~220g, 중모 100~130g 정도로 한다.

⑤ 육묘관리
   ㉠ 출아기 : 30~32℃로 온도를 유지한다.
   ㉡ 녹화기 : 녹화는 어린싹이 1cm 정도 자랐을 때 시작하며, 낮에는 25℃, 밤에는 20℃ 정도로 유지한다.
   ㉢ 경화기 : 처음 8일은 낮 20℃, 밤 15℃ 정도가 알맞고, 그 후 20일간은 낮 15~20℃, 밤 10~15℃가 알맞다. 경화기에는 모의 생육에 지장이 없는 한 자연상태로 관리한다.

## (6) 채소류 공정육묘

① 공정육묘 : 상토준비, 혼입, 파종, 재배관리(관수, 시비 등) 등이 자동으로 이루어지는 육묘로 공정묘, 성형묘, 플러그묘, 셀묘 등으로 불린다.

② 장 점

    ㉠ 단위면적당 모의 대량생산이 가능하다.

    ㉡ 전 과정의 기계화로 관리비와 인건비 등 생산비가 절감된다.

    ㉢ 정식묘의 크기가 작아지므로 기계정식이 용이하다.

    ㉣ 묘 소질이 향상되므로 육묘기간은 짧아(단축)진다.

    ㉤ 운반 및 취급이 간편하여 화물화가 용이(편리)해진다.

    ㉥ 규모화가 가능해 기업화 및 상업화가 가능하다.

    ㉦ 주문생산이 용이해 연중 생산횟수를 늘릴 수 있다.

## (7) 묘상의 관리

① **파종** : 작물에 따라 적기에 알맞은 방법으로 파종하고, 복토 후 볏짚을 얕게 깔아 표면건조를 막는다.

② **시비** : 기비(밑거름)를 충분히 주고 자라는 상태에 따라 추비하며, 공정육묘는 물에 엷게 타서 추비한다.

③ **온도** : 지나친 고온 또는 저온이 되지 않게 유지한다.

④ **관수** : 생육성기에는 건조하기 쉬우므로 관수를 충분히 해야 한다. 오전에 관수하고 과습이 되지 않도록 한다.

⑤ **제초 및 솎기** : 잡초의 발생 시 제초하고, 생육간격의 유지를 위해 적당한 솎기를 한다.

⑥ **병충해의 방제** : 상토 소독과 농약의 살포로 병충해를 방지한다.

⑦ **경화** : 이식 시기가 가까워지면 직사광선과 외부 냉온에 서서히 경화시켜 정식하는 것이 좋다.

### Level UP 이론을 확인하는 문제

---

**상자육묘방법으로 옳지 않은 것은?**     19 경남 지도사 〔기출〕

① 어린모 100~130g, 중모 200~220g

② 녹화는 어린싹이 1cm 자랐을 때 시작한다.

③ pH는 4.5~5.5이다.

④ 녹화기에는 약광을 비추어준다.

---

**해설** 파종량은 상자당 마른 종자로 어린모 200~220g, 중모 100~130g 정도로 한다.

**정답** ①

---

# |02| 영양번식

## (1) 개 념

① 영양번식 : 영양기관을 번식에 직접 이용하는 것을 영양번식이라 한다.

② 종 류

　㉠ 자연영양번식법 : 감자의 괴경(덩이줄기), 고구마의 괴근(덩이뿌리)과 같이 모체에서 자연적으로 생
　　성, 분리된 영양기관을 이용하는 것이다.

　㉡ 인공영양번식법 : 포도, 사과, 장미 등과 같이 영양체의 재생, 분생 기능을 이용하여 인공적으로 영
　　양체를 분할해 번식시키는 방법으로 취목, 접목, 삽목, 분주가 있다.

③ 장 점

　㉠ 종자번식이 어려운 작물에 이용된다(고구마, 감자, 마늘 등).

　㉡ 우량한 상태의 유전질을 쉽게 영속적으로 유지시킬 수 있다(고구마, 감자, 과수 등).

　㉢ 종자번식보다 생육이 왕성해 조기수확이 가능하고, 수량도 증가한다(감자, 모시풀, 과수, 화훼 등).

　㉣ 암 · 수 어느 한 쪽만 재배할 때 이용된다(호프는 영양번식으로 암그루만 재배가 가능).

　㉤ 접목은 수세의 조절, 풍토 적응성 증대, 병충해 저항성증대, 결과촉진, 품질향상, 수세회복 등을 기
　　대할 수 있다.

## (2) 분주(分株, 포기나누기, Division)

① 모주(어미식물)에서 발생한 흡지를 뿌리가 달린 채 분리하여 번식시키는 것이다.

② 시기는 이른 봄 싹트기 전에 한다.

③ 아스파라거스, 토당귀, 박하, 모시풀, 작약, 석류, 나무딸기, 닥나무, 머위 등에 이용된다.

## (3) 삽목(揷木, 꺾꽂이, Cutting)

모체에서 분리한 영양체의 일부를 알맞은 곳에 심어 뿌리가 내리도록 하여 독립개체로 번식시키는 방법이다.

① 삽목에 이용되는 부위에 따른 구분

　㉠ 엽삽(葉揷, Leaf Cutting) : 잎을 꽂아 발근시키는 것으로 베고니아, 펠라고늄, 차나무 등에 이용된다.

　㉡ 근삽(根揷, Root Cutting) : 뿌리를 잘라 심는 것으로 사과나무, 자두나무, 앵두나무, 감나무, 오동
　　나무, 땅두릅나무 등에 이용된다.

　㉢ 지삽(枝揷, Stem Cutting) : 가지를 삽수하는 것으로 포도, 무화과 등에 이용된다.

② 지삽에서 가지 이용에 따른 구분

　㉠ 녹지삽(綠枝揷) : 다년생 초본녹지를 삽목하는 것으로 카네이션, 페라고늄, 콜리우스, 피튜니아 등
　　에 이용된다.

　㉡ 경지삽(硬枝揷, 숙지삽) : 묵은 가지를 이용해 삽목하는 것으로 포도, 무화과 등에 이용된다.

　㉢ 신초삽(新梢揷, 반경지삽) : 1년 미만의 새 가지를 이용하여 삽목하는 것으로 인과류, 핵과류, 감귤
　　류 등에 이용된다.

　㉣ 일아삽(一芽揷, 단아삽) : 눈을 하나만 가진 줄기를 이용하여 삽목하는 방법으로 포도에서 이용된다.

## (4) 취목(取木, 휘묻이, Layering)

식물의 가지를 모체에서 분리시키지 않은 채로 흙에 묻거나 그 밖에 적당한 조건, 즉 암흑 상태·습기 및 공기 등을 주어 발근시킨 다음 절단해서 독립적으로 번식시키는 방법이다.

① 성토법(盛土法, 묻어떼기)
  ㉠ 포기 밑에 가지를 많이 내고 성토해서 발근시키는 방법이다.
  ㉡ 사과나무, 자두나무, 양앵두, 뽕나무 등에 이용된다.
② 휘묻이법 : 가지를 휘어 일부를 흙에 묻는 방법이다.
  ㉠ 보통법 : 가지 일부를 휘어서 흙속에 묻는 방법으로 포도, 자두, 양앵두 등에 이용한다.
  ㉡ 선취법 : 가지의 선단부를 휘어서 묻는 방법으로 나무딸기에 이용한다.
  ㉢ 파상취목법 : 긴 가지를 파상으로 휘어 지곡부마다 흙을 덮어 하나의 가지에서 여러 개를 취목하는 방법으로 포도 등에 이용한다.
  ㉣ 당목취법 : 가지를 수평으로 묻고 각 마디에서 발생하는 새 가지를 발생시켜 하나의 가지에서 여러 개 취목하는 방법으로 포도, 자두, 양앵두 등에 이용한다.
③ 고취법(高取法, 양취법)
  ㉠ 줄기나 가지를 땅속에 묻을 수 없을 때 높은 곳에서 발근시켜 취목하는 방법이다.
  ㉡ 발근시키고자 하는 부분에 미리 절상, 환상박피 등을 하면 효과적이다.

## (5) 접목(接木, Grafting)

① 개 념
  ㉠ 접목 : 식물체의 일부를 취하여 이것을 다른 개체의 형성층에 밀착하도록 접함으로써 상호유착하여 생리작용이 원활하게 교류되어 독립개체를 형성하도록 하는 것이다.
    • 접수(Seion) : 접목 시 정부(위쪽)가 되는 부분
    • 대목(Stock) : 접목 시 기부(아래쪽)가 되는 부분
  ㉡ 활착 : 접목 후 접합되어 생리작용의 교류가 원만하게 이루어지는 것이다.
  ㉢ 접목친화(Graft Affinity) : 접목 후 활착이 잘되고 발육과 결실이 좋은 것을 말한다.
  ㉣ 접목변이(Graft Variation) : 접목으로 접수와 대목의 상호작용으로 형태적, 생리적, 생태적 변이를 나타내는 것을 말한다.
② 장 점
  ㉠ 결과향상 및 단축
    • 온주밀감은 탱자나무를 대목으로 하는 것이 과피가 매끄럽고 착색이 좋으며, 성국이 빠르고 감미가 있다.
    • 실생묘의 이용에 비해 접목묘의 이용은 결과에 소요되는 연수가 단축된다.
    • 일본배는 7~8년에서 4~5년으로, 감은 10년에서 2~3년으로 단축된다.

    ○ 수세조절
- 왜성대목 이용 : 마르멜로 대목에 서양배를, 파라다이스 대목에 사과를 접목하면 현저히 왜화하여 결과연령의 단축되고 관리가 편해진다.
- 강화대목 이용 : 일본종 자두나무 대목에 살구나무를, 복숭아나무 대목에 앵두나무를 접목하면 지상부 생육이 왕성해지고 수령도 길어진다.

    © 환경적응성 증대
- 고욤 대목에 감을 접목하면 내한성이 증대된다.
- 개복숭아 대목에 복숭아 또는 자두를 접목하면 알칼리 토양에 대한 적응성이 증대된다.
- 중국콩배 대목에 배를 접목하면 내한성이 높아진다.

    ② 병충해저항성 증대
- 포도나무 뿌리진딧물인 필록세라(Phylloxera)는 Vitis Rupertris, V. berlandieri, V. riparia 등의 저항성 대목에 접목하면 경감된다.
- 사과나무의 선충은 Winter Mazestin, Northern Spy, 환엽해당 등의 저항성 대목에 접목하면 경감된다.
- 토마토 풋마름병, 시들음병은 야생토마토에 접목하면 경감된다.
- 수박의 덩굴쪼김병은 박 또는 호박 등에 접목하면 경감된다.

    ◎ 수세회복 및 품종갱신
- 감나무의 탄저병으로 지면 부분이 상했을 때 환부를 깎아 내고 소독한 후 건전부에 접목하면 수세가 회복된다.
- 탱자나무를 대목으로 하는 온주밀감이 노쇠했을 경우 유자나무 뿌리를 접목하면 수세가 회복되고, 고접은 노목의 품종갱신이 가능하다.

    ⊞ 묘목의 대량생산 : 어미나무의 특성을 지닌 묘목을 일시에 대량생산이 가능하다.

③ **접목 방법**

    ㉠ 쌍접 : 뿌리를 갖는 두 식물을 접촉시켜 활착시키는 방법이다.

    ㉡ 삽목접
- 뿌리가 없는 대목에 접목한 후 발근과 접목 활착이 동시에 이루어지도록 하는 방법이다.
- 포도나무의 접목에 이용된다.

    ㉢ 교접 : 동일식물의 줄기와 뿌리 중간에 가지나 뿌리를 삽입하여 상하조직을 연결시키는 방법이다.

    ㉣ 이중접 : 접목친화성이 낮은 두 식물(A, B)을 접목해야 하는 경우 두 식물에 대한 친화성이 높은 다른 식물(C)을 두 식물 사이에 접하는 접목방법(A/C/B)으로 이중접목이라고도 하며, 이때 사이에 들어가는 식물(C)을 중간대목이라 한다.

    ㉤ 설접(혀접)
- 굵기가 비슷한 접수와 대목을 각각 비스듬하게 혀모양으로 잘라 서로 결합시키는 접목방법이다.
- 유럽이나 미주에서 사과나무, 배나무, 복숭아나무, 포도나무 등에 이용된다.

ⓑ 아접(눈접)
- 당년에 자란 수목의 가지에서 1개의 눈을 채취하여 대목에 접목하는 방법이다.
- 접목한 눈은 활착 후 발아하지 않고 그대로 월동 후 이듬해에 생장한다.
- 8월 상순부터 9월 상순경까지 하며, 과수, 장미, 단풍나무에 이용한다.

ⓢ 짜개접(할접) : 굵은 대목에 가는 소목을 접목할 경우 대목 중간을 쪼개 그 사이에 접수를 넣어 접목하는 방법이다.

ⓞ 깎기접(절접)
- 가장 기초가 되는 접목방법으로 간단하고 활착이 잘된다.
- 일반수목, 과수, 장미 등에서 많이 이용된다.
- 준비한 접수와 대목의 형성층을 잘 맞추고 파라핀, 폴리에틸렌테이프로 결속한 후 접수의 절단면은 밀랍, 도포제를 칠하여 수분의 손실을 방지한다.

---

**참고**

**지접(가지접)**

휴면기에 저장했던 수목을 이용하여 3월 중순에서 5월 상순에 접목하는 방법으로 절접, 할접, 설접, 삽목접 등이 있으며, 주로 절접을 한다.

---

**PLUS ONE**

**접목의 종류**
- 접목 방식에 따른 구분 : 쌍접, 삽목접, 교접, 이중접, 설접, 눈접, 짜개접
- 접목 시기에 따른 구분 : 춘접, 하접, 추접
- 대목 위치에 따른 구분 : 고접, 목접, 근두접, 근접
- 접수에 따른 구분 : 아접, 지접
- 지접에서 접목 방법에 따른 구분 : 피하접, 할접, 복접, 합접, 설접, 절접 등
- 포장에 대목이 있는 채로 접목하는 거접과 대목을 파내서 하는 양접이 있다.

---

**(6) 채소접목육묘**

① 필요성
  ㉠ 흡비력이 증진되고, 고온 · 저온 등 불량환경에 대한 저항성이 증가한다.
  ㉡ 토양전염성병의 발생이 억제된다.
  ㉢ 박과채소(수박, 참외, 시설재배오이 등)는 박이나 호박을 대목으로 이용하여 연작에 의한 덩굴쪼김병을 방제한다.
  ㉣ 가지과채소(토마토, 고추, 가지)는 저항성 대목을 이용한 접목재배가 증가하고 있다.

② 박과채소류 접목의 장단점

| 장 점 | 단 점 |
|---|---|
| • 토양전염성 병의 발생을 억제한다(수박, 오이, 참외의 덩굴쪼김병).<br>• 불량환경에 대한 내성이 증대된다(수박, 오이, 참외).<br>• 흡비력이 증대된다(수박, 오이, 참외).<br>• 과습에 잘 견딘다(수박, 오이, 참외).<br>• 과실의 품질이 우수해진다(수박, 멜론). | • 질소의 과다흡수 우려가 있다.<br>• 기형과 발생이 많아진다.<br>• 당도가 떨어진다.<br>• 흰가루병에 약하다. |

## (7) 인공영양번식에서 발근 및 활착촉진

① 생장호르몬 처리
  ㉠ 삽목의 경우 옥신류(IBA, NAA, IAA 등)를 처리하면 발근이 촉진된다.
    • NAA(루톤분제) : 카네이션에 이용된다.
    • IBA(옥시베론분제) : 카네이션, 무궁화, 국화 등에 이용된다.
  ㉡ 취목의 경우 마디에 구멍을 뚫거나 상처를 내어서 호르몬을 공급한다.

② 황화(黃化, Etiolation) : 새로운 가지 일부에 일광을 차단(흙으로 덮거나 검은종이로 쌈)하여 엽록소 형성을 억제하고 황화시키면 이 부분에서 발근이 촉진된다.

③ 자당(Sucrose)액 침지 : 포도의 단아삽에서 6% 자당액에 60시간 침지하면 발근이 촉진된다.

④ 과망간산칼륨(KMnO₄)액 처리 : 0.1~1.0% 과망간산칼륨(KMnO₄) 용액에 삽수의 기부를 24시간 정도 침지하면 소독의 효과와 함께 발근을 촉진한다.

⑤ 환상박피 : 취목 시 발근시킬 부위에 환상박피, 절상, 연곡 등의 처리를 하면 탄수화물이 축적되고 상처호르몬이 생성되어 발근이 촉진된다.

⑥ 증산경감제 처리
  ㉠ 접목 시 대목 절단면에 라놀린(Lanolin)을 바르면 증산이 경감되어 활착이 촉진된다.
  ㉡ 호두나무의 경우 접목 후 대목과 접수에 석회를 바르면 표피의 수분증산이 경감되어 활착이 좋아진다.

---

**PLUS ONE**

**주요 영양번식 기관과 방법**
• 영양번식의 기관 : 근−고구마, 괴경−감자, 지하포복경−벤드글라스, 지상포복경−버뮤다글라스, 절단경−사탕수수 · 모시톤
• 영양번식방법
  − 다모믹시스로 발육한 배에 의한 번식 : 귤
  − 포복경에 의한 번식 : 딸기
  − 근부맹아에 의한 번식 : 백양, 사시나무
  − 취목에 의한 번식 : 사과, 고무나무, 소나무
  − 분리법에 의한 번식 : 백합, 아마릴리스
  − 분단법 : 칸나, 국화, 파인애플, 고구마
  − 삽목 : 포도, 동백, 무화과
  − 접목 : 배, 감, 밤, 호두나무
  − 아접 : 장미, 복숭아, 포도나무

## 작물의 영양번식에 관한 설명이 가장 옳은 것은?

19 지방직 [기출]

① 영양번식은 종자번식이 어려운 감자의 번식수단이 되지만 종자번식보다 생육이 억제된다.

② 성토법, 휘묻이 등은 취목의 한 형태이며 삽목이나 접목이 어려운 종류의 번식에 이용된다.

③ 흡지에 뿌리가 달린 채로 분리하여 번식하는 분주는 늦은 봄 싹이 트고 나서 실시하는 것이 좋다.

④ 채소에서 토양전염병 발생을 억제하고 흡비력을 높이기 위해 주로 엽삽과 녹지삽과 같은 삽목을 한다.

> **해설** ① 영양번식은 종자번식보다 생육이 왕성해 조기 수확이 가능하며, 수량도 증가한다.
> ③ 분주는 이른 봄 싹트기 전에 한다.
> ④ 엽삽은 주로 채소류, 화훼류에서 많이 이용되고, 녹지삽은 주로 초본성 식물과 상록활엽수에 많이 이용된다.
>
> **정답** ②

## 박과채소류 접목육묘의 특성으로 옳은 것만을 모두 고르면?

20 지방직 7급 [기출]

ㄱ. 흡비력이 강해진다.
ㄴ. 기형과 발생이 감소한다.
ㄷ. 토양전염성 병 발생이 억제된다.
ㄹ. 과습에 약하다.

① ㄱ, ㄴ

② ㄱ, ㄷ

③ ㄴ, ㄹ

④ ㄷ, ㄹ

> **해설** ㄴ. 기형과 발생이 많아진다.
> ㄹ. 과습에 잘 견딘다(수박, 오이, 참외).
>
> **정답** ②

# CHAPTER 04

# 작물의 재배관리(1)
## 정지, 파종, 이식

## |01| 정지(整地, Soil Preparation)

### (1) 개 념

① 토양의 이화학적 성질을 작물의 생육에 알맞은 상태로 조성하기 위하여 파종이나 이식(또는 이앙)에 앞서 토양에 가하는 각종 기계적 작업을 정지라 한다.

② 파종 또는 이식 전 경운, 쇄토, 작휴, 진압 같은 작업이 포함된다.

### (2) 경운(Plowing)

① 의의 : 토양을 갈아 일으켜 흙덩이를 반전시키고 대강 부스러뜨리는 작업을 말한다.

② 효 과

㉠ 토양물리성 개선 : 토양을 연하게 하여 파종과 관리작업을 쉽게 하고 투수성과 투기성을 좋게 하여 종자의 발아, 유근의 신장, 근군 발달을 좋게 한다.

㉡ 토양화학적 성질 개선 : 토양투기성이 좋아져 토양미생물 활동이 촉진되어 유기물의 분해가 왕성해 짐으로써 유효태 비료성분이 증가한다.

㉢ 잡초발생의 억제 : 호광성인 잡초종자가 경운에 의하여 지하 깊숙이 매몰되므로 잡초발생이 억제된다.

㉣ 해충의 경감 : 땅속에 은둔하고 있는 해충의 유충이나 번데기를 지표에 노출시켜 얼어 죽게 한다.

③ 경운 시기 : 경운은 작물의 파종 또는 이식에 앞서 하는 것이 일반적이지만, 동기 휴한하는 일모작답의 경우에는 추경을 하는 것이 유리한 경우가 많다.

㉠ 추 경

• 흙이 습하고 차지며 유기물 함량이 많은 농경지는 추경을 하는 것이 유리하다.

• 추경은 유기물 분해촉진, 토양의 통기조장, 충해의 경감, 토양을 부드럽게 해준다.

㉡ 춘 경

• 흙이 사질토양이며, 겨울 강우량이 많아 풍식이나 수식이 조장되는 곳은 가을갈이보다 봄갈이가 좋다.

• 가을갈이는 월동 중 비료성분의 용탈과 유실을 조장하므로 봄갈이가 유리하다.

④ 경운 깊이

㉠ 경운의 깊이는 재배작물의 종류와 재배법, 토양의 성질, 토층구조, 기상조건, 시비량에 따라 결정된다.

㉡ 근군의 발달이 적은 작물은 천경해도 좋으나 대부분 작물은 심경을 해야 생육과 수량이 증대된다.

㉢ 쟁기의 경우 9~12cm 정도로 천경하고, 트랙터의 경우는 20cm 이상의 심경이 가능하다.

ⓔ 심경은 넓은 범위의 수분과 양분을 이용할 수 있어 지상부 생육이 좋고 한해(旱害) 및 병충해 저항력 등이 증가하여 건전한 발육을 조장한다.

ⓜ 심경을 한 당년에는 심토가 많이 올라와 작토와 섞여 작물생육에 불리할 수 있으므로 유기물을 많이 시비하여야 한다.

ⓗ 생육기간이 짧은 산간지 또는 만식재배 시 심경은 후기생육이 지연되고 성숙이 늦어져 등숙이 불량할 수 있으므로 과도한 심경은 피해야 한다.

ⓢ 누수가 심한 자갈논의 경우 심경은 양분의 용탈이 심해지므로 피하는 것이 좋다.

ⓞ 심경은 한 번에 하지 않고 매년 서서히 늘리고 유기질 비료를 증시하여 비옥한 작토로 점차 깊이 만드는 것이 좋다.

⑤ 불경운재배

㉠ 부정지파 : 답리작으로 밀, 보리, 이탈리안라이그라스 등을 재배할 때 종자가 뿌려지는 논바닥을 전혀 경운하지 않고 파종, 복토하는 것이다.

㉡ 제경법 : 경사가 심한 곳에 초지를 조성할 경우 경운이 어렵고, 경운에 의하여 표토가 깎여 목초생육이 힘들며 토양침식이 촉진될 우려가 있어 제경법을 실시한다.

---

**PLUS ONE**

**건토효과(乾土效果)**

• 흙을 충분히 건조시켰을 때 유기물의 분해로 작물에 대한 비료분의 공급이 증대되는 현상을 건토효과라 한다.

• 밭보다는 논에서 더 효과적이다.

• 겨울과 봄에 강우량이 적은 지역은 추경에 의한 건토효과가 크다.

• 봄철 강우량이 많은 지역은 겨울 동안 건토효과로 생긴 암모니아, 질산태 질소가 강우로 유실되므로 춘경이 유리하다.

• 건토효과가 클수록 지력 소모가 심하고 논에서는 도열병의 발생을 촉진할 수 있다.

• 추경으로 건토효과를 보려면 유기물 시용을 늘려야 한다.

---

**(3) 쇄토(碎土, Harrowing)**

① 경운한 토양의 큰 흙덩어리를 알맞게 분쇄하는 것을 쇄토라 한다.

② 알맞은 쇄토는 파종 및 이식작업을 쉽게 하고 발아 및 착근이 촉진된다.

③ 논에서는 경운 후 물을 대서 토양을 연하게 한 다음 시비를 하고 써레로 흙덩어리를 곱게 부수는 것을 써레질이라 한다.

④ 써레질은 흙덩어리가 부서지고 논바닥이 평형해지며 전층시비의 효과가 있다.

**(4) 작휴법**

① 평휴법(平畦法)

㉠ 이랑을 평평하게 하여 이랑과 고랑의 높이가 같게 하는 방식이다.

㉡ 건조해와 습해가 동시에 완화되며, 밭벼 및 채소 등의 재배에 실시된다.

② 휴립법(畦立法) : 이랑을 세우고 고랑은 낮게 하는 방식이다.

　⊙ 휴립구파법(畦立溝播法)
　　• 이랑을 세우고 낮은 골에 파종하는 방식으로 감자에서는 발아를 촉진하고 배토가 용이하도록 하기 위한 것이다.
　　• 중북부지방에서 맥류 재배 시 한해와 동해 방지를 목적으로 실시한다.
　ⓛ 휴립휴파법(畦立畦播法)
　　• 이랑을 세우고 이랑에 파종하는 방식으로 배수와 토양 통기가 좋아진다.
　　• 조, 콩 등은 이랑을 낮게, 고구마는 이랑을 비교적 높게 세운다.

③ 성휴법(成畦法)
　⊙ 이랑을 보통보다 넓고 크게 만드는 방식으로 맥류 답리작재배의 경우 파종노력을 점감할 수 있다.
　ⓛ 파종이 편리하고 생육초기 건조해와 장마철 습해를 막을 수 있다.

## Level UP 이론을 확인하는 문제

**작휴법에 대한 설명으로 옳지 않은 것은?**　　　　11 국가직 기출

① 평휴법은 이랑을 고랑보다 높게 하는 방식으로 동해와 병해가 동시에 완화된다.
② 휴립구파법은 이랑을 세우고 낮은 골에 파종하는 방식으로 감자에서는 발아를 촉진하고 배토가 용이하도록 하기 위한 것이다.
③ 휴립휴파법은 이랑을 세우고 이랑에 파종하는 방식으로 배수와 토양 통기가 좋아진다.
④ 성휴법은 이랑을 보통보다 넓고 크게 만드는 방법으로 맥류 답리작재배의 경우 파종노력을 점감할 수 있다.

해설 **평휴법(平畦法)**
　• 이랑을 평평하게 하여 이랑과 고랑의 높이를 같게 하는 방식이다.
　• 건조해와 습해가 동시에 완화된다.
　• 밭벼 및 채소 등의 재배에 실시된다.

정답 ①

## |02| 파종(播種, Seeding, Sowing)

### (1) 개 념

① 종자를 흙 속에 뿌리는 것을 파종이라 한다.

② 파종의 실제시기는 작물의 종류 및 품종, 재배지역, 작부체계, 재해회피, 토양조건, 출하기 등에 따라 결정된다.

③ 파종 시기는 종자의 발아와 발아 후 생장 및 성숙과정이 원만하게 이루어질 수 있는 기간을 고려해야 한다.

④ 파종된 종자의 발아에 필요한 기온이 발아최저온도 이상이어야 하며, 토양수분도 필요 수준 이상이어야 하고 작물의 종류 및 품종에 따른 감온성과 감광성 등 여러 요인을 고려해야 한다.

### (2) 파종시기를 결정하는 요인

① 작물의 종류 및 품종

ㄱ 일반적으로 월동작물은 가을에, 여름작물은 봄에 파종한다.

ㄴ 월동작물에서도 내한성이 강한 호밀은 만파에 적응하나 내한성이 약한 쌀보리의 경우는 만파에 적응하지 못한다.

> **🔍참고**
>
> 추파하는 경우 만파에 대한 적응성은 호밀이 쌀보리보다 높다.

ㄷ 여름작물에서도 춘파맥류와 같이 낮은 온도에 견디는 경우는 초봄에 파종하나 옥수수와 같이 생육온도가 높은 작물은 늦봄에 파종한다.

② 작물의 품종

ㄱ 벼에서 감광형 품종은 만파만식에 적응하나, 기본영양생장형과 감온형 품종은 조파조식이 안전하다.

ㄴ 추파맥류에서 추파성 정도가 높은 품종은 조파를, 추파성 정도가 낮은 품종은 만파하는 것이 좋다.

ㄷ 우리나라 북부지역에서는 감온형인 올콩(하대두형)을 조파(早播)한다.

ㄹ 녹두는 파종에 알맞은 기간이 여름작물 중 가장 길어서 만파에 잘 적응한다.

---

**➕PLUS ONE**

**맥류의 추파성**

• 추파맥류가 저온을 경과하지 않으면 출수할 수 없는 성질을 말한다.

• 맥류의 추파성은 생식생장을 억제하는 성질이다.

• 추파맥류 재배 시 따뜻한 지방으로 갈수록 추파성 정도가 낮은 품종의 재배가 가능하다.

• 추파성 정도가 높은 품종일수록 춘파할 때에 춘화처리 일수가 길어야 한다.

• 추파성 정도가 높은 품종은 대체로 내동성이 강하다.

• 추파맥류가 동사하였을 경우 춘화처리를 하여 봄에 대파할 수 있다.

안심Touch

③ 작부체계

　　㉠ 벼재배에 있어 1모작의 경우는 가능한 한 일찍 심는 것이 좋아 5월 중순~6월 상순에 이앙하나, 맥후작의 경우 6월 하순~7월 상순에 이앙한다.

> **📋🔍참고** ·————

> 식량생산증대를 위한 벼-맥류의 2모작 작부체계에서 가장 중요한 것은 맥류의 조숙성이다.

　　㉡ 콩 또는 고구마 등은 단작할 때는 5월에 파종하나, 맥후작의 경우는 6월 하순경에 파종한다.

④ 토양조건

　　㉠ 과습한 경우는 정지, 파종작업이 곤란하므로 파종이 지연된다.

　　㉡ 벼의 천수답 이앙시기는 강우에 의한 담수가 절대적으로 지배한다.

⑤ 출하기 : 채소나 화훼류의 촉성재배, 억제재배는 시장상황을 반영하여 출하기를 고려하여 파종하는 경우가 많다.

⑥ 재해의 회피

　　㉠ 벼는 냉해, 풍해의 회피를 위해 조식조파하는 것이 유리하다.

　　㉡ 조의 명나방 회피를 위해 만파를 한다.

　　㉢ 봄채소는 조파하면 한해(旱害)가 경감된다.

　　㉣ 가을채소의 경우 발아기에 해충이 많이 발생하는 지역에서는 파종시기를 늦춘다.

　　㉤ 하천부지에서의 채소류의 재배는 수해의 회피를 목적으로 홍수기 이후에 파종한다.

⑦ 기후

　　㉠ 동일품종이라도 감자의 경우 평지에서는 이른 봄에 파종하나, 고랭지는 늦봄에 파종한다.

　　㉡ 맥주보리, 골든멜론 품종은 제주도에서는 추파하나, 중부지방에서는 월동을 못 하므로 춘파한다.

⑧ 노동력 사정 : 노동력의 문제로 파종기가 늦어지는 경우도 많으며 적기파종을 위해 기계화, 생력화가 필요하다.

## (3) 파종양식

① 산파(散播, 흩어뿌림, Broadcasting)

　　㉠ 포장전면에 종자를 흩어 뿌리는 방법으로 노력이 적게 든다.

　　㉡ 일반적으로 목초 파종, 답리작으로 자운영 파종, 조·귀리·메밀 등과 같은 잡곡을 조방재배할 때, 맥류의 생력화재배 등에 적용한다.

　　㉢ 종자 소요량이 많아지고 균일하게 파종하기 어렵다.

　　㉣ 생육기간 중 통풍·통광이 나쁘고 도복이 쉬우며 제초·병해충방제 등 관리작업이 불편하다.

② 조파(條播, 골뿌림, Drilling)

　　㉠ 일정한 거리로 골타기를 하고 종자를 줄지어 뿌리는 방법이다.

　　㉡ 산파보다 종자가 적게 들고 골 사이가 비어 수분과 양분의 공급이 좋다.

ⓒ 통풍 및 수광이 좋으며, 작물의 관리작업도 편리해 생장이 고르고 수량과 품질도 좋다.

　　　ⓔ 맥류와 같이 개체별 차지하는 공간이 넓지 않은 작물에 적용된다.

　③ 점파(點播, 점뿌림, Dibbling)

　　　㉠ 일정한 간격을 두고 종자를 몇 개씩 띄엄띄엄 파종하는 방법이다.

　　　ⓛ 두류, 감자 등 개체가 평면공간으로 면적을 많이 차지하는 작물에 적용한다.

　　　ⓒ 시간과 노력이 많이 들지만 개체 간 간격이 조정되어 생육이 좋다.

　　　ⓔ 종자량이 적게 들고 생육 중 통풍 및 수광이 좋다.

　④ 적파(摘播, Seeding in Group)

　　　㉠ 일정한 간격을 두고 여러 개의 종자를 한 곳에 파종하는 것, 점파의 변형이다.

　　　ⓛ 점파, 산파보다는 노력이 많이 들지만 수분, 비료분, 수광, 통풍이 좋아 생육이 양호하고 비배관리
　　　　작업도 편리하다.

　　　ⓒ 목초, 맥류 등과 같이 개체가 평면으로 좁게 차지하는 작물을 집약적으로 재배할 때 적용된다.

　　　ⓔ 맥류종자를 적파(摘播)하면 산파(散播)보다 생육이 건실하고 양호해진다.

　⑤ 화훼류의 파종방법

　　　㉠ 상파(床播, Bed Sowing)

　　　　• 이식을 해도 좋은 품종에 이용한다.

　　　　• 배수가 잘 되는 곳에 파종상을 설치하고 종자 크기에 따라 점파, 산파, 조파를 한다.

　　　ⓛ 상자파(箱子播, Box Sowing) 및 분파(盆播, Pot Sowing) : 종자가 소량이거나 귀중하고 비싼 종자
　　　　또는 미세종자와 같이 집약적 관리가 필요한 경우에 이용된다.

　　　ⓒ 직파(直播, Field Sowing)

　　　　• 재배량이 많거나 직근성으로 이식하면 뿌리의 피해가 우려되는 경우 적합한 방법이다.

　　　　• 최근 직근성 초화류도 지피포트를 이용하여 이식할 수 있도록 육묘하고 있다.


## (4) 파종량 결정

　① **파종량** : 종자별 파종량은 정식할 모수, 발아율, 성묘율(육묘율) 등에 의하여 산출하며, 보통 소요묘수
　　의 2~3배의 종자가 필요하다.

　② **파종량이 적을 경우**

　　　㉠ 수량이 적어지고, 성숙이 늦어지며 품질저하 우려가 있다.

　　　ⓛ 잡초발생량이 증가하고, 토양의 수분 및 비료분의 이용도가 낮아진다.

　③ **파종량이 많을 경우**

　　　㉠ 파종량이 많으면 과번무해서 수광태세가 나빠지고, 수량・품질을 저하시킨다.

　　　ⓛ 식물체가 연약해져 도복, 병충해, 한해(旱害)가 조장된다.

일반적으로 파종량이 많을수록 단위면적당 수량은 어느 정도 증가하지만, 일정 한계를 넘으면 수량은 오히려 줄어든다.

④ 파종량 결정 시 고려조건

  ㉠ 작물의 종류 : 작물 종류에 따라 종자의 크기와 재식밀도가 다르다.

  ㉡ 종자의 크기

  • 같은 작물에서도 품종에 따라 종자의 크기가 차이가 있으므로 파종량 역시 달라진다.

  • 생육이 왕성한 품종은 파종량을 줄이고 그렇지 않은 경우 파종량을 늘린다.

  • 감자는 큰 씨감자를 쓸수록 파종량이 많아진다.

  ㉢ 파종기 : 파종기가 **늦을수록** 대체로 파종량을 늘린다.

  ㉣ 재배지역

  • 한랭지는 대체로 발아율이 낮고 개체 발육도가 낮으므로 파종량을 늘린다.

  • 맥류는 남부지방보다 중부지방에서 파종량이 많이 든다.

  • 감자는 산간지보다 평야지의 파종량을 늘린다.

  ㉤ 재배방식

  • **맥류는 조파에 비해 산파의 경우 파종량을 늘린다.**

  • **콩, 조 등은 단작보다 맥후작에서 파종량을 늘린다.**

  • 청예용, 녹비용 재배는 채종재배보다 파종량을 늘린다.

  • **직파재배는 이식재배보다 파종량을 늘린다.**

  ㉥ 토양 및 시비

  • 토양이 척박하고 시비량이 적을 때에는 일반적으로 파종량을 다소 늘리는 것이 유리하다.

  • 토양이 비옥하고 시비량이 충분한 경우도 다수확을 위해 파종량을 늘리는 것이 유리하다.

  ㉦ 종자의 조건 : 병충해종자가 혼입된 경우, 경실이 많이 포함된 경우, 쭉정이 및 협잡물이 많은 종자의 경우, 발아력이 감퇴된 경우 등은 파종량을 늘려야 한다.

## (5) 파종절차

---
작조 → 시비 → 간토 → 파종 → 복토 → 진압 → 관수
---

① **작조(作條, 골타기)** : 종자를 뿌릴 골을 만드는 것으로, 점파의 경우 작조 대신 구덩이를 파고, 산파 및 부정지파는 작조하지 않는다.

② **시비** : 파종할 골 및 포장 전면에 비료를 살포한다.

③ **간토(비료 섞기)** : 시비 후 그 위에 흙을 덮어 종자가 비료에 직접 닿지 않도록 한다.

④ **파종** : 종자를 직접 토양에 뿌리는 작업이다.

⑤ 복 토

　　㉠ 파종한 종자 위에 흙을 덮어주는 작업이다.

　　㉡ 복토는 종자의 발아에 필요한 수분의 보존, 조수에 의한 해, 파종종자의 이동을 막을 수 있다.

　　㉢ 복토 깊이는 종자의 크기, 발아습성, 토양의 조건, 기후 등에 따라 결정한다.

- 소립종자는 얕게, 대립종자는 깊게 하며, 보통 종자크기의 2~3배 정도 복토한다.
- 혐광성종자는 깊게 하고, 광발아종자는 얕게 복토하거나 하지 않는다.
- 상추는 호광성종자로 깊게 복토하면 발아하지 못한다.
- 점질토는 얕게 하고, 경토는 깊게 복토한다.
- 토양이 습윤한 경우 얕게 하고, 건조한 경우는 깊게 복토한다.
- 저온 또는 고온에서는 깊게 하고, 적온에서는 얕게 복토한다.

📑🔍**참고**

볍씨를 물못자리에 파종하는 경우 복토를 하지 않는다.

⑥ 진 압

　　㉠ 파종 후 복토하기 전 또는 후에 종자를 눌러주어 진압하는 작업이다.

　　㉡ 진압은 토양을 긴밀하게 하고 파종된 종자가 토양에 밀착되며, 모관수가 상승하여 종자가 흡수하는 데 알맞게 되어 발아가 조장된다.

　　㉢ 경사지 또는 바람이 센 곳은 우식 및 풍식을 경감하는 효과가 있다.

⑦ 관 수

　　㉠ 복토 후 토양의 건조방지를 위해 관수한다.

　　㉡ 미세종자를 파종상자에 파종한 경우에는 저면관수하는 것이 좋다.

　　㉢ 저온기 온실에서 파종하는 경우 수온을 높여 관수하는 것이 좋다.

**PLUS ONE**

**주요작물의 복토 깊이**

| 복토깊이 | 작 물 |
|---|---|
| 종자가 안 보일 정도 | 콩과와 화본과목초의 소립종자, 파, 양파, 상추, 담배, 유채, 당근 |
| 0.5~1cm | 차조기, 오이, 순무, 배추, 양배추, 가지, 고추, 토마토 |
| 1.5~2cm | 무, 시금치, 호박, 수박, 조, 기장, 수수 |
| 2.5~3cm | 보리, 밀, 호밀, 귀리, 아네모네 |
| 3.5~4cm | 콩, 팥, 완두, 잠두, 강낭콩, 옥수수 |
| 5.0~9cm | 감자, 토란, 생강, 글라디올라스, 크로커스 |
| 10cm 이상 | 나리, 튤립, 수선, 히야신스 |

안심Touch

작물종자의 파종에 대한 설명으로 옳지 않은 것은?

① 추파하는 경우 만파에 대한 적응성은 호밀이 쌀보리보다 높다.

② 상추종자는 무종자보다 더 깊이 복토해야 한다.

③ 우리나라 북부지역에서는 감온형인 올콩(하대두형)을 조파(早播)한다.

④ 맥류종자를 적파(摘播)하면 산파(散播)보다 생육이 건실하고 양호해진다.

해설 상추는 호광성종자로 광선에 의하여 발아가 조장되어 복토를 1cm 이하로 얕게 해야 하는 종자이고, 무는 혐광성종자이다.

정답 ②

## |03| 이식(移植, 옮겨심기, Transplanting)

### (1) 개념

① 이식 : 묘상 또는 못자리에서 키운 모를 본포로 옮겨 심거나 작물이 현재 자라는 곳에서 다른 장소를 옮겨 심는 일을 이식이라 한다.

📑🔍참고

이앙 : 벼의 이식을 이앙이라 한다.

② 가식 : 정식까지 잠시 이식해 두는 것으로, 묘상절약, 활착증진, 재해방지효과 등이 있다.
  ㉠ 묘상절약 : 가식은 처음부터 큰 면적의 묘상이 불필요하다(채소, 담배 등).
  ㉡ 활착증진 : 새로운 잔뿌리가 밀생하여 정식 후 활착이 증진된다.
  ㉢ 재해방지 : 천수답에서 모내기가 늦어질 때 가식을 하면 한해를 방지하고, 채소류에서 포장조건으로 이식이 늦어질 때 가식은 모의 도장이나 노화를 방지한다.
③ 정식 : 수확할 때까지 재배할 장소, 즉 본포로 옮겨 심는 것을 정식이라 한다.

## (2) 효과 및 단점

① 효 과

　㉠ 생육의 촉진 및 수량증대
- 온상에서 보온육묘를 할 경우, 생육기간이 연장되고 작물의 발육이 크게 조장되어 증수를 기대할 수 있으며, 초기 생육촉진으로 수확을 빠르게 하여 경제적으로 유리하다.
- 과채류, 콩 등은 직파재배보다 육묘이식을 하는 것이 생육이 조장되어 증수한다.

　㉡ 토지이용도 제고
- 본포에 전작물이 있는 경우 묘상, 못자리, 묘포 등에서 모의 양성으로 전작물 수확 후 또는 전작물 사이에 정식하므로 토지이용효율을 증대시켜 경영을 집약화할 수 있다.
- 벼를 육묘이식하면 답리작에 유리하며, 채소도 육묘이식에 의해 경지이용률을 높일 수 있다.

　㉢ 숙기단축
- 채소는 경엽의 도장이 억제되고 생육이 양호해져 숙기가 빨라진다.
- 상추, 양배추 등의 결구를 촉진한다.

　㉣ 활착증진
- 육묘과정에서 가식 후 정식하면 새로운 잔뿌리가 밀생하여 활착이 촉진된다.
- 육묘이식은 직파하는 것보다 종자량이 적게 들어 종자비의 절감이 가능하다.

② 단 점

　㉠ 무, 당근, 우엉 등 직근을 가진 작물은 어릴 때 이식하여 뿌리가 손상되면 그 후 근계 발육에 나쁜 영향을 미친다.

　㉡ 수박, 참외, 결구배추, 목화 등은 이식으로 뿌리가 절단되면 매우 해롭다. 이식을 해야 하는 경우에는 분파하여 육묘하고 뿌리의 절단을 피해야 한다.

　㉢ 벼의 경우 한랭지에서 이앙은 착근까지 시일이 많이 필요하고 생육이 늦어지며 임실이 불량해지므로 파종을 빨리하거나 직파재배가 유리한 경우가 많다.

## (3) 이식 시기

① 이식 시기는 작물 종류, 토양 및 기상조건, 육묘사정에 따라 다르다.

② 과수·수목 등은 싹이 움트기 이전의 이른 봄이나 가을에 낙엽이 진 뒤에 이식하는 것이 좋다.

③ 일반작물 또는 채소는 육묘의 진행상태(모의 크기)와 파종시기에 따라 결정된다.

④ 벼의 손이앙은 40일모(성묘), 기계이앙은 30~35일모(중묘, 엽 3.5~4.5매)가 좋다.

⑤ 토마토, 가지는 첫 꽃이 피었을 정도에 이식하는 것이 좋다.

⑥ 토양의 수분이 넉넉하고 바람이 없는 흐린 날에 이식하면 활착이 좋다.

⑦ 수도의 도열병이 많이 발생하는 지대에서는 조식을 하는 것이 좋다.

⑧ 가을에 보리를 이식하는 경우 월동 전 뿌리가 완전히 활착할 수 있는 기간을 두고 그 이전에 이식하는 것이 안전하다.

### (4) 이식 양식

① 조식(條植) : 골에 줄을 지어 이식하는 방법이다(파, 맥류 등).

② 점식(點植) : 포기를 일정 간격을 두고 띄어서 이식하는 방법이다(콩, 수수, 조 등).

③ 혈식(穴植) : 포기 사이를 많이 띄어서 구덩이를 파고 이식하는 방법이다(과수, 수목, 화목 등과 양배추, 토마토, 오이, 수박 등).

④ 난식(亂植) : 일정한 질서가 따로 없이 점점이 이식하는 방법이다(콩밭에 들깨나 조 등).

### (5) 이식 방법

① 이식 간격 : 1차적으로 작물의 생육습성에 따라 결정된다.

② 이식을 위한 묘의 준비

　㉠ 이식 시 단근 및 손상을 적게 하기 위해 상토가 흠뻑 젖도록 관수한 다음 모를 뜬다.

　㉡ 본포에 정식하기 며칠 전 가식하여 새 뿌리가 다소 발생하려는 시기가 정식에 좋다.

　㉢ 온상육묘의 모는 연약하므로 이식 전 경화시키면 식물체 내 즙액의 농도가 증가하고 저온 및 건조 등 자연환경에 저항성이 증대되어 흡수력이 좋아지고 착근이 빨라진다.

　㉣ 식물체가 크거나 활착이 힘든 것은 뿌리돌림을 하여 세근을 밀생시켜두고 가지를 친다.

　㉤ 이식하면 단근이나 식상 등으로 뿌리의 수분흡수는 저해되나 증산작용은 동일하므로 시들고 활착이 나빠지는 현상을 방지하기 위해 가지나 잎의 일부를 전정하기도 한다.

　㉥ 증산억제제인 OED유액을 1~3%로 하여 모를 담근 후 이식하면 효과가 크다.

③ 본포준비

　㉠ 정지를 알맞게 하고, 퇴비나 금비를 기비로 사용하는 경우 흙과 잘 섞어야 하며, 미숙퇴비는 뿌리와 접촉되지 않도록 주의한다.

　㉡ 호박, 수박 등은 북을 만들어 준다.

④ 이 식

　㉠ 이식은 묘상에 묻혔던 깊이로 하나 건조지는 깊게, 습지에는 얕게 한다.

　㉡ 유기물이 많은 표토는 속으로, 심토는 표면에 덮는다.

　㉢ 벼는 쓰러지지 않을 정도로 얕게 심어야 활착이 좋고 분얼이 빠르다.

　㉣ 감자, 수수, 담배 등은 얕게 심고, 생장함에 따라 배토한다.

　㉤ 과수의 접목묘는 접착부가 지면보다 위에 나오도록 한다.

⑤ 이식 후 관리

　㉠ 토양과 뿌리가 잘 밀착되게 진압하고 관수를 충분히 한다.

　㉡ 건조한 경우 지표면이나 식물체를 피복하여 지면증발을 억제함으로써 건조를 예방한다.

　㉢ 이식 후 쓰러질 우려가 있는 경우 지주를 세워준다.

**다음 이식과 육묘에 대한 설명 중 옳은 것은?**

19 경남 지도사 기출

① 수박, 참외, 결구배추 등은 단근이 될 경우 잔뿌리가 발생하여 활착이 빠르다.

② 채소류 육묘 시 경엽 도장이 억제되고 숙기가 빨라지며, 결구를 촉진한다.

③ 무, 당근, 우엉 등은 이식으로 뿌리가 손상될 경우에 근계 발육이 촉진된다.

④ 보온육묘 시 생장기간이 짧아지고 증수한다.

해설 이식의 효과로 채소는 경엽의 도장이 억제되고 생육이 양호해져 숙기가 빨라지며, 상추, 양배추 등의 결구를 촉진한다.

정답 ②

안심Touch

# 작물의 재배관리(2)
## 시비

## |01| 비료의 종류

### (1) 직접비료와 간접비료

① 직접비료 : 비료의 3요소(질소, 인산, 칼리) 중 어느 하나의 성분만이라도 함유되어 있으면 이를 직접비료라 한다.

② 간접비료

  ㉠ 간접적으로 작물생육을 돕는 비료를 의미한다. 예를 들어 석회의 시용은 토양의 이화학적 성질의 개선으로 식물생육에 유리한 영향을 준다.

  ㉡ 석회비료, 세균비료, 토양개량제, 호르몬제 등이 있다.

### (2) 비료성분에 따른 분류

① 질소질비료 : 황산암모늄(유안), 요소, 질산암모늄(초안), 석회질소, 염화암모늄 등

② 인산질비료 : 과인산석회(과석), 중과인산석회(중과석), 용성인비 등

③ 칼리질비료 : 염화칼륨, 황산칼륨 등

④ 복합비료 : 화성비료(17-21-17, 22-22-11), 산림용 복비, 연초용 복비 등

⑤ 석회질비료 : 생석회, 소석회, 탄산석회 등

⑥ 규산질비료 : 규산고토석회, 규석회 등

⑦ 마그네슘(고토)질비료 : 황산마그네슘, 수산화마그네슘, 탄산마그네슘, 고토석회, 고토과인산 등

⑧ 붕소질비료 : 붕사 등

⑨ 망간질비료 : 황산망간 등

⑩ 기타 : 세균성비료, 토양개량제, 호르몬제 등

### (3) 비효 지속성에 따른 분류

① 속효성 비료 : 요소, 황산암모니아, 과석, 염화칼륨 등

② 완효성 비료 : 깻묵, METAP 등

③ 지효성 비료 : 퇴비, 구비 등

주요 비료의 주성분(단위 : %)

| 비료의 종류 | 질소 | 인산 | 칼륨 | 칼슘 |
|---|---|---|---|---|
| 요소 | 46 | – | – | – |
| 질산암모늄 | 33 | – | – | – |
| 염화암모늄 | 25 | – | – | – |
| 황산암모늄 | 21 | – | – | – |
| 석회질소 | 21 | – | – | 60 |
| 중과인산석회 | – | 44 | – | – |
| 과인산석회 | – | 20 | – | – |
| 용성인비 | – | 18~19 | – | – |
| 인산암모늄 | 11 | 48 | – | – |
| 염화칼륨 | – | – | 60 | – |
| 황산칼륨 | – | – | 48~50 | – |
| 생석회 | – | – | – | 80 |
| 소석회 | – | – | – | 60 |
| 탄산석회 | – | – | – | 45~50 |
| 퇴비 | 0.5 | 0.26 | 0.5 | – |
| 콩깻묵 | 6.5 | 1.4 | 2.07 | – |
| 짚재 | – | 2.0 | 4~5 | 2.0 |
| 풋베기콩 | 0.58 | 0.08 | 0.73 | – |

## (4) 급원에 따른 분류

① 무기질비료 : 요소, 황산암모늄, 과인산석회, 염화칼륨 등

② 유기질비료

   ㉠ 식물성 비료 : 깻묵, 퇴비, 구비 등

   ㉡ 동물성 비료 : 골분, 계분, 어분 등

## (5) 화학반응에 따른 분류

① 화학적 반응에 따른 분류 : 비료가 물에 녹았을 때 나타내는 성분에 따른 분류이다.

   ㉠ 화학적 산성비료 : 과인산석회, 중과인산석회 등

   ㉡ 화학적 중성비료 : 요소, 황산암모늄(유안), 염화암모늄, 질산암모늄(초안), 황산칼륨, 염화칼륨, 콩깻묵, 어박 등

   ㉢ 화학적 염기성비료 : 석회질소, 용성인비, 나뭇재, 토머스인비 등

② 생리적 반응에 따른 분류 : 시비 후 토양 중 뿌리의 흡수작용 또는 미생물의 작용을 받은 뒤 나타나는 반응을 생리적 반응이라 한다.
　　㉠ 생리적 산성비료 : 황산암모늄(유안), 염화암모늄, 황산칼륨, 염화칼륨 등
　　㉡ 생리적 중성비료 : 질산암모늄, 요소, 과인산석회, 중과인산석회, 석회질소 등
　　㉢ 생리적 염기성비료 : 석회질소, 용성인비, 나뭇재, 칠레초석, 퇴비, 구비, 토머스인비 등

> **참고**
>
> 파종 또는 이식할 때에 주는 비료를 기비(밑거름), 생육 도중에 주는 것을 추비 또는 보비(중거름, 덧거름), 최후의 추비를 지비(마지막 거름)라 한다.

## Level UP 이론을 확인하는 문제

**다음 중 생리적 중성비료는?**

① 염화칼륨　　　　　　　　　　② 황산암모늄
③ 과인산석회　　　　　　　　　④ 석회질소

**해설** 생리적 반응에 따른 분류
• 생리적 산성비료 : 황산암모늄(유안), 염화암모늄, 황산칼륨, 염화칼륨 등
• 생리적 중성비료 : 질산암모늄, 요소, 과인산석회, 중과인산석회, 석회질소 등
• 생리적 염기성비료 : 석회질소, 용성인비, 나뭇재, 칠레초석, 퇴비, 구비 등

**정답** ③

## |02| 유효성분의 형태와 특성

### (1) 질소

① 질산태 질소($NO_3^- $-N)
　㉠ 질산암모늄($NH_4NO_3$), 칠레초석($NaNO_3$), 질산칼륨($KNO_3$), 질산칼슘[$Ca(NO_3)_2$] 등이 있다.
　㉡ 질산칼륨과 질산칼슘은 질산태 질소를 함유한다.
　㉢ 질산태 질소는 물에 잘 녹고 속효성이다.
　㉣ 질산은 음이온으로 토양에 흡착되지 않고 유실되기 쉽다.

ⓜ 논에서는 용탈에 의한 유실이 심한 탈질현상이 심하므로 질산태 질소형 비료의 사용은 일반적으로 불리하고, 밭작물에 대한 추비에 가장 알맞다.

　　　ⓗ 논에 질산태 질소를 사용하면 그 효과가 암모니아태 질소보다 작다.

② 암모니아태 질소($NH_4^+$-N)

　　　㉠ 황산암모늄[$(NH_4)_2SO_4$], 염화암모늄($NH_4Cl$), 질산암모늄($NH_4NO_3$), 인산암모늄[$(NH_4)_2HPO_4$], 부숙인분뇨, 완숙퇴비 등이 있다.

　　　㉡ 물에 잘 녹고 속효성이나 질산태 질소보다는 속효성이 아니다.

　　　㉢ 양이온으로 토양에 잘 흡착되어 논의 환원층에 시비하면 비효가 오래간다.

　　　㉣ 밭토양에서는 속히 질산태로 변하여 작물에 흡수된다.

　　　㉤ 유기물을 함유하지 않은 암모니아태 질소를 해마다 사용하면 지력소모를 가져오며, 암모니아 흡수후 남는 산근으로 토양을 산성화시킨다.

　　　㉥ 황산암모늄은 질소의 3배에 해당되는 황산을 함유하고 있어 산성화의 원인이 되므로 유기물의 병용으로 해를 덜어야 한다.

---

**참고**

유기태 질소는 토양에서 미생물의 작용에 의하여 암모니아태나 질산태 질소로 변환된 후 작물에 이용된다.

---

③ 요소[$(NH_2)_2CO$]

　　　㉠ 물에 잘 녹으며 이온이 아니기 때문에 토양에 잘 흡착되지 않으므로 사용 직후에 유실될 우려가 있다.

　　　㉡ 토양미생물의 작용으로 속히 탄산암모늄[$(NH_4)_2CO_3$]을 거쳐 암모니아태로 되어 토양에 흡착이 잘되며 질소효과는 암모니아태 질소와 비슷하다.

　　　㉢ 요소는 질소 결핍증이 발생하였을 때 토양시비가 곤란한 경우 엽면시비에도 이용할 수 있다.

④ 시안아미드(Cyanamide, $CH_2N_2$)태 질소

　　　㉠ 석회질소가 이에 속하고, 물에 잘 녹으나 작물에 해롭다.

　　　㉡ 토양 중 화학변화로 탄산암모늄으로 되는데, 이 과정에 1주일 정도 소요되므로 작물파종 2주일 전쯤 사용해야 한다.

　　　㉢ 환원상태에서는 디시안디아미드(Dicyandiamide, $C_2H_4N_4$)가 되어 유독하고 분해가 어려우므로 밭에서 사용해야 한다.

⑤ 유기태(단백태) 질소

　　　㉠ 깻묵, 어비, 골분, 녹비, 쌀겨 등이 이에 속한다.

　　　㉡ 토양 중에서 미생물 작용에 의해 암모니아태 또는 질산태로 된 후 작물에 흡수, 이용된다.

　　　㉢ 지효성으로 논과 밭에 모두 효과가 크다.

질소질 비료에서 질소 성분 함량이 높은 순서
요소 > 질산암모늄 > 염화암모늄 > 황산암모늄

## (2) 인 산

① 인산질비료는 용해성에 따라 수용성, 가용성, 구용성, 불용성으로 구분하고 사용상으로 유기질 인산비료와 무기질 인산비료로 구분한다.

② 과인산석회(과석), 중과인산석회(중과석)
  ㉠ 대부분 수용성이고, 속효성으로 작물에 흡수가 잘된다.
  ㉡ 산성토양에서는 철, 알루미늄과 반응하여 불용화되고 토양에 고정되어 흡수율이 극히 낮다.

### 참고
질소와 인산에 대한 칼륨의 흡수비율은 화곡류보다 감자와 고구마에서 더 높다.

③ 용성인비
  ㉠ 구용성인산을 함유하며, 작물에 빠르게 흡수되지 못하므로 과인산석회 등과 병용하는 것이 유리하다.
  ㉡ 토양 중 고정은 적고 규산, 석회, 마그네슘 등을 함유하는 염기성비료로 산성토양 개량에 효과적이다.

## (3) 칼 리

  ㉠ 칼리는 무기태 칼리와 유기태 칼리로 구분할 수 있고, 거의 수용성이며 비효가 빠르다.
  ㉡ 유기태 칼리는 쌀겨, 녹피, 퇴비, 산야초 등에 많이 함유되어 있다.
  ㉢ 지방산과 결합된 칼리는 수용성이고 속효성이나 단백질과 결합된 칼리는 물에 난용성으로 지효성이다.

### 참고
화본과목초와 두과목초를 혼파하였을 때, 인과 칼륨을 충분히 공급하면 두과목초가 우세해진다.

## (4) 칼 슘

① 직접적으로는 다량 요구되는 필수원소이다.
② 간접적으로는 토양의 물리적, 화학적 성질을 개선하고 일반적으로 토양에 가장 많이 함유되어 있다.
③ 비료에 함유되어 있는 칼슘은 산화칼슘($CaO$), 탄산칼슘($CaCO_3$), 수산화칼슘[$Ca(OH)_2$], 황산칼슘($CaSO_4$) 등이 있다.
④ 가장 많이 이용되는 석회질비료는 수산화칼슘이다.
⑤ 부산소석회, 규회석, 용성인비, 규산질비료 등에도 칼슘이 많이 함유되어 있다.

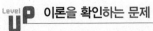

## 이론을 확인하는 문제

비료에 대한 설명으로 옳지 않은 것은?

18 국가직 기출

① 질산태 질소는 지효성으로 논과 밭에 모두 알맞은 비료이다.

② 요소는 질소결핍증이 발생하였을 때 토양시비가 곤란한 경우 엽면시비에도 이용할 수 있다.

③ 화본과목초와 두과목초를 혼파하였을 때, 인과 칼륨을 충분히 공급하면 두과목초가 우세해진다.

④ 유기태 질소는 토양에서 미생물의 작용에 의하여 암모니아태나 질산태 질소로 변환된 후 작물에 이용된다.

해설  질산태 질소는 암모니아태 질소보다 더 속효성이다.

정답  ①

# |03| 시 비

## (1) 시비 이론

① 리비히(Liebig)의 최소양분율(Law of Minimum Nutrient)

　㉠ 최소양분 : 여러 양분 중 필요량에 대한 공급이 가장 적은 양분에 의해 생육이 저해되는데, 이 양분을 최소양분이라 한다.

　㉡ 최소양분율 : 여러 종류의 양분은 작물생육에 필수적이지만 실제재배에 모든 양분이 동시에 작물생육을 제한하는 것은 아니며, 최소양분의 공급량에 의해 작물수량이 지배된다는 것을 최소양분율이라 한다.

② 수량점감의 법칙(= 보수점감의 법칙)

　㉠ 수량의 제한인자를 점차 올려주면 수확량은 어느 한도까지는 증가하다가 최고점에 이르면 오히려 감소한다는 법칙이다.

　㉡ 비료의 시용량에 따라 일정한계까지는 수량이 크게 증가하지만 어느 한계 이상으로 시비량이 많아지면 수량의 증가량은 점점 작아지고 마침내 시비량이 증가해도 수량은 증가하지 않는 상태에 도달한다는 것이다.

③ 제한인자설 : 작물생육에 관여하는 수분, 광, 온도, 공기, 양분 등 모든 인자 중에서 가장 요구조건을 충족하지 못하는 인자에 의해 작물생육이 지배된다는 것을 최소율 또는 제한인자라 한다.

## (2) 시비량

① 비료요소의 흡수량 : 단위면적당의 전체수확물 중에 함유되어 있는 비료요소를 분석, 계산한다.

② 비료요소의 천연공급량

  ㉠ 어떤 비료요소에 대하여 무비료 재배를 할 때의 단위면적당 전 수확물 중에 함유되어 있는 그 비료 요소량을 측정하여 구한다.

  ㉡ 비료요소의 천연공급량은 토양 중에서나 관개수에 의해서 천연적으로 공급되는 비료요소 분량이다.

③ 비료요소흡수율

  ㉠ 시용한 비료성분량에 대하여 작물에 흡수된 비료성분의 비를 백분율로 표시한 값을 비료성분의 흡 수율 또는 이용률(Availability)이라고 한다.

  ㉡ 흡수율은 비료의 종류에 따라 다를 뿐만 아니라 같은 비료라도 토양조건, 환경조건, 작물의 종류, 재 배법, 시용량 등에 따라 다르다.

④ 계산식

  ㉠ 시비량 계산

$$시비량 = \frac{비료요소의\ 흡수량 - 천연공급량}{비료요소의\ 흡수율}$$

  ㉡ 비료 중의 성분량 계산

$$성분량 = 비료량 \times \frac{보증성분량(\%)}{100}$$

  ㉢ 비료의 중량계산

$$비료의\ 중량 = 비료량 \times \frac{100}{보증성분량(\%)}$$

예 논토양 10a에 요소비료를 20kg 시비할 때 질소의 함량(kg)은?

  풀이) 요소비료의 질소함량은 46%이므로 20kg × 0.46 = 9.2kg이다.

예 논에 벼를 이앙하기 전에 기비로 $N-P_2O_5-K_2O = 10-5-7.5$kg/10a을 처리하고자 한다. $N-P_2O_5-K_2O = 20-20-10(\%)$인 복합비료를 25kg/10a을 시비하였을 때, 부족한 기비의 성분 에 대해 단비할 시비량(kg/10a)은?

  풀이) 20-20-10(%) 복합비료 25kg/10a이므로 실제 시비량은 10a당 5-5-2.5kg이 된다. 따 라서 부족분은 5-0-5kg/10a이 된다.

**비료의 성분량**

- 질소비료에는 대표적으로 요소[$CO(NH_2)_2$]비료와 유안[$(NH_4)_2SO_4$]비료가 있다.
  - 요소비료는 성분량이 46%인데 이것은 요소비료 100kg 중에 질소(N)가 46kg 들어 있다는 뜻이다.
  - 유안비료는 성분량이 21%인데 이것은 유안비료 100kg 중에 질소(N)가 21kg 들어 있다는 뜻이다.
  - 요소비료 20kg 1포대에는 질소(N)가 9.2kg 들어 있고, 유안비료 20kg 1포대에는 질소(N)가 4.2kg 들어 있다.
- 인산비료 : 용성인비와 용과린 비료의 성분량이 각각 20%인데 이것은 용성인비와 용과린 각 20kg 1포대에는 인산성분이 각 4.0kg씩 들어 있다는 것이다.
- 칼리비료 : 염화칼리는 성분량이 60%, 황산칼리 성분량이 49%로 염화칼리 20kg 1포대에는 칼리성분이 12kg 들어 있고, 황산칼리 20kg 1포대에는 칼리성분이 9.8kg 들어 있다.

## (3) 시비방법

① 평면적으로 본 분류
  ㉠ 전면시비 : 논이나 과수원에서 여름철 속효성 비료의 사용은 전면시비이다.
  ㉡ 부분시비 : 시비구(골, 구덩이)를 파고 비료를 시비하는 방법이다.
② 입체적으로 본 분류
  ㉠ 표층시비 : 토양의 표면에 밭작물이나 목초 등의 작물 생육기간에 시비하는 방법이다.
  ㉡ 심층시비 : 벼, 과수, 수목 등의 작물재배 시 작토 속에 시비하는 방법이다. 특히 논에서 암모니아태 질소를 사용하는 경우 유용하다.
  ㉢ 전층시비 : 벼 등의 작물에 비료를 작토 전층에 고루 혼합되도록 시비하는 방법이다.

## (4) 시비시기

① 종자를 수확하는 작물
  ㉠ 영양생장기 : 경엽의 발육, 영양물질의 형성에 중요한 질소비료를 충분히 시용한다.
  ㉡ 생식생장기 : 개화와 결실에 효과가 큰 인산과 칼리를 충분히 시용한다.

> **참고**
>
> 종자를 수확하는 작물은 영양생장기에는 질소의 효과가 크고, 생식생장기에는 인과 칼륨의 효과가 크다.

② 과실을 수확하는 작물 : 과수의 결과기(結果期)에 인 및 칼리질비료가 충분해야 과실발육과 품질향상에 유리하다.
③ 잎을 수확하는 작물 : 잎을 수확하는 엽채류는 질소비료를 추비로 늦게까지 주어도 좋으나 종실을 수확하는 작물의 경우 마지막 시비시기에 주의해야 한다.
④ 뿌리나 지하경을 수확하는 작물 : 고구마, 감자 등의 작물은 양분이 많이 저장되도록, 초기에는 질소를 많이 주어 생장을 촉진하고, 양분이 저장되기 시작하면 탄수화물의 이동 및 저장에 관여하는 칼리를 충분히 시용한다.

질소와 인산에 대한 칼륨의 흡수비율은 화곡류보다 감자와 고구마에서 더 높다.

⑤ 꽃을 수확하는 작물 : 꽃망울이 생길 때 질소를 시용하면 착화와 발육이 좋아진다.

⑥ 벼의 시비

　㉠ 이삭거름을 주는 가장 적당한 시기는 유수형성기로 출수 25일 전이다.

　㉡ 알거름은 출수 후 수전기에 시용한다.

　㉢ 벼 조식(早植)재배 시 생장촉진을 위해 질소시비량을 증대한다.

⑦ 기타작물의 시비원리

　㉠ 생육기간이 길고 시비량이 많은 작물은 기비량(밑거름)을 줄이고 추비량(덧거름)을 늘려 사용한다.

　㉡ 지효성(퇴비, 깻묵 등) 또는 완효성 비료나 인산, 칼리, 석회 등의 비료는 일반적으로 밑거름으로 일
　　시에 사용한다.

　㉢ 요소, 황산암모늄 등 속효성 질소비료

　　• 생육기간이 극히 짧은 작물을 제외하고는 대체로 추비와 기비로 나누어 시비한다.

　　• 평지 감자재배와 같이 생육기간이 짧은 경우에는 주로 기비로 시비한다.

　　• 맥류와 벼와 같이 생육기간이 긴 경우 나누어 시비한다.

　㉣ 조식재배로 생육기간이 길어진 경우나, 다비재배의 경우 기비비율을 줄이고 추비비율을 늘린다.

　㉤ 사력답이나 누수답과 같이 비료분의 용탈이 심한 경우에는 추비 중심의 분시를 한다.

• 기비(基肥, 밑거름) : 파종 또는 이식 시 주는 비료
• 추비(追肥, 덧거름) : 작물의 생육 중간에 추가로 주는 비료

## (5) 비료의 배합

① 배합비료의 장점

　㉠ 단일비료를 여러 차례에 걸쳐 시비하는 번잡성을 덜 수 있다.

　㉡ 속효성 비료와 지효성 비료를 적당량 배합하면 비효의 지속을 조절할 수 있다.

　㉢ 요소나 황산암모늄을 유기질비료(쌀겨 등)와 배합하면 건조할 때 굳어지는 결점을 보완해준다.

② 배합비료를 혼합할 때 주의해야 할 점

　㉠ 암모니아태 질소를 함유하고 있는 비료에 석회와 같은 알칼리성 비료를 혼합하면 암모니아가 기체
　　로 변하여 비료성분이 소실된다.

　㉡ 질산태 질소를 유기질비료와 혼합하면 저장 중 또는 시용 후에 질산이 환원되어 소실된다.

　㉢ 질산태 질소를 함유하고 있는 비료에 과인산석회와 같은 산성비료를 혼합하면 질산은 기체로 변한다.

② 과인산석회와 같은 수용성 인산이 주성분인 비료에 Ca, Al, Fe 등이 함유된 알칼리성 비료를 혼합하면 인산이 물에 용해되지 않아 불용성이 된다.

⑩ 과인산석회와 같은 석회염을 함유하고 있는 비료에 염화칼륨과 같은 염화물을 배합하면 흡습성이 높아져 액체가 되거나 굳어진다.

## (6) 엽면시비

### ① 의 의

㉠ 작물은 뿌리뿐만 아니라 잎에서도 비료성분을 흡수할 수 있으므로 필요한 때에는 비료를 용액의 상태로 잎에 뿌려주기도 한다. 이와 같은 것을 비료의 엽면시비라 한다.

㉡ 잎의 비료 성분의 흡수는 표면보다는 이면에서 더 잘 흡수된다. 이는 잎의 표면 표피는 이면 표피보다 큐티클층이 더 발달되어 물질의 투과가 용이하지 않고 이면은 살포액이 더 잘 부착되기 때문이다.

㉢ 엽면시비는 살포 후 24시간 내에 50% 정도가 흡수되고, 3~5일 동안은 엽록소가 증가하여 잎이 진한 녹색으로 변한다.

### ② 엽면시비의 실용성

㉠ 작물에 미량요소의 결핍증이 나타났을 경우
- 결핍증이 나타난 요소를 토양에 시비하는 것보다 엽면에 시비하는 것이 효과가 크다
- 엽면시비는 미량요소의 공급 및 뿌리의 흡수력이 약해졌을 때 효과적이다.

㉡ 작물의 급속한 영양을 회복시켜야 할 경우
- 작물이 각종 해(동상해, 풍수해, 병충해)를 받아 생육이 쇠퇴한 경우 엽면시비가 빨리 흡수되어 시용의 효과가 크다.
- 자르기 전 고구마싹, 출수기의 벼나 맥류 등의 영양상태가 나쁠 때 효과적이다.

㉢ 토양시비로 뿌리 흡수가 곤란한 경우
- 노후답의 벼와 습해를 받은 맥류는 뿌리가 상하고 흡수력이 약하므로 엽면시비가 좋다.
- 요소나 망간 등의 엽면시비에 의해 생육이 좋아지고 신근이 발생하여 회복된다.

㉣ 토양시비가 곤란한 경우
- 참외, 수박 등과 같이 덩굴이 지상에 포복 만연하여 추비가 곤란한 경우 엽면시비가 좋다.
- 과수원의 초생재배로 인해 토양시비가 곤란한 경우 엽면시비가 좋다.
- 플라스틱 필름 등으로 표토를 멀칭하여 토양에 직접적인 시비가 곤란한 경우 엽면시비가 좋다.

㉤ 품질향상이 필요한 경우
- 수확 전의 밀이나 뽕잎 또는 목초(청예사료작물 등)에 엽면시비를 하면 단백질의 함량이 높아진다.
- 출수 전 꽃에 엽면시비를 하면 잎이 싱싱해진다.
- 꽃, 과수, 차나무잎, 뽕잎 등의 엽면시비는 품질이 향상된다.
- 채소류의 엽면시비는 엽색을 좋게 하고, 영양가를 높인다.
- 보리, 채소, 화초 등에서의 엽면시비는 하엽의 고사를 막는 효과가 있다.

③ 엽면시비 시 흡수에 영향을 미치는 요인

    ㉠ 잎의 표면보다 이면에서 더 잘 흡수된다.

    ㉡ 잎의 호흡작용이 왕성할 때 흡수가 더 잘되므로 줄기의 정부로부터 가까운 잎에서 흡수율이 높다.

    ㉢ 노엽보다는 성엽이, 밤보다는 낮에 흡수가 더 잘된다.

    ㉣ 살포액의 pH는 미산성인 것이 흡수가 잘된다.

    ㉤ 살포액에 전착제를 가용하면 흡수가 조장된다.

    ㉥ 작물에 피해가 나타나지 않는 범위 내에서 살포액의 농도가 높을 때 흡수가 빠르다.

    ㉦ 석회의 시용은 흡수를 억제하고 고농도 살포의 해를 경감한다.

    ㉧ 작물의 생리작용이 왕성한 기상조건에서 흡수가 빠르다.

④ 요소의 엽면시비 효과

    ㉠ 착화, 착과, 품질양호 : 수박, 호박, 가지, 양배추, 오이

    ㉡ 화아분화 촉진, 과실비대 : 감귤나무, 뽕나무, 차나무, 사과나무, 포도나무, 토마토, 딸기, 호프

    ㉢ 조기출하, 다수확, 품질향상 : 무, 배추, 시금치

    ㉣ 활착, 임실양호 : 보리, 옥수수, 벼, 벼과목초

    ㉤ 엽색 및 화색의 선명 : 화훼

    ㉥ 수확 촉진 : 고구마, 유채

    ㉦ 비대 촉진 : 감자

---

## Level UP 이론을 확인하는 문제

**작물의 시비관리에 대한 설명으로 옳지 않은 것은?** 19 국가직 기출

① 벼 만식(晚植)재배 시 생장촉진을 위해 질소시비량을 증대한다.

② 생육기간이 길고 시비량이 많은 작물은 밑거름을 줄이고 덧거름을 많이 준다.

③ 엽면시비는 미량요소의 공급 및 뿌리의 흡수력이 약해졌을 때 효과적이다.

④ 과수의 결과기(結果期)에 인 및 칼리질 비료가 충분해야 과실발육과 품질향상에 유리하다.

**해설** 벼 조식(早植)재배 시 생장촉진을 위해 질소시비량을 증대한다. 벼 만식(晚植)재배 시에는 도열병 발생의 우려가 크기 때문에 질소시비량을 줄여야 안전하다.

**정답** ①

# CHAPTER 06

# 작물의 재배관리(3)
보식, 멀칭, 배토, 생육형태의 조정, 결실조정 등

## |01| 보식, 솎기, 중경

### (1) 보식

① 보파(추파, Supplemental Seeding) : 파종이 고르지 못하였거나 발아가 불량한 곳에 보충적으로 파종하는 것이다.

② 보식(Replanting, Supplementary Planting) : 발아가 불량한 곳 또는 이식 후 고사로 결주가 생긴 곳에 보충적으로 이식하는 것이다.

③ 보파 또는 보식은 되도록 일찍 실시해야 생육의 지연이 덜 된다.

### (2) 솎기(Thinning)

① 개념

ㄱ 발아 후 밀생한 곳에서 개체를 제거해서 앞으로 키워나갈 개체에 공간을 넓혀 주는 일이다.

ㄴ 솎기는 적기에 실시하여야 하며, 생육상황에 따라 수회에 걸쳐 실시한다.

ㄷ 일반적으로 첫 김매기와 같이 실시하고, 늦으면 개체 간 경쟁이 심해져 생육이 억제된다.

② 효과

ㄱ 개체의 생육공간을 확보함으로써 균일한 생육을 유도할 수 있다.

ㄴ 파종 시 솎기를 전제로 파종량을 늘리면 발아가 불량하더라도 빈 곳이 생기지 않는다.

ㄷ 파종 시 파종량을 늘리고 나중에 솎기를 하면 불량개체를 제거하고 우량한 개체만 재배할 수 있다.

ㄹ 개체 간 양분, 수분, 광 등에 대한 경합을 조절하여 건전한 생육을 할 수 있다.

### (3) 중경(Cultivation)

① 개념

ㄱ 파종 또는 이식 후 작물생육기간에 작물 사이의 토양의 표토를 호미나 중경기로 긁어 부드럽게 하는 토양관리 작업이다.

ㄴ 중경은 잡초의 방제, 토양의 이화학적 성질의 개선, 작물 자체에 대한 기계적인 영향 등을 통하여 작물생육을 조장시킬 목적으로 실시된다.

ㄷ 초기중경은 단근 우려가 작으므로 대체로 깊게 하고 후기중경은 단근 우려가 크므로 얕게 한다.

② 이로운 점

　㉠ 발아조장 : 파종 후 비가 와서 토양표층에 굳은 피막이 생겼을 때 중경하면 피막을 부수고 토양이 부드럽게 되어 발아가 조장된다.

　㉡ 토양통기조장 : 작물이 생육하고 있는 포장을 중경하면 대기와 토양의 가스교환이 활발해지므로 뿌리의 활력이 증진되고, 유기물의 분해가 촉진되며, 환원성 유해물질의 생성 및 축적이 감소된다.

　㉢ 토양수분의 증발억제 : 토양을 얕게 중경(천경)하면 토양의 모세관이 절단되어 토양 유효수분의 증발이 억제되고, 한발기에 가뭄해(투害)를 경감할 수 있다.

　㉣ 비효증진 : 논토양은 벼의 생육기간 중 항상 물에 잠겨 있는 담수상태이므로 표층의 산화층과 그 밑의 환원층으로 토층이 분화한다. 황산암모늄 등 암모니아태 질소를 표층인 산화층에 추비하고 중경하면(전층시비) 비료가 환원층으로 들어가 심층시비한 것과 같이 되므로 탈질작용이 억제되어 질소질비료의 비효를 증진한다.

　㉤ 잡초방제 : 김매기는 중경과 제초를 겸한 작업으로 잡초제거에 효과가 있다.

③ 해로운 점

　㉠ 단근(斷根) 피해 : 작물이 아직 어린 영양생장 초기에는 근군이 널리 퍼지지 않아서 단근이 적고 또는 단근이 되더라도 뿌리의 재생력이 왕성하므로 피해가 적다. 그러나 작물이 생식생장에 접어들면 근군의 발달이 좋아 양분과 수분을 왕성하게 흡수하므로 중경으로 단근이 되면 피해가 크다.

　㉡ 토양침식, 풍식의 조장 : 중경을 하면 밭토양에서는 표층이 건조되어 바람이 심한 지역에서나 우기에 토양침식이 조장된다.

　㉢ 동상해의 조장 : 중경을 하면 지중의 온열이 지표로 상승되는 것이 억제되어 발아 중의 유식물이 저온이나 서리를 만나서 동상해를 받을 우려가 있다.

### Level UP 이론을 확인하는 문제

**잡초를 방제하기 위해 이루어지는 중경의 해로운 점은?**　　16 지방직 기출

① 작물의 발아촉진　　　　　　　　　② 토양수분의 증발경감

③ 토양통기의 조장　　　　　　　　　④ 풍식의 조장

> 해설 **중경의 해로운 점**
> • 단근의 피해 : 중경은 뿌리의 일부에 손상을 입히게 되는데, 어린 작물은 뿌리의 재생력이 왕성해 생육저해가 덜하나 생식생장기의 단근은 피해가 크다.
> • 토양침식의 조장 : 표토가 건조하고 바람이 심한 곳의 중경은 풍식을 조장한다.
> • 동상해의 조장 : 중경은 토양 중 지열이 지표까지 상승하는 것을 억제하여 어린 식물이 서리나 냉온피해를 입을 수 있다.
>
> 정답 ④

## |02| 멀칭(바닥덮기, Mulching)

### (1) 개 념

① 포장토양의 표면을 여러 가지 재료로 피복하는 것을 멀칭이라고 한다.
② 피복재는 기초피복재와 추가피복재로 나뉜다.
　　㉠ 기초피복재 : 골격 구조 위에 고정 피복하는 재료(유리, 플라스틱 필름)
　　　　• 연질필름 : 폴리에틸렌(PE), 폴리염화비닐(PVC), 액정보호필름(EVA)
　　　　• 경질필름 : 염화비닐, 폴리에스테르
　　　　• 경질판 : FRP, FRA, 아크릴판, 복층판
　　㉡ 추가피복재 : 보온 · 보광 · 방충 등을 목적으로 기초피복재 안팎에 덧씌우는 피복 재료

### (2) 종 류

① **토양멀칭** : 토양표토를 얕게 중경하면 하층표면의 모세관이 단절되고 표면에 건조한 토층이 생겨 멀칭한 것과 같은 효과가 있다.
② **폴리멀칭(비닐멀칭)** : 폴리에틸렌, 비닐 등의 플라스틱 필름을 재료로 하여 피복하는 것이다.
③ **스터블멀칭농법** : 토양을 갈아엎지 않고 경운하여 앞 작물의 그루터기를 그대로 남겨 풍식과 수식을 경감시키는 농법이다.

> **PLUS ONE**
>
> **필름의 종류와 멀칭의 효과**
> • 투명필름 : 모든 광을 투과시켜, 지온상승의 효과가 크나 잡초억제의 효과는 적다.
> • 흑색필름 : 모든 광을 흡수하여 지온상승의 효과가 적고 잡초억제의 효과가 크며, 지온이 높을 때는 지온을 낮추어 준다.
> • 녹색필름 : 녹색광과 적외광을 잘 투과시키고 청색광, 적색광을 강하게 흡수하여 지온상승과 잡초억제효과가 모두 크다.

### (3) 효 과

① 토양 건조방지
　　㉠ 지표면에서의 증발이 억제되며 아울러 토양수분의 요구도가 매우 높은 잡초의 발생을 억제함으로써 수분의 유실을 방지할 수 있다.
　　㉡ 멀칭은 빗방울이나 관수 등으로부터의 충격을 완화시켜 주며, 수분의 이동속도를 느리게 함으로써 수분이 토양 내로 충분히 침투할 수 있도록 해 준다.

② 지온의 조절
 ㉠ 여름철 멀칭은 열의 복사가 억제되어 토양온도를 낮춰준다.
 ㉡ 겨울철 멀칭은 지온을 상승시켜 작물의 월동을 돕고 서리피해를 막을 수 있다.
 ㉢ 봄철 저온기 **투명필름멀칭**은 지온을 상승시켜 이른 봄 촉성재배 등에 이용된다.
③ 토양보호 및 침식 방지
 ㉠ 멀칭재료가 썩을 때 유기물의 함량이 증대됨으로써 토양의 비옥도를 증진시킨다.
 ㉡ 멀칭은 풍식 또는 수식 등에 의한 토양의 침식을 경감 또는 방지할 수 있다.
④ 잡초발생의 억제
 ㉠ 잡초종자에는 **호광성종자**가 많아서 흑색필름멀칭을 하면 잡초종자의 발아를 억제하고 발아하더라도
  생장이 억제된다.
 ㉡ 흑색필름멀칭은 광을 제한하여 이미 발생한 잡초라도 생육을 억제한다.
⑤ **과실의 품질향상** : 과채류 포장에 멀칭을 하면 과실이 청결하고 신선해진다.

참고

밭 전면을 비닐멀칭하였을 때에는 빗물을 이용하기 곤란하다.

 이론을 확인하는 문제

〈보기〉에서 설명하는 멀칭의 효과에 해당하지 않는 것은?                19 지방직 기출

- 짚이나 건초를 깔아 작물이 생육하고 있는 입지의 표면을 피복해 주는 것을 멀칭이라고 함
- 비닐이나 플라스틱 필름의 보급이 일반화되어 이들을 멀칭의 재료로 많이 이용하고 있음

① 한해(旱害)의 경감                    ② 생육촉진
③ 토양물리성의 개선                    ④ 잡초발생 억제

해설  멀칭의 효과
  토양 건조방지(한해의 경감), 지온의 조절, 토양보호, 잡초발생의 억제, 과실의 품질향상, 생육촉진

정답  ③

# |03| 배토, 토입, 답압

## (1) 배토(培土, 북주기, Earthing Up, Hilling)

### ① 개 념
- ㉠ 작물이 생육하고 있는 중에 이랑 사이 또는 포기 사이의 흙을 포기 밑으로 긁어모아 주는 것이다.
- ㉡ 일반적으로 김매기와 겸해서 실시되나 독립적으로 실시하기도 한다.
- ㉢ 시기는 보통 최후 중경제초를 겸하여 한 번 정도 하나, 파처럼 연백화를 목적으로 하는 경우에는 여러 차례 하기도 한다.

### ② 효 과
- ㉠ 도복경감
  - 옥수수, 수수, 맥류 등의 경우 밑둥이 고정되어 도복이 경감된다.
  - 콩, 담배 등에 배토를 해주면 새 뿌리의 발생이 조장되어 생육이 증진되고 도복도 경감된다.
- ㉡ 새 뿌리 발생의 촉진 : 콩, 담배 등은 줄기 밑둥이 경화되기 전에 몇 차례 배토를 해주면 새 뿌리의 발생이 조장되어 생육이 증진된다.
- ㉢ 무효분얼억제 : 논벼와 밭벼 등에서 마지막 김매기를 하는 유효분얼종지기에 포기 밑에 배토를 해주면 무효분얼의 발생이 억제되어 증수효과가 있다.
- ㉣ 덩이줄기의 발육촉진 : 감자 괴경의 발육을 조장하고 괴경이 광에 노출되어 녹화되는 것을 방지할 수 있다.
- ㉤ 배수 및 잡초억제 : 장마철 이전에 배토를 하면 과습기에 배수가 좋게 되고 잡초도 방제된다.
- ㉥ 기타 당근 수부의 착색을 방지하고, 토란은 분구억제와 비대생장을 촉진하며, 파나 셀러리 등의 연백화를 목적으로 한다.

## (2) 토입(土入, 흙넣기, Topsoiling)

### ① 개 념 : 맥류재배에 있어 골 사이의 흙을 곱게 부수어 자라는 골 속에 넣어주는 작업이다.
### ② 효 과
- ㉠ 월동 전 : 복토를 보강할 목적으로 약간의 흙넣기를 하면 월동이 좋아진다.
- ㉡ 해빙기 : 1cm 정도 토입을 하면 새로 돋아나는 잡초가 억제되고, 분얼이 촉진되며 건조해도 경감된다.
- ㉢ 유효분얼종지기 : 생육이 왕성할 때 2~3cm로 토입하고 밟아주면 무효분얼이 억제되고 후에 도복이 경감되며, 토입의 효과가 가장 크다.
- ㉣ 수잉기 : 이삭이 패기 전에 3~6cm로 토입하면 밑둥이 고정되어 도복이 방지되나 토양이 건조할 때는 뿌리가 마를 수 있어 오히려 해가 될 수 있으므로 주의해야 한다.

## (3) 답압(踏壓, 밟기, Rolling)

### ① 개 념
- ㉠ 가을보리 재배에서 생육초기~유수형성기 전까지 보리밭을 밟아주는 작업이다.

ⓒ 답압은 생육이 왕성한 경우에만 실시한다.

ⓒ 땅이 질거나 이슬이 맺혀 있을 때, 어린싹이 생긴 이후에는 피해야 한다.

② 효 과

ⓐ 월동 전

- 월동 전 맥류가 과도한 생장으로 동해가 우려될 때는 월동 전에 답압을 해준다.
- 답압은 생장점의 C/N율을 저하시켜 생식생장이 억제되고 월동이 좋아진다.

ⓑ 월동 중 : 서릿발이 많이 설 경우 서릿발로 인해 떠오른 식물체에 답압을 하면 동해가 경감된다.

ⓒ 월동 후 : 토양이 건조할 때 답압은 토양비산을 경감시키고, 습도를 좋게 하여 건조해가 경감된다.

ⓓ 유효분얼종지기 : 생육이 왕성할 경우에는 유효분얼종지기에 토입을 하고 답압해주면 무효분얼이 억제된다.

---

**Level UP 이론을 확인하는 문제**

**배토의 목적이나 효과에 대한 설명으로 옳지 않은 것은?**  11 지방직 기출

① 콩, 담배 등에 배토를 해주면 새 뿌리의 발생이 조장되어 생육이 증진되고 도복도 경감된다.

② 벼는 유효분얼종지기에 배토를 해주면 무효분얼이 억제된다.

③ 감자의 덩이줄기는 배토를 해주면 발육이 억제된다.

④ 장마철 이전에 배토를 하면 과습기에 배수가 좋게 되고 잡초도 방제된다.

> **해설** 배토는 감자 괴경의 발육을 조장하고 괴경이 광에 노출되어 녹화되는 것을 방지할 수 있다.
>
> **정답** ③

---

## |04| 생육형태의 조정(정지, 전정, 적심, 눈따기 등)

### (1) 정지(整枝, Training)

과수 등의 재배 시 자연적 생육형태를 변형하여 목적하는 생육형태로 유도하는 것을 정지라 한다.

① 원추형[(圓錐形, Pyramidal Form), Central Leader Type]

ⓐ 수형이 원추상태가 되도록 하는 정지방법으로 주간형 또는 폐심형이라고도 한다.

ⓑ 장점 : 주지수가 많고 주간(원줄기)과 결합이 강하다.

ⓒ 단 점

- 수고가 높아 관리가 불편하고, 과실의 품질이 불량해지기 쉽다.
- 풍해를 심하게 받을 수 있고, 아래쪽 가지는 광부족으로 발육이 불량해지기 쉽다.

ㄹ 왜성사과나무, 양앵두 등에 이용된다.
　② 배상형[盃狀形, 개심형(開心型, Open Center Type), Vase Form]
　　㉠ 주간을 일찍 잘라 짧은 주간에 3~4개의 주지를 발달시켜 수형이 술잔모양으로 되게 하는 정지법이다.
　　㉡ 장점 : 수관의 내부에 통풍과 통광이 좋고, 관리가 편하다.
　　㉢ 단점 : 각 주지의 부담이 커서 가지가 늘어지기 쉽고 결과수가 적어진다.
　　㉣ 배, 복숭아, 자두 등에 이용된다.
　③ 변칙주간형(變則主幹型, 지연개심형, Modified Leader Type)
　　㉠ 원추형과 배상형의 장점을 취한 것으로 초기에는 수년간 원추형으로 재배하다 후에 주간의 선단을
　　　잘라 주지가 바깥쪽으로 벌어지도록 하는 정지법이다.
　　㉡ 주간형의 단점인 높은 수고와 수관 내 광부족을 개선한 수형이다.
　　㉢ 사과, 감, 밤, 서양배 등에 이용된다.
　④ 개심자연형(開心自然形, Open Center Natural Form)
　　㉠ 배상형의 단점을 개선한 수형으로 원줄기가 수직방향으로 자라지 않고 개장성인 과수에 적합하다.
　　㉡ 짧은 주간(원줄기)에 2~4개의 주지(원가지)를 배치하고, 주지는 곧게 키우되 비스듬하게 사립(斜立)
　　　시켜 결과부를 배상형에 비해 입체적으로 구성한다.
　　㉢ 수관 내부가 열려있어 투광율과 과실의 품질이 좋으며, 수고가 낮아 관리가 편리하다.
　⑤ 울타리형 정지
　　㉠ 포도나무의 정지법으로 흔히 사용되는 방법이다.
　　㉡ 가지를 2단 정도 길게 직선으로 친 철사 등에 유인하여 결속하는 방법이다.
　　㉢ 장점 : 시설비가 적게 들고 관리가 편리하다.
　　㉣ 단점 : 나무의 수명이 짧아지고 수량이 적다.
　　㉤ 관상용 배나무, 자두나무 등에서 이용된다.
　⑥ 덕형 정지(덕식, Overhead Arbor, Trellis Training)
　　㉠ 공중 1.8m 정도 높이에 철선 등을 가로, 세로로 치고 결과부위를 평면으로 만들어주는 수형이다.
　　㉡ 장점 : 수량이 많고 과실의 품질도 좋으며, 수명도 길어진다.
　　㉢ 단점 : 시설비가 많이 들어가고 관리가 불편하며, 정지, 전정, 수세조절 등이 잘 안되었을 때 가지가
　　　혼잡해져 과실의 품질저하나 병해충의 발생증가 등이 일어날 수 있다.
　　㉣ 포도나무, 키위, 배나무 등에 이용되고, 배나무에서는 풍해를 막을 목적으로 적용하기도 한다.

## (2) 전정(剪定, Pruning)

　① 개 념 : 과수 등에서 정지를 위한 가지의 절단, 생육과 결과의 조절 등을 위한 절단 등, 가지를 잘라주는
　　　것을 전정이라 한다.
　② 효 과
　　㉠ 목적하는 수형을 만들고, 통풍과 수광을 좋게 하여 품질 좋은 과실이 열린다.
　　㉡ 결과부위의 상승을 억제하고, 공간의 효율적 이용과 보호 및 관리가 편리하다.

ⓒ 병충해 피해 가지, 노쇠한 가지, 죽은 가지 등을 제거하고 새로운 가지로 갱신하여 결과를 좋게 한다.

ⓔ 열매가지의 알맞은 절단으로 결과를 조절함으로써 해거리를 예방하고 적과 노력을 줄일 수 있다.

③ 전정 방법

ⓐ 갱신전정 : 오래된 가지를 새로운 가지로 갱신하기 위해 전정하는 것

ⓑ 솎음전정 : 밀생한 가지를 솎기 위해 전정하는 것

ⓒ 보호전정 : 죽은 가지, 병충해 가지 등을 제거하기 위해 전정하는 것

ⓓ 절단전정 : 가지의 중간을 절단하는 전정법으로 남은 가지의 장단에 따라 장전정법, 단전정법으로 구분한다.

> **🔍 참고**
>
> 전정 시기에 따라 휴면기 전정은 동계전정, 생장기 전정은 하계전정으로 구분한다.

④ 전정 시 주의사항

ⓐ 작은 가지를 전정할 때는 예리한 전정가위를 사용해야 한다. 그렇지 않으면 유합이 늦어지고 불량해진다.

ⓑ 전정 시 가장 위에 남는 눈의 방향은 눈의 반대쪽으로 비스듬히 자른다.

ⓒ 큰 가지를 절단할 때 전정가위로 한 번에 자르지 않고 여러 번 움직여 자르면 절단면이 고르지 못하고 유합이 늦어진다.

ⓓ 전정 시 절단면이 넓으면 도포제를 발라 상처부위를 보호하고 빨리 재생시켜야 한다.

ⓔ 과수의 결과습성

- 1년생 가지에 결실하는 과수 : 감, 밤, 포도, 무화과, 호두, 감귤 등
- 2년생 가지에 결실하는 과수 : 복숭아, 자두, 살구, 매실, 양앵두 등
- 3년생 가지에 결실하는 과수 : 사과, 배 등

## (3) 그 밖의 생육형태 조정법

① 적심(摘心, 순지르기, Pinching)

ⓐ 생육 중인 주경 또는 주지의 순을 질러 그 생장을 억제시키고 측지 발생을 많게 하여 개화, 착과, 착립을 조장하는 것이다.

ⓑ 과수, 과채류, 두류, 목화 등에 실시한다.

ⓒ 담배의 경우 꽃이 진 뒤 순을 지르면 잎의 성숙이 촉진된다.

② 적아(摘芽, 눈따기, Nipping) : 눈이 트려 할 때 불필요한 눈을 따주는 것으로 포도, 토마토, 담배 등에 실시한다.

③ 환상박피(環狀剝皮, Ringing, Girdling) : 줄기 또는 가지의 껍질을 3~6cm 정도 둥글게 벗겨내는 것으로 화아분화의 촉진 및 과실의 발육과 성숙이 촉진된다.

④ 적엽(摘葉, 잎따기, Defoliation) : 통풍과 투광을 조장하기 위해 하부의 낡은 잎을 따는 것으로 토마토, 가지 등에 실시한다.

⑤ 절상(切傷, Notching) : 눈 또는 가지 바로 위에 가로로 깊은 칼금을 넣어 그 눈이나 가지의 발육을 조장하는 것이다.

⑥ 언곡(偃曲, 휘기 또는 유인, Bending) : 가지를 수평이나 그보다 더 아래로 휘어서 가지의 생장을 억제시키고 정부우세성을 이동시켜 기부에 가지가 발생하도록 하는 것이다.

⑦ 제얼(除蘖) : 감자 재배 시 1포기에 여러 개의 싹이 나올 때 그 가운데 충실한 것을 몇 개 남기고 나머지를 제거하는 것으로, 토란, 옥수수의 재배에도 이용된다.

## (4) 화훼의 형태 조정

① 노지 장미 : 겨울철 전정을 하고 낡은 가지, 내향지, 불필요한 잔가지 등을 절단하여 건강한 새가지가 균형적으로 광을 잘 받을 수 있도록 한다.

② 국화 : 재배방식과 관계없이 적심하여 3~4개의 곁가지를 내게 한다.

③ 국화와 카네이션 : 정화를 크게 하기 위해 곁꽃봉오리를 따주는 적뢰(摘蕾)를 실시한다.

④ 카네이션 재배, 화목의 묘목 또는 알뿌리 생산의 경우 번식기관의 생장을 돕기 위해 적화를 한다.

## Level UP 이론을 확인하는 문제

다음 과수의 결과습성 중 1년생 가지에 결실하는 과수로만 짝지어진 것은?

17 서울시, 09 국가직 기출

| | |
|---|---|
| ㄱ. 감 | ㄴ. 복숭아 |
| ㄷ. 사 과 | ㄹ. 포 도 |
| ㅁ. 감 귤 | ㅂ. 살 구 |

① ㄱ, ㄹ, ㅁ         ② ㄴ, ㄹ, ㅂ

③ ㄱ, ㅁ, ㅂ         ④ ㄴ, ㄷ, ㅁ

해설 **과수의 결과 습성**
- 1년생 가지에 결실하는 과수 : 포도, 감, 밤, 무화과, 호두, 비파, 감귤 등
- 2년생 가지에 결실하는 과수 : 복숭아, 자두, 살구, 매실, 양앵두 등
- 3년생 가지에 결실하는 과수 : 사과, 배 등

정답 ①

작물의 생육형태를 조정하는 재배기술이 아닌 것은?     20 국가직 7급 기출

① 적과(摘果)

② 언곡(偃曲)

③ 절상(切傷)

④ 유인(誘引)

---

**해설** ① 적과(摘果)는 착과수가 너무 많을 때 여분의 것을 어릴 때 솎아 따주는 것이다.

**생육형태의 조정법**

- 정지(整枝)
- 전정(剪定)
- 적심(適心)
- 적아(適芽)
- 적엽(適葉)
- 제얼(際蘗)
- 절상(切傷)
- 언곡(偃曲)
- 환상박피(環狀剝皮)

**정답** ①

---

# |05| 결실의 조정

## (1) 적화 및 적과

① 적화(摘花)

    ㉠ 개화수가 너무 많은 때에 꽃망울이나 꽃을 솎아서 따주는 것이다.

    ㉡ 과수에 있어서 조기에 적화하게 되면 과실의 발육이 좋고 비료도 낭비되지 않는다.

    ㉢ 적화제 : 꽃봉오리 또는 꽃의 화기에 장애를 주는 약제로 질산암모늄($NH_4NO_3$), 요소, 계면활성제, DNOC(Sodium 4,6–Dinitro–Ortho–Cresylate), 석회황합제 등이 있다.

② 적과(摘果)

    ㉠ 착과수가 너무 많을 때 여분의 것을 어릴 때에 솎아 따주는 것이다.

    ㉡ 적과를 하면 경엽의 발육이 양호해지고 남은 과실의 비대도 균일하여 품질이 좋은 과실이 생산된다.

    ㉢ 적과제 : NAA, 카바릴(Carbaryl), MEP, 에테폰(Ethephon), ABA, 에티클로제이트(Ethychloza-te), 벤질아데닌(BA) 등이 있으며, 대표적으로 사과의 카바릴과 감귤의 NAA가 널리 쓰인다.

③ 효 과

    ㉠ 착색, 크기, 맛 등 과실의 품질을 향상시키고, 해거리 방지효과가 있다.

    ㉡ 감자의 경우 화방이 형성되었을 때 이를 따주면 덩이줄기의 발육이 조장된다.

## (2) 단위결과 유도

① 종자의 생성 없이 열매를 맺는 현상이다.

② 씨 없는 과실은 상품가치를 높일 수 있어 포도, 수박 등의 경우 단위결과를 유도함으로써 씨 없는 과실을 생산하고 있다.

    ㉠ 씨 없는 수박은 3배체나 상호전좌를 이용한다.

    ㉡ 씨 없는 포도는 지베렐린 처리로 단위결과를 유도한다.

    ㉢ 토마토, 가지 등도 착과제(생장조절제) 처리로 씨 없는 과실을 생산할 수 있다.

## (3) 수분의 매개

① 수분의 매개가 필요한 경우

    ㉠ 수분을 매개할 곤충이 부족할 경우 : 흐리고 비 오는 날이 계속될 때, 농약살포가 심한 경우, 온실 등에서 재배할 때 등의 경우는 수분 매개곤충이 부족하다.

    ㉡ 작물 자체의 화분이 부적당하거나 부족한 경우

        • 잡종강세를 이용하는 옥수수 등을 채종할 때에는 다른 개체의 꽃가루(화분)가 수분되도록 해야 한다.

        • 3배체의 씨 없는 수박의 재배 시에는 2배체의 정상꽃가루를 수분해야 과실이 잘 비대한다.

        • 과수에서는 자체 꽃가루가 많이 부족하므로 다른 품종의 꽃가루가 공급되어야 한다.

    ㉢ 다른 꽃가루의 수분이 결과가 더 좋을 경우

        • 과수에서는 자체의 꽃가루로 정상과실을 생산하는 경우라도 다른 꽃가루로 수분되는 것이 더 좋은 결과를 초래하는 경우도 있다.

        • 감의 부유 품종, 감귤류의 워싱턴네이블 품종 등은 다른 꽃가루를 수분하면 낙과가 경감되고 품질이 향상된다.

② 수분매개의 방법

    ㉠ 인공수분 : 일반적으로 과채류 등에서는 손으로 인공수분을 하는 경우가 많고, 사과나무 등 과수에서는 꽃가루를 대량으로 수집하여 살포기구를 이용하기도 한다.

    ㉡ 곤충의 방사 : 과수원, 채소밭 근처에 꿀벌을 사육하거나 온실 · 망실 등에서 꿀벌을 방사하여 수분을 매개한다.

    ㉢ 수분수의 혼식

        • 수분수란 사과나무 등 과수의 경우 꽃가루의 공급을 위해 다른 품종을 혼식하는 것이다.

        • 수분수 선택의 조건은 주품종과 친화성이 있어야 하고, 개화기가 주품종과 같거나 조금 빨라야 하며, 건전한 꽃가루의 생산이 많아야 한다. 또 과실의 품질도 우량해야 한다.

## (4) 낙 과

① 종 류

    ㉠ 기계적 낙과 : 태풍, 강풍, 병충해 등에 의해 발생하는 낙과이다.

ⓛ 생리적 낙과
- 생리적 원인에 의해서 이층이 발달하여 발생하는 낙과이다.
- 원 인
 - 수정이 이루어지지 않아 발생하거나, 유과기에 저온으로 의한 동해를 입어 낙과가 발생한다.
 - 수정이 된 것이라도 발육 중 불량한 환경, 수분 및 비료분의 부족, 수광태세 불량으로 영양이 부족하면 낙과를 조장한다.
ⓒ 시기에 따라 조기낙과(6월 낙과), 후기낙과(수확 전 낙과)로 구분한다.

② 낙과 방지
ⓐ 수분매조 : 곤충방사, 인공수분, 수분수 혼식으로 수분을 매개한다.
ⓑ 동해예방 : 동상해가 없도록 한다.
ⓒ 합리적 시비 : 질소를 비롯한 비료분이 부족하지 않도록 합리적 시비를 한다.
ⓓ 건조 및 과습의 방지 : 관개, 멀칭 등으로 토양건조 및 과습을 방지한다.
ⓔ 수광태세 향상 : 재식밀도의 조절, 정지, 전정 등으로 수광상태를 개선하여 광합성을 조장한다.
ⓕ 방풍시설 : 방풍시설로 바람에 의한 낙과를 방지한다.
ⓖ 병해충 방제 : 병충해는 낙과의 원인이므로 방제한다.
ⓗ 생장조절제 살포 : 옥신(NAA, 2,4-D) 등의 생장조절제를 살포하면 이층형성을 억제하여 후기 낙과예방의 효과가 크다.

---

**📑︎참고**

옥신은 낙과를 억제하고, 에틸렌은 낙과를 촉진하는 방향으로 작용한다.

---

### (5) 복대(覆袋, 봉지씌우기, Bagging)

① 복대 : 사과, 배, 복숭아 등의 과수재배에서 적과 후 과실에 봉지를 씌우는 것이다.
② 장 점
ⓐ 배의 검은무늬병, 사과의 흑점병, 사과나 포도의 탄저병, 심식나방, 흡즙성밤나방 등의 병충해가 방제된다.
ⓑ 외관이 좋아지고, 사과 등에서는 열과가 방지된다.
ⓒ 농약이 직접 과실에 부착되지 않아 상품성이 좋아진다.
③ 단 점
ⓐ 수확기까지 복대를 하면 과실의 착색이 불량해질 수 있으므로, 수확 전 적당한 시기에 제거해야 한다.
ⓑ 복대는 노력이 많이 들어 근래에는 합리적으로 농약을 살포하여 병충해를 적극적으로 방제하는 무대재배를 하는 경우가 많다.
ⓒ 가공용 과실의 경우 비타민 C의 함량이 떨어지므로 봉지를 씌우지 않는 무대재배를 하는 것이 좋다.

## (6) 성숙기 조절

### ① 성숙의 촉진

㉠ 작물의 성숙을 촉진하여 조기출하하면 상품가치가 높아지므로 작물의 성숙을 촉진하는 재배법이 실시된다.

㉡ 과수, 채소 등의 촉성재배나 에스렐, 지베렐린 등의 생장조절제를 이용하는 방법도 있다.

### ② 성숙의 지연

㉠ 작물의 숙기를 지연시켜 출하시기를 조절하는 것이다.

㉡ 포도 델라웨어 품종은 아미토신 처리로, 캠벨얼리의 경우는 에테폰 처리로 숙기를 지연시킬 수 있다.

㉢ 송이는 지베렐린 처리로 착색장애를 개선한다.

## (7) 해거리(격년결과) 방지

### ① 원인 : 결실과다에 의해 착과지와 불착과지 착생의 불균형이 생길 때 발생한다.

### ② 대 책

㉠ 착과지의 전정과 조기적과를 실시하여 착과지와 불착과지의 비율을 적절히 유지한다.

㉡ 시비 및 토양관리를 적절하게 한다.

㉢ 건조를 방지하고 병충해를 예방한다.

**작물재배 관리기술에 대한 설명으로 옳지 않은 것은?**  19 국가직 기출

① 사과, 배의 재배에서 화분공급을 위해 수분수를 적정비율로 심어야 한다.

② 결과조절 및 가지의 갱신을 위해 과수의 가지를 잘라 주는 작업이 필요하다.

③ 멀칭은 동해 경감, 잡초발생 억제, 토양 보호의 효과가 있다.

④ 사과의 적과를 위해 사용되는 일반적인 약제는 2,4-D이다.

해설 2,4-D(2,4-Dichlorophenoxyacetic Acid)

옥신 계통의 생장 조절물질이며, 저농도에서는 생장과 개화를 촉진하고 낙과를 방지하며 과실의 비대를 촉진시켜 단위결과를 유도하기도 한다. 그러나 높은 농도에서는 생육이 크게 저해를 받아 제초제로 이용된다.

적과제

• 카바릴은 친환경농업의 관점에서 볼 때 그 사용이 억제되어야 하며, 매개곤충에 피해가 없는 친환경적인 적과제로서 대체되어야 한다.

• 주목받고 있는 적과제들 : 에테폰, 벤질아데닌(BA)

정답 ④

**단위결과에 대한 설명으로 옳지 않은 것은?**  20 지방직 7급 기출

① 파인애플은 자가불화합성에 기인한 단위결과가 나타난다.

② 오이는 단일과 야간의 저온에 의해 단위결과가 유도될 수 있다.

③ 지베렐린 처리는 단위결과를 유도할 수 없다.

④ 옥신 계통의 화합물(PCA, NAA)은 단위결과를 유기할 수 있다.

해설 씨 없는 포도는 지베렐린 처리로 단위결과를 유도한다.

정답 ③

# 작물의 재배관리(4)
## 도복, 수발아, 병충해, 잡초 등

## |01| 도복(倒伏)

### (1) 개 념

① 화곡류, 두류 등이 등숙기에 들어 비바람에 의해서 쓰러지는 것이다.

② 화곡류에서는 등숙 초기보다 후기에 도복의 위험이 크다.

③ 도복은 질소의 다비증수재배의 경우에 더욱 심하다.

④ 키가 크고, 줄기가 약한 품종일수록 도복이 심하다.

⑤ 두류는 줄기가 연약한 시기인 개화기부터 약 10일간이 위험하다.

### (2) 유발조건

① 유전(품종)적 조건 : 키가 크고 대가 약한 품종일수록, 뿌리가 빈약할수록, 이삭이 무거울수록 도복이 심하다.

② 재배조건

　㉠ 밀식, 질소다용, 칼리부족, 규산부족 등은 줄기를 연약하게 하여 도복을 유발한다.

　㉡ 질소 내비성 품종은 내도복성이 강하다.

③ 병충해

　㉠ 벼에서는 잎집무늬마름병의 발생이 심하거나, 가을멸구의 발생이 많으면 대가 약해져 도복을 유발한다.

　㉡ 맥류에서는 줄기녹병 등의 발생이 도복을 유발한다.

④ 환경조건

　㉠ 도복의 위험기 태풍으로 인한 강우 및 강한 바람은 도복을 유발한다.

　㉡ 맥류의 등숙기 때 한발은 뿌리가 고사하여 그 뒤의 비바람에 의한 도복을 유발한다.

### (3) 피 해

① 수량감소 : 등숙이 나빠져서 수량이 감소한다.

② 품질저하 : 종실이 젖은 토양에 닿아 변질, 부패, 수발아 등과 결실불량으로 품질이 저하된다.

③ 수확작업의 불편 : 도복은 수확작업 특히, 기계수확이 어렵다.

④ 간작물에 대한 피해 : 맥류에 목화나 콩을 간작했을 때 맥류가 도복되면 어린 간작물을 덮어서 생육을 저해한다.

## (4) 대 책

① **품종의 선택** : 키가 작고 대가 튼튼한 품종을 선택한다.

② **합리적 시비** : 질소 과용을 피하고 칼리, 인산, 규산, 석회 등을 충분히 시용한다.

③ **파종, 이식 및 재식밀도**

　　㉠ 재식밀도가 과도하지 않게 밀도를 적절하게 조절해야 한다.

　　㉡ 맥류는 복토를 다소 깊게 하면 도복이 경감된다.

④ **관리** : 벼의 마지막 김매기 때 배토하고, 맥류는 답압 · 토입 · 진압 및 결속 등을 하며, 콩은 생육 전기에 배토를 하면 도복을 경감시키는 데 효과적이다.

⑤ **병충해 방제** : 특히 줄기를 침해하는 병충해를 방제한다.

⑥ **생장조절제의 이용** : 벼에서 유효분얼종지기에 2,4-D, PCP 등의 생장조절제 처리를 한다.

⑦ **도복 후의 대책** : 도복 후 지주 세우기나 결속을 하여 지면, 수면에 접촉을 줄여 변질, 부패가 경감된다.

---

**＋ PLUS ONE**

**광 스트레스**

- 솔라리제이션(Solarization)
  - 그늘에서 자란 작물이 강광에 노출되어 잎이 타 죽는 현상이다.
  - 갑자기 강한 광을 받았을 때 엽록소의 광산화로 인해 파괴되는 장해를 말한다.
- 백화묘
  - 봄철 벼의 육묘 시 발아 후 약광에서 녹화시키지 않고 바로 직사광선에 노출시키면 엽록소가 파괴되어 발생하는 장애이다.
  - 약광에서 서서히 녹화시키거나 강광에서도 온도가 높으면 카로티노이드가 엽록소를 보호하여 피해를 받지 않는다.
  - 엽록소가 일단 형성되면 낮은 온도에서도 안정된다.

---

**Level UP 이론을 확인하는 문제**

**도복에 대한 설명으로 옳지 않은 것은?**　　　　11 국가직 기출

① 밀식, 질소다용, 규산부족 등은 도복을 유발한다.

② 키가 크고, 줄기가 약한 품종일수록 도복이 심하다.

③ 맥류에서는 복토를 깊게 하면 중경의 효과가 있어 도복이 심하다.

④ 화곡류에서는 등숙 초기보다 후기에 도복의 위험이 크다.

**해설** 맥류는 복토를 깊게 하면 도복이 경감된다.

**정답** ③

## |02| 수발아(穗發芽)

### (1) 개 념

① 성숙기에 가까운 맥류가 장기간 비를 맞아서 젖은 상태로 있거나, 우기에 도복해서 이삭이 젖은 땅에 오래 접촉해 있게 되었을 때 수확 전의 이삭에서 싹이 트는 것이다.

② 휴면성이 약한 품종은 강한 것보다 수발아가 잘 일어난다.

③ 수발아종자는 종자용으로나 식용 모두 부적절하다.

### (2) 대 책

① 품종의 선택

　㉠ 맥류는 만숙종보다 조숙종의 수확기가 빠르므로 수발아의 위험이 적다.

　㉡ 숙기가 길더라도 휴면기간이 긴 품종은 수발아가 낮다.

　㉢ 밀은 초자질립, 백립, 다부모종 등이 수발아가 높다

② 조기 수확 : 벼나 보리 등은 수확 7일 전에 건조제(데시콘)를 살포한다.

③ 도복의 방지 : 도복을 방지하여 수발아를 방지한다.

④ 발아억제제의 살포 : 출수 후 발아억제제를 살포한다.

---

**PLUS ONE**

**맥류의 수발아**

• 보리가 밀보다 성숙기가 빠르므로 성숙기에 비를 맞는 일이 적어 수발아의 위험이 적다.

• 맥류는 출수 후 발아억제제를 살포하면 수발아가 억제된다.

• 맥류가 도복되면 수발아가 조장되므로 도복 방지에 노력해야 한다.

• 성숙기의 이삭에서 수확 전에 싹이 트는 경우이다.

• 우기에 도복하여 이삭이 젖은 땅에 오래 접촉되어 발생한다.

• 우리나라에서는 조숙종이 만숙종보다 수발아의 위험이 적다.

수발아의 대책에 대한 설명으로 옳지 않은 것은?                                15 국가직 **기출**

① 보리가 밀보다 성숙기가 빠르므로 성숙기에 비를 맞는 일이 적어 수발아의 위험이 적다.

② 맥류는 조숙종이 만숙종보다 수확기가 빠르므로 수발아의 위험이 많다.

③ 맥류는 출수 후 발아억제제를 살포하면 수발아가 억제된다.

④ 맥류가 도복되면 수발아가 조장되므로 도복 방지에 노력해야 한다.

**해설**  맥류는 만숙종보다 조숙종의 수확기가 빠르므로 수발아의 위험이 적다.

**정답**  ②

# |03| 병충해 방제

## (1) 경종적 방제법(耕種的防除法, Agricultural Control)

재배적 방법을 통하여 병충해를 방제하는 방법으로 다음과 같은 방법이 있다.

① 토지의 선정

　　㉠ 씨감자의 고랭지재배는 바이러스 발생이 적어 채종지로 알맞다.

　　㉡ 통풍이 좋지 않고 오수가 침입하는 못자리는 충해가 많다.

② 저항성 품종의 선택

　　㉠ 남부지방에서 조식재배를 할 때는 벼의 줄무늬잎마름병 피해가 심하므로 저항성 품종을 선택한다.

　　㉡ 밤나무의 혹벌은 저항성 품종을 선택, 포도의 필록세라는 저항성 대목으로 접목한다.

③ 무병종자의 선택

　　㉠ 감자, 콩, 토마토 등의 바이러스병은 무병종자의 선택으로 방제한다.

　　㉡ 벼의 선충심고병, 밀의 곡실선충병은 종자전염을 하므로 종자소독으로 방제한다.

④ 윤작 : 기지의 원인이 되는 토양병원성 병해충은 윤작을 함으로써 방제된다.

⑤ **재배양식의 변경** : 벼는 직파재배로 줄무늬잎마름병의 발생을 경감할 수 있고, 보온육묘로 모의 부패병을 경감할 수 있다.

⑥ **혼식** : 밭벼 사이에 심은 무는 충해를 적게 받고, 팥의 심식충은 논두렁에 콩과 혼식하면 피해가 적다.

⑦ 생육시기의 조절

　　㉠ 감자를 일찍 파종하여 일찍 수확하면 역병과 뒷박벌레 피해가 감소한다.

　　㉡ 밀 수확기를 빠르게 하면 녹병의 피해가 감소한다.

　　㉢ 벼를 조식재배하면 도열병이 경감되고, 만식재배하면 이화명나방이 경감된다.

⑧ **시비법 개선** : 질소비료를 과용하고, 칼리, 규산 등이 결핍되면 모든 작물에서 병충해가 발생하므로 주의한다.

⑨ **포장의 정결한 관리** : 잡초나 낙엽제거 등으로 통풍과 투광이 활발해지면 작물이 건실해진다.

⑩ **중간기주 식물의 제거** : 배나무의 적성병(붉은별무늬병)은 주변에 중간기주 식물인 향나무를 제거하면 방제할 수 있다.

## (2) 생물학적 방제법(生物學的防除法, Biological Control)

해충을 포식하거나 기생하는 곤충, 미생물 등 천적을 이용하여 병충해를 방제하는 것이다.

> 📑🔍**참고** •
>
> **생물농약**
> 천적곤충 · 천적미생물 · 길항미생물 등을 이용하여 화학농약과 같은 형태로 살포 또는 방사하여 병해충 및 잡초를 방제

① **오리**를 이용하여 논의 잡초를 방제한다.

② 포식성 곤충인 **칠레이리응애**로 점박이응애를 방제한다.

　　㉠ 풀잠자리, 꽃등에, 됫박벌레(무당벌레) → 진딧물 방제

　　㉡ 굴파리좀벌 → 잎굴파리 방제

　　㉢ 애꽃노린재 → 총채벌레 방제

　　㉣ 온실가루이좀벌레 → 온실가루이 방제

③ 기생성 곤충인 **콜레마니진디벌**로 진딧물을 방제한다.

④ 고치벌, 맵시벌, 꼬마벌, 침파리 등의 기생성 곤충은 나비목(인시목) 해충에 기생한다.

⑤ 졸도병균, 강화균 등이 송충이를 침해한다.

⑥ Trichoderma Harzianum 같은 길항균은 여러 토양전염성병을 방제한다.

⑦ 종자에 Bacillus Subtilis 균주를 접종처리하면 토양병원균을 방제할 수 있다.

### 천적의 종류와 대상 해충

| 대상 해충 | 도입 대상 천적(적합한 환경) | 이용작물 |
|---|---|---|
| 점박이응애 | 칠레이리응애(저온) | 딸기, 오이, 화훼 등 |
| | 긴이리응애(고온) | 수박, 오이, 참외, 화훼 등 |
| | 캘리포니커스이리응애(고온) | 수박, 오이, 참외, 화훼 등 |
| | 팔라시스이리응애(야외) | 사과, 배, 감귤 등 |
| 온실가루이 | 온실가루이좀벌(저온) | 토마토, 오이, 화훼 등 |
| | 황온좀벌(고온) | 토마토, 오이, 멜론 등 |
| 진딧물 | 콜레마니진디벌 | 엽채류, 과채류 등 |
| 총채벌레 | 애꽃노린재류(큰 총채벌레 포식) | 과채류, 엽채류, 화훼 등 |
| | 오이이리응애(작은 총채벌레 포식) | 과채류, 엽채류, 화훼 등 |
| 나방류, 잎굴파리 | 명충알벌 | 고추, 피망 등 |
| | 굴파리좀벌(큰 잎굴파리유충) | 토마토, 오이, 화훼 등 |
| | 굴파리고치벌(작은 유충) | 토마토, 오이, 화훼 등 |

## (3) 물리적 방제법(物理的防除法, Physical Control, Mechanical Control)

① 담수 : 밭토양에 장기간 담수하면 토양전염성 병해충을 구제한다.

② 포살 및 채란 : 나방을 포충망으로 잡고, 유충을 손으로 잡고, 잎에 산란한 것을 잡는다.

③ 소각 : 낙엽 등의 병원균이나 해충을 소각하여 방제한다.

④ 소토 : 상토 등을 태워 토양전염성 병해충을 방제한다.

⑤ 차단 : 어린 식물에 폴리에틸렌을 피복하거나, 과실봉지를 씌우거나, 도랑을 파서 멸강충 등의 이동을 막는다.

⑥ 유 살

    ㉠ 유아등을 이용하여 이화명나방 등을 유인하여 포살한다.

    ㉡ 해충이 좋아하는 먹이로 유인하여 죽인다.

    ㉢ 포장에 짚단을 깔아서 해충을 유인하여 소각한다.

    ㉣ 나무밑둥에 짚을 둘러서 여기에 모인 해충을 소각한다.

⑦ 온도처리

    ㉠ 종자의 온탕처리로 맥류의 깜부기병, 고구마의 검은무늬병, 벼의 선충심고병 등을 방제한다.

    ㉡ 보리나방의 알은 60℃에서 5분, 유충과 번데기는 1~5시간의 건열처리로 구제한다.

## (4) 화학적 방제법(化學的防除法, Chemical Control)

농약을 이용하여 병충해를 방제하는 방법으로 특성별 농약 종류는 다음과 같다.

① 살균제(殺菌劑)

ㄱ 구리제(동제) : 석회보르도액, 분말보르도, 구리수화제 등

ㄴ 유기수은제 : 현재는 사용하지 않음

ㄷ 유기인제 : Tolclofos-Methyl, Fosetyl-Al, Pyrazophos, Kitazin 등

ㄹ Dithiocarbamate계 살균제 : Ferbam, Ziram, Mancozeb, Thiram, Sankel 등

ㅁ 유기비소살균제 : Methylarsonic Acid 등

ㅂ 항생물질 : Streptomycin Blasticidin-S, Kasugamycin, Validamycin, Polyoxin 등

ㅅ 무기황제 : 황분말, 석회황합제 등

ㅇ 그 외 살균제 : Diethofencarb, Anilazine, Etridiazole, Procymidone, Tricyclazole 등

② 살충제(殺蟲劑)

ㄱ 천연살충제 : Pyrethrin, Rotenone, Nicotine 등

ㄴ 유기인제 : Parathion, Sumithion, EPN, Malathion, Diazinon 등

ㄷ Carbamate계 살충제 : Sevin, Carbaryl, Fenobucarb, Carbofuran 등

ㄹ 염소계 살충제 : Endosulfan 등

ㅁ 살비제 : Milbemectin, Pyridaben, Clofentezine 등

ㅂ 살선충제 : Fosthiazate 등

ㅅ 비소계, 훈증제 : 현재 사용하지 않는다.

③ 기피제(忌避劑) : 모기, 이, 벼룩, 진드기 등에 대한 견제수단으로 사용된다.

④ 화학불임제(化學不姙劑) : 호르몬계 등

⑤ 유인제(誘引劑) : Pheromone 등

---

**PLUS ONE**

**농약사용 시 주의해야 할 사항**

- 처리시기의 온도, 습도, 토양, 바람 등 기상조건을 고려한다.
- 농약사용이 천적관계에 미치는 영향을 고려한다.
- 새로운 종류의 농약사용에 따른 병해충의 면역 및 저항성 증대를 고려하여 가급적 같은 농약을 연용(連用)하지 않는다. 즉, 같은 농약을 연용하면 모든 생물은 병해충의 면역 및 저항성이 생기므로 연용하지 않는다.
- 약제의 처리부위, 처리시간, 유효성분, 처리농도에 따라 작물체에 나타나는 저항성이 달라지므로 충분한 지식을 가지고 처리한다.

---

## (5) 법적 방제법(法的防除法, Legal Control)

식물방역법을 통해 식물검역을 실시하여 위험한 병균이나 해충의 국내침입과 전파를 방지하여 병충해를 방제하는 방법이다.

### (6) 종합적 방제법(綜合的防除法, Integrated Pesticide Control, IPC)

① 여러 가지 방제법을 유기적으로 조화를 이루어 사용하는 방법이다.

② 병해충의 밀도를 경제적 피해밀도 이하로만 두면 전멸시킬 필요가 없다고 본다.

③ 천적과 유용생물을 보존하고, 환경보호라는 목적의 달성을 위한 개념이다.

---

### Level UP 이론을 확인하는 문제

**병충해 방제법에 대한 설명으로 옳지 않은 것은?**  　19 국가직 기출

① 밀의 곡실선충병은 종자를 소독하여 방제한다.

② 배나무 붉은별무늬병을 방제하기 위하여 중간기주인 향나무를 제거한다.

③ 풀잠자리, 됫박벌레, 진딧물은 기생성 곤충으로 천적으로 이용된다.

④ 벼 줄무늬잎마름병에 대한 대책으로 저항성품종을 선택하여 재배한다.

　**해설** 풀잠자리, 됫박벌레(무당벌레)는 포식성 곤충(천적)으로, 진딧물을 잡아먹는다.

　**정답** ③

---

## |04| 잡초(雜草, Weed)와 방제

### (1) 개 념

① 의 미

  ㉠ 재배포장 내에 자연적으로 발생하는 작물 이외의 식물을 말한다.

  ㉡ 광의의 잡초는 포장뿐만 아니라 포장주변, 도로, 제방 등에서 발생하는 식물까지 포함한다.

  ㉢ 작물 사이에서 발생하여 직·간접으로 작물의 수량이나 품질을 저하시키는 식물을 잡초라고 한다.

② 특 성

  ㉠ 잡초종자는 일반적으로 크기가 작기 때문에 발아가 빠르고 이유기가 빨리 오기 때문에 식물체의 초기 생장속도가 빠르다.

  ㉡ 불량환경에 잘 적응하며 한발이나 과습에 대하여 견딜 수 있는 구조를 갖추고 있다.

  ㉢ 문제의 잡초는 대개 $C_4$ 광합성을 하고 있어서 광합성 효율이 높고, 생장장이 빨라서 $C_3$ 광합성을 하는 작물보다 경합이 우세하다.

  ㉣ 문제의 잡초는 종자 또는 지하번식(영양번식)기관 등으로 번식하며 종자생산량이 많다.

  ㉤ 잡초는 식물의 일부분만 남아도 재생이나 번식이 강하다.

ⓑ 대부분 경지잡초는 호광성 식물로서 광이 있는 표토에서 발아한다.

ⓢ 잡초는 많은 종류가 성숙 후 휴면성을 지닌다.

ⓞ 휴면종자는 저온, 습윤, 변온, 광선 등에 의하여 발아가 촉진되기도 한다.

ⓩ 잡초 중 발아를 위한 산소요구도는 돌피, 올챙이고랭이, 물달개비 순이다.

ⓧ 잡초종자는 사람, 바람, 물, 동물 등을 통한 전파력이 크다.

ⓚ 제초제저항성 잡초는 자연상태에서 발생한 돌연변이에 의해 나타난다.

**ⓣ 동일한 계통의 제초제를 연용하면 제초제저항성 잡초가 발생할 수 있다.**

## (2) 유용성 및 피해

### ① 유용성

ⓐ 지면 피복으로 **토양침식을 억제**하고, 환경오염 지역에서 오염물질을 제거한다.

ⓑ 토양에 유기물의 제공원이 될 수 있다.

ⓒ 유전자원과 구황작물로 이용될 수 있는 것들이 많다.

ⓓ 야생동물, 조류 및 미생물의 먹이와 서식처로 이용되어 환경에 기여한다.

ⓔ 약용성분 및 기타 유용한 천연물질의 추출원이 된다.

ⓕ 과수원 등에서 초생재배식물로 이용될 수 있고, 가축의 사료로서 가치가 있다.

ⓖ 자연경관을 아름답게 하는 조경재료로 사용된다.

### ② 피 해

ⓐ 다른 작물과 양분, 수분, 광선, 공간을 경합함으로써 작물의 **생육환경이 불량**해진다.

ⓑ 잡초는 작물 병원균의 중간기주가 되며, **병충해의 서식처와 월동처로 작용**한다.

ⓒ 수로 또는 저수지 등에 만연하여 물의 관리 작업이 어려워진다.

ⓓ 환경을 악화시키고, 미관을 손상시키며, 가축에 피해를 입힌다.

ⓔ 병충해의 번식을 조장하고, 품질을 저하시킨다.

ⓕ 유해물질의 분비 : 유해물질의 분비로 작물생육을 억제하는 **상호대립억제작용(타감작용, Allelopa-thy)**이 있다.

## (3) 종 류

생활사에 따라 1년생, 2년생 및 다년생으로 구분하며, 종자번식과 영양번식을 할 수 있으며, 번식력이 높다.

### ① 우리나라의 주요 논잡초

| 1년생 | 다년생 |
|---|---|
| • 화본과 : 강피, 물피, 돌피, 둑새풀<br>• 방동사니과 : 참방동사니, 알방동사니, 바람하늘지기, 바늘골<br>• 광엽잡초 : 물달개비, 물옥잠, 여뀌바늘, 자귀풀, 가막사리 | • 화본과 : 나도겨풀<br>• 방동사니과 : 너도방동사니, 올방개, 올챙이고랭이, 매자기<br>• 광엽잡초 : 가래, 벗풀, 올미, 개구리밥, 미나리 |

② 우리나라 주요 밭잡초

| 1년생 | 다년생 |
|---|---|
| • 화본과 : 바랭이, 강아지풀, 돌피, 둑새풀(2년생)<br>• 방동사니과 : 참방동사니, 금방동사니, 알방동사니<br>• 광엽잡초 : 깨풀, 개비름, 명아주, 여뀌, 쇠비름, 냉이(2년생), 망초(2년생), 개망초(2년생) | • 화본과 : 참새피, 띠<br>• 방동사니과 : 향부자<br>• 광엽잡초 : 쑥, 씀바귀, 민들레, 쇠뜨기, 토끼풀, 메꽃 |

## (4) 방제

① 경종적(생태적) 방제

   ⊙ 잡초와 작물의 생리적 · 생태적 특성의 차이에 근거를 두고 잡초의 경합력이 저하되도록 재배관리하는 방법이다.

   ⓛ 방법 : 윤작, 방목, 소각 및 소토, 경운, 퇴비를 잘 부숙시켜 퇴비 중의 잡초종자를 경감, 종자선별, 피복, 답전윤환, 담수 및 써레질, 검정비닐로 피복(잡초는 광발아종자가 많으므로) 등

   ⓒ 경종적 방법에 의한 병해충 방제의 예

     • 감자를 고랭지에서 재배하여 무병종서를 생산한다.

> **📝 참고**
>
> **무병종서**
> 번식기관에 바이러스를 포함하고 있지 않아 이상 상태나 병변이 없이 건전한 감자종자이다.

     • 연작에 의해 발생되는 토양 전염성 병해충 방제를 위해 윤작을 실시한다.

     • 파종시기를 조절하여 병해충의 피해를 경감한다.

     • 남부지방에서 벼 조식재배 시 줄무늬잎마름병의 피해를 줄이기 위하여 저항성 품종을 선택한다.

     • 녹병 피해를 줄이기 위해 밀의 수확기를 빠르게 한다.

     • 윤작과 피복작물 재배는 경종적 방제법에 속한다.

② 물리적(기계적) 방제

   ⊙ 물리적 힘을 이용하여 잡초를 제거하는 방법이다.

   ⓛ 방법 : 수취, 화염제초, 베기, 경운, 중경, 피복, 소각, 소토, 침수처리 등

   ⓒ 물리적 방제방법의 예 : 밭토양에 장기간 담수하여 병해충의 발생을 줄인다.

③ 화학적 방제

   ⊙ 제초제를 사용하여 잡초를 제거하는 것이다.

   ⓛ 제초제는 제형이 달라도 성분이 같을 경우 제초효과에 차이가 있다.

   ⓒ 적절한 제형을 선택하는 것이 중요하고, 제형에 따라 처리방법이 달라지므로 노력사정, 제초제 처리기구의 보유유무에 따라 적합한 제형을 선택해야 한다.

| 장 점 | 단 점 |
|---|---|
| • 사용 폭이 넓고, 효과가 커서 비교적 완전한 제초가 가능하다.<br>• 효과가 상당 기간 지속적이며, 값이 저렴하고 가장 효과적이다.<br>• 사용이 간편하고 지속기간이 길다. | • 인축과 작물에 약해가 발생할 가능성이 있다.<br>• 지식과 훈련 및 교육이 필요하다.<br>• 과다한 사용은 토양, 수질 오염원이 된다. |

ⓔ 화학적 방제의 예

- Bifenox는 수도본답에 사용하는 디페닐에테르계 제초제이다.
- Sulfonylurea계 제초제에 대한 저항성인 논 잡초종 : 물달개비, 알방동사니 등

④ 생물학적 방제

ㄱ 식해성 및 병원성 생물을 이용하여 잡초를 경감시키는 것이다.

ㄴ 생태계 파괴 없이 보존할 수 있는 방법이다.

ㄷ 방법 : 곤충, 소동물, 어패류 등을 이용하여 방제한다.

ㄹ 생물학적 방제의 예

- 타감작용, 즉 상호대립억제작용성의 식물을 이용한 방제로 답리작에 헤리어베치를 재배하면 잡초 발생이 억제된다.
- 곤충을 이용한 방제로 선인장은 좀벌레, 고추나무속은 무구풍뎅이를 이용한다.
- 식물병원균을 이용한 방제로 녹병균, 곰팡이, 세균, 박테리아, 선충, 바이러스 등이 있다.
- 어패류를 이용한 방제로 잉어, 붕어, 흑색달팽이, 초어 등이 있다.
- 동물을 이용한 방제로 오리를 이용한다.

⑤ 종합적 방제(Integrated Weed Management, IWP)

ㄱ 잡초방제를 위해 2종 이상의 방제법을 혼합하여 사용하는 것이다.

ㄴ 대두배경

- 한 가지 방법으로만 제초를 반복하면 그 방제수단에 저항성을 지닌 집단으로 분화되기 때문이다.
- 약제사용 증가로 토양에 대한 잔류독성, 약해문제가 발생하기 때문이다.
- 환경친화적 병해충 방제의 필요성 때문이다.

ㄷ 목 적

- 불리한 환경으로 인한 경제적 손실이 최소화되도록 유해생물의 군락을 유지시키는 데 있다.
- 다른 곳에서 생산된 잡초종자나 영양체가 경작지에 유입되지 않도록 하기 위함이다.
- 완전제거보다 경제적 손실이 없는 한도 내에서 가장 이상적인 방제를 요구하는 방법이다.

**(5) 제초제의 종류**

① 선택성 여부에 따른 분류

ㄱ 선택성 제초제

- 작물에 피해를 주지 않고 잡초에만 피해를 주는 제초제이다.
- 종류 : 2,4-D, Dutachlor, Bentazone 등

　　　ⓛ 비선택성 제초제
　　　　• 작물과 잡초가 혼재되어 있지 않은 지역에서 사용한다.
　　　　• 종류 : Glyphosate(근사미), Sulfosate(터치다운), Paraquat(그라목손), Glufosinate 등
　② 이행성 여부에 따른 분류
　　　㉠ 접촉형 제초제
　　　　• 제초제를 식물체에 처리했을 때 식물체의 접촉부위에서만 살초력을 발휘하는 것이다.
　　　　• 냉이, 둑새풀(뚝새풀), 망초 등은 거의 완전에 가까운 살초효과를 보인다.
　　　　• 종류 : Paraquat(그라목손), Diquat → 잡초의 경엽에 닿아 흡수된 다음 햇빛을 받게 되면 수 시간 내에 효과가 나타난다.
　　　ⓛ 이행성 제초제
　　　　• 제초제가 처리된 부위로부터 양분이나 수분의 이동경로를 통해 이동하여 다른 부위에도 약효가 나타나는 제초제이다.
　　　　• 종류 : Bentazon, Glyphosate 등
　③ 제초제의 화학성 특성에 따른 분류
　　　㉠ 페녹시계
　　　　• 선택형, 호르몬형 유기제초제이다.
　　　　• 종류 : 2,4-D, 메코프로프(MCPB) 등
　　　ⓛ 아미드계
　　　　• 밭 제초제로 접촉형이다.
　　　　• Alachlor(라쏘) : 토양처리용 이행성으로 대부분 1년생 밭작물에 이용된다.
　　　　• Metolachlor(마세트) : 이행성으로 1년생 잡초방제를 위한 수도본답, 건답직파, 맥류재배지에 이용된다.
　　　　• Propanil : 담수직파, 건답직파에 주로 이용되는 경엽처리 제초제이다.
　　　ⓒ 트리아진계
　　　　• 광합성 저해제로 식물체 내의 엽록소가 작용점이다.
　　　　• 종류 : Simazine, Atrazine, Simetryn, Prometryn 등

  ② 요소계
   • Linuron : 보리, 콩, 옥수수 등에 파종, 복토 후 토양처리제로 이용한다.
   • Methabenzthiazuron(트리부닐) : 보리, 양파, 마늘, 등의 밭작물에 토양처리제 또는 발생초기 경엽처리제로 이용된다.
  ⑩ 기 타
   • Thiobencarb(사단) : 카바메이트계 제초제로 논밭의 1년생 제초제로 이행성이다.
   • Paraquat(그라목손) : 비피리딜리움계 제초제로 비선택성 제초제로 과수원이나 비농경지에서 잡초발생 후 경엽처리, 맥류는 파종 전에 처리한다.
   • Bifenox : 수도본답에 사용하는 디페닐에테르계 제초제이다.

## (6) 제초제의 처리시기

① **파종 전 처리** : 경기하기 전 포장에 Paraquat(그라목손), TOK, PCP, EDPD 등의 제초제를 살포한다.

② **파종 후 처리(출아 전 처리)** : 파종 후 3일 이내에 PCP, TOK, Simazine(CAT), Machete, Afalon, Swep, Lasso, Ramrod, Karmex 등의 제초제를 토양전면에 살포한다.

③ **생육초기 처리(출아 후 처리)** : 잡초의 발생이 심할 때에는 생육초기에도 Stam F-34(DCPA), 2,4-D, Saturn-S, Pamcon, Simazine(CAT), CI-IPC 등의 선택형 제초제를 살포한다.

---

**Level UP 이론을 확인하는 문제**

**잡초방제에 대한 설명으로 옳지 않은 것은?**      18 국가직 기출

① 윤작과 피복작물 재배는 경종적 방제법에 속한다.
② 제초제는 제형이 달라도 성분이 같을 경우 제초 효과는 동일하다.
③ 동일한 계통의 제초제를 연용하면 제초제저항성 잡초가 발생할 수 있다.
④ 잡초는 광발아종자가 많으므로 지표면을 검정비닐로 피복하면 발생이 줄어든다.

> 해설 제초제는 제형이 달라도 성분이 같을 경우 제초 효과는 차이가 있다.
>
> 정답 ②

# 작물의 내적균형, 생장조절제, 방사성동위원소

## |01| 작물의 내적균형

### (1) 개 념

① 작물의 생리적, 형태적 어떤 균형 또는 비율은 작물생육의 특정한 방향을 표시하는 지표가 된다.
② 내적균형의 지표에는 C/N율(C/N Ratio), T/R률(Top/Root Ratio), G-D균형(Growth Differentia-tion Balance) 등이 있다.

### (2) C/N율

① 개 념
  ㉠ 작물체 내의 탄수화물(C)과 질소(N)의 비율이다.
  ㉡ C/N율설은 작물의 생육과 화성 및 결실 등이 발육을 지배하는 요인이라는 견해이다.
  ㉢ 피셔(Fisher)는 C/N율이 높을 경우 화성이 유도되고, C/N율이 낮을 경우 영양생장이 계속된다고 하였다.
  ㉣ 수분 및 질소의 공급이 약간 쇠퇴하고 탄수화물이 풍부해지면 화성과 결실은 양호하나 생육은 감퇴한다.
  ㉤ 탄수화물의 생성이 풍부하고, 수분과 광물질 성분, 특히 질소도 풍부하면 생육은 왕성하나 화성 및 결실은 불량하다.
② C/N율설의 적용
  ㉠ C/N율설은 여러 작물에서 생육과 화성, 결실의 관계에 적용된다.
  ㉡ 과수재배에 있어 환상박피(Girdling), 각절(刻截)로 개화, 결실을 촉진할 수 있다.
  ㉢ 작물체 내 탄수화물과 질소가 풍부하고 C/N율이 높아지면 개화결실은 촉진된다.
  ㉣ 줄기의 유관속 일부를 절단하면 절단된 윗부분의 C/N율이 높아져 화아분화가 촉진된다.
  ㉤ 고구마순을 나팔꽃의 대목으로 접목하면 화아형성 및 개화가 가능하다.
  ㉥ 고구마순을 나팔꽃 대목에 접목하면 덩이뿌리 형성을 위한 탄수화물의 전류가 억제되어 경엽의 C/N율이 높아진다.
  ㉦ C/N율의 영향은 시기나 효과에 있어서 결정적인 효과를 나타내지 못한다.

고구마의 개화 유도 및 촉진을 위한 방법
- 재배적 조치를 취하여 C/N율을 높인다.
- 9~10시간 단일처리를 한다.
- 나팔꽃의 대목에 고구마순을 접목한다.
- 고구마 덩굴의 기부에 절상을 내거나 환상박피를 한다.

## (3) T/R률

### ① 개 념
  ㉠ 작물의 지하부 생장량에 대한 지상부 생장량의 비율을 T/R률이라 한다.
  ㉡ T/R률의 변동은 작물의 생육상태 변동을 표시하는 지표가 될 수 있다.

### ② T/R률과 작물의 관계
  ㉠ 감자나 고구마 등은 파종이나 이식이 늦어지면 지하부 중량감소가 지상부의 중량감소보다 커서 T/R률이 커진다.
  ㉡ 질소를 다량 시용하면 상대적으로 지상부보다 지하부의 생장이 억제된다. 즉, 질소를 다량 시비하면 지상부는 질소집적이 많아지고, 단백질 합성이 왕성해지며, 탄수화물의 잉여는 적어져 지하부 전류가 감소하게 되므로, 상대적으로 지하부 생장이 억제되어 T/R률이 커진다.
  ㉢ 일사가 적어지면 체내에 탄수화물의 축적이 감소하여 지상부의 생장보다 지하부의 생장이 더욱 저하되어 T/R률이 커진다.
  ㉣ 토양수분 함량이 감소하면 지상부 생장이 지하부 생장에 비해 저해되므로 T/R률은 감소한다.
  ㉤ 토양통기가 불량해지면 지상부보다 지하부의 생장이 더욱 억제되므로 T/R률이 높아진다.
  ㉥ 근채류는 근의 비대에 앞서 지상부의 생장이 활발하기 때문에 생육의 전반기에는 T/R률이 높다.

## (4) G-D균형

① Loomis(1993)는 작물의 내적균형을 표시하는 지표로서 G-D균형의 개념을 제시하였다.
② 식물의 생육 또는 성숙은 생장(Growth, G)과 분화(Differentiation, D)의 균형을 의미한다.
③ 생장의 균형이 식물의 생육과 성숙을 지배하므로 G-D균형은 식물의 생육을 지배하는 요인이 된다.
  ㉠ 생장 : 세포의 분열과 증대 즉, 원형질의 증가인데 이를 위해서는 질소나 뿌리에서 흡수되는 물과 무기양분 및 잎에서 합성되는 탄수화물이 필요하다.
  ㉡ 분화 : 세포의 성숙으로, 세포막의 목화 및 코르크화나 탄수화물, 알칼로이드, 고무, 지유 등의 축적이 필요한데 그 주재료는 탄수화물이다.

작물의 내적균형에 대한 설명으로 옳지 않은 것은?                18 국가직 기출

① 작물체 내 탄수화물과 질소가 풍부하고 C/N율이 높아지면 개화결실은 촉진된다.

② 토양통기가 불량해지면 지상부보다 지하부의 생장이 더욱 억제되므로 T/R률이 높아진다.

③ 근채류는 근의 비대에 앞서 지상부의 생장이 활발하기 때문에 생육의 전반기에는 T/R률이 높다.

④ 고구마순을 나팔꽃 대목에 접목하면 덩이뿌리 형성을 위한 탄수화물의 전류가 촉진되어 경엽의 C/N율이 낮아진다.

**해설** 고구마순을 나팔꽃 대목에 접목하면 잎에서 만들어진 탄수화물이 뿌리로 전류되지 못하고 경엽에 축적되므로 C/N율이 높아져 개화가 이루어진다.

**정답** ④

## |02| 식물생장조절제

### (1) 개념

① 식물체 내 어떤 조직 또는 기관에서 형성되어 체내를 이행하며 조직이나 기관에 미량으로도 형태적, 생리적 특수 변화를 일으키는 화학물질이 존재하는데 이를 식물호르몬이라 한다.

② 식물호르몬 : 생장호르몬(옥신류), 도장호르몬(지베렐린), 세포분열호르몬(시토키닌), 개화호르몬(플로리겐), 성숙·스트레스호르몬(에틸렌), 낙엽촉진호르몬(아브시스산, ABA) 등이 있다.

③ 식물의 생장 및 발육에 있어 미량으로도 큰 영향을 미치는 인공적으로 합성된 호르몬의 화학물질을 총칭하여 식물생장조절제(Plant Growth Regulator)라고 한다.

④ 종류

| 구 분 | | 종 류 |
|---|---|---|
| 옥신류 | 천 연 | IAA, IAN, PAA |
| | 합 성 | NAA, IBA, 2,4-D, 2,4,5-T, PCPA, MCPA, BNOA |
| 지베렐린 | 천 연 | $GA_2$, $GA_3$, $GA_{4+7}$, $GA_{55}$ |
| 시토키닌류 | 천 연 | IPA, 제아틴(Zeatin) |
| | 합 성 | BA, 키네틴(Kinetin) |
| 에틸렌 | 천 연 | $C_2H_4$ |
| | 합 성 | 에테폰(Ethephon) |

| 생장억제제 | 천 연 | ABA, 페놀 |
|---|---|---|
| | 합 성 | CCC, B-9, Phosphon-D, AMO-1618, MH-30 |

## (2) 옥신류(Auxin)

### ① 옥신의 생성과 작용

㉠ 생성 : 옥신은 줄기나 뿌리의 선단에서 합성되어 체내의 아래로 극성이동을 한다.

㉡ 이동 : 옥신은 주로 세포 신장촉진 작용을 하며 체내의 아래쪽으로 이동하는데, 한계 이상으로 농도가 높으면 생장이 억제된다.

㉢ 굴광현상 : 광의 반대쪽에 옥신의 농도가 높아져 줄기에서는 그 부분의 생장이 촉진되는 향광성을 보이나 뿌리에서는 도리어 생장이 억제되는 배광성을 보인다.

㉣ 정아우세 현상 : 분열조직에서 생성된 옥신은 정아(끝눈)의 생장은 촉진하나 아래로 확산하여 측아(곁눈)의 발달을 억제하는 현상을 말한다.

### ② 주요 합성옥신류

㉠ 인돌산 그룹 : IPAC, Indole Propionic Acid

㉡ 나프탈렌산 그룹 : NAA(Naphthaleneacetic Acid)

㉢ 클로로페녹시산 그룹 : 2,4-D, 2,4,5-T(2,4,5-Trichlorophenoxyacetic Acid), MCPA(2-Methyl-4-Chlorophenoxyacetic Acid)

㉣ 벤조익산 그룹 : Dicamba, 2,3,6-Trichlorobenzoic Acid

㉤ 피콜리닉산 유도체 : Picloram

### ③ 옥신의 재배적 이용

㉠ 발근촉진 : 삽목이나 취목 등 영양번식을 할 때 카네이션 등 발근을 촉진시킨다.

㉡ 접목 시 활착촉진 : 앵두나무, 매화나무에서 접수의 절단면 또는 대목과 접수의 접합부에 IAA 라놀린연고를 바르면 유상조직의 형성이 촉진되어 활착이 촉진된다.

㉢ 개화촉진 : 파인애플에 NAA, β-IBA, 2,4-D 등의 수용액을 살포하면 화아분화가 촉진된다.

㉣ 낙과 방지 : 사과나무의 경우 자연낙화 직전 NAA, 2,4-D 등의 수용액을 처리하면 과경(열매자루)의 이층형성 억제로 낙과를 방지할 수 있다.

㉤ 가지의 굴곡유도 : 관상수목에서 가지를 구부리려는 반대쪽에 IAA 라놀린연고를 바르면 옥신농도가 높아져 원하는 방향으로 굴곡을 유도할 수 있다.

㉥ 적화 및 적과 : 사과, 온주밀감, 감 등은 꽃이 만개 후 NAA 처리를 하면 꽃이 떨어져 적화 또는 적과의 효과를 볼 수 있다.

• 사과나무 꽃이 만개 후 1~2주 사이에, 감꽃이 만개 후 3~15일 후에 NAA를 살포하면 과실수가 1/3~1/2 감소한다.

• 온주밀감은 꽃이 만개 후 25일 후에 휘가론을 살포하면 과실수가 1/3~1/2 감소한다.

㉦ 과실의 착과와 비대 및 성숙 촉진

• 토마토는 개화 시 토마토란을, 사과나무는 포미나를 뿌리면 비대가 촉진된다.

- 강낭콩의 경우 PCA 2ppm 용액 또는 분말의 살포는 꼬투리의 비대를 촉진한다.
- 사과, 복숭아, 자두, 살구 등의 경우 2,4,5-T 100ppm 액을 성숙 1~2개월 전에 살포하면 성숙이 촉진된다.
- 참다래는 풀메트를 만화기 30일 후 과실에 침지하면 비대가 촉진된다.
- 사과나무는 포미나를, 포도나무는 후라스타를 꽃에 뿌리면 착과가 증대된다.
- 토마토는 에테폰액을 뿌리면 조기착색되고, 배나무는 지베렐린도포제를 도포하면 비대와 성숙이 촉진된다.

◎ 단위결과
- 토마토, 무화과 등의 경우 개화기에 PCA나 BNOA 액을 살포하면 단위결과가 유도된다.
- 오이, 호박 등의 경우 2,4-D 0.1% 용액의 살포는 단위결과가 유도된다.

ⓧ 증수효과
- 고구마싹을 NAA 1ppm 용액에 6시간 정도 침지하거나 감자종자를 IAA 20ppm 용액이나 헤테로옥신 62.5ppm 용액에 24시간 정도 침지 후 이식 또는 파종하면 증수된다.
- 여러 작물의 종자를 옥신용액에 침지하면 증수효과를 볼 수 있다.

ⓩ 제초제로 이용
- 옥신류는 세포의 신장생장을 촉진하나 식물에 따라 상편생장을 유도하므로 선택형 제초제로 이용되고 있다.
- 페녹시아세트산(Phenoxyacetic Acid) 유사물질인 2,4-D, 2,4,5-T, MCPA가 대표적이다.
- 2,4-D는 선택성 제초제로 수도본답과 잔디밭에 이용된다.
- Diquat는 접촉형 제초제로 처리된 부위에서 제초효과가 일어난다.
- Propanil은 담수직파, 건답직파에 주로 이용되는 경엽처리 제초제이다.
- Glyphosate는 이행성 제초제이며, 선택성이 없는 제초제이다.
- Dichlorprop는 선택적 침투성 제초제로 사과 후기 낙과방지에 사용된다.

## (3) 지베렐린(Gibberellin)

① 생리작용

㉠ 식물체 내(어린잎, 뿌리, 수정된 씨방, 종자의 배 등)에서 생합성되어 뿌리, 줄기, 잎, 종자 등 모든 기관에 이행되며, 특히 미숙종자에 많이 함유되어 있다.

㉡ 농도가 높아도 생장억제 효과가 없고, 체내이동에 극성이 없어 일정한 방향성이 없다.

㉢ 식물 어떤 곳에 처리하여도 자유로이 이동하여 줄기신장, 과실생장, 발아촉진, 개화촉진 등 모든 부위에서 반응이 나타난다.

㉣ 지베렐린(Gibberellin)은 주로 신장생장을 유도하며 체내이동이 자유롭다.

② 지베렐린의 재배적 이용

㉠ 발아촉진
- 종자의 휴면타파로 발아가 촉진되고 호광성종자의 발아를 촉진하는 효과가 있다.
- 감자에 지베렐린을 처리하면 휴면이 타파되어 봄감자를 가을에 씨감자로 이용할 수 있다.

ⓛ 화성의 유도 및 촉진

- 맥류처럼 저온처리와 장일조건을 필요로 하는 식물이나 **총생형** 식물의 화성을 유도하고 개화를 촉진하는 효과가 있다.
- 배추, 양배추, 무, 당근, 상추 등은 저온처리 대신 지베렐린을 처리하면 추대, 개화한다.

- 팬지, 프리지어, 피튜니아, 스톡, 시네라리아 등 여러 화훼에 지베렐린을 처리하면 개화가 촉진된다.
- 추파맥류의 경우 지베렐린 처리하면 저온처리가 불충분해도 출수한다.

ⓒ 경엽의 신장촉진

- 지베렐린은 왜성식물의 경엽신장을 촉진하는 효과가 현저하다.
- 기후가 냉한 생육초기의 목초에 지베렐린 처리를 하면 초기 생장량이 증가한다.
- 채소(쑥갓, 미나리, 셀러리 등), 과수(복숭아, 귤, 두릅), 섬유작물(삼, 모시풀, 아마) 등에 지베렐린 처리를 하면 신장이 촉진된다.

ⓔ 단위결과 유도

- 지베렐린은 토마토, 오이, 포도나무 등의 단위결과를 유기한다.
- 포도의 거봉품종(델라웨어)은 개화 2주 전에 지베렐린을 처리하면 무핵과가 형성되고 성숙도 크게 촉진된다.
- 가을씨감자, 채소, 목초, 섬유작물 등에서 지베렐린 처리는 수량이 증대된다.
- 뽕나무에 지베렐린 처리는 단백질을 증가시킨다.

## (4) 시토키닌(Cytokinin)

① 개 념

ⓐ 세포분열과 분화에 관계하며 뿌리에서 합성되어 물관을 통해 수송된다.

ⓑ 어린잎, 뿌리 끝, 어린 종자와 과실에 많은 양이 존재한다.

ⓒ 옥신과 함께 존재해야 효과를 발휘할 수 있어 조직배양 시 2가지 호르몬을 혼용하여 사용한다.

② 작 용

ⓐ 세포분열 촉진, 신선도 유지 및 내동성 증대에 효과가 있다.

ⓑ 발아를 촉진한다. 특히, 2차 휴면에 들어간 종자(상추 등)의 발아촉진 효과가 있다.

ⓒ 무 등에서 잎의 생장을 촉진한다.

ⓔ 호흡을 억제하여 엽록소와 단백질의 분해를 억제하고, 잎의 노화를 방지한다(해바라기).

ⓜ 아스파라거스 등은 저장 중 신선도 증진효과가 있다.

ⓗ 포도의 경우 착과를 증가시킨다.

ⓢ 사과의 경우 모양과 크기를 향상시킨다.

안심Touch

🔍**참고** •

뿌리에서 합성되어 수송되는 식물생장조절제로 아스파라거스의 저장 중에 신선도를 유지시키며 식물의 내동성도 증대시키는 효과가 있다.

## (5) ABA(Abscisic Acid)

① 개 념

  ㉠ 목화의 어린 식물로부터 아브시스산(ABA)을 분리, 이층(離層)을 형성하여 낙엽을 촉진하는 물질로 스트레스호르몬이라고 한다.

  ㉡ ABA는 일반적으로 생장억제물질로 생장촉진호르몬과 상호작용으로 식물생육을 조절한다.

  ㉢ 잎의 **기공을 폐쇄시켜 증산을 억제**하며 수분 부족 상태에서도 저항성을 높인다.

② 작 용

  ㉠ 잎의 노화 및 낙엽을 촉진하고, 휴면을 유도한다.

  ㉡ 생장억제물질로 **경엽의 신장억제**에 효과가 있다.

  ㉢ 종자의 휴면을 연장하여 발아를 억제한다(감자, 장미, 양상추 등).

  ㉣ 장일조건에서 단일식물의 화성을 유도하는 효과가 있다(나팔꽃, 딸기 등).

  ㉤ ABA가 증가하면 기공이 닫혀서 위조저항성이 커진다(토마토 등).

  ㉥ 목본식물의 경우 내한성이 증진된다.

  ㉦ 아브시스산은 수분 부족 시 기공을 폐쇄하는 역할을 한다.

## (6) 에틸렌(Ethylene)

① 개 념

  ㉠ 과실성숙의 촉진 등에 관여하는 식물생장조절물질로, **성숙호르몬** 또는 **스트레스호르몬**이라 한다.

  ㉡ 환경스트레스(상해, 병원체침입, 산소부족, 냉해)와 옥신은 에틸렌합성을 촉진한다.

  ㉢ 에틸렌을 발생시키는 **에테폰** 또는 에스렐(2-Chloroethyl Phosphonic Acid)이라 불리는 물질을 개발하여 사용하고 있다.

② 작 용

  ㉠ 발아촉진 : 양상추, 땅콩 등의 발아를 촉진시킨다.

  ㉡ 정아우세 타파 : 완두, 진달래, 국화 등에서 정아우세현상을 타파하여 측아(곁눈)의 발생을 조장한다.

  ㉢ 개화촉진 : 아이리스, 파인애플, 아나나스 등은 꽃눈이 많아지고 개화가 촉진되는 효과가 있다.

  ㉣ 성표현 조절 : 오이, 호박 등 박과채소의 암꽃 착생수를 증대시킨다.

  ㉤ 생장억제 : 옥수수, 토마토, 수박, 호박, 완두, 오이, 멜론, 당근, 무, 양파, 양배추, 복숭아, 순무, 가지 파슬리 등은 생육이 지연되거나 생육이 정지된다.

  ㉥ 적과의 효과 : 사과, 양앵두, 자두 등은 적과의 효과가 있다.

ⓐ 성숙과 착색촉진 : 토마토, 자두, 감, 배 등 많은 작물에서 과실의 성숙과 착색을 촉진시키는 효과가 있다.

ⓑ 낙엽촉진 : 사과나무, 서양배, 양앵두나무 등의 잎의 노화를 촉진시켜 조기수확을 유도한다.

## (7) 기타 생장억제물질

① B-Nine(N-Dimethylamino Succinamic Acid)

  ㄱ B-Nine은 신장억제, 도복방지(밀 등) 및 착화증대에 효과가 있다.

  ㄴ 포도나무는 가지의 신장억제, 엽수증대, 포도송이의 발육 증대 등의 효과가 있다.

  ㄷ 국화의 변·착색을 방지한다.

  ㄹ 사과나무에서 가지의 신장억제, 수세왜화, 착화증대, 개화지연, 낙과방지, 숙기지연, 저장성 향상의 효과가 있다.

② PhosPhon-D

  ㄱ 국화, 포인세티아 등에서 줄기의 길이를 단축하는 데 이용된다.

  ㄴ 콩, 메밀, 땅콩, 강낭콩, 목화, 해바라기, 나팔꽃 등에서도 초장감소가 인정된다.

③ CCC(Cycocel)

  ㄱ 많은 식물에서 절간신장을 억제한다.

  ㄴ 국화, 시클라멘, 제라늄, 메리골드, 옥수수 등에서 줄기를 단축한다.

  ㄷ 밀의 줄기를 단축하고, 도복을 방지한다.

  ㄹ 토마토 등은 개화를 촉진한다.

④ MH(Maleic Hydrazide)

  ㄱ 생장저해물질로, 담배 측아발생을 방지하여 적심의 효과를 높인다.

  ㄴ 감자, 양파 등에서 맹아억제효과가 있다.

  ㄷ 당근, 무, 파 등에서는 추대를 억제한다.

⑤ 모르파크틴(Morphactins)

  ㄱ 굴지성, 굴광성의 파괴로 생장을 지연시키고 왜화시킨다.

  ㄴ 정아우세를 파괴하고, 가지를 많이 발생시킨다.

  ㄷ 볏과식물에서는 분얼이 많아지고 줄기가 가늘어진다.

⑥ 파클로부트라졸(Paclobutrazol)

  ㄱ 지베렐린 생합성 조절제로 지베렐린 함량을 낮추고 엽면적과 초장을 감소시킨다.

  ㄴ 화곡류의 절간신장을 억제하여 도복을 방지하는 효과가 있다.

⑦ Rh-531(CCDP)

   ⊙ 맥류의 간장 감소로 도복이 방지된다.

   ⓒ 벼모의 경우 신장의 억제로 기계이앙에 알맞게 된다.

⑧ Amo-1618

   ⊙ 강낭콩, 해바라기, 포인세티아 등의 키를 작게 하고, 잎의 녹색을 진하게 한다.

   ⓒ 국화에서 발근한 삽수를 처리하면 줄기가 단축되고 개화가 지연된다.

⑨ 기 타

   ⊙ BOH(β-Hydroxyethyl Hydrazine) : 파인애플의 줄기 신장을 억제하고 화성을 유도한다.

   ⓒ 2,4-DNC : 강낭콩의 키를 작게 하며, 초생엽중을 증가시킨다.

   ⓒ NAA : 파인애플의 화아분화를 촉진한다.

   ⓔ BNOA : 토마토의 단위결과를 유도한다.

## Level UP 이론을 확인하는 문제

**작물의 내적균형과 식물생장조절제에 대한 설명으로 가장 옳은 것은?**　　19 지방직 기출

① 줄기의 일부분에 환상박피를 하면 그 위쪽 눈에 탄수화물이 축적되어 T/R률이 높아져 화아분화가 촉진된다.

② 사과나무에 천연 옥신(Auxin)인 NAA를 처리하면 낙과를 방지할 수 있다.

③ 완두, 진달래에 시토키닌(Cytokinin)을 처리하면 정아우세현상을 타파하여 곁눈 발달을 조장한다.

④ 상추와 배추에 저온처리 대신 지베렐린(Gibberellin)을 처리하면 추대 및 개화한다.

해설　① 환상박피를 한 윗부분은 C/N율이 높아져 화아분화가 촉진된다.
　　　② 사과나무에 합성 옥신(Auxin)인 NAA를 처리하면 낙과를 방지할 수 있다.
　　　③ 에틸렌(에테폰)은 완두, 뽕, 진달래, 국화 등에서 정아우세를 타파하여 곁눈의 발달을 조장한다.

정답　④

**식물생장조절제에 대한 설명으로 가장 옳은 것은?**　　　20 서울시 지도사 기출

① 아브시스산을 장일조건하에서 딸기에 처리하면 화성유도가 촉진된다.

② 합성호르몬 에세폰을 파인애플에 처리하면 개화가 되지 않는다.

③ 합성호르몬 에세폰을 양상추 종자에 처리하면 발아가 지연된다.

④ 지베렐린을 저온처리와 장일조건을 필요로 하는 총생형 식물에 처리하면 개화가 지연될 수 있다.

해설　② 에틸렌의 작용으로 파인애플, 아이리스, 아나나스 등은 꽃눈이 많아지고 개화가 촉진되는 효과가 있다.
　　　③ 에틸렌의 작용으로 양상추, 땅콩 등의 발아를 촉진한다.
　　　④ 지베렐린은 맥류처럼 저온처리와 장일조건을 필요로 하는 식물이나 총생형 식물의 화성을 유도하고 개화를 촉진하는 효과가 있다.

정답　①

## |03| 방사성동위원소(Radio Isotope)

### (1) 방사성동위원소와 방사선

① 동위원소 : 원자번호가 같고 원자량이 다른 원소를 동위원소(Isotope)라 한다.

② 방사성동위원소 : 방사능을 가진 동위원소를 방사성동위원소라 한다.

③ 방사선의 종류

　㉠ $\alpha$, $\beta$, $\gamma$선이 있고 이 중 $\gamma$선이 가장 현저한 생물적 효과를 가지고 있다.

　㉡ $\gamma$은 투과력이 가장 크고 이온화작용, 사진작용, 형광작용을 한다.

④ 농업상 이용되는 방사성동위원소 : $^{14}C$, $^{32}P$, $^{15}N$, $^{45}Ca$, $^{36}Cl$, $^{35}S$, $^{59}Fe$, $^{60}Co$, $^{133}I$, $^{42}K$, $^{64}Cu$, $^{137}Cs$, $^{99}Mo$, $^{24}Na$, $^{65}Zn$ 등이 있다.

### (2) 방사성동위원소의 재배적 이용

① 추적자(Tracer)로서의 이용

　㉠ 영양생리 연구 : 식물의 영양생리 연구에 $^{32}P$, $^{42}K$, $^{45}Ca$ 등을 표지화합물로 만들어 필수원소인 질소, 인, 칼륨, 칼슘 등 영양성분의 체내동태를 파악할 수 있다.

　㉡ 광합성 연구 : $^{14}C$, $^{11}C$ 등으로 표지된 이산화탄소를 잎에 공급하고 시간의 경과에 따른 탄수화물 합성과정을 규명할 수 있으며, 동화물질 전류와 축적과정도 밝힐 수 있다.

　㉢ 농업토목 이용 : $^{24}Na$를 이용하여 제방의 누수개소 발견, 지하수 탐색, 유속측정 등을 한다.

② 식품저장에 이용

    ㉠ 살균, 살충 등의 효과를 이용한 식품저장 : $^{60}Co$, $^{137}Cs$ 등에 의한 γ선의 조사는 살균, 살충 등의 효과가 있어 육류, 통조림 등의 식품저장에 이용된다.

    ㉡ 영양기관의 장기저장 : γ의 조사는 감자, 양파, 밤, 당근 등의 발아가 억제되어 장기저장이 가능해진다.

    ㉢ 생산량 증수 : 건조종자에 γ선, X선 등을 조사하면 생육이 조장되고 증수된다.

③ 육종에 이용 : 방사선은 돌연변이를 유기하는 작용이 있어 돌연변이육종에 이용된다.

## Level UP 이론을 확인하는 문제

**방사선동위원소 $^{32}P$, $^{42}K$가 이용되는 분야는?**　　　　　07 국가직 기출

① 영양생리 연구　　　　　　　　　② 인위돌연변이 유발원

③ 식품저장　　　　　　　　　　　④ 농업토목

해설 식물의 영양생리 연구에 $^{32}P$, $^{42}K$, $^{45}Ca$ 등을 표지화합물로 이용하여 필수원소인 질소, 인, 칼륨, 칼슘 등 영양성분의 체내동태를 파악할 수 있다.

정답 ①

**CHAPTER 09** 작물의 생력재배, 수확 후 관리

## |01| 생력재배(省力栽培, Labor Saving Culture)

### (1) 개 념

① 농작업의 기계화와 제초제의 이용 등에 의한 농업 노동력을 크게 절감할 수 있는 재배법이다.

② 농업에 있어 노동을 절약하고, 안전하게 재배하면서 수익성도 보장하는 수단이 된다.

② 효 과

　㉠ 농업노력비의 절감으로 생산비를 줄일 수 있다.

　㉡ 단위면적당 수량을 증대시킨다.

　㉢ 작부체계의 개선과 재배면적을 증대할 수 있다.

　㉣ 농업경영구조를 개선할 수 있다.

### (2) 작물재배의 생력화를 위한 제반 조건

① 생력화가 가능하도록 농지정리가 선행되어야 한다.

② 기계화 및 제초제를 이용한 제초를 위하여 넓은 면적의 공동관리에 의한 집단재배를 해야 기계의 효율상 합리적이다.

③ 제초제를 사용한 제초의 생력화를 도모해 기계화재배를 가능하게 해야 한다.

④ 기계화에 알맞고 제초제 피해가 적은 품종을 선택하고 인력재배 방법을 개선하는 등 재배체계를 확립해야 한다.

> **PLUS ONE**
>
> **맥류의 기계화재배 적응품종**
> - 다비밀식재배 시는 뿌리, 줄기가 충실하여 내도복성을 강하게 키워야 한다.
> - 골과 골 사이가 같은 높이로 편평하게 되므로 한랭지에서는 특히 내한성이 강한 품종을 선택해야 한다.
> - 다비밀식의 경우는 병해 발생도 조장되므로 내병성이 강한 품종이어야 한다.
> - 다비밀식재배로 인하여 수광이 나빠질 수 있으므로 초형은 잎이 짧고 빳빳하여 일어서는 직립형이 알맞다.
> - 기계화 재배 시 초장은 70cm 정도의 중간크기가 적합하고, 조숙성, 다수성, 내습성, 양질성 등의 특성을 지니고 있어야 한다.

**맥류의 기계화재배 적응품종에 대한 설명으로 옳지 않은 것은?** 15 국가직 기출

① 다비밀식재배를 하므로 줄기가 충실하고 뿌리의 발달이 좋아서 내도복성은 문제되지 않는다.

② 골과 골 사이가 같은 높이로 편평하게 되므로 한랭지에서는 특히 내한성이 강한 품종을 선택해야 한다.

③ 다비밀식의 경우는 병해 발생도 조장되므로 내병성이 강한 품종이어야 한다.

④ 다비밀식재배로 인하여 수광이 나빠질 수 있으므로 초형은 잎이 짧고 빳빳하여 일어서는 직립형이 알맞다.

해설 다비밀식재배를 하므로 줄기가 충실하고 뿌리의 발달도 좋아서 내도복성이 극히 강해야 한다.

정답 ①

# |02| 수확(收穫, Harvest)

## (1) 성숙(成熟, Maturation, Ripening)

① 개념

    ㉠ 식물체상에서 미숙한 종자나 과실이 수확 가능한 상태로 변해가는 과정을 성숙과정이라 하며, 먹기에 가장 적합한 상태로 익어가는 과정을 숙성이라 한다.

    ㉡ 식물의 외관이 갖추어지고 내용물이 충실해지며, 꽃이 피고 열매를 맺을 수 있는 상태가 되어 수확의 적기가 되는 것을 성숙이라 한다.

② 화곡류의 성숙과정

    ㉠ 유숙기(乳熟期, Milk Stage) : 배유가 아직 유상이며 배의 발달도 불완전한 상태로 물관리 등을 철저히 해야 하는 시기이다.

    ㉡ 호숙기(糊熟期, Dough Stage) : 종자의 내용물이 풀처럼 점성을 띠며, 수분함량이 가장 높은 시기로 새의 피해가 가장 심한 시기이다.

    ㉢ 황숙기(黃熟期, Yellow Stage, Dent Stage) : 이삭이 황변하고 종자의 내용물이 납상(蠟狀)이고 생리적 성숙이 완성된 시기로 수확을 할 수 있으며, 종자용 수확의 적기이다.

    ㉣ 완숙기(完熟期, Full Ripe Period) : 식물체 전체가 황변하고 종자의 내용물이 경화되어 완전히 익은 시기이며, 일반적 이용을 위한 수확기이다.

    ㉤ 고숙기(枯熟期, Dead Ripe Stage) : 식물체가 퇴색하고 내용물이 더욱 경화되며 탈립, 동할미 등이 발생하기 쉬워 품질이 나빠진다.

③ 십자화과 작물의 성숙과정
  ㉠ 백숙 : 종자가 백색, 내용물이 물과 같은 상태이다.
  ㉡ 녹숙 : 종자가 녹색, 내용물이 손톱으로 쉽게 압출되는 상태이다.
  ㉢ 갈숙 : 꼬투리는 녹색을 상실해가며 종자는 고유의 성숙색이 된다. 일반적으로 이 단계에 이르면 성숙했다고 한다.
  ㉣ 고숙 : 종자는 더욱 굳어지고, 꼬투리는 담갈색이 되어 취약해진다.

## (2) 수확기

① 수확적기의 판정
  ㉠ 이용목적에 따라 수확기를 결정한다.
  ㉡ 발육정도, 재배조건, 시장조건, 기상조건에 따라 수확시기를 결정한다.
  ㉢ 외관상 판정할 수 있는 품종도 있으나 외관상 판단이 어려운 것도 많다. 따라서 개화일자를 기록하여 날 수로 판단함이 정확하다.
  ㉣ 수확을 위한 적당한 성숙에 이르렀는지의 여부를 결정한다.
  ㉤ 수확 당시의 품질이 최상의 상태가 아닌 소비자 구매 시 생산물의 품질이 가장 우수할 때가 되는 시점이다.

② 벼의 수확적기
  ㉠ 벼의 수확적기는 출수 후로부터 조생종은 50일, 중생종은 54일, 중만생종은 58일 내외이다.
  ㉡ 육안으로 판단할 경우는 한 이삭의 벼알이 90% 이상 익었을 때 수확하는 것이 바람직하다.
  ㉢ 종자용은 알맞은 벼베기 때보다 약간 빠르게 수확해야 한다.
  ㉣ 벼수확 때 콤바인 작업은 고속주행을 지양하고 기종별로 표준작업속도를 지키고 비 또는 이슬이 마른 다음 수확작업을 실시하여 손실방지를 최소화하여야 한다.
  ㉤ 벼수확 시기가 빠르거나 늦으면 완전미 비율이 감소된다.
  ㉥ 조기수확할 경우 청미, 사미가 많아진다.
  ㉦ 수확이 늦어질 경우 미강층이 두꺼워지고, 기형립, 피해립, 색택불량, 동할미가 증가되며 우박 등 기상재해, 야생동물 등의 피해를 받게 되어 미질이 나빠진다.

③ 옥수수 수확시기
  ㉠ 옥수수 일반용
    • 옥수수 종자의 밑 부분에 검은색이 나타날 때가 종자가 완전히 여문 때이다.
    • 충분히 여문 때로부터 1~2주 후 종실의 수분 함량이 30% 정도일 때 수확한다.
    • 수확한 옥수수는 껍질을 벗기고 이삭째로 말려서 보관하거나, 털어서(콘셀러나 도리깨 등) 씨알만을 저장한다.
  ㉡ 옥수수 엔실리지용
    • 엔실리지용의 수확시기는 이삭이 나온 후 40일 전후, 8월 하순~9월 상순의 황숙기의 후기 또는 완숙기의 초기에 수확한다(양분이 제일 많은 시기).

- 엔실리지 제조에는 수분 함량이 60~70%가 알맞으며 식물체 전체를 수확하여 잘라서 엔실리지를 담는다.
  - ⓒ 단옥수수용
    - 단옥수수는 출사 후 20~25일경에 수확하는데, 너무 늦게 수확하면 당분 함량이 떨어진다.
    - 이보다 빠르면 단맛이 높으나 덜 여물어 먹거나 가공할 물질이 너무 적고, 너무 늦으면 종자는 커지나 당분과 맛이 떨어진다.

## (3) 작물의 종류에 따른 수확 방법

① 화곡류와 목초 : 예취한다.
② 감자, 고구마 : 굴취한다.
③ 배추, 무 : 발취한다.
④ 과실, 뽕 : 적취한다.

## (4) 작물의 수확 후 생리작용 및 손실요인

① 물리적 요인에 의한 손실
  - ㉠ 수확·선별·포장·운송 및 적재과정에서 발생하는 기계적 상처에 의하여 손실이 발생한다.
  - ㉡ 감자는 수확 후 손실의 약 20%가 물리적 요인에 의한 것이다.

② 호흡에 의한 손실
  - ㉠ 작물은 수확 후에도 세포호흡을 계속하고, 그 결과 저장양분이 호흡기질로 소모되어 중량이 감소하고 수분이 발생하며 호흡열이 발생한다.
  - ㉡ 과실 중에서 수확 후 호흡급등 현상(수확하는 과정에서 호흡이 급격히 증가하는 현상)이 나타나기도 한다.
    - 호흡급등형 과실 : 사과, 배, 수박, 바나나, 복숭아, 참다래, 아보카도, 토마토, 살구, 멜론, 감, 키위, 망고, 파파야 등
    - 비호흡급등형 과실 : 포도, 감귤, 오렌지, 레몬, 고추, 가지, 오이, 딸기, 호박, 파인애플 등

---

**PLUS ONE**

**원예생산물의 호흡속도**
- 과일 : 딸기 > 복숭아 > 배 > 감 > 사과 > 포도 > 키위
- 채소 : 아스파라거스 > 완두 > 시금치 > 당근 > 오이 > 토마토 > 무 > 수박 > 양파

---

③ 증산에 의한 손실
  - ㉠ 작물은 수확 후 어미식물로부터 수분공급은 중단되고, 수확물의 증산은 계속되므로 수분이 손실되고 중량이 감소한다.
  - ㉡ 신선작물은 수분이 손실되면 위조, 위축이 일어나 모양·질감 및 향기가 나빠져서 품질이 저하된다.

ⓒ 증산에 의한 수분손실은 호흡에 의한 손실보다 10배나 크며, 이 중 90%는 기공증산(氣孔蒸散), 8~10%는 표피증산(表皮蒸散)을 통하여 손실된다.

④ 맹아에 의한 손실

　㉠ 수확 직후의 작물은 일반적으로 휴면상태가 되어 발아가 억제된다.

　㉡ 일정기간이 지나고 휴면이 타파되면 발아, 맹아(萌芽 ; Sprouting)에 의하여 품질이 저하된다.

⑤ 병리적 요인에 의한 손실

　㉠ 수확과정 중 기계적 상처와 저장 중 생리적 요인에 의하여 각종 병원균의 침입을 받아 부패하기 쉽다.

　㉡ 병원균에 의한 1차감염 후 다시 2차 세균감염이 일어나 급속히 양적·질적 손실이 발생한다.

⑥ 에틸렌 생성 및 후숙

　㉠ 과실은 성숙함에 따라 에틸렌(Ethylene)이 다량 생합성되어 후숙이 진행된다.

　㉡ **호흡급등형** 원예작물에서 호흡급등기에 에틸렌 생성이 증가되어 급속히 후숙된다.

　㉢ 비호흡급등형도 수확 시 상처를 받거나 과격한 취급, 부적절한 저장조건에서는 스트레스에 의하여 에틸렌 생성이 급증할 수 있다.

　㉣ 엽채류와 근채류 등의 영양조직은 과일류에 비하여 에틸렌 생성량이 적다.

## (5) 건조(乾燥, Drying)

① 개 념

　㉠ 곡물 등을 수확 후 가공할 수 있는 조건을 만들고 장기간 안전하게 저장하기 위한 목적으로 건조를 한다.

　㉡ 곡류의 도정이 가능할 정도의 경도는 수분함량이 17~18% 이하로 되어야 한다.

　㉢ 15% 이하로 건조하면 곰팡이 발생을 억제할 수 있다.

② 원 리

　㉠ 곡물은 수분함량이 높을수록 미생물 번식이 용이하고, 효소작용이 활발하여 품질이 변하기 쉬우므로 수확 후 빠른 시간 내에 수분을 제거해야 저장이 가능해진다.

　㉡ 건조 시 제거되는 수분은 결합수가 아닌 자유수의 제거이다.

③ 건조기술

　㉠ 곡 물

　　• 건조온도

　　　- 열풍건조 시 건조온도는 45℃ 정도가 알맞다.

　　　- 45℃ 건조는 도정률과 발아율이 높고, 동할률과 쇄미율이 낮으며, 건조시간은 6시간 정도이다.

　　　- 55℃ 이상 건조하면 동할률과 싸라기 비율이 높고, 단백질 응고와 전분의 노화로 발아율이 떨어지며, 식미가 나빠진다.

　　• 건조기 승온조건

　　　- 건조기 승온조건은 시간당 1℃가 적당하다.

　　　- 급속한 고온건조는 동할률이 증가하고 유기물이 변성되며 품질이 저하된다.

- 건조속도 : 건조속도는 시간당 수분감소율이 1% 정도가 적당하다.
- 수분함량
  - 쌀은 수분함량 15~16% 건조가 적합하다.
  - 수분함량이 12~13%일 때 저장에는 좋으나 식미가 낮다.
  - 함수율 16~17%일 때 도정효율과 식미는 좋으나 변질되기 쉽다.
ⓛ 고 추
- 천일건조는 12~15일 정도 소요되고, 시설하우스 내 건조는 10일 정도 소요된다.
- 열풍건조는 45℃ 이하가 안전하고 약 2일 정도 소요된다.
ⓒ 마 늘
- 자연건조할 때는 통풍이 잘되는 곳에서 간이저장으로 2~3개월 건조한다.
- 열풍건조는 45℃ 이하에서 2~3일 건조한다.

④ 예 건
ⓙ 수확 시 외피에 수분함량이 많고 상처나 병충해 피해를 받기 쉬운 작물은 호흡 및 증산작용이 왕성하여 바로 저장하면 미생물의 번식이 촉진되고 부패율도 급속히 증가하기 때문에 충분히 건조시킨 후 저장하여야 한다.
ⓛ 식물의 외층을 미리 건조시켜 내부조직의 수분증산을 억제시키는 방법으로 수확 직후에 수분을 어느 정도 증산시켜 과습으로 인한 부패를 방지한다.
ⓒ 마늘의 경우 장기저장을 위해서는 인편의 수분함량을 약 65%까지 감소시켜 부패를 막고 응애와 선충의 밀도를 낮추어야 한다.
ⓔ 수확 후 과실의 예건을 실시하여 호흡작용을 안정시키고 과피가 탄력이 생겨 상처를 받지 않으며 과피의 수분을 제거함으로써 곰팡이의 발생을 억제할 수 있다.
ⓜ 수확 직후 건물의 북쪽이나 나무그늘 등 통풍이 잘되고 직사광선이 닿지 않는 곳을 택하여 야적하였다가 습기를 제거한 후 기온이 낮은 아침에 저장고에 입고시킨다.

---

**PLUS ONE**

양건과 음건
- 양건(陽乾) : 햇빛과 공기를 이용하여 건조시기는 방법이다. 즉, 햇볕말림이다.
- 음건(陰乾) : 그늘에서 자연환기에 의존하여 말리는 것. 즉 그늘말림이다.

작물의 종류에 따른 수확 방법으로 옳지 않은 것은?                    18 지방직 기출

① 화곡류는 예취한다.

② 고구마는 굴취한다.

③ 무는 발취한다.

④ 목초는 적취한다.

**해설** ④ 목초는 예취한다.

**수확 방법**

- 예취(刈取) : 곡식이나 풀을 베는 것
- 굴취(掘取) : 땅을 파내어 얻는 것
- 적취(摘取) : 집어내어 가지는 것
- 발취(拔取) : 뽑아내는 것

**정답** ④

## |03| 수확 후 저장(貯藏, Storage)

### (1) 개념

① 기능

㉠ 생산된 농산물이 생산 이후 소비될 때까지 신선도를 유지하는 기능이 있다.

㉡ 수확 시기에 따른 홍수출하로 인한 가격폭락 또는 흉작과 계절별 편재성에 따른 가격의 급등을 방지하고, 유통량의 수급을 조절하는 기능이 있다.

㉢ 계절적 편재성이 높은 농산물의 장기저장으로 소비자에게 연중공급이 가능하도록 한다.

㉣ 높은 저장력으로 장거리 수송이 가능해져 소비와 수요가 확대되는 기능을 가지고 있다.

㉤ 가공산업에 원료 농산물을 지속적으로 공급이 가능해져 농산물 가공산업을 발전시키는 기능이 있다.

② 저장 중 변화

㉠ 저장 중 호흡소모와 수분증발 등으로 중량감소가 일어난다.

㉡ 생명력의 지표인 발아율이 저하된다.

㉢ 곡물은 저장 중에 전분이 α-아밀라아제에 의하여 분해되어 환원당 함량이 증가한다.

㉣ 미생물과 해충, 쥐 등의 가해로 품질저하와 양적손실이 일어난다.

㉤ 지방의 자동산화에 의하여 산패가 일어나므로 유리지방산이 증가하고 묵은 냄새가 발생한다.

## (2) 예냉(豫冷, Precooling, Prechilling)

### ① 개 념
- ㉠ 원예산물을 수확 직후에 온도를 신속히 낮추어 주는 예냉처리를 하여 발생할 수 있는 품질악화의 기회를 감소시켜 소비할 때까지 신선한 상태로 유지할 수 있도록 하는 처리과정이다.
- ㉡ 수확 직후의 청과물의 품질을 유지하기 위하여 수송 또는 저장하기 전의 전처리로 급속히 품온을 낮추는 것을 예냉이라 한다.
- ㉢ 수확한 작물에 축적된 열을 포장열이라 하는데, 예냉은 이러한 포장열을 작물에 나쁜 영향을 주지 않는 적합한 수준으로 온도를 낮추어 주는 과정이다.

### ② 효 과
- ㉠ 작물의 온도를 낮추어 호흡 등 대사작용 속도를 지연시킨다.
- ㉡ 에틸렌 생성을 억제하고, 미생물의 증식을 억제한다.
- ㉢ 증산량 감소로 인한 수분손실을 억제한다.
- ㉣ 노화에 따른 생리적 변화를 지연시켜 신선도를 유지한다.
- ㉤ 유통과정의 농산물을 예냉함으로써 유통과정 중 수분손실을 감소시킨다.

## (3) 큐어링(Curing)

### ① 개 념
- ㉠ 수확물의 상처에 유상조직인 코르크층을 발달시켜 병균의 침입을 방지하는 처리과정이다.
- ㉡ 감자, 고구마는 수확 시 많은 물리적인 상처를 입게 되고 마늘, 양파 등은 잘라낸 줄기부위가 제대로 아물고 바깥의 보호엽이 제대로 건조되어야 안전저장이 가능하다.

### ② 품목별 처리방법
- ㉠ 감 자
  - 식용감자는 10~15℃에서 2주일 정도 **큐어링** 후 3~4℃에서 저장한다.
  - 큐어링 중에는 온도와 습도를 유지하여야 하기 때문에 가급적 환기를 피하고 22℃ 이상인 경우는 호흡량과 세균의 감염이 급속도로 증가하기 때문에 주의가 필요하다.
- ㉡ 고구마
  - 고구마는 30~33℃에서 3~6일간 큐어링 후 13~15℃에서 저장한다.
  - 큐어링 후 열을 방출시키고 저장하면 상처가 잘 치유되고 당분함량이 증가한다.
- ㉢ 양파와 마늘
  - 양파와 마늘은 보호엽이 형성되고 건조되어야 저장 중 손실이 적다.
  - 밭에서 1차 건조시키고 저장 전에 선별장에서 완전히 건조시켜 입고한 후 온도를 낮추기 시작한다.

**본저장 환경**

• 본저장 환경은 12~15℃의 온도와 85~90%의 습도가 알맞다.
• 9℃ 이하가 되면 병해를 입어 썩기 쉽고, 18℃ 이상에서는 양분의 소모가 많아지고 싹트기 쉬우며, 과습하면 썩기 쉽다.
• 지나치게 건조하면 무게가 몹시 줄고 건부병에 걸리기 쉽다.

### (4) 농산물 저장 중 품질에 영향을 미치는 요인

① 저장 중 온도

   ⊙ 온도가 높으면 세균, 미생물, 곰팡이 등의 증식이 활발해져 부패율이 증가한다.

   ⓒ 미생물은 15~38℃에서 왕성하고, 4~15℃에서 생장이 저해되며, 0℃ 이하 또는 40℃ 이상에서 생장이 정지된다.

   ⓒ 온도에 따른 증산량의 증가로 중량의 감모율이 증가한다.

   ⓔ 농산물은 저온에 저장하는 것이 적당하지만 작물의 저장적온을 알고 저장한다.

② 저장 중 수분

   ⊙ 미생물은 수분함량 13%에서 번식이 억제되고, 11% 이하는 사멸하며, 15% 이상에서 급속히 번식한다.

   ⓒ 채소와 과일은 수분이 90% 이상으로 수분의 증발을 억제해야 품질이 유지된다.

**온도와 수분관계**

• 가장 중요한 것은 저장온도와 수분함량이다.
• 수분함량이 높으면 저장온도가 낮아야 안전저장이 가능하고, 수분함량이 낮으면 저장온도가 높아도 안전저장이 가능하다.

③ 가스조성

   ⊙ 산소의 농도를 낮추면 호흡소모, 변질이 감소되므로 산소를 제거할 목적으로 이산화탄소나 질소를 주입하면 저장성이 향상된다.

   ⓒ 과실의 장기저장은 이산화탄소와 산소의 농도를 조절하는 CA저장을 한다.

   ⓒ 밀봉저장은 용기 내 산소농도의 감소로 저장기간이 연장된다.

④ 곡물의 성상

   ⊙ 벼 : 현미나 백미보다 벼가 저장 중 곰팡이나 해충으로부터 피해가 적다.

   ⓒ 현미 : 벼보다는 저장성이 약하나 포장이나 유통비용이 절감된다.

   ⓒ 백미 : 온도와 습도의 변화에 민감하고, 해충의 피해를 받기 쉬우며, 현미보다 저장성이 떨어진다.

⑤ 기 타

   ⊙ 사질토보다는 점질토에서 또는 경사지, 배수가 잘 되는 토양에서 재배된 과실이 저장력이 강하다.

ⓒ 질소의 과다한 시비는 과실을 크게 하지만 저장력을 저하시키고, 충분한 칼슘은 과실을 단단하게 하여 저장력이 강해진다.

ⓒ 일반적으로 조생종에 비하여 만생종의 저장력이 강하고, 장기저장용 과일은 일반적으로 적정수확시기보다 일찍 수확하는 것이 저장력이 강하다.

## (5) 작물별 안전저장 조건

① 쌀

ⓐ 안전저장 지표 : 발아율 80% 이상, 나쁜 냄새가 없고, 지방산가 20mg KOH/100g 이하, 호흡에 의한 건물중량 손실율 0.5% 이하이다.

ⓑ 온도 15℃, 상대습도 약 70%, 고품질유지 수분함량 15~16%에서 안전저장한다.

ⓒ 공기조성은 산소 5~7%, 탄산가스 3~5%이다.

② 기타곡물(미국 기준)

ⓐ 수분함량 : 옥수수, 수수, 귀리 13%, 보리 13~14%, 콩 11%에서 안전저장한다.

ⓑ 5년 이상 장기저장 시는 2% 정도 더 낮게 조정한다.

③ 고구마

ⓐ 반드시 큐어링 후에는 13℃까지 방냉한 후 본저장을 한다.

ⓑ 온도 13~15℃, 상대습도 85~90%에서 안전저장한다.

ⓒ 0℃에서 21시간, -15℃에서 3시간이면 냉동해가 발생한다.

④ 씨감자

ⓐ 온도 3~4℃, 상대습도 85~90%에서 안전저장한다.

ⓑ 수확 직후 약 2주 동안 통풍이 양호하고 10~15℃의 서늘한 곳과 다소 높은 온도에서 큐어링한다.

⑤ 과실 : 온도 0~4℃, 상대습도 80~85%에서 안전저장한다.

⑥ 엽근채류 : 온도 0~4℃, 상대습도 90~95%에서 안전저장한다.

⑦ 고춧가루

ⓐ 수분함량 11~13%, 저장고의 상대습도 60%에서 저장한다.

ⓑ 수분함량이 10% 이하이면 탈색되고 19% 이상은 갈변된다.

⑧ 마늘 : 수확 직후 예건을 거쳐 수분함량을 65% 정도로 낮춘다.

⑨ 바나나

ⓐ 열대작물이므로 13℃ 이상, 상대습도 85~90%에서 저장한다.

ⓑ 바나나는 10℃ 미만의 온도에서 저장하면 냉해를 입는다.

> 🔍참고
>
> 감자와 마늘은 저장 중 맹아에 의해 품질저하가 발생한다.

### (6) CA저장(Controlled Atmosphere Storage)

① 개념

　　㉠ 온도, 습도, 대기조성 등을 조절함으로써 장기저장을 하는 가장 이상적인 방법이다. 저장고 내부의 산소농도를 낮추기 위해 이산화탄소농도를 높여 농산물의 저장성을 향상시키는 방법이다.

　　㉡ 호흡은 저장산물 내 저장양분이 소모되면서 이산화탄소와 열을 발산하는 대사작용으로 산소가 필수적이므로 저장물질의 소모를 줄이려면 호흡작용을 억제하여야 하며, 이를 위해서는 산소를 줄이고 이산화탄소를 증가시키는 것이다.

　　㉢ CA효과는 높은 농도의 이산화탄소와 낮은 농도의 산소 조건에서 생리대사율을 저하시킴으로써 품질변화를 지연시킨다.

② 효과

　　㉠ 호흡, 에틸렌발생, 연화, 성분변화와 같은 생화학적, 생리적 변화와 연관된 작물의 노화를 방지한다.

　　㉡ 에틸렌작용에 대한 작물의 민감도를 감소시킨다.

　　㉢ 작물에 따라서 저온장해와 같은 생리적 장애를 개선한다.

　　㉣ 조절된 대기가 병원균에 직접 혹은 간접으로 영향을 미침으로써 곰팡이의 발생률을 감소시킨다.

### (7) MA저장(Modified Atmosphere Storage)

① 원리

　　㉠ 필름이나 피막제를 이용하여 산물을 하나씩 또는 소량을 외부와 차단하여 호흡에 의한 산소농도의 저하와 이산화탄소농도의 증가에 의해 호흡을 감소시켜 품질변화를 억제하는 방법이며, MA처리는 압축된 CA저장이라 할 수 있다.

　　㉡ 각종 플라스틱 필름 등으로 원예산물을 포장하는 경우 필름의 기체투과성, 산물로부터 발생한 기체의 양과 종류에 의하여 포장내부의 기체조성은 대기와 현저하게 달라지기 때문에 유통기간의 연장수단으로 많이 사용되고 있다.

　　㉢ MA저장은 적정한 가스의 농도가 산물의 종류에 따라 다르다.

　　　　• 사과 : 산소 2~3%, 이산화탄소 2~3%

　　　　• 감 : 산소 1~2%, 이산화탄소 5~8%

　　　　• 배 : 산소 4%, 이산화탄소 5%

　　㉣ MA저장에 사용되는 필름은 수분투과성, 이산화탄소나 산소 및 다른 공기의 투과성이 무엇보다도 중요하다.

② 효과

　　㉠ 수증기의 이동을 억제하여 증산량이 감소되고, 낱개포장은 물리적 손상을 감소시킨다.

　　㉡ 필름과 피막처리는 CA효과로 과육연화현상과 노화현상을 지연시킬 수 있다.

　　㉢ 단감을 제외한 일반적인 원예산물의 경우 포장, 저장 및 유통기술이므로 MAP(Modified Atmosphere Packaging, 가스치환포장방식)로 표현한다.

필름 종류별 가스투과성

저밀도폴리에틸렌(LDPE) > 폴리스틸렌(PS) > 폴리프로필렌(PP) > 폴리비닐클로라이드(PVC) > 폴리에스터(PET)

기능성 포장재의 개발

• 에틸렌흡착필름 : 제올라이트나 활성탄을 도포하여 포장 내 에틸렌 가스를 흡착하여 에틸렌에 의한 노화현상을 지연시킨다.
• 방담필름 : 식물성 유지를 도포하여 수증기 포화에 의한 포장 내부 표면에 결로현상을 억제한다.
• 항균필름 : 항생·항균성 물질 또는 키토산 등을 도포하여 포장 내 세균에 대한 항균작용으로 과습에 의한 부패를 감소시킨다.
• PE포장 : 지대포장에 비하여 수분손실을 방지하여 중량감소는 방지할 수 있으나 산패를 촉진시킨다.

## Level UP 이론을 확인하는 문제

수확 후 농산물의 호흡억제를 위한 목적으로 사용되는 방법이 아닌 것은?  19 국가직 기출

① 과실의 CA저장
② 엽근채류의 0~4℃ 저온저장
③ 서류의 큐어링
④ 청과물의 예냉

해설 큐어링(Curing)
• 양파, 마늘, 감자, 고구마와 같은 지하부 작물을 수확한 후에 온풍이나 송풍 처리를 하여 표피조직을 형성시킴으로써 수확 시에 절단부위나 상처부위를 치유한다.
• 동시에 표피를 강제 건조시킴으로써 곰팡이나 박테리아의 번식을 억제하여 저장성을 향상시키는 수확 후 관리기술이다.

정답 ③

농산물 저장에 대한 설명으로 옳지 않은 것은?　　　　　　　　　　　　　19 국가직 **기출**

① 고춧가루의 수분함량이 20% 이상이면 탈색된다.

② 농산물 저장 시 $CO_2$나 $N_2$ 가스를 주입하면 저장성이 향상된다.

③ 바나나는 10℃ 미만의 온도에서 저장하면 냉해를 입는다.

④ 마늘은 수확 직후 예건을 거쳐 수분함량을 65% 정도로 낮춘다.

---

**해설**　**고춧가루 안전저장 조건**
- 수분함량 11~13%, 저장고의 상대습도 약 60%가 안전저장 조건이다.
- 수분함량이 10% 이하로 건조하면 탈색, 19% 이상이면 갈변하기 쉽다.

**정답**　①

---

## |04| 도정 및 수량구성

### (1) 도 정

① 정선 : 수확물 중에 협잡물, 이물질이나 품질이 낮은 불량품들이 혼입되어 있는 경우 양질의 산물만 고르는 것이다.

② 도 정

　㉠ 도정은 곡물의 겨층을 깎아내는 것이다.

　㉡ 재현과 현백을 합하여 벼에서 백미를 만드는 과정이다.

　㉢ 도정율 = 재현율×현백률/100, 74% 정도가 알맞다.

③ 백 미

　㉠ 정미[도정(搗精)] : 현미의 외주부를 깎아 제거하는 것을 말한다.

　㉡ 식미를 좋게 하고 소화가 잘되도록 하는 것이 목적이다.

　㉢ 과피, 종피, 호분층과 배를 제거하여 전분저장 세포조직만 남겨둔 것을 정백미(또는 백미, 또는 10분도미)라 한다(도정율 91~93%).

　㉣ 호분층과 배의 제거정도에 따라 5분도미, 7분도미(배아미), 10분도미(백미)로 구분한다.

④ 배백미 · 기백미 · 횡백미(측백미) : 쌀알의 형태는 거의 완전미에 가까우나, 각각 배부(등쪽), 기부, 양측부에 전분축적이 불량하여 등숙후기에 와서 백화한 것으로 출현빈도는 복백미보다 낮다.

⑤ 청미

ⓐ 과피에 엽록소가 남아있어 녹색을 띤 것으로, 일찍 수확하거나 늦게 개화한 영화에서 발생하며 녹색은 도정하면 제거 가능하다.

ⓑ 완숙 직전의 광택이 있는 활청색이 약간 섞여 있는 쌀(현미)은 늦수확 쌀이 아닌 증거이면서 햅쌀의 증거로서 오히려 바람직하다.

⑥ 동할미 : 완전히 등숙한 것이지만, 늦게 수확하거나 비에 노출될 경우와 생물벼를 고온에서 강제건조한 경우에 잘 발생한다.

## (2) 수량구성요소

① 개념 : 작물을 재배하여 얻어지는 생산물의 토지단위당 수확량을 수량이라 하고, 수량을 구성하는 식물학적 요소를 수량구성요소라고 한다.

② 곡류의 수량 = 단위면적당 수수×1수영화수×등숙비율×1립중

③ 과실의 수량 = 나무당 과실수×과실의 크기(무게)

④ 고구마 · 감자의 수량 = 단위면적당 식물체수×식물체당 덩이뿌리수×덩이뿌리의 무게

⑤ 사탕무의 수량 = 단위면적당 식물체수×덩이뿌리의 무게×성분함량

---

**참고**

**수량**

단위면적당 입수(영화수)와 등숙비율(그릇을 채우는 탄수화물의 양에 좌우)의 적(積)으로 결정 → 단위면적당 입수와 등숙비율은 부(−)의 관계에 있다.

---

## (3) 수량구성요소의 결정방법

① 수수/$m^2$ : $1m^2$당 평균 수수를 계수한다(논의 가장자리 주변부에 있는 벼는 제외, 보통 논두렁에서 3줄까지).

예 평균적인 생육을 나타내는 5~10포기를 파괴적으로 샘플링하여, 포기당 평균 수수를 계수한 다음, 재식밀도를 기초로 단위면적당 수수로 환산한다.

② 영화수/이삭 : 위의 예에서와 같은 5~10포기의 각 포기당 영화수를 계수하여 이삭수로 나눈 후, 5~10포기의 평균 이삭당 영화수를 계산한다.

③ 등숙율(%) : 위의 예에서와 같은 5~10포기의 모든 영화를 풍건한 후, 비중 1.06액에 담가 가라앉은 영화의 비율을 계산한다.

④ 천립중(g) : 위의 등숙율 조사에서 비중 1.06액에 가라앉은 영화를 풍건한 후, 10g 정도를 취한 다음 그 립수(영화수)를 계수하여 1000립당의 g으로 환산한다.

## (4) 수량구성요소의 변이계수

① 벼의 수량구성요소의 연차 변이계수는 수수(穗數, 이삭수)가 가장 크고, 1수영화수, 등숙비율, 천립중의 순으로 작아진다.

> **참고**
>
> 수량에 영향을 크게 미치는 구성요소의 순위
> 수수 > 1수영화수 > 등숙비율 > 천립중

② 수량구성요소의 상보성
  ㉠ 상보성이란 수량구성 4요소는 상호 밀접한 관계로 먼저 형성되는 요소가 많아지면 나중에 형성되는 요소는 적어지나, 먼저 형성되는 요소가 적어지면 나중에 형성되는 요소가 많아지는 현상이다.
  ㉡ 벼에서 단위면적당 수수가 많아지면 1수영화수는 적어지고, 1수영화수가 증가하면 등숙비율이 낮아지는 경향이 있다.
  ㉢ 단위면적당 영화수(단위면적당 수수×1수영화수)가 증가하면 등숙비율은 감소되고, 등숙비율이 낮으면 천립중은 증가한다.

### Level UP 이론을 확인하는 문제

수확물 중에 협잡물, 이물질이나 품질이 낮은 불량품들이 혼입되어 있는 경우 양질의 산물만 고르는 것은?

19 지방직 **기출**

① 건 조
② 탈 곡
③ 도 정
④ 정선(조제)

**해설** ④ 정선 : 농산물 조제가공의 제1공정으로 주원료 이외의 먼지, 잔돌, 쇠붙이 등 이물질을 제거하는 작업
① 건조 : 곡물 등을 수확 후 가공할 수 있는 조건을 만들고 장기간 안전하게 저장하기 위한 목적으로 하는 것
② 탈곡 : 벼나 보리 등의 곡립을 볏짚이나 이삭으로부터 분리시키는 일
③ 도정 : 수확한 그대로의 조곡(粗穀)을 찧고 식용할 수 있는 정곡(精穀)으로 만드는 것

**정답** ④

## |05| 위해요소중점관리기준(Hazard Analysis Critical Control Points, HACCP)

### (1) 의 의

① 식품의 원재료 생산에서부터 제조, 가공, 보존, 유통단계를 거쳐 최종소비자가 섭취하기 전까지의 각 단계에서 발생할 우려가 있는 위해요소를 규명한다. 그리고 이를 중점적으로 관리하기 위한 중요관리점을 결정하여 자주적이고 체계적이며, 효율적인 관리로 식품의 안전성(Safety)을 확보하기 위한 과학적인 위생관리체계를 구축한다.

② HACCP은 위해분석(HA)과 중요관리점(CCP)으로 구성되어 있다.

③ HA는 위해가능성이 있는 요소를 찾아 분석·평가하는 것이다. CCP는 해당 위해요소를 방지·제거하고 안전성을 확보하기 위하여 중점적으로 다루어야 할 관리점을 말한다.

### (2) HACCP의 원칙(국제식품규격위원회-CODEX에서 설정)

① 위해분석(HA)을 실시한다.

② 중요관리점(CCP)을 결정한다.

③ 관리기준(CL)을 결정한다.

④ CCP에 대한 모니터링 방법을 설정한다.

⑤ 모니터링 결과 CCP가 관리상태의 위반 시 개선조치(CA)를 설정한다.

⑥ HACCP가 효과적으로 시행되는지를 검증하는 방법을 설정한다.

⑦ 이들 원칙 및 그 적용에 대한 문서화와 기록유지방법을 설정한다.

### (3) 중요성

① 원예산물을 가공하고 포장하는 동안 물리적, 화학적, 그리고 미생물 등의 오염을 예방하는 일은 안전한 농산물의 생산에 필수적인 것이다.

② HACCP은 자주적이고 체계적이며, 효율적인 관리로 식품의 안전성을 확보하기 위한 과학적인 위생관리체계라 할 수 있다.

HACCP란 무엇을 의미하는가?

08 국가직 기출

① 위해요소중점관리기준
② 우수농산물관리제도
③ 생산이력추적관리제도
④ 병충해종합관리

해설 HACCP(Hazard Analysis Critical Control Points)
HA(위해요소분석)과 CCP(중요관리점)의 영문약자로 '해썹' 또는 '위해요소중점관리기준'이라 한다. 식품의 원재료 생산에서부터 최종소비자가 섭취하기 전까지 각 단계에서 생물학적, 화학적, 물리적 위해요소가 해당식품에 혼입되거나 오염되는 것을 방지하기 위한 위해관리시스템이다. 우리나라에서는 1995년 12월에 도입하여 식품위생법에서는 '식품안전관리인증기준'이라 한다.

정답 ①

## 01

다음 중 작부체계의 효과가 아닌 것은?

13 국가직 기출

① 경지 이용도 제고
② 기지현상 증대
③ 농업노동 효율적 배분
④ 종합적인 수익성 향상

해설   **작부체계의 효과**
• 경지 이용도의 제고
• 농업노동의 효율적 배분과 잉여노동의 최대 활용
• 농업생산성 향상과 생산의 안정화
• 수익성 향상 및 안정화 도모
• 지력의 유지 증강
• 병충해 및 잡초 발생 감소

## 02

작부체계에 대한 설명으로 가장 옳지 않은 것은?

20 서울시 지도사 기출

① 교호작은 전작물의 휴간을 이용하여 후작물을 재배하는 방식이다.
② 혼작 시 재해 및 병충해에 대한 위험성을 분산 시킬 수 있다.
③ 간작의 단점은 후작으로 인해 전작의 비료가 부족하게 될 수 있다는 점이다.

④ 주위작으로 경사지의 밭 주위에 뽕나무를 심어 토양침식을 방지하기도 한다.

해설   ① 교호작은 두 작물 이상의 작물을 일정 이랑씩 교호로 배열하여 재배하는 방식이다.

## 03

작물의 작부체계에 대한 설명으로 옳은 것은?

18 국가직 기출

① 유럽에서 발달한 노포크식과 개량삼포식은 휴한농업의 대표적 작부방식이다.
② 답전윤환 시 밭 기간 동안에는 입단화가 줄어들고 미량요소 용탈이 증가한다.
③ 인삼과 고추는 기지현상에 거의 없기 때문에 동일포장에서 다년간 연작한다.
④ 콩은 간작, 혼작, 교호작, 주위작 등의 작부체계에 적합한 대표적인 작물이다.

해설   ① 노포크(영국지방)식 농법은 식량과 가축사료를 생산하면서 지력을 유지하고 중경효과를 기대할 수 있는 윤작법이고, 개량삼포식은 땅의 지력이 떨어지는 것을 막고 농사를 합리적으로 꾸리기 위한 윤작 영농 방식이다.
② 답전윤환 시 밭 기간 동안에는 입단화가 늘어나고 미량요소 용탈이 감소한다.
③ 인삼과 고추는 기지현상에 강하기 때문에 동일 포장에서 다년간 연작을 피해야 한다.

## 04

연작피해에 대한 설명으로 옳지 않은 것은?

16 지방직 기출

① 특정 비료성분의 소모가 많아져 결핍현상이 일어난다.
② 토양 과습이나 겨울철 동해를 유발하기 쉬워 정상적인 성숙이 어렵다.
③ 토양전염병의 발병 가능성이 커진다.
④ 하우스재배에서 다비연작을 하면 염류과잉 피해가 나타날 수 있다.

해설 **연작피해 원인**
- 특정작물이 선호하는 비료성분의 소모
- 연작으로 인한 잡초의 번성, 유독물질의 축적
- 토양전염병균의 번성
- 토양 중 염기의 과잉집적 등

## 05

다음 작물 중 연작의 피해가 가장 크게 발생하는 것은?

08 국가직 기출

① 벼, 옥수수, 고구마, 무
② 콩, 생강, 오이, 감자
③ 수박, 가지, 고추, 토마토
④ 맥류, 조, 수수, 당근

해설 **작물의 기지 정도**
- 연작의 해가 적은 것 : 벼, 맥류, 조, 옥수수, 수수, 삼, 담배, 고구마, 무, 순무, 당근, 양파, 호박, 연, 미나리, 딸기, 양배추 등
- 1년 휴작 작물 : 파, 쪽파, 생강, 콩, 시금치 등
- 2년 휴작 작물 : 오이, 감자, 땅콩, 잠두 등
- 3년 휴작 작물 : 참외, 쑥갓, 강낭콩, 토란 등
- 5~7년 휴작 작물 : 수박, 토마토, 가지, 고추, 완두, 사탕무, 레드클로버 등
- 10년 이상 휴작 작물 : 인삼, 아마 등

## 06

수년간 다비연작한 시설 내 토양에 대한 설명으로 옳은 것은?

20 지방직 7급 기출

① 염류집적으로 인한 토양 산성화가 심해진다.
② 철, 아연, 구리, 망간 등의 결핍 장해가 발생하기 쉽다.
③ 연작의 피해는 작물의 종류에 따라 큰 차이가 없다.
④ 연작하지 않은 토양에 비해 토양전염 병해 발생이 적다.

해설 ① 토양염류집적으로 인한 작토층에 집적되는 염류의 과잉으로 작물생육을 저해하는 경우가 많이 발견된다.
③ 연작의 피해는 작물의 종류에 따라 큰 차이가 있다.
④ 연작은 토양 중 특정 미생물이 번성하여 토양전염병의 발병 가능성이 커진다.

## 07

기지(忌地)현상에 관한 설명으로 옳지 않은 것은?

10 국가직 기출

① 밀과 보리는 기지현상이 적어서 연작의 해가 적다.
② 감귤류와 복숭아나무는 기지가 문제되지 않으므로 휴작이 필요하지 않다.
③ 기지현상이 있어도 수익성이 높은 작물은 기지대책을 세우고 연작한다.
④ 수익성과 수요량이 크고 기지현상이 적은 작물은 연작을 하는 것이 보통이다.

해설 **과수의 기지 정도**
- 기지가 문제되는 과수 : 복숭아, 무화과, 감귤류, 앵두 등
- 기지가 나타나는 정도의 과수 : 감나무 등
- 기지가 문제되지 않는 과수 : 사과, 포도, 자두, 살구 등

## 08

연작에 의해 발생하는 기지현상에 대한 설명으로 옳지 않은 것은?　11 지방직 기출

① 화곡류와 같은 천근성 작물을 연작하면 토양물리성을 개선할 수 있다.
② 수박, 멜론 등은 저항성 대목에 접목하여 기지현상을 경감할 수 있다.
③ 알팔파, 토란 등은 석회를 많이 흡수하여 토양에 석회결핍증이 나타나기 쉽다.
④ 벼, 수수, 고구마 등은 연작의 해가 적어 기지에 강한 작물이다.

해설　벼, 조, 보리 등의 화곡류 같은 천근성 작물을 연작하면 작토의 하층이 굳어져서 다음 작물의 생육이 억제되며, 콩, 알팔파, 무 등의 심근성 작물을 연작하면 작토의 밑층까지 물리성이 악화된다.

## 09

윤작하는 작물을 선택할 때 고려해야 하는 사항으로 옳지 않은 것은?　17 서울시 기출

① 기지현상을 회피하도록 작물을 배치한다.
② 지력유지를 위하여 콩과작물이나 다비작물을 반드시 포함한다.
③ 토양보호를 위하여 중경작물이 포함되도록 한다.
④ 토지의 이용도를 높이기 위하여 여름작물과 겨울작물을 결합한다.

해설　중경작물(주로 근채류)은 토양유기물의 소모가 많아 연속적으로 재배하면 토양유기물의 유지가 곤란하다. 잡초경감을 위해서는 중경작물이나 피복작물을 포함하는 것이 좋다.

## 10

윤작하는 작물을 선택할 때 고려해야 할 사항으로 옳지 않은 것은?　13 지방직 기출

① 지력유지를 위하여 콩과작물이나 다비작물을 반드시 포함한다.
② 토지이용도를 높이기 위해 식량작물과 채소작물을 결합한다.
③ 잡초의 경감을 위해서는 중경작물이나 피복작물을 포함하는 것이 좋다.
④ 용도의 균형을 위해서는 주작물이 특수하더라도 식량과 사료의 생산이 병행되는 것이 좋다.

해설　② 토지이용도를 높이기 위하여 여름작물과 겨울작물을 결합한다.

## 11

목야지에서 한 가지 작물을 파종하는 경우보다 혼파가 불리한 점으로 옳지 않은 것은?　11 국가직 기출

① 파종작업이 불편하다.
② 병충해 방제와 수확작업이 불편하다.
③ 채종이 곤란하다.
④ 잡초발생이 크게 늘어난다.

해설　혼파는 공간의 효율적 이용과 잡초발생 경감, 재해에 대한 안정성 증대 등의 이로운 점이 있다.

## 01

형태에 따른 종자분류에 대한 설명으로 옳은 것은?

09 지방직 기출

① 밀종자는 영(穎)에 싸여있는 과실이다.
② 참깨종자는 영(穎)에 싸여있는 과실이다.
③ 겉보리종자는 영(穎)에 싸여있는 과실이다.
④ 메밀종자는 영(穎)에 싸여있는 과실이다.

**해설** 종자의 분류─형태적 분류
- 식물학상 종자 : 콩, 유채, 참깨, 아마, 목화 등
- 종자가 과실인 작물
  - 과실이 나출된 종자 : 밀, 옥수수, 메밀, 삼, 호프 등
  - 과실이 영(穎)에 싸여 있는 종자 : 벼, 겉보리, 귀리 등
  - 과실이 내과피에 싸여 있는 종자 : 복숭아, 살구, 자두, 앵두 등

## 02

배유의 유무에 의한 종자의 분류 중 배유종자에 속하지 않는 것은?

10 지방직 기출

① 옥수수　　　　② 상 추
③ 피마자　　　　④ 보 리

**해설** 배유의 유무에 의한 분류
- 배유종자 : 벼, 보리, 밀, 옥수수 등 대부분 화본과작물
- 무배유종자 : 콩, 팥, 동부, 강낭콩, 상추, 오이 등

## 03

감자와 고구마의 종묘로 이용되는 영양기관은?

① 비늘줄기, 덩이뿌리
② 비늘줄기, 덩이줄기
③ 가는줄기, 덩이뿌리
④ 덩이줄기, 덩이뿌리

**해설** 줄기(莖, Stem)
- 지상경(地上莖) 또는 지조(枝條) : 사탕수수, 포도나무, 사과나무, 귤나무, 모시풀 등
- 근경(根莖, 땅속줄기, Rhizome) : 생강, 연, 박하, 호프 등
- 괴경(塊莖, 덩이줄기, Tuber) : 감자, 토란, 돼지감자 등
- 구경(球莖, 알줄기, Corm) : 글라디올러스 등
- 인경(鱗莖, 비늘줄기, Bulb) : 나리, 마늘 등
- 흡지(吸枝, Sucker) : 박하, 모시풀 등

**뿌리**
- 지근(枝根, Rootlet) : 부추, 고사리, 닥나무 등
- 괴근(塊根, 덩이뿌리, Tuberous Root) : 고구마, 마, 달리아 등

## 04

종묘로 이용되는 영양기관과 해당 작물이 바르게 짝지어진 것은?

12 국가직 기출

① 땅속줄기(Rhizome) : 생강, 연
② 덩이줄기(Tuber) : 백합, 글라디올러스
③ 덩이뿌리(Tuber Root) : 감자, 토란
④ 알줄기(Corm) : 달리아, 마

**해설**　② 덩이줄기 : 감자, 토란, 돼지감자 등
　　　　　③ 덩이뿌리 : 고구마, 마, 달리아 등
　　　　　④ 알줄기 : 글라디올러스 등

## 05

종자의 형태와 구조에 관한 설명 중 옳은 것은?

13 국가직 기출

① 옥수수는 무배유종자이다.
② 강낭콩은 배, 배유, 떡잎으로 구성되어 있다.
③ 배유에는 잎, 생장점, 줄기, 뿌리의 어린 조직이 구비되어 있다.
④ 콩은 저장양분이 떡잎에 있다.

**해설** ① 옥수수는 배유종자이다.
② 강낭콩 종자는 종피, 떡잎(자엽), 배로 구성되어 있으며 배유는 발육하면서 없어져서 무배유종자로 된다.
③ 배유에는 양분이 저장되어 있고, 배에는 잎, 생장점, 줄기, 뿌리의 어린 조직이 모두 갖추어져 있다.

## 06

화본과작물에서 깊게 파종하여도 출아가 잘되는 품종의 특성에 해당하는 것은?

14 국가직 기출

① 하배축과 상배축 신장이 잘된다.
② 중배축과 초엽 신장이 잘된다.
③ 지상발아를 한다.
④ 부정근 신장이 잘된다.

**해설** 벼의 자엽 : 초엽절과 배반 사이의 중배축(中胚軸)이 신장한다.

## 07

종자검사에서 바르게 설명되지 않은 것은?

18 경남 지도사 기출

① 순도분석은 이종종자와 이물질의 내용을 검사한다.
② 발아검사는 종자의 품질을 비교 결정하는 데 가장 확실하고 중요하다.
③ 주로 생화학적 · 분자생물학적 검정방법을 이용한다.
④ 이종종자 입수의 검사는 기피종자 유무를 검정한다.

**해설** ③ 종자검사는 고품질의 종자를 공급하기 위해 종자의 품질을 구성하는 종자발아, 유전적 순도, 종자병리 등을 검정 방법에 따라 수행 및 분석, 평가하는 과정을 말한다.
**품종검증(品種檢證)**
주로 종자나 유묘, 식물체 외관상 형태적 차이로 구별하나 구별이 어려운 경우 종자를 재배하여 수확할 때까지 특성을 조사하는 전생육검사를 통하여 평가하고 보조방법으로 생화학적 및 분자생물학적 검정방법을 이용한다.

## 08

종자발아에 대한 필수적인 외적조건이 아닌 것은?

06 대구 지도사 기출

① 수 분                ② 광 선
③ 온 도                ④ 산 소

**해설** 대부분 종자에 있어 광은 발아에 무관하지만 광에 의해 발아가 조장되거나 억제되는 것도 있다.

## 09

**광처리효과에 대한 설명으로 옳지 않은 것은?**

17 국가직 기출

① 겨울철 잎들깨 재배 시 적색광 야간조파는 개화를 억제한다.

② 양상추 발아 시 근적외광 조사는 발아를 촉진한다.

③ 플러그묘 생산 시 자외선과 같은 단파장의 광은 신장을 억제한다.

④ 굴광현상에는 400~500nm, 특히 440~480nm의 광이 가장 유효하다.

**해설** 호광성종자인 양상추(결구상추) 발아 시 적색광 조사는 발아를 촉진한다.

## 10

**다음 중 호광성(광발아) 종자로만 짝지어진 것은?**

07 국가직 기출

| ㄱ. 벼 | ㄴ. 담 배 |
|---|---|
| ㄷ. 토마토 | ㄹ. 수 박 |
| ㅁ. 상 추 | ㅂ. 가 지 |
| ㅅ. 셀러리 | ㅇ. 양 파 |

① ㄱ, ㄷ, ㅇ　　② ㄴ, ㅁ, ㅅ

③ ㄷ, ㄹ, ㅅ　　④ ㅁ, ㅂ, ㅇ

**해설** **광에 따른 종자**
- 호광성종자(광발아종자) : 담배, 상추, 우엉, 차조기, 금어초, 베고니아, 피튜니아, 뽕나무, 버뮤다그라스, 셀러리 등
- 혐광성종자(암발아종자) : 호박, 토마토, 수박, 가지, 오이, 양파, 무, 나리과식물 등
- 광무관종자 : 벼, 보리, 옥수수 등 화곡류와 대부분 콩과작물, 시금치 등

## 11

**광선에 의하여 발아가 조장되어 복토를 1cm 이하로 얕게 해야 하는 종자들로만 묶인 것은?**

12 지방직 기출

| ㄱ. 담 배 | ㄴ. 수 박 |
|---|---|
| ㄷ. 보 리 | ㄹ. 차조기 |
| ㅁ. 호 박 | ㅂ. 우 엉 |
| ㅅ. 시금치 | ㅇ. 상 추 |

① ㄱ, ㄴ, ㅇ　　② ㄱ, ㄹ, ㅇ

③ ㄴ, ㄷ, ㅅ　　④ ㅁ, ㅂ, ㅅ

**해설** 수박·호박은 혐광성종자, 보리·시금치는 광무관종자, 우엉은 호광성종자이지만 광무관종자이다.

## 12

**비닐하우스 시설 내 환경특이성을 노지와 비교하여 다른 점을 바르게 설명한 것은?**

07 국가직 기출

① 시설 내 온도의 일교차는 노지보다 작다.

② 시설 내의 광량은 노지보다 증가한다.

③ 시설 내의 토양은 건조해지기 쉽고 공중습도는 높다.

④ 시설 내의 토양은 염류농도가 노지보다 낮다.

**해설** **시설재배 시 환경특이성(노지와 비교)**
- 온도 : 일교차가 크고, 위치별 분포가 다르며, 지온이 높다.
- 광선 : 광질이 다르고, 광량이 감소하며, 광분포가 불균일하다.
- 공기 : 탄산가스가 부족하고, 유해가스가 집적되며, 바람이 없다.
- 수분 : 토양이 건조해지기 쉽고, 공중습도가 높으며, 인공관수를 한다.
- 토양 : 염류농도가 높고, 토양물리성이 나쁘며, 연작장해가 있다.

## 13

시설 내의 환경특이성에 대한 설명으로 옳은 것은?

13 지방직 기출

① 온도는 일교차가 작고, 위치별 분포가 고르다.
② 광질이 다르고, 광량이 감소하지만, 광분포가 균일하다.
③ 탄산가스가 부족하고, 유해가스가 집적된다.
④ 토양물리성이 좋고, 연작장해가 거의 없다.

해설 ① 온도는 일교차가 크고, 위치별 분포가 다르다.
　　　② 광질이 노지와 다르고, 광량이 감소하며, 광분포가 불균일하다.
　　　④ 토양물리성이 나쁘고, 연작장해가 있다.

## 14

시설재배 시 환경특이성에 대한 설명으로 옳지 않은 것은?

17 서울시 기출

① 온도 - 일교차가 크고, 위치별 분포가 다르며, 지온이 높음
② 광선 - 광질이 다르고, 광량이 감소하며, 광분포가 균일함
③ 공기 - 탄산가스가 부족하고, 유해가스가 집적되며, 바람이 없음
④ 수분 - 토양이 건조해지기 쉽고, 인공관수를 함

해설 광선은 광질이 노지와 다르고, 광량이 감소하며, 광분포가 불균일하다.

## 15

지대가 낮은 중점토(中粘土) 토양에 콩을 파종한 다음 날 호우가 내려 발아가 매우 불량하였다. 이 경우 발아 과정에 가장 크게 제한인자로 작용한 것은?

13 국가직 기출

① 양분의 흡수　　　② 산소의 흡수
③ 온도의 저하　　　④ 빛의 부족

해설 토양이 과습하거나 너무 깊게 파종하면 산소의 결핍으로 종자가 발아하지 못하며 때로는 썩으며 출아하더라도 연약하게 된다.

## 16

종자 발아에 대한 설명으로 옳지 않은 것은?

17 지방직 기출

① 종자의 발아는 수분흡수, 배의 생장개시, 저장양분 분해와 재합성, 유묘 출현의 순서로 진행된다.
② 저장양분이 분해되면서 생산된 ATP는 발아에 필요한 물질합성에 이용된다.
③ 유식물이 배유나 떡잎의 저장양분을 이용하여 생육하다가 독립영양으로 전환되는 시기를 이유기라고 한다.
④ 지베렐린과 시토키닌은 종자발아를 촉진하는 효과가 있다.

해설 **발아과정**
수분의 흡수 → 저장양분 분해효소 생성 및 활성화 → 저장양분의 분해, 전류 및 재합성 → 배의 생장개시 → 과피(종피)의 파열 → 유묘 출현

## 17

종자 프라이밍(Priming)처리에 대한 설명 중 옳은 것은?

09 지방직 기출

① 파종 전에 수분을 가하여 발아의 속도와 균일성을 높이는 기술이다.
② 발아율이 극히 높은 특급종자를 기계적으로 선별하는 기술이다.
③ 종자에 특수한 호르몬과 영양분을 코팅하는 기술이다.
④ 내병충성을 높이기 위해 살균제나 살충제 등을 처리하는 기술이다.

해설 프라이밍(Priming)처리는 종자에 수분을 가하여 종자가 발아에 필요한 생리적인 준비를 갖추게 함으로써 발아속도와 발아의 균일성을 향상시키는 기술을 말한다.

## 18

발아를 촉진시키기 위한 방법으로 옳지 않은 것은?

17 국가직 기출

① 맥류와 가지에서는 최아하여 파종한다.
② 감자, 양파에서는 MH(Maleic Hydrazide)를 처리한다.
③ 파종 전에 수분을 가하여 종자가 발아에 필요한 생리적인 준비를 갖추게 하는 프라이밍처리를 한다.
④ 파종 전 종자에 흡수·건조의 과정을 반복적으로 처리한다.

해설 MH(Maleic Hydrazide)는 감자, 양파에서는 맹아억제효과가 있다.

## 19

종자에 대한 설명으로 옳은 것은?

16 지방직 기출

① 대부분의 화곡류 및 콩과작물의 종자는 호광성이다.
② 테트라졸륨(Tetrazolium)법으로 종자활력 검사 시 활력이 있는 종자는 청색을 띄게 된다.
③ 프라이밍(Priming)은 종자수명을 연장시키기 위한 처리법의 하나이다.
④ 경화는 파종 전 종자에 흡수·건조의 과정을 반복적으로 처리하는 것이다.

해설 ① 화본과목초종자나 잡초종자는 대부분 호광성종자이다.
② 테트라졸륨(Tetrazolium)법으로 종자활력 검사 시 활력이 있는 종자는 적색을 띄게 된다.
③ 프라이밍(Priming)은 파종 전에 수분을 가하여 발아의 속도와 균일성을 높이는 기술이다.

## 20

재배포장에 파종된 종자의 대부분(80%이상)이 발아한 날은?

① 발아시 　　　　　② 발아기
③ 발아전 　　　　　④ 발아일수

해설 ① 발아시 : 파종된 종자 중에서 최초로 1개체가 발아된 날
② 발아기 : 파종된 종자의 약 40%가 발아된 날
④ 발아일수 : 파종부터 발아기까지의 일수

안심Touch

## 21

재배포장에 파종된 종자의 발아기를 옳게 정의한 것은?

14 국가직 기출

① 약 40%가 발아한 날
② 발아한 것이 처음 나타난 날
③ 80% 이상이 발아한 날
④ 100% 발아가 완료된 날

해설  ① 발아기, ② 발아시, ③ 발아전에 대한 설명이다.

## 23

테트라졸륨법을 이용하여 벼와 콩의 종자 발아력을 간이검정할 때, TTC 용액의 적정 농도는?

18 지방직 기출

① 벼는 0.1%이고, 콩은 0.5%이다.
② 벼는 0.1%이고, 콩은 1.0%이다.
③ 벼는 0.5%이고, 콩은 1.0%이다.
④ 벼는 1.0%이고, 콩은 0.1%이다.

해설  **테트라졸륨법**
TTC(2,3,5-Triphenylet-Razolium Chloride) 용액을 화본과 0.5%, 두과 1%로 처리하면 배, 유아의 단면이 적색으로 염색되는 것이 발아력이 강하다.

## 22

발아조사에 대한 설명으로 옳지 않은 것은?

16 대구 지도사 기출

① 발아세 : 치상 후 일정기간까지의 발아율 또는 표준 발아검사에서 중간조사일까지의 발아율
② 발아속도 : 전체 종자에 대한 그날그날의 발아속도의 합
③ 평균발아속도 : 발아한 모든 종자의 평균적인 발아속도
④ 발아속도지수 : 발아율과 발아일수를 동시에 고려한 값

해설  발아속도지수 : 발아율과 발아속도를 동시에 고려하여 발아속도를 지수로 표시한 것

## 24

종자의 발아와 휴면에 대한 설명으로 옳지 않은 것은?

19 국가직 기출

① 배(胚)휴면의 경우 저온습윤 처리로 휴면을 타파할 수 있다.
② 상추종자의 발아과정에 일시적으로 수분흡수가 정체되고 효소들이 활성화되는 단계가 있다.
③ 맥류종자의 휴면은 수발아 억제에 효과가 있고 감자의 휴면은 저장에 유리하다.
④ 상추종자의 발아실험에서 적색광과 근적외광전환계라는 광가역반응은 관찰되지 않는다.

해설  ④ 호광성종자인 상추종자의 발아실험에서 적색광과 근적외광전환계라는 광가역반응은 관찰된다.

## 25

다음 중 단명종자로 바르게 연결된 것은?

① 고추, 벼
② 양파, 기장
③ 강낭콩, 배추
④ 메밀, 보리

해설 **작물별 종자의 수명**

| 구 분 | 단명종자 (1~2년) | 상명종자 (3~5년) | 장명종자 (5년 이상) |
|---|---|---|---|
| 농작물류 | 콩, 땅콩, 옥수수, 해바라기, 메밀, 기장 | 벼, 밀, 보리, 완두, 페스큐, 귀리, 유채, 켄터키블루그라스, 목화 | 클로버, 알팔파, 사탕무, 베치 |
| 채소류 | 강낭콩, 상추, 파, 양파, 고추, 당근 | 배추, 양배추, 방울다다기양배추, 꽃양배추, 멜론, 시금치, 무, 호박, 우엉 | 비트, 토마토, 가지, 수박 |
| 화훼류 | 베고니아, 팬지, 스타티스, 일일초, 코레옵시스 | 알리섬, 카네이션, 시클라멘, 색비름, 피튜니아, 공작초 | 접시꽃, 나팔꽃, 스토크, 백일홍, 데이지 |

## 26

종자코팅에 대한 설명으로 옳지 않은 것은?

18 국가직 기출

① 펠릿종자는 토양전염성 병을 방제할 수 있다.
② 펠릿종자는 종자대는 절감되나 솎음노력비는 증가한다.
③ 필름코팅은 종자의 품위를 높이고 식별을 쉽게 한다.
④ 필름코팅은 종자에 처리한 농약이 인체에 묻는 것을 방지할 수 있다.

해설 펠릿종자는 솎음노력이 불필요하기 때문에 종자대와 솎음노력비를 동시에 절감할 수 있다.

## 27

종자의 휴면타파 또는 발아촉진을 유도하는 물질이 아닌 것은?

20 국가직 7급 기출

① 황산($H_2SO_4$)
② 쿠마린(Coumarin)
③ 에틸렌($C_2H_4$)
④ 질산칼륨($KNO_3$)

해설 **발아관련 화학물질**
- 발아촉진물질 : 지베렐린(GA), 시토키닌, 에틸렌(에테폰 또는 에스렐), 질산염, 과산화수소($H_2O_2$) 등
- 발아억제물질 : 암모니아, 시안화수소(HCN), ABA, 페놀화합물, 쿠마린(Coumarin) 등

## 28

경실종자의 휴면타파를 위한 방법으로 옳지 않은 것은?

18 지방직 기출

① 진한 황산처리를 한다.
② 건열처리를 한다.
③ 방사선처리를 한다.
④ 종피파상법을 실시한다.

해설 **경실의 휴면 타파법**
종피파상법, 진한 황산처리, 온도처리(저온처리, 고온처리, 습열처리, 변온처리), 진탕처리, 질산처리, 기타(알코올, 이산화탄소, 펙티나아제 처리) 등

## 29

종자의 유전적 퇴화를 방지하는 방법과 관련이 적은 것은?　　　　　　　　　　　　10 지방직 [기출]

① 격리재배　　　　　② 무병지 채종
③ 기본식물 보존　　　④ 이형주 제거

[해설] ② 무병지 채종은 병리적 퇴화 대책이다.

**유전적 퇴화방지책**
  • 격리재배(자연교잡 방지)
  • 이형종자의 기계적 혼입방지
  • 이형주 제거
  • 주보존
  • 밀폐저장

## 30

종자퇴화 중 이형종자의 기계적 혼입에 의해 생기는 것은?　　　　　　　　　　　　20 국가직 7급 [기출]

① 유전적 퇴화
② 생리적 퇴화
③ 병리적 퇴화
④ 물리적 퇴화

[해설] **종자퇴화의 증상과 원인**
  • 유전적 퇴화 : 자연교잡, 이형유전자 분리, 돌연변이, 이형종자의 기계적 혼입, 근교약세, 역도태 등으로 시대가 경과함에 따라 종자가 유전적으로 퇴화한다.
  • 생리적 퇴화 : 생산지의 재배환경이 나쁘면 생리적 조건이 갈수록 퇴화한다.
  • 병리적 퇴화 : 종자바이러스 등으로 인한 퇴화이다.

## 31

채종포 관리에 대한 설명으로 옳은 것은?　　　　　　　　　　　　20 국가직 7급 [기출]

① 이형주를 제거하기 위해 조파보다 산파가 유리하다.
② 이형주는 개화기 이후에만 제거한다.
③ 무·배추 채종재배에는 시비하지 않는다.
④ 우량종자를 생산하기 위해 토마토는 결과수를 제한한다.

[해설] ① 일반적으로 종자용작물은 이형주의 제거, 포장검사에 용이한 조파를 한다.
　　② 채종포에서는 순도가 높은 종자를 채종하기 위해 이형주를 제거한다.
　　③ 엽채류, 근채류의 채종재배는 영양체의 수확(청과재배)에 비해 재배기간이 길어 그만큼 시비량이 많다.

## 01

양열온상에 대한 설명으로 가장 옳지 않은 것은?

20 서울시 지도사 기출

① 볏짚, 건초, 두엄 같은 탄수화물이 풍부한 발열 재료를 사용한다.
② 물을 적게 주고 허술하게 밟으면 발열이 빨리 일어난다.
③ 발열에 적당한 발열재료의 C/N율은 30~40 정도이다.
④ 낙엽은 볏짚보다 C/N율이 더 낮다.

해설 ③ 발열재료의 C/N율은 20~30% 정도일 때 발열 상태가 양호하다.

## 02

벼 기계이앙용 상자육묘에 대한 설명으로 옳은 것은?

16 지방직 기출

① 상토는 적당한 부식과 보수력을 가져야 하며 pH는 6.0~6.5 정도가 알맞다.
② 파종량은 어린모로 육묘할 경우 건조종자로 상자 당 100~130g, 중묘로 육묘할 경우 200~220g 정도가 적당하다.
③ 출아기의 온도가 지나치게 높으면 모가 도장하게 되므로 20℃ 정도로 유지한다.
④ 녹화는 어린싹이 1cm 정도 자랐을 때 시작하며, 낮에는 25℃, 밤에는 20℃ 정도로 유지한다.

해설 ① 상토는 적당한 부식과 보수력을 가져야 하며 pH는 4.5~5.5 정도가 알맞다.
② 파종량은 어린모로 육묘할 경우 건조종자로 상자 당 200~220g, 중묘로 육묘할 경우 100~130g 정도가 적당하다.
③ 출아에 알맞은 30~32℃로 온도를 유지한다.

## 03

채소류에서 재래식 육묘와 비교한 공정육묘의 이점으로 옳은 것은?

18 국가직 기출

① 묘 소질이 향상되므로 육묘기간은 길어진다.
② 대량생산은 가능하나 연중 생산 횟수는 줄어든다.
③ 규모화는 가능하나 운반 및 취급은 불편하다.
④ 정식묘의 크기가 작아지므로 기계정식이 용이하다.

해설 ① 묘 소질이 향상되므로 육묘기간이 단축된다.
② 대량생산이 가능하고, 연중 생산횟수를 늘릴 수 있다.
③ 대규모화가 가능하고, 운반 및 취급이 용이하다.

## 04

접목에 대한 설명 중 옳은 것은?

18 경남 지도사 기출

① 흡비력이 강해지고 과습에 잘 견딘다.
② 질소 흡수가 줄어들어 당도가 증가한다.
③ 앵두나무를 복숭아나무에 접목하면 왜화된다.
④ 실생묘에 비하면 접목묘가 결과연령이 길다.

해설 ② 접목의 단점은 질소 흡수 과잉, 과실의 당도 하락, 기형과 발생이 많다.
③ 앵두를 복숭아의 대목에 접목하면 지상부의 생육이 왕성하고 수령도 현저히 길어지는데 이러한 대목을 강화대목이라 한다.
④ 실생묘에 비하면 접목묘가 결과연령이 단축된다.

## 05

**채소류의 접목육묘에 대한 설명으로 옳지 않은 것은?**

17 지방직 기출

① 오이를 시설에서 연작할 경우 박이나 호박을 대목으로 이용하면 흰가루병을 방제할 수 있다.
② 핀접과 합접은 가지과채소의 접목육묘에 이용된다.
③ 박과채소는 접목육묘를 통해 저온, 고온 등 불량환경에 대한 내성이 증대된다.
④ 접목육묘한 박과채소는 흡비력이 강해질 수 있다.

해설 ① 오이를 시설에서 연작할 경우 박이나 호박을 대목으로 이용하면 덩굴쪼김병을 방제할 수 있다.

## 06

**채소류 접목에 대한 설명 중 옳지 않은 것은?**

07 국가직 기출

① 채소류의 접목은 불량환경에 견디는 힘을 증가시킬 수 있다.
② 박과채소류에서 접목을 이용할 경우 기형과의 출현이 줄어들고 당도는 높아진다.
③ 수박은 연작에 의한 덩굴쪼김병 방제 목적으로 박이나 호박을 대목으로 이용한다.
④ 채소류의 접목 시 호접과 삽접을 이용할 수 있다.

해설 ② 박과채소류에서 접목을 이용할 경우 기형과의 출현이 많아지고 당도는 떨어진다.

## 07

**박과채소류 접목의 이점에 대한 설명으로 옳지 않은 것은?**

12 국가직 기출

① 토양전염성 병 발생을 억제한다.
② 불량환경에 대한 내성이 증대된다.
③ 질소의 과다흡수가 억제된다.
④ 과실의 품질이 우수해진다.

해설 **박과채소류 접목의 장단점**

| 장 점 | 단 점 |
|---|---|
| • 토양전염성 병의 발생을 억제한다(수박, 오이, 참외의 덩굴쪼김병).<br>• 불량환경에 대한 내성이 증대된다(수박, 오이, 참외).<br>• 흡비력이 증대된다(수박, 오이, 참외).<br>• 과습에 잘 견딘다(수박, 오이, 참외).<br>• 과실의 품질이 우수해진다(수박, 멜론). | • 질소의 과다흡수 우려가 있다.<br>• 기형과 발생이 많아진다.<br>• 당도가 떨어진다.<br>• 흰가루병에 약하다. |

## 01

농경지의 경운방법에 대한 설명으로 옳은 것은?

09 지방직 기출

① 유기물 함량이 많은 농경지는 추경을 하는 것이 유리하다.
② 겨울에 강수량이 많고 사질인 농경지는 추경을 하는 것이 유리하다.
③ 일반적으로 식토나 식양토에서는 얕게 갈고, 습답에서는 깊게 갈아야 좋다.
④ 벼의 만식재배지에서의 심경은 초기생육을 촉진시킨다.

해설 ② 겨울에 강수량이 많고 사질인 농경지는 춘경을 하는 것이 유리하다.
③ 일반적으로 식토나 식양토에서는 깊게 갈고, 사질토 및 습답에서는 얕게 갈아야 좋다.
④ 생육기간이 짧은 산간지 또는 만식재배 시에는 심경에 의한 후기생육이 지연되어 성숙이 늦어져 등숙이 불량할 수 있으므로 과도한 심경은 피해야 한다.

## 02

맥류의 추파성에 관한 설명 중 옳지 않은 것은?

07 국가직 기출

① 추파맥류가 저온을 경과하지 않으면 출수할 수 없는 성질을 말한다.
② 추파맥류 재배 시 따뜻한 지방으로 갈수록 추파성 정도가 낮은 품종의 재배가 가능하다.
③ 추파성 정도가 높은 품종일수록 춘파할 때에 춘화처리일수가 길어야 한다.
④ 추파성 정도가 높은 품종들이 대체로 내동성이 약하다.

해설 ④ 추파성 정도가 높은 품종은 대체로 내동성이 강하다.

## 03

작물의 온도반응에 대한 설명으로 옳지 않은 것은?

16 지방직 기출

① 세포 내에 결합수가 많고 유리수가 적으면 내열성이 커진다.
② 한지형목초는 난지형목초보다 하고현상이 더 크게 나타난다.
③ 맥류 품종 중 추파성이 낮은 품종은 내동성이 강하다.
④ 원형질에 친수성 콜로이드가 많으면 원형질의 탈수저항성과 내동성이 커진다.

해설 ③ 맥류 품종 중 추파성이 높은 품종은 내동성이 강하다.

## 04

맥류의 파성에 대한 설명으로 옳지 않은 것은?

09 지방직 기출

① 춘파성이 높을수록 출수가 빨라지는 경향이 있다.
② 추파성 정도가 낮은 품종은 조파하면 안전하게 성숙할 수 있다.
③ 맥류의 추파성은 생식생장을 억제하는 성질이다.
④ 추파맥류가 동사하였을 경우 춘화처리를 하여 봄에 대파할 수 있다.

**해설** 추파성 정도가 높은 품종은 조파하면 안전하게 성숙할 수 있으며, 추파성 정도가 낮은 품종은 만파하는 것이 좋다.

## 05

식량생산증대를 위한 벼-맥류의 2모작 작부체계에서 가장 중요한 것은?

14 국가직 기출

① 벼의 내냉성
② 벼의 내도복성
③ 맥류의 내건성
④ 맥류의 조숙성

**해설** 벼-맥류의 2모작 체계를 위해서는 벼의 본답 생육기간으로 140~150일이 확보될 수 있는 지역이어야 하며, 맥류의 수확은 5월 말까지 이루어져야 한다. 따라서 맥류의 조숙성이 요구되고, 벼에는 만식 적응성이 요구된다.

## 06

작물의 파종작업에 대한 설명으로 옳지 않은 것은?

16 국가직 기출

① 파종기가 늦을수록 대체로 파종량을 늘린다.
② 맥류는 조파보다 산파 시 파종량을 줄이고, 콩은 단작보다 맥후작에서 파종량을 줄인다.
③ 파종량이 많으면 과번무해서 수광태세가 나빠지고, 수량·품질을 저하시킨다.
④ 토양이 척박하고 시비량이 적을 때에는 일반적으로 파종량을 다소 늘리는 것이 유리하다.

**해설** ② 맥류의 경우 조파보다 산파 시 파종량을 늘리고 콩, 조 등은 단작보다 맥후작에서 파종량을 늘린다.

## 07

파종 양식에 대한 설명으로 옳지 않은 것은?

20 지방직 7급 기출

① 산파는 통기 및 투광이 나빠지며 도복하기 쉽고, 관리 작업이 불편하나 목초와 자운영 등에 적용한다.
② 조파는 개체가 차지하는 평면 공간이 넓지 않은 작물에 적용하는 것으로 수분과 양분의 공급이 좋다.
③ 점파는 종자량이 적게 들고, 통풍 및 투광이 좋고 건실하며 균일한 생육을 하게 된다.
④ 적파는 개체가 평면으로 넓게 퍼지는 작물 재배 시 적용하는 방식이다.

**해설** ④ 적파는 목초, 맥류 등과 같이 개체가 평면으로 좁게 차지하는 작물을 집약적으로 재배할 때 적용된다.

## 08

파종량에 대한 설명으로 옳은 것은?

20 지방직 7급 기출

① 파종 시기가 늦어질수록 파종량을 줄인다.
② 감자는 큰 씨감자를 쓸수록 파종량이 적어진다.
③ 토양이 척박하고 시비량이 적을 시 파종량을 다소 줄이는 것이 유리하다.
④ 경실이 많거나 발아력이 낮으면 파종량을 늘린다.

해설 ① 파종기가 늦을수록 대체로 파종량을 늘린다.
② 감자는 큰 씨감자를 쓸수록 파종량이 많아진다.
③ 토양이 척박하고 시비량이 적을 때에는 일반적으로 파종량을 다소 늘리는 것이 유리하다.

## 09

이식의 효과에 대한 설명으로 옳지 않은 것은?

18 지방직 기출

① 토지이용효율을 증대시켜 농업 경영을 집약화할 수 있다.
② 채소는 경엽의 도장이 억제되고 생육이 양호해져 숙기가 빨라진다.
③ 육묘과정에서 가식 후 정식하면 새로운 잔뿌리가 밀생하여 활착이 촉진된다.
④ 당근 같은 직근계 채소는 어릴 때 이식하면 정식 후 근계의 발육이 좋아진다.

해설 무, 당근, 우엉 등 직근을 가진 작물을 어릴 때 이식하여 뿌리가 손상될 경우 근계 발육에 나쁜 영향을 미친다.

## 10

육묘이식에 대한 설명으로 옳지 않은 것은?

12 국가직 기출

① 과채류, 콩 등은 직파재배보다 육묘이식을 하는 것이 생육이 조장되어 증수한다.
② 과채류 등은 조기수확을 목적으로 할 경우 육묘이식보다 직파재배가 유리하다.
③ 벼를 육묘이식하면 답리작에 유리하며, 채소도 육묘이식에 의해 경지이용률을 높일 수 있다.
④ 육묘이식은 직파하는 것보다 종자량이 적게 들어 종자비의 절감이 가능하다.

해설 ② 과채류 등은 조기수확을 목적으로 할 경우 직파재배보다 육묘이식이 유리하다.

## 11

육묘해서 이식재배할 때 나타나는 현상으로 옳지 않은 것은?

17 지방직 기출

① 벼는 육묘 시 생육이 조장되어 증수할 수 있다.
② 봄 결구배추를 보온육묘해서 이식하면 추대를 유도할 수 있다.
③ 과채류는 조기에 육묘해서 이식하면 수확기를 앞당길 수 있다.
④ 벼를 육묘이식하면 답리작이 가능하여 경지이용률을 높일 수 있다.

해설 봄 결구배추를 보온육묘 후 이식하면 직파 시 포장에서 냉온의 시기에 저온감응으로 추대하고 결구하지 못하는 현상을 방지할 수 있다.

## 12

작물의 이식시기에 대한 설명으로 옳지 않은 것은?

13 지방직 기출

① 수도의 도열병이 많이 발생하는 지대에는 만식을 하는 것이 좋다.
② 토마토, 가지는 첫 꽃이 피었을 정도에 이식하는 것이 좋다.
③ 과수 · 수목 등은 싹이 움트기 이전의 이른 봄이나 가을에 낙엽이 진 뒤에 이식하는 것이 좋다.
④ 토양의 수분이 넉넉하고 바람이 없는 흐린 날에 이식하면 활착이 좋다.

해설 ① 수도의 도열병이 많이 발생하는 지대에는 조식을 하는 것이 좋다.

## 01

암모니아태 질소($NH_4^+$-N)와 질산태 질소($NO_3^-$-N)의 특성에 대한 설명으로 옳지 않은 것은?

16 지방직 기출

① 논에 질산태 질소를 시용하면 그 효과가 암모니아태 질소보다 작다.
② 질산태 질소는 물에 잘 녹고 속효성이다.
③ 암모니아태 질소는 토양에 잘 흡착되지 않고 유실되기 쉽다.
④ 암모니아태 질소는 논의 환원층에 주면 비효가 오래 지속된다.

해설 암모니아태 질소($NH_4^+$-N)는 양이온으로 토양에 잘 흡착되어 유실이 잘 되지 않는다.

## 02

질소질 비료에 대한 설명으로 옳지 않은 것은?

10 지방직 기출

① 질산칼륨과 질산칼슘은 질산태 질소를 함유한다.
② 질산태 질소는 물에 잘 녹고 속효성이다.
③ 암모니아태 질소는 논의 환원층에 주면 비효가 떨어진다.
④ 요소[$(NH_2)_2CO$]는 물에 잘 녹으며 이온이 아니기 때문에 토양에 잘 흡착되지 않으므로 시용 직후에 유실될 우려가 있다.

해설 암모니아태 질소($NH_4^+$-N)는 양이온으로 토양에 잘 흡착되어 유실이 잘 되지 않고 논의 환원층에 시비하면 비효가 오래간다.

## 03

질소질 비료의 종류에 따른 특성을 잘못 설명한 것은?

07 국가직 기출

① 질산태 질소는 물에 잘 녹고 속효성이다.
② 암모니아태 질소를 논의 환원층에 주면 비효가 오래 지속된다.
③ 유기태 질소는 토양 중에서 미생물의 작용에 의하여 암모니아태 또는 질산태로 바뀐다.
④ 요소는 토양 중에서 미생물의 작용을 받아 먼저 질산태로 된다.

해설 요소[$(NH_2)_2CO$]는 토양 중에서 미생물의 작용을 받아 속히 탄산암모늄을 거쳐 암모니아태로 되어 토양에 잘 흡착되므로 요소의 질소효과는 암모니아태 질소와 비슷하다.

## 04

질소질 비료에서 질소 성분 함량이 높은 순으로 올바르게 나열한 것은?

11 국가직 기출

① 요소 > 질산암모늄 > 황산암모늄 > 염화암모늄
② 요소 > 염화암모늄 > 황산암모늄 > 질산암모늄
③ 요소 > 황산암모늄 > 염화암모늄 > 질산암모늄
④ 요소 > 질산암모늄 > 염화암모늄 > 황산암모늄

해설 **질소 함량**
요소(46%) > 질산암모늄(33%) > 염화암모늄(25%) > 황산암모늄(21%)

## 05

논에 벼를 이앙하기 전에 기비로 $N-P_2O_5-K_2O=$ $10-5-7.5kg/10a$을 처리하고자 한다. $N-P_2O_5-$ $K_2O=20-20-10(\%)$인 복합비료를 $25kg/10a$을 시비하였을 때, 부족한 기비의 성분에 대해 단비할 시비량$(kg/10a)$은? 16 국가직 기출

① $N-P_2O_5-K_2O=5-0-5kg/10a$
② $N-P_2O_5-K_2O=5-0-2.5kg/10a$
③ $N-P_2O_5-K_2O=5-5-0kg/10a$
④ $N-P_2O_5-K_2O=0-5-2.5kg/10a$

**해설** $20-20-10(\%)$ 복합비료 $25kg/10a$이므로 실제 시비량은 10a당 $5-5-2.5kg$이 된다. 따라서 부족분은 $5-0-5kg/10a$이 된다.

## 06

작물의 시비에 대한 설명으로 옳지 않은 것은?
09 지방직 기출

① 질소와 인산에 대한 칼륨의 흡수비율은 화곡류보다 감자와 고구마에서 더 높다.
② 종자를 수확하는 작물은 영양생장기에는 질소의 효과가 크고, 생식생장기에는 인과 칼륨의 효과가 크다.
③ 볏과목초와 콩과목초를 혼파하였을 때 질소를 많이 주면 콩과가 우세해 진다.
④ 작물은 질소비료를 질산태($NO_3^-$)나 암모늄태($NH_4^+$)로 흡수한다.

**해설** ③ 볏과목초와 콩과목초를 혼파하였을 때 질소를 많이 주면 볏과가 우세해지고, 인과 칼륨을 많이 주면 콩과가 우세해진다.

## 07

작물의 시비에 대한 설명으로 옳은 것은?
12 지방직 기출

① 벼와 맥류의 비료 3요소 흡수비율은 질소, 인산, 칼륨의 순으로 높다.
② 생육기간이 길고 시비량이 많을수록 밑거름을 늘리고 덧거름을 줄인다.
③ 화본과목초와 두과목초를 혼파하였을 때, 인과 칼륨을 많이 주면 두과목초가 우세해진다.
④ 질산태 질소는 암모니아태 질소보다 토양에 잘 흡착되어 유실이 적다.

**해설** ① 벼와 맥류의 비료 3요소 흡수비율은 질소(N) > 칼륨(K) > 인산(P)의 순으로 높다.
② 생육기간이 길고 시비량이 많을수록 질소의 밑거름을 줄이고 덧거름(웃거름)으로 여러 차례 분시하는 것이 좋다.
④ 암모니아태 질소는 토양에 흡착되는 힘이 좋아 빗물 등에 의해 유실되는 양이 적고, 질산태 질소는 토양에 흡착되지 않아 빗물 등으로 유실되기 쉽다.

## 08

벼에서 이삭거름을 주는 가장 적당한 시기는?
08 국가직 기출

① 출수기
② 유효분얼기
③ 유수형성기
④ 등숙기

**해설** 벼 재배 시 유수형성기에 주는 거름은 이삭거름(벼 수확량을 늘리기 위해 가지치기 이후 생긴 줄기 속에 이삭이 많이 생기게 하는 비료)이다.

## 09

**배합비료의 장점에 대한 설명으로 옳지 않은 것은?**

12 국가직 기출

① 단일비료를 여러 차례에 걸쳐 시비하는 번잡성을 덜 수 있다.
② 속효성 비료와 지효성 비료를 적당량 배합하면 비효의 지속을 조절할 수 있다.
③ 황산암모늄을 유기질 비료와 배합하면 건조할 때 굳어지는 결점을 보완해준다.
④ 과인산석회와 염화칼륨을 배합하면 저장 중에 액체로 되거나 굳어지는 결점이 보완된다.

> **해설** 과인산석회와 같은 석회염을 함유하고 있는 비료에 염화칼륨과 같은 염화물을 배합하면 흡습성이 높아져서 액체로 되거나 굳어지기 쉽다.

## 10

**배합비료를 혼합할 때 주의해야 할 점으로 옳지 않은 것은?**

15 국가직 기출

① 암모니아태 질소를 함유하고 있는 비료에 석회와 같은 알칼리성 비료를 혼합하면 암모니아가 기체로 변하여 비료성분이 소실된다.
② 질산태 질소를 유기질비료와 혼합하면 저장 중 또는 시용 후에 질산이 환원되어 소실된다.
③ 과인산석회와 같은 수용성 인산이 주성분인 비료에 Ca, Al, Fe 등이 함유된 알칼리성 비료를 혼합하면 인산이 물에 용해되어 불용성이 되지 않는다.
④ 과인산석회와 같은 석회염을 함유하고 있는 비료에 염화칼륨과 같은 염화물을 배합하면 흡습성이 높아져 액체가 된다.

> **해설** 과인산석회와 같은 수용성이며, 속효성 인산이 주성분인 비료에 Ca, Al, Fe 등을 혼합하면 인산이 물에 용해되지 않아 불용성이 된다.

## 11

**비료를 혼합할 때 나타날 수 있는 현상에 대한 설명으로 옳은 것은?**

09 지방직 기출

① 암모니아태 질소와 석회와 같은 알칼리성 비료를 혼합하면 암모니아의 이용효율이 높아진다.
② 질산태 질소와 과인산석회와 같은 산성 비료를 혼합하면 질산의 이용효율이 높아진다.
③ 질산태 질소와 유기질 비료를 혼합하면 시용 후 질산의 환원을 막아 이용효율이 높아진다.
④ 수용성 인산비료에 Ca 등이 함유된 알칼리성 비료를 혼합하면 인산의 용해도가 낮아진다.

> **해설** ① 암모니아태 질소와 석회와 같은 알칼리성 비료를 혼합하면 암모니아 기체로 변하여 비료성분이 소실된다.
> ② 질산태 질소와 과인산석회와 같은 산성 비료를 혼합하면 질산은 기체로 변하여 비료성분이 소실된다.
> ③ 질산태 질소와 유기질 비료를 혼합하면 저장 또는 시용 후 질산이 환원되어 소실된다.

## 12

다음 중 양배추, 수박, 오이에 대한 요소의 엽면살포 효과에 해당하는 것만을 고른 것은?

10 국가직 기출

| | |
|---|---|
| ㄱ. 착 화 | ㄴ. 착 과 |
| ㄷ. 비대촉진 | ㄹ. 품질양호 |
| ㅁ. 화아분화 촉진 | ㅂ. 임실양호 |

① ㄱ, ㄴ, ㄹ

② ㄱ, ㄷ, ㅁ

③ ㄴ, ㄹ, ㅂ

④ ㄷ, ㅁ, ㅂ

해설 양배추, 수박, 오이, 가지, 호박의 요소 엽면살포 효과는 착화, 착과, 품질양호이다.

## 13

비료의 엽면흡수에 영향을 끼치는 요인에 대한 설명으로 옳지 않은 것은?

11 국가직 기출

① 가지나 줄기의 정부로부터 먼 늙은 잎에서 흡수율이 높다.

② 밤보다 낮에 잘 흡수된다.

③ 살포액의 pH는 미산성인 것이 잘 흡수된다.

④ 잎의 호흡작용이 왕성할 때 잘 흡수된다.

해설 잎의 호흡작용이 왕성할 때 흡수가 더 잘되므로 가지나 줄기의 정부에 가까운 잎에서 흡수율이 높다.

## 14

엽면시비에서 흡수에 영향을 끼치는 요인에 대한 설명으로 옳지 않은 것은?

09 국가직 기출

① 석회를 가용하면 흡수가 촉진된다.

② 살포액의 pH는 미산성인 것이 흡수가 잘된다.

③ 줄기의 정부로부터 가까운 잎에서 흡수율이 높다.

④ 잎의 표면보다 이면에서 더 잘 흡수된다.

해설 석회의 사용은 흡수를 억제하고 고농도 살포의 해를 경감한다.

## 15

요소의 엽면시비 효과에 대한 설명으로 옳지 않은 것은?

18 지방직 기출

① 보리와 옥수수에서는 화아분화 촉진 효과가 있다.

② 사과와 딸기에서는 과실비대 효과가 있다.

③ 화훼류에서는 엽색 및 화색이 선명해지는 효과가 있다.

④ 배추와 무에서는 수확량 증대 효과가 있다.

해설 보리와 옥수수에서는 활착, 임실양호 촉진 효과가 있다.

## 01

**중경의 이점이 아닌 것은?** 20 지방직 7급 기출

① 가뭄 피해를 줄일 수 있다.
② 비효증진의 효과가 있다.
③ 토양통기조장으로 뿌리의 생장이 왕성해진다.
④ 동상해를 줄일 수 있다.

해설 **중경의 이로운 점**
• 발아조장
• 비효증진
• 잡초방제
• 토양통기조장
• 토양수분의 증발억제

## 02

**멀칭에 대한 설명으로 옳은 것은?** 12 지방직 기출

① 잡초종자는 혐광성인 것이 많아서 멀칭을 하면 발아와 생장이 억제된다.
② 모든 광을 잘 흡수시키는 투명필름은 지온상승의 효과가 크나, 잡초발생이 많아진다.
③ 녹색광과 적외광을 잘 투과하는 녹색필름은 지온상승의 효과가 크다.
④ 토양을 갈아엎지 않고 앞 작물의 그루터기를 남겨서 풍식과 수식을 경감시키는 것을 토양멀칭이라 한다.

해설 ① 잡초종자는 호광성인 것이 많아서 멀칭을 하면 발아와 생장이 억제된다.
② 모든 광을 잘 투과시키는 투명필름은 지온상승의 효과가 크나, 잡초억제의 효과는 적다.
④ 토양을 갈아엎지 않고 앞 작물의 그루터기를 남겨서 풍식과 수식을 경감시키는 것을 스터블멀칭농법이라 한다.

## 03

**멀칭의 이용과 효과에 대한 설명으로 옳지 않은 것은?** 15 국가직 기출

① 지온을 상승시키는 데는 흑색필름보다는 투명필름이 효과적이다.
② 작물을 멀칭한 필름 속에서 상당 기간 재배할 때는 광합성 효율을 위해 투명필름보다 녹색필름을 사용하는 것이 좋다.
③ 밭 전면을 비닐멀칭하였을 때에는 빗물을 이용하기 곤란하다.
④ 앞작물 그루터기를 남겨둔 채 재배하여 토양 유실을 막는 스터블멀치농법도 있다.

해설 ② 작물을 멀칭한 필름 속에서 상당 기간 재배할 때는 광합성 효율을 위해 녹색필름보다 투명필름을 사용하는 것이 좋다.

## 04

**작물의 시설재배에서 사용되는 피복재는 기초피복재와 추가피복재로 나뉜다. 일반적으로 사용되는 기초피복재가 아닌 것은?** 20 서울시 지도사 기출

① 알루미늄 스크린
② 폴리에틸렌 필름
③ 염화비닐
④ 판유리

해설 **기초피복재의 종류**

| 연질필름 | 폴리에틸렌(PE), 폴리염화비닐(PVC), 액정보호필름(EVA) |
|---|---|
| 경질필름 | 염화비닐, 폴리에스테르 |
| 경질판 | FRP, FRA, 아크릴판, 복층판 |

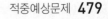

## 05

시설 피복자재 중에서 경질판에 해당하는 것은?

17 서울시 기출

① FRA
② PE
③ PVC
④ EVA

**해설** 플라스틱 피복자재-경질판
- 두께 : 0.2mm 필름
- 종류 : FRA판, FRP판, MMA판, 복층판

## 06

맥작에서 답압(Rolling)에 대한 설명으로 옳지 않은 것은?

14 국가직 기출

① 답압은 생육이 좋지 않을 경우에 실시하며, 땅이 질거나 이슬이 맺혔을 때 효과가 크다.
② 월동 전 과도한 생장으로 동해가 우려될 때는 월동 전에 답압을 해준다.
③ 월동 중에 서릿발로 인해 떠오른 식물체에 답압을 하면 동해가 경감된다.
④ 생육이 왕성할 경우에는 유효분얼종지기에 토입을 하고 답압해주면 무효분얼이 억제된다.

**해설** ① 답압은 생육이 왕성할 때만 하고, 땅이 질거나 이슬이 맺혔을 때는 피하는 것이 좋다.

## 07

과수 중 2년생 가지에서 결실하는 것으로만 묶은 것은?

20 국가직 7급 기출

① 자두, 감귤, 비파
② 매실, 양앵두, 살구
③ 자두, 포도, 감
④ 무화과, 사과, 살구

**해설** 과수의 결과습성
- 1년생 가지 : 감, 밤, 포도, 감귤, 호두, 무화과 등
- 2년생 가지 : 자두, 매실, 살구, 복숭아, 양앵두 등
- 3년생 가지 : 사과, 배 등

## 08

다음 중 낙과방지법이 아닌 것은? 06 대구 지도사 기출

① 합리적인 시비
② 방한조치
③ 건조방지
④ 복 대

**해설** 낙과방지법
- 수분의 매조
- 방 한
- 합리적 시비
- 건조방지
- 수광태세의 향상
- 방풍시설
- 병충해 방지
- 생장조절제 살포(옥신-이층형성 억제)

## 01

솔라리제이션(Solarization)에 대한 설명으로 옳은 것은? 　　　　　　　　　　　15 국가직 기출

① 온도가 생육적온보다 높아서 작물이 받는 피해를 말한다.
② 일장이 식물의 화성 및 그 밖의 여러 면에 영향을 끼치는 현상을 말한다.
③ 식물이 광조사의 방향에 반응하여 굴곡반응을 나타내는 것을 말한다.
④ 갑자기 강한 광을 받았을 때 엽록소가 광산화로 인해 파괴되는 장해를 말한다.

해설　① 열해, ② 일장효과(광주기성), ③ 굴광성에 대한 설명이다.

## 02

솔라리제이션(Solarization)이 발생되는 주된 원인은? 　　　　　　　　　　　09 국가직 기출

① 엽록소의 광산화
② 카로티노이드의 산화
③ 카로티노이드의 생성촉진
④ 슈퍼옥시드의 감소

해설　그늘에서 자란 작물을 강광에 노출시키면 잎이 타서 죽는데, 이를 솔라리제이션이라고 하며, 발생원인은 엽록소의 광산화에 있다.

## 03

수확 전 감수나 품질 손실을 유발하는 수발아(穗發芽)에 대한 설명으로 옳은 것은? 　　　　12 지방직 기출

① 저온, 건조조건에서 잘 일어난다.
② 휴면성이 약한 품종은 강한 것보다 수발아가 잘 일어난다.
③ 내도복성이 강한 품종이 약한 것보다 비바람으로 인해 수발아가 잘 일어난다.
④ 우리나라에서는 수확기가 빠른 품종이 늦은 품종보다 수발아의 위험이 크다.

해설　① 고온, 다습조건에서 잘 일어난다.
　　　③ 내도복성이 약한 품종이 강한 것보다 비바람으로 인해 수발아가 잘 일어난다.
　　　④ 우리나라에서는 2~3년마다 한 번씩 밀의 등숙기가 장마철과 겹칠 때가 있어 성숙기가 늦은 품종이나 비가 많이 오는 지역에서는 등숙후기에 수발아의 위험이 크다.

## 04

맥류의 수발아에 대한 설명으로 옳지 않은 것은? 　　　　　　　　　　　08 국가직 기출

① 성숙기의 이삭에서 수확 전에 싹이 트는 경우이다.
② 우기에 도복하여 이삭이 젖은 땅에 오래 접촉되어 발생한다.
③ 우리나라에서는 조숙종이 만숙종보다 수발아의 위험이 적다.
④ 숙기가 같더라도 휴면기간이 짧은 품종이 수발아의 위험이 적다.

해설　④ 숙기가 같더라도 휴면기간이 짧은 품종이 수발아의 위험이 크다.

## 05

다음 중 경종적 방법에 의한 병해충 방제에 해당되지 않는 것은?

07 국가직 기출

① 감자를 고랭지에서 재배하여 무병종서를 생산한다.
② 연작에 의해 발생되는 토양 전염성 병해충 방제를 위해 윤작을 실시한다.
③ 밭토양에 장기간 담수하여 병해충의 발생을 줄인다.
④ 파종시기를 조절하여 병해충의 피해를 경감한다.

해설 ③ 물리적(기계적) 방제방법에 해당한다.

## 06

병해충의 방제방법 중 경종적 방제법에 해당하지 않는 것은?

11 국가직 기출

① 밭토양에서 토양전염성 병해충을 구제하기 위하여 장기간 담수한다.
② 기지의 원인이 되는 토양전염성 병해충을 경감시키기 위하여 윤작한다.
③ 남부지방에서 벼 조식재배 시 줄무늬잎마름병의 피해를 줄이기 위하여 저항성 품종을 선택한다.
④ 녹병 피해를 줄이기 위해 밀의 수확기를 빠르게 한다.

해설 ① 물리적(기계적) 방제방법에 해당한다.

## 07

생물적 방제에 대한 설명으로 옳지 않은 것은?

18 국가직 기출

① 오리를 이용하여 논의 잡초를 방제한다.
② 칠레이리응애로 점박이응애를 방제한다.
③ 벼의 줄무늬잎마름병을 저항성 품종으로 방제한다.
④ 기생성 곤충인 콜레마니진디벌로 진딧물을 방제한다.

해설 ③ 경종적 방제에는 토양개량, 저항성 품종의 선택, 윤작 등이 있다.

## 08

밭토양에 장기간 담수하여 토양전염성 병해충을 구제한 경우 이에 해당하는 방제법은?

14 국가직 기출

① 법적 방제
② 생물학적 방제
③ 물리적 방제
④ 화학적 방제

해설 담수하는 것은 물리적 방제법이다.

## 09

**농약사용 시 주의해야 할 사항으로 옳지 않은 것은?**

13 국가직 기출

① 처리시기의 온도, 습도, 토양, 바람 등 환경조건을 고려한다.
② 농약사용이 천적관계에 미치는 영향을 고려한다.
③ 새로운 종류의 농약사용에 따른 병해충의 면역 및 저항성 증대를 고려하여 가급적 같은 농약을 연용(連用)한다.
④ 약제의 처리부위, 처리시간, 유효성분, 처리농도에 따라 작물체에 나타나는 저항성이 달라지므로 충분한 지식을 가지고 처리한다.

해설 ③ 새로운 종류의 농약사용에 따른 병해충의 면역 및 저항성 증대를 고려하여 가급적 같은 농약을 연용(連用)하지 않는 것이 좋다.

## 10

**잡초의 해로운 작용이 아닌 것은?**

08 국가직 기출

① 작물과의 경쟁
② 토양의 침식
③ 유해물질의 분비
④ 병충해 전파

해설 잡초는 지면 피복으로 토양침식을 억제한다.

## 11

**광엽잡초 중 1년생 잡초로만 구성된 것은?**

12 지방직 기출

① 가래, 가막사리
② 올미, 여뀌
③ 자귀풀, 여뀌바늘
④ 벗풀, 개구리밥

해설 **우리나라의 주요 논잡초**

| 1년생 | 다년생 |
|---|---|
| • 화본과 : 강피, 물피, 돌피, 둑새풀<br>• 방동사니과 : 참방동사니, 알방동사니, 바람하늘지기, 바늘골<br>• 광엽잡초 : 물달개비, 물옥잠, 여뀌바늘, 자귀풀, 가막사리 | • 화본과 : 나도겨풀<br>• 방동사니 : 너도방동사니, 올방개, 올챙이고랭이, 매자기<br>• 광엽잡초 : 가래, 벗풀, 올미, 개구리밥, 미나리 |

## 12

**다음 중 우리나라 논에 주로 발생하는 다년생 광엽 잡초로만 짝지어진 것은?**

09 국가직 기출

| | |
|---|---|
| ㄱ. 여 뀌 | ㄴ. 벗 풀 |
| ㄷ. 올 미 | ㄹ. 가 래 |
| ㅁ. 나도겨풀 | ㅂ. 사마귀풀 |

① ㄱ, ㄴ, ㄷ
② ㄴ, ㄷ, ㄹ
③ ㄷ, ㄹ, ㅁ
④ ㄹ, ㅁ, ㅂ

해설 논에서 발생하는 다년생 광엽잡초에는 가래, 벗풀, 올미, 개구리밥, 미나리 등이 있다.

# 13

## 잡초에 대한 설명으로 옳지 않은 것은?

14 국가직 기출

① 잡초로 인한 작물의 피해 양상으로는 양분과 수분의 수탈, 광의 차단 등이 있다.
② 잡초는 종자번식과 영양번식을 할 수 있으며, 번식력이 높다.
③ 논잡초 중 올방개와 너도방동사니는 일년생이며, 올챙이고랭이와 알방동사니는 다년생이다.
④ 잡초는 많은 종류가 성숙 후 휴면성을 지닌다.

해설 논잡초 중 알방동사니는 1년생이고, 올방개와 너도방동사니, 올챙이고랭이는 다년생이다.

# 14

## 잡초와 제초제에 대한 설명으로 옳은 것은?

20 지방직 7급 기출

① 경지잡초의 출현 반응은 산성보다 알칼리성 쪽에서 잘 나타난다.
② 대부분의 경지잡초는 혐광성으로서 광에 노출되면 발아가 불량해진다.
③ 나도겨풀, 너도방동사니, 올방개 등은 대표적인 다년생 논잡초이다.
④ 벤타존(Bentazon), 글리포세이트(Glyphosate) 등은 대표적인 접촉형 제초제이다.

해설 ① 경지잡초의 출현 반응은 알칼리성보다 산성 쪽에서 잘 나타난다.
② 대부분 경지잡초는 호광성 식물로서 광이 있는 표토에서 발아한다.
④ 벤타존(Bentazon), 글리포세이트(Glyphosate) 등은 대표적인 이행성 제초제이다.

# 15

## Sulfonylurea계 제초제에 대한 저항성인 논 잡초종으로 바르게 나열된 것은?

10 국가직 기출

① 나도겨풀, 물피
② 강피, 미국외풀
③ 올방개, 참새피
④ 물달개비, 알방동사니

해설 슈퍼잡초는 그 동안 설포닐 우레아계(Sulfonylurea계) 제초제를 매년 연용하여 사용하면서 내성이 생겨 제초제를 사용해도 방제가 되지 않는 제초제저항성 잡초를 말하며 물달개비, 알방동사니, 올챙이고랭이, 올방개, 피 등 국내에서만 11종이 발견되고 있다.

## 01

고구마의 개화 유도 및 촉진을 위한 방법으로 옳지 않은 것은?

12 지방직 기출

① 재배적 조치를 취하여 C/N율을 낮춘다.
② 9~10시간 단일처리를 한다.
③ 나팔꽃의 대목에 고구마순을 접목한다.
④ 고구마 덩굴의 기부에 절상을 내거나 환상박피를 한다.

해설 ① 재배적 조치를 취하여 C/N율을 높인다.

## 02

T/R률에 대한 설명 중 틀린 것은?

17 경기 지도사 기출

① 파종기나 이식기가 늦어지면 커짐
② 일사량이 적어지면 커짐
③ 적엽 시 작아짐
④ 적화, 적과 시 커짐

해설 T/R률과 재배적 조건의 영향
• 파종기, 정식기 : 늦어지면 지하부 중량 감소(T/R률 커짐)
• 비료 : 질소가 많으면 지상부 발달(T/R률 커짐)
• 전지 및 적엽 : 전지하면 액아 발달로 지하부 생장 감소(T/R률 감소)
• 적화 및 적과 : 지하부 생장 발달(T/R률 감소)
• 일사량 : 일사량이 적으면 식물체 내 탄수화물이 감소로 뿌리생장 저하(T/R률 커짐)
• 수분 : 토양수분 감소 시, 뿌리보다 지상부 생장 감소(T/R률 감소)
• 토양통기성 : 토양 내 통기불량은 산소부족으로 뿌리생장 저해(T/R률 커짐)

## 03

작물의 T/R률에 대한 설명으로 옳은 것은?

09 지방직 기출

① 감자, 고구마의 경우 파종기나 이식기가 늦어질수록 T/R률이 감소한다.
② 일사량이 적어지면 T/R률이 감소한다.
③ 질소질비료를 다량 시용하면 T/R률이 감소한다.
④ 토양수분 함량이 감소하면 T/R률이 감소한다.

해설 ① 감자, 고구마의 경우 파종기나 이식기가 늦어질수록 지하부 중량감소가 지상부 중량감소보다 커서 T/R률이 커진다.
② 일사량이 적어지면 탄수화물의 축적이 감소하여 지상부보다 지하부의 생장이 더욱 저하되어 T/R률이 커진다.
③ 질소질비료를 다량 시용하면 지상부는 질소 집적이 많아지고 단백질 합성이 왕성해지고 탄수화물의 잉여는 적어져 지하부 전류가 감소하게 되므로 상대적으로 지하부 생장이 억제되어 T/R률이 커진다.

## 04

작물의 지하부 생장량에 대한 지상부 생장량의 비율에 대한 설명으로 옳지 않은 것은?

13 지방직 기출

① 질소를 다량 시용하면 상대적으로 지상부보다 지하부의 생장이 억제된다.
② 토양함수량이 감소하면 지상부의 생장보다 지하부의 생장이 더욱 억제된다.
③ 일사가 적어지면 지상부의 생장보다 뿌리의 생장이 더욱 저하된다.
④ 고구마의 경우 파종기가 늦어질수록 지하부의 중량 감소가 지상부의 중량 감소보다 크다.

해설  토양함수량의 감소는 지상부 생장이 지하부 생장에 비해 저해되므로 T/R률은 감소한다.

## 05

Auxin류 물질들만으로 나열된 것은?

08 국가직 기출

① IBA, IAA, BA, IPA
② BA, IAA, NAA, 2,4-D
③ IPA, 2,4,5-T, IBA, NAA
④ 2,4-D, 2,4,5-T, IBA, NAA

해설  주요 합성 옥신류
  • 천연 : IAA, IAN, PAA
  • 합성 : NAA, IBA, 2,4-D, 2,4,5-T, PCPA, MCPA, BNOA

## 06

천연 식물생장조절제로만 묶은 것은?

12 국가직 기출

① IAA, GA$_3$, Zeatin
② NAA, ABA, C2H4
③ IPA, IBA, BA
④ 2,4-D, MCPA, Kinetin

해설  식물생장조절제의 종류

| 구 분 | | 종 류 |
|---|---|---|
| 옥신류 | 천 연 | IAA, IAN, PAA |
| | 합 성 | NAA, IBA, 2,4-D, 2,4,5-T, PCPA, MCPA, BNOA |
| 지베렐린 | 천 연 | GA$_2$, GA$_3$, GA$_{4+7}$, GA$_{55}$ |
| 시토키닌류 | 천 연 | IPA, 제아틴(Zeatin) |
| | 합 성 | BA, 키네틴(Kinetin) |
| 에틸렌 | 천 연 | C$_2$H$_4$ |
| | 합 성 | 에테폰(Ethephon) |
| 생장 억제제 | 천 연 | ABA, 페놀 |
| | 합 성 | CCC, B-9, Phosphon-D, AMO-1618, MH-30 |

## 07

**옥신의 재배적 이용에 대한 설명으로 옳지 않은 것은?**

15 국가직 기출

① 식물에 따라서는 상편생장(上偏生長)을 유도하므로 선택형 제초제로 쓰기도 한다.
② 사과나무에 처리하여 적과와 적화효과를 볼 수 있다.
③ 삽목이나 취목 등 영양번식을 할 때 발근촉진에 효과가 있다.
④ 토마토·무화과 등의 개화기에 살포하면 단위결과(單爲結果)가 억제된다.

**해설** ④ 토마토, 무화과 등의 경우 개화기에 PCA나 BNOA 액을 살포하면 단위결과가 유도된다.
**옥신의 재배적 이용**
발근촉진, 접목 시 활착촉진, 개화촉진, 낙과방지, 가지의 굴곡 유도, 적화 및 적과, 과실의 비대와 성숙촉진, 단위결과, 증수효과, 제초제로 이용

## 08

**제초제에 대한 설명으로 옳지 않은 것은?**

16 국가직 기출

① 2,4-D는 선택성 제초제로 수도본답과 잔디밭에 이용된다.
② Diquat는 접촉형 제초제로 처리된 부위에서 제초효과가 일어난다.
③ Propanil은 담수직파, 건답직파에 주로 이용되는 경엽처리 제초제이다.
④ Glyphosate는 이행성 제초제이며, 화본과 잡초에 선택성인 제초제이다.

**해설** Glyphosate는 비선택성, 이행형 제초제이다.

## 09

**작물에서 새로운 유전적 조성이 만들어지는 예로 옳지 않은 것은?**

08 국가직 기출

① 팔달콩과 하대두 계통의 교배에 의한 조숙성 계통 육성
② 화성벼종자에 지베렐린을 처리하여 단기성 계통 육성
③ 올보리에 감마선 조사에 의한 생육기 단축 계통 육성
④ 애기장대의 개화 조절 유전자를 배추에 도입하여 개화시기가 변화된 계통 육성

**해설** 지베렐린에 의한 화학처리는 그 식물에게만 적용되고 유전되지 않는다.

## 10

**지베렐린의 재배적 이용으로 옳지 않은 것은?**

11 지방직 기출

① 무핵과 포도생산
② 벼과 식물 발아촉진
③ 카네이션 발근촉진
④ 딸기 휴면타파

**해설** ③ 카네이션 발근촉진제인 루톤(Rootone)은 옥신을 이용하는 대표적인 생장조절제이다.

## 11

지베렐린의 재배적 이용에 대한 설명으로 옳지 않은 것은?

10 지방직 기출

① 감자에 지베렐린을 처리하면 휴면이 타파되어 봄감자를 가을에 씨감자로 이용할 수 있다.
② 지베렐린은 저온처리와 장일조건을 필요로 하는 총생형 식물의 화아형성과 개화를 지연시킨다.
③ 지베렐린은 왜성식물의 경엽의 신장을 촉진하는 효과가 있다.
④ 지베렐린은 토마토, 오이, 포도나무 등의 단위결과를 유기한다.

해설 ② 지베렐린은 맥류처럼 저온처리와 장일조건을 필요로 하는 식물. 총생형 식물의 화아형성과 개화를 촉진한다.

## 12

뿌리에서 합성되어 수송되는 식물생장조절제로 아스파라거스의 저장 중에 신선도를 유지시키며 식물의 내동성도 증대시키는 효과가 있는 것은?

11 국가직 기출

① 시토키닌          ② 지베렐린
③ ABA             ④ 에틸렌

해설 **시토키닌(Cytokinin)작용**
• 발아를 촉진한다.
• 잎의 생장을 촉진한다(무).
• 저장 중의 신선도를 증진하는 효과가 있다(아스파라거스).
• 호흡을 억제하며 엽록소와 단백질의 분해를 억제하고 잎의 노화를 방지한다(해바라기).
• 식물의 내동성 증대효과가 있다.
• 두과식물의 근류 형성에도 관여한다.

## 13

식물호르몬에 대한 설명으로 옳지 않은 것은?

13 국가직 기출

① 지베렐린(Gibberellin)은 주로 신장생장을 유도하며 체내 이동이 자유롭고, 농도가 높아도 생장 억제효과가 없다.
② 옥신(Auxin)은 주로 세포 신장촉진 작용을 하며 체내의 아래쪽으로 이동하는데, 한계이상으로 농도가 높으면 생장이 억제된다.
③ 시토키닌(Cytokinin)은 세포 분열과 분화에 관계하며 뿌리에서 합성되어 물관을 통해 수송된다.
④ 에틸렌(Ethylene)은 성숙호르몬 또는 스트레스호르몬이라고 하며, 수분 부족 시 기공을 폐쇄하는 역할을 한다.

해설 에틸렌을 성숙호르몬 또는 스트레스호르몬이라고도 한다. 아브시스산은 식물 성장을 억제하고 스트레스 내성을 향상시키는 호르몬으로 식물의 수분 결핍 시에 많이 합성돼 잎의 기공을 닫음으로써 식물의 수분을 보호하는 역할을 한다.

## 14

식물생장조절제에 대한 설명으로 옳지 않은 것은?

19 국가직 기출

① 옥신류는 제초제로도 이용된다.
② 지베렐린 처리는 화아형성과 개화를 촉진할 수 있다.
③ ABA는 생장촉진물질로 경엽의 신장촉진에 효과가 있다.
④ 시토키닌은 2차 휴면에 들어간 종자의 발아증진 효과가 있다.

해설 ③ 아브시스산(Abscisic Acid, ABA)는 생장억제 호르몬이다.

## 15

토마토나 배에서 과일의 착색을 촉진하기 위하여 사용하는 생장조절제는?  09 국가직 [기출]

① 지베렐린수용액(Gibberellic Acid)
② 인돌비액제(IAA+6-Benzyl Aminopurine)
③ 에테폰액제(Ethephon)
④ 비나인수화제(Daminozide)

[해설] **에테폰(Ethephon)**
식물의 노화를 촉진하는 식물호르몬의 일종인 에틸렌(Ethylene)을 생성함으로써 과채류 및 과실류의 착색을 촉진하고 숙기를 촉진하는 작용을 한다. 토마토, 고추, 담배, 사과, 배, 포도 등에 널리 사용되고 있다.

## 16

에틸렌의 작용으로 틀린 것은?  16 대구 지도사 [기출]

① 경엽의 신장에 관여
② 적 과
③ 발아촉진
④ 정아우세타파

[해설] **에틸렌의 작용**
- 발아를 촉진시킨다.
- 정아우세현상을 타파하여 곁눈의 발생을 조장한다.
- 꽃눈이 많아지고 개화가 촉진되는 효과가 있다.
- 오이, 호박 등 박과채소의 암꽃 착생수를 증대시킨다.
- 잎의 노화를 가속화시킨다.
- 적과의 효과가 있다.
- 많은 작물에서 과실의 성숙을 촉진시키는 효과가 있다.
- 탈엽 및 건조제로 효과가 있다.

## 17

작물에 식물호르몬을 처리한 효과로 옳지 않은 것은?  17 서울시 [기출]

① 파인애플에 NAA를 처리하여 화아분화를 촉진한다.
② 토마토에 BNOA를 처리하여 단위결과를 유도한다.
③ 감자에 지베렐린을 처리하여 휴면을 타파한다.
④ 수박에 에테폰을 처리하여 생육속도를 촉진한다.

[해설] 토마토, 호박, 수박, 복숭아나무 등은 에테폰을 처리하면 생육속도가 늦어지거나 생육이 정지된다.

## 18

식물생장조절물질이 작물에 미치는 생리적 영향에 대한 설명으로 옳지 않은 것은?  16 국가직 [기출]

① Amo-1618은 경엽의 신장촉진, 개화촉진 및 휴면타파에 효과가 있다.
② Cytokinin은 세포분열촉진, 신선도 유지 및 내동성 증대에 효과가 있다.
③ B-Nine은 신장억제, 도복방지 및 착화증대에 효과가 있다.
④ Auxin은 발근촉진, 개화촉진 및 단위결과에 효과가 있다.

[해설] Amo-1618은 강낭콩, 국화, 해바라기, 포인세티아 등의 키를 현저히 작게 하고 잎의 녹색을 더욱 진하게 한다.

## 19

생장조절제와 적용대상을 바르게 연결한 것은?

20 국가직 7급 기출

① Dichlorprop – 사과 후기 낙과방지
② Cycocel – 수박 착과증진
③ Phosfon-D – 국화 발근촉진
④ Amo-1618 – 콩나물 생장촉진

해설 ② Cycocel(CCC)는 토마토 개화촉진
③ Phosfon-D는 국화, 두류 등 초장감소
④ Amo-1618은 국화, 강낭콩, 해바라기 등 길이 단축

## 20

방사성동위원소의 이용에 대한 설명으로 가장 옳지 않은 것은?

20 서울시 지도사 기출

① $^{14}C$를 이용하면 제방의 누수개소의 발견, 지하수의 탐색과 유속측정을 정확하게 할 수 있다.
② $^{60}Co$, $^{137}Cs$ 등에 의한 $\gamma$선 조사는 살균, 살충 및 발아억제의 효과가 있으므로 식품의 저장에 이용된다.
③ $^{32}P$, $^{42}K$, $^{45}Ca$ 등의 이용으로 인, 칼륨, 칼슘 등 영양성분의 생체 내에서의 동태를 파악할 수 있다.
④ $^{11}C$로 표지된 이산화탄소를 잎에 공급하고, 시간경과에 따른 탄수화물의 합성과정을 규명할 수 있다.

해설 ① $^{24}Na$를 이용하여 제방의 누수개소 발견, 지하수 탐색, 유속측정 등을 한다.

## 01

화곡류 작물의 성숙과정으로 옳은 것은?

① 유숙 – 호숙 – 황숙 – 완숙 – 고숙
② 유숙 – 황숙 – 호숙 – 완숙 – 고숙
③ 호숙 – 유숙 – 황숙 – 고숙 – 완숙
④ 호숙 – 고숙 – 유숙 – 황숙 – 완숙

해설   화곡류의 성숙과정
- 유숙 : 종자의 내용물이 아직 유상인 과정이다.
- 호숙 : 종자의 내용물이 아직 덜 된 풀모양인 과정이다.
- 황숙 : 이삭이 황변하고, 종자의 내용물이 납상인 과정으로 수확이 가능하다.
- 완숙 : 전 식물체가 황변하고 종자의 내용물이 경화하였다. 일반적으로 이 단계에 이르면 성숙했다고 한다.
- 고숙 : 식물체가 퇴색하고 내용물이 더욱 경화한 과정이다.

## 02

작물의 수확 후 생리작용 및 손실요인에 관한 설명으로 옳지 않은 것은?   10 국가직 기출

① 과실은 성숙함에 따라 에틸렌이 다량 생합성되어 후숙이 진행된다.
② 일정기간이 지나면 휴면이 타파되고 발아, 즉 맹아에 의하여 품질이 저하된다.
③ 수확, 선별, 포장, 운송 및 적재과정에서 발생하는 기계적 상처에 의하여 손실이 발생한다.
④ 증산에 의한 수분손실은 호흡에 의한 손실보다 100배 크며, 수분은 주로 표피증산을 통하여 손실된다.

해설   증산에 의한 수분손실은 호흡에 의한 손실보다 10배 정도 크다. 90%는 기공증산, 8~10%는 표피증산을 통하여 손실된다.

## 03

작물의 수확 후 생리작용 및 손실요인에 대한 설명으로 옳지 않은 것은?   16 국가직 기출

① 증산에 의한 수분손실은 호흡에 의한 손실보다 10배나 큰데, 이 중 90%가 표피증산, 8~10%는 기공증산을 통하여 손실된다.
② 사과, 배, 수박, 바나나 등은 수확 후 호흡급등현상이 나타나기도 한다.
③ 과실은 성숙함에 따라 에틸렌이 다량 생합성되어 후숙이 진행된다.
④ 엽채류와 근채류의 영양조직은 과일류에 비하여 에틸렌 생성량이 적다.

해설   기공증산량(90%)이 표피증산량(8~10%)보다 많다.

## 04

농산물을 저장할 때 일어나는 변화에 대한 설명으로 옳지 않은 것은?

① 호흡급등형 과실은 에틸렌에 의해 후숙이 촉진된다.
② 감자와 마늘은 저장 중 맹아에 의해 품질저하가 발생한다.
③ 곡물은 저장 중에 전분이 분해되어 환원당 함량이 증가한다.
④ 신선농산물은 수확 후 호흡에 의한 수분손실이 증산에 의한 손실보다 크다.

해설 ④ 신선농산물은 수확 후 호흡에 의한 수분손실이 증산에 의한 손실보다 적다.

## 05

작물의 수확 후 변화에 대한 설명으로 옳지 않은 것은?
17 지방직 기출

① 백미는 현미에 비해 온습도 변화에 민감하고 해충의 피해를 받기 쉽다.
② 곡물은 저장 중 $\alpha$-아밀라아제의 분해작용으로 환원당 함량이 감소한다.
③ 호흡급등형 과실은 성숙함에 따라 에틸렌이 다량 생합성되어 후숙이 진행된다.
④ 수분함량이 높은 채소와 과일은 수확 후 수분증발에 의해 품질이 저하된다.

해설 곡물은 저장 중 전분이 $\alpha$-아밀라아제에 의하여 분해되어 환원당 함량이 증가한다.

## 06

곡물의 저장 중 이화학적·생물학적 변화에 대한 설명으로 옳지 않은 것은?
14 국가직 기출

① 생명력의 지표인 발아율이 저하된다.
② 지방의 자동산화에 의하여 산패가 일어나므로 유리지방산이 감소하고 묵은 냄새가 난다.
③ 전분이 $\alpha$-아밀라아제에 의하여 분해되어 환원당 함량이 증가한다.
④ 호흡소모와 수분증발 등으로 중량감소가 일어난다.

해설 지방의 자동산화에 의하여 산패가 일어나므로 유리지방산이 증가하고 묵은 냄새가 난다. 유리지방산도는 곡물의 변질을 판단하는 가장 중요한 지표물질이다.

## 07

곡물 저장과 저장 중 변화에 대한 설명으로 옳은 것은?
12 지방직 기출

① 현미 저장은 벼 저장보다 안정성이 높다.
② 저장 중 유리지방산 함량이 감소한다.
③ 저장 중 환원당 함량이 증가한다.
④ 밀봉저장은 용기 내 이산화탄소 농도의 감소로 저장기간을 길게 한다.

해설 ① 수분함량이 벼보다 높은 현미 저장은 벼 저장보다 안정성이 낮다.
② 저장 중 유리지방산 함량이 증가한다.
④ 밀봉저장은 용기 내 산소농도의 감소로 저장기간을 길게 한다.

492 PART 04 | 재배기술

04 ④ 05 ② 06 ② 07 ③ 정답

## 08

곡물의 저장 중에 나타나는 변화가 아닌 것은?

09 국가직 기출

① 전분이 분해되어 환원당 함량이 감소한다.
② 호흡소모와 수분증발 등으로 중량감소가 일어난다.
③ 품질이나 발아율의 저하가 일어난다.
④ 지방의 자동산화에 의해 유리지방산이 증가한다.

해설 전분이 α−아밀라아제에 의하여 분해되어 환원당 함량이 증가한다.

## 09

작물의 수확 후 관리에 대한 설명으로 가장 옳지 않은 것은?

20 서울시 지도사 기출

① 고구마, 감자 등 수분함량이 높은 작물은 큐어링을 해준다.
② 서양배 등은 미숙한 것을 수확하여 일정 기간 보관해서 성숙시키는 후숙을 한다.
③ 과실은 수확 직후 예냉을 통해 저장이나 수송 중에 부패를 적게 할 수 있다.
④ 담배 등은 품질 향상을 위해 양건을 한다.

해설 ④ 담배 등은 품질 향상을 위해 음건을 한다.
**음건(陰乾)**
그늘에서 자연환기에 의존하여 말리는 것, 즉 그늘말림이다.

## 10

작물의 수확 및 수확 후 관리에 대한 설명으로 옳은 것은?

17 국가직 기출

① 벼의 열풍건조 온도를 55℃로 하면 45℃로 했을 때보다 건조시간이 단축되고 동할미와 싸라기 비율이 감소된다.
② 비호흡급등형 과실은 수확 후 부적절한 저장조건에서도 에틸렌의 생성이 급증하지 않는다.
③ 수분함량이 높은 감자의 수확작업 중에 발생한 상처는 고온·건조한 조건에서 유상조직이 형성되어 치유가 촉진된다.
④ 현미에서는 지방산도가 20mg KOH/100g 이하를 안전저장상태로 간주하고 있다.

해설 ① 벼의 열풍건조 온도를 45℃로 하면 55℃로 했을 때보다 건조시간은 다소 더 걸리나 동할미와 싸라기 비율이 감소된다.
② 비호흡급등형 과실은 수확 후 부적절한 저장조건에서는 에틸렌의 생성이 급등할 수 있다.
③ 수분함량이 높은 감자의 수확작업 중에 발생한 상처는 고온·다습한 조건에서 유상조직이 형성되어 치유가 촉진된다.

## 11

작물의 수확 후 저장에 대한 설명 중 옳지 않은 것은?

16 국가직 기출

① 저장 농산물의 양적 · 질적 손실의 요인은 수분 손실, 호흡 · 대사작용, 부패 미생물과 해충의 활동 등이 있다.
② 고구마와 감자 등은 안전저장을 위해 큐어링 (Curing)을 실시하며, 청과물은 수확 후 신속히 예냉(Precooling)처리를 하는 것이 저장성을 높인다.
③ 저장고의 상대습도는 근채류 > 과실 > 마늘 > 고구마 > 고춧가루 순으로 높다.
④ 세포호흡에 필수적인 산소를 제거하거나 그 농도를 낮추면 호흡소모나 변질이 감소한다.

**해설** 저장고의 상대습도
근채류(90~95%) > 고구마(85~90%) > 과실 (80~85%) > 마늘(70%) > 고춧가루(60%)

## 12

감자와 고구마의 안전저장 방법으로 옳은 것은?

17 지방직 기출

① 식용감자는 10~15℃에서 큐어링 후 3~4℃에서 저장하고, 고구마는 30~33℃에서 큐어링 후 13~15℃에서 저장한다.
② 식용감자는 30~33℃에서 큐어링 후 3~4℃에서 저장하고, 고구마는 10~15℃에서 큐어링 후 13~15℃에서 저장한다.
③ 가공용 감자는 당함량 증가 억제를 위해 10℃에서 저장하고, 고구마는 30~33℃에서 큐어링 후 3~5℃에서 저장한다.
④ 가공용 감자는 당함량 증가 억제를 위해 3~4℃에서 저장하고, 식용감자는 10~15℃에서 큐어링 후 3~4℃에서 저장한다.

**해설** 식용감자는 10~15℃에서 큐어링 후 3~4℃에서 저장하고, 가공용 감자는 당함량 증가 억제를 위해 10℃에서 저장하며, 고구마는 30~33℃에서 큐어링 후 13~15℃에서 저장한다.

## 13

작물의 저장 방법에 대한 설명으로 옳지 않은 것은?

20 국가직 7급 기출

① 마늘은 수확 직후 예건과정을 거쳐서 수분함량을 65% 정도로 낮추어야 한다.
② 식용감자의 안전한 저장 온도는 8~10℃이다.
③ 양파는 수확 후 송풍큐어링한 후 저장한다.
④ 감자는 수확 직후 10~15℃로 큐어링한 후 저장한다.

**해설** ② 식용감자는 10~15℃에서 2주일 정도 큐어링 후 3~4℃에서 저장한다.

## 14

큐어링(Curing)을 한 고구마의 안전저장 온도는?

10 지방직 기출

① 3~5℃
② 8~10℃
③ 13~15℃
④ 18~20℃

**해설** 고구마는 30~33℃에서 큐어링 후 13~15℃에서 저장한다.

## 15

작물별 안전저장 조건에 대한 설명으로 옳지 않은 것은?

13 지방직 기출

① 쌀의 안전저장 조건은 온도 15℃, 상대습도 약 70%이다.
② 고구마의 안전저장 조건(단, 큐어링 후 저장)은 온도 13~15℃, 상대습도 약 85~90%이다.
③ 과실의 안전저장 조건은 온도 0~4℃, 상대습도 약 80~85%이다.
④ 바나나의 안전저장 조건은 온도 0~5℃, 상대습도 약 70~75%이다.

해설 바나나는 저온장해를 받는 작물로 온도는 13℃이고, 상대습도 90%이다. 바나나의 경우 적온은 10~12℃인데 0℃로 저장하면 저온 장해가 일어나 품질이 크게 떨어진다.

## 16

농산물의 안전 저장에 대한 설명 중 옳지 않은 것은?

07 국가직 기출

① 상처가 난 고구마, 감자 등은 저장성을 높이기 위하여 큐어링이 필요하다.
② 곡물 저장 시 수분함량을 13% 이하로 하면 미생물의 번식이 억제된다.
③ 수분함량이 높은 채소와 과일은 수분 증발을 촉진시켜 저장 중 품질을 유지한다.
④ 저장실에 이산화탄소의 농도를 높이면 과일의 저장성을 향상시킬 수 있다.

해설 ③ 수분함량이 높은 채소와 과일은 수분 증발을 억제해야 저장 중 품질이 유지된다.

## 17

저장고 내부의 산소농도를 낮추기 위해 이산화탄소 농도를 높여 농산물의 저장성을 향상시키는 방법은?

18 지방직 기출

① 큐어링저장
② 예냉저장
③ 건조저장
④ CA저장

해설 CA(Controlled Atmosphere)저장
과실은 산소를 마시고 이산화탄소를 내뿜는 호흡을 하는데, 저장실의 산소농도를 낮추고 이산화탄소농도를 높여 호흡을 억제시키는 것을 말한다.

## 18

농산물의 저장에 대한 설명으로 옳지 않은 것은?

12 국가직 기출

① 저장에 영향을 끼치는 중요한 요인은 저장온도와 수분함량이다.
② 곡물은 저장 중 $\alpha$-아밀라아제의 작용으로 전분이 분해되어 환원당 함량이 증가한다.
③ 고구마, 감자 등은 수확작업 중 발생한 상처를 치유하기 위해 큐어링을 한다.
④ 과실의 CA저장기술은 저장 중 $CO_2$의 농도를 낮추어 세포의 호흡소모나 변질을 감소시킨다.

해설 CA효과는 높은 농도의 이산화탄소와 낮은 농도의 산소조건에서 생리대사율을 저하시킴으로써 품질 변화를 지연시킨다.

## 19

저온저장에 CA(Controlled Atmosphere) 조건까지 추가할 경우 농산물의 저장성이 향상되는 이유는?

13 국가직 기출

① 호흡속도 감소
② 품온저하 촉진
③ 상대습도 증가
④ 적정온도 유지

해설 CA저장은 일반저온 저장고에 비해 과실의 호흡량과 에틸렌 발생량은 감소시켜 과실의 품질저하 속도를 늦추어 농산물의 저장성이 향상되게 한다.

## 20

벼 조식재배에 의해 수량이 높아지는 이유가 아닌 것은?

17 국가직 기출

① 단위면적당 수수의 증가
② 단위면적당 영화수의 증가
③ 등숙률의 증가
④ 병해충의 감소

해설 **벼의 수량구성요소**
수량＝단위면적당 수수×1수영화수×등숙비율×1립중

# PART 05

# 기출문제

## 01

다음 중 작물의 화성을 유도하는 데 가장 큰 영향을 미치는 외적 환경 요인은?

① 수분과 광도
② 수분과 온도
③ 온도와 일장
④ 토양과 질소

해설 **화성유도의 외적 요인**
- 화성의 유도에는 특수환경, 특히 일정한 온도와 일장이 관여한다.
- 버널리제이션(Vernalization)과 감온성의 관계

## 02

신품종의 종자증식 보급체계를 순서대로 바르게 나열한 것은?

① 기본식물 → 원원종 → 원종 → 보급종
② 기본식물 → 원종 → 원원종 → 보급종
③ 원원종 → 원종 → 기본식물 → 보급종
④ 원종 → 원원종 → 기본식물 → 보급종

해설 **우리나라 종자증식체계**
기본식물 → 원원종 → 원종 → 보급종

## 03

우량품종이 확대되는 과정에서 나타나는 '유전적 취약성'에 대한 설명으로 옳은 것은?

① 자연에 있는 유전변이 중에서 인류가 이용할 수 있거나 앞으로 이용가능한 것
② 대립유전자에서 그 빈도가 무작위적으로 변동하는 것
③ 소수의 우량품종으로 인해 유전적 다양성이 줄어드는 것
④ 병해충이나 냉해 등 재해로부터 급격한 피해를 받게 되는 것

해설 ① 작물육종, ② 유전적 부동, ③ 유전적 침식
**유전적 취약성**
소수의 우량품종을 확대 재배함으로써 병해충 등 재해로부터 일시에 급격한 피해를 받게 되는 현상

## 04

**종자의 발아과정 단계를 순서대로 바르게 나열한 것은?**

① 분해효소의 활성화 → 수분흡수 → 배의 생장 → 종피의 파열
② 분해효소의 활성화 → 종피의 파열 → 수분흡수 → 배의 생장
③ 수분흡수 → 분해효소의 활성화 → 종피의 파열 → 배의 생장
④ 수분흡수 → 분해효소의 활성화 → 배의 생장 → 종피의 파열

> **해설** 종자의 발아과정
> 수분의 흡수 → 저장양분 분해효소 생성 및 활성화 → 저장양분의 분해, 전류 및 재합성 → 배의 생장 개시 → 종피의 파열 → 유묘 출현

## 05

**작물의 내동성을 증대시키는 요인으로 옳지 않은 것은?**

① 원형질단백질에 –SH기가 많다.
② 원형질의 수분투과성이 크다.
③ 세포 내에 전분과 지방 함량이 높다.
④ 원형질에 친수성 콜로이드가 많다.

> **해설** ③ 원형질에 전분 함량이 많으면 기계적 견인력에 의해 내동성이 감소한다.

## 06

**토양의 수분항수에 대한 설명으로 옳지 않은 것은?**

① 최대용수량은 모관수가 최대로 포함된 상태로 pF는 0이다.
② 포장용수량은 중력수를 배제하고 남은 상태의 수분으로 pF는 1.0~2.0이다.
③ 초기위조점은 식물이 마르기 시작하는 수분 상태로 pF는 약 3.9이다.
④ 흡습계수는 상대습도 98%(25℃)의 공기 중에서 건조토양이 흡수하는 수분 상태로 pF는 4.5이다.

> **해설** ② 포장용수량은 수분이 포화된 상태의 토양에서 증발을 방지하면서 중력수를 완전히 배제하고 남은 수분상태를 말하며, 최소용수량이라고도 한다. pF는 2.5~2.7(1/3~1/2기압)이다.

## 07

**다음에서 설명하는 원소를 옳게 짝 지은 것은?**

> (가) 필수원소는 아니지만, 화곡류에는 그 함량이 많으며 병충해 저항성을 높이고 수광태세를 좋게 한다.
> (나) 두과작물에서 뿌리혹 발달이나 질소고정에 관여하며 결핍되면 단백질 합성이 저해된다.

|   | (가) | (나) |
|---|------|------|
| ① | 규소 | 나트륨 |
| ② | 나트륨 | 셀레늄 |
| ③ | 셀레늄 | 코발트 |
| ④ | 규소 | 코발트 |

해설 **규소(Si)**

- 화본과식물의 경우 다량으로 흡수하나, 필수원소는 아니다.
- 화본과작물의 가용성 규산화 유기물의 사용은 생육과 수량에 효과가 있다.
- 경엽의 직립화로 수광상태가 좋아져 광합성에 유리하고 뿌리의 활력이 증대된다.
- 병에대한 저항성을 높이고, 도복의 저항성도 강하다.

**코발트(Co)**

- 비타민 $B_{12}$를 구성하는 금속성분으로 부족 시 단백질 합성이 저해된다.
- 콩과작물의 근류군 형성에 관여하며, 뿌리혹 발달이나 질소고정에 필요하다.

## 08

**작물별 안전저장 조건으로 옳지 않은 것은?**

① 가공용 감자는 온도 3~4℃, 상대습도 85~90%이다.

② 고구마는 온도 13~15℃, 상대습도 85~90%이다.

③ 상추는 온도 0~4℃, 상대습도 90~95%이다.

④ 벼는 온도 15℃ 이하, 상대습도 약 70%이다.

해설 ① 씨감자에 대한 설명이다. 가공용 감자는 당함량 증가 억제를 위해 10℃에서 저장한다.

## 09

**일반적인 재배 조건에서 탄산가스 시비에 대한 설명으로 옳지 않은 것은?**

① 시설재배 과채류의 착과율을 증대시킨다.

② 시설 내 탄산가스 농도는 일출 직전이 가장 높다.

③ 온도와 광도가 높아지면 탄산시비 효과가 더 높아진다.

④ 탄산가스의 공급 시기는 오전보다 오후가 더 효과적이다.

해설 ④ 탄산가스의 공급 시기는 오후보다 오전 일출 후에 더 효과적이다.

**일출과 일몰(탄산가스 사용시기)**

- 탄산가스 사용시각은 일출 30분 후부터 2~3시간이나, 환기를 하지 않을 때에도 3~4시간 이내로 제한한다.
- 일출 후 시설 내 기온이 올라가고 광의 강도가 강해지면서 식물의 광합성 활동이 증가하기 때문에 $CO_2$ 함량은 급격히 감소한다. 이때 탄산시비가 필요한 것이다.
- 오후에는 광합성 능력이 낮아지므로 $CO_2$를 사용할 필요가 없고 전류를 촉진하도록 유도한다.

## 10

**원예작물의 수확 후 손실에 대한 설명으로 옳지 않은 것은?**

① 수분손실의 대부분은 호흡작용에 의한 것이다.

② 수확 후에도 계속되는 호흡으로 중량이 감소하고 수분과 열이 발생한다.

③ 수확 후 에틸렌 발생량은 비호흡급등형보다 호흡급등형 과실에서 더 많다.

④ 일반적으로 식량작물에 비해 원예작물은 수분손실률이 더 크다.

해설 ① 증산에 의한 수분손실은 호흡에 의한 손실보다 10배나 크며, 이 중 90%는 기공증산, 8~10%는 표피증산을 통해 손실된다.

## 11

야생식물에 비해 재배식물의 특성으로 옳은 것은?

① 열매나 과실의 탈립성이 크다.
② 일정 기간에 개화기가 집중된다.
③ 종자에 발아억제물질이 많다.
④ 종자나 식물체의 휴면성이 크다.

해설 ① 약자의 탈립성이 작다.
③·④ 종자는 발아억제물질이 감소되어 휴면성이 약화된다.

## 12

해충에 대한 생물적 방제법이 아닌 것은?

① 길항미생물을 살포한다.
② 생물농약을 사용한다.
③ 저항성 품종을 재배한다.
④ 천적을 이용한다.

해설 ③ 저항성 품종을 재배하는 것은 경종적 방제법이다.

## 13

다음에서 설명하는 용어로 옳은 것은?

> 작물의 생식에서 수정과정을 거치지 않고 배가 만들어져 종자를 형성하는 것으로 무수정생식이라고도 한다.

① 아포믹시스
② 영양생식
③ 웅성불임
④ 자가불화합성

해설 ② 영양생식은 무성생식의 한 종류로 고등식물의 영양기관인 뿌리, 줄기, 잎의 일부분에서 새로운 개체가 형성되는 방법이다.
③ 웅성불임성은 유전자작용에 의하여 화분이 형성되지 않거나, 제대로 발육하지 못하여 종자를 만들지 못하는 현상을 말한다.
④ 자가불화합성은 식물체가 정상적인 꽃가루와 배낭을 가지고 있으면서도 자가수정을 하면 결실되지 않는 현상을 말한다.

## 14

기지현상과 작부체계에 대한 설명으로 옳지 않은 것은?

① 답리작으로 채소를 재배하면 기지현상이 줄어든다.
② 순3포식 농법은 휴한기에 두과나 녹비작물을 재배한다.
③ 연작장해로 1년 휴작이 필요한 작물은 시금치, 파 등이다.
④ 중경작물이나 피복작물을 윤작하면 잡초 경감에 효과적이다.

해설 ② 개량삼포식 농법에 대한 설명이다.
**순삼포식 농법과 개량삼포식 농법**
• 순삼포식 농법 : 경지를 3등분하여 2/3에 추파 또는 춘파곡물을 재배하고 1/3은 휴한하는 것을 순차적으로 교차하는 작부 방식이다.
• 개량삼포식 농법 : 삼포식 농법과 같이 1/3은 휴한하나, 휴한지에 클로버, 알팔파, 베치 등의 콩과 녹비작물을 재배하여 지력증진을 도모하는 방식이다.

## 15

식물의 광합성에 관한 설명으로 옳은 것은?

① $C_3$ 식물은 $C_4$ 식물에 비해 이산화탄소의 보상점과 포화점이 모두 낮다.
② 강광이고 고온이며 $O_2$ 농도가 낮고 $CO_2$ 농도가 높을 때 광호흡이 높다.
③ 일반적인 재배조건에서 온도계수($Q_{10}$)는 저온보다 고온에서 더 크다.
④ 양지식물은 음지식물에 비해 광보상점과 광포화점이 모두 높다.

해설 ① $C_3$ 식물은 $C_4$ 식물에 비해 이산화탄소의 보상점은 높고 포화점이 낮다.
② $O_2$ 농도가 높고 $CO_2$ 농도가 낮을 때 광호흡이 높다.
③ 온도계수($Q_{10}$)는 고온보다 저온에서 크며, 온도가 적온보다 높으면 광합성은 둔화된다.

## 16

$1m^2$에 재배한 벼의 수량구성요소가 다음과 같을 때, 10a당 수량[kg]은?

- 유효분얼수 : 400개
- 1수영화수 : 100개
- 등숙률 : 80%
- 천립중 : 25g

① 400
② 500
③ 750
④ 800

해설 **곡류의 수량구성요소**
수량 = 단위면적당 수수×1수영화수×등숙비율 ×1립중
즉, 400×100×0.8×0.025 = 800

## 17

조합능력에 대한 설명으로 옳지 않은 것은?

① 상호순환선발법을 통해 일반조합능력과 특정조합능력을 개량한다.
② 일반조합능력은 어떤 자식계통이 다른 많은 검정계통과 교배되어 나타나는 1대잡종의 평균잡종강세이다.
③ 조합능력은 1대잡종이 잡종강세를 나타내는 교배친의 상대적 능력이다.
④ 특정조합능력은 다계교배법을 통해 자연방임으로 자가수분시켜 검정한다.

해설 ④ 특정조합능력은 특정한 검정친과 교배된 1대잡종에서만 나타나는 잡종강세의 정도를 말한다.

## 18

아조변이에 대한 설명으로 옳지 않은 것은?

① 주로 생식세포에서 일어나는 돌연변이이다.
② 생장점에서 돌연변이가 발생하는 경우가 많다.
③ 햇가지에서 생기는 돌연변이의 일종이다.
④ '후지' 사과와 '신고' 배는 아조변이로 얻어진 것이다.

해설 **아조변이**
- 과수의 햇가지에 생기는 돌연변이를 말한다.
- 생장중인 가지 및 줄기의 생장점의 유전자에 돌연변이가 일어나 두셋의 형질이 다른 가지나 줄기가 생기는 현상으로 가지변이라고도 한다.
- 아조변이 품종을 다시 아조변이하여 원래의 품종으로 되돌아가는 것을 격세유전이라고 한다.
- 아조변이의 대표적 예로는 '후지' 사과, '스타킹 딜리셔스' 사과, '신고' 배 등이 있다.

## 19

작물의 생육에서 변온의 효과에 대한 설명으로 옳은 것은?

① 고구마는 변온보다 30℃ 항온에서 괴근 형성이 촉진된다.
② 감자는 밤의 기온이 10~14℃로 저하되는 변온에서는 괴경의 발달이 느려진다.
③ 맥류는 야간온도가 높고 변온의 정도가 상대적으로 작을 때 개화가 촉진된다.
④ 벼는 밤낮의 온도차이가 작을 때 등숙에 유리하다.

해설  ① 고구마는 29℃의 항온보다 20~29℃ 변온에서 덩이뿌리의 발달이 촉진된다.
② 감자는 야간온도가 10~14℃로 저하되는 변온에서 괴경의 발달이 촉진된다.
④ 벼는 변온이 커서 동화물질의 축적이 유리하여 등숙이 양호하다.

## 20

종자의 형태나 조성에 대한 설명으로 옳지 않은 것은?

① 종자가 발아할 때 배반은 배유의 영양분을 배축에 전달하는 역할을 한다.
② 벼와 겉보리는 과실이 영(穎)에 싸여있는 영과이다.
③ 쌍떡잎식물의 저장조직인 떡잎은 유전자형이 3n이다.
④ 옥수수 종자는 전분 세포층이 배유의 대부분을 차지한다.

해설  ③ 쌍떡잎식물의 저장조직인 떡잎은 유전자형이 2n이다. 유전자형이 3n인 것은 배유이다.

## 01

우리나라 식량작물 생산에 대한 설명으로 옳지 않은 것은?

① 옥수수, 밀, 콩 등의 국내 생산이 크게 부족하여 사료용을 포함한 전체 곡물자급률은 30% 미만으로 매우 낮다.
② 사료용을 포함한 곡물의 전체 자급률은 서류 > 보리쌀 > 두류 > 옥수수 순이다.
③ 곡물도입량은 옥수수 > 밀 > 콩 > 쌀 순이다.
④ 쌀을 제외한 생산량은 콩 > 감자 > 옥수수 > 보리 순이다.

해설 ④ 쌀을 제외한 생산량은 감자(서류) > 보리(맥류) > 콩(두류) > 옥수수(잡곡) 순이다.

## 02

작물의 생장과 발육에 대한 설명으로 옳지 않은 것은?

① 밤의 기온이 어느 정도 높아서 일중 변온이 작을 때 생장이 느리다.
② 작물의 생장은 진정광합성량과 호흡량 간의 차이에 영향을 받는다.
③ 토마토의 발육상은 감온상과 감광상을 뚜렷하게 구분할 수 없다.
④ 추파맥류의 발육상은 감온상과 감광상이 모두 뚜렷하다.

해설 ① 밤의 기온이 어느 정도 낮아 변온이 클 때는 생장이 느리다.

## 03

일장효과의 농업적 이용에 대한 설명으로 옳지 않은 것은?

① 고구마의 개화 유도를 위해 나팔꽃에 접목 후 장일처리를 한다.
② 국화는 조생국을 단일처리할 경우 촉성재배가 가능하다.
③ 일장처리를 통해 육종연한 단축이 가능하다.
④ 들깨는 장일조건에서 화성이 저해된다.

해설 ① 고구마순을 나팔꽃에 접목하고, 8~10시간 단일처리를 하면 인위적으로 개화가 유도되어 교배육종이 가능해진다.

## 04

1대잡종($F_1$) 품종의 종자를 효율적으로 생산하기 위하여 이용되는 작물의 특성은?

① 제웅, 자가수정
② 웅성불임성, 자가불화합성
③ 영양번식, 웅성불임성
④ 자가수정, 타가수정

해설 1대잡종($F_1$)종자의 채종은 인공교배 또는 웅성불임성 및 자가불화합성을 이용한다.

## 05

염색체상에 연관된 대립유전자 a, b, c가 순서대로 존재할 때, a-b 사이에 염색체의 교차가 일어날 확률은 10%, b-c 사이에 염색체의 교차가 일어날 확률은 20%이다. 여기서 a-c 사이에 염색체의 이중교차형이 1.4%가 관찰될 때 간섭계수는?

① 0.7
② 0.3
③ 0.07
④ 0.03

해설   간섭계수 = 1-일치계수

(일치계수 = $\dfrac{\text{이중교차의 관찰빈도}}{\text{이중교차의 기대빈도}}$ )

즉, 이중교차확률 = 0.1×0.2×100 = 2

일치계수는 1.4÷2 = 0.7

간섭계수는 1-0.7 = 0.3

## 06

이질배수체(복2배체)에 대한 설명으로 옳지 않은 것은?

① 게놈이 다른 양친을 각각 동질4배체로 만든 후 교배하여 육성할 수 있다.
② 이종게놈의 양친을 교배한 $F_1$의 염색체를 배가하여 육성할 수 있다.
③ 임성이 낮아지고 생육이 지연되지만 영양 및 생식 기관의 생육이 증진된다.
④ 맥류 중 트리티케일은 대표적인 이질배수체이다.

해설   ③ 동질배수체에 대한 설명이다. 임성이 저하되고 발육이 지연되지만 세포가 커지고, 영양기관의 발육이 왕성하여 거대화된다.

## 07

토양입단에 대한 설명으로 옳은 것은?

① 칼슘이온의 첨가는 토양입단을 파괴한다.
② 모관공극이 발달하면 토양의 함수 상태가 좋아지나, 비모관공극이 발달하면 토양통기가 나빠진다.
③ 유기물 시용은 토양입단 형성에 효과적이나 석회의 시용은 토양입단을 파괴한다.
④ 콩과작물은 토양입단을 형성하는 효과가 크다.

해설   ①·③ 석회의 시용은 유기물의 분해를 촉진하고, 칼슘이온 등은 토양입자를 결합시키는 작용을 한다.
  ② 토양에 입단구조가 형성되면 모관공극(소공극)과 비모관공극(대공극)이 균형있게 발달하여 토양통기가 좋아지고 빗물의 지중 침투가 많아지며, 지하수의 불필요한 증발도 억제된다.

## 08

군락의 수광태세가 좋아지는 벼의 초형이 아닌 것은?

① 잎이 얇고 약간 넓다.
② 분얼이 약간 개산형이다.
③ 각 잎이 공간적으로 균일하게 분포한다.
④ 상위엽이 직립한다.

해설   ① 잎이 얇지 않고, 약간 좁다.

## 09

**식물의 굴광성에 대한 설명으로 옳은 것은?**

① 뿌리는 양성 굴광성을 나타낸다.
② 광을 생장점 한쪽에 조사하면 조사된 쪽의 옥신 농도가 높아진다.
③ 덩굴손의 감는 현상은 굴광성으로 설명할 수 있다.
④ 굴광성에는 청색광이 가장 유효하다.

> **해설** ① 뿌리는 배광성을 나타낸다.
> ② 광이 조사된 쪽은 옥신의 농도가 낮아지고, 반대쪽은 옥신의 농도가 높아지면서 옥신의 농도가 높은 쪽의 생장속도가 빨라져 생기는 현상이다.
> ③ 덩굴손의 감는 현상은 굴촉성으로 설명할 수 있다.

## 10

**화본과작물의 군락상태에서 최적엽면적지수에 대한 설명으로 옳지 않은 것은?**

① 일사량이 줄어들면 최적엽면적지수는 작아진다.
② 최적엽면적지수가 커지면 군락의 건물 생산이 늘어나 수량이 증대된다.
③ 수평엽 품종은 직립엽 품종에 비해 최적엽면적지수가 크다.
④ 최적엽면적지수 이상으로 엽면적지수가 늘어나면 건물 생산은 감소한다.

> **해설** ③ 수평엽 품종은 직립엽 품종에 비해 최적엽면적지수가 작다.

## 11

**우리나라 잡초 중 주로 밭에서 발생하는 잡초로만 짝지어진 것은?**

① 돌피 – 올방개 – 바랭이
② 알방동사니 – 가막사리 – 물피
③ 둑새풀 – 가막사리 – 돌피
④ 바랭이 – 깨풀 – 둑새풀

> **해설** 우리나라 주요 밭잡초
>
> | 1년생 | 다년생 |
> |---|---|
> | • 화본과 : 바랭이, 강아지풀, 돌피, 둑새풀(2년생)<br>• 방동사니과 : 참방동사니, 금방동사니, 알방동사니<br>• 광엽잡초 : 깨풀, 개비름, 명아주, 여뀌, 쇠비름 등 | • 화본과 : 참새띠, 띠<br>• 방동사니과 : 향부자<br>• 광엽잡초 : 쑥, 씀바귀, 민들레, 쇠뜨기, 토끼풀, 메꽃 |

## 12

**콩과에 속하지 않는 사료작물은?**

① 앨팰퍼
② 화이트클로버
③ 티머시
④ 레드클로버

> **해설** 사료작물으로서 티머시는 화본과에 속하고 앨팰퍼(알팔파)와 클로버는 두과에 속한다.

## 13

제초제의 활성에 따른 분류에 대한 설명으로 옳은 것은?

① Bentazon, 2,4-D 등 선택성 제초제는 작물에는 피해가 없고 잡초에만 피해를 준다.
② Simazine, Alachlor 등 비선택성 제초제는 작물과 잡초가 혼재되어 있지 않은 곳에서 사용된다.
③ Bentazon, Diquat 등 접촉형 제초제는 처리된 부위로부터 양분이나 수분의 이동을 통하여 다른 부위에도 약효가 나타난다.
④ Paraquat, Glyphosate 등 이행형 제초제는 처리된 부위에서 제초효과가 일어난다.

해설 ② Simazine은 선택성, Alachlor는 이행성 제초제이다.
③ 접촉형 제초제는 제초제를 식물체에 처리했을 때 식물체의 접촉부위에서만 살초력을 발휘한다.
④ 이행성 제초제는 제초제가 처리된 부위로부터 양분이나 수분의 이동경로를 통해 이동하여 다른 부위에도 약효가 나타난다.

## 14

비료요소에 대한 설명으로 옳지 않은 것은?

① 유기물을 함유하지 않은 암모니아태질소를 해마다 사용하면 지력 소모가 일어나고 토양이 산성화된다.
② 과인산석회의 인산은 대부분 수용성이고 속효성이며, 산성토양에서는 철·알루미늄과 반응하여 토양에 고정되므로 흡수율이 높다.
③ 칼리질 비료로 사용되는 칼리는 거의 수용성이고 속효성이다.
④ 칼슘은 다량으로 요구되는 필수원소나 간접적으로는 토양의 물리적, 화학적 성질을 개선한다.

해설 ② 과인산석회의 인산은 산성토양에서 철, 알루미늄과 반응하여 불용화되고 토양에 고정되어 흡수율이 극히 낮다.

## 15

정밀농업에 대한 설명으로 옳지 않은 것은?

① 첨단공학기술과 과학적인 측정수단을 통하여 토양의 특성과 작물의 생육 상황을 포장 수 미터 단위로 파악하여 활용하는 농업기술이다.
② 대형 농기계를 이용하여 포장 단위로 일정한 양의 농약과 비료를 균등하게 살포하는 기술이다.
③ 전산화된 지리정보시스템 지도와 데이터베이스를 기반으로 생육환경 정보를 처리하여 농자재 투입 처방을 결정한다.
④ 농업 생산성 증대, 오염의 최소화, 농산물의 안전성 확보, 농가 소득 증대 등의 효과가 있다.

해설 ② 정밀농업은 정보통신기술(ICT)을 이용해 작물 재배에 영향을 미치는 요인에 관한 정보를 수집하고, 정밀분석을 통해 불필요한 농자재 및 작업을 최소화하면서 작물 생산 관리의 효율을 최적화하는 시스템이다.

## 16

목초의 하고현상에 대한 설명으로 옳지 않은 것은?

① 스프링플러시가 심할수록 하고가 심하다.
② 초여름의 장일조건은 하고를 조장한다.
③ 여름철 기온이 서늘하고 토양수분함량이 높을수록 촉진된다.
④ 사료의 공급을 계절적으로 평준화하는 데 불리하다.

해설 ③ 하고현상은 여름철에 기온이 높고 건조가 심할수록 급증한다.

## 17

**작휴방법별 특징을 기술한 것으로 옳은 것은?**

① 평휴법으로 재배 시 건조해와 습해 발생의 우려가 커진다.

② 휴립구파법은 맥류 재배 시 한해(旱害)와 동해를 방지할 목적으로 이용된다.

③ 휴립휴파법으로 재배 시 토양통기와 배수가 불량해진다.

④ 성휴법으로 맥류 답리작 산파 재배 시 생장은 촉진되나 파종 노력이 많이 든다.

> **해설** ① 평휴법은 이랑과 고랑의 높이를 같게 하는 방식으로 건조해와 습해가 동시에 완화되며, 밭벼 및 채소 등의 재배에 실시된다.
> ③ 휴립휴파법은 이랑을 세우고 이랑에 파종하는 방식으로 배수와 토양 통기가 좋아진다.
> ④ 성휴법은 이랑을 보통보다 넓고 크게 만드는 방식으로 맥류 답리작 재배의 경우 파종 노력을 점감할 수 있다.

## 18

**맥류의 기계화재배 적응품종에 대한 설명으로 옳지 않은 것은?**

① 조숙성, 다수성, 내습성, 양질성 등의 특성을 지니고 있어야 한다.

② 기계 수확을 하게 되므로 초장은 100cm 이상이 적합하다.

③ 골과 골 사이가 같은 높이로 편평하게 되므로 한랭지에서는 내한성이 강해야 한다.

④ 잎이 짧고 빳빳하여 초형이 직립인 것이 알맞다.

> **해설** ② 맥류의 기계화재배 시 초장은 70cm 정도의 중간크기가 적합하다.

## 19

**토양에 유안과 요소비료를 각각 10kg 시비하였다면 이를 통해서 공급하는 질소(N)의 양[kg]은?**

|   | 유 안 | 요 소 |
|---|---|---|
| ① | 1.0 | 1.0 |
| ② | 2.1 | 2.5 |
| ③ | 2.1 | 4.6 |
| ④ | 3.3 | 2.2 |

> **해설** ③ 대표적 질소비료로서 100kg 기준 유안(황산암모늄)은 21kg, 요소는 46kg의 질소성분을 가지고 있다. 즉, 10kg 기준으로 질소(N)의 양을 보았을 때 유안(황산암모늄)은 2.1kg, 요소는 4.6kg이다.

## 20

**퇴비 제조에 사용되는 재료 중 C/N율이 가장 높은 것은?**

① 자운영

② 쌀 겨

③ 밀 짚

④ 콩깻묵

> **해설** C/N율
> 밀짚(72) > 쌀겨(22) > 자운영(16) > 콩깻묵(2.4)

## 01

식물학적 기준에 따라 작물을 분류하였을 때, 연결이 옳지 않은 것은?

① 십자화과 식물 − 무, 배추, 고추, 겨자
② 화본과 식물 − 벼, 옥수수, 수수, 호밀
③ 콩과 식물 − 동부, 팥, 땅콩, 자운영
④ 가지과 식물 − 감자, 담배, 토마토, 가지

해설 ① 고추는 가지과에 속한다.
**십자화과 식물**
배추, 무, 알타리무, 겨자채, 갓, 양배추, 꽃양배추, 냉이, 유채 등

## 02

식물의 염색체에 일어나는 수적 변이에서 염색체 수가 게놈의 기본 수와 같거나 정의 배수 관계가 아닌 것은?

① 이수체
② 반수체
③ 동질배수체
④ 이질배수체

해설 **이수체(이수성, Heteroploid, Aneuploid)**
• 이수체의 원인은 염색체의 비분리현상(Non-disjunction)이다.
• 2배체 식물이 제1감수분열을 할 때 1개의 상동염색체쌍이 분리되지 않고 한쪽 극으로 이동하면 $n+1$ 배우자와 $n-1$ 배우자가 형성된 후, 이 배우자들이 정상 배우자($n$)와 수정되면 3염색체 생물($2n+1$)과 1염색체 생물($2n-1$)이 되어 이수체가 된다.
• 이수체는 감수분열을 할 때 염색체의 중복과 결실로 치사작용을 일으켜 식물체가 생존할 수 없게 된다(자연계에 흔하게 존재하지 않음).
• 3염색체 분석 : 2배체와 3염색체 생물은 교배하면 유전분리비가 2배체 경우와 달라 특정 유전자의 염색체상 위치를 알 수 있다.

# 03

**작물 수량 삼각형에 대한 설명으로 옳지 않은 것은?**

① 유전성, 재배환경 및 재배기술을 세 변으로 한다.
② 작물의 최대수량을 얻기 위해서는 좋은 환경에서 우수한 품종을 선택하여 적절한 재배기술을 적용한다.
③ 3요소 중 어느 한 요소가 가장 클 때 최대수량을 얻을 수 있다.
④ 삼각형의 면적은 생산량을 표시한다.

**해설** **작물 수량 삼각형**

- 작물생산량은 재배작물의 환경조건, 유전성, 재배기술이 좌우한다.
- 작물수량은 환경, 유전성, 기술의 세 변으로 구성된 삼각형 면적으로 표시된다.
- 최대수량의 생산은 좋은 환경과 유전성이 우수한 품종, 적절한 재배기술이 필요하다.
- 작물수량의 삼각형에서 삼각형의 면적은 생산량을 의미한다.
- 면적의 증가는 재배환경 · 유전성 · 재배기술의 세 변이 균형 있게 발달하여야 한다.
- 삼각형의 두 변이 잘 발달하였더라도 한 변이 발달하지 못하면 면적은 작아지게 되고, 여기에는 최소율의 법칙이 적용된다.
- 우수한 유전성을 지닌 작물의 품종을 육성하여 더욱 양호한 재배환경을 조성하고 작물의 생육이 더욱 잘 되도록 여러 가지 재배기술을 적용할 때 최대의 수량을 얻을 수 있다.

# 04

**일장처리에 따른 개화 여부가 나머지 셋과 다른 것은?**

① 장일식물

24시간 | | 임계암기 |
| 명 | | 암 |

② 장일식물

24시간 | | | 임계암기 |
| 명 | 암 | 명 | | 암 |

③ 단일식물

24시간 | | 임계암기 |
| 명 | | 암 |

④ 단일식물

24시간 | | | 임계암기 |
| 명 | 암 | | 명 | 암 |

**해설** ④ 야간조파로 인하여 개화가 억제될 가능성이 높다. 야간조파에 의해 개화가 억제될 가능성이 높은 작물의 단일식물로는 국화, 콩, 들깨, 조, 기장, 피, 옥수수, 담배, 아마, 호박, 오이, 늦벼, 나팔꽃 등이 있다.

**장일식물**
- 장일상태(보통 16~18시간)에서 화성이 유도 · 촉진되는 식물로, 단일상태는 개화를 저해한다.
- 최적일장 및 유도일장 주체는 장일 측에 있고, 한계일장은 단일 측에 있다.
예 추파맥류, 시금치, 양파, 상추, 아마, 티머시, 양귀비, 완두, 아주까리, 감자 등

**단일식물**
- 단일상태(보통 8~10시간)에서 화성이 유도 · 촉진되며, 장일상태는 이를 저해한다.
- 최적일장 및 유도일장의 주체는 단일 측에 있고, 한계일장은 장일 측에 있다.
예 벼의 만생종, 국화, 콩, 담배, 들깨, 조, 기장, 피, 옥수수, 담배, 아마, 호박, 오이, 나팔꽃, 사르비아, 코스모스, 도꼬마리, 목화 등

## 05

다음 글에서 설명하는 원소는?

> 작물 재배에 있어 필수원소는 아니지만 셀러리, 사탕무, 목화, 양배추 등에서 시용 효과가 인정되며, 기능적으로 칼륨과 배타적 관계이지만 제한적으로 칼륨의 기능을 대신할 수 있다.

① 나트륨(Na)
② 코발트(Co)
③ 염소(Cl)
④ 몰리브덴(Mo)

**해설** ② 코발트(Co) : 비타민 $B_{12}$를 구성하는 금속성분이며, 콩과작물의 근류균의 활동에 영향을 준다.
③ 염소(Cl) : 광합성작용과 물의 광분해에 촉매작용을 하여 산소를 발생시키며, 세포의 삼투압 증진, 식물조직 수화작용의 증진, 아밀로스(Amylose) 활성증진, 세포즙액의 pH 조절기능을 한다.
④ 몰리브덴(Mo) : 질산환원효소의 구성성분이고, 근류균의 질소고정과 질소대사에 필요하며, 콩과작물이 많이 함유하고 있는 원소이다.

## 06

내건성이 큰 작물의 특징에 대한 설명으로 옳지 않은 것은?

① 건조할 때 호흡이 낮아지는 정도가 크고, 광합성이 감퇴하는 정도가 낮다.
② 건조할 때 단백질 및 당분의 소실이 늦다.
③ 뿌리 조직이 목화된 작물이 일반적으로 내건성이 강하다.
④ 세포의 크기가 작은 작물이 일반적으로 내건성이 강하다.

**해설** ③ 뿌리가 깊고, 지상부에 비하여 근군의 발달이 좋은 것이 내건성이 크다.

## 07

표는 무 종자 100립을 치상하여 5일 동안 발아시킨 결과이다. 발아율(發芽率), 발아세(發芽勢) 및 발아전(發芽揃) 일수(日數)는? (단, 발아세 중간조사일은 4일이다)

| 치상 후 일수 | 1 | 2 | 3 | 4 | 5 | 계 |
|---|---|---|---|---|---|---|
| 발아종자 수 | 2 | 20 | 30 | 30 | 10 | 92 |

| | 발아율(%) | 발아세(%) | 발아전 일수 |
|---|---|---|---|
| ① | 92 | 82 | 치상 후 4일 |
| ② | 92 | 82 | 치상 후 3일 |
| ③ | 82 | 92 | 치상 후 4일 |
| ④ | 82 | 92 | 치상 후 3일 |

**해설** • 발아율(파종된 총 종자 수에 대한 발아종자 수의 비율)
$(92/100) \times 100 = 92$
• 발아세(치상 후 일정 기간까지의 발아율 또는 표준발아검사에서 중간발아조사일까지의 발아율)
$\{(2+20+30+30)/100\} \times 100 = 82$
• 발아전 일수(종자의 80% 이상 발아한 날)
∴ 치상 후 4일

## 08

귀리의 외영색이 흑색인 것($AABB$)과 백색인 것($aabb$)을 교배한 F₁의 외영은 흑색($AaBb$)이고 자식세대인 F₂에서는 흑색($A\_B\_$, $A\_bb$)과 회색($aaB\_$) 및 백색($aabb$)이 12 : 3 : 1로 분리한다. 이러한 유전자 상호작용은?

① 우성상위(피복유전자)
② 열성상위(조건유전자)
③ 억제유전자
④ 이중열성상위(보족유전자)

해설 **우성상위(優性上位, 피복유전자)**
• 우성상위란 물질대사의 두 경로에서 $A$ 유전자가 작용하지 않을 때에만 $B$ 유전자의 작용이 나타나는 것이다(귀리의 외영색깔, 호박의 과색유전).
• 귀리의 외영색깔에서 양친 $AABB$(흑색)와 $aabb$(백색)를 교배하면
  - $F_1(AaBb)$은 흑색이고, $F_2$의 흑색($A\_B\_$, $A\_bb$) : 회색($aaB\_$) : 백미($aabb$)의 분리비는 12 : 3 : 1이다.
  - $F_2$에서 $aabb$가 백색이고 $aaB\_$가 회색이므로 우성유전자 $B$가 회색이 되게 하였다.
  - $A\_B\_$와 $A\_bb$가 흑색이므로 우성유전자 A가 흑색이 되며, 이때 $A$가 $B$에 상위성이므로 이를 우성상위라고 한다.

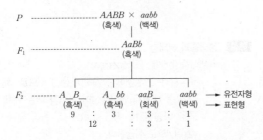

## 09

선택성 제초제인 2,4-D를 처리했을 때 효과적으로 제거할 수 있는 잡초는?

① 돌 피
② 바랭이
③ 나도겨풀
④ 개비름

해설 ① · ② · ③ 화본과, ④ 광역잡초
**선택성 제초제**
작물에 피해를 주지 않고 잡초에만 피해를 주는 제초제(예 2,4-D, Butachlor, Bentazone 등)

## 10

필수원소인 황(S)의 결핍에 대한 설명으로 옳지 않은 것은?

① 단백질의 생성이 억제된다.
② 콩과 작물의 뿌리혹박테리아에 의한 질소고정이 감소한다.
③ 체내 이동성이 높아 황백화는 오래된 조직에서 먼저 나타난다.
④ 세포분열이 억제되기도 한다.

해설 **황(S) 결핍**
황백화, 단백질 생성 억제, 엽록소의 형성 억제, 세포분열이 억제되고, 콩과작물에서는 근류균의 질소고정능력이 저하되며, 세포분열이 억제되기도 한다.

## 11

**종자 수명에 대한 설명으로 옳은 것은?**

① 알팔파와 수박 등은 단명종자이고, 메밀과 양파 등은 장명종자로 분류된다.

② 종자의 원형질을 구성하는 단백질의 응고는 저장종자 발아력 상실의 원인 중 하나이다.

③ 수분 함량이 높은 종자를 밀폐 저장하면 수명이 연장된다.

④ 종자 저장 중 산소가 충분하면 유기호흡이 조장되어 생성된 에너지를 이용하여 수명이 연장된다.

**해설** ① 알팔파와 수박은 장명종자이며, 메밀과 양파는 단명종자로 분류된다.
③ 종자를 건조시켜 밀폐 저장하면 수명이 연장된다.
④ 종자 저장 중 산소가 부족하면 유기호흡이 억제되어 종자 수명이 연장된다.

## 12

**정밀농업에 대한 설명으로 옳은 것은?**

① 작물양분종합관리와 병해충종합관리를 기반으로 화학비료와 농약 사용량을 크게 줄이는 것을 목표로 하는 농업이다.

② 궁극적인 목표는 비료, 농약, 종자의 투입량을 동일하게 표준화하여 과학적으로 작물을 관리하는 것이다.

③ 농산물의 안전성을 추구하는 농업으로 소비자의 알 권리를 위해 시행하는 우수농산물관리제도(GAP)이다.

④ 작물의 생육상태를 센서를 이용하여 측정하고, 원하는 위치에 원하는 농자재를 필요한 양만큼 투입하는 농업이다.

**해설** **정밀농업**
작물의 생육상태나 토양조건이 한 포장 내에서도 위치마다 다르므로 이러한 변이에 따라 위치별 적합한 농자재 투입과 생육관리를 통하여 수확량은 극대화하면서도 불필요한 농자재의 투입을 최소화해서 환경오염을 줄이는 농법이다.

## 13

**생태종(生態種)과 생태형(生態型)에 대한 설명으로 옳은 것만을 모두 고르면?**

> ㄱ. 하나의 종 내에서 형질의 특성이 다른 개체군을 아종(亞種)이라 한다.
> ㄴ. 아종(亞種)은 특정지역에 적응해서 생긴 것으로 작물학에서는 생태종(生態種)이라고 부른다.
> ㄷ. 1년에 2~3작의 벼농사가 이루어지는 인디카벼는 재배양식에 따라 겨울벼, 여름벼, 가을벼 등의 생태형(生態型)으로 분화되었다.
> ㄹ. 춘파형과 추파형을 갖는 보리의 생태형(生態型) 간에는 교잡친화성이 낮아 유전자교환이 잘 일어나지 않는다.

① ㄱ
② ㄱ, ㄴ
③ ㄱ, ㄴ, ㄷ
④ ㄱ, ㄴ, ㄷ, ㄹ

**해설** **생태종과 생태형**
- 생태종(生態種, Ecospecies)
  - 특정지역 및 환경에 적응하여 생긴 것으로, 하나의 종 내에서 형질특성에 차이가 나는 개체군을 아종(亞種, Subspecies), 변종(變種, Variety)으로 취급한다.
  - 생태종 사이에 형태적 차이는 교잡친화성이 낮아 유전자교환이 어렵기 때문에 발생한다.
  - 아시아벼의 생태종은 인디카(Indica), 열대자포니카(Tropical Japonica), 온대자포니카(Temperate Japonica)로 나누어진다.
- 생태형(生態型, Ecotype)
  - 생태종 내에서 재배유형이 다른 것을 생태형으로 구분한다.

- 인디카벼를 재배하는 인도, 파키스탄, 미얀마 등에서는 1년에 2~3모작이 이루어진다. 이에 따라 겨울벼(Boro), 여름벼(Aus), 가을벼(Aman) 등의 생태형이 분화되었다.
- 보리와 밀은 춘파형, 추파형의 생태형이 있다.
- 생태형끼리는 교잡친화성이 높기 때문에 유전자교환이 잘 일어난다.

# 14

사토(砂土)부터 식토(埴土) 사이의 토성을 갖는 모든 토양에서 재배 가능한 작물만을 모두 고르면?

| | |
|---|---|
| ㄱ. 콩 | ㄴ. 팥 |
| ㄷ. 오이 | ㄹ. 보리 |
| ㅁ. 고구마 | ㅂ. 감자 |

① ㄱ, ㄴ, ㄷ
② ㄱ, ㄴ, ㅂ
③ ㄷ, ㄹ, ㅁ
④ ㄹ, ㅁ, ㅂ

해설 **작물종류와 재배에 적합한 토성**

| 작물 | 사토 | 사양토 | 양토 | 식양토 | 식토 |
|---|---|---|---|---|---|
| 콩·팥 | ○ | ○ | ○ | ○ | ○ |
| 오이 | ○ | ○ | ○ | | |
| 보리 | | ○ | ○ | | |
| 고구마 | ○ | ○ | ○ | ○ | |
| 감자 | ○ | ○ | ○ | ○ | △ |

○ : 재배적지, △ : 재배 가능지

# 15

일장효과와 춘화처리에 대한 설명으로 옳은 것은?

① 춘화처리는 광주기와 피토크롬(Phytochrome)에 의해 결정된다.
② 일장효과는 생장점에서 감응하고 춘화처리는 잎에서 감응한다.
③ 대부분의 단일식물은 개화를 위해 저온춘화가 요구된다.
④ 지베렐린은 저온과 장일을 대체하여 화성을 유도하는 효과가 있다.

해설 ① 일장효과는 광주기, 특히 밤의 길이가 식물의 계절적 행동을 결정하며, 이러한 특성에는 피토크롬이라는 빛을 흡수하는 색소단백질이 관련되어 있다.
② 춘화처리에서 저온처리 자극의 감응부위는 생장점이며, 일장효과는 본엽이 나온 뒤 어느 정도 발육한 후에 감응한다.
③ 월동하는 작물의 경우에는 대체로 1~10℃의 저온에 의해서 춘화가 된다.

# 16

토양반응과 작물생육에 대한 설명으로 옳은 것은?

① 곰팡이는 넓은 범위의 토양반응에 적응하고 특히 알칼리성 토양에서 가장 번식이 좋다.
② 토양이 강알칼리성이 되면 질소(N), 철(Fe), 망간(Mn) 등의 용해도가 감소해 작물생육에 불리하다.
③ 몰리브덴(Mo)은 pH 8.5 이상에서 용해도가 급격히 감소하는 경향이 있다.
④ 근대, 완두, 상추와 같은 작물은 산성 토양에 대해서 강한 적응성을 보인다.

해설 ① 곰팡이는 산성 토양에서 가장 번식이 좋다.
③ 몰리브덴(Mo)은 pH 8.5 이상에서 용해도가 급격히 증가하는 경향이 있다.
④ 근대, 완두, 상추는 산성 토양에 대하여 약한 적응성을 보인다.

## 18

다음 중 (가)와 (나)에 해당하는 박과(Cucurbitaceae) 채소의 접목 방법을 바르게 연결한 것은?

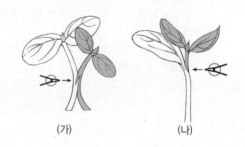

(가)        (나)

|   | (가) | (나) |
|---|------|------|
| ① | 삽 접 | 합 접 |
| ② | 호 접 | 합 접 |
| ③ | 삽 접 | 핀 접 |
| ④ | 호 접 | 핀 접 |

해설 (가)는 호접, (나)는 합접에 해당한다.

## 17

다음 특성을 갖는 토양에서 재배 적응성이 낮은 작물은?

> • 황산암모늄이나 염화칼륨과 같은 비료를 장기간 과량 연용한 지역에 토양개량 없이 작물을 계속해서 재배하고자 하는 토양
> • 인산(P)의 가급도가 급격히 감소한 토양

① 토란, 당근

② 시금치, 부추

③ 감자, 호박

④ 토마토, 수박

해설 황산암모늄과 염화칼륨은 산성비료이다. 따라서 산성토양에 약한 작물을 고르는 문제이다.

**산성토양에 대한 작물의 적응성**
• 극히 강한 것 : 벼, 밭벼, 귀리, 루핀, 토란, 아마, 기장, 땅콩, 감자, 봄무, 호밀, 수박 등
• 강한 것 : 메밀, 옥수수, 목화, 당근, 오이, 완두, 호박, 토마토, 밀, 조, 고구마, 담배 등
• 약간 강한 것 : 유채, 파, 무 등
• 약한 것 : 보리, 클로버, 양배추, 근대, 가지, 삼, 겨자, 고추, 완두, 상추 등
• 가장 약한 것 : 알팔파, 콩, 자운영, 시금치, 사탕무, 셀러리, 부추, 양파 등

## 19

다음 글에서 설명하는 피해에 대한 대책은?

논으로 사용하는 농지에 밀을 재배하였는데, 이로 인하여 종자근(種子根)이 암회색으로 되면서 쇠약해지고, 관근(冠根)의 선단이 진갈색으로 변하여 생장이 정지되고, 목화(木化)도 보였다.

① 뿌림골을 낮게 관리한다.
② 봄철 답압을 실시한다.
③ 모래를 객토한다.
④ 황과 철 비료를 시용한다.

해설  보기의 내용은 습해에 해당한다.

**습해 대책**
• 배수 : 토양의 과습을 근본적으로 시정할 수 있는 방법이다.
• 정지 : 밭에서는 휴립휴파, 논에서는 휴립재배, 경사지에서는 등고선재배 등을 한다.
• 시비 : 미숙유기물과 황산근비료의 시용을 피하고, 표층시비로 뿌리를 지표면 가까이 유도하고, 뿌리의 흡수장해 시 엽면시비를 한다.
• 토양개량 : 객토, 부식, 석회 및 토양개량제 등의 시용은 토양의 입단구조를 조성하여 공극량이 증대하므로 습해를 경감한다.
• 과산화석회($CaO_2$)의 시용 : 과산화석회를 종자에 분의하여 파종하거나, 토양에 혼입하면 산소가 방출되므로 습지에서 발아 및 생육이 조장된다.

## 20

결실을 직접적으로 조절·조장하는 방법에 대한 설명으로 옳지 않은 것은?

① 적화 및 적과는 과실의 품질 향상과 해거리를 방지하는 효과가 있다.
② 상품성 높은 씨 없는 과실을 만들기 위해 수박은 배수성 육종을 이용하고, 포도는 지베렐린 처리로 단위결과를 유도한다.
③ 과수의 적화제(摘花劑)로는 주로 꽃봉오리나 꽃의 화기에 장해를 주는 약제로 카르바릴과 NAA가 이용된다.
④ 옥신계통의 식물생장조절제를 살포하면 이층의 형성을 억제하여 후기낙과를 방지하는 효과가 크다.

해설  **적화제**
꽃봉오리 또는 꽃의 화기에 장애를 주는 약제로 질산암모늄($NH_4NO_3$), 요소, 계면활성제, DNOC (Sodium 4,6-Dinitro-Ortho-Cresylate), 석회황합제 등이 있다.

## 01

바빌로프가 주장한 작물의 기원지별 작물 분류로 옳지 않은 것은?

① 코카서스 · 중동지역 – 보통밀, 사과
② 중국지역 – 조, 진주조
③ 남아메리카지역 – 감자, 고추
④ 중앙아프리카지역 – 수수, 수박

**해설** 바빌로프(N.I. Vavilov)의 8개 지역으로 분류한 주요 작물의 재배 기원중심지
- 중국지구(중국의 평탄지, 중부와 서부의 산악지대) : 피, 보리, 메밀, 무, 마, 뚱딴지, 토란, 인삼, 가지, 오지, 상추, 배나무, 복숭아, 살구, 감귤, 감 등
- 인도, 동남아지구(인도의 대부분, 미얀마, 아삼 지방) : 벼, 가지, 오이, 참깨, 녹두, 토란, 후추, 망고, 목화, 율무, 코코야자, 바나나, 사탕수수
- 중앙아시아지구(인도의 서북부, 아프가니스탄, 파키스탄, 우즈베키스탄) : 밀, 완두, 잠두, 강낭콩, 참깨, 아마, 해바라기, 부추, 시금치, 포도, 호두, 올리브, 살구 등
- 근동지구(소아시아 내륙, 트랜스코카서스, 이란 전역, 터키의 고원지대) : 1립계와 2립계의 밀, 보리, 귀리, 알팔파, 사과, 배, 양앵두 등
- 지중해 연안지구(지중해 연안) : 2립계밀, 화이트 클로버, 베치, 유채, 무 등
- 에티오피아지구 : 진주조, 수수, 보리, 아마, 해바라기, 각종의 두류 등
- 중앙아메리카지구(멕시코 남부, 중아아메리카) : 옥수수, 고구마, 과수, 두류, 후추, 육지면, 카카오 등
- 남아메리카지구(페루, 에콰도르, 볼리비아) : 감자, 토마토, 고추, 담배, 호박, 파파야, 딸기, 파인애플, 땅콩, 카사바 등

## 02

무배유종자에 해당하는 작물은?

① 상추
② 벼
③ 보리
④ 양파

**해설**
- 배유종자 : 벼, 보리, 옥수수 등 화본과종자와 피마자, 양파 등
- 무배유종자 : 콩, 완두, 팥 등 두과종자와 상추, 오이 등

## 03

신품종의 3대 구비조건에 해당하지 않는 것은?

① 구별성
② 안정성
③ 우수성
④ 균일성

**해설** 신품종의 구비조건
- 구별성 : 한 가지 이상의 특성이 기존 품종과 뚜렷이 구별되어야 한다.
- 균일성 : 특성이 재배 및 이용상 지장이 없도록 균일해야 한다.
- 안정성 : 세대를 반복해서 재배해도 특성이 변하지 않아야 한다.

## 04

작물의 한해(旱害)에 대한 대책으로 옳지 않은 것은?

① 내건성이 강한 작물이나 품종을 선택한다.
② 인산과 칼리의 시비를 피하고 질소의 시용을 늘린다.
③ 보리나 밀은 봄철 건조할 때 밟아준다.
④ 수리불안전답은 건답직파나 만식적응재배를 고려한다.

> **해설** ② 퇴비, 인산, 칼륨이 결핍되거나 질소의 과다와 밀식은 한해를 조장한다.

## 05

유전적 침식에 대한 설명으로 옳은 것은?

① 작물이 원산지에서 멀어질수록 우성보다 열성 형질이 증가하는 현상
② 우량품종의 육성·보급에 따라 유전적으로 다양한 재래종이 사라지는 현상
③ 소수의 우량품종을 확대 재배함으로써 병충해나 자연재해로부터 일시에 급격한 피해를 받는 현상
④ 세대가 경과함에 따라 자연교잡, 돌연변이 등으로 종자가 유전적으로 순수하지 못하게 되는 현상

> **해설** 유전적 침식
> 소수의 우량품종들을 여러 지역에 확대 재배함으로써 유전적 다양성이 풍부한 재래품종들이 사라지는 현상이다.

## 06

밭작물의 토양처리제초제로 적합하지 않은 것은?

① Propanil　　　② Alachlor
③ Simazine　　　④ Linuron

> **해설** Propanil
> 담수직파, 건답직파에 주로 이용되는 경엽처리제초제이다.

## 07

화본과(禾本科)작물의 화분과 배낭 발달 및 수정에 대한 설명으로 옳지 않은 것은?

① 화분모세포가 두 번의 체세포분열이 일어나 화분으로 성숙한다.
② 각 화분에는 2개의 정세포와 1개의 화분관세포가 있다.
③ 배낭모세포로부터 분화하여 성숙된 배낭에는 반족세포, 극핵, 난세포, 조세포가 존재한다.
④ 배낭의 난세포와 극핵은 각각 정세포와 수정하여 배와 배유로 발달한다.

> **해설**
> • 수술의 약(葯, 꽃밥)에 있는 포원($2n$)세포가 몇 차례의 동형분열을 하여 화분모세포($2n$)가 되고, 화분모세포는 감수분열을 하여 $2n$이 $n$, $n$으로 되며, 다시 동형분열을 하여 $n \rightarrow n$으로 되어 4개의 반수체 소포자(小胞子, 화분세포)가 형성된다.
> • 4개의 화분세포는 다시 동형포분열이 일어나 1개의 정핵과 1개의 영양핵을 가진다.
> • 1개의 정핵은 다시 동형분열을 하여 2개의 정핵을 이루고, 1개의 4분자는 2개의 정핵과 1개의 영양핵을 가진 1개의 화분이 된다.

## 08

종자번식작물의 생식에 대한 설명으로 옳지 않은 것은?

① 수정에 의하여 접합자($2n$)를 형성하고, 접합자는 개체발생을 하여 식물체로 자란다.

② 수분(受粉)의 자극을 받아 난세포가 배로 발달하는 것을 위수정생식이라고 한다.

③ 감수분열 전기의 대합기에는 상동염색체 간에 교차가 일어나 키아스마(Chiasma)가 관찰된다.

④ 종자의 배유($3n$)에 우성유전자의 표현형이 나타나는 것을 크세니아(Xenia)라고 한다.

> **해설**  ③ 태사기(太絲期) 때 염색체의 일부가 서로 교환되는 교차가 일어나며, 염색체가 꼬인 것과 같은 모양을 하는 키아스마(Chiasma) 현상이 일어난다.

## 09

토양산성화의 원인이 아닌 것은?

① 토양 중의 치환성 염기가 용탈되어 미포화 교질이 늘어난 경우

② 산성비료의 연용

③ 토양 중에 탄산, 유기산의 존재

④ 규산염광물의 가수분해가 일어나는 지역

> **해설**  ④ 강우가 적은 건조지대에서는 규산염광물의 가수분해로 방출되는 강염기에 의해 알칼리성 토양이 된다.

## 10

다음 설명에 해당하는 식물 호르몬은?

> 잎의 노화 · 낙엽을 촉진하고, 휴면을 유도하며 잎의 기공을 폐쇄시켜 증산을 억제함으로써 건조조건에서 식물을 견디게 한다.

① 옥 신

② 시토키닌

③ 아브시스산

④ 에틸렌

> **해설**  **아브시스산(Abscissic Acid, ABA)**
> 식물 성장을 억제하고 스트레스 내성을 향상시키는 호르몬으로 식물의 수분 결핍 시에 많이 합성돼 잎의 기공을 닫음으로써 식물의 수분을 보호하는 역할을 한다.

## 11

토양수분 중에서 pF 2.7~4.5로서 작물이 주로 이용하는 토양수분의 형태는?

① 결합수

② 모관수

③ 중력수

④ 지하수

> **해설**  **토양수분의 형태**
> • 결합수 : pF 7.0 이상으로 화합수 또는 결정수라고도 하며, 작물이 흡수 · 이용할 수 없다.
> • 흡습수 : pF 4.5~7.0이며 토양입자표면에 피막상으로 흡착된 수분이므로 작물이 이용할 수 없는 무효수분이다.
> • 모관수 : pF 2.7~4.50이며 물분자 사이의 응집력에 의해 유지되는 것으로, 작물이 주로 이용하는 유효수분이다.
> • 중력수 : pF = 2.7 이하로 작물에 이용되나 근권 이하로 내려간 것은 직접 이용되지 못한다.
> • 지하수 : 땅속에 스며들어 지하에 정체되어 모관수의 근원이 되는 수분으로, 지하수위가 낮으면 토양이 건조하기 쉽고, 높은 경우는 과습하기 쉽다.

## 12

벼의 도복(倒伏)에 대한 경감대책으로 옳지 않은 것은?

① 키가 작고 줄기가 튼튼한 품종을 선택한다.
② 지베렐린(GA₃)을 처리한다.
③ 배토(培土)를 실시한다.
④ 규산질비료와 석회를 충분히 시용한다.

해설 ② 벼의 도복에 대한 대책으로 유효분얼종지기에 2, 4-D, PCP 등의 생장조절제 처리를 한다.

## 13

혼파의 이로운 점이 아닌 것은?

① 공간의 효율적 이용
② 질소질 비료의 절약
③ 잡초 경감
④ 종자 채종의 용이

해설 혼파는 채종이 곤란하고 기계화가 어렵다.

## 14

우리나라에서 농작업의 기계화율이 가장 높은 작물은?

① 고구마
② 고 추
③ 콩
④ 논벼

해설 우리나라에서 농작업의 기계화율이 가장 높은 작물은 논벼이다.

## 15

돌연변이육종에 대한 설명으로 옳은 것은?

① 돌연변이율이 낮고 열성돌연변이가 적게 생성된다.
② 유발원 중 많이 쓰이는 X선과 감마(γ)선은 잔류 방사능이 있어 지속적으로 효과를 발휘한다.
③ 대상식물로는 영양번식작물이 유리한데 이는 체세포돌연변이를 쉽게 얻을 수 있기 때문이다.
④ 타식성 작물은 이형접합체가 많으므로 돌연변이체를 선발하기가 쉬워 많이 이용한다.

해설 ① 돌연변이율이 낮고 열성돌연변이가 많으며, 돌연변이 유발장소를 제어할 수 없다.
② X선과 γ선은 균일하고 안정한 처리가 쉬우며, 잔류방사능이 없어 많이 사용된다.
④ 타식성 작물보다 자식성 작물에서 많이 이용하며, 교잡육종이 어려운 영양번식작물의 개량에 유리하다.

## 16

동일한 포장에서 같은 작물을 연작하면 생육이 뚜렷하게 나빠지는 작물로만 묶은 것은?

① 콩, 딸기
② 고구마, 시금치
③ 옥수수, 감자
④ 수박, 인삼

해설 **작물의 기지 정도**
• 연작의 해가 적은 것 : 벼, 옥수수, 고구마, 맥류, 조, 수수, 삼, 담배, 무, 순무, 당근, 양파, 호박, 연, 미나리, 딸기, 양배추 등
• 1년 휴작 작물 : 콩, 쪽파, 생강, 파, 시금치, 마 등
• 2년 휴작 작물 : 오이, 감자, 땅콩, 잠두 등
• 3년 휴작 작물 : 참외, 쑥갓, 강낭콩, 토란 등
• 5~7년 휴작 작물 : 수박, 토마토, 가지, 고추, 완두, 사탕무, 레드클로버, 우엉 등
• 10년 이상 휴작 작물 : 인삼, 아마 등

## 17

굴광성에 대한 설명으로 옳지 않은 것은?

① 광이 조사된 쪽의 옥신 농도가 낮아지고 반대쪽의 옥신 농도가 높아진다.
② 이 현상에는 청색광이 유효하다.
③ 이 현상으로 생물검정법 중 하나인 귀리만곡측정법(Avena Curvature Test)이 확립되었다.
④ 줄기나 초엽에서는 옥신의 농도가 낮은 쪽의 생장속도가 반대쪽보다 높아져서 광을 향하여 구부러진다.

> **해설** ④ 굴광성은 옥신의 농도가 높은 쪽의 생장속도가 빨라져 생기는 현상이며, 줄기나 초엽 등 지상부에서는 광의 방향으로 구부러지는 향광성을 나타낸다.

## 18

농작물 관리에서 중경의 이로운 점이 아닌 것은?

① 파종 후 비가 와서 표층에 굳은 피막이 생겼을 때 가볍게 중경을 하면 발아가 조장된다.
② 중경을 하면 토양 중에 산소 공급이 많아져 뿌리의 생장과 활동이 왕성해진다.
③ 중경을 해서 표토가 부서지면 토양 모세관이 절단되므로 토양수분의 증발이 경감된다.
④ 논에 요소·황산암모늄 등을 덧거름으로 주고 중경을 하면 비료가 산화층으로 섞여 들어가 비효가 증진된다.

> **해설** ④ 논토양은 벼의 생육기간 중 항상 물에 잠겨 있는 담수상태이므로 표층의 산화층과 그 밑의 환원층으로 토층이 분화한다. 황산암모늄 등 암모니아태 질소를 표층인 산화층에 추비하고 중경하면(전층시비) 비료가 환원층으로 들어가 심층시비한 것과 같이 되므로 탈질작용이 억제되어 질소질비료의 비효를 증진한다.

## 19

식물생장조절제의 재배적 이용성에 대한 설명으로 옳지 않은 것은?

① 삽목이나 취목 등 영양번식을 할 때 옥신을 처리하면 발근이 촉진된다.
② 지베렐린은 저온처리와 장일조건을 필요로 하는 식물의 개화를 촉진한다.
③ 시토키닌을 처리하면 굴지성·굴광성이 없어져서 뒤틀리고 꼬이는 생장을 한다.
④ 에틸렌을 처리하면 발아촉진과 정아우세타파 효과가 있다.

> **해설** ③ 모르파크틴(Morphactins)을 사용하면 굴지성·굴광성의 파괴로 생장을 지연시키고 왜화시킨다.

## 20

유전자 A와 유전자 B가 서로 다른 염색체에 있을 때, 유전자형이 AaBb인 작물에 대한 설명으로 옳지 않은 것은? (단, 멘델의 유전법칙을 따르며, 유전자 A는 유전자 a에, 유전자 B는 유전자 b에 대하여 완전우성이다)

① 유전자 A와 유전자 B는 독립적으로 작용한다.
② 자식을 했을 때 나올 수 있는 유전자형은 16가지이다.
③ 자식을 했을 때 나올 수 있는 표현형은 4가지이다.
④ 배우자의 유전자형은 4가지이다.

> **해설** ② 자식을 했을 때 나올 수 있는 유전자형은 9가지이다.
>
> **잡종의 $F_2$ 분리비**
> - 단성잡종 : $(3+1)^1 = 3+1$
> - 양성잡종 : $(3+1)^2 = 9+3+3+1$
> - 3성잡종 : $(3+1)^3 = 27+9+9+9+3+3+3+1$
> - 다성잡종 : $(3+1)^n$

# PART 06

# 최신 기출문제

**CHAPTER 01** 2022 국가직 9급 기출문제

## 01

다음에서 설명하는 식물생장조절제는?

> • 완두, 뽕, 진달래에 처리하면 정아우세를 타파하여 곁눈의 발달을 조장한다.
> • 옥수수, 당근, 토마토에 처리하면 생육 속도가 늦어지거나 생육이 정지된다.
> • 사과나무, 서양배, 양앵두나무에 처리하면 낙엽을 촉진하여 조기 수확할 수 있다.

① Ethephon
② Amo-1618
③ B-Nine
④ Phosfon-D

> 해설 **Ethephon의 작용**
> • 발아촉진
> • 정아우세 타파
> • 개화촉진
> • 생장억제
> • 성발현 조절
> • 적과의 효과
> • 성숙과 착색촉진
> • 낙엽촉진

## 02

10a의 논에 질소 성분 10kg을 시비할 경우, 복합비료(20-10-12)의 시비량[kg]은?

① 20
② 30
③ 50
④ 80

> 해설 복합비료(20-10-12)는 N = 20%, P = 10%, K = 12% 함유를 의미한다.
> 질소 성분이 20% 함유된 복합비료를 사용하여 질소 10kg을 시비할 경우 시비량을 구하는 식은 다음과 같다.
> 20% : 10kg = 100% : $x$kg
> $20 \times x = 10 \times 100$
> $20x = 1000$
> $\therefore x = 50$

## 03

페녹시(Phenoxy)계로 이행성이 크고 일년생 광엽 잡초 제초제는?

① Alachlor
② Simazine
③ Paraquat
④ 2,4-D

해설 ① 아미드계, ② 트리아진계, ③ 비피리딜리움계 제초제이다.

## 04

종자펠릿 처리의 이유가 아닌 것은?

① 종자의 크기가 매우 미세한 경우
② 종자의 표면이 매우 불균일한 경우
③ 종자가 가벼워서 손으로 다루기 어려운 경우
④ 종자의 식별이 어려운 경우

해설 종자가 미세하여 관리하기 힘들고, 표면이 매우 불균일하거나 매우 가벼워서 손으로 다루거나 기계파종이 어려울 경우 화학적으로 불활성의 고체물질을 피복하여 종자를 성형한다.

## 05

종자소독에 대한 설명으로 옳은 것은?

① 화학적 소독은 세균 및 바이러스를 모두 제거할 수 있다.
② 맥류에서 냉수온탕침법 시 온탕 처리는 100℃에서 2분간 실시한다.
③ 곡류종자는 온탕침법을 이용하고, 채소종자는 건열처리를 이용한다.
④ 친환경농업에서는 화학적 소독을 선호한다.

해설 ① 바이러스는 현재 종자소독으로 방제할 수 없다.
② 맥류에서 냉수온탕침법 시 온탕 처리는 45~50℃에서 2분간 실시한다.
④ 친환경농업에서는 화학적 소독을 지양한다.

## 06

목초의 혼파에 대한 설명으로 옳지 않은 것은?

① 화본과목초와 콩과목초가 섞이면 가축의 영양상 유리하다.
② 잡초 경감 효과가 있으나, 병충해 방제와 채종작업이 곤란하다.
③ 상번초와 하번초가 섞이면 광을 입체적으로 이용할 수 있다.
④ 화본과목초와 콩과목초가 섞이면 콩과목초만 파종할 때보다 건초 제조가 어렵다.

해설 수분함량이 많은 콩과목초와 수분이 거의 없는 화본과목초가 섞이면 건초를 제조하기에 용이하다.

## 07

대기조성 변화에 따른 작물의 생리현상으로 옳지 않은 것은?

① 광포화점에 있어서 이산화탄소 농도는 광합성의 제한요인이 아니다.

② 산소 농도에 따라 호흡에 지장을 초래한다.

③ 과일, 채소 등을 이산화탄소 중에 저장하면 pH 변화가 유발된다.

④ 암모니아 가스는 잎의 변색을 초래한다.

해설 광포화점은 온도와 이산화탄소의 농도에 따라 변화하며, 이산화탄소 포화점까지 공기 중의 이산화탄소농도가 높아질수록 광합성속도와 광포화점이 높아진다.

## 08

습답에 대한 설명으로 옳지 않은 것은?

① 작물의 뿌리 호흡장해를 유발하여 무기성분의 흡수를 저해한다.

② 토양산소 부족으로 인한 벼의 장해는 습해로 볼 수 없다.

③ 지온이 높아지면 메탄가스 및 질소가스의 생성이 많아진다.

④ 토양전염병해의 전파가 많아지고, 작물도 쇠약해져 병해발생이 증가한다.

해설 지온이 높을 때 과습하면 토양산소의 부족으로 환원상태가 심해져서 습해가 더욱 증대된다.

## 09

산성토양에 강한 작물로만 묶인 것은?

① 벼, 메밀, 콩, 상추

② 감자, 귀리, 땅콩, 수박

③ 밀, 기장, 가지, 고추

④ 보리, 옥수수, 팥, 딸기

해설 **산성토양에 대한 작물의 적응성**
- 극히 강한 것 : 벼, 밭벼, 귀리, 토란, 아마, 기장, 땅콩, 감자, 수박 등
- 강한 것 : 메밀, 옥수수, 목화, 당근, 오이, 완두, 호박, 토마토, 밀, 조, 고구마, 담배 등
- 약간 강한 것 : 유채, 파, 무 등
- 약한 것 : 보리, 클로버, 양배추, 근대, 가지, 삼, 겨자, 고추, 완두, 상추 등
- 가장 약한 것 : 알팔파, 콩, 자운영, 시금치, 사탕무, 셀러리, 부추, 양파 등

## 10

다음 그림의 게놈 돌연변이에 해당하는 것은?

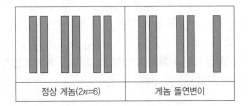

| 정상 게놈($2n=6$) | 게놈 돌연변이 |

① 3배체

② 반수체

③ 1염색체

④ 3염색체

해설 염색체 한 개가 없는 1염색체($2n-1$)이다.

## 11

식용작물이면서 전분작물인 것으로만 묶인 것은?

① 옥수수, 감자
② 콩, 밀
③ 땅콩, 옥수수
④ 완두, 아주까리

해설 전분작물 : 옥수수, 감자, 고구마 등

## 12

합성품종의 특성에 대한 설명으로 옳지 않은 것은?

① 5~6개의 자식계통을 다계교배한 품종이다.
② 타식성 사료작물에 많이 쓰인다.
③ 환경변동에 대한 안정성이 높다.
④ 자연수분에 의한 유지가 불가능하다.

해설 합성품종은 자연수분에 의해 유지되므로 채종 노력과 경비가 절감된다.

## 13

웅성불임성을 이용하여 일대잡종($F_1$)종자를 생산하는 작물로만 묶인 것은?

① 오이, 수박, 호박, 멜론
② 당근, 상추, 고추, 쑥갓
③ 무, 양배추, 배추, 브로콜리
④ 토마토, 가지, 피망, 순무

해설 웅성불임성 이용 : 벼, 밀, 옥수수, 상추, 고추, 당근, 쑥갓, 양파, 파 등

## 14

다음 그림은 세포질 유전자적 웅성불임성(CGMS)을 이용한 일대잡종($F_1$)종자 생산체계이다. (가)~(라)에 들어갈 핵과 세포질의 유전조성을 바르게 연결한 것은? (단, S는 웅성불임세포질, N은 웅성가임세포질, $Rf$는 임성회복유전자이다)

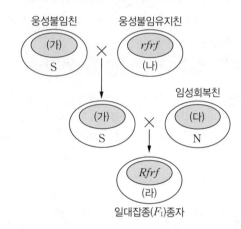

|  | (가) | (나) | (다) | (라) |
|---|---|---|---|---|
| ① | $rfrf$ | S | $RfRf$ | N |
| ② | $rfrf$ | N | $RfRf$ | S |
| ③ | $RfRf$ | S | $rfrf$ | N |
| ④ | $RfRf$ | N | $rfrf$ | S |

해설 (가)는 수술이 제 기능을 못하므로 모계(♀)이다. 핵 안에 임성회복유전자가 존재하지 않으므로 $rfrf$로 표현한다. (나)는 수술이 제 기능을 할 수 있어 부계(♂)이다. 수술이 제 기능을 한다는 것은 가임을 의미하므로 웅성가임세포질인 N으로 표현한다. (다)는 (라)의 $Rfrf$ 확인을 통해 임성회복유전자가 들어갔음을 확인할 수 있으므로 $RfRf$이다. (라)는 세포질 유전은 모계유전이므로 (가)에서 그대로 왔기 때문에 S로 표현한다.

## 15

작물의 수분과 수정에 대한 설명으로 옳지 않은 것은?

① 한 개체에서 암술과 수술의 성숙시기가 다르면 타가수분이 이루어지기 쉽다.
② 타식성 작물은 자식성 작물보다 유전변이가 크다.
③ 속씨식물과 겉씨식물은 모두 중복수정을 한다.
④ 옥수수는 $2n$의 배와 $3n$의 배유가 형성된다.

해설 침엽수와 같은 겉씨식물은 중복수정이 이루어지지 않는다.

## 16

자식성 작물의 육종방법에 대한 설명으로 옳지 않은 것은?

① 계통육종은 세대를 진전하면서 개체선발과 계통재배 및 계통선발을 반복하여 우량한 순계를 육성한다.
② 집단육종은 초기세대부터 선발을 진행하고 후기세대에서 혼합채종과 집단재배를 실시한다.
③ 여교배육종에서 처음 한 번만 사용하는 교배친은 1회친이다.
④ 여교배육종은 우량품종의 한두 가지 결점 보완에 효과적인 방법이다.

해설 집단육종은 초기세대에 선발하지 않고 혼합채종과 집단재배를 집단의 동형접합성이 높아진 후기세대($F_5 \sim F_8$)에서 개체선발에 들어간다.

## 17

다음 일장효과에 대한 설명으로 옳은 것만을 모두 고르면?

> ㄱ. 빛을 흡수하는 피토크롬이라는 색소단백질과 연관되어있다.
> ㄴ. 일장효과에 유효한 광의 파장은 일장형에 따라 다르다.
> ㄷ. 명기에는 약광일지라도 일장효과에 작용하고, 일반적으로 광량이 증가할 때 효과가 커진다.
> ㄹ. 도꼬마리의 경우 8시간 이하의 연속암기를 주더라도 상대적 장일상태를 만들면 개화가 촉진된다.
> ㅁ. 장일식물의 경우 야간조파 해도 개화유도에 지장을 주지 않는다.
> ㅂ. 장일식물은 질소가 풍부하면 생장속도가 빨라져서 개화가 촉진된다.

① ㄱ, ㄷ, ㅁ
② ㄱ, ㄹ, ㅂ
③ ㄴ, ㄷ, ㅁ
④ ㄴ, ㄹ, ㅂ

해설 ㄴ. 일장효과에 유효한 광은 적색광이다.
ㄹ. 도꼬마리는 단일식물로 단일상태(보통 8~10시간)에서 화성이 유도·촉진되며, 장일상태는 이를 저해한다.
ㅂ. 장일식물은 질소 부족 시 개화가 촉진된다.

## 18

토양의 특성에 대한 설명으로 옳지 않은 것은?

① 토양의 pH가 올라감에 따라 토양의 산화환원전위는 내려간다.
② 암모니아태질소를 논토양의 환원층에 공급하면 비효가 짧다.
③ 공중질소 고정균으로 호기성인 Azotobacter, 혐기성인 Clostridium이 있다.
④ 담수조건의 작토 환원층에서는 황산염이 환원되어 황화수소($H_2S$)가 생성된다.

해설 암모니아태질소를 심부 환원층에 주면 토양에 잘 흡착되므로 비효가 오래 지속된다.

## 19

기지 현상이 나타나는 정도를 순서대로 바르게 나열한 것은?

① 아마 > 삼 > 토란 > 벼
② 인삼 > 담배 > 마 > 생강
③ 수박 > 감자 > 시금치 > 딸기
④ 포도나무 > 감나무 > 사과나무 > 감귤류

해설 **작물의 기지 정도**
- 연작의 해가 적은 것 : 벼, 옥수수, 고구마, 맥류, 조, 수수, 삼, 담배, 무, 순무, 당근, 양파, 호박, 연, 미나리, 딸기, 양배추 등
- 1년 휴작 작물 : 콩, 쪽파, 생강, 파, 시금치, 마 등
- 2년 휴작 작물 : 오이, 감자, 땅콩, 잠두 등
- 3년 휴작 작물 : 참외, 쑥갓, 강낭콩, 토란 등
- 5~7년 휴작 작물 : 수박, 토마토, 가지, 고추, 완두, 사탕무, 레드클로버, 우엉 등
- 10년 이상 휴작 작물 : 인삼, 아마 등

**과수의 기지 정도**
- 기지가 문제되는 과수 : 복숭아, 감귤류, 무화과, 앵두 등
- 기지가 나타나는 정도의 과수 : 감나무 등
- 기지가 문제되지 않는 과수 : 사과, 포도, 자두, 살구 등

## 20

작물의 이식재배에 대한 설명으로 옳지 않은 것은?

① 보온육묘를 하면 생육기간이 연장되어 증수를 기대할 수 있다.
② 본포에 전작물(前作物)이 있을 경우 전작물 수확 후 이식함으로써 경영 집약화가 가능하다.
③ 시비는 이식하기 전에 실시하며, 미숙퇴비는 작물의 뿌리에 접촉되지 않도록 주의해야 한다.
④ 묘상에 묻혔던 깊이로 이식하는 것이 원칙이나 건조지에서는 다소 얕게 심고, 습지에서는 다소 깊게 심는다.

해설 이식은 묘상에 묻혔던 깊이로 하나 건조지는 깊게 심고, 습지에는 얕게 심는다.

## 01

생력기계화재배의 전제조건이 아닌 것은?

① 경지정리를 한다.
② 집단재배를 한다.
③ 잉여노력의 수익화를 도모한다.
④ 제초제를 이용하지 않는다.

> **해설** 작물재배의 생력화를 위한 전제조건
> • 경지정리 선행
> • 넓은 면적의 공동관리에 의한 집단재배
> • 제초제 사용
> • 제초제 피해가 적은 품종 선택
> • 인력재배 방법 개선

## 02

다음에서 설명하는 효과로 옳지 않은 것은?

> 가축용 조사료를 생산하기 위해 사료용 옥수수
> 와 콩과식물을 함께 섞어서 심는 재배기술이다.

① 가축의 영양상 유리하다.
② 질소질 비료를 절약할 수 있다.
③ 토양에 존재하는 양분을 효율적으로 이용할 수
있다.
④ 제초제를 이용한 잡초 방제가 쉽다.

> **해설** ④ 혼파는 잡초가 경감된다는 장점이 있으나 목초
> 별로 생장이 달라 시비, 병충해 방제, 수확 작업
> 등이 불편하다는 단점이 있다.

## 03

멀칭에 대한 설명으로 옳지 않은 것은?

① 생육 일수를 단축할 수 있다.
② 잡초의 발생을 억제할 수 있다.
③ 작물의 수분이용효율을 감소시킨다.
④ 재료는 비닐을 많이 사용한다.

> **해설** ③ 멀칭은 지표면에서의 증발을 억제하여 수분의
> 유실을 방지하기 때문에 작물의 수분이용효율을
> 증가시킨다.

## 04

잡초와 제초제에 대한 설명으로 옳은 것은?

① 클로버는 목야지에서는 목초이나 잔디밭에서는
잡초이다.
② 대부분의 경지 잡초들은 혐광성 식물이다.
③ 2,4-D는 비선택성 제초제로 최근에 개발되었
다.
④ 가래와 올미는 1년생 논잡초이다.

> **해설** ② 대부분의 경지 잡초들은 호광성 식물이다.
> ③ 2,4-D는 선택성 제초제로 1940년대에 개발되었
> 다.
> ④ 가래와 올미는 다년생 논잡초이다.

## 05

### 토양의 입단에 대한 설명으로 옳지 않은 것은?

① 농경지에서는 입단의 생성과 붕괴가 끊임없이 이루어진다.
② 나트륨 이온은 점토 입자의 응집현상을 유발한다.
③ 수분보유력과 통기성이 향상되어 작물생육에 유리하다.
④ 건조한 토양이 강한 비를 맞으면 입단이 파괴된다.

> 해설 ② 나트륨 이온(Na⁺)은 알갱이들이 엉키는 것을 방해하므로 토양의 물리적 성질을 약화시켜 토양의 입단구조를 파괴하는 요인이다.

## 06

### 작물의 신품종이 보호품종으로 보호받기 위하여 갖추어야 할 요건이 아닌 것은?

① 구별성
② 균일성
③ 안전성
④ 고유한 품종 명칭

> 해설 **신품종이 보호품종으로 등록되기 위한 5가지 요건**
> • 신규성
> • 구별성
> • 균일성
> • 안정성
> • 고유한 품종 명칭

## 07

### 우리나라 자식성 작물의 종자증식에 대한 설명으로 옳지 않은 것은?

① 원원종은 기본식물을 증식하여 생산한 종자이다.
② 원종은 원원종을 각 도 농산물 원종장에서 1세대 증식한 종자이다.
③ 보급종은 기본식물의 종자를 곧바로 증식한 것으로 농가에 보급할 목적으로 생산한 종자이다.
④ 기본식물은 신품종 증식의 기본이 되는 종자로 육종가가 직접 생산한 종자이다.

> 해설 ③ 보급종은 원종을 증식한 것으로 농가에 보급할 종자이다.
> **우리나라 종자증식체계**
> 기본식물 → 원원종 → 원종 → 보급종

## 08

### 우리나라 농업의 특색에 대한 설명으로 옳지 않은 것은?

① 토양 모암이 화강암이고 강우가 여름에 집중되므로 무기양분이 용탈되어 토양비옥도가 낮은 편이다.
② 좁은 경지면적에 다양한 작물을 재배하여 작부체계가 잘 발달하였으며 우수한 윤작체계를 갖추고 있다.
③ 옥수수, 밀 등은 국내 생산이 부족하여 많은 양의 곡물을 수입에 의존하고 있다.
④ 경영규모가 영세하므로 수익을 극대화하기 위해 다비농업이 발전하였다.

> 해설 ② 우리나라 농업은 호당 경지규모가 매우 작고, 작부체계와 초지농업이 발달하지 못하였다.

## 09

식물체 내의 수분퍼텐셜에 대한 설명으로 옳지 않은 것은?

① 매트릭퍼텐셜은 식물체 내에서 거의 영향을 미치지 않는다.
② 압력퍼텐셜과 삼투퍼텐셜이 같으면 원형질분리가 일어난다.
③ 수분퍼텐셜은 토양이 가장 높고 식물체가 중간이며 대기가 가장 낮다.
④ 식물이 잘 자라는 포장용수량은 중력수를 완전히 배제하고 남은 수분상태이다.

해설 ② 압력퍼텐셜과 삼투퍼텐셜이 같으면 세포의 수분퍼텐셜이 0이 되므로 팽만상태가 된다($\psi_s = \psi_p$).

## 10

작물의 광합성에 대한 설명으로 옳지 않은 것은?

① 광보상점에서는 이산화탄소의 방출 속도와 흡수 속도가 같다.
② 광포화점에서는 광도를 증가시켜도 광합성이 더 이상 증가하지 않는다.
③ 군락상태의 광포화점은 고립상태의 광포화점보다 낮다.
④ 진정광합성은 호흡을 빼지 않은 총광합성을 말한다.

해설 ③ 군락의 형성도가 높을수록 군락의 광포화점이 증가하므로 군락상태의 광포화점은 고립상태의 광포화점보다 높다.

## 11

유전자 간의 상호작용에 대한 설명으로 옳은 것은?

① 비대립유전자 상호작용의 유형에서 억제유전자의 $F_2$ 표현형 분리비는 12 : 3 : 1이다.
② 우성이나 불완전우성은 대립유전자에서 나타나고 비대립유전자 간에는 공우성과 상위성이 나타난다.
③ 우성유전자 2개가 상호작용하여 다른 형질을 나타내는 보족유전자의 $F_2$ 표현형 분리비는 9 : 7이다.
④ 유전자 2개가 같은 형질에 작용하는 중복유전자이면 $F_2$ 표현형 분리비가 9 : 3 : 4이다.

해설 ① 억제유전자의 $F_2$ 표현형 분리비는 13 : 3이다.
② 완전우성, 불완전우성, 공우성은 대립유전자의 작용에 의하여 표현되며, 상위성은 비대립유전자의 작용에 의하여 표현된다.
④ 중복유전자의 $F_2$ 표현형 분리비는 15 : 1이다.

## 12

온도가 작물 생육에 미치는 영향에 대한 설명으로 옳지 않은 것은?

① 벼에 알맞은 등숙기간의 일평균기온은 21~23℃이다.
② 감자는 밤 기온이 25℃ 정도일 때 덩이줄기 발달이 잘된다.
③ 맥류는 밤 기온이 높고 변온이 작을 때 개화가 촉진된다.
④ 콩은 밤 기온이 20℃ 정도일 때 꼬투리가 맺히는 비율이 높다.

해설 ② 감자는 야간온도가 10~14℃로 저하되는 변온에서 덩이줄기 발달이 촉진된다.

## 13

**작물의 육종에 대한 설명으로 옳은 것은?**

① 자식성 작물은 자식에 의해 집단 내에서 동형접합체의 비율이 감소한다.

② 계통육종은 양적형질을, 집단육종은 질적형질을 개량하는 데 유리하다.

③ 타식성 작물의 분리육종은 순계 선발 후, 집단선발 또는 계통집단선발을 한다.

④ 배수성육종은 염색체 수를 배가하는 것으로 일반적으로 식물체의 크기가 커진다.

**해설** ① 자식성 작물은 자식을 하면 세대가 진전됨에 따라 집단 내에 이형접합체가 감소하고 동형접합체가 증가한다.
② 계통육종은 질적형질을, 집단육종은 양적형질을 개량하는 데 유리하다.
③ 타식성 작물의 분리육종은 집단선발에 의하여 집단개량을 하므로 순계 선발은 이루어지지 않는다.

## 14

**밀폐된 무가온 온실에 대한 설명으로 옳지 않은 것은?**

① 오후 2~3시경부터 방열량이 많아 기온이 급격히 하강한다.

② 오전 9시경에는 온실 내의 기온이 외부 기온보다 낮다.

③ 노지와 온실 내의 온도 차이는 오후 3시경에 최대가 된다.

④ 야간의 유입 열량은 낮에 저장해 둔 지중전열량에 대부분 의존한다.

**해설** ② 오전 9시경에는 온실 내의 기온이 외부 기온보다 높다.

## 15

**내건성이 강한 작물의 일반적인 특성으로 옳은 것은?**

① 체적에 대한 표면적의 비율이 높고 전체적으로 왜소하다.

② 잎의 표피에 각피의 발달이 빈약하고 기공의 크기도 크다.

③ 잎의 조직이 치밀하고 엽맥과 울타리 조직이 잘 발달되어 있다.

④ 세포 중에 원형질이나 저장양분이 차지하는 비율이 아주 낮다.

**해설** ① 체적에 대한 표면적의 비율이 낮고 잎이 작으며 전체적으로 왜소하다.
② 잎의 표피에 각피가 잘 발달하였으며, 기공이 작고 수효가 많다.
④ 세포 중에 원형질이나 저장양분이 차지하는 비율이 높아 수분보유력이 강하다.

## 16

**재배적 방제에 대한 설명으로 옳지 않은 것은?**

① 토양 유래성 병원균의 방제를 위해서 윤작을 실시하면 효과적이다.

② 감자를 늦게 파종하여 늦게 수확하면 역병이나 해충의 피해가 적어진다.

③ 질소비료를 과용하고 칼리비료나 규소비료가 결핍되면 병충해의 발생이 많아진다.

④ 콩, 토마토와 같은 작물에 발생하는 바이러스병은 무병종자를 선택하여 줄인다.

**해설** ② 감자를 일찍 파종하여 일찍 수확하면 역병과 뒷박벌레 피해가 감소한다.

## 17

우리나라의 작물 재배에 대한 설명으로 옳지 않은 것은?

① 농업생산에서 식량작물은 감소하고 원예작물이 확대되었다.
② 작부체계에서 연작의 해가 적은 작물은 벼, 옥수수, 고구마 등이다.
③ 윤작의 효과는 토양 보호, 기지의 회피, 잡초의 경감, 수량 증대 등이 있다.
④ 시설재배 면적은 과수류와 화훼류를 합치면 채소류보다 많다.

해설 ④ 우리나라 시설재배 면적은 채소류가 화훼류에 비해 월등히 높다.

## 18

발아를 촉진하는 방법에 대한 설명으로 옳은 것은?

① 벼과 목초의 종자에 질산염류를 처리한다.
② 감자에 말레산하이드라자이드(MH)를 처리한다.
③ 알팔파와 레드클로버는 105℃에서 습열처리를 한다.
④ 당근, 양파 등에 감마선($\gamma$-ray)을 조사한다.

해설 ② 감자 수확 4~6주 전에 MH를 처리하면 발아가 억제된다.
③ 알팔파와 레드클로버는 105℃에 4분간 건열처리 후 파종한다.
④ 감자, 당근, 양파, 밤 등은 $\gamma$선을 조사하면 발아가 억제된다.

## 19

작물 재배에서 기상재해의 대처 방안에 대한 설명으로 옳은 것은?

① 습해는 배수가 잘되게 하고 휴립재배를 실시한다.
② 수해는 내비성 작물을 재배하고 관수기간을 길게 한다.
③ 풍해는 내한성 작물을 재배하고 질소비료를 시비한다.
④ 가뭄해는 내풍성 작물을 재배하고 배수를 양호하게 한다.

해설 ② 수해는 내습성 작물을 재배하고 배수를 잘하여 관수기간을 단축한다.
③ 풍해는 내풍성 작물을 재배하고 질소비료 과용을 금지한다.
④ 가뭄해는 내건성 작물을 재배하고 충분한 관수를 실시한다.

## 20

친환경 재배에서 태양열 소독에 대한 설명으로 옳은 것만을 모두 고르면?

ㄱ. 별도의 장비나 시설이 불필요하여 비용이 적게 든다.
ㄴ. 크기가 큰 진균(곰팡이)보다 세균의 방제가 잘된다.
ㄷ. 비닐하우스가 노지보다 태양열 소독의 효과가 크다.
ㄹ. 선충이나 토양해충, 잡초종자의 방제에 효과가 있다.

① ㄱ, ㄴ
② ㄱ, ㄷ, ㄹ
③ ㄴ, ㄷ, ㄹ
④ ㄱ, ㄴ, ㄷ, ㄹ

해설 ㄴ. 태양열 소독 시 세균보다 진균(곰팡이)의 방제가 잘된다.

# 좋은 책을 만드는 길
# 독자님과 함께하겠습니다.

도서나 동영상에 궁금한 점, 아쉬운 점, 만족스러운 점이
있으시다면 어떤 의견이라도 말씀해 주세요.
SD에듀는 독자님의 의견을 모아 더 좋은 책으로 보답하겠습니다.

## www.sdedu.co.kr

## 2023 농촌지도사·농업연구사 재배학 핵심이론 합격공략

| | |
|---|---|
| **개정3판1쇄 발행** | 2023년 01월 05일 (인쇄 2022년 09월 26일) |
| **초 판 발 행** | 2020년 03월 05일 (인쇄 2020년 01월 30일) |
| **발 행 인** | 박영일 |
| **책 임 편 집** | 이해욱 |
| **저 자** | SD공무원시험연구소 |
| **편 집 진 행** | 노윤재 · 이혜주 |
| **표지디자인** | 박수영 |
| **편집디자인** | 홍영란 · 채현주 |
| **발 행 처** | (주)시대고시기획 |
| **출 판 등 록** | 제 10-1521호 |
| **주 소** | 서울시 마포구 큰우물로 75 [도화동 538 성지 B/D] 9F |
| **전 화** | 1600-3600 |
| **팩 스** | 02-701-8823 |
| **홈 페 이 지** | www.sdedu.co.kr |
| **I S B N** | 979-11-383-3300-9 (13520) |
| **정 가** | 29,000원 |

**합격의 공식**
**시대에듀**

**잠깐!**

# 나는 이렇게
# 합격했다

여러분의 힘든 노력이 기억될 수 있도록
**당신의 합격 스토리를 들려주세요.**

합격생 인터뷰
**상품권 증정**

추첨을 통해
**선물 증정**

100000

베스트 리뷰자 1등
**아이패드 증정**

베스트 리뷰자 2등
**에어팟 증정**

## SD에듀 합격생이 전하는 합격 노하우

"기초 없는 저도 합격했어요
여러분도 가능해요."

검정고시 합격생 이*주

"불안하시다고요?
시대에듀와 나 자신을 믿으세요."

소방직 합격생 이*화

"강의를 듣다 보니
자연스럽게 합격했어요."

사회복지직 합격생 곽*수

"선생님 감사합니다.
제 인생의 최고의 선생님입니다."

G-TELP 합격생 김*진

"시험에 꼭 필요한 것만 딱딱!
시대에듀 인강 추천합니다."

물류관리사 합격생 이*환

"시작과 끝은 시대에듀와 함께!
시대에듀를 선택한 건 최고의 선택 "

경비지도사 합격생 박*익

## 합격을 진심으로 축하드립니다!

# 합격수기 작성 / 인터뷰 신청

**QR코드 스캔하고 ▷ ▷ ▷ ▶**
**이벤트 참여하여 푸짐한 경품받자!**

합격의 공식 시대에듀
**SD에듀**